U0137929

南方丘陵山地
生态系统服务研究

姜春前 等 著

中国林业出版社
China Forestry Publishing House

内 容 简 介

本书研究南方丘陵山地生态系统服务格局演变及其对生态系统结构与干扰的响应机理,辨析生态系统服务类型之间的内在关系,研发不同功能区生态系统服务提升的技术体系,构建生态系统服务和农村社区协同发展模式,开发区域生态系统服务能力提升的决策支持系统,为发挥南方丘陵山地屏障带的生态屏障作用提供技术支撑和决策支持。本书的出版得到了"十三五"国家重点研发计划项目"南方丘陵山地屏障带生态系统服务提升技术研究与示范(2017YFC0505600)"的支持。

本书可供林学、生态学、水土保持学、林业经济管理等专业的师生、科研人员及林业工作者参考。

图书在版编目(CIP)数据

南方丘陵山地生态系统服务研究／姜春前等著. — 北京：
中国林业出版社,2023.8
　ISBN 978-7-5219-2286-8

　Ⅰ.①南…　Ⅱ.①姜…　Ⅲ.①丘陵地-生态系-服务
功能-研究-中国 ②山地-生态系-服务功能-研究-中
国　Ⅳ.①P942.76

　中国国家版本馆 CIP 数据核字(2023)第 148894 号

　审图号　GS 京 (2024) 0011 号

责任编辑：杜　娟　李　鹏
封面设计：朱麒霖
———————————————

出版发行：中国林业出版社
　　　　　(100009,北京市西城区刘海胡同 7 号，电话 83223120)
电子邮箱：cfphzbs@163.com
网址：www.forestry.gov.cn/lycb.html
印刷：北京中科印刷有限公司
版次：2023 年 8 月第 1 版
印次：2023 年 8 月第 1 次
开本：787mm×1092mm　1/16
印张：27.25
字数：646 千字
定价：228.00 元

编写人员

主　　编　姜春前

副 主 编（按姓氏拼音排序）

白彦锋　郭　泺　漆良华　齐　实　孙　冰

张卓文

编写人员（按姓氏拼音排序）

陈　雷　刘　恩　马　超　孟京辉　彭　羽

孙启武　王　辉　王顺忠　王永健　吴昌广

伍冰晨　熊　鹰　徐永荣　尹　婧　张　建

郑博福　周志翔

作者简介

姜春前，男，中国林业科学研究院林业研究所研究员，博导。"十三五"国家重点研发计划"南方丘陵山地屏障带生态系统服务提升技术研究与示范"项目首席专家。

1991 年从中国科学院沈阳应用生态研究所毕业后一直在中国林科院工作。曾任第XII届世界林业大会副主席、亚洲示范林网络秘书处主席；温带及北方森林保护与可持续经营蒙特利尔进程技术委员会负责人；联合国气候变化谈判林业议题谈判组技术专家、联合国粮农组织项目首席专家，是《联合国气候变化公约》中森林方案(REDD+)推动者之一。长期从事南方低山丘陵区生态恢复、小流域森林生态系统服务价值评估、森林可持续经营、林业碳汇研究与示范推广。

前　言

　　南方山地丘陵区及长江中上游地区是我国生态修复与保护的核心和关键区域，是我国"两屏三带"生态安全建设的重要组成部分。由于不合理的开发利用，导致该区域生态系统服务能力不强，突出表现在地质灾害频发、水质恶化、生物多样性减少、水源涵养能力下降和人工林土壤退化等生态问题。尽管国内外已在生态系统服务评估方面取得了突出成就，但在确保社会和经济发展的前提下，如何通过管理生态系统来改善生态系统服务，进而保障区域生态安全，还缺乏充分的科学研究和成功范例。因此，开展南方丘陵山地屏障带生态系统服务提升技术研究对于促进区域可持续发展和维护国家生态安全具有重要意义。

　　本书是"十三五"国家重点研发计划项目"南方丘陵山地屏障带生态系统服务提升技术研究与示范"（2017YFC0505600）研究成果的总结。项目围绕"典型脆弱生态修复与保护研究"的需求，以提升南方丘陵山地屏障生态系统服务能力为目标，基于生态定位站长期的数据与研究积累，从基础理论、技术研发、试验示范、决策支持等4个层面开展研究，在解析生态系统服务格局成因及演变机理基础上，研发灾害防控、土壤保持、水源涵养、水质净化、物种多样性和固碳能力提升技术10项，有效提升不同生态系统的服务能力；构建了农村社区和生态系统服务协同发展模式6个；开发了决策支持系统1套，并在项目区开展技术示范，示范面积合计为1872.96hm²；技术辐射面积超过6.06万hm²，受益人数约53.25万人。项目通过构建理论基础、研发生态系统服务能力提升的关键技术、开展技术试验示范，实现了南方丘陵山地屏障带生态系统服务能力有效提升的目标，推动了我国生态安全建设和农村社区经济的可持续发展。

　　全书由姜春前、郭泺、齐实、漆良华、张卓文、孙冰总体设计。郭泺、郑博福和王顺忠负责第1章绪论和第2章、第3章南方丘陵山地屏障带生态系统服务评估和提升途径的内容；齐实、马超和尹婧负责第4章山地灾害区森林生态系统服务提升技术的编写工作；漆良华、吴昌广、刘恩负责第5章丘陵山地水源区水源涵养和水质净化能力提升技术的编写工作；姜春前、白彦锋、孟京辉和王辉负责第6章丘陵山地次生林生物多样性保育和碳汇提升技术的编写工作，张卓文、王永健、徐永荣、孙启武负责第7章丘陵山地人工林生

1

态系统服务提升技术的编写工作；孙冰、陈雷、彭羽、熊鹰负责第 8 章生态系统服务能力与农村社区发展能力协同提升和第 9 章南方丘陵山地生态系统服务功能提升技术集成和示范的编写工作。全书由白彦锋和刘恩汇总整理，姜春前审定。

本书作者分别来自中国林业科学研究院林业研究所、中国林业科学研究院热带林业研究所、中国科学院植物研究所、国际竹藤中心、中国水利水电科学研究院、北京林业大学、中央民族大学、华中农业大学、南昌大学、湖南省经济地理研究所等单位。

编写组

2023 年 8 月

目　录

1 绪 论

1.1 南方丘陵山地屏障带生态环境概述

"中国南方地区"一般是指中国东部和南部季风区，是当今中国四大地理区划之一，主要范围包括青藏高原以东、秦岭—淮河以南的地区，地处我国的东部和南部，分别邻近东海和中国南海，占我国大陆海岸线约三分之二的长度。我国南方地区行政区划上包括江苏、福建、浙江、贵州、云南、重庆等多个省（直辖市），也是南方地区主要的山地和丘陵分布区，横跨我国华南与西南地区，属于亚热带季风气候，其主要包含我国生态功能区划"两屏三带"中的南方丘陵山地屏障带。南方丘陵山地屏障带是国家生态安全格局的重要组成部分，其主要功能是发挥西南和南部地区的生态安全屏障作用。南方丘陵山地屏障带处于珠江和长江两大流域之内，作为中国长江流域与珠江流域的主要分水岭，对长江流域与珠江流域的主体结构功能的发挥也有至关重要的作用。南方丘陵山地屏障带地域辽阔，东西跨 17 个经度（103°45′~120°13′E），南北跨 5 个纬度（24°25′~29°38′N），总面积约为 121 万 km²（图 1-1）。

南方丘陵山地屏障带以林地为主，耕地比重次之，区域内的常绿自然林、旱地水田的面积比例较大。南方丘陵山地屏障带位于亚热带季风气候区，气候温暖、水热资源条件好。夏季高温多雨，冬季温和少雨，多年平均温度在 14~22℃，雨量较为充沛，平均降水量在 1000~1400mm。降水的空间分布基本上呈现南高北低、东多西少的格局。南方丘陵山地屏障带地势具有明显的空间差异，西部较高，东部较低。西部以高原为主，拥有中国四大高原之一的云贵高原；东部地区则以丘陵为主，区域内河流和湖泊数量较多且分布广泛，包括湘江、乌江、洞庭湖、鄱阳湖等重要的水体资源。很多河流和湖泊无结冰期，水量巨大，水位季节性落差大，是宝贵的水能资源，有利于区域内发展水力发电、船舶运输、渔业捕捞和水产养殖业等多种产业。地貌类型以丘陵为主（比例超过 47%），低山、中山、高山和平原台地兼有，占区域总面积的比例分别为 22%、26%、7% 和 0.5%。坡地类型以缓坡和斜坡为主，分别约占区域总面积的 36% 和 30%。在所有的地形中，山地上的坡度较大，大多可以超过 20°，而丘陵岗地的坡度较小，基本在 5°~8°，这样的地形大多会被开荒成为坡耕地。南方丘陵山地屏障带的土壤类型较为丰富，区域内红壤、黄壤、赤红壤等类型的土壤面积广大，所占比例高达97%。在此区域内，丘陵地区的岩石类型具有多样性，现有研究发现的岩石组成类型主要有片麻岩、石灰岩、砂岩、花岗岩、红砂岩、紫砂岩和第四纪红土，除石灰岩和第四纪红土稀薄外，其余岩石的风化层陡峭且非常深厚，在这些层级上发育起来的土壤砂性特征明显，这些也是土壤易发生侵蚀的物质结构基础。其中，占较大面积的红壤含有较多的铁化合物，通常呈现酸性，表层有机质含量较其他层级低，具有较强的分散性和黏性。该地区高温多雨、生物活动旺盛，红壤极其容易被溶解。加上区域内春夏两季多有暴雨出现，强力的降水对区域内的土壤有较强的冲刷能力。在以上各种因素综合作用下，区域内存在较为严重的水土流失和土壤退化问题，因此是国家生态安全屏障建设的重点区域。

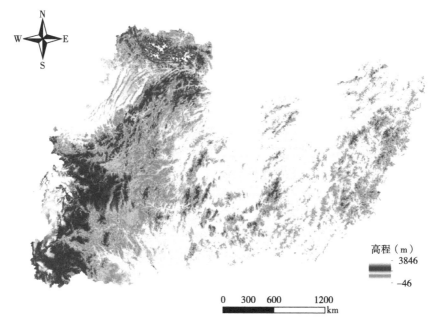

图 1-1　南方丘陵山地屏障带高程图

南方丘陵山地屏障带的主要植被类型(2010年调查数据)分别为：亚热带常绿阔叶林、亚热带针叶林、亚热带灌丛、亚热带草地。南方丘陵山地屏障带还分布着各种人工林(大部分为杉木和马尾松)，是我国重要的高植被覆盖区，其植被覆盖率在50%以上。目前，我国南方丘陵山地屏障带区域内存在地质灾害频发、水质恶化、生物多样性减少、水源涵养能力下降和人工林土壤退化等突出的生态问题。

南方丘陵山地屏障带横跨重庆、广西、湖南、云南、四川、贵州等省(自治区、直辖市)。主要少数民族包括壮族、侗族、苗族、黎族、土家族、布依族、哈尼族、傣族等。区域内的经济发展水平具有空间差异性，东部和南部发展较为发达，涉及江西、福建、湖南南部、广东北部，而西部地区的经济发展相对落后，涉及云南西南部、贵州南部和广西东北部。南方丘陵山地屏障带的农业生产活动历史悠久，主要粮食作物有水稻和小麦等；同时，油茶、柑橘、葡萄等亚热带地区的经济作物产量在全国比重较大。近年来，国家一直在提高南方丘陵山地屏障带内农业生产的投入，促进农业生产基础设施建设，调整农业生产结构，使农业领域得到更大的发展，粮食作物的总产量逐年提高。

1.2 南方丘陵山地屏障带生态系统服务概述

生态系统是指在特定的时间和空间范围内，在生物之间以及生物群落与其无机环境之间，不断通过物质循环和能量流动相互作用的一个统一的有机整体（Brauman，2007）。生态系统为人类的基本生存和发展提供了多样化的资源，如水、粮食、木材、美学价值等。生态系统服务的概念和理论是在生态学与社会学、环境科学、经济学、管理学等多个学科交叉的基础上产生的。20世纪70年代，生态系统服务概念开始出现，其主要内涵是生态系统能够向社会经济系统提供"服务"。到20世纪90年代，Ehrlich等人（1991）正式定义"生态系统服务"。20世纪90年代末期，Daily等人（1997）对生态系统服务概念进行了全面性、系统性的总结和概括。生态系统所提供的服务是指在动态发展过程中生态系统产生及维持的人类生产生活所必需的资源环境条件与效用，为人类直接或间接从生态系统得到的所有利益及福祉（Costanza et al.，1998；Daily，1997）。21世纪初，联合国千年生态系统评估（Millennium Ecosystem Assessment，MA）明确定义生态系统服务是人类直接或间接地从生态系统中所获得的惠益，该概念已得到普遍接受和应用。目前，生态系统服务的形成、流动或传输、时间动态、供需关系等方面已成为生态学研究的热点问题，将人类社会的发展、社会经济系统的运转，以及生态系统自身的结构和过程建立起了密不可分的联系（王如松，2012；张志强，2001）。在不同的研究中，生态系统服务的分类体系不同，其中MA的分类体系（2003）得到广泛接受。人类福祉与生态系统服务之间的关系是MA生态系统服务概念框架的核心内容，生态系统服务价值评估可以简单地、定量地评估以上关系（Howarth et al.，2002）。MA生态系统服务分为4类：支持服务（提供生物生境、维持生物多样性、养分循环等），供给服务（食物、水源、能源供给、木材等），调节服务（气候调节、空气净化、水质净化、养分循环等）和文化服务（休憩娱乐、旅游、科研教育、美学价值等）。生态系统服务体现了生态系统功能，是生态系统功能对人类和社会经济发展的直接或间接贡献，生态系统服务的理论和概念把人类获得的福祉和自然环境有机地联系起来，将社会经济系统中的人类活动同自然生态系统的动态变化有机地联系起来，将社会经济系统的科学研究同自然生态系统的科学研究有机地联系起来，开展生态系统服务研究对于实现各种资源的高效和合理利用，实现可持续发展具有重要的现实意义。

我国南方地区虽然降水量大，水资源丰富，但水质污染问题较为严重，未经处理的污水大量排入天然河道，影响了水资源的有效性，造成了区域存在水质性缺水问题。此外，我国南方地区尤其是丘陵地区水土流失问题严重。虽然，过去已遭受的水土流失情况经过一定的治理后呈现减少趋势，但新出现的、主要由人为影响所产生的水土流失面积正在不断增加。目前，南方地区水土流失问题总的趋势是：总体治理，局部破坏；强度减弱，面积减少；仍处于边治理、边破坏的局面，今后区域内水土流失的治理任务仍然十分艰巨。

近年来，我国南方丘陵山地地区的人工用地表面面积不断增加，针对土地资源的开发利用活动日益频繁，部分耕地和林地向人工用地转换。不合理的开发利用导致该区域生态系统承受较大的压力，区域内生态环境问题突显，区域生态系统提供服务的能力不强，突出表现在地质灾害频发、水质恶化、生物多样性减少、水源涵养能力下降和人工林土壤退化等生态问题。部分南方地区通过加大生态恢复和环境保护力度，使区域内局部生态环境得到局部改善，但总体恶化趋势未能得到根本遏制，生态安全形势依然严峻，南方地区的生态系统保护压力依然巨大。

为了促进区域协调发展，缩小地区间公共服务的差距，提高人民的福祉，2010年12月21日，国务院印发《全国主体功能区规划》（以下简称《规划》）。《规划》提出：构建"两屏三带"为主体的生态安全战略格局。构建以青藏高原生态屏障、黄土高原—川滇生态屏障、东北森林带、北方防沙带和南方丘陵山地带以及大江大河重要水系为骨架，以其他国家重点生态功能区为重要支撑，以点状分布的国家禁止开发区域为重要组成的生态安全战略格局。构建生态屏障区是为了加强这些生态功能区的保护和管理，继续实施一些天然林的保护政策，加强退耕还林、退耕还草工程的推进，对周边起到一个生态保护作用。

1.3 南方丘陵山地屏障带生态系统服务评估研究进展

有目的性地开展生态系统服务的评估，不仅能让公众和管理者了解生态系统的结构和功能，洞悉生态系统服务供给的真实情况和变化趋势，还能建立保护生态系统和科学利用生态系统服务的意识，从而为人类进一步合理地开发利用这些服务提供重要的科学依据和科学参考信息。

生态系统服务评估主要从计算服务的价值量和功能量两方面着手。

生态系统服务价值量评估是从生态系统服务经济价值（货币价值量）考虑的（徐煖银等，2019）。这种方法基于生态系统提供的各种产品、资源，具有市场性或者经济性的特点。例如，生态系统提供的木材、粮食、蔬果和水产品等丰富的物质资源存在重要的经济价值，这些生态系统服务的评估可直接转化成市场化的产品，并对市场产品的价格进行计算。水源涵养、气候调节、土壤保持和休闲娱乐等生态系统服务的经济价值无法直接通过交易等经济行为体现，可通过间接手段进行评估，如计算和评估生态系统固定的二氧化碳价值量等，这些方法称为间接经济价值评估。生态系统服务的间接经济价值评估法主要有享乐价值法（hedonic pricing）、回避成本法（avoided cost method）与条件价值法（contingent valuation method，CV）等经济学方法。1997年，Costanza等人在 Science 杂志上联合发表了题为"The value of the world's ecosystem services and natural capital"（《全球生态系统服务价值和自然资本》）的研究论文后，生态系统的服务价值课题、生态系统与经济管理、生态系统管理政策等多方面研究成了生态学领域的一个热点。Costanza等结合经济学和生态学的基本原理，基于全球尺度的价值评估范围，提出不同程度生态系统服务的价值当量因子，更好地诠释了生态系统服务价值估算原理及方法，从科学意义上得以明确其可行性。国内，谢高地等人（2008）基于Costanza的科学研究，整体结合中国生态系统和现有的社会经济发展状况进行了当量因子的改进，被较为广泛应用于生态系统服务价值计算的研究中。肖强等(2014)以 2006 年为基准年，利用现阶段中国市场发展的价值法和生产成本法等，较好地定量评价了重庆市森林生态环境系统管理服务社会性功能的经济与文化的双重价值；胡喜生等(2013)结合福建省福州市山地较多而土地资源较少的实际情况，以耕地和林地两者的生物量来修正区域差异对土地生态系统服务价值的影响，构建了空间异质系数，以恩格尔系数和城镇化率共同构建了社会发展系数，以人口密度构建了资源稀缺系数，从而系统性地建立了用于土地生态系统服务功能的动态价值评估模型；江波等(2015)基于甘肃省青海湖湿地生态系统现有的特点和其所处区域的社会经济特征情况，研究筛选出了最终的服务评价指标体系：用青海湖湿地生态系统作为研究样本，辅之以 2012 年为研究基准年，在测算中使用统一的市场价值法、重置成本法、区域旅行费用模式、价值评估方法系统性地定量评估，核定整个青海湖湿地生态系统能够提供给受益人的生态和经济价值；张艺兰(2015)系统性地筛选出我国 71 个湿地研究案例点的价值评价数据并将其作为样本点，由点推面，对国内湿地生态系统的服务价值进行统计并分析。在对全国湿地系统现有的数据进行分区分析以及深入研究可以获悉，我国现有的 3 个区域：东北平原及山区、东部区域和青藏高原地区，在各项生态系统调节、对社会功能贡献方面发挥着极为显著的积极影响作用，同时，这 3 个部分也是目前我国湿地分布的密集区。

根据已有研究，针对生态系统服务功能量的评估采用模型模拟法，它是通过建立模拟生态系统，从而对计算该部分的过程进行评估，主要有如下几种模型：ARIES 模型（artificial intelligence for ecosystem services），Sol VES 模型（social values for ecosystem services）和 InVEST 模型（integrated valuation of ecosystem services and tradeoffs）。ARIES 模型是美国佛蒙特大学研究团队开发的生态系统服务功能评估模型（Villa et al.，2009）。该模型通过语义和人工智能建模，集合空间数据和相关算法等，对多种生态系统服务功能如水土保持、洪水调蓄管理、碳储量和碳汇、水资源供给等进行评估和量化。ARIES 模型主要建立在大量研究实例的基础之上，一般研究中需要较高分辨率的空间数据，并把一些可以影响生态系统服务功能的当地重要生态和社会经济因子考虑在内，故 ARIES 模型具有较高的生态系统服务功能评估精度。因为 ARIES 模型的地域局限性和所需数据的高精度要求，数据获取困难，目前还未得到广泛应用，但是未来发展前景良好，其应用在生态系统服务评估领域具有巨大的潜力和研究价值。Sol VES 模型是由美国的地质勘探局与科罗拉多州立大学合作联合开发，其目的在于评估生态系统服务功能社会价值的模型（Brown et al.，2012；Sherrouse et al.，2012）。该模型主要包括 3 个子模型：生态系统服务功能社会价值模型、价值制图模型、价值转换制图模型。该模型使用基于公众的态度和偏好得出的以非货币化价值指数表示的生态系统服务功能社会价值。因此，Sol VES 模型可以将环境数据同社会调查数据相结合用于评估生态系统文化服务功能，在这方面具有明显的优势。InVEST 模型是由自然资本项目支持开发的、开源的，用于量化多种生态系统服务功能的模型（Tallis et al.，2011）。InVEST 模型可以用于评估产水量、固碳、水质净化、土壤保持、作物授粉、生物多样性等几个重要的生态系统服务。此模型通过输入土地利用数据、气象条件数据、人类管理措施数据等来计算某个区域的生态系统服务功能，需要输入的数据信息普遍易得，操作简单，得到了广泛应用。在 3 种模型中，由于 InVEST 模型的开发已经较为成熟，模型本身简单易操作，能够整合社会经济因子和生态环境因子，且可以和一些空间分析工具直接联系起来，国内目前的研究对 InVEST 模型的应用较广泛。

1.4 南方丘陵山地屏障带生态系统服务提升与可持续发展

生态系统自身的结构和性质及社会经济系统各项活动会深刻、持续地影响生态系统服务的形成、流动、传输、消费等过程。生态系统服务与人类活动紧密联系，如国家政策、管理制度、民众消费、社会经济建设等人类活动从多角度、多方向对生态系统服务产生作用。人类不仅享用着来源于生态系统的各项利益，也通过干预生态过程来改变他们所得利益的大小和质量，是生态系统主要提供服务的对象。由于人类活动的频率、密度不尽相同，方式多种多样，生态系统本身具有动态性，生态系统服务和人类活动之间的关系非常复杂，二者相互作用，时刻处于动态变化中，这些因素都给生态系统服务的评估和研究提升带来一定的难度。一种人类活动能够影响到多种生态系统服务。同样，一种生态系统服务也可能会被多种人类活动方式所影响。人类在生态系统服务形成和传输的最后阶段对生态系统服务进行影响，通过消费和使用来赋予生态系统服务一定的社会或经济意义。

生态系统服务的下降和生态系统退化将严重影响人类对资源的获取和使用。如果不能实现资源的合理规划和利用，提高生态系统服务供给的可持续性，人类未来的发展将会受到资源短缺的严重制约。在这样的背景下，如何通过优化资源的空间配置来实现生态系统服务功能的提高，让土地更好地服务人类，从而实现自然生态系统和社会经济系统的全面发展，成为当下人类社会面临的一个关键的挑战。在这样的背景下，人们开始寻求生态系统保护和生态系统服务提升的方法和途径。目前，针对区域生态系统服务提升主要从以下几个方向展开尝试：①从土地资源的管理和利用角度出发，采取一系列行政、经济、法律和技术的综合性社会保障措施。通过制定一系列分级的管理政策、建立健全法律法规和规章制度来约束不合理不科学的土地管理、超量利用和开发行为，缓解人地矛盾，调整土地关系，监督和组织土地资源的开发利用，保护和合理利用土地资源。这是一种从社会经济系统角度出发的生态系统服务提升尝试，是直接对生态系统服务的使用者进行约束从而"促进社会经济系统正确使用生态系统服务"，有利于提高公众加强合理利用土地和生态系统保护的法律、道德意识。对于维护土地的社会主义公有制，加强土地资源保护，促进土地资源科学开发，巩固保护基本耕地，从而有效地利用有限的土地资源，实现社会经济的可持续发展具有重要的现实意义。②将保护生态系统作为中心，结合生态学基本原理和相关知识，开展生态系统服务提升研究，从而促进生态系统向可持续发展的方向改变。目前，大部分研究是从景观生态学的角度出发，通过维持景观安全格局来进行区域生态系统服务的维持和提升。景观安全格局是生态安全格局的重要组成部分，是指能保护和恢复生物多样性、维持生态系统结构和功能的完整性，实现生态经济环境问题的分析及内部控制并持续改善空间格局，其主要包括：景观组成数目、单元类型及空间配置与分布，景观格局优化软件相关的技术援助，情景分析，空间最优化模型和方法，景观结构和空间布局的数量进行优化调整，最大的综合性景观配置的生态，经济和其他利益的形成。

　　生态系统所受损害严重和生态系统功能退化，其原因主要是在生态建设中没有从空间上对土地资源利用和区域功能区划进行科学和合理的规划，导致生态系统保护主义进入盲目、错误、粗放的保护误区，社会经济不断发展与生态环境保护之间的矛盾日益加剧。如何建立一个科学的、符合社会发展需要的景观安全格局，从空间上平衡经济发展与生态环境保护之间的矛盾，成为当前亟待解决的落实国家生态文明建设以及实现区域可持续发展的一个重要的现实问题。景观格局优化是了解景观格局组成、构建景观安全格局、实现区域生态安全的重要手段，是缓和生态保护与经济发展冲突和矛盾的有效途径，开展景观格局优化方面的深入研究和探索具有重要的现实意义。

2 南方丘陵山地屏障带生态系统服务的评估

2.1 生态系统类型时空变化

本节从水源涵养服务、土壤保持、碳固定 3 个方面对生态系统服务进行了评估。常绿阔叶林是南方丘陵山地屏障带的主要生态系统类型，占整个南方丘陵山地屏障带总面积的比例超过 45%。1995—2015 年，区域内常绿阔叶林的面积持续增加，从 574 590.34km² 增加到 601 368.83km²。常绿针叶林是次主要生态系统类型，占整个南方丘陵山地屏障带总面积的比例超过 15%。1995—2015 年，其面积逐渐减少，从 252 376.25km² 减少到 210 545.00km²，但是，这种减少的趋势正在逐渐缓解，面积变化率分别为-9.00%、-2.72%、-4.01%和-1.83%。落叶阔叶林的面积变化呈现波动趋势，与 1995 年相比，2015 年其面积略有增加，为 40 163.88km²。区域内农田面积较大，1995—2015 年，农田面积占整个南方丘陵山地屏障带总面积的比例保持在 20%以上。1995—2015 年，农田面积从 261 693.05km² 增加到 267 618.07km²。城镇和建设用地在 1995—2015 年迅速扩张，其面积从 3697.29km² 增加到 11 664.92km²，面积变化率最大，分别为 18.97%、51.93%、38.58%和25.96%。区域内草地面积较少，占比低于 2%。1995—2015 年，草地面积一直在缓慢减少，从 11 884.49km² 减少到 10 686.78km²，面积变化率分别为-1.23%、-2.99%、-4.90%和-1.32%。区域内灌丛面积较少，占比低于 5%。1995—2015 年，灌丛面积先减少后增加，由 1995 年的 54 929.50km² 减少为 51 990.90km²，再增加到 56 646.10km²。其他生态系统类型的面积变化均不明显，基本保持稳定。与 1995 年相比，2015 年南方丘陵山地屏障带的自然生态系统(常绿针叶林、常绿阔叶林、落叶阔叶林、灌丛、草地、湿地)总面积略有减小，农田、城镇和建设用地总面积增加(图 2-1)。

区域内森林覆盖率较高，1995—2015 年的覆盖率均在 60%以上，表明区域内森林分布广，森林生态系统提供服务的潜力巨大。

如图 2-2 所示，常绿阔叶林在区域内广泛分布，其中，东部地区的常绿阔叶林，主要分布于中低海拔地区，该区域雨水丰沛，气候温暖；中部和西部地区的常绿阔叶林，主要分布于贵州、湖南、广西的温暖和潮湿地带。常绿针叶林主要分布于东部地区和西南地区,其中,东部地区的常绿针叶林分布于山顶部;西南地区的常绿针叶林主要分布于云南、贵州和广西北部。落叶阔叶林主要分布于区域北部靠近秦岭一带,该区域气温较低,降水量适中。灌丛主要分布于区域中部的山顶处。草地主要分布于区域西部地区,集中在云贵高原和四川东南部。农田主要分布于区域东北部的江西鄱阳湖周边,区域西北部重庆周边以及区域中部和南部主要城市周边。大部分农田集中于海拔较低、地势平缓的丘陵。城镇和建设用地主要集中分布于区域东部、西北部和南部。

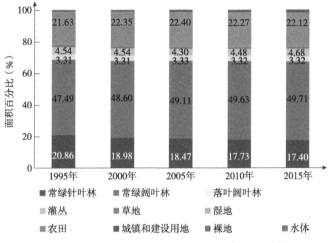

图 2-1 南方丘陵山地屏障带生态系统类型面积变化

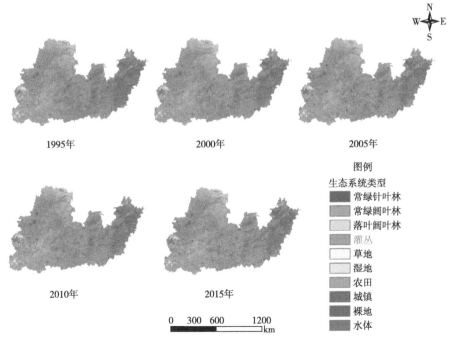

图 2-2 1995—2015 年各生态系统类型空间分布

9

1995—2015 年，南方丘陵山地屏障带的部分生态系统类型空间分布发生变化。如图 2-3 所示，常绿针叶林主要向常绿阔叶林、农田和灌丛转化。其中，常绿针叶林向常绿阔叶林转化最多，达 28 783.57km²，主要发生在区域东部；向农田转化了 10 847.42km²，主要发生在区域西部；向灌丛转化了 7290.41km²，主要发生在区域西部。常绿阔叶林主要向灌丛和常绿针叶林转化，向灌丛转化了 3880.21km²，主要发生在区域东部；向常绿针叶林转化了 3603.54km²，主要发生在区域中部。灌丛主要向常绿阔叶林转化，达 5821.75km²，主要发生在区域东部。农田主要向城镇和建设用地转化，达 6080.34km²，主要发生在区域西部重庆市周边和区域东北部大城市周边。

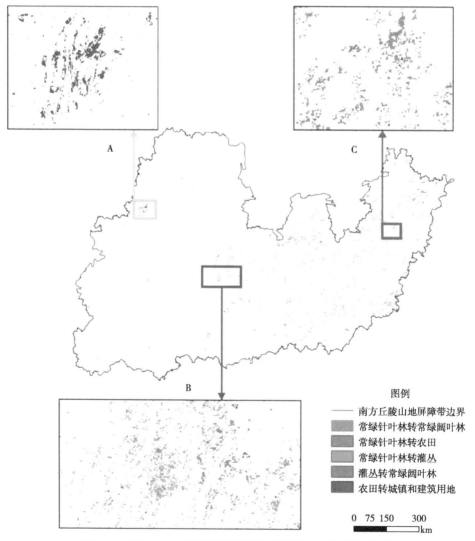

图 2-3　1995—2015 年南方丘陵山地屏障带生态系统类型转化

南方丘陵山地屏障带的森林线东部较高，西部较低，1995—2015 年，东部地区和中部地区的森林线上升，常绿阔叶林是山区主要的垂直基带。从东到西，森林生态系统结构由复杂到简单。从南到北，生态系统类型由常绿阔叶林过渡到落叶阔叶林。

2.2　生态系统服务功能时空变化

1995—2015 年，南方丘陵山地屏障带自然生态系统类型提供的水源涵养总量(图 2-4)以及各生态系统类型的水源涵养量见表 2-1。区域生态系统提供的水源涵养总量呈先下降、后上升的趋势，由 1995 年的 6251.42×10^{8}t 迅速降低至 2000 年的 5376.44×10^{8}t，再缓慢回升至 2005 年的 5507.67×10^{8}t。2005 年后，水源涵养量迅速增加，到 2015 年，已达到7371.16×10^{8}t。

1995—2015 年，不同生态系统类型提供的水源涵养量在结构上并没有显著的变化，从高到低依次为：常绿阔叶林、常绿针叶林、灌丛、落叶阔叶林、草地和湿地。常绿阔叶林和常绿针叶林生态系统为南方丘陵山地屏障带提供了大部分的水源涵养功能。1995—2015 年常绿阔叶林和常绿针叶林生态系统水源涵养的总贡献率分别为 93.51%、93.52%、93.98%、92.32% 和 90.91%。综上，南方丘陵山地屏障带森林生态系统提供了十分重要的水源涵养功能。湿地生态系统提供的水源涵养总量相对较少，因为其占总面积的比例小，1995—2015 年水源涵养的总贡献率仅占 0.17%、0.20%、0.20%、0.23% 和 0.25%。

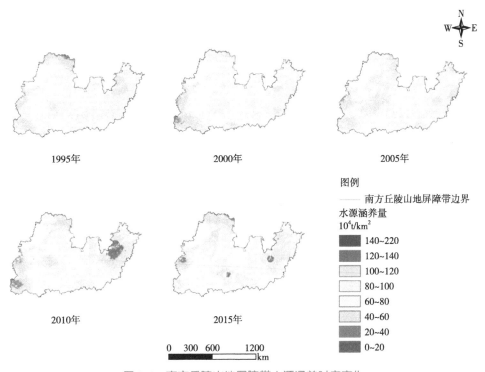

图 2-4　南方丘陵山地屏障带水源涵养时空变化

表 2-1　各生态系统服务类型水源涵养量　　　　　　　　　　　单位：×10⁸t

生态系统类型	1995 年	2000 年	2005 年	2010 年	2015 年
常绿针叶林	1388.57	1224.60	1124.09	1526.83	1541.19
常绿阔叶林	4457.10	3803.28	4051.93	5144.57	5159.74
落叶阔叶林	178.50	157.24	165.03	236.79	264.92
灌丛	190.93	157.78	135.64	270.49	351.15
草地	25.67	22.95	19.95	31.27	35.48
湿地	10.64	10.58	11.02	16.53	18.67
总量	6251.42	5376.44	5507.67	7226.47	7371.16

在生态系统水源涵养能力方面，不同生态系统的水源涵养能力存在差异（表 2-1）。湿地、常绿阔叶林、常绿针叶林和落叶阔叶林生态系统的水源涵养能力较强，单位面积年水源涵养量在 $50×10^4$t／（km²·a）以上；草地和灌丛生态系统提供的水源涵养能力较弱。不同类型生态系统的水源涵养能力随着时间的推移也发生了变化，20 年间，各类生态系统水源涵养能力呈现相同的趋势：先下降、后上升。其中，各类水源涵养能力在 1995—2005 年下降，在 2005—2015 年上升（图 2-5）。

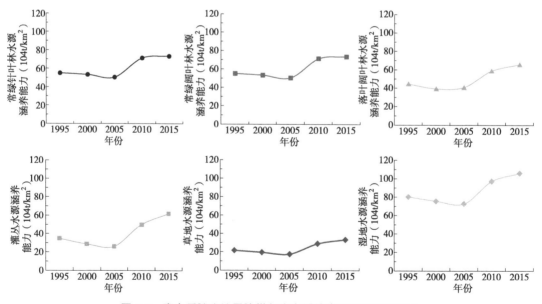

图 2-5　南方丘陵山地屏障带各生态系统类型水源涵养能力

对 5 个年份土壤保持量进行评估，结果如下：1995—2015 年，南方丘陵山地屏障带生态系统年土壤保持总量呈先下降后上升的趋势（图 2-6），土壤保持总量分别为 122.22×10^8t，115.94×10^8t，117.87×10^8t，120.48×10^8t 和 122.59×10^8t（表 2-2）。

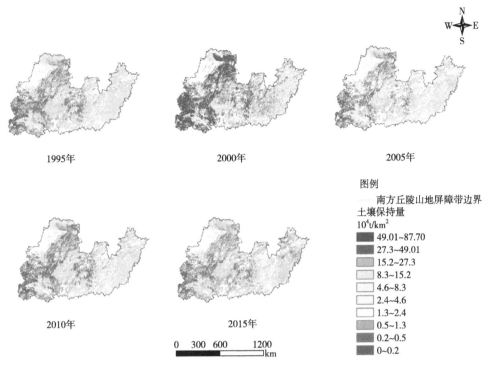

图 2-6　南方丘陵山地屏障带土壤保持时空变化

表 2-2　各生态系统服务类型土壤保持量　　　　　　　　　　　　　单位：×10^{8}t

生态系统类型	1995 年	2000 年	2005 年	2010 年	2015 年
常绿针叶林	32.30	27.79	27.71	27.24	27.37
常绿阔叶林	79.37	78.19	80.21	82.85	84.19
落叶阔叶林	5.22	5.00	5.08	5.18	5.34
灌丛	4.83	4.50	4.42	4.71	5.15
草地	0.37	0.32	0.32	0.33	0.35
湿地	0.13	0.13	0.15	0.17	0.18
总量	122.22	115.94	117.87	120.48	122.59

　　不同生态系统土壤保持量大小从结构上来看并没有变化，其排序都是常绿阔叶林>常绿针叶林>落叶阔叶林>灌丛>草地>湿地。森林生态系统是土壤保持功能的主要贡献者，5个年份总的贡献率为 95.45%、97.53%、95.05%、94.87%和 95.01%。其中，常绿林阔叶林生态系统的贡献率最大，分别为 67.73%、71.67%、68.06%、67.70%和 69.67%，常绿针叶林其次，分别为 22.21%、22.78%、20.41%、21.13%和 20.91%。南方丘陵山地屏障带的森林生态系统在土壤保持功能中也占据重要的地位。相比而言，草地和湿地生态系统

的水源涵养总量较少，20 年间，二者贡献率之和分别仅占 0.58%、0.62%、0.56%、0.66%和 0.73%。

由各类生态系统单位面积土壤保持量的统计结果可知，南方丘陵山地屏障带不同生态系统的土壤保持能力存在差异。常绿阔叶林的生态系统土壤保持能力最高，落叶阔叶林和常绿针叶林其次。草地生态系统土壤保持能力最弱，单位面积土壤保持量在 $0.4×10^4 t/(km^2/a)$ 以下。在 20 年间，整体上看，不同生态系统单位面积土壤保持量的变化趋势类似。但是，常绿阔叶林、落叶阔叶林和常绿针叶林生态系统的土壤保持能力在 1995—2000 年呈下降的趋势，在 2000—2015 年土壤保持能力增长(图 2-7)。

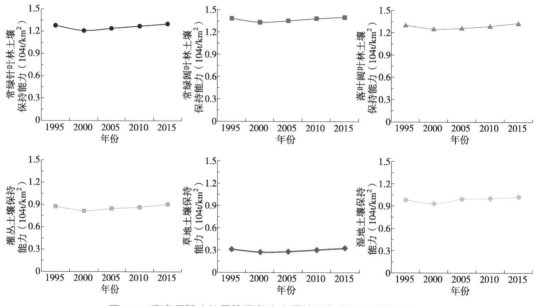

图 2-7　南方丘陵山地屏障带各生态系统服务类型土壤保持能力

对区域碳固能力进行定量分析，可得到各生态系统服务类型的碳固定量。由此可知，区域年生态系统碳固定总量呈先下降(1995—2000 年)、后上升(2000—2015 年)的趋势(图 2-8)。5 个年份的碳固定总量分别为 $35\,820.53×10^4 t$，$31\,139.52×10^4 t$，$31\,938.49×10^4 t$，$33\,716.79×10^4 t$ 和 $36\,594.51×10^4 t$(表 2-3)。不同生态系统碳固定量大小从结构上来看并没有变化，其排序都是常绿阔叶林>常绿针叶林>灌丛>落叶阔叶林>草地>湿地。由各生态系统碳固定占总量的比例可知，森林生态系统是碳固定功能的主要贡献者，5 个年份总贡献率分别为 94.26%、93.95%、94.07%、93.96% 和 94.10%。其中，常绿阔叶林生态系统贡献最大，5 个年份总贡献率分别为 63.61%、65.99%、66.84%、67.66% 和 67.99%。可见，森林生态系统在生态系统碳固定功能中处于重要地位。湿地和草地生态系统贡献的碳固定量相对较少，5 个年份二者贡献率之和分别仅占 0.98%、1.06%、1.06%、1.04%和 0.99%。

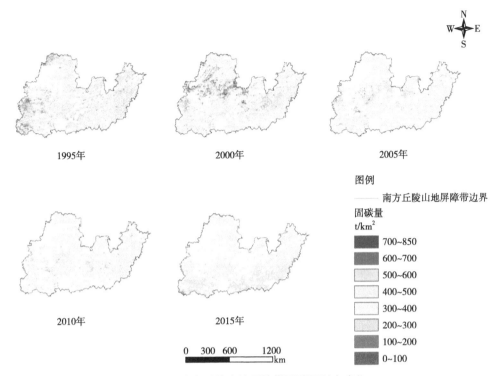

图 2-8　南方丘陵山地屏障带固碳量时空变化

表 2-3　各生态系统服务类型碳固定量　　　　　　　　　　单位：×10⁴t

生态系统类型	1995 年	2000 年	2005 年	2010 年	2015 年
常绿针叶林	9563.55	7496.68	7426.70	7535.71	8089.77
常绿阔叶林	22 785.38	20 549.13	21 346.32	22 813.44	24 881.03
落叶阔叶林	1413.86	1208.89	1270.81	1329.94	1464.21
灌丛	1705.40	1555.34	1554.53	1688.06	1797.61
草地	316.20	291.82	300.11	302.36	309.51
湿地	36.14	37.67	40.03	47.27	52.37
总量	35 820.53	31 139.52	31 938.49	33 716.79	36 594.51

　　南方丘陵山地屏障带不同生态系统类型的碳固定能力差异显著。常绿阔叶林、常绿针叶林和落叶阔叶林生态系统的碳固定能力较强，单位面积年碳固定量在 $300t/(km^2 \cdot a)$ 以上；湿地、灌丛和草地生态系统的碳固定能力相对较弱。生态系统的碳固定能力随着时间的推移也发生了变化，20 年间，各类生态系统碳固定能力呈现相同的趋势：先下降、后上升。其中，各类生态系统碳固定能力在 1995—2005 年下降，在 2005—2015 年上升，在 2015 年达到相对稳定(图 2-9)。

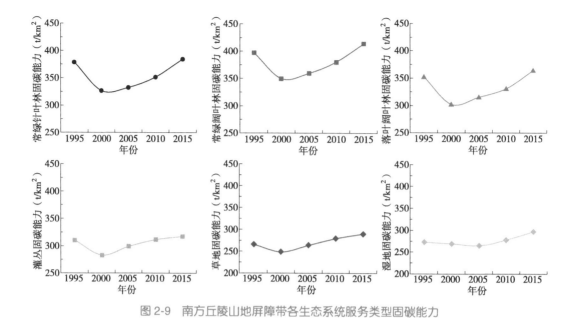

图 2-9　南方丘陵山地屏障带各生态系统服务类型固碳能力

2.3　生态系统服务变化驱动因素

在自然—社会—经济复合系统中，生态系统并不是保持不变的，而是一直处在动态中。生态系统所提供服务的变化受到多种不同因子在不同尺度上的综合影响(孔令桥，2018；Chen，2020)，既有自然因素的作用，也有社会经济因素的作用。生态系统服务变化的驱动力十分复杂(宗玮，2012)。自然因素一般包括气候条件(温度、水分、光照等)、地形地貌、土壤性质、植被类型等；社会经济因素的作用主要通过人类活动的频度和深度体现，一般包括经济活动交流、人口迁移流动、工程建设、消费、相关政策的实施、科学技术等。与自然因素的作用相比，社会经济因素的作用往往通过多种途径来影响生态系统提供的服务，这是由人类活动的多样性决定的。人类活动可以直接影响生态系统的结构组成和重要过程来影响生态系统服务(尹飞，2006；Ross T，2018；Meacham，2016)。目前，针对生态系统服务变化的驱动力研究主要集中在驱动因子的组成辨识、驱动机制的研究、驱动力的定性和定量分析 3 个方面(Butler，2014)。在研究方法上，目前，对区域生态系统服务变化的驱动力研究还处于起步阶段，主要通过综合土地利用驱动力的研究和生态系统服务评估来实现的。丁聪(2019)先分析了大通回族土族自治县 2001—2017 年土地利用的演变，再利用 SPSS 软件开展主成分分析，以探索驱动力的变化，最后开展区域生态系统服务价值计算。结果显示，社会经济发展因素是土地利用格局发生显著变化的主要驱动力，退耕还林还草工程的实施使得生态用地增加，生态系统服务价值增加。严恩萍等人(2014)首先分析了三峡库区 1990 年、1998 年、2006 年、2011 年 9 种生态系统服务价值的变化趋势，并在人类活动和自然因素对三峡库区生态系统服务价值的影响研究中采用人为影响综合指数。结果显示，区域内降水减少、气温升高不利于生态系统提供服务，但区域内林地面积逐渐增加，使得生态系统服务价值增加。苏常红等人（2018）评估了汾河上游流域产水量等 5 种生态系统服务，并筛选多种气象因子、地形因子和人文因素，使之共同构成较为全面的人类活动强度指数来进行驱动力研究。结果表明，人类活动强度同生态系统截留泥沙和产水量两种生态系统服务呈正相关关系，表明人类活动中的生态保护工程对提高区域生态系统调节服务有很大提升。

生态系统服务功能量变化的驱动因素包括自然因素和社会经济因素两大类。本研究在评估生态系统服务功能量的基础上，使用 SPSS 软件开展南方丘陵山地屏障带生态系统服务的驱动力研究。本研究参考其他学者已有的研究并结合数据的可获取性，选取降水、温度、太阳总辐射、生态系统服务类型的面积这 4 种自然因素，以及人口和 GDP 这两种社会经济因素，在 SPSS 中进行多元线性回归分析，得到线性回归方程，从而得到生态系统服务功能量变化的主要驱动因素。

本节从水源涵养变化、土壤保持变化、固碳量变化、生态系统服务类型变化 4 个方面来研究南方丘陵山地屏障带生态系统服务变化驱动因素。

2.3.1　水源涵养变化驱动力

（1）常绿针叶林

多元线性回归模型的结果显示，常绿针叶林对区域水源涵养服务功能量的贡献与降水、温度、太阳总辐射和常绿针叶林的面积呈正相关关系，且与降水、常绿针叶林的面积的正相关关系较大；常绿针叶林对区域水源涵养服务功能量的贡献与 GDP 和人口数量呈负相关关系，且与人口数量的负相关关系较大。

$$E_{wr} = 0.32 + 0.35X_{pr} + 0.21X_{tem} + 0.18X_L - 0.13X_{GDP} - 0.16X_{pop} \tag{2-1}$$

（2）常绿阔叶林

多元线性回归模型的结果显示，常绿阔叶林对区域水源涵养服务功能量的贡献与降水、温度、太阳总辐射和常绿阔叶林的面积呈正相关关系，且与降水、常绿阔叶林的面积的正相关关系较大；常绿阔叶林对区域水源涵养服务功能量的贡献与 GDP 和人口数量呈负相关关系，且与 GDP 的负相关关系较大。

$$E_{wr} = 0.17 + 0.47X_{pr} + 0.29X_{tem} + 0.05X_L - 0.33X_{GDP} - 0.28X_{pop} \tag{2-2}$$

（3）落叶阔叶林

多元线性回归模型的结果显示，落叶阔叶林对区域水源涵养服务功能量的贡献与降水、温度、太阳总辐射和落叶阔叶林的面积呈正相关关系，且与降水、落叶阔叶林的面积的正相关关系较大；落叶阔叶林对区域水源涵养服务功能量的贡献与 GDP 和人口数量呈负相关关系，且与 GDP 的负相关关系较大。

$$E_{wr} = 0.28 + 0.43X_{pr} + 0.24X_{tem} + 0.13X_L - 0.31X_{GDP} - 0.24X_{pop} \tag{2-3}$$

（4）灌丛

多元线性回归模型的结果显示，灌丛对区域水源涵养服务功能量的贡献与降水、温度、太阳总辐射和灌丛的面积呈正相关关系，且与降水、灌丛的面积的正相关关系较大；灌丛对区域水源涵养服务功能量的贡献与 GDP 和人口数量呈负相关关系，且与人口数量的负相关关系较大。

$$E_{wr} = 0.32 + 0.33X_{pr} + 0.27X_{tem} + 0.14X_L - 0.24X_{GDP} - 0.26X_{pop} \tag{2-4}$$

（5）草地

多元线性回归模型的结果显示，草地对区域水源涵养服务功能量的贡献与降水、温度、太阳总辐射和草地的面积呈正相关关系，且与降水、草地的面积的正相关关系较大；草地对区域水源涵养服务功能量的贡献与 GDP 和人口数量呈负相关关系，且与 GDP 的负相关关系较大。

$$E_{wr} = 0.32 + 0.35X_{pr} + 0.29X_{tem} + 0.13X_L - 0.19X_{GDP} - 0.24X_{pop} \tag{2-5}$$

（6）湿地

多元线性回归模型的结果显示，湿地对区域水源涵养服务功能量的贡献与降水、温度、太阳总辐射和湿地的面积呈正相关关系，且与降水、湿地的面积的正相关关系较大；湿地对区域水源涵养服务功能量的贡献与 GDP 和人口数量呈负相关关系，且与人口数量的负相关关系较大。

$$E_{wr} = 0.32 + 0.35X_{pr} + 0.27X_{tem} + 0.16X_L - 0.13X_{GDP} - 0.23X_{pop} \tag{2-6}$$

2.3.2 土壤保持变化驱动力

（1）常绿针叶林

多元线性回归模型的结果显示，常绿针叶林对区域土壤保持功能量的贡献与降水、温度、太阳总辐射和常绿针叶林的面积呈正相关关系，且与降水、常绿针叶林的面积的正相关关系较大；常绿针叶林对区域土壤保持服务功能量的贡献与 GDP 和人口数量呈负相关关系，且与人口数量的负相关关系较大。

$$E_{sr} = 0.14 + 0.29X_{pr} + 0.16X_{tem} + 0.11X_L - 0.46X_{GDP} - 0.19X_{pop} \tag{2-7}$$

（2）常绿阔叶林

多元线性回归模型的结果显示，常绿阔叶林对区域土壤保持功能量的贡献与降水、温度、太阳总辐射和常绿阔叶林的面积呈正相关关系，且与降水、常绿阔叶林的面积的正相关关系较大；常绿阔针叶林对区域土壤保持服务功能量的贡献与 GDP 和人口数量呈负相关关系，且与人口数量的负相关关系较大。

$$E_{sr} = 0.13 + 0.36X_{pr} + 0.17X_{tem} + 0.09X_L - 0.53X_{GDP} - 0.36X_{pop} \tag{2-8}$$

(3) 落叶阔叶林

多元线性回归模型的结果显示，落叶阔叶林对区域土壤保持功能量的贡献与降水、温度、太阳总辐射和落叶阔叶林的面积呈正相关关系，且与降水、落叶阔叶林的面积的正相关关系较大；落叶阔针叶林对区域土壤保持服务功能量的贡献与 GDP 和人口数量呈负相关关系，且与 GDP 的负相关关系较大。

$$E_{sr} = 0.19 + 0.31X_{pr} + 0.16X_{tem} + 0.12X_L - 0.51X_{GDP} - 0.34X_{pop} \tag{2-9}$$

(4) 灌丛

多元线性回归模型的结果显示，灌丛对区域土壤保持功能量的贡献与降水、温度、太阳总辐射和灌丛的面积呈正相关关系，且与降水、灌丛的面积的正相关关系较大；灌丛对区域土壤保持服务功能量的贡献与 GDP 和人口数量呈负相关关系，且与 GDP 的负相关关系较大。

$$E_{sr} = 0.08 + 0.24X_{pr} + 0.14X_{tem} + 0.07X_L - 0.39X_{GDP} - 0.29X_{pop} \tag{2-10}$$

(5) 草地

多元线性回归模型的结果显示，草地对区域土壤保持功能量的贡献与降水、温度、太阳总辐射和草地的面积呈正相关关系，且与降水、草地的面积的正相关关系较大；草地对区域土壤保持服务功能量的贡献与 GDP 和人口数量呈负相关关系，且与 GDP 的负相关关系较大。

$$E_{sr} = 0.11 + 0.22X_{pr} + 0.11X_{tem} + 0.08X_L - 0.34X_{GDP} - 0.22X_{pop} \tag{2-11}$$

(6) 湿地

多元线性回归模型的结果显示，湿地对区域土壤保持功能量的贡献与降水、温度、太阳总辐射和湿地的面积呈正相关关系，且与降水、湿地的面积的正相关关系较大；湿地对区域土壤保持服务功能量的贡献与 GDP 和人口数量呈负相关关系，且与 GDP 的负相关关系较大。

$$E_{wr} = 0.32 + 0.35X_{pr} + 0.27X_{tem} + 0.16X_L - 0.13X_{GDP} - 0.23X_{pop} \tag{2-12}$$

2.3.3 固碳量变化驱动力

(1) 常绿针叶林

多元线性回归模型的结果显示，常绿针叶林对区域碳固定功能量的贡献与降水、温度、太阳总辐射和常绿针叶林的面积呈正相关关系，且与光合有效辐射、常绿针叶林的面积的正相关关系较大；常绿针叶林对区域碳固定服务功能量的贡献与 GDP 和人口数量呈负相关关系，且与人口数量的负相关关系较大。

$$E_{cr} = 0.41 + 0.21X_{pr} + 0.18X_{tem} + 0.38X_L - 0.33X_{GDP} - 0.29X_{pop} \tag{2-13}$$

（2）常绿阔叶林

多元线性回归模型的结果显示，常绿阔叶林对区域碳固定功能量的贡献与降水、温度、太阳总辐射和常绿阔叶林的面积呈正相关关系，且与光合有效辐射、常绿阔叶林的面积的正相关关系较大；常绿阔叶林对区域碳固定服务功能量的贡献与 GDP 和人口数量呈负相关关系，且与 GDP 的负相关关系较大。

$$E_{cr}=0.46+0.24X_{pr}+0.23X_{tem}+0.44X_{L}-0.41X_{GDP}-0.33X_{pop} \tag{2-14}$$

（3）落叶阔叶林

多元线性回归模型的结果显示，落叶阔叶林对区域碳固定功能量的贡献与降水、温度、太阳总辐射和落叶阔叶林的面积呈正相关关系，且与太阳总辐射、落叶阔叶林的面积的正相关关系较大；落叶阔叶林对区域碳固定服务功能量的贡献与 GDP 和人口数量呈负相关关系，且与 GDP 的负相关关系较大。

$$E_{cr}=0.35+0.22X_{pr}+0.21X_{tem}+0.44X_{L}-0.42X_{GDP}-0.31X_{pop} \tag{2-15}$$

（4）灌丛

多元线性回归模型的结果显示，灌丛对区域碳固定功能量的贡献与降水、温度、太阳总辐射和灌丛的面积呈正相关关系，且与太阳总辐射、灌丛面积的正相关关系较大；灌丛对区域碳固定服务功能量的贡献与 GDP 和人口数量呈负相关关系，且与 GDP 的负相关关系较大。

$$E_{cr}=0.38+0.16X_{pr}+0.22X_{tem}+0.23X_{L}-0.36X_{GDP}-0.26X_{pop} \tag{2-16}$$

（5）草地

多元线性回归模型的结果显示，草地对区域碳固定功能量的贡献与降水、温度、太阳总辐射和草地的面积呈正相关关系，且与降水、草地面积的正相关关系较大；草地对区域碳固定服务功能量的贡献与 GDP、人口数量呈负相关关系，且与 GDP 的负相关关系较大。

$$E_{cr}=0.39+0.18X_{pr}+0.21X_{tem}+0.26X_{L}-0.34X_{GDP}-0.24X_{pop} \tag{2-17}$$

（6）湿地

多元线性回归模型的结果显示，湿地对区域碳固定功能量的贡献与降水、温度、太阳总辐射和湿地的面积呈正相关关系，且与降水、湿地面积的正相关关系较大；湿地对区域碳固定服务功能量的贡献与 GDP、人口数量呈负相关关系，且与 GDP 的负相关关系较大。

$$E_{cr}=0.42+0.19X_{pr}+0.18X_{tem}+0.22X_{L}-0.31X_{GDP}-0.27X_{pop} \tag{2-18}$$

2.3.4 生态系统服务变化驱动力

（1）常绿针叶林

多元线性回归模型的结果显示，不同生态系统类型对区域生态系统服务功能量的影响存在差异性。常绿针叶林对区域生态系统服务功能量的影响与降水、温度、太阳总辐射和常绿针叶林的面积呈正相关关系，且与降水、常绿针叶林面积的正相关关系较大；常绿针叶林对区域生态系统服务功能量的贡献与 GDP、人口数量呈负相关关系，且与 GDP 的负相关关系较大。

$$E=0.19+0.27X_{pr}+0.24X_{tem}+0.19X_L-0.33X_{GDP}-0.21X_{pop} \qquad (2\text{-}19)$$

（2）常绿阔叶林

多元线性回归模型的结果显示，不同生态系统类型对区域生态系统服务功能量的影响存在差异性。常绿阔叶林对区域生态系统服务功能量的影响与降水、温度、太阳总辐射和常绿阔叶林的面积呈正相关关系，且与降水、常绿阔叶林面积的正相关关系较大；常绿阔叶林对区域生态系统服务功能量的贡献与 GDP、人口数量呈负相关关系，且与 GDP 的负相关关系较大。

$$E=0.22+0.31X_{pr}+0.28X_{tem}+0.24X_L-0.36X_{GDP}-0.29X_{pop} \qquad (2\text{-}20)$$

（3）落叶阔叶林

多元线性回归模型的结果显示，不同生态系统类型对区域生态系统服务功能量的影响存在差异性。落叶阔叶林对区域生态系统服务功能量的影响与降水、温度、太阳总辐射和落叶阔叶林的面积呈正相关关系，且与降水、落叶阔叶林面积的正相关关系较大；落叶阔叶林对区域生态系统服务功能量的贡献与 GDP、人口数量呈负相关关系，且与 GDP 的负相关关系较大。

$$E=0.18+0.28X_{pr}+0.26X_{tem}+0.23X_L-0.32X_{GDP}-0.22X_{pop} \qquad (2\text{-}21)$$

（4）灌丛

多元线性回归模型的结果显示，不同生态系统类型对区域生态系统服务功能量的影响存在差异性。灌丛对区域生态系统服务功能量的影响与降水、温度、太阳总辐射和灌丛的面积呈正相关关系，且与降水、灌丛面积的正相关关系较大；灌丛对区域生态系统服务功能量的贡献与 GDP、人口数量呈负相关关系，且与 GDP 的负相关关系较大。

$$E=0.08+0.21X_{pr}+0.18X_{tem}+0.16X_L-0.25X_{GDP}-0.13X_{pop} \qquad (2\text{-}22)$$

（5）草地

多元线性回归模型的结果显示，不同生态系统类型对区域生态系统服务功能量的影响存在差异性。草地对区域生态系统服务功能量的影响与降水、温度、太阳总辐射和草地的面积呈正相关关系，且与降水、草地面积的正相关关系较大；草地对区域生态系统服务功能量的贡献与 GDP、人口数量呈负相关关系，且与 GDP 的负相关关系较大。

$$E=0.13+0.17X_{pr}+0.15X_{tem}+0.14X_L-0.23X_{GDP}-0.13X_{pop} \qquad (2\text{-}23)$$

（6）湿地

多元线性回归模型的结果显示，不同生态系统类型对区域生态系统服务功能量的影响存在差异性。湿地对区域生态系统服务功能量的影响与降水、温度、太阳总辐射和湿地的面积呈正相关关系，且与降水、湿地面积的正相关关系较大；湿地对区域生态系统服务功能量的贡献与 GDP、人口数量呈负相关关系，且与 GDP 的负相关关系较大。

$$E = 0.12 + 0.18X_{pr} + 0.14X_{tem} + 0.13X_L - 0.23X_{GDP} - 0.11X_{pop} \tag{2-24}$$

2.4 小结

南方丘陵山地屏障带内的生态系统中森林所占比重很大，1995—2015 年研究时段森林面积的占比均在 70% 以上，其中，常绿阔叶林较多，占整个南方丘陵山地屏障带总面积的比例超过 45%，常绿针叶林其次。常绿阔叶林主要特点表现为宽阔的冠层，可对降水进行拦截和再分配，常绿阔叶林宽阔的叶片有效地降低降水对植被和土壤的冲击；常绿阔叶林林地上通常存在枯落物层，该层可阻滞并减缓地表径流及其对土壤层的冲刷。常绿阔叶树种的根系群比较庞大且复杂，改变了土壤结构，土壤不容易移动，并且使土壤中存在大量的空隙，特别是非毛管空隙，暴雨时降水的迅速下渗，降水流入地下贮存，有效地减缓土壤流失和增加水源涵养。常绿阔叶林的叶片面积较大，光转化率高，且内部结构复杂，生物多样性高，能够提供更高的碳固定服务。在南方丘陵山地屏障带单位面积森林生态服务功能的对比中，常绿阔叶林都位于前列，常绿阔叶林具有更强的提供水源涵养服务的能力。因此，南方丘陵山地屏障带生态系统保护的主要方向应该是保护常绿阔叶林。南方丘陵山地屏障带拥有丰富的森林资源，在提供林业产品、减少土地资源损失、防止泥沙滞留和淤积、保育土壤肥力、减少风沙灾害和减少土体崩塌泄流等效用方面具有重要作用。南方丘陵山地屏障带的森林生态系统具有提高区域生态环境质量、发展经济和保护生态安全的重要功能。因此，应继续加强对南方丘陵山地屏障带的森林生态系统保护，充分发挥区域生态屏障作用。

由 3 种生态系统服务的变化情况可知，1995—2000 年，南方丘陵山地屏障带的自然生态系统面积下降，生态系统服务水平下降；2000—2015 年，生态系统服务水平有所提升。这与南方地区实施退耕还林工程和天然林资源保护工程有关。南方地区是我国实施退耕还林工程的主战场之一。在长江流域和南方地区，江西、湖南、贵州、湖北、云南、广西、重庆等 11 个省（自治区、直辖市）的部分县进行退耕还林工程，涉及 1130 个县，2300 多万农民，8800 多万农村人口。退耕还林政策主要在我国水土资源流失、土地沙化问题严重的地区实施较多，退耕还林主要针对 15° 以上，特别是 25° 以上的陡坡耕地进行，总投资达 70.6 亿元，主要集中在长江中下游及南方地区，此次实施共涉及 1.57 万亩森林。中国天然林资源环境保护工程在 1998 年开始试点，特别是在 2000 年 10 月，国务院批准了《长江上游黄河上中游地区天然林资源管理保护信息工程项目实施教学方案》和《东北内蒙古等重点国有林区天然林资源可以保护建筑工程建设实施研究方案》，上游长江三峡库区为界，涉及云南、四川、贵州、重庆、湖北、西藏 6 个省（自治区、直辖市）中上游，黄河小浪底水库为界，涉及陕西、甘肃、青海、宁夏、内蒙古、山西、河南 7 个省（自治区）。南方丘陵山地屏障带应继续实施退耕还林工程和天然林资源保护工程，在中部和西部继续推进生态恢复措施，争取实现可持续发展和生态文明。

降水是生态系统的水分来源之一，是生态系统水分的重要输入。降水对生态系统服务的影响体现在多个方面。降水是水资源供给和水源涵养两种关键生态系统服务的重要条件，降水经过生态系统时会产生重新分配，一部分形成地表径流，一部分形成穿透降雨，还有一部分被生态系统的林冠截留。穿越冠层的水分被凋落物截持，然后渗透进入土壤，完成降水由大气到土壤的转化过程（杜晨亮，2019）。另外，降水也是生态系统中养分转移的重要介质和载体，是养分生物在地球的化学循环过程中的重要节点（龚诗涵 等，2017）。降水过程中，硫、氮、钙、镁等离子随水分输入各类生态系统中，该过程影响植被的生长，进而对生态系统土壤保持服务的供给造成影响。过多或者极少的降水容易造成洪涝或者干旱灾害，也会影响土壤本身的质地和性质，从而影响土壤保持服务的能力。对于碳固定服务，降水量和分配直接影响区域植被的生长，从而影响生态系统二氧化碳的交换。另外，降水改变土壤水分含量，进而对植物的净生态系统生产力（NEP）产生影响。

温度是影响生态系统服务供给水平的重要因素之一。一方面，温度的变化直接影响植被的光合作用和呼吸作用，影响植被的生长，从而影响生态系统提供土壤保持服务的水平。对于碳固定服务（王德旺，2013），在光合作用适宜的温度范围内，其他条件不变，植被的光能利用率高，植被能够固定更多的碳。温度也影响土壤的性质，影响土壤的异养呼吸（唐玉姝 等，2013）。另一方面，温度变化直接影响生态系统的蒸散发，影响水源涵养服务供给水平。

太阳辐射为地球提供光和热，是地球大气圈、水圈、生物圈等圈层运动的驱动力，也是气候形成的重要因素之一（赵育民 等，2007）。太阳辐射是影响光合有效辐射的重要因素，太阳辐射也是生态系统植物生长所需的能量来源，是植被生产力的关键因子。太阳总辐射是植被进行光合作用的能量之源，有研究显示，太阳总辐射增加到一定程度会促进植物生长，延长植物光周期，在保持植被长势良好的情况下，生态系统的水源涵养能力强。此外，有研究表明，适度增加光照，提高太阳辐射量，能够使土壤的含水量增加，对改善土壤水分条件，提高生态系统土壤保持能力具有重要的意义。太阳总辐射从高纬度到低纬度逐渐减弱，温度随纬度值变高逐渐减低，决定了植被的纬度地带性，进而影响区域植被类型的分布。人口数量变化和国内生产总值（GDP）变化是社会经济系统的重要因子之一，从一定程度上代表人类活动的强度以及人类活动对生态系统的影响。随着城市化进程的加快，人口越来越向城市区域集中，建筑用地面积扩张，可能造成森林、草地和湿地等生态系统类型面积持续减少及其向建设用地的转化，从而降低生态系统服务水平。另外，人类活动可以通过宏观的政策调控和相关法律法规的约束来影响生态系统类型的变化。近年来，国家发展高度重视教育生态经济环境信息保护，在全国范围内实施了一系列的生态系统工程，特别是在南方长江中游地区通过实施植树造林工程以及退耕还林工程。在项目区实施植树造林、天然林保护等工程，对水资源保护起到了积极作用。与此同时，森林砍伐、采矿等人类活动较少的低干扰区对区域生态系统的恢复及提高生态系统服务水平方面起到积极作用。

3 南方丘陵山地屏障带生态系统服务提升途径

3.1 生态系统服务提升研究方法

本节的内容是基于景观生态学理论、可持续发展理论、生态学基本理论等知识，优化区域空间格局，主要内容有土地利用空间格局优化的数学表达、生态系统服务提升的目标函数和限制性条件、土地利用优化配置的理论和方法，为开展生态系统服务提升的土地利用优化配置方案奠定理论基础。

3.1.1 空间格局优化的数学表达

空间格局优化可以具体化为区域的土地利用优化配置，区域的生态系统格局优化问题具体为一定区域内生态系统类型的组合和数量关系。生态系统格局优化配置的目的是将各种生态系统类型分配到合适的位置，以获得更大的生态效益。生态系统格局优化配置的问题分为 4 个组成部分：

$$M = (T, A, L, F) \tag{3-1}$$

式中：T 为空间单元上的生态系统类型；A 为不同情境下的生态系统空间配置；L 为约束限制条件（包括空间位置和数量限制）；F 为生态系统服务提升的目标函数。

生态系统空间配置的目标是从方案中寻找最佳解：

$$F(A_{\text{best}}) > F(sA), \quad \forall s \in A \tag{3-2}$$

3.1.2 空间格局优化的目标函数

生态系统空间优化配置的目标函数是对区域优化目标的公式化、定量化刻画（赵志刚等，2017）。目标函数是否能够精确地表达生态系统服务提升的含义，会影响结果的可靠性。借助 GeoSOS-FLUS 软件等可以方便地计算区域土地利用在多层次生态系统服务提升水平情境下的空间格局或者布局方案，为选择多样化的生态系统布局方案提供了方法和技术基础。

3.1.3 空间格局优化的约束条件

生态系统作用的范围,下至岩石圈表层、上至大气圈下部的对流层,包括全部的水圈和生物圈。在确定了自然因素约束条件的前提下,以各种土地利用类型的优化配置方案作为参数,使定性转换为定量,位置由不确定转化为一定范围。另外,也可以通过定位不同层次的生态系统服务提升水平和确定了自然因素约束条件的前提下,反推出不同的土地利用类型优化配置方案。社会经济因素约束条件包括人口数量、民族、宗教、农业、工业、交通、商业、相关的规划或者政策、区域经济发展状况、区域经济结构、居民收入、消费者结构等多方面。社会经济系统是以个人为核心,包括社会、经济及生态环境等领域,涉及各个方面和生存环境的诸多复杂因素的巨型系统。它与物理系统的根本区别是社会经济系统中存在决策环节,人的主观意识对该系统具有极大的影响。社会经济因素约束条件体现的是社会经济系统对生态系统的人类活动影响,对生态系统服务水平的人类活动影响。自然因素约束条件和社会经济因素约束条件体现了可持续发展理念中重要的两方面。

3.1.4 空间格局优化的实施

以南方丘陵山地屏障带土地利用数据及预测数据为基础,依据不同二级生态系统类型提供的主要生态系统服务的不同,以提升综合生态系统服务水平为目标,基于元胞自动机(cellular automata,CA)的原理,使用 GeoSOS-FLUS 软件,对南方丘陵山地屏障带的生态系统空间分布格局开展优化,得到不同情境下、多层次生态系统服务水平提升后的南方丘陵山地屏障带生态系统空间分布数据。元胞自动机模型是一种通过定义的计算规则来模拟生态系统空间分布时空动态的模型。它是一种在多个尺度内部呈离散状态的整体化系统,元胞自动机模型遵循一种固定的演化规则,并根据这种独特的规则,对元胞状态进行持续性的更新和变化,从而达到动态模拟某一系统的过程(张慧芳,2012)。元胞自动机模型主要为"自下而上"的研究方式,自动化的复杂计算功能及动态的情景模拟能力,这些优势让它在模拟生态系统的时空动态演变方面拥有速度快、精度高的特点。元胞自动机模型和其他模型的综合使用,能够融入宏观的政策等因素,更加全面和科学地开展土地利用变化的模拟与预测,从而为区域可持续发展提供强有力的基础数据技术支撑。元胞自动机模型通过与其他模型相结合,在综合考虑各种限制因素和转换规则的前提下,通过反复迭代综合空间分析与非空间分析,模拟土地利用变化情景,在国内外已经形成了较为成熟的研究模型。

FLUS 模型是用于模拟人类社会活动与自然环境影响下的土地资源利用变化发展以及企业未来土地利用情景的模型。该模型是基于元胞自动机导出的原理,并对传统的元胞自动机进行了较大改进。首先,FLUS 模型可以采用人工神经系统网络的机器学习算法(artificial neural network,ANN)从一期土地资源利用信息数据与包含以个人为管理活动与自然环境效应的多种驱动力因子(气温、降水、土壤、地形、交通、区位、政策发展等方面),

获取企业各类建设用地类型在研究工作范围内的适宜性概率。其次，通过利用简档数据，基于 FLUS 模型进行仿真分析，可以更好地避免错误信息传播。另外，在模型研究土地发展变化特征过程中，FLUS 模型提出了作为一种基于轮盘赌选择的自适应惯性竞争市场机制，这种机制能非常有效地处理多种土地资源利用数据类型，在自然环境与人类社会生产生活活动共同影响下，能够应对数据发生相互转化时所产生的不确定性与复杂性，因此，FLUS 模型的分析结果具有相对较高的模拟精度，能获得与现实生产过程中土地开发利用真正的分布相似的结果。GeoSOS-FLUS 软件是使用基于多级土地开发 FLUS 模型的原理，继承其前身软件 GeoSOS 发展起来的。GeoSOS-FLUS 软件可以为用户提供相关的数据，从而实现发展空间土地资源利用这些变化模拟的功能。但是在对企业其未来土地开发利用变化情况进行分析模拟时，则需要让用户先应用其他研究方法（系统动力学模型或马尔科夫链），或使用预设情景来确定未来土地利用变化的数量，让其作为基础数据完成对 GeoSOS-FLUS 模型的输入。GeoSOS-FLUS 软件能较好地应用于土地利用变化模拟与未来土地利用情景的预测和分析中，是进行地理空间模拟、参与空间优化、辅助决策制定的有效工具（李国珍，2018）。在本研究中，南方丘陵山地屏障带区域生态系统服务提升研究步骤如下：

（1）发展情景设定

考虑到区域的土地利用结构及土地资源的空间配置受政策影响较大，根据分级指导和宏观控制相结合、生态环境保护和土地资源利用并举、实事求是与因地制宜等基本原则，以 2030 年为目标年，设定以下 3 种发展情景：

发展情景 1（本底发展情景）：南方丘陵山地屏障带基于 1995—2015 年的本底条件和当前发展趋势，在没有人为的宏观政策调控下，遵循自然演变规律，实现发展。

发展情景 2（协调发展情景）：在《全国主体功能区规划》《全国土地利用总体规划纲要（2006—2020 年）》等宏观政策的调控下，在保持区域经济稳定发展的前提下，充分开展土地利用的空间格局优化，实现经济效益与生态效益协调发展。

发展情景 3（生态优先情景）：加强南方丘陵山地屏障带的生态用地保护，促进区域生态系统恢复，优化生态安全格局，实现生态系统服务水平最大化。

（2）设定目标函数

在本研究中，以南方丘陵山地屏障带区域几种主要生态系统服务的综合水平提升为目标。基于此目标，生态系统服务提升的目标函数设定如下（Pan，2013；Wu，2017）。

$$EST = \sum_{1}^{n} ES_n \tag{3-3}$$

式中：EST 为南方丘陵山地屏障带生态系统服务总量；n 为生态系统服务类型数（在本研究中为3）。

对某种生态系统服务类型总量进行归一化：

$$ES_n = \frac{ES_{n,\,i} - E_{n,\,i\text{-min}}}{ES_{n,\,i\text{-max}} - ES_{n,\,i\text{-min}}} \tag{3-4}$$

式中：n 为生态系统服务类型总数（在本研究中为3）；i 为生态系统类型。

$$ES_{n,i} = k_{n,1}X_1 + k_{n,2}X_2 + k_{n,3}X_3 + \cdots + k_{n,i}X_6 \tag{3-5}$$

式中：$ES_{n,i}$ 为区域内第 n 种生态系统服务水平总量；i 为生态系统类型；$k_{n,i}$ 为 2015 年相应生态系统类型能够提供生态系统服务的能力；$X_1 \sim X_6$ 分别为 6 种提供生态系统调节服务的生态系统类型的面积。

（3）设定生态系统类型分布约束条件

生态系统类型分布的约束条件根据已发表的相关数据、南方丘陵山地屏障带的实际情况以及情景设定，具体从以下几个方面设立约束条件：土地总面积约束条件、不同生态系统类型生长的环境条件(降水量、温度、坡度、海拔)、南方丘陵山地屏障带区域的土地开发强度。约束条件的具体设定参考区域的土地政策、资源利用政策以及相关的规划、目标等文件，数据来源主要有《全国主体功能区规划》《全国土地利用总体规划纲要(2006—2020 年)》，具体设定如下：

①土地总面积约束

各土地利用类型面积的总和应等于区域的总面积，即：

$$A = \sum_{i=1}^{n} A_i \tag{3-6}$$

式中：A 为区域的总面积，km^2，本区域的总面积为 1 209 808.33km^2；n 为生态系统类型的数量；A_i 为某种生态系统类型 i 的面积，km^2。

②各生态系统类型面积约束

根据《全国主体功能区规划》《全国土地利用总体规划纲要(2006—2020 年)》的要求，南方丘陵山地屏障带区域的规划目标如下：一方面，对于限制开发区域，要求森林覆盖率提高，林地面积增加；草原面积保持稳定；水体、湿地、林地、草地等绿色生态空间扩大，人类活动占用的空间控制在 2015 年水平，控制土地开发强度，不再增加建设用地，建筑面积基本保持稳定。另一方面，限制开发区域的人口总量下降，部分人口转移到城市。设立禁止开发区，禁止进行土地开发、放牧、砍伐以及其他对区域生态环境有损害的活动，严格控制人为因素对自然生态环境完整性的干扰，人口数量不再增加，并引导人口逐步有序转移，提高区域生态环境质量。

各生态系统类型面积约束条件见表 3-1。

$$T_i = 0.0625 \times N_i \tag{3-7}$$

式中：T_i 为生态系统类型 i 的最大适宜分布面积；N_i 为生态系统类型 i 在最大适宜分布情况下的栅格数量。

③土地开发强度约束

土地开发强度通常是指建设用地总量占行政区域面积的比例。根据《全国主体功能区规划》《全国土地利用总体规划纲要(2006—2020 年)》的要求，南方丘陵山地屏障带区域的土地开发强度不超过 5%，开发强度以县级行政区为单位进行计算：

$$X_8 / A_j \leqslant 5\% \tag{3-8}$$

式中：X_8 为城镇和建设用地面积，km^2；A_j 为 j 县行政区的面积，km^2。

表 3-1　各生态系统类型面积约束条件　　　　　　　　　　单位：km²

序号	名称	二级约束条件	一级约束条件
X_1	常绿针叶林面积	$210\,545.00 \leqslant X_1 \leqslant T_1$	
X_2	常绿阔叶林面积	$601\,368.83 \leqslant X_2 \leqslant T_2$	$X_1 + X_2 + X_3 + X_4 \leqslant$
X_3	落叶阔叶林	$40\,163.88 \leqslant X_3 \leqslant T_3$	$908\,723.81$
X_4	灌丛	$56\,646.10 \leqslant X_4 \leqslant T_4$	
X_5	草地	$10\,686.78 \leqslant X_5 \leqslant T_5$	无
X_6	湿地	$1761.88 \leqslant X_6 \leqslant T_6$	无
X_7	农田	$267\,618.07 \leqslant X_7 \leqslant T_7$	无
X_8	城镇和建设用地	$11\,664.92 \leqslant X_8 \leqslant T_8$	无
X_9	裸地	$0 \leqslant X_9 \leqslant 11.18$	无
X_{10}	水体	$9341.68 \leqslant X_{10} \leqslant T_{10}$	无

④生态系统类型分布适宜性约束

适宜性约束是研究生态系统类型对不同自然条件的适宜程度。自然条件主要包括：高程、坡度、坡向、降水、光照、温度、土壤。本研究基于人工神经网络进行适宜性概率计算。

人工神经网络算法（ANN）包括预测与训练阶段，由输入层、隐含层、输出层组成，具体计算公式如下：

$$sn(p,\,i,\,t) = \sum_j \omega_{j,\,i} \times sig\,[net_j(n,\,t)\,]$$
$$= \sum_j \omega_{j,\,i} \times \frac{1}{1 + e^{-net_j(n,\,t)}} \tag{3-9}$$

式中：$sn(p,\,i,\,t)$ 为 i 类型用地在时间 t、栅格 n 下的适宜性概率；$\omega_{j,\,i}$ 为输出层与隐藏层的权重；$sig\,[net_j(n,\,t)\,]$ 为二者的激励函数；$net_j(n,\,t)$ 为第 j 个隐藏层栅格 n 在时间 t 上的信号。

适宜性概率总和为 1：

$$\sum_k sq(n,\,i,\,t) = 1 \tag{3-10}$$

生态系统类型转化概率受到惯性系数、地类竞争、转换成本及邻域密度因素影响。各类型用地具有惯性系数，第 k 种地类在 t 时刻的自适应惯性系数 Ia_i^t 为：

$$Ia_i^t \begin{cases} Ia_i^{t-1} & |D_i^{t-2}| \leqslant |D_i^{t-1}| \\[2mm] Ia_i^{t-1} \times \dfrac{D_i^{t-2}}{D_i^{t-1}} & 0 > D_i^{t-2} > D_i^{t-1} \\[2mm] Ia_i^{t-1} \times \dfrac{D_i^{t-2}}{D_i^{t-1}} & D_i^{t-1} > D_i^{t-2} > 0 \end{cases} \tag{3-11}$$

式中：D_i^{t-1}、D_i^{t-2} 分别为 $t-1$、$t-2$ 时刻需求数量与栅格数量在第 i 种类型用地的差值。

使 CA 模型迭代确定各生态系统类型分布。在 t 时刻，栅格 n 转化为 i 用地类型的概率：

$$T^t_{n,\,i} = sn(n,\,i,\,t) \times \varphi^t_{n,\,t} \times Ia^t_i \times (1 - sc_{c \to i}) \qquad (3\text{-}12)$$

式中：$sc_{c \to i}$ 为 c 生态系统类型改变为 i 生态系统类型的成本；$1 - sc_{c \to i}$ 为转换困难度；$\varphi^t_{n,\,t}$ 为邻域效应，其公式为：

$$\varphi^t_{n,\,t} = \frac{\sum_{N \times N} T(c^{t-1}_n = i)}{N \times N - 1} \times \omega_i \qquad (3\text{-}13)$$

式中：$\sum_{N \times N} T(c^{t-1}_n = i)$ 为在 $N \times N$ 的邻域窗口，第 i 种生态系统类型的栅格总数式中 $N = 3$；ω_i 为邻域权重，3 种情景下取值相同。

（4）多层次的生态系统服务提升

在 GeoSOS-FLUS 软件中，使用人工神经网络模拟和计算在自然、交通区位、社会经济等土地利用变化驱动力下，各生态系统类型在每个单元上的分布概率。

3.2　生态系统空间分布适宜性

南方丘陵山地屏障带生态系统适宜空间分布如图 3-1 所示，常绿针叶林的最适分布区主要集中在区域东部（福建、江西和浙江）、中部、南部（湖南、广东和广西）中的坡度较大、海拔较高、降水量较大、气温较低的部分地区。常绿阔叶林的最适分布区最为广泛，主要分布在区域中部和东部中低海拔、降水量较大、气温较高的地区。落叶阔叶林的最适

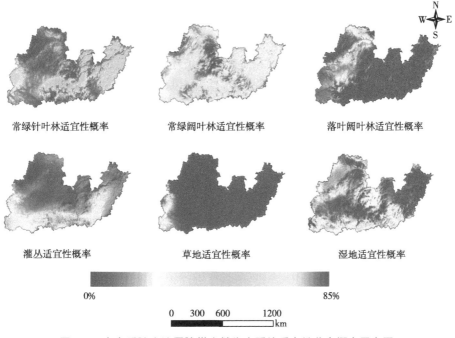

图 3-1　南方丘陵山地屏障带自然生态系统适宜性分布概率示意图

空间分布集中在区域北部靠近秦岭一带中低海拔、降水量中等、气温适中的地区。灌丛的最适空间分布集中在区域南部、西部和东部的山顶。草地的最适空间分布集中在区域西部的云贵高原。湿地的最适空间分布集中在区域的西南部以及北部地区。其他生态系统类型的分布概率差异性较低，无最适空间分布区。

　　不同生态系统空间分布适宜性的差异显著，根据分析结果（图 3-1）可以看出，南方丘陵山地屏障带区域的生态系统分布具有垂直地带性、纬度地带性和经度地带性。垂直地带性主要表现为：随着海拔从高到低变化，区域生态系统分布依次为山顶常绿灌丛草甸、常绿针叶林、常绿阔叶林或落叶阔叶林。区域内山地植被垂直带谱的典型基带都为常绿阔叶林，是优势垂直带。带谱上下各带同样都含常绿阔叶乔木。南方丘陵山地屏障带区域的突出特点是森林线的位置高，如区域东部的武夷山由于地处低海拔的丘陵区，无森林线，表明热量丰富、水分比热带少。区域内生态系统分布垂直地带性的原因是从高海拔到低海拔，月平均气温降低，植物生长周期变短；风速、降水量、太阳辐射逐渐减少，土壤也发生变化，植被分布沿海拔梯度规律性变化，表现为植被的垂直地带性。纬度地带性主要表现为：从南向北，区域生态系统分布依次为亚热带植被到温带植被（常绿阔叶林和常绿针叶林—落叶阔叶林）。垂直基带与所在纬度地带的地带性植被类型完全一致，从南向北，山区垂直带数目减少，植被垂直带的分布高度逐渐降低，森林线降低。区域优势垂直带的位置和类型（常绿阔叶林）也体现纬度地带性。形成纬度地带性的原因是从低纬度到高纬度，太阳辐射强度逐渐降低，热量逐渐减少，年平均气温和积温逐渐降低，如我国从南端的曾母暗沙至北部的大兴安岭北端，大于或等于 10℃ 的积温由 9000℃ 以上降低至 1700℃ 以下，变化幅度很大而水分状况在此间的差别却不显著，干燥度约为 1，无显著变化。不同类型的植被对热量的需求不同，常绿阔叶林对热量要求高，落叶阔叶林相对较低。热量变化是引起植被垂直带结构和主要垂直基带性质变化的主导因素。经度地带性主要表现为：区域内由东至西，主要生态系统由森林生态系统变化为森林—草原生态系统。森林线降低，主要的常绿阔叶林和常绿针叶林减少。水分条件成为决定山地植被垂直带结构变化的主导因素，由东向西，由于与海洋的距离增加，季风带来的降水逐渐减少，气候越来越干旱，植被的生长和发育受水分条件制约。对水分要求苛刻的常绿阔叶林分布越来越少，对水分要求宽松的草原分布变得广泛。

3.3　情景空间格局优化结果分析

3.3.1　本底发展情景空间格局优化结果

　　常绿阔叶林是区域内分布最为广泛的生态系统类型，面积为 607 312.96km²，超过南方丘陵山地屏障带区域总面积的 50%；农田次之，面积为 262 924.03km²，主要分布于区域西北部的四川盆地边缘、区域南部的广西丘陵地区及江西鄱阳湖周边地区；常绿针叶林主要分布于区域东部海拔较高的丘陵和山地地区以及区域西部的云贵高原地区，面积为 207 309.33km²。与 2015 年相比，裸地面积增加最多，达到 9.48%；城镇和建设用地和湿地次之，分别增长了 7.23% 和 7.34%，城镇和建设用地面积增长主要表现在区域的重要城市扩张；水体和常绿阔叶林增长较少，分别增长了 0.93% 和 0.99%。草地面积明显减少，降低了 4.94%。落叶阔叶林面积减少 2.81%，农田面积降低了 1.75%，常绿针叶林面积降低了 1.54%。如图 3-2 所示，与 2015 年相比，常绿阔叶林面积变化量最大，增加了 5944.13km²，主要由农田、常绿针叶林和落叶阔叶林转化而来。常绿阔叶林面积变化主要发生在南方丘陵山地屏障带中低海拔地区。农田面积减少量最大，达到 4694.04km²，主要向常绿阔叶林、落叶阔叶林、常绿针叶林、灌丛和草地转化，变化主要发生在南方丘陵山地屏障带的西部地区和中部地区内高海拔、坡度较大的区域以及国家重点生态功能区，涉及重庆、贵州、广西和湖南等地。

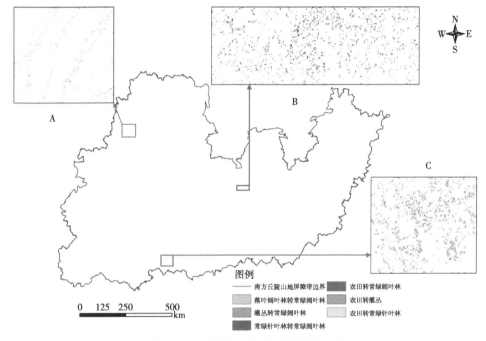

图 3-2　本底情景生态系统类型变化图

在本底发展情景下，南方丘陵山地屏障带区域的生态系统提供的水源涵养服务功能量为 7406.65×10⁸t。各生态系统类型提供的水源涵养服务功能量从大到小依次为：常绿阔叶林>常绿针叶林>灌丛>落叶阔叶林>草地>湿地。常绿阔叶林提供的水源涵养服务总量最大，为 5210.74×10⁸t，常绿针叶林提供的水源涵养服务总量为 1517.50×10⁸t，灌丛提供的水源涵养服务总量为 367.16×10⁸t。与 2015 年相比，南方丘陵山地屏障带区域的水源涵养服务功能量增加了 35.49×10⁸t，增长了 0.48%。其中，常绿阔叶林提供的水源涵养服务功能量增加了 51.00×10⁸t，增长了 0.98%；灌丛提供的水源涵养服务功能量增加了 16.01×10⁸t，增长了 4.36%；湿地提供的水源涵养服务功能量增加了 1.37×10⁸t，增长了 7.34%。常绿针叶林提供的水源涵养服务功能量减少了 23.69×10⁸t，减少了 1.56%；落叶阔叶林提供的水源涵养服务功能量减少了 7.45×10⁸t，减少了 9.21%；草地提供的水源涵养服务功能量减少了 1.75×10⁸t，减少了 4.93%。

在本底发展情景下，南方丘陵山地屏障带区域的生态系统提供的土壤保持服务功能量为 123.08×10^8 t。各生态系统类型提供的土壤保持服务功能量从大到小依次为：常绿阔叶林>灌丛>落叶阔叶林>常绿针叶林>草地>湿地。常绿阔叶林提供的土壤保持服务总量最大，为 85.02×10^8 t；灌丛提供的土壤保持服务总量为 53.90×10^8 t；落叶阔叶林提供的土壤保持服务总量为 85.02×10^8 t。与 2015 年相比，南方丘陵山地屏障带区域的土壤保持服务功能量增加了 0.49×10^8 t，增长了 7.34%。其中，常绿阔叶林提供的土壤保持服务功能量增加了 0.83×10^8 t，增长了 0.99%；灌丛提供的土壤保持服务功能量增加了 0.24×10^8 t，增长了 4.56%；湿地提供的土壤保持服务功能量增加了 0.01×10^8 t，增长了 7.34%。常绿针叶林提供的土壤保持服务功能量减少了 0.42×10^8 t，降低了 1.54%；落叶阔叶林提供的土壤保持服务功能量减少了 0.15×10^8 t，降低了 2.81%；草地提供的土壤保持服务功能量减少了 0.02×10^8 t，减少了 4.94%。

在本底发展情况下，南方丘陵山地屏障带区域的生态系统提供的碳固定服务功能量为 36 745.46 $\times 10^4$ t。各生态系统类型提供的碳固定服务功能量从大到小依次为：常绿阔叶林>常绿针叶林>灌丛>落叶阔叶林>草地>湿地。常绿阔叶林提供的碳固定服务总量最大，为 25 126.97 $\times 10^4$ t；常绿针叶林提供的碳固定服务总量为 7965.45 $\times 10^4$ t；灌丛提供的碳固定服务总量为 1879.58 $\times 10^4$ t。与 2015 年相比，南方丘陵山地屏障带区域的碳固定服务功能量增加了 150.96 $\times 10^4$ t，增长了 0.41%；常绿阔叶林提供的碳固定服务功能量增加了 245.94 $\times 10^4$ t，增加了 0.98%；灌丛提供的碳固定服务功能量增加了 81.97 $\times 10^4$ t，增加了 4.36%；湿地提供的碳固定服务增加了 3.85 $\times 10^4$ t；常绿针叶林提供的碳固定服务功能量减少了 124.32 $\times 10^4$ t，减少了 1.56%；落叶阔叶林提供的碳固定服务功能量减少了 41.18 $\times 10^4$ t。

在本底发展情景下，南方丘陵山地屏障带区域的生态系统提供的 3 种调节服务当量为 1.89，2015 年该当量为 1.83。

3.3.2 协调发展情景空间格局优化结果

在协调发展情景下，常绿阔叶林是分布最为广泛的生态系统类型，面积为 614 511.27km²，超过南方丘陵山地屏障带区域总面积的 50%；农田次之，面积为 252 024.59km²，主要分布于区域西北部的四川盆地边缘、区域南部的广西丘陵地区及江西鄱阳湖周边地区；常绿针叶林主要分布于区域东部海拔较高的丘陵和山地地区以及区域西部的云贵高原地区，面积为 211 371.45km²。与 2015 年相比，湿地面积增长最大，增长了 3.43%；森林生态系统略有增长，增长率依次为：常绿阔叶林>落叶阔叶林>灌丛>常绿针叶林；建筑用地面积基本保持稳定，草地和水体的面积略有增长。如图 3-3 所示，与 2015 年相比，农田面积变化量最大，减少了 15 593.48km²，主要向常绿阔叶林、常绿针叶林、落叶阔叶林和湿地转化。农田变化主要发生在南方丘陵山地屏障带的西部地区和国家重点生态功能区内部。常绿阔叶林变化量次之，增加了 13 142.44km²，主要由常绿针叶林、农田、落叶阔叶林和灌丛转化而来，变化主要发生在南方丘陵山地屏障带北部的重庆、湖北、湖南、江西和浙江地区。

在协调发展情景下，南方丘陵山地屏障带区域的生态系统提供的水源涵养服务功能量为 7500.46 $\times 10^8$ t。各生态系统类型提供的水源涵养服务功能量从大到小依次为：常绿阔叶林>常绿针叶林>灌丛>落叶阔叶林>草地>湿地。常绿阔叶林提供的水源涵养服务总量最大，为 5272.51×10⁸t；常绿针叶林提供的水源涵养服务总量为 1547.24×10⁸t；灌丛提供的水源涵养服务总量为 355.72×10⁸t。与 2015 年相比，南方丘陵山地屏障带区域的水源涵养服务功能量增加了 129.30×10⁸t，增长了 1.67%。各生态系统类型提供的水源涵养服务功能量均有所增加，其中，常绿阔叶林提供的水源涵养服务功能量增加了 112.76×10⁸t，增长了 2.19%；常绿针叶林提供的水源涵养服务功能量增加了 6.05×10⁸t，增长了 0.39%；落叶阔叶林提供的水源涵养服务功能量增加了 5.22×10⁸t，增长了 1.86%；湿地提供的水源涵养服务功能量增加了 0.64×10⁸t，增长了 3.7%。

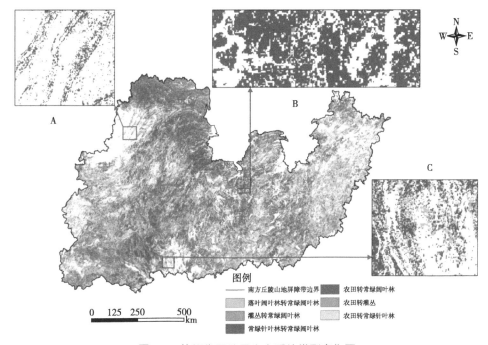

图 3-3　协调发展情景生态系统类型变化图

在协调发展情景下，南方丘陵山地屏障带区域的生态系统提供的土壤保持服务功能量为 124.72×10⁸t。各生态系统类型提供的土壤保持服务功能量从大到小依次为：常绿阔叶林>常绿针叶林>落叶阔叶林>灌丛>草地>湿地。常绿阔叶林提供的土壤保持服务总量最大，为 86.03×10⁸t；常绿针叶林提供的土壤保持服务总量为 27.48×10⁸t；落叶阔叶林提供的土壤保持服务总量为 5.45×10⁸t。与 2015 年相比，各生态系统类型提供的土壤保持服务功能量均有所增加，常绿阔叶林提供的土壤保持服务功能量增加了 1.84×10⁸t，增长了 2.19%；常绿针叶林提供的土壤保持服务功能量增加了 0.11×10⁸t，增长了 0.39%；落叶阔叶林提供的土壤保持服务功能量增加了 0.11×10⁸t，增长了 1.97%。

南方丘陵山地屏障带区域的生态系统提供的碳固定服务功能量为 37 224.56×10⁴t。各生态系统类型提供的碳固定服务功能量从大到小依次为：常绿阔叶林>常绿针叶林>灌丛>落叶阔叶林>草地>湿地。常绿阔叶林提供的碳固定服务总量最大，为 25 424.79×10⁴t；常绿针叶林提供的碳固定服务总量为 8121.53×10⁴t；灌丛提供的碳固定服务总量为 1821.02×

10^4t。与 2015 年相比，南方丘陵山地屏障带区域的碳固定服务功能量增加了 $630.07×10^4$t，增长了 1.72%。各类生态系统提供的碳固定服务功能量均有增加，其中，常绿阔叶林提供的碳固定服务功能量增加了 $543.76×10^4$t，增长了 2.19%；草地提供的碳固定服务功能量略有增加，增加量为 $0.48×10^4$t。

在协调发展情景下，南方丘陵山地屏障带区域的生态系统提供的 3 种调节服务当量为 2.09，2015 年该当量为 1.83。

3.3.3 生态优先发展情景空间格局优化结果

在生态优先发展情景下，常绿阔叶林也是分布最为广泛的生态系统类型，面积为 674 512.38km^2，超过南方丘陵山地屏障带区域总面积的 50%；常绿针叶林次之，面积为 212 625.54km^2，常绿针叶林主要分布于区域东部海拔较高的丘陵和山地地区、区域西部的云贵高原地区和中部地区；农田面积为 201 493.64km^2，主要分布于区域西北部的四川盆地边缘、区域南部的广西丘陵地区及江西鄱阳湖周边地区。

研究时段，裸地面积减少最快，降低了 48.48%；草地次之，降低了 34.57%；农田达到 24.71%。常绿阔叶林面积增长最快，降低了 12.16%；水体次之，降低了 6.63%；常绿针叶林面积增长最慢，增长了 0.99%。建筑用地面积略有减少。如图 3-4 所示，与 2015 年相比，常绿阔叶林面积变化量最大，增加了 73 143.55km^2，主要由农田、常绿针叶林和灌丛转化而来。常绿阔叶林面积变化主要发生在南方丘陵山地屏障带的东部和中部地区。农田面积减少量最大，达到 66 124.40km^2，主要向常绿阔叶林、常绿针叶林、灌丛和草地转

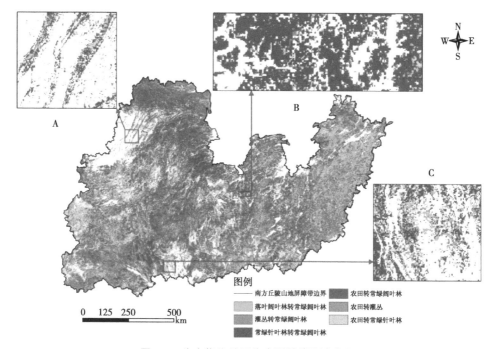

图 3-4　生态优先情景生态系统类型变化图

化，变化主要发生在南方丘陵山地屏障带西部地区的四川盆地和国家重点生态功能区，涉及贵州、广西、广东和重庆等地。

在生态优先发展情景下，南方丘陵山地屏障带区域的生态系统提供的水源涵养服务功能量为 7967.33×10^8t。各生态系统类型提供的水源涵养服务功能量从大到小依次为：常绿阔叶林>常绿针叶林>灌丛>落叶阔叶林>草地>湿地。常绿阔叶林提供的水源涵养服务总量最大，为 5787.31×10^8t；常绿针叶林提供的水源涵养服务总量为 1556.42×10^8t；灌丛提供的水源涵养服务总量为 306.86×10^8t。南方丘陵山地屏障带区域的水源涵养服务功能量增加了 596.18×10^8t，增长了 7.48%。其中，常绿阔叶林提供的水源涵养服务功能量增加了 627.57×10^8t，增长了 10.84%；常绿针叶林提供的水源涵养服务功能量增加了 15.23×10^8t，增长了 0.98%；湿地提供的水源涵养服务功能量增加了 4.0×10^8t，增长了 17.66%；灌丛提供的水源涵养服务功能量减少了 44.29×10^8t，降低了 14.43%；草地提供的水源涵养服务功能量减少了 12.27×10^8t，降低了 52.84%。

在生态优先发展情景下，南方丘陵山地屏障带区域的生态系统提供的土壤保持服务功能量为 132.49×10^8t。各生态系统类型提供的土壤保持服务功能量从大到小依次为：常绿阔叶林>常绿针叶林>落叶阔叶林>灌丛>草地>湿地。常绿阔叶林提供的土壤保持服务总量最大，为 94.43×10^8t；常绿针叶林提供的土壤保持服务总量为 27.64×10^8t；落叶阔叶林提供的土壤保持服务总量为 5.46×10^8t。与 2015 年相比，常绿阔叶林提供的土壤保持服务功能量增加了 10.24×10^8t，增长了 12.16%；常绿针叶林提供的土壤保持服务功能量增加了 0.27×10^8t，增长了 0.99%；落叶阔叶林提供的土壤保持服务功能量增加了 0.12×10^8t，增长了 2.24%；湿地提供的土壤保持服务功能量增加了 0.01×10^8t，增长了 21.45%。

南方丘陵山地屏障带区域的生态系统提供的碳固定服务功能量为 $39\,410.95 \times 10^4$t。各生态系统类型提供的碳固定服务功能量从大到小依次为：常绿阔叶林>常绿针叶林>灌丛>落叶阔叶林>草地>湿地。常绿阔叶林提供的碳固定服务总量最大，为 $27\,907.28 \times 10^4$t；常绿针叶林提供的碳固定服务总量为 8169.71×10^4t；灌丛提供的碳固定服务总量为 1570.87×10^4t。与 2015 年相比，南方丘陵山地屏障带区域的碳固定服务功能量增加了 2816.45×10^4t，增长了 7.70%。常绿阔叶林提供的碳固定服务功能量增加了 3026.25×10^4t，增长了 12.16%；灌丛提供的碳固定服务功能量减少了 226.74×10^4t，降低了 12.61%。

在生态优先情景下，南方丘陵山地屏障带区域的生态系统提供的 3 种调节服务当量为 3.00，2015 年该当量为 1.83。

3.3.4　不同情景下总生态系统服务结果对比

1995—2000 年，区域生态系统服务总当量（EST）呈现下降趋势；2000 年以后，EST 呈上升趋势，2005—2015 年，EST 上升迅速，于 2015 年达到 1.83。在本底发展情景下，2030 年模拟结果显示，EST_a 为 1.89，与 2015 年相比提升不显著，2030 年后提升潜力低；在协调发展情景下，EST_b 为 2.09，与 2015 年相比提升较为显著；在生态优先情景下，EST_c 为 3.00，与 2015 年相比提升最为显著。对比 3 种情景下的 EST 曲线，在 2015—2030

年，生态优先情景能够实现总生态系统服务的提升速率较2000—2015年显著加快。本底发展情景和协调发展情景的提升速率较2000—2015年减缓(图3-5)。

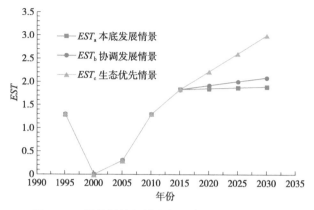

图3-5　3种模拟情景总生态系统调节服务变化图

1995—2000年，区域水源涵养服务总当量(ES_1)呈现下降趋势；2000年以后，ES_1呈上升趋势，2005—2010年ES_1上升迅速，2010年后ES_1提升缓慢，2015年ES_1达到0.77。在本底发展情景下，2030年模拟结果显示，ES_1为0.78，与2015年相比保持稳定，2030年后基本无提升潜力；在协调发展情景下，ES_1为0.82，与2015年相比提升不显著；在生态优先情景下，ES_1为1.00，与2015年相比提升显著。对比3种情景下的ES_1曲线，在2015—2030年，生态优先情景能够实现水源涵养服务的提升速率较2010—2015年显著加快。协调发展情景的提升速率较2010—2015年保持稳定；本底发展情景的提升速率较2010—2015年显著减缓(图3-6)。

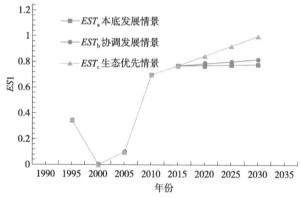

图3-6　水源涵养服务生态系统调节服务变化图

1995—2000年，区域土壤保持服务总当量(ES_2)呈现下降趋势；2000—2015年，ES_2呈上升趋势，2015年ES_2达到0.40。在本底发展情景下，2030年模拟结果显示，ES_2为0.43，与2015年相比保持稳定，2030年后基本无提升潜力；在协调发展情景下，ES_2为0.53，与2015年相比提升显著；在生态优先情景下，ES_2为1.00，与2015年相比提升最为显著。对比3种情景下的ES_2曲线，在2015—2030年，生态优先情景能够实现土壤保持服务的提升速率较 2000—2015 年显著加快。协调发展情景的提升速率较 2010—2015 年保持稳定；本底发展情景的提升速率较 2010—2015 年显著减缓(图 3-7)。

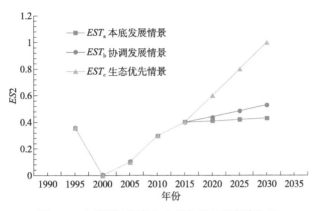

图 3-7　土壤保持服务生态系统调节服务变化图

1995—2000 年，区域碳固定服务总当量 (ES_3) 呈现下降趋势；2000 年以后，ES_3 呈上升趋势，2010 年后 ES_3 上升迅速，2015 年 ES_3 达到 0.66。在本底发展情景下，2030 年模拟结果显示，ES_3 为 0.68，与 2015 年相比保持稳定，2030 年后基本无提升潜力；在协调发展情景下，ES_3 为 0.74，与 2015 年相比提升不显著；在生态优先情景下，ES_3 为 1.00，与 2015 年相比提升显著。对比 3 种情景下的 ES_3 曲线，在 2015—2030 年，生态优先情景能够实现碳固定服务的提升速率较 2010—2015 年保持稳定。协调发展情景的提升速率较 2010—2015 年显著减缓；本底发展情景的提升速率较 2010—2015 年大幅减缓(图 3-8)。

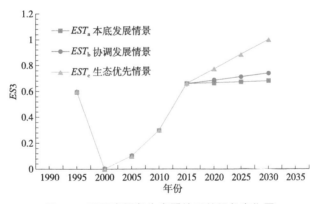

图 3-8　碳固定服务生态系统调节服务变化图

2005—2015 年，EST 的变化趋势与 ES_1 的变化趋势呈现一致性。ES_2 和 ES_3 变化呈一致性，且匀速上升。EST 的提升主要来源于 ES_1 的提升。2015—2030 年，在本底发展情景下，EST 的变化趋势与 ES_1、ES_2 和 ES_3 变化呈一致性，且均低于 2010—2015 年的提升速率。2015—2030 年，在协调发展情景下，EST 的变化趋势与 ES_3 变化呈一致性；ES_1 与 ES_2 变化呈现一致性。2015—2030 年，EST 提升速率放缓主要受 ES_3 提升速率放缓的影响。2015—2030 年，在生态优先发展情景下，EST 的变化趋势与 ES_1、ES_2 呈一致性，ES_3 呈匀速增长。EST 的提升主要来源于 ES_1 和 ES_2 的提升。

3.4　小结

由于约束条件性质和数量的变化，不同的情景影响自然生态系统类型和土地利用类型的面积及空间格局的变化，进而影响各生态系统服务的功能量变化。从本底发展情景、协调发展情景到生态优先发展情景，约束条件类型的数量由少至多。本底发展情景下的约束条件主要为自然环境约束，包括光、温度、降水、土壤、地形地貌、海拔。这些因子决定植被分布的适宜性。协调发展情景在考虑经济增长的前提下，提升总服务水平，约束条件除了自然条件约束，还增加了政策、法规约束，如保护区和重点生态功能区规划和实施方案及土地转化限制，人类活动约束如土地开发强度等。生态优先发展情景在协调发展情景的基础上，又增加对具有高生态系统服务能力提供的生态系统类型面积最大化的要求，约束条件也由宽松至苛刻，限制因子的范围变小，对各生态系统类型的空间位置和数量提出了更高的要求，生态系统分布格局随之改变，影响各类型服务的功能量。

在本底发展情景下，区域生态系统服务总当量（EST）提升不显著，其主要原因是常绿针叶林和落叶阔叶林面积的减少，导致其提供的 3 种生态系统调节服务功能量减少，抵消了常绿阔叶林面积增加带来的生态系统服务功能量的增加。常绿针叶林和落叶阔叶林面积的减少主要由于区域气候变暖，年均气温升高，降水线和温度线北移、上移，压缩了这2 种生态系统类型的适宜分布面积。在协调发展情景下，EST 有所提升，其主要原因是常绿阔叶林面积增加，其提供的 3 种生态系统调节服务功能量增加。常绿阔叶林面积的增加也与气候变暖相关。该情景实现了生态效益和经济效益的协同提升，在现有可持续发展政策的支持下，可行性较高。在生态优先情景下，EST 提升显著，其主要原因是农田的大幅度减少并不影响生态系统调节服务功能量的变化，在此基础上，虽然草地和灌丛面积减少，带来了一定的区域生态系统服务功能量损失，但具有高生态系统调节服务提供能力的常绿阔叶林生态系统、常绿针叶林生态系统的面积大幅度增加，依然贡献了巨大的水源涵养服务功能量增长、土壤保持服务功能量增长和可观的碳固定服务功能量增长。该情景的实施需要进行大规模的退耕还林还草，部分草地和灌丛需要转化为森林生态系统，虽然能够实现区域生态系统调节服务总量最大化，但在实际实施过程中成本巨大，可行性较低。

基于多情景模拟结果的对比分析，对未来南方丘陵山地屏障带的土地资源利用提出如下优化建议：①继续深化区域内部功能分区，严格实施各项生态工程，严格保护重要的林地、草地、湿地等；继续贯彻保护农田的基本国策，维持农田保有量。②以集约优化现有建设用地为主，控制城镇和建设用地无序扩张，提高土地利用效率。③科学规划区域内的产业发展，阶段性地有序引导产业转型；突出区域发展的特色，实现区域内部优势互补。④加大生态补偿的人才和技术投入，统筹生态环境保护和经济建设之间的利益。多种技术手段支持下的土地利用空间格局采用的多情景模拟能够为开展区域土地资源规划提供强有力的科学数据支撑，其模拟结果能为区域土地利用总体纲要的编制以及未来土地政策的调整提供一定参考依据。多情景模拟因其可作为制定土地资源管理、土地利用方案的有力工具将会得到更为广泛的使用。

4 山地灾害区森林生态系统服务提升技术

4.1 山地灾害概述

4.1.1 华蓥山山地灾害概述

华蓥山处于我国地形阶梯的过渡带上,如图 4-1 所示,地质条件复杂,地表起伏度大,生态环境脆弱。区域年降水量大,且降雨集中,大雨暴雨出现的频率高、强度大,连续降雨的时间长,次降雨的雨量大,极易诱发山地灾害。据资料记载,在 1981 年、1982年、1987 年、1989 年、1998 年、2004 年、2007 年、2014 年等多个年份,华蓥山山地发生强降雨天气,暴雨造成多种地质灾害发生。尤其 2014 年的特大暴雨事件,华蓥山山地发生多处浅层滑坡,造成重大的经济损失和人员伤亡。

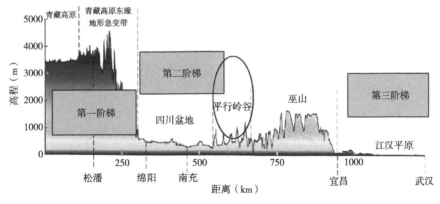

图 4-1 华蓥山脉地理特征

华蓥山地质灾害类型发育齐全,据统计,截至 2019 年,华蓥山共发生地质灾害 287处,其中滑坡 181 处,崩塌 46 处,不稳定斜坡 48 处,泥石流 8 处,其他灾害如地裂缝、塌陷等只占少数,各山地灾害按灾害类型统计见表 4-1。181 个滑坡点中,包含特大型 1处、大型 6 处、中型 36 处、小型 138 处,滑坡的规模统计见表 4-2。

表 4-1　华蓥山地质灾害类型统计

地质灾害类型	滑坡	崩塌	不稳定斜坡	泥石流	其他	合计
数目(个)	181	46	48	8	4	287
所占比例(%)	63.07	16.03	16.72	2.79	1.39	100.00

表 4-2　华蓥山滑坡规模统计

分级标准	特大型	大型	中型	小型
体积(m^3)	>1000	100~1000	10~100	<10
数量(个)	1	6	46	138
所占比例(%)	0.6	3.3	19.9	76.2

4.1.2　华蓥山山地灾害产生的气候水文背景

华蓥山位于中纬度偏南地带，属亚热带湿润季风气候区，气候特征表现为气候温暖、雨量丰沛而降水量分配不均。多年平均气温为 17.6℃，最冷年平均气温为 16.3℃，最热年平均气温为 18.4℃；最冷月为 1 月，月平均气温为 6.8℃，最热月为 7 月，月平均气温为 28.6℃；极端最低月平均气温为 -1.8℃，极端最高月平均气温为 40.0℃。雨量丰沛而分配不均，最高年降水量为 1709.9mm，最低年降水量为 837.9mm，多年平均降水量为 1395.7mm。华蓥山月降水量分配也十分不均。华蓥山南部山区海拔每升高 100m，年平均降水量增加 63.2mm；北部山区海拔每升高 100m，年平均降水量增加 53.4mm，华蓥山最高峰高登山年平均降水量可达 1800mm。华蓥山降水日数月变化和年变化都很大。华蓥山温差大，降水量大且分配不均的气候特点为滑坡为主的地质灾害提供了触发条件，并加速了地下水的发育进程，突发性灾害危险性加大。

华蓥山平均年径流量 2.39 亿 m^3，区内有 1 条江、4 条河、1 个湖、13 座水库及若干小溪。境内渠江长 23km，平均径流量 600m^3/s，多年平均径流量 200 亿 m^3，胡家河、清溪河、临溪河、华蓥河皆由东向西注入渠江，4 条河总长 91.5km，平均流量 13.141m^3/s。天池湖位于华蓥山的东北角，为季节性岩溶湖泊，湖水面积 2.64km^2，湖容量 2868 万 m^3，集水面积 83.5km^2，最大深度可达 50m。华蓥山各河具有流程短、落差大、流速快、泥沙冲积量大的特点，为滑坡为主的地质灾害的发生提供了水动力条件。

华蓥山山地内冲沟众多，沟壑纵横，东部山区发育的冲沟多沿垂直构造线方向延伸；西部山区的冲沟多适应地形的特点，蜿蜒曲折呈树枝状。各条沟谷深邃，雨季流量大，山洪发生的概率大，沟坡沟脚受冲刷侵蚀后退十分迅速，致使山坡、边坡、谷坡十分容易失去支撑而产生以滑坡为主的地质灾害。

4.1.3　华蓥山山地灾害产生的地貌和地质背景

华蓥山地处华蓥山脉中段，地势东高西低，海拔自西向东逐渐增加，高低悬殊，起伏度大，地貌以深切割的中低山地形为主，中低山区面积达 198km^2，海拔多在 1000m 以上，受构造作用影响，华蓥山区沟壑纵横，冲沟发育、谷底狭窄、坡降大、山高坡陡。其境内最高峰为高登山，海拔1704m，最低点为火烧滩电站，海拔206.7m，高差达1379.3m。

华蓥山处于川东帚状构造带，山脉呈东北至西南走向，由一系列近于平行的狭长不对称箱状高背斜组成。背斜成山狭窄，轴部由于断裂破碎带存在，强烈差异形成陡峻山体和深窄谷地，翼部由高陡猪背岭和单面山组成，与褶皱相伴的断裂主要发育在背斜轴部或倒转翼，多与褶皱轴走向相近，性质以逆断层为主，多为NNE向，断裂、褶皱多集中分布于构造轴部山区，受川中地块阻挡，华蓥山复式背斜褶皱带抬升幅度高，褶皱紧密，断裂发育。

华蓥山山地强烈的新构造运动，高耸的地势，复杂的地形，处于发育壮年期的沟谷地貌特点为滑坡为主的地质灾害频繁发生提供了条件。

4.2 山地灾害研究区域概况

4.2.1 地理位置

华蓥山位于四川盆地东部，历经多次褶皱运动后呈现显著的"川东隔挡式构造"（张修辉，2019），构造特点为背斜低山和向斜丘陵谷地相间排列，彼此平行，形成独特的"平行岭谷"地貌，并与嘉陵江、渠江构成"三山两槽一江"的格局，是我国典型的褶皱山地（李阳兵 等，2010），也是世界上的三大褶皱山系之一（车文斌 等，2020）。区域褶皱断裂发育、沟壑纵横、地质环境复杂、降雨集中，导致其森林生态系统受水土流失、山地灾害影响出现生态系统服务功能下降，而正是由于山与槽、槽与江之间丰富的水系连通，生态问题牵一发而动全身。

研究区域位于四川省华蓥市（30°07′~30°28′N，106°37′~106°54′E）境内的华蓥山脉中段西缘至渠江中上游东岸之间，呈南北长40.75km，东西宽28km的狭长形地域。

4.2.2 地貌、土壤和植被

华蓥市分为东西2个片区，自西向东海拔由250~400m逐渐抬升到500~1100m（李菲，2021）。西部地势低，有少量低丘分布，是华蓥市的城区范围，土壤类型包括黄壤、黄沙壤、紫色土。华蓥山位于华蓥市东部，地势较高，区域沟壑纵横，形成多条垄脊状山脉，土壤类型为黄壤，土层较薄，肥力低下。华蓥山林地的乔木种以马尾松（*Pinus massoniana*）、杉木（*Cunninghamia lanceolata*）、柏木（*Cupressus funebris*）等树种组成的针叶林为主，占华蓥山森林总面积的62.1%，是区域典型的地带性植被。此外，随着近年来华蓥山区相关政府部门对森林资源重视程度的提高，区域植被类型日渐丰富，包括真菌、蕨类、裸子植物、被子植物等1200余种。

4.2.3 气候

华蓥山位于亚热带湿润季风气候区，多年平均降水量为1087.84mm，集中在6—9月，占全年降水量的 60% 以上。区域昼夜温差大，多年平均气温为 17.2℃，最低气温为 6.4℃，多出现在 1 月，最高气温为 28.5℃，多出现在 7 月。全年无霜期长达 339 天，年日照总时长为 1240.6h，年活动积温 6465.6℃，气候暖湿特征明显。华蓥山夏季暴雨频发，连续降水时间长，常形成洪涝灾害，甚至诱发山体滑坡和泥石流。

4.3 典型森林生态系统服务功能辨析

4.3.1 华蓥山林分类型及空间分布

华蓥山林分类型及空间分布以华蓥市自然资源和林业局提供的 2019 年华蓥市森林资源二类调查图为基础，该调查图包含森林面积、森林类别、优势树种、树种组成等与林分类型及空间分布相关的内容，根据调查图的分类结果，可将华蓥山林分类型分为 5 个大类，包括柏木林（占比 15.9%）、马尾松—阔叶混交林（占比 3.1%）、马尾松—杉木混交林（占比 43.1%）、阔叶林（占比 22.9%）和其他（占比 15.0%），如图 4-2 所示。其中，柏木林基本为纯林，成片分布；马尾松—阔叶混交林、马尾松—杉木混交林均以马尾松为优势树种，成片分布；阔叶林包含杨属（*Populus*）、栎属（*Quercus*）、樟属（*Cinnamomum*）、桉属（*Eucalyptus*）、泡桐属（*Paulownia*）等 17 类品种，呈零散、镶嵌分布；其他以灌木林、未成林造林地、疏林地为主，呈零散或成片分布。

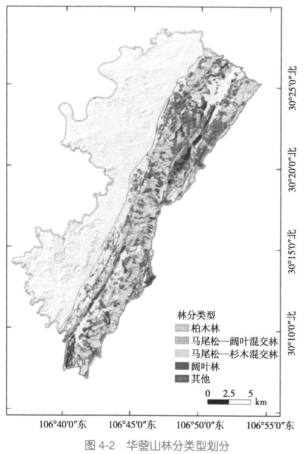

图 4-2 华蓥山林分类型划分

上述分类结果表明，马尾松—杉木混交林是华蓥山林地分布面积最广的林分类型。

4.3.2 华蓥山石漠化区的典型林分类型

（1）石漠化强度分布

华蓥山工程地质岩组空间分布如图 4-3 所示，其中 B1、B2、B3 是岩溶现象发生的典型岩组，因此以上述 3 个区域为基础，根据表 4-3 进行华蓥山石漠化强度分级。用于进行

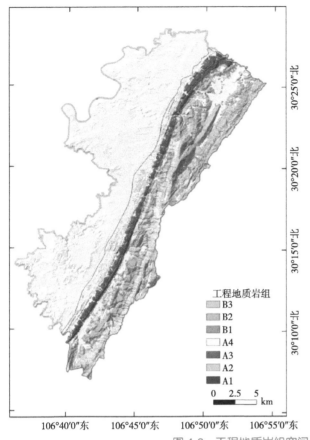

A1—中—厚层硬质砂岩夹软质泥页岩组；

A2—中—厚层次硬质砂岩与次软质泥岩不等厚互层岩组；

A3—薄—中厚层次硬质砂岩与次软质泥页岩夹泥质灰岩互层岩组；

A4—片状—薄层状极软质页岩、黏土岩组；

B1—中—厚层状硬质、强岩溶化灰岩、白云岩组；

B2—薄—厚层状硬质夹软质中等岩溶化灰岩、生物碎屑灰岩夹泥岩、页岩岩组；

B3—薄—中厚层状软硬相间、中等岩溶化灰岩与泥页岩不等厚互层岩组

工程地质岩组
- B3
- B2
- B1
- A4
- A3
- A2
- A1

0　2.5　5　km

图 4-3　工程地质岩组空间分布

表 4-3　石漠化评定因子与因子评分标准

岩石裸露度		植被类型		郁闭度		土层厚度	
程度	评分	程度	评分	程度	评分	程度	评分
≤10%	8			≥70%	1		
10%~29%	14	乔木型	5			≥40cm	1
30%~39%	20			50%~69%	5		
40%~49%	26	灌木型	8	30%~49%	8	20~39cm	3
50%~59%	32	草丛型	12	20%~29%	14	10~19cm	6
60%~69%	38	旱地作物型	16	10%~19%	20	<10cm	10
≥70%	44	无植被型	20	<10%	26		

石漠化因子评定的绿红植被指数（GRVI）、植被类型、郁闭度、土壤厚度 4 个因子的专题图如图 4-4 所示。图 4-4（a）中 GRVI 的正值为植被覆盖区域，负值为裸露地表；图 4-4（b）显示，植被类型主要为乔木和灌木；图 4-4（c）显示，林地郁闭度最小为 0.40；图 4-4（d）显示，土壤厚度小于 10cm 的面积极少。由于本研究考虑的是林地石漠化现象，上述石漠化因子中，植被类型、郁闭度、土壤厚度整体的分值较低，最终影响石漠化等级主要取决于岩石裸露度。

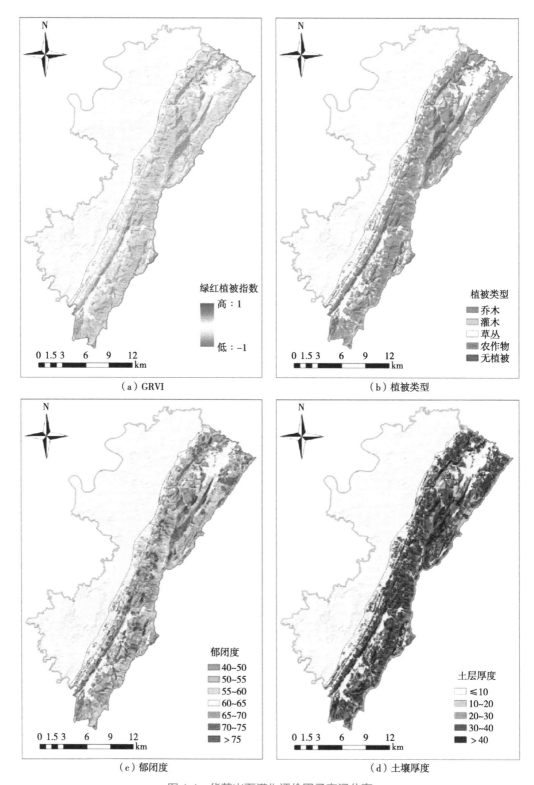

（a）GRVI

（b）植被类型

（c）郁闭度

（d）土壤厚度

图 4-4　华蓥山石漠化评价因子空间分布

根据表 4-3 的石漠化评定标准，对各专题图进行标准化处理，进而利用地理信息系统栅格计算得到华蓥山石漠化强度分布图，如图 4-5 所示。由图 4-5 可知，中强度石漠化主要分布在华蓥山东侧，华蓥山中部和北部区域的石漠化程度基本在轻度以下。

图 4-5　华蓥山石漠化强度分布

(2) 石漠化区的典型林分类型

将中强度石漠化区作为石漠化类型一，将无石漠化、潜在石漠化和轻度石漠化作为石漠化类型二，石漠化类型一的生态系统退化较严重，退化生态系统实现逆转的难度很大，石漠化类型二的生态系统退化不严重，可通过积极的水土保持措施防止石漠化的加剧。

通过地理信息系统栅格掩膜提取，确定 5 种林分类型分别在石漠化类型一和石漠化类型二中的比例，从而确定石漠化区的典型林分类型，结果见表 4-4。根据表 4-4，横向比较不同林分类型在石漠化类型一中的占比，其大小关系为马尾松—杉木混交林(42.9%)>柏木林(31.0%)>阔叶林(19.2%)>马尾松—阔叶混交林(4.3%)>其他(2.6%)，表明华蓥山出现石漠化退化较严重的森林生态系统中，马尾松—杉木混交林和柏木林的面积更为广泛；通过纵向比较不同林分类型其"石漠化类型一:(石漠化类型一+石漠化类型二)"的比例，其大小关系为柏木林(40.4%)>马尾松—阔叶混交林(28.5%)>马尾松—杉木混交林(20.6%)>阔叶林(17.4%)>其他(3.7%)，表明这 5 种林分类型中，柏木林存在的石漠化现象最为普遍。

根据各林分类型与石漠化类型的关系可知，5 种林分类型均存在不同程度的石漠化现象，其中柏木林存在的石漠化现象更为普遍，是华蓥山区存在石漠化问题的典型森林生态系统，因此进行石漠化区林地水土流失防治时，需着重关注柏木林。

表 4-4　各林分类型与石漠化类型的关系栅格数量

石漠化类型	柏木林	马尾松—阔叶混交林	马尾松—杉木混交林	阔叶林	其他
类型一	11 839	1625	16 370	7309	1007
类型二	17 480	4067	63 009	34 771	26 538

4.3.3　华蓥山林地浅表层滑坡灾害情况

华蓥山林地历史浅表层滑坡 138 个灾害点的分布如图 4-6 所示，通过地理信息系统多值提取至点，得知各林分类型均出现过浅表层滑坡现象，柏木林、马尾松—阔叶混交林、马尾松—杉木混交林、阔叶林、其他等 5 种林分类型的灾害点数量分别为 5 个、3 个、108 个、14 个、8 个，其中马尾松—杉木混交林的灾害密度（灾害点数量/栅格数量）最高，为 0.001 36；柏木林的灾害密度最低，为 0.000 17。

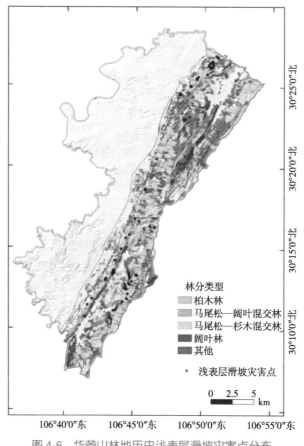

图 4-6　华蓥山林地历史浅表层滑坡灾害点分布

4.4　马尾松林水源涵养能力提升技术

4.4.1　马尾松纯林水源涵养服务能力解析

(1) 不同林分类型的林冠层水文效应

①不同林分类型的林冠截留效应

不同林分类型的林冠截留量随降雨过程的变化如图 4-7 所示。当降水量从 1mm 增加至 61mm 期间，马尾松—香樟—小叶青冈针阔混交林的林冠截留量由 0.73mm 增加至 3.51mm；马尾松—杉木针叶混交林的林冠截留量由 0.68mm 增加至 2.97mm；马尾松针叶纯林的林冠截留量由 0.62mm 增加至 2.60mm。

降雨过程中，马尾松—香樟—小叶青冈针阔混交林和马尾松—杉木针叶混交林的林冠截留量与降水量呈显著的幂函数关系（$R^2 = 0.84$，$R^2 = 0.82$），而马尾松针叶纯林的林冠截留量与降水量呈显著的线性关系（$R^2 = 0.86$）。通过对比可以发现，针阔混交林的林冠截留量最高，针叶混交林次之，针叶纯林最差。

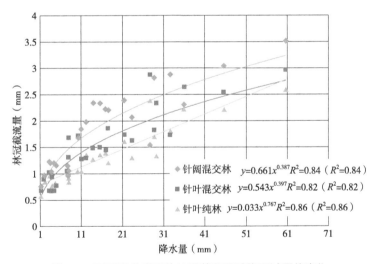

图 4-7　不同林分类型的林冠截留量随降雨过程的变化

②林冠截留率与林分结构特征

林冠截留率与林分结构特征因子间的相关性见表 4-5。暴雨条件下，4 个林分结构参数均与林冠截留率不存在显著相关关系，仅在中雨和大雨条件下，叶面积指数和大小比与林冠截留率存在显著正相关关系（$P<0.05$），而角尺度和混交度与林冠截留率不具有显著相关关系，表明叶面积指数和大小比为影响林冠截留率的关键参数。进一步绘制叶面积指数、大小比与林冠截留率（中雨）、林冠截留率（大雨）的关系如图 4-8、图 4-9 所示。由图 4-8 可知，林冠截留率随大小比的增加而增加，大小比介于 0.2~0.5，此时优势树种对相邻树种处于优势到均衡状态，表明随着优势种和相邻树种的互补效应增强，林冠截留率

得到提升。由图 4-9 可知，林冠截留率随叶面积指数的增加而增加，表明随着叶片交错程度增加，冠层对降雨的拦截增强。

表 4-5　林冠截留率与林分结构特征因子间的皮尔逊相关系数

参数	叶面积指数	角尺度	大小比	混交度	林冠截留率(中雨)	林冠截留率(大雨)
角尺度	−0.647					
大小比	0.770*	−0.354				
混交度	0.775*	−0.637	0.341			
林冠截留率(中雨)	0.708*	−0.069	0.783*	0.349		
林冠截留率(大雨)	0.719*	−0.551	0.732*	0.583	0.413	
林冠截留率(暴雨)	0.693	−0.561	0.660	0.280	0.708	0.354

注：* 表示在 0.05 水平下显著相关。

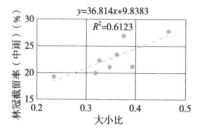
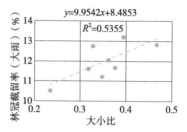

图 4-8　林冠截留率与大小比的关系

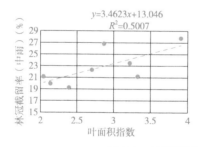
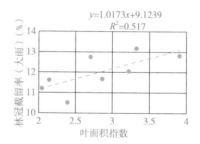

图 4-9　林冠截留率与叶面积指数的关系

（2）不同林分类型的枯落物层水文效应

①不同林分类型枯落物的持水能力

不同林分类型枯落物的持水性能见表 4-6。各林分枯落物(半分解层加未分解层)24h 持水深，即最大持水量介于 $1.76\pm0.42A \sim 12.23\pm1.09Bt/hm^2$，马尾松—香樟—小叶青冈针阔混交林持水深最大，马尾松—杉木混交林最小。有效拦蓄深反映了枯落物对降雨的可能拦蓄值，各林分枯落物有效拦蓄量介于 $1.06\pm0.88A \sim 9.77\pm4.18Bt/hm^2$，拦蓄深次序与最大持水深一致。由表 4-6 可知，针阔混交林枯落物的最大持水量、最大拦蓄量以及有效拦蓄量，不管是半分解层还是未分解层均显著高于针叶纯林和针叶混交林，主要原因是小叶青冈和香樟等阔叶树种的叶片吸水能力强于马尾松和杉木。此外，3 种林分类型下，枯落物未分解层的持水性能均强于半分解层的持水性能。

表 4-6 不同林分类型枯落物的持水性能

枯落物层	林分类型	自然含水率 $R(\%)$	枯落物最大持水率 $R_m(\%)$	枯落物最大持水量 $W_m(t/hm^2)$	最大拦蓄量 $W_{max}(t/hm^2)$	有效拦蓄量 $W_{er}(t/hm^2)$
半分解层	针阔混交林	20.06±0.23A	196.82±80.99A	11.71±0.28B	10.36±4.07B	8.60±3.43B
	针叶混交林	49.54±2.85B	209.39±15.49A	1.76±0.42A	1.31±1.36A	1.04±1.10A
	针叶纯林	13.41±8.62C	290.86±1.36A	3.40±0.67A	3.21±1.02A	2.07±0.82A
未分解层	针阔混交林	13.69±1.65A	239.34±4.28A	12.23±1.09B	11.62±4.98B	9.77±4.18B
	针叶混交林	62.68±0.45B	223.61±11.40A	1.96±0.82A	1.35±0.18A	1.06±0.88A
	针叶纯林	17.13±2.67C	183.98±33.1A	5.26±0.90A	4.69±0.46A	3.90±0.35A

注：不同字母表示不同林分类型枯落物的半分解层和未分解层的自然含水率、最大持水率、最大拦蓄量等差异显著（$P<0.05$）。

②不同林分类型枯落物的持水过程

不同林分类型枯落物的持水过程见表 4-7。浸泡试验前 2h 以内，枯落物的持水量迅速增加，随着浸泡时间的增加，持水速率逐渐减缓，10h 后持水量基本达到饱和，不同林分类型下枯落物累积持水量与浸泡时间呈现较好的对数函数关系式（4-1），而吸水速率与浸水时间呈现较好的幂函数关系式（4-2）：

$$Q = a\ln t + b \tag{4-1}$$

式中：Q 为枯落物持水量，g/kg；t 为浸水时间，h；a 为系数；b 为常数。

$$V = c \cdot t^d \tag{4-2}$$

式中：V 为枯落物吸水速率，g/(kg·h)；t 为浸水时间，h；c 为系数；d 为常数。

表 4-7 枯落物持水量、吸水速率与浸水时间的关系

枯落物层	林分类型	持水量与浸水时间关系式	R^2	吸水速率与浸水时间关系式	R^2
半分解层	针阔混交林	$Q = 139.91\ln t + 1457.5$	0.97	$V = 382.8t^{-1.619}$	0.91
	针叶混交林	$Q = 29.966\ln t + 413.6$	0.92	$V = 33.94t^{-1.174}$	0.79
	针叶纯林	$Q = 197.03\ln t + 1004.7$	0.97	$V = 368.97t^{-1.6}$	0.89
未分解层	针阔混交林	$Q = 176.93\ln t + 1726.8$	0.96	$V = 492.66t^{-1.643}$	0.90
	针叶混交林	$Q = 40.216\ln t + 362.52$	0.97	$V = 44.847t^{-1.342}$	0.89
	针叶纯林	$Q = 179.1\ln t + 1079.9$	0.97	$V = 300.6t^{-1.583}$	0.76

（3）不同林分类型的土壤层水文效应

①不同林分类型的土壤持水特性

不同林分类型的土壤孔隙状况及持水特性见表 4-8。不同林分类型下，不同土层的土壤容重均表现为马尾松纯林>马尾松—杉木混交林>马尾松—香樟—小叶青冈针阔混交林；相反，总孔隙度针阔混交林最高，针叶纯林最低，即针阔混交林的土壤最大持水量高于其他 2 种林分类型。相比之下，就土壤非毛管孔隙度而言，针阔混交林并非最高，而是针叶混交林最高，意味着马尾松—杉木混交林的土壤入渗性能更好。

对于土壤最大持水量而言，在3种林分类型中，土壤最大持水量均随土层深度的增加而减少，0~20cm的表层土壤中，针阔混交林的土壤最大持水量显著高于另外2种林分类型，而在40~60cm的土层深度时，3种林分类型的土壤最大持水量基本接近。

表4-8　林地土壤孔隙状况及持水特性

林分类型	土层（cm）	密度（g/cm³）	毛管孔隙度（%）	非毛管孔隙度（%）	总孔隙度（%）	土壤最大持水量（mm）
针阔混交林	0~20	1.03±0.14A	44.56±1.94A	11.38±1.85A	55.94±2.32A	111.88
	20~40	1.27±0.04A	42.78±1.48A	6.98±2.33A	49.76±1.55A	99.52
	40~60	1.18±0.43A	39.92±6.16A	3.62±3.38A	42.04±8.43A	84.08
针叶混交林	0~20	1.15±0.14B	37.88±1.73A	11.75±4.08A	49.63±3.56B	99.26
	20~40	1.28±0.11B	39.57±2.64A	7.67±2.93A	47.24±2.81B	94.48
	40~60	1.30±0.10B	37.66±2.47A	5.59±2.71A	43.25±2.94B	86.50
针叶纯林	0~20	1.28±0.07AB	34.08±1.04A	11.35±5.43A	45.43±5.06AB	90.86
	20~40	1.40±0.06AB	36.83±2.88A	5.81±3.62A	42.64±3.62AB	85.28
	40~60	1.39±0.08AB	33.92±4.51A	6.11±4.53A	40.03±4.53AB	80.06

②不同林分类型的土壤入渗特性

不同林分类型、不同土层深度下的土壤入渗特性如图4-10所示。通过比较相同林分类型不同土层深度的入渗速率可以发现，3种林分类型，其初始入渗速率、平均入渗速

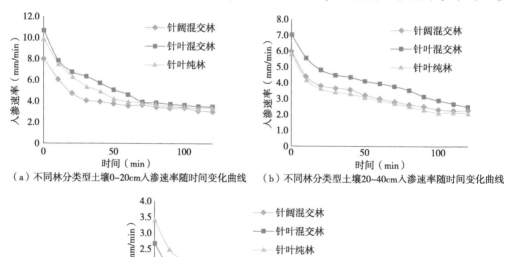

（a）不同林分类型土壤0~20cm入渗速率随时间变化曲线　　（b）不同林分类型土壤20~40cm入渗速率随时间变化曲线

（c）不同林分类型土壤40~60cm入渗速率随时间变化曲线

图4-10　不同林分类型各土层厚度下的入渗速率随时间变化曲线

率、稳渗速率均随土层深度的增加而降低；通过对比相同土层深度不同林分类型的入渗速率差异可以发现，土层深度在 0~20cm，初始入渗速率、平均入渗速率、稳渗速率均为马尾松—杉木针叶混交林>马尾松针叶纯林>马尾松—香樟—小叶青冈针阔混交林；土层深度在 20~40cm，初始入渗速率、平均入渗速率、稳渗速率均为马尾松—杉木针叶混交林>马尾松—香樟—小叶青冈针阔混交林>马尾松针叶纯林；土层深度在 40~60cm，初始入渗速率、平均入渗速率为马尾松针叶纯林>马尾松—杉木针叶混交林>马尾松—香樟—小叶青冈针阔混交林，稳渗速率马尾松针叶纯林 = 马尾松—杉木针叶混交林>马尾松—香樟—小叶青冈针阔混交林。总体而言，马尾松—杉木针叶混交林的土壤入渗性能最佳，其次为马尾松针叶纯林，马尾松—香樟—小叶青冈针阔混交林的土壤入渗性能相对较差。

（4）基于 PRMS Storm 的马尾松林小流域水源涵养提升策略

①各林分类型的主要土壤、植被参数

PRMS Storm 所需的土壤、植被参数基于样地观测值见表 4-9，通过林冠截留量、郁闭度、灌草覆盖度、枯落物持水能力、土壤入渗性能及蓄水能力等参数来反映不同林分类型的水文特征。其中最大林冠截留量根据图 4-8 中降水量达到 60mm 时的截留量；枯落物持水能力根据表 4-6 半分解层和未分解层的平均枯落物最大持水量；土壤水力传导度根据图 4-10 不同土层深度稳渗速率的平均值；土壤最大贮水量根据表 4-8 中 3 层土壤的最大持水量求和；郁闭度、灌草覆盖度、土层厚度为 3 种林分类型各样地的平均值。

表 4-9　不同林分类型主要土壤、植被参数

林分类型	林冠层		灌草层	枯落物层	土壤层		
	最大截留量（mm）	郁闭度	盖度(%)	最大持水量（mm）	土层厚度（cm）	水力传导度（mm/min）	最大贮水量（mm）
针阔混交林	3.5	0.85	55	2.4	68	2.9	295.5
针叶混交林	3.0	0.80	60	0.4	65	3.7	280.2
针叶纯林	2.6	0.78	45	0.9	65	3.3	256.2

表 4-10　降雨特征值

编号	降雨日期	降水量（mm）	降雨历时（h）	最大 10min 降雨强度（mm/min）	平均降雨强度（mm/min）
1#	2019−06−28—2019−06−29	54.9	22.2	0.62	0.04
2#	2019−08−03—2019−08−03	51.0	1.7	1.22	0.50
3#	2019−08−08—2019−08−08	53.8	1.8	1.72	0.50
4#	2020−06−17—2020−06−18	78.1	18	0.72	0.07
5#	2020−06−27—2020−06−29	52.4	32	0.27	0.03
6#	2020−07−01—2020−07−03	59.6	27	0.37	0.04
7#	2020−07−31—2020−07−31	53.6	5.5	1.18	0.16

②小流域暴雨及产流特征

按照气象部门对降雨强度等级划分标准，日降水量 50~100mm 为暴雨，2019 年 5 月—2020 年 10 月共观测到 7 场暴雨，相关降雨特征值见表 4-10，其中 5 场暴雨在流域出口观测到水位计数据变化，相关产流特征值见表 4-11。对比表 4-10 和表 4-11 可以发现，与降雨历时相比，各场次的洪水历时远长于降雨历时，反映出森林对降雨的调蓄作用。

表 4-11   猴尔沟小流域 5 场暴雨产流特征

编号	降雨日期	径流深(mm)	洪水历时(h)	洪峰流量(mm/min)
1#	2019-08-03—2019-08-03	29.95	48	0.20
2#	2019-08-08—2019-08-08	45.27	32	0.19
3#	2020-06-17—2020-06-18	39.87	32	0.21
4#	2020-07-01—2020-07-03	44.84	24	0.20
5#	2020-07-31—2020-07-31	50.26	52	0.26

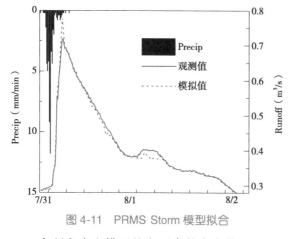

图 4-11   PRMS Storm 模型拟合

③PRMS Storm 模型拟合及参数率定

采用 5#(2020-07-31—2020-07-31)降雨径流数据进行模型拟合，拟合结果如图 4-11 所示。本次降雨为短历时暴雨，实测径流深为 34.35mm，预测径流深为 35.36mm，实测洪峰峰值为 0.12mm/min，预测洪峰峰值为 0.14mm/min。拟合结果的纳什效率系数为 0.85(>0.7)，流量误差为 2.9%(<20%)，峰值误差为 16.6%(<20%)，峰现时差为 0h(<3h)，说明拟合精度较高。

本研究水文模型的主要参数率定值见表 4-12。

④PRMS Storm 模型验证

模型拟合后，采用其余 4 场暴雨数据进行模型验证。1#~4#暴雨事件的产流过程模拟如图 4-12 所示，模型验证结果见表 4-13。由表 4-13 可知，4 场暴雨事件下纳什效率系数为 0.62~0.89，平均纳什效率系数为 0.765，径流深误差和峰现时差都在许可范围内，洪峰预报合格率达到 75%，其中 3#暴雨事件模型模拟的峰值误差超过 20%，被认定为预报不合格。根据表 4-13 可知，PRMS Storm 对华蓥山猴尔沟小流域的洪水预报精度可达到国家乙级预报标准。

⑤不同林分配置情景下的小流域产流过程模拟

猴尔沟小流域林分类型现状为马尾松—杉木混交林，根据测定的不同林分类型的林冠截留、枯落物持水、土壤持水、土壤入渗等指标，其中马尾松—香樟—小叶青冈针阔混交林的林冠截留、枯落物持水、土壤持水均最优，而土壤入渗为现状林分马尾松—杉木混交

表 4-12　水文模型主要参数率定值

所属模块	参数名称	参数描述	率定值
Ofroute	en	输沙容量系数	1.5
	hc	降雨侵蚀力系数	10
	ofp_alfha	坡面漫流运动波 a 值	0.68
	ofp_cmp	坡面漫流运动波 m 值	1.67
	ofp_imparea_percent	坡面不透水区面积百分比	0.1
	ofp_route_time	坡面漫流演算时间(min)	15
Srunoff	carea_max	水文响应单元面积对地表径流的最大贡献百分比	0.25
	smidx_coef	非线性贡献面积算法系数	0.4
	smidx_exp	非线性贡献面积算法指数	0.2
Ssflow	hru_ssres	表层存贮区接受水文单元土壤层剩余水量的指数	1
Strmflow	hru_sfres	表层存贮区接受水文单元剩余水量的指数	0

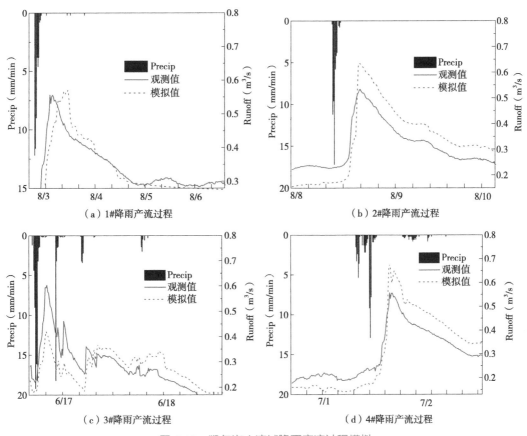

（a）1#降雨产流过程　　（b）2#降雨产流过程
（c）3#降雨产流过程　　（d）4#降雨产流过程

图 4-12　猴尔沟小流域降雨产流过程模拟

表 4-13　PRMS Storm 拟合与验证

编号	观测值		模拟值		纳什效率系数	流量误差（%）	峰值误差（%）	峰现时差（min）
	径流深（mm）	峰值（mm/min）	径流深（mm）	峰值（mm/min）				
1#	29.95	0.20	28.90	0.21	0.62	3.5	5.0	170
2#	45.27	0.19	48.25	0.22	0.89	6.6	15.8	140
3#	39.87	0.21	39.43	0.15	0.75	1.1	28.6（不合格）	85
4#	44.84	0.20	45.41	0.22	0.80	1.3	10.0	50
合格率(%)	—	—	—	—	—	100	75	100

林最优，因此不考虑改造成马尾松纯林的优化配置模式，仅考虑以马尾松—香樟—小叶青冈针阔混交林为目标林分的改造模式。按照坡度陡坡和缓坡提出3种林分类型优化配置情景，优化配置见表4-14。根据表4-14的坡度分级及坡位分布，情景1对应下坡位改造，情景3对应上坡位改造，情景2对应全流域改造。

表 4-14　不同坡度配置情景

坡度	现状	情景1	情景2	情景3
≤25°	马尾松—杉木混交林	马尾松—香樟—小叶青冈针阔混交林	马尾松—香樟—小叶青冈针阔混交林	马尾松—杉木混交林
>25°	马尾松—杉木混交林	马尾松—杉木混交林	马尾松—香樟—小叶青冈针阔混交林	马尾松—香樟—小叶青冈针阔混交林

采用构建的PRMS Storm对猴尔沟小流域3种林分类型优化配置情景进行暴雨产流过程预测，1#、2#、3#、4#四场暴雨条件下的预测产流过程如图4-13所示，相关特征值见表4-15。从洪峰削减作用而言，情景1对不同雨型的洪峰影响存在差异，情景2和情景3对洪峰具有明显的削减作用，情景2可削减25%~33%，情景3可削减4%~14%，因此各配置情景都具有一定的理水调洪功能，且情景2要好于情景1和情景3，表明将全流域由现状马尾松—杉木混交林调整为马尾松—香樟—小叶青冈针阔混交林能更有效地改善森林水源涵养功能。

对于峰现时差而言，情景1下，4场暴雨的峰现时间提前0~70min，情景2下，除2#外，3场暴雨的峰现时间推迟10~110min，情景3下，除2#外，3场暴雨的峰现时间推迟20~90min。显然，情景2和情景3对于洪峰的推迟作用明显，而情景1对于洪峰的提前作用明显，当叠加前期暴雨时，情景2和情景3可能更容易出现前后洪峰叠加的现象。

由此可见，次降雨条件下，将全流域由现状马尾松—杉木混交林调整为马尾松—香樟—小叶青冈针阔混交林是最优选择，但需要关注洪峰推迟带来的洪峰叠加现象。

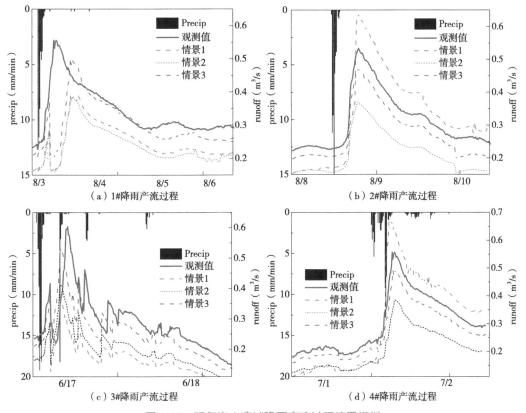

图 4-13　猴尔沟小流域降雨产流过程情景模拟

表 4-15　流域不同坡度配置情景洪水过程变化

编号	洪峰（mm/min）				洪峰消减比例（%）			峰现时差（min）		
	现状	情景 1	情景 2	情景 3	情景 1	情景 2	情景 3	情景 1	情景 2	情景 3
1#	0.20	0.16	0.14	0.18	18.3%	28.0%	9.0%	10	−10	−20
2#	0.19	0.23	0.13	0.17	−14.9%	33.2%	13.9%	70	60	50
3#	0.21	0.13	0.15	0.19	35.44%	25.74%	4.57%	0	−30	−30
4#	0.20	0.24	0.14	0.18	−20.1%	30.6%	11.3%	10	−110	−90

4.4.2　马尾松纯林水源涵养服务能力提升技术

4.4.2.1　坡面径流路径调控技术

坡面径流路径调控技术属于水土保持工程措施。通过坡面微地形改造技术改变原始坡面的产汇流状态，降低径流流速，延长径流产流和汇流时间，以减少水力侵蚀的动能和增加径流入渗，达到减少水土流失、涵养水源的目的。

（1）设计原则

①保护植被，减少扰动

需遵循"保护植被、减少扰动"的原则，坡面上灌草尽可能保留，尽可能减少扰动林地土壤。根据实际情况，径流路径顺地势变化绕过林木生长的根部，以避免径流对林木根部土壤的进一步冲刷；坡面上裸岩出露的位置，根据地形高差，从裸岩上部位置绕过，使其变为一种近水平阶的小型沟槽，增加土壤中水分的下渗。

②因地制宜、因势利导

对坡面进行微地形改造，要依据具体坡面的地形地貌、高程变化特征，因地制宜、因势利导地设计径流路径。主要是利用坡面的高程变化，通过坡面施工，形成新的径流路径（不会产生细沟侵蚀），从而改变原本顺坡面直流而下的径流路径。

③分散径流、延长路径

在满足前两个原则的基础上，为了减少多股径流的汇聚，需尽可能分散径流，一条径流路径多角度（角度尽可能与水平方向夹角最小）地分散成多条，从而达到降低水力侵蚀动能的目的；为了增加径流入渗，需尽可能延长径流路径的长度，使得径流路径变得平缓且弯曲，从而达到削弱径流流速、增加降水入渗、保持水土的目的。

④布局合理、植被拦截

径流路径布局要合理，其在坡面上的分布要尽可能均匀，避免因汇流在局部形成大股水流，加剧水土流失。径流路径末端尽量引导坡面径流流向灌草生长茂盛的区域。一方面，利用植物的拦截作用降低径流流速、减缓径流冲刷引发的土壤侵蚀；另一方面，充分发挥林下植被、枯落物和土壤层的持水能力，从而达到涵养水源、保持水土的目的。

（2）设计指标

遵循设计原则，在尽可能减少地表扰动的基础上，在坡面上布设不同的径流路径，进行微地形改造。

径流路径的设计指标如下：

a. 径流路径密度：25°～35°的坡面，径流路径布设密度>40m/100m²。

径流路径密度 D 计算公式如下：

$$D = \frac{\sum_{g=1}^{t} L_g}{A}$$ (4-3)

式中：L_g 为斜坡上第 g 条径流路径的长度，m；t 为径流小区内径流路径的数量；A 为径流小区面积。

从防治山地地质灾害的角度，25°～30°坡面宜增加径流入渗，保持水土；30°～35°的坡面宜减少坡面径流入渗，控制流速的同时尽可能排出径流。为此，30°～35°的坡面径流路径密度应小于25°～30°的陡坡坡面。35°以上的坡面不适宜布设径流调控措施。

b. 径流路径宽度：3～5cm。

c. 径流路径深度：3～5cm。

依据设计原则，结合坡面具体的地表高程变化和植被分布情况，如林木生长位置（根部是否裸露）、裸岩凸出体位置、草本植物分布等，进行径流路径调控设计。路径设计的最终目的是减少径流汇聚和增加径流入渗。

（3）施工方法

①坡面地形测量与调查

利用测距仪、坡度计、无人机获取高坡面高程变化的信息，结合坡面实地踏查结果，包括地质构造、土壤类型、坡度、坡长、坡向以及林木（树种组成、林分密度）、裸岩（位置、大小、形状等），尽可能全面地掌握坡面地质地貌、植被土壤的整体情况。

②施工要点

路径的坡降尽可能平缓，避免出现较大的跌水。遇到突然的跌水、裸露石块等地表问题，在尽可能较少扰动的前提下，适当平整坡面，将径流路径与地形相结合，形成一种近水平阶的小型导流槽。径流路径施工时产生的土壤作为树穴覆土，填充树穴，把径流路径周围土层压平整，保持土壤原有的紧实度。遇到已经形成的侵蚀沟槽，在适当平整坡面的基础上，需在侵蚀沟槽的上部设计径流调控路径，对可能汇聚到侵蚀沟槽的径流提前进行分流，减少侵蚀沟槽的进一步加深、扩宽。

4.4.2.2　林分结构调整技术

通过林分密度和林分树种组成两个方面对林分空间结构进行调整，优化林冠截留、树干径流、枯落物持水、土壤持水等林地生态水文过程，最终达到涵养水源、减少山地灾害发生的目的。此外林分密度和林分树种组成的改变，对林分生长、群体稳定性、抗病虫害都有一定的促进作用。

（1）设计原则

①坚持生态优先、注重自然修复、效益最优原则。
②因地制宜、适地适树原则。
③突出重点、合理安排原则。
④科学搭配、营造混交林原则。

（2）植被空间格局调整

①林分密度调整

对针叶林进行修复改造，将栽植满 5 年且郁闭度达 0.8 以上、林木间生长竞争严重、林分结构不合理的针叶林应进行林分密度调整，择伐对象为Ⅳ级和Ⅴ级等病害木、枯死木、枯梢木、濒死木，对密度较小、出材率低的针叶林进行补植，初期林分密度控制在320 株/亩，通过林分管理，经过 5~10 年的时间，逐步控制到 150 株/亩。

②植被结构调整

林分郁闭度小于 0.6，在林窗、林中空地或者稀疏林、林木生长不良等林间空隙较大的地方，要进行适度补植。补植地要做好小围栏等保护标识，便于长期管护与监测。宜补植乡土阔叶树,如香樟、油樟,把现有纯针叶林、混交针叶林培植成针阔混交林。种苗应选择根系发达、茎干挺直粗壮、无病虫害和无机械损伤的 1 年生 I 级合格营养袋苗木(苗高 40~70cm、地径 0.6cm 以上)。

(3)施工方法

①林分踏查
采用标准地法进行林木调查。

②调查工具
罗盘仪、测绳(100m)、皮尺(50m)、围尺、测高器、调查表等。

③林分选择
根据调查的目的和要求确定林分类型;根据林分优势种选择典型地段;调查区域没有林窗;地形基本一致。

④标准地设置
a. 在调查林分的典型区域,避开边缘的影响,设置标准地。标准地尽量成方形,如果为长方形,方向应随林分的面积和形状而定;

b. 标准地的面积:人工林一般不低于 $400m^2$,原始林一般不低于 $900m^2$。增加的面积多少,应随林分的具体情况而定,一般要保证被调查的树木在 150 株以上;

c. 测量完毕时,测绳和皮尺应固定在边线上,以便于下一步的调查。

⑤林木调查
a. 每木检尺:在标准地内分别测量树种、活立木、枯立木、倒木。测定每株活立木的胸径(距地面 1.3m 处直径),按照 2cm 一个径阶,记入每木调查表。

b. 测树高:利用测高器分别测定树种和径阶测量树高。主要树种应测 15~25 株,中央径阶多测,两端逐次减少测量,将所测结果记入"测高记录表"中,通过绘制树高曲线图,由林分平均直径查出林分平均高。

c. 测定郁闭度:运用百步抬头法测定林分郁闭度。

d. 测定树木年龄:用查数伐根上的年轮数,或用生长锥等其他方法确定接近平均直径树木的年龄。

(4)林木择伐

①伐除原则
通过树种密度、混交比例适当调整,调整现有针叶林的林分结构特征(郁闭度和树种结构),按照《森林抚育规程》(GB/T 15781—2015)的要求,通过伐除生长不良、质量低劣、病虫害严重、无培育前途或抑制目标树生长的林木,保留目标树和林中阔叶树,伐后林分平均胸径不低于伐前林分平均胸径,伐后郁闭度保留至 0.6,对现有针叶林采用"择伐+阔叶补植"的模式进行改植培育。

②采伐技术措施
a. 根据现有针叶林分调查结果,按照去弯留直、去劣留优、去弱留壮、间密留稀、确

保目标树、辅助树生长的原则，择伐对象为Ⅳ级木、Ⅴ级木和必要的干扰树、竞争木、树干弯曲木和树木有缺陷的林木。

b. 采伐类型：更新采伐、采伐方式、更新择伐。

c. 采伐木标记：除病死木外，对Ⅳ级、Ⅴ级的采伐树木进行标记。采伐作业尽可能地齐地面砍伐，伐桩不超过高度5cm，严禁超限额采伐。采伐后对于剩余物清理，不能进行销售的林木，应就地掩埋（包括所有的松木、枝丫及残留物）。剩余物清理严禁就地焚烧，以免污染环境和造成森林火灾隐患。

（5）整地

将林地上原有的退化林木、濒死木、病害木择伐后，对有培育前途的幼树、幼苗及不影响改培植树的灌木和草本植物，应加以保护。由于择伐后无法采用传统等高线进行带状清理，只能在择伐后形成的林窗内进行清林，林地清理采取小块状进行清理（即只对栽植穴范围附近进行清理），规格为150cm×150cm，主要清除乱石、杂草等，为整地创造条件。造林整地采用穴状整地方式，栽植穴统一采用60cm×60cm×40cm的规格。但具体整地规格应因地制宜采用不同方式，在部分坡度较大的林地，采用环山打窝，呈鱼鳞状。整地时应把表土与底土、好土与坏土分别分开堆放；回填时，先回填表土，再回填底土；遇有石块和草根等物时需清理出场，并统一清运到指定渣场。

（6）苗木补植

①袋苗栽植

植苗定植前，先剥离容器，双手压紧容器土，将容器土及苗木置于穴中央。栽植时先在种植穴底部回填表土，覆土至种植穴平面，轻轻将容器苗放入穴内，保持树干立直后踩压回填土（踩压时避免踩碎根部泥土球），再次覆土踩压四周，最上面用新土覆盖，覆盖好新土后立即浇足定根水。苗木定植后，可用石块或柴草置于苗木周围，压实苗兜周围的土壤，减弱土壤中的水分蒸发，起到保墒作用。

②地布栽植

栽植时将容器苗小心放直，定植覆土时应从四周向内压紧，杜绝垂直下压容器苗，以防压散容器苗中的基质，浇完水后覆盖地布（地布规格为100cm×100cm），在地布中间剪7~10cm长的缝隙，使苗木通过缝隙植入穴内，植后地布上覆一层土，厚约2cm，以避免地布被风吹走刮坏，在进行植苗覆盖地布的过程中，应做到地布在植穴内形成锅底形，便于使水流向苗木根部的土壤内。

（7）后期管护

林木管护是综合性的经营管理，包含人工巡护、抚育、补植、病虫害防治内容。栽植以后连续抚育2年，每年4—5月、9—10月各抚育1次，管护期限为3年。当造林地苗木成活率达不到85%，依据成活率情况在次年雨季来临前及时进行补植，第2年第1次抚育时每穴施底肥0.25kg。

4.5 柏木林土壤保持能力提升技术

4.5.1 柏木林土壤保持服务能力解析

4.5.1.1 径流小区下垫面特征及坡面雨型特征

（1）径流小区下垫面特征

各径流小区基本信息见表4-16，各径流小区内柏木的平均冠幅介于0.8~1.1m，平均树高介于2.12~2.91m，平均胸径介于2.32~3.15cm，地表植被覆盖度（除柏木以外的杂草）介于52.0%~59.6%，土壤厚度介于21.8~25.3cm，相对高差介于8.03~8.44m，基岩裸露率介于0~0.93%，地形起伏度介于1.31~1.71m，地表粗糙度介于1.15~1.73，地表

表 4-16　径流小区基本信息

径流小区	柏木平均冠幅（m）	柏木平均树高（m）	柏木平均胸径（cm）	地表植被覆盖度（%）	土壤厚度（cm）	径流小区相对高差（m）	基岩裸露率（%）	地形起伏度（m）	地表粗糙度	地表切割深度（cm）	径流路径密度（m/100m²）	L(d)指数	柏木角尺度	种植密度（株/100m²）
1#	0.9	2.32	2.78	58.8	24.5	8.1	0	1.54	1.72	5.94	8.02	0.16	0.43	36
2#	0.85	2.12	2.73	58.2	22.5	8.13	0	1.31	1.73	7.43	8.08	0.19	0.60	68
3#	0.8	2.83	2.68	55.0	23.4	8.17	0.93	1.36	1.21	6.94	10.08	−0.05	0.53	32
4#	0.95	2.69	3.09	57.4	24.5	8.44	0.14	1.71	1.31	10.76	9.62	0.22	0.45	36
5#	0.85	2.46	2.32	52.0	23.6	8.03	0.76	1.56	1.45	6.32	7.52	0.03	0.47	70
6#	0.95	2.76	3.04	57.1	23.8	8.22	0.83	1.31	1.62	8.73	6.96	0.26	0.64	54
7#	0.95	2.72	2.45	55.8	21.8	8.12	0	1.44	1.35	10.32	11.22	0.08	0.42	28
8#	1.0	2.4	3.02	53.5	25.3	8.32	0.93	1.39	1.61	6.95	9.92	−0.13	0.54	66
9#	0.85	2.54	3.15	59.2	22.0	8.03	0.75	1.51	1.65	3.49	7.90	0.03	0.40	34
10#	0.9	2.91	2.65	58.4	22.1	8.33	0.63	1.54	1.23	8.71	9.64	0.22	0.48	22
11#	0.8	2.42	2.84	57.2	23.6	8.13	0.26	1.37	1.22	5.74	8.40	0.26	0.69	6
12#	0.8	2.66	2.73	59.6	22.8	8.05	0	1.31	1.15	5.46	8.22	0.28	0.72	10
13#	0.95	2.52	2.78	52.1	22.4	8.19	6.85	1.36	1.61	6.76	10.32	0.18	0.56	52
平均	**0.9**	**2.57**	**2.79**	**56.5**	**23.3**	**8.19**	**0.49**	**1.47**	**1.49**	**7.56**	**8.90**	**0.10**	**0.50**	**45**

注：平均值为1~10号径流小区的平均，不包括对照小区11~13号。地表植被以草本植被为主，种类相同，主要植物种包括：胡枝子 *Lespedeza bicolor*、鼠李 *Rhamnus davurica*、淡竹叶 *Lophatherum gracile*、金丝草 *Pogonatherum crinitum*、竹节菜 *Commelina diffusa*、牡蒿 *Artemisia japonica*、铁仔 *Myrsine africana* 等。此外，径流小区的柏木虽然冠幅、树高、胸径均较小，但生长锥的观测结果显示树龄均在15年左右，为中龄林，反映出坡面低效林的特点。

切割深度介于 $3.49 \sim 10.76$cm，径流路径密度介于 $6.96 \sim 11.22$m/100m^2，L(d) 指数介于 $-0.13 \sim 0.28$，柏木角尺度介于 $0.40 \sim 0.72$，柏木密度介于 $6 \sim 70$ 株/100m^2。上述变量在径流小区间的单因素 ANOVA 检验见表 4-17，结果显示，柏木平均冠幅、柏木平均树高、柏木平均胸径、地表植被覆盖度、土壤厚度、径流小区相对高差、基岩裸露率等变量的显著性 P 值均大于 0.05，表明这些变量在径流小区之间无显著差异，因此在本研究中分析不同径流小区产流过程差异时可视为无关变量；而地形起伏度、地表粗糙度、地表切割深度、径流路径密度、L(d) 指数、柏木角尺度、柏木密度等反映径流小区柏木空间格局和微地形的变量，其显著性 P 值均小于 0.05，表明这些变量在径流小区之间具有显著差异，上述变量为可能会造成不同径流小区的坡面产流、产沙的差异，需要进一步研究。此外，由于各径流小区柏木的树高小、胸径小，林木的耗水量少，且冠幅小，林冠对地表起不到遮蔽的作用，树干茎流量和林冠截留量占总降水量的比例极低，经测定分别为 0.01% 和 0.1%，对于产流过程的影响可忽略不计。同时，本研究测定了不同坡位下土壤的基本性质，包括土壤容重、土壤毛管和非毛管孔隙度以及土壤稳渗速率，测定结果（表 4-18、表 4-19）表明坡面土壤的物理性质基本相似。此外，本研究利用探地雷达对坡面土层进行探测，结果表明坡面为顺层坡，无裂隙发育，区域的坡面水土流失不存在或极少存在漏蚀现象，以地表产流、产沙为主要的侵蚀类型。

表 4-17　径流小区各变量的单因素方差分析

变量	均方	F	显著性 P
柏木平均冠幅	0.007	0.482	0.637
柏木平均树高	0.098	1.858	0.225
柏木平均胸径	0.094	1.275	0.337
地表植被覆盖度	6.152	1.079	0.391
土壤厚度	2.490	2.114	0.191
径流小区相对高差	0.002	0.073	0.930
基岩裸露率	0.072	0.370	0.703
地形起伏度	0.035	4.964	0.046
地表粗糙度	0.089	5.238	0.041
地表切割深度	11.528	9.267	0.011
径流路径密度	4.481	7.566	0.018
L(d) 指数	0.041	8.330	0.015
柏木角尺度	0.016	9.049	0.012
柏木密度	749.022	6.445	0.026

表 4-18　径流小区无关变量的单因素方差分析

变量	均方	F	显著性 P
柏木平均冠幅	0.007	0.482	0.637
柏木平均树高	0.098	1.858	0.225
柏木平均胸径	0.094	1.275	0.337
地表植被覆盖度	6.152	1.079	0.391
土壤厚度	2.490	2.114	0.191
径流小区相对高差	0.002	0.073	0.930
岩石裸露率	0.072	0.370	0.703

表 4-19　不同坡位的土壤物理性质

编号	土壤厚度(cm)	土壤容重(g/cm³)	毛管孔隙度(%)	非毛管孔隙度(%)	总孔隙度(%)
Ⅰ	0~15	1.35	38.54	1.63	40.17
	15~25	1.49	42.34	3.28	45.61
Ⅱ	0~15	1.38	39.86	2.26	42.12
	15~25	1.47	38.55	1.93	40.48
Ⅲ	0~15	1.41	41.82	3.31	45.13
	15~25	1.50	40.69	2.50	43.20
Ⅳ	0~15	1.31	42.55	2.56	45.11
	15~25	1.50	42.46	2.05	44.51
Ⅴ	0~15	1.31	42.77	3.71	46.48
	15~25	1.45	41.60	3.86	45.46
Ⅵ	0~15	1.36	41.65	2.69	44.34
	15~25	1.54	38.69	2.19	40.88

注：环刀样Ⅰ到Ⅵ均匀分布在坡面的不同坡位。

(2)坡面雨型特征

根据区域小型气象站观测的次降雨过程及各径流小区的产流、产沙情况，将蓄水池出现产流、产沙的降雨事件界定为侵蚀性降雨事件，其余均界定为非侵蚀性降雨事件，于2019年5月—2020年10月总共观测到的29场侵蚀性降雨事件的降雨特征见表4-20，其中A、B、C3种雨型的分类参考《降水量等级》(GB/T 28592—2012)的雨型划分标准，并结合区域的实际降雨产流特征，分类结果见表4-21。

表 4-20　区域侵蚀性降雨事件

降雨起始时刻	降雨历时(h)	降水量(mm)	I_{30}(mm/h)	I_{60}(mm/h)	雨型
2019-05-12　01：10	7.4	35	11.2	9.6	C
2019-05-12　23：10	13.5	2019.2	8.4	6.6	A

（续）

降雨起始时刻	降雨历时(h)	降水量(mm)	I_{30}(mm/h)	I_{60}(mm/h)	雨型
2019-05-19　07：10	29.5	29.2	5.6	5.4	A
2019-06-05　03：40	7.4	115.6	66.8	55.2	C
2019-06-09　05：00	31.7	30.4	8	5.4	A
2019-06-27　15：00	44.5	57.6	33.2	22.2	B
2019-07-18　07：00	11.6	16.4	10.8	6.6	A
2019-08-03　16：00	11.1	51.6	65.6	45.6	C
2019-08-06　16：20	20.2	33.8	25.6	17.2	B
2020-05-24　09：00	23.0	21.1	4.35	4.35	A
2020-05-31　03：00	9.0	33.8	11.05	11.05	C
2020-06-02　04：00	2020.0	53.5	12.15	12.15	B
2020-06-14　05：00	15.0	17.6	7.45	7.45	A
2020-06-17　05：00	21.0	77.5	18.85	18.85	B
2020-06-20　03：00	7.0	2020.05	11.65	11.65	A
2020-06-27　00：00	36.0	55	17.75	17.75	B
2020-07-01　06：00	30.0	57.65	12.3	12.3	B
2020-07-13　03：00	11.0	36.95	19.7	19.7	C
2020-07-16　05：00	61.0	148	32.15	32.15	B
2020-07-25　15：00	3.0	26.85	16.4	16.4	C
2020-07-26　01：00	10.0	26.35	12.55	12.55	A
2020-07-31　03：30	5.1	53.6	50.4	38	C
2020-08-13　09：30	19.1	16.6	10	5.2	A
2020-08-24　06：40	8.0	20.4	21.2	16.6	A
2020-09-12　11：10	41.1	21.8	3.6	3.4	A
2020-09-15　23：20	36.1	40	8.4	7.4	B
2020-09-21　13：20	41.0	25	4.8	3.4	A
2020-09-25　01：00	29.4	19.4	3.6	2.8	A
2020-10-03　23：30	36.5	35.4	8	6.2	B

表 4-21　区域侵蚀性降雨雨型分类

降雨指标	侵蚀性降雨		
	中长历时大雨	中长历时暴雨	短历时暴雨
12h 降水量区间(mm)	15~30	>30	>30
降雨历时(h)	>8	>8	<8
平均雨强(mm/h)	<3	<3	>3
降雨场次	13	9	7

4.5.1.2 径流小区产流、产沙特征

(1)典型降雨事件及径流小区产流过程

区域 2019 年 5—9 月雨季期间，9 场降雨事件各径流小区均能收集到产流、产沙数据，见表 4-22，排除前期降雨导致各径流小区产流过程线无明显差异的场次，以及降雨总量相对较小使得产流过程线不明显的场次，最终筛选出 2019 年 6 月 9 日、2019 年 6 月 27 日和 2019 年 8 月 3 日共 3 场典型降雨事件，根据区域的雨型分类，上述降雨可分别代表中长历时大雨，中长历时暴雨和短历时暴雨等 3 类典型降雨事件。

表 4-22　2019 年雨季降雨事件汇总

降雨起始时刻	降雨历时(h)	降水量(mm)	I_{30}(mm/h)	I_{60}(mm/h)	雨型
2019-05-12　01：10	7.4	35	11.2	9.6	C
2019-05-12　23：10	13.5	2019.2	8.4	6.6	A
2019-05-19　07：10	29.5	29.2	5.6	5.4	A
2019-06-05　03：40	7.4	115.6	66.8	55.2	C
2019-06-09　05：00	31.7	30.4	8	5.4	A
2019-06-27　15：00	44.5	57.6	33.2	22.2	B
2019-07-18　07：00	11.6	16.4	10.8	6.6	A
2019-08-03　16：00	11.1	51.6	65.6	45.6	C
2019-08-06　16：20	20.2	33.8	25.6	17.2	B

中长历时大雨、中长历时暴雨、短历时暴雨的典型降雨事件以及对应的各径流小区产流过程线如图 4-14～图 4-16 所示。根据图 4-14，该降雨事件在 140min 达到峰值，该时刻雨强为 7.4mm/10min，同时各径流小区的产流量基本在该时刻达到峰值，各径流小区之间的相对大小关系为#5>#2>#1>#4>#7>#9>#3>#6>#8>#10，峰值产流量最大为 24.14L/10min，最小为 8.15L/10min；根据图 4-15，该降雨事件在第 90min 达到峰值，该时刻雨强为 12.2mm/10min，该时刻出现后，各径流小区的产流量基本在 100min 达到峰值，各径流

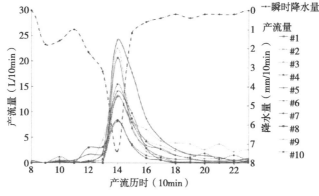

图 4-14　中长历时大雨(2019 年 6 月 9 日)下的坡面产流过程

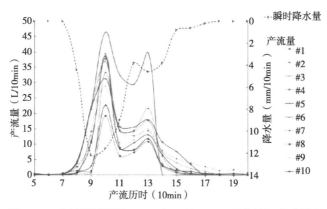

图 4-15　中长历时暴雨(2019 年 6 月 27 日)下的坡面产流过程

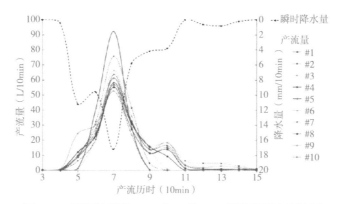

图 4-16　短历时暴雨(2019 年 8 月 4 日)下的坡面产流过程

小区之间的相对大小关系为#5>#2>#4>#1>#3>#7>#6>#9>#10>#8，峰值产流量最大为 46.40L/10min，最小为 19.20L/10min；根据图 4-16，该降雨事件在 70min 达到峰值，该时刻雨强为 17.2mm/10min，而各径流小区的产流量基本在 100min 达到峰值，各径流小区之间的相对大小关系为#5>#2>#7>#1>#4>#3>#9>#6>#10>#8，峰值产流量最大为 92.15L/10min，最小为 55.14L/10min。

通过对比图 4-14~图 4-16 可知，同一降雨事件下，各径流小区的洪峰流量存在差异，但到达洪峰的历时基本一致，且雨强峰值与产流洪峰出现的时刻基本同步。对比 3 类降雨特征，各径流小区达到洪峰的历时从大到小依次为：中长历时大雨(140min)、中长历时暴雨(100min)、短历时暴雨(70min)。通过比较各径流小区峰值产流量的大小关系可知，3 类典型降雨特征下，除了#5、#2、#8、#10 的相对大小关系基本不变外，其余 6 个径流小区峰值产流量的大小关系随降雨特征的变化而发生改变，反映出不同降雨特征下坡面产流过程对相同下垫面特征的响应具有差异。

根据上述 3 类降雨和产流过程线进一步计算出各径流小区的洪峰径流系数，见表 4-23。由表可知，不同典型降雨事件下各径流小区的洪峰径流系数从大到小依次为：短历时暴雨(0.293~0.514)、中长历时暴雨(0.117~0.282)、中长历时大雨(0.087~0.257)，因此表明随着降雨强度的增大，降水量的集中，不同下垫面对地表径流的阻碍作用均降低。

表 4-23　3 类典型降雨下各径流小区的洪峰径流系数

降雨特征	洪峰径流系数									
	#1	#2	#3	#4	#5	#6	#7	#8	#9	#10
中长历时大雨	0.219	0.240	0.141	0.164	0.257	0.138	0.150	0.089	0.141	0.087
中长历时暴雨	0.230	0.239	0.224	0.235	0.282	0.190	0.202	0.117	0.175	0.138
短历时暴雨	0.316	0.340	0.342	0.324	0.514	0.293	0.422	0.307	0.369	0.354
平均值	0.255	0.273	0.236	0.241	0.351	0.207	0.258	0.171	0.228	0.193

注：洪峰径流系数为到达洪峰时刻的总产流量与总降水量之比。

（2）洪峰流量与产流量、产沙量的关系

通过统计 3 类降雨事件下各径流小区的洪峰流量、产流量、产沙量间的关系，如图 4-17 和图 4-18 所示，结果表明，区域的坡面产流量和产沙量均与洪峰流量之间具有显著的对数函数关系（$R^2 \approx 0.781$，$R^2 \approx 0.835$），同时产沙量与洪峰流量的非线性关系更为显著。由于坡面产沙受径流携沙的控制，通过削减洪峰流量能够减少坡面产流、产沙，实现水土流失防治能力提升。

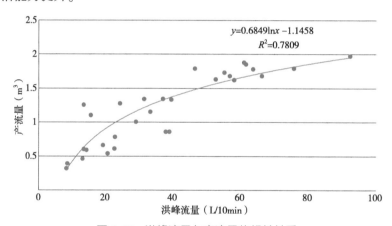

图 4-17　洪峰流量与产流量的相关关系

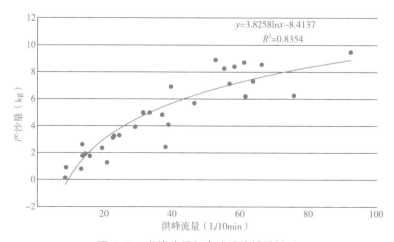

图 4-18　洪峰流量与产沙量的相关关系

4.5.1.3　柏木空间格局和微地形对洪峰流量的耦合影响

（1）柏木空间格局和微地形对洪峰流量的影响

综合各径流小区的下垫面差异（表 4-17）以及观测到的各径流小区在次降雨过程中的洪峰流量的差异（图 4-14~图 4-16），认为地形起伏度、地表粗糙度、地表切割深度、径流路径密度、L(d)指数、柏木角尺度、柏木密度等反映径流小区柏木空间格局和微地形的变量可能是造成各径流小区洪峰流量差异的主要原因，因此进一步分析 3 种典型降雨特征下，柏木空间格局因子、微地形因子、洪峰流量间的相关关系，通过 SPSS 进行分析，结果见表 4-24。

表 4-24　柏木空间格局因子、微地形因子、洪峰流量间的相关系数

参数	地形起伏度	地表粗糙度	地表切割深度	径流路径密度	L(d)指数	柏木角尺度	柏木密度	洪峰流量（中长历时大雨）	洪峰流量（中长历时暴雨）
地表粗糙度	−0.328								
地表切割深度	0.132	−0.513							
径流路径密度	0.101	−0.645*	0.496						
L(d)指数	0.186	0.052	0.455	−0.345					
柏木角尺度	−0.737*	0.228	0.169	−0.316	0.170				
柏木密度	−0.358	0.547*	−0.202	−0.486	−0.208	0.559			
洪峰流量（中长历时大雨）	0.685*	−0.744*	0.571	0.736*	0.080	−0.647*	−0.691*		
洪峰流量（中长历时暴雨）	0.693*	−0.656*	0.237	0.689*	−0.157	−0.749*	−0.717*	0.898**	
洪峰流量（短历时暴雨）	0.760	−0.073	0.275	−0.025	0.389	−0.421	−0.161	0.455	0.481

注：*表示在 0.05 水平下显著相关；**表示在 0.01 水平下极显著相关。

由表 4-24 可知，中长历时大雨或中长历时暴雨条件下，地形起伏度、地表粗糙度、径流路径密度、柏木角尺度及柏木密度等 5 个因子均与洪峰流量存在显著相关关系（$P<0.05$），表明在这两类情形下，表征柏木空间格局和微地形的特征参数中，地形起伏度、地表粗糙度、径流路径密度、柏木角尺度及柏木密度为影响洪峰流量的关键因子，其中地形起伏度、径流路径密度与洪峰流量呈显著正相关关系，地表粗糙度、柏木角尺度、柏木密度与洪峰流量呈显著负相关关系；而在短历时暴雨条件下，各因子与洪峰流量均不存在显著相关关系，即上述因子不再是影响洪峰流量的主导因素。

根据表 4-23 中各径流小区在 3 类降雨特征下的平均洪峰径流系数，可以发现，各径流小区平均洪峰径流系数的大小关系为 5#>2#>7#>1#>4#>3#>9#>6#>10#>8#，平均洪峰径流系数越大，表明径流小区的下垫面特征更有利于产流。由表 4-23 的平均洪峰径流系数计算结果，结合表 4-16 中各径流小区柏木空间格局因子和微地形因子的特征，可以发现，

5#小区的地形起伏度高于平均值 6.1%，地表粗糙度低于平均值 2.7%，径流路径密度低于平均值 15.5%，柏木角尺度低于平均值 6%，柏木密度高于平均值 55.6%，相比之下，4#小区的地形起伏度高于平均值 16.3%，地表粗糙度低于平均值 12.1%，径流路径密度高于平均值 8.1%，柏木角尺度低于平均值 10%，柏木密度低于平均值 20%。通过对比可以发现，尽管 4#小区的地形起伏度、径流路径密度明显大于 5#，而地表粗糙度、柏木密度明显小于 5#，但 4#小区的平均洪峰径流系数却小于 5#。实地观察显示，5#径流小区中，柏木密度较高但结构均匀，各柏木两侧的径流路径及地形起伏形成排水通道彼此连接，由此可以判断，柏木和局部微地形对于局部产流存在耦合效应，因此需要就柏木空间格局和微地形对洪峰流量的耦合影响进行进一步研究。

（2）柏木空间格局和微地形综合指数与洪峰流量的相关关系

为了反映柏木空间格局和微地形对洪峰流量的耦合影响，首先需以各影响因子对洪峰流量影响的显著性及相关系数为基础，通过构建微地形综合指数和柏木空间格局综合指数，分别反映柏木空间格局和微地形的整体状况。根据各影响因子的影响方向分别得到微地形综合指数 U（地形起伏度×径流路径密度/地表粗糙度）和柏木空间格局综合指数 V（柏木角尺度×柏木密度）。

通过 SPSS 计算出 U 值、V 值与洪峰流量的相关关系，结果表明，在中长历时大雨和中长历时暴雨条件下，微地形综合指数与洪峰流量呈极显著正相关（相关系数分别为 0.929，0.857，$P<0.01$），柏木空间格局综合指数与洪峰流量呈极显著负相关（相关系数为 -0.758，-0.816，$P<0.01$），以此为前提即可通过建立响应面方程进一步解析柏木空间格局和微地形对洪峰流量的耦合影响。

（3）两种降雨条件下柏木空间格局和微地形对洪峰流量的耦合影响

根据公式，利用响应面方法（response surface methodology，RSM）构建的中长历时大雨和中长历时暴雨条件下洪峰流量对微地形综合指数、柏木空间格局综合指数的响应曲面方程如下：

$$M_1 = 0.316U_1 - 0.02V_1 + 0.079U_1V_1 - 5.51U_1 + 0.29V_1 + 28.5 \tag{4-4}$$

$$M_2 = 0.517U_2 - 0.0396V_2 + 0.35U_2V_2 - 13.8U_2 - 1.04V_2 + 95 \tag{4-5}$$

式中：M_1 和 M_2 分别表示中长历时大雨和中长历时暴雨条件下的洪峰流量；U_1 和 U_2 表示微地形综合指数；V_1 和 V_2 表示柏木空间格局综合指数。

两种降雨条件下的响应曲面如图 4-19 所示。根据式（4-1）和式（4-2）的响应曲面方程，通过偏导数解析来确定响应曲面发生趋势变化的临界点。根据洪峰流量随柏木空间格局综合指数及微地形综合指数的变化趋势，两类情况下响应面均可划分为 4 个区域（Ⅰ、Ⅱ、Ⅲ、Ⅳ），分别呈现出如下趋势：Ⅰ区域中，洪峰流量 M 不随微地形综合指数 U 和柏木空间格局综合指数 V 的变化而发生显著变化；Ⅱ区域中，M 随 V 的增加而略微增加；Ⅲ区域中，M 随 V 的增加而显著减小；Ⅳ区域中，M 随 U 的增加而显著增加。根据响应面的不同区域对应的洪峰流量值，还原到各径流小区所呈现的下垫面特征，汇总各区域内微地形综合指数、柏木空间格局综合指数及各影响因子的值域，见表 4-25。

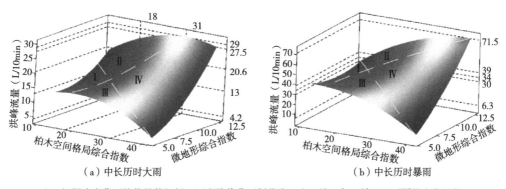

（a）中长历时大雨　　　　　　　　　　　　（b）中长历时暴雨

注：根据响应曲面的偏导数解析，用虚线将曲面划分为 4 个区域，各区域呈现不同的变化趋势。

图 4-19　洪峰流量对柏木空间格局综合指数和微地形综合指数的响应曲面图

表 4-25　响应面不同区域的下垫面特征

响应面区域	降雨条件	微地形综合指数	柏木空间格局综合指数	地形起伏度（m）	地表粗糙度	径流路径密度（m/100m²）	柏木角尺度	柏木密度（株/100m²）
Ⅰ	中长历时大雨	5.5~10.5	10~22.5	1.51~1.54	1.65~1.72	7.9~8.02	0.4~0.43	34~36
	中长历时暴雨	5.5~12.5	10~20.5	1.36~1.71	1.21~1.72	7.9~11.22	0.4~0.53	22~36
Ⅱ	中长历时大雨	7.5~12.5	10~31	1.36~1.71	1.21~1.72	8.02~11.22	0.42~0.53	22~36
	中长历时暴雨	9~12.5	9~41	1.36~1.71	1.21~1.35	9.62~11.22	0.42~0.53	22~36
Ⅲ	中长历时大雨	5.5~7.5	18~41	1.31~1.56	1.45~1.62	6.96~7.52	0.47~0.64	54~70
	中长历时暴雨	5.5~9	15~41	1.31~1.56	1.45~1.73	6.96~9.92	0.4~0.64	34~70
Ⅳ	中长历时大雨	5.5~12.5	22.5~41	1.31~1.56	1.45~1.73	6.96~9.92	0.47~0.64	54~70
	中长历时暴雨	5.5~12.5	20.5~41	1.31~1.56	1.45~1.73	6.96~9.92	0.47~0.64	54~70

根据图 4-19 和表 4-25 可以发现，在中长历时大雨和中长历时暴雨条件下，柏木空间格局综合指数（V 值）和微地形综合指数（U 值）对洪峰流量影响的共性规律为：①当 $V<$ 20.5，$U<10.5$（Ⅰ区域，定义域取两类情况的交集，下同）时，不会对洪峰流量产生显著影响，所反映的下垫面的主要特征为地表粗糙度介于 1.65~1.72（高于 10 个样本径流小区平均值的 10%~15%），径流路径密度介于 7.90~8.02m/100m²（低于平均值 9%~11%），柏木密度介于 34~36 株/100m²（低于平均值 20%~24%），柏木角尺度介于 0.40~0.43（低于平均值 14%~20%）。②当 $U>9.0$（Ⅱ区域）时，在一定范围内 V 值增加不仅不对洪峰流量起消减作用，反而会起促进作用，所反映的下垫面的主要特征为地表粗糙度介于 1.21~1.35（低于 10 个样本径流小区平均值 9%~19%），径流路径密度介于 9.62~11.22m/100m²（高于平均值 8%~26%），柏木密度介于 22~36 株/100m²（低于平均值 20%~51%）。③当 $U<7.5$，$V>18$ 时（Ⅲ区域），V 值增加能够削减洪峰流量，所反映的下垫面的主要特征为，径流路径密度介于 6.96~7.52m/100m²（低于平均值 16%~22%），柏木密度介于 54~70 株/100m²（高于平均值 20%~56%），该区域可作为柏木空间格局调整的主要区域。④当柏木空间格局综合指数超过一定数值时（区域Ⅰ、Ⅱ向Ⅲ、Ⅳ变化的分界线，该数值随 U 值

增大而增加，图 4-19（a）中该数值范围为 18~31，图 4-19（b）中该数值范围为 15~40，随着微地形综合指数由小变大，影响洪峰流量的主导因素由柏木空间格局逐渐转变为微地形。

两类情况下，响应曲面的差异主要体现在洪峰流量随微地形综合指数变化的幅度上。整体而言，当微地形综合指数由 5 增加至 12.5，图 4-19（a）中洪峰流量的平均增幅为 143.3%，而图 4-19（b）中洪峰流量的平均增幅为 150.1%。由此可见，在中长历时暴雨条件下，洪峰流量对微地形综合指数的反应相比中长历时大雨条件更加敏感，一定程度上反映出微地形对洪峰流量的影响随着雨强的增加更加突出。

4.5.1.4 柏木林坡面水土流失防治策略

考虑到微地形改造以及柏木株间结构调整能够对产流量、产沙量造成影响，且表 4-17~表 4-19 中显示的其他因素（包括地表草本、土壤）在本研究中无显著差异，因此根据表 4-22 中造成各径流小区洪峰流量出现显著差异的关键因子，本研究提出补植（增加树种密度，调整树种株间结构）、水平阶（切断径流路径）、垒穴/培土（减小地形起伏度）等水土保持措施，于 2019 年 11 月对径流小区实施措施配置，待 6 个月的自然恢复期后于 2020 年 5—10 月测定各径流小区产流、产沙特征。各径流小区措施配置情况见表 4-26。

表 4-26　各径流小区措施配置情况

措施名称	措施目的	径流小区编号	措施简介
补植	增加树种密度，调整树种株间结构	1#、7#、10#、13#	补植适生乡土树种，速生，具有水土保持功能，以白夹竹为代表，采取移栽的方式进行补植，竿高约 3m，基径约 2cm，补植后径流小区树种密度控制在 60 株/100m² 左右，局部进行穴状整地确保成活率，补植前后地表植被覆盖基本无变化
水平阶	切断径流路径	2#、4#、11#、12#	针对由水力侵蚀形成的细沟，每隔 20cm 布设水平阶，切断径流路径
垒穴/培土	减小地形起伏度	8#、9#	针对径流小区内周围地形起伏度较大的柏木，垒树穴 30cm×30cm×20cm，覆土压实
综合措施（垒穴/培土+水平阶）	切断径流路径，减小地形起伏度	5#、6#	"水平阶"+"垒穴/培土"的措施要求
保持原貌	对照	3#	对照

（1）措施配置对洪峰流量的削减效果

根据降雨特征，对 2020 年 5—10 月观测到的 13 场降雨径流进行排序，包含 6 场中长历时大雨和 7 场中长历时暴雨。通过措施小区与对照小区洪峰流量的对比计算（考虑措施配置之前措施小区与对照小区洪峰流量的相对大小关系通过公式对计算结果进行修正），得到次降雨条件下不同水土保持措施对洪峰流量的平均削减效果（图 4-20、表 4-27）。

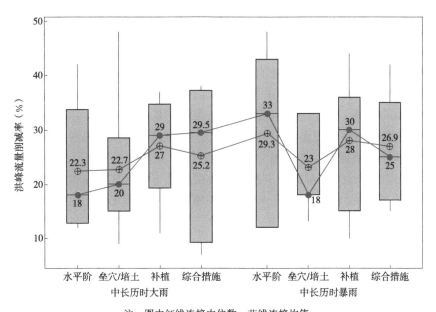

注：图中红线连接中位数，蓝线连接均值。

图 4-20　两种降雨特征下不同措施的洪峰流量削减率

表 4-27　两种降雨特征下不同措施的洪峰流量削减效果

日期	降雨历时(h)	降水量(mm)	平均雨强(mm/h)	雨型	洪峰流量削减效果(%)			
					水平阶	垒穴/培土	补植	综合措施
2020-05-24	23.0	21.1	0.9		12	21	26	10
2020-06-14	15.0	17.6	1.2		15	19	37	33
2020-06-20	7.0	20.5	2.9	中长历时大雨	13	9	11	7
2020-07-26	10.0	26.4	2.6		42	22	32	38
2020-08-24	36.0	55	1.5		31	48	34	37
2020-09-25	29.4	19.4	0.7		21	17	22	26
2020-06-02	20.0	53.5	2.7		43	33	36	35
2020-06-17	21.0	77.5	3.7		22	18	25	30
2020-06-27	36.0	55	1.5		33	28	30	24
2020-07-01	30.0	57.7	1.9	中长历时暴雨	35	18	44	25
2020-07-16	61.0	148.0	2.4		12	13	10	15
2020-09-16	36.1	40.0	1.1		12	18	15	17
2020-10-03	36.5	35.4	1.0		48	33	36	42

①根据表4-27，4种措施对于洪峰流量的削减率在7%~48%，其中水平阶的洪峰流量削减率为12%~48%，垒穴/培土的洪峰流量削减率为9%~48%，补植的洪峰流量削减率为10%~44%，综合措施的洪峰流量削减率为7%~42%。可知，各项措施针对不同的次降雨特征，其对洪峰流量均有不同程度的削减，但削减效果具有较大差异。

②根据图4-20进行组内对比，中长历时大雨条件下，对比中位数可知，洪峰流量削减效果表现出综合措施>补植>垒穴/培土>水平阶；对比均值可知，洪峰流量削减效果表现出补植>综合措施>垒穴/培土>水平阶。由此，在中长历时大雨条件下综合措施和补植可作为坡面产流洪峰削减的首选措施。

③根据图4-20进行组内对比，中长历时暴雨条件下，对比中位数可知，洪峰流量削减效果表现出水平阶>补植>垒穴/培土>综合措施；对比均值可知，洪峰流量削减效果表现出水平阶>补植>综合措施>垒穴/培土。由此，在中长历时暴雨条件下水平阶可作为坡面产流洪峰削减的首选措施。

④根据图4-20进行组间对比，对比中位数和均值可知，垒穴/培土、补植和综合措施在两类降雨条件下对洪峰流量的削减效果无明显差异，而对于水平阶，其对中长历时暴雨的削减洪峰效果显著高于中长历时大雨。

⑤综合2种降雨条件，4种措施的洪峰流量削减率平均为补植(28.5%)>综合措施(26.7%)>水平阶(25.7%)>垒穴/培土(20.9%)。

(2)措施配置对产沙量的削减效果

对各径流小区均能够测得产沙数据的8场降雨进行排序，包含2场中长历时大雨，6场中长历时暴雨，通过措施小区与对照小区产沙量的对比计算(考虑措施配置之前措施小区与对照小区产沙量的相对大小关系通过公式对计算结果进行修正)，得到次降雨条件下不同水土保持措施对产沙量的平均削减效果(图4-21、表4-28)。

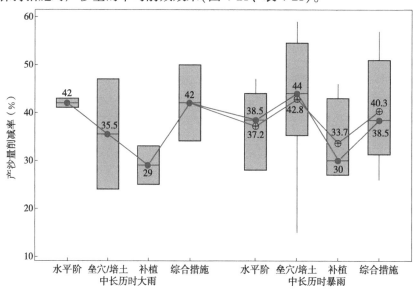

图4-21　两种降雨特征下不同措施的产沙量削减率

表 4-28　两种降雨特征下不同措施的产沙量削减效果

日期	降雨历时(h)	降水量(mm)	平均雨强(mm/h)	雨型	产沙量削减效果(%)			
					水平阶	垄穴/培土	补植	综合措施
2020-07-26	10.0	26.4	2.6	中长历时大雨	41	24	25	34
2020-08-24	36.0	55	1.5		43	47	33	50
2020-06-02	20.0	53.5	2.7	中长历时暴雨	43	59	46	42
2020-06-17	21.0	77.5	3.7		39	42	31	57
2020-06-27	36.0	55	1.5		38	46	42	35
2020-07-01	30.0	57.7	1.9		28	42	27	26
2020-07-16	61.0	148.0	2.4		47	15	29	33
2020-09-16	36.1	40.0	1.1		28	53	27	49

①根据表 4-28，4 种措施对于产沙量的削减率在 15%~59%，其中水平阶的洪峰流量削减率为 28%~47%，垄穴/培土的洪峰流量削减率为 15%~59%，补植的洪峰流量削减率为 25%~46%，综合措施的洪峰流量削减率为 26%~57%。可知，各项措施针对不同的次降雨特征，其对产沙量均有不同程度的削减，但削减效果具有较大差异。

②根据图 4-21 进行组内对比，中长历时大雨条件下，对比中位数或均值可知，产沙量削减效果表现出水平阶=综合措施>垄穴/培土>补植。由此，在中长历时大雨条件下水平阶和综合措施可作为坡面产沙削减的首选措施。

③根据图 4-21 进行组内对比，中长历时暴雨条件下，对比中位数可知，产沙量削减效果表现出垄穴/培土>水平阶=综合措施>补植；对比均值可知，产沙量削减效果表现出垄穴/培土>综合措施>水平阶>补植。由此，在中长历时暴雨条件下垄穴/培土可作为坡面产沙削减的首选措施。

④根据图 4-21 进行组间对比，对比中位数和均值可知，水平阶和综合措施在中长历时大雨条件下对产沙量的削减效果略高于中长历时暴雨条件，而垄穴/培土和补植在中长历时大雨条件下对产沙量的削减效果略低于中长历时暴雨条件。

⑤综合 2 种降雨条件，四种措施的产沙量削减率平均为综合措施(40.7%)>水平阶(39.9%)>垄穴/培土(39.5%)>补植(30.4%)。

4.5.2　石漠化柏木林土壤保持能力提升技术

4.5.2.1　水平阶

水平阶属水土保持措施中的工程措施。水平阶适用于布设在坡面由于水力侵蚀产生的侵蚀沟道上。从上至下，依照坡降逐级修建多条水平条带，层层拦蓄坡面径流、减缓径流流速，削减水流侵蚀力，增加径流入渗，从而达到保持水土、涵养水源的目的。

（1）设计原则

①保护植被，减少扰动。

坡面施工，需遵循"保护植被、减少扰动"的原则，坡面上灌草尽可能保留，土壤尽可能减少扰动。

②依照坡降，逐级消减。

在坡面已经形成的侵蚀沟道，从上至下，依照坡降逐级修建水平条带，达到降低水力侵蚀动能、增加径流就地入渗的目的。

③间隔有序，适势调整。

水平阶要重点布局在已经形成水力侵蚀的沟道上，从上至下，依照坡降逐级修建水平条带，各级水平条的间隔尽量相同，当坡度出现陡降或者陡然变缓的区域，适当缩短或延长间隔。在径流加速阶段缩短间隔利于增加阻断和拦截，在径流流速减缓的阶段，延长间隔可以减少对坡面的施工扰动。

（2）设计适用的坡面条件

当坡面林分密度、地表粗糙度和侵蚀沟分布密度的指标达到一定阈值，水平阶措施可以发挥较优的减流、减沙效益，尤其是消减中长历时的大雨和暴雨的径流峰值流量。水平条设计适用的坡面微地形条件及计算公式如下：

a. 林分密度：<36 株/100m²。

b. 地表粗糙度：1.2~1.4。地表粗糙度采用地表单元的曲面面积 $S_{曲面}$ 与其在水平面上的投影面积 $S_{水平}$ 之比表示。可利用 3D Analyst 工具下的表面体积工具，基于 DEM 提取各样区的表面面积（$S_{曲面}$）和二维面积（$S_{水平}$），然后利用二者比值得到径流小区平均地表粗糙度 R。

$$R = \frac{S_{曲面}}{S_{水平}} \tag{4-6}$$

c. 侵蚀沟分布密度：>9m/100m²。

侵蚀沟分布密度为单位面积内径流路径的总长度。可利用 ArcGIS 水文分析工具对实际径流路径进行校正，进而得到径流路径密度 D。

$$D = \frac{\sum\limits_{g=1}^{t} L_g}{A} \tag{4-7}$$

式中：D 为径流路径密度，m/100m²；L_g 为斜坡上第 g 条沟的长度，m；t 为径流小区内侵蚀沟的数量。

（3）设计指标

遵循设计原则，在尽可能减少地表扰动的基础上，完成微地形改造工作。水平阶适宜的设计标准为：

a. 水平阶（纵向）宽度：10~15cm。

b. 水平阶(横向)长度：具体视侵蚀沟道的纵面宽度。

c. 水平阶平均间隔：20～30cm。

(4)施工方法

①坡面地形测量

利用测距仪、三维激光扫描仪、无人机等获取坡面高程变化的详细信息，结合坡面实地踏查结果，包括地质构造、土壤类型、坡度、坡长、坡向以及林木(树种组成、林分密度)，尽可能地全面掌握坡面地质地貌、植被土壤的整体情况。

②施工要点

a. 水平阶阶面设计成外高内低的倾斜台面，减少径流外溢的同时，发挥一定积蓄径流的作用，促进径流就地入渗。

b. 坡面侵蚀沟头的汇水区域，适当做导流的坡面调控路径，对可能汇聚到侵蚀沟槽的径流提前进行分流，减少侵蚀沟槽的进一步加深、扩宽。

c. 接近侵蚀沟末端的水平阶，阶面适当向坡面植被聚集的区域倾斜，促使经过水平阶层层拦截、动能降低的径流流向灌草覆盖度高的区域，增加灌草的持水量，进而增加土壤的补给量。

③注意事项

施工挖出的土壤可作为树穴覆土，填充树穴。施工完成后将水平阶台面的土层压平，尽量保持土壤原有的紧实度，防止松动的土壤遇到大到暴雨，产生新的侵蚀。

4.5.2.2 综合措施

综合措施包括水土保持工程措施和植物措施。工程措施和植物措施是防治水土流失的最有效的措施，两种措施的结合，能够发挥更优的水土保持作用。综合措施包括工程措施里的水平阶、垒穴/培土和植物措施里的补植。本研究选择当地适生性强的白夹竹作为补植树种。工程措施水平阶、垒穴/培土起到拦蓄坡面径流、增加径流入渗的作用；植被措施里的补植起到增加植被覆盖度、根系固结土壤、减少坡面土壤侵蚀、保持水土的作用。

(1)设计原则

①保护植被，减少扰动。

坡面施工，需遵循"保护植被、减少扰动"的原则，坡面上灌草尽可能保留，土壤尽可能减少扰动。

②林窗补植，和谐共生。

优先在坡面林木分布稀疏的区域进行补植，尽量避免补植林木与坡面已有的林木形成光照、养分和水分的竞争。

③高垒树穴，树坑覆土。

石漠化严重的石灰岩地区，土层薄，耐蚀性差。由于树木在石灰岩母质发育，宜用石块、砖头在树木周围垒出树穴，同时树穴覆土，增加树穴土壤厚度，利于保水保肥，促进林木的生长。

（2）设计指标

a. 树穴尺寸：30cm×30cm（长×宽）。

b. 补植苗木，林分密度控制在<7000株/hm²。如坡面满足水平阶的设计条件，同时布设水平阶，补植苗木的密度宜控制在<5000株/hm²，否则遇长历时大雨和暴雨，坡面微地形措施（水平阶）与林分空间格局调整措施（补植）的减流、削峰效果会产生抵消或发生叠加促流效应。

c. 水平阶具体设计指标见4.5.2.1。

（3）施工方法

①坡面地形测量

利用测距仪、三维激光扫描仪、无人机等获取坡面高程变化的详细信息，结合坡面实地踏查结果，包括地质构造、土壤类型、坡度、坡长、坡向以及林木（树种组成、林分密度），尽可能全面地掌握坡面地质地貌、植被土壤的整体情况。

②施工要点

a. 胸径大于2cm的植株，需用石块、砖头垒树穴。树穴呈三角形，上坡面（径流来的方向）不需要围挡，留出径流流入的通道，同时树穴覆土，利于积蓄坡面径流。

b. 如补植竹类，尽量选2年生的苗木，每年3月、10月补植成活率高。补植密度宜疏不宜密，预留未来的林木生长空间。

c. 水平阶施工要点见4.5.2.1。

③注意事项

a. 补植苗木的种类宜为当时适生的树种，速生、具有水土保持功能。补植后进行施肥、松土管理，效果更佳。

b. 多种水土保持措施（水平阶、垒穴/培土、补植）之间应相互协调，在对坡面径流分散、拦截方面形成合力，避免相互作用，加剧径流的汇聚。

4.6　山地森林浅层滑坡防灾能力提升技术

4.6.1　植被空间结构与林冠截留率解析

4.6.1.1　林冠截留与林分结构特征测定

为反映林分结构特征与林冠截留关系，选取9种典型林分表4-29来量化非空间结构和空间结构特征对林冠截留的影响，每个样地大小60m×60m，对每个样地内胸径（DBH）>3cm的林木进行每木检尺，并记录每个林木在样地内的位置（精确到0.1m），并设置5m缓冲区，排除边缘效应对林分结构的影响。

选取了6个林分结构指数，其中非空间结构指标3个：平均胸径、平均树高和叶面积指数。平均胸径和平均树高取所有乔木胸径和树高的算数平均值。叶面积指数利用植物冠层分析仪 LAI-2200 来测定。空间结构指数选取混交度、大小比数和角尺度 3 个林分空间结构参数对各林分空间结构进行描述。

表 4-29　林分样地基本信息

林分类型	简写	坡向（°）	海拔（m）	坡度	主要树种
针阔混交林	C₁	NW　32.2	780	23°～28°	马尾松、广东山胡椒 Lindera kwangtungensis、四川山矾 Symplocos setchuensis、四川大头茶 Polyspora speciosa、四川杨桐 Adinandra bockiana
针阔混交林	C₂	NW　20.9	830	17°～23°	杉木、丝栗栲 Castanopsis fargesii、黄杞 Engelhardia roxburghiana、四川大头茶、广东山胡椒、滇柏 Cupressus duclouxiana、四川山矾等
针阔混交林	C₃	NW　37.6	710	15°～21°	马尾松、杉木、丝栗栲、四川大头茶、香樟 Cinnamomum camphora、刺果米槠 Castanopsis carlesii、木荷 Schima superba、白毛新木姜子 Neolitsea aurata var. glauca
常绿阔叶林	B₁	NW　31.2	830	21°～25°	四川大头茶、刺果米槠、香樟、细齿叶柃 Eurya nitida Korth.、四川杨桐、木荷等
常绿阔叶林	B₂	NW　33.2	800	15°～18°	丝栗栲、刺果米槠、四川杨桐、广东山胡椒、四川大头茶等
毛竹混交林	M₁	NW　35.0	860	13°～19°	毛竹 Phyllostachys edulis、马尾松、四川杨桐、四川大头茶等
毛竹混交林	M₂	NW　36.2	810	16°～22°	毛竹、杉木、四川山矾、四川大头茶、马尾松
毛竹混交林	M₃	NW　38.9	770	13°～20°	毛竹、四川山矾、四川大头茶、丝栗栲、四川杨桐、香樟等
毛竹纯林	M	NW　37.1	720	12°～16°	毛竹

空间结构参数的定义和计算公式如下：

（1）树种混交度（M_i）

参照树（林分内任意一株单木和距离它最近的几株相邻木都可以构成林分空间结构单元，参照树指结构单元核心的那株树）的 n 株最近相邻木中与参照树不属同种的个体所占的比例。结合已有研究，本研究选定相邻木 $n=4$。

$$M_i = \frac{1}{4} \sum_{j=1}^{4} v_{ij} \tag{4-8}$$

式中：$v_{ij} = 1$，当参照树 i 与第 j 株相邻木非同种时，林分平均混交度计算公式为：

$$\overline{M} = \frac{1}{N} \sum_{i=1}^{N} M_i \tag{4-9}$$

式中：$\overline{M}$ 为林分平均混交度；N 为林分总株数。

M 的取值有 5 种, 其含义如下: $M=0$ 表示参照树与周围 4 株最近相邻木均属于同种; $M=0.25$ 表示参照树与周围 4 株最近相邻木中的 1 株不属于同种; $M=0.5$ 表示参照树与周围 4 株最近相邻木中的 2 株不属于同种; $M=0.75$ 表示参照树与周围 4 株最近相邻木中的 3 株不属于同种; $M=1$, 参照树与周围 4 株最近相邻木均不属于同种。分别用零度、弱度、中度、强度、极强度混交 5 种描述对应这 5 种取值。

（2）大小比数（U_i）

大小比数为大于参照树的相邻木数占 4 株所最近相邻木的比例, 它可以用于胸径、树高和冠幅。因树高和冠幅受林分状况、地形条件的限制, 其误差往往也较大。与这两个因子相比, 胸径的测量容易且更为精确, 鉴于上述理由, 本研究以胸径来表示。公式为:

$$U_i = \frac{1}{4} \sum_{j=1}^{4} k_{ij} \tag{4-10}$$

林分大小比数平均值计算公式为:

$$\overline{U} = \frac{1}{t} \sum_{i=1}^{t} U_i \tag{4-11}$$

式中: $\overline{U}$ 为林分大小比数平均值; t 为所调查参照树的数量。

U_i 值的可能取值范围及含义如下: $U_i=0$ 表示参照树比周围 4 株相邻木均大; $U_i=0.25$ 表示参照树比周围 4 株相邻木中的 3 株大; $U_i=0.5$ 表示参照树比周围 4 株相邻木中的 2 株大; $U_i=0.75$ 表示参照树比周围 4 株相邻木中的 1 株大; $U_i=1$ 表示参照树比周围 4 株相邻木均小。分别以优势、亚优势、中庸、劣态和绝对劣态这 5 种描述对应这 5 种取值。

（3）角尺度（W_i）

角尺度指 a 角小于标准角 a_0 的个数占所调查的最近相邻 4 个夹角的比例。结合已有研究成果（惠刚盈, 2004b）, 本研究标准角 $a_0=72°$, 公式为:

$$W_i = \frac{1}{4} \sum_{j=1}^{4} Z_{ij} \tag{4-12}$$

林分角尺度平均值的计算公式为:

$$\overline{W} = \frac{1}{n} \sum_{i=1}^{n} W_i \tag{4-13}$$

式中: $\overline{W}$ 为林分角尺度平均值; n 为树种数量。

角尺度值的可能取值范围及代表的意义（图 4-22）如下: $W_i=0$ 表示 4 个 a 角均位于标准角 a_0 范围, 为分布很均匀; $W_i=0.25$ 表示 1 个 a 角均位于标准角 a_0 范围, 为均匀分布; $W_i=0.5$ 表示 2 个 a 角均位于标准角 a_0 范围, 为随机分布; $W_i=0.75$ 表示 3 个 a 角均位于标准角 a_0 范围, 为不均匀分布; $W_i=1$ 表示全部 4 个 a 角均位于标准角 a_0 范围, 为很不均匀分布。当 $\overline{W}$ 落于 $[0.475, 0.517]$ 之间时, 为随机分布; 当 $\overline{W}<0.475$ 时, 为均匀分布; 当 $\overline{W}>0.517$, 为聚集分布。

林冠截留测定: 林冠截留的测定采用林外雨减去穿透雨得到。

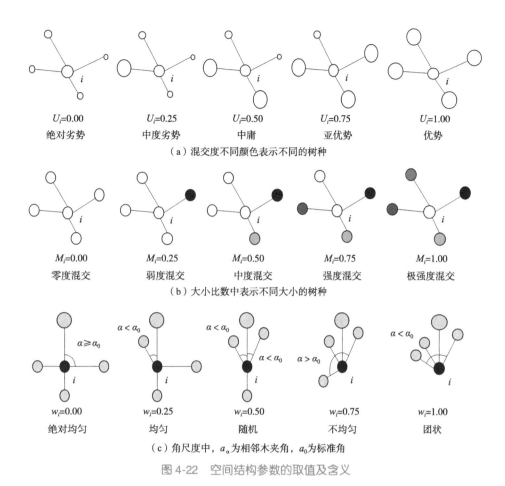

（a）混交度不同颜色表示不同的树种

（b）大小比数中表示不同大小的树种

（c）角尺度中，a_α 为相邻木夹角，a_0 为标准角

图 4-22　空间结构参数的取值及含义

（4）林外雨（P）测定

通过林外全自动气象站采集，数据 10min 记录一次。研究期间共观测到 66 场降雨，累计降水量 1085.1mm。降水量分布为 0.2～81.6mm。降雨历时 0.17～27.5h，降雨强度 0.08～10.13mm/h。

（5）穿透雨（TF）测定

在样地内，按照 10m×10m 网格均匀布设 25 个雨量筒（$F=20cm$，$h=100cm$）来测定穿透降水量，雨量筒的位置至少离树干 1m 远，距地面 100cm 高，以避免溅蚀。数据记录频率同样是 10min 一次。

（6）树干茎流（SF）测定

按径级把每个树种分为 5 个等级，每个树种选择 5 棵树形和树冠中等的标准树，用 PVC 胶管做槽，环绕树干 2～3 圈，用玻璃胶密封，下部接入塑料桶收集干流，每次降雨后人工测量塑料桶内水的体积，再换算成树干茎流量。计算公式为：

$$SF = \frac{1}{M} \sum_{i=1}^{n} \frac{SF_n}{K_n} M_n \qquad (4\text{-}14)$$

式中：SF 为树干茎流量，mm；M 为单位面积上的株数，株/m²；SF_n 为不同径级树干茎流量，mm；n 表示径级级数；K_n 表示不同径级树冠平均投影面积 1m²；M_n 表示每个径级的树木株数。

4.6.1.2 植被结构特征

林分平均胸径 7.2(±3.6)~12.2(±4.1)m；平均树高 9.0(±2.4)~14.4(±3.3)m；平均叶面积指数 1.7(±0.7)~3.9(±1.4)，表现为针阔混交林的叶面积指数较高。

大部分林分的平均大小比数值为 0.5 左右，表明大部分林分处于中庸状态。毛竹纯林属于零度混交，毛竹混交林(M_1，M_2)林分平均混交度最低，大约为 0.5，属于中度混交。针阔混交林的 2 个林分 C_1 和 C_3 混交度值大于 0.75，处于强度混交与极强度混交之间；针阔混交林的 2 个林分 C_1 和 C_3 的角尺度值处于[0.475, 0.517]区间，表示林分处于随机分布状态，其他林分角尺度值>0.517，表明这些林分处于聚集分布状态(表 4-30)。

表 4-30　林分结构特征

林分类型	胸径(cm)		树高(m)		LAI(m²m⁻²)		U	M	W
	平均值	标准差	平均值	标准差	平均值	标准差			
C_1	11.2	4.1	12.6	3.0	3.9	1.4	0.52	0.82	0.485
C_2	10.2	2.8	9.0	2.4	3.2	0.9	0.43	0.65	0.519
C_3	11.1	5.3	9.7	3.8	2.8	1.3	0.42	0.79	0.499
B_1	10.5	4.0	10.8	3.1	2.4	1.2	0.47	0.6	0.523
B_2	12.2	4.1	10.4	3.1	2.2	1.6	0.45	0.73	0.517
M_1	10.6	3.7	9.4	2.2	1.7	0.7	0.35	0.57	0.526
M_2	11.4	3.1	9.2	2.4	2.7	0.9	0.47	0.48	0.533
M_3	7.2	3.6	11.8	2.8	3.4	1.3	0.65	0.57	0.529
M	10.0	1.5	14.4	3.3	2.1	1.8	0.52	0	0.548

注：LAI—叶面积指数；U—大小比数；M—混交度；W—角尺度。

4.6.1.3 林分结构对林冠截留的影响

林冠截留与林分结构特征关系的研究表明：不同降雨条件下，林分结构对林冠截留的影响不同。林分结构与降雨模式共同影响林冠截留。对于各种降雨条件，混交度和角尺度(林木空间分布格局)对树干茎流的产生起着极其显著的作用，突出了林分空间结构的重要性。针阔混交林处于强度混交与极强度混交，冠层重叠度高，不利于穿透雨和树干径流的产生，使得截留量增加；针阔混交林角尺度小，树木分布之间空隙越小，降雨穿透雨率低，使得截留量增加。林木均匀分布的林分不利于穿透雨和树干茎流的发生，从而截留更多的降水，且各种林分中，针阔混交林叶面积指数最大，因此，林分结构决定了针阔混交林具有最优的林冠截留率，较低的穿透雨率和树干流率，从而在林冠层对水文过程产生了较强的干预性，使得到达灌草层的雨量减少，间接导致坡面径流的减少，对减少水土流失具有积极的正向作用。

图 4-23 展示了林分结构参数和不同降雨等级下穿透雨率、树干茎流率和林冠截留率的关系（由于发现不论在降水量哪个等级下，平均直径、平均树高和 4 个乔木层多样性指数与林冠截留各分量均不存在显著相关关系，因此在结果中不作展示）。对于叶面积指数，在 4 个降雨等级下，其与穿透雨率和树干茎流率均不存在显著关系[图 4-23（a）和图 4-23（b）]，但是在降水量达到大雨及暴雨时，即降水量>25mm 时，叶面积指数与林冠截留率存在显著的正相关关系[图 4-23（c）]。这可能是由于对于特种林分而言，其冠层持水能力有一个限定值。当降水量较小时，降雨大部分均被林冠层截留，进而导致不同林分之间截留率差异不大，而随着降水量的增大，不同林分相继达到饱和临界值，这时不同林分之间林冠截留量开始产生显著差异。

林分空间结构参数中，大小比数虽然与穿透雨率、树干茎流率和林冠截留率均不存在显著关系，但在中雨（10~25mm）条件下，随着林分大小比数的增大，其穿透雨率有显著减少，林冠截留率显著增加的趋势[图 4-23（d）和图 4-2（f）]。这可能是因为大小比数值较大的林分处于偏优势状态，树木空间维度和枝叶重叠部分越多，就会造成越多的雨水被拦截，穿透雨率相应地就会减少。对于树种混交程度来说，小雨（0~10mm）条件下，混交度与穿透雨率和林冠截留率均存在显著的相关关系，随着林分混交度的增强，其穿透雨率显著减少，林冠截留量显著增加[图 4-23（g）和图 4-23（i）]。同时，图 4-23（h）中显示，混交度对树干茎流起到十分显著的负作用，混交程度越强的林分，冠层重叠程度越强，其不利于穿透雨和树干茎流的产生，从而使达到地面的水分越少，进而截留量增加。对于林分空间分布格局来说，角尺度与穿透雨率相关性不显著，但是不管降水量大小，对树干茎流率呈极其显著的正相关关系，角尺度值越大，表明树木分布之间空隙越大，其有利于越多的树干茎流的产生[图 4-23（j）和图 4-23（k）]。图 4-23（l）表明角尺度与林冠截留率在小雨（0~10mm）和暴雨（>50mm）等级下存在显著负相关关系。这表明林分中个体分布越均匀的越不利于穿透雨和树干茎流的发生，从而截留更多的降水。反之，林分呈聚集分布状态，林木之间的空隙有利于增加穿透雨和树干茎流，进而减少了林分的截留量。

不同降雨条件下，林分结构对林冠截留的影响不同。叶面积指数只在大雨和暴雨（>25mm）时与林冠截留量显著相关；混交度只有在小雨（0~10mm）时与穿透雨率和林冠截留量显著相关；角尺度只有在小雨（0~10mm）和暴雨（>25mm）时与林冠截留量显著相关，这表明林分结构与降雨模式共同影响林冠截留。

对于各种降雨条件，混交度和角尺度（林木空间分布格局）对树干茎流的产生起着极其显著的作用，突显了林分空间结构的重要性。

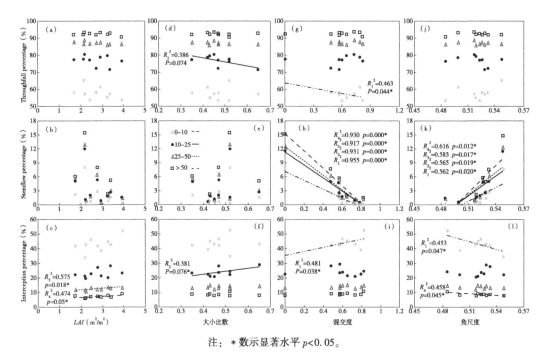

注：＊数示显著水平 $p<0.05$。

图4-23 不同降雨等级下林分结构指数与降雨分量(穿透雨率、树干茎流率和林冠截留率)的关系

4.6.2 根系构型与护坡效果对应关系

4.6.2.1 树种选择与边坡稳定性分析

(1)树种选择

本研究选择的植物均为区域常见的植物，选择新木姜子(*Neolitsea aurata*)(H型)、四川大头茶(*Gordonia acuminata*)(VH型)、夹竹桃(*Nerium indicum*)(M型)、山矾(*Symplocos lucida*)(R型)、乌桕(*Sapium sebiferum*)(V型)、杉木(*Cunninghamia lanceolata*)(W型)6种植物为研究对象。关于6种根系构型的结构示意图如图4-24所示，根系形态的描述见表4-31。

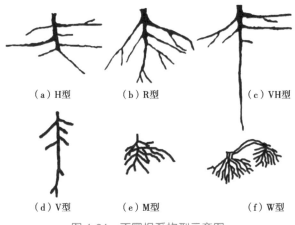

(a)H型　　　(b)R型　　　(c)VH型

(d)V型　　　(e)M型　　　(f)W型

图4-24 不同根系构型示意图

表 4-31 区域根系构型形态描述

植物名称	根系构型	形态描述
新木姜子、猴樟、大叶楮、荆条、日本落叶松、油松	H 型	大多数根系水平生长
四川大头茶、马尾松、榆树、木棉、香樟、油樟、锐齿栎	VH 型	根系有强壮的主根，侧根接近于水平
夹竹桃、柏拉木、紫苜蓿、金色狗尾草、高羊茅	M 型	根系向各个方向生长
四川山矾、广东山胡椒、无患子、侧柏	R 型	根系有主根，大多数根系倾斜生长
乌桕、金合欢、银合欢、栾树、酸枣、紫穗槐	V 型	根系大多数接近垂直生长
杉木、毛竹、白荚竹等竹类	W 型	根系各个方向广泛延伸，树木与树木之间的根系有联系

（2）边坡稳定性分析

利用无限斜坡模型来分析典型林地斜坡的稳定性，假设斜坡坡长为无限长，整个斜坡坡度不变，斜坡的稳定性通过斜坡的抗滑力和下滑力的比值来确定，当比值为 1 时斜坡处于极限平衡状态，安全系数<1 时斜坡不稳定，安全系数>1 时斜坡稳定，并且通过数值模拟的手段得出典型林地斜坡稳定性的动态变化情况。安全系数的表达式为：

$$F_s = \frac{\tan\varphi'}{\tan\beta} + \frac{2(c' + c_y)}{\gamma_s h \sin 2\beta} - \frac{\sigma_s}{\gamma_s h}(\tan\beta + \cot\beta)\tan\varphi' \tag{4-15}$$

式中：F_s 为安全系数；φ' 为土壤有效内摩擦角，°；c' 为土壤有效黏聚力，kPa；β 为坡度，°；h 为土层厚度，m；γ_s 为土的容重，g/cm³；σ_s 为吸应力，kPa。

其中吸应力的表达式为：

$$\sigma_s = -S_e(u_a - u_w) = -\frac{S - S_r}{1 - S_r}(u_a - u_w) = -\frac{\theta - \theta_r}{\theta_s - \theta_r}(u_a - u_w) \tag{4-16}$$

式中：S_e 为有效饱和度；S 为饱和度，是体积含水量与饱和含水量的比值；S_r 为残余饱和度；θ 为体积含水量，%；θ_s 为土壤饱和体积含水量，%；θ_r 为土壤残余含水量，%；$(u_a - u_w)$ 为基质吸力，kPa。

4.6.2.2 典型树种根系形态特征

根长密度和根体积密度是表征单位土壤体积内根系生物量的 2 个重要参数。根长密度是指单位土壤体积内根系的总长度。根体积密度是指根系体积与其所在的土壤体积的比值。不同根系构型的根长密度和根体积密度见表 4-32，不同根系构型的根长密度和根体积密度差异较大。根长密度最大的是 W 型根系，达到 0.22mm/cm³；根长密度最小的是 M 型根系，仅为 0.07mm/cm³。根体积密度最大的是 W 型根系，达到 0.92mm³/cm³，根体积密度最小的是 H 型根系，仅为 0.58mm³/cm³。

表 4-32　不同根系构型的根长密度和根体积密度

根系参数	H 型	VH 型	M 型	R 型	V 型	W 型
根长密度（mm/cm³）	0.11±0.01	0.12±0.02	0.07±0.01	0.11±0.01	0.15±0.11	0.22±0.01
根体积密度（mm³/cm³）	0.58±0.08	0.63±0.09	0.59±0.04	0.60±0.05	0.71±0.09	0.92±0.05

不同根系构型的根系各个方向的根系数量如图 4-25 所示。水平根是指根系的延伸方向与水平面之间的夹角在 0°～30° 内的根系；倾斜根是指根系的延伸方向与水平面之间的夹角在 30°～60° 内的根系；垂直根是指根系的延伸方向与水平面之间的夹角在 60°～90° 内的根系。H 型根系的根系与水平面的夹角大都在 0°～30° 内主要为水平根；VH 型根系的根系与水平面的夹角大都在 0°～30° 和 60°～90° 内，从夹角大小来看属于水平根和垂直根；M 型根系的根系与水平面的夹角在 0°～90° 内都有涉及，各个方向的根系都有；R 型根系的根系与水平面的夹角大都在 30°～60° 内，主要为倾斜根；V 型根系的根系与水平面的夹角大都在 60°～90° 内，主要为垂直根；W 型根系的根系与水平面的夹角大都在 0°～60° 内主要为水平根和倾斜根。

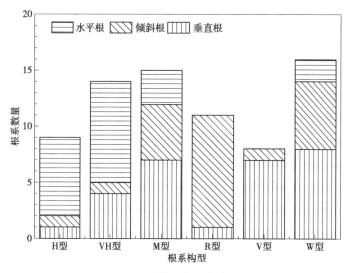

图 4-25　不同根系构型各个方向的根系数量

4.6.2.3　根—土复合体的抗剪强度功能及入渗性能

6 种植物的根系抗拉强度与直径的关系如图 4-26 所示。从植物根系的根系抗拉强度随直径变化趋势来看，6 种根系可以明显地分为两类：一类是夹竹桃的根系，根系直径较细时，根系的抗拉强度就很低，抗拉强度随直径的增加缓慢减小，最后几乎不变；另一类是新木姜子、大头茶、山矾乌桕和杉木的根系，这些植物的根系直径较小时，根系抗拉强度较大，随直径的增加抗拉强度快速减小。

根—土复合体在各正应力条件下的剪应力峰值如图 4-27 所示。各种根—土复合体和素土的峰值剪应力均随正应力的增加而增加，且正应力越大，各根—土复合体间的剪应力峰值差异越大。在 1kPa 正应力条件下剪应力峰值为 20.68～30.56kPa，2kPa 正应力条件下

剪应力峰值为 38.69~56.13kPa，3kPa 正应力条件下剪应力峰值为 57.31~82.54kPa，4kPa
正应力条件下剪应力峰值为 73.59~105.89kPa。在 1kPa、2kPa、3kPa 和 4kPa 正应力条件
下，剪应力峰值分别增加了 25.38%~47.73%、11.47%~45.07%、12.00%~39.30%、
17.21%~43.89%。根据摩尔—库仑定律，各根—土复合体的黏聚力和内摩擦角见表 4-31。
在 1kPa、2kPa、3kPa 和 4kPa 正应力条件下，剪应力峰值分别增加了 25.38%~47.73%、
11.47%~45.07%、12.00%~39.30%、17.21%~43.89%。

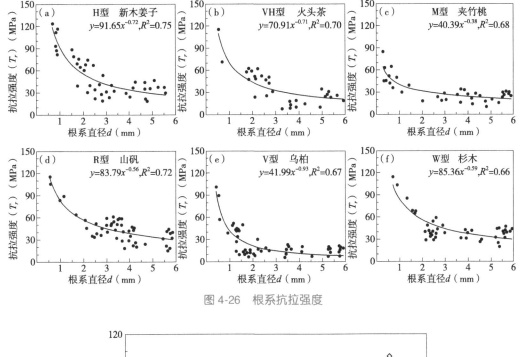

图 4-26　根系抗拉强度

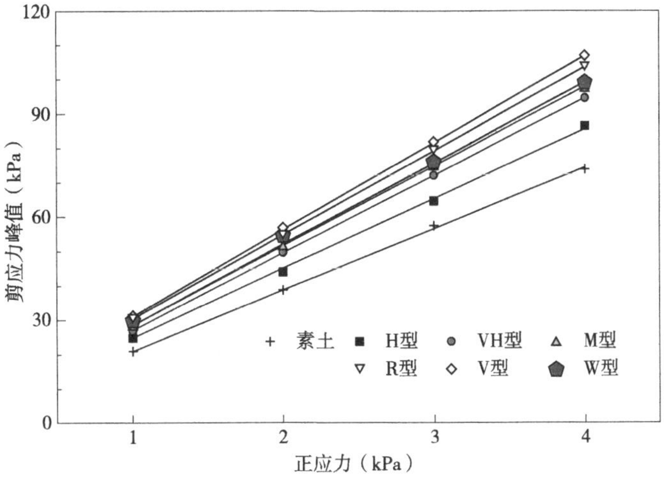

图 4-27　根—土复合体和素土在各应力条件下的剪应力峰值

　　素土和不同根系构型根—土复合体的黏聚力和内摩擦角参数见表 4-33。素土的黏聚力
为 3.24kPa，内摩擦角为 17.73°。各根—土复合体的黏聚力和内摩擦角分别在 4.38~
5.89kPa，20.2°~24.39°，根系的存在可以使土体的黏聚力和内摩擦角分别增加 35.19%~

81.79%，12.92%~42.36%。在 6 种不同根—土复合体中，V 型根—土复合体和 VH 型根—土复合体的黏聚力和内摩擦角变化较小，R 型根系、V 型根系和 W 型根系的黏聚力和内摩擦角增加较多，M 型根系的黏聚力和内摩擦角增加较多。

表 4-33　不同根—土复合体和素土的黏聚力和内摩擦角

类型	素土	H 型	VH 型	M 型	R 型	V 型	W 型
黏聚力(kPa)	3.24	4.38	4.79	5.18	5.89	5.68	5.01
内摩擦角(°)	17.73	20.2	22.43	23.12	24.39	24.24	23.60

根—土复合体和素土的稳渗速率见表 4-34。素土的稳渗速率最小，仅为 0.13mm/min。6 种根—土复合体中，H 型根—土复合体的稳渗速率最低，为 0.26mm/min，较大者依次为 VH 型根—土复合体、M 型根—土复合体、R 型根—土复合体、V 型根—土复合体，W 型根—土复合体的稳渗速率最高为 0.68mm/min。根系的存在使土体的入渗性能提高了 1~4.23 倍。

表 4-34　不同根—土复合体与素土的稳渗速率

根系构型	素土	H 型	VH 型	M 型	R 型	V 型	W 型
稳渗速率(mm/min)	0.13	0.26	0.30	0.38	0.42	0.54	0.68

根系特征(如直径、长度)会在一定程度上影响根—土复合体的入渗性能。根长密度和根体积密度与土壤饱和导水率的关系如图 4-28 和图 4-29 所示。根—土复合体的稳渗速率随着根系的根长密度的变化二者之间满足如下关系：$y=2.68x+0.08$($R^2=0.68$，$P=2.2×10^{-5}$)，根—土复合体的稳渗速率随着根系的根体积密度的变化二者之间满足如下关系 $y=1.00x-0.24$($R^2=0.79$，$P=9.06×10^{-7}$)。由于 P 值均<0.001，所以根—土复合体的稳渗速率随根长密度和根体积密度的变化均呈极显著的正相关关系。根长密度和根体积密度越大，根系对土壤的接触面积和影响范围越大，对土壤入渗性能改善效果越好。

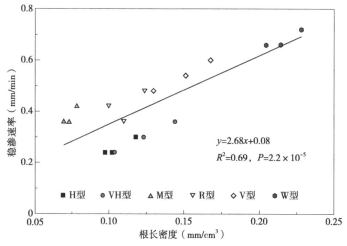

图 4-28　根长密度与根—土复合体的稳渗速率之间关系

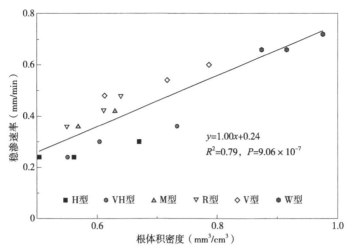

图 4-29　根体积密度与根—土复合体的稳渗速率之间关系

不同根系构型的根系分形维数能够将根系几何形态转化为定量化参数，用来研究根系形态对土壤入渗性能的影响，可以加深对根系几何形态的认识，提高定量描述根系形态参数的可靠性。根—土复合体的稳渗速率随根系分形维数的变化如图 4-30 所示，两者之间满足如下关系式：$y=0.48x-0.25$（$R^2=0.51$，$P=9.24\times10^{-4}$，$P<0.001$），根系的分形维数与土壤的稳渗速率呈极显著的正相关关系。这可能是因为根系的分形维数越大，表明细根的含量越多，细根数量越多，根系与土壤接触面越大，根系对土壤入渗性能的改良作用越好。

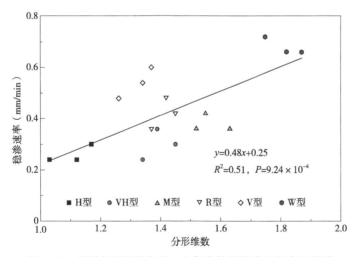

图 4-30　根系分形维数与根—土复合体的稳渗速率之间关系

综上所述，通过对不同根系构型的根系形态和抗拉强度测定和对不同根系构型的根—土复合体和素土进行大盒直剪试验和入渗试验，得出了不同根系构型的形态参数和抗拉强度，不同根系构型的根—土复合体和素土在不同正压力下的应力应变曲线和抗剪强度参数，稳渗速率以及与根系形态的关系，结果表明：①通过对 6 种不同根系构型的根系形态进行统计，发现根长密度最大的是 W 型根系，最小的是 M 型根系，根体积密度最大的是 W 型根系，根体积密度最小的是 H 型根系；水平根系数量最多的为 VH 型根系，倾斜根系数量最多的为 R 型根系，垂直根系数量最多的为 W 型根系。②通过根系抗拉强度测定发现 4 种植物根系的抗拉强度均随根系直径的增加而减小，呈负的幂指数关系，从 6 植物根系的根系抗拉强度变化趋势来看，6 种根系可以明显地分为两类，一类是夹竹桃的根系，根系抗拉强度就较低，抗拉强度随直径的增加变化不大；另一类是新木姜子、大头茶、山矾、乌桕和杉木的根系，这些植物的根系当直径较小时根系抗拉强度较大，随直径的增加抗拉强度变化很大。③各种根—土复合体和素土的峰值剪应力均随正应力的增加而增加，且正应力越大，各根—土复合体间的剪应力峰值差异越大。④根据摩尔—库仑定律得出：素土和 6 种根—土复合体的黏聚力从大到小依次为 R 型（5.89kPa）、V 型（5.68kPa）、M 型（5.18kPa）、W 型（5.01kPa）、VH 型（4.79kPa）、H 型（4.38kPa）、素土（3.24kPa）；内摩擦角从大到小依次为 R 型（24.39°）、V 型（24.24°）、W 型（23.60°）、M 型（23.12°）、VH 型（22.43°）、H 型（20.2°）、素土（17.73°）；土体的黏聚力和内摩擦角在植物根加强作用下能够分别增加 35.19%~81.79%，12.92%~42.36%。⑤素土的稳渗速率值最小，仅为 0.13mm/min。6 种根—土复合体中，H 型根—土复合体的稳渗速率最小，为 0.26mm/min，W 型根—土复合体的最高，稳渗速率为 0.68mm/min，根系的存在使土体的稳渗速率提高了 1~4.23 倍，根系的根长密度、根体积密度、分形维数与土壤稳渗速率之间的关系均为正相关关系。

4.6.2.4　不同根系构型斜坡失稳的临界坡度

不同根—土复合体斜坡和裸地出现失稳可能的临界坡度见表 4-35。由于裸土和根—土复合体的抗剪强度和饱和导水率等物理力学性质不同造成了斜坡临界坡度的不同。根据无限边坡稳定性模型，裸地和不同根—土复合体斜坡的临界坡度分别为 23.91°~29.49°、30.58°~37.32°、34.65°~42.68°、37.51°~46.60°、44.10°~66.46°、43.23°~61.84°、36.82°~45.67°。随着临界坡度的增加，斜坡临界坡度的范围也随之增加。与没有植物根系存在的裸地相比，植物根系的存在显著提高了斜坡的最小临界坡度 6.67°~20.19°。6 种根—土复合体斜坡的最小临界坡度均大于 30°，其中 R 型根—土复合体斜坡和 V 型根—土复合体斜坡的临界坡度最大，达到了 40°以上，其次是 M 型根—土复合体斜坡和 W 型根—土复合体斜坡，VH 型根—土复合体斜坡和 H 型根—土复合体斜坡的临界坡度最小。需要注意的是，R 型的根—土复合体的倾斜根比例较高，V 型根—土复合体的垂直根占多数。这说明植物根系对边坡稳定性的作用可能主要是由于垂直根和斜根的存在。

表 4-35　裸地和 6 种根—土复合体斜坡临界坡度

类型	裸土	H 型	VH 型	M 型	R 型	V 型	W 型
临界坡度（°）	23.91~29.49	30.58~37.32	34.65~42.68	37.51~46.60	44.10~66.46	43.23~61.84	36.82~45.67

裸地和各种根—土复合体斜坡在不同坡度范围下的稳定性见表 4-36。当裸地的坡度在 23.91°以下时，斜坡始终处于稳定状态，不会随着土壤饱和度的增加而出现失稳；当裸地的坡度为 23.91°~29.49°时，斜坡稳定性会随着土壤饱和度的增加而逐渐减低，最后出现失稳的可能；当裸地坡度大于 29.49°时，斜坡始终处于不稳定的状态。在 H 型根系构型的斜坡中，当坡度小于 30.58°时，斜坡始终处于稳定状态，不会随着土壤饱和度的增加而出现失稳；当坡度为 30.58°~37.32°时，斜坡稳定性会随着土壤饱和度的增加而逐渐减低，最后出现失稳的可能；当裸地坡度大于 37.32°时，斜坡始终处于不稳定的状态。在 VH 型根系构型的斜坡中，当坡度小于 34.65°时斜坡始终处于稳定状态，不会随着土壤饱和度的增加而出现失稳；当坡度为 34.64°~42.68°时，斜坡稳定性会随着土壤饱和度的增加而逐渐减低，最后出现失稳的可能；当裸地坡度大于 42.68°时斜坡始终处于不稳定的状态。在 M 型根系构型的斜坡中，当坡度小于 37.51°时斜坡始终处于稳定状态，不会随着土壤饱和度的增加而出现失稳；当坡度为 37.51°~46.60°时，斜坡稳定性会随着土壤饱和度的增加而逐渐减低，最后出现失稳的可能；当斜坡坡度大于 46.60°时斜坡始终处于不稳定的状态。在 R 型根系构型的斜坡中，当坡度小于 44.10°时斜坡始终处于稳定状态，不会随着土壤饱和度的增加而出现失稳；当坡度为 44.10°~66.46°时，斜坡稳定性会随着土壤饱和度的增加而逐渐减低，最后出现失稳的可能；当斜坡坡度大于 66.46°时斜坡始终处于不稳定的状态。在 V 型根系构型的斜坡中，当坡度小于 43.23°时斜坡始终处于稳定状态，不会随着土壤饱和度的增加而出现失稳；当坡度为 43.23°~61.84°时，斜坡稳定性会随着土壤饱和度的增加而逐渐减低，最后出现失稳的可能；当坡度大于 61.84°时斜坡始终处于不稳定的状态。在 W 型根系构型的斜坡中，当坡度小于 36.82°时斜坡始终处于稳定状态，不会随着土壤饱和度的增加而出现失稳；当坡度为 36.82°~45.67°时，斜坡稳定性会随着土壤饱和度的增加而逐渐减低，最后出现失稳的可能；当斜坡坡度大于 45.67°时斜坡始终处于不稳定的状态。

表 4-36　裸地和 6 种根—土复合体斜坡不同坡度范围下的稳定性

类型	裸土	H 型	VH 型	M 型	R 型	V 型	W 型
稳定	<23.91	<30.58	<34.65	<37.51	<44.10	<43.23	<36.82
逐渐失稳	23.91~29.49	30.58~37.32	34.65~42.68	37.51~46.60	44.10~66.46	43.23~61.84	36.82~45.67
不稳定	>29.49	>37.32	>42.68	>46.60	>66.46	>61.84	>45.67

4.6.2.5　不同根系构型斜坡失稳的降雨阈值

裸地和各种根—土复合体斜坡在其各自的最小临界坡度条件下的降雨强度与降雨历时的曲线如图 4-31 所示。由于 W 型和 V 型根—土复合体的渗透性能最好，随着降雨强度的增加，当降雨强度大于 26.33mm/h 时，W 型根—土复合体的斜坡最先出现失稳可能，然后是 V 型根—土复合体的斜坡，会在 2h 内出现失稳的可能；当降雨强度为大于 19.91mm/h 时，R 型和 M 型根—土复合体的斜坡失稳将也会在 3h 内出现失稳的可能。当降雨强度达到 14.25mm/h 时，H 型根—土复合体和 VH 型根—土复合体斜坡可能会在 5h 之内出现失稳。裸地由于坡度较缓和土壤中没有根系的促渗作用渗透性能较差，30h 之内不会出现失稳的可能，当降雨强度若为 7.8mm/h 以上时，裸地出现失稳的可能需要将近 33.7h 的持续降雨，当降雨强度小于 7.8mm/h 或者更小时，斜坡出现失稳的可能需要更长的时间或者不会失稳。

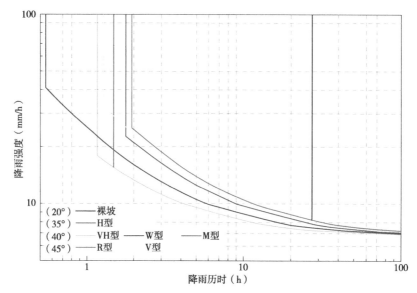

图 4-31　裸地和 6 种根—土复合体斜坡可能失稳的降雨强度—降雨历时曲线

4.6.3　基于斜坡稳定性提升的植被调整技术

4.6.3.1　典型林地选择

本研究选择了缙云山保护区内的常绿阔叶林、针阔混交林、毛竹林和灌木林 4 个典型林地作为研究对象，其中常绿阔叶林、针阔混交林和毛竹林位于狮子峰附近，灌木林位于缙云保护站附近。4 种典型林地的基本立地条件见表 4-37，典型林地的主要植被见表 4-38。

表 4-37　典型林地基本立地条件

林地类型	立地因子		林型					枯落物	
	海拔 （m）	坡向	起源	龄级	郁闭度	下木盖度 （%）	地被物盖度 （%）	厚度 （cm）	贮量 （t/hm²）
针阔混交林	760	西北	天然	Ⅵ	0.9	40	30	3.5	31.57
常绿阔叶林	825	西北	天然	Ⅵ	0.9	40	20	3.4	58.9
毛竹林	800	西北	天然	Ⅴ	0.85	10	80	1.4	29.11
灌木林	860	西北	天然	Ⅴ	0.95	60	50	4.5	86.85

表 4-38　典型林地主要植被

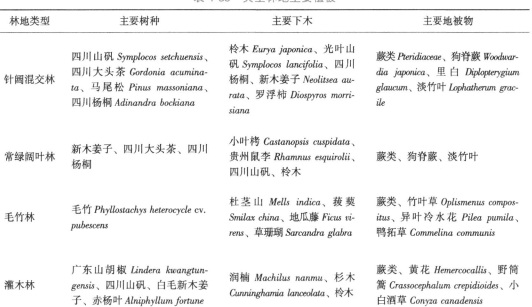

林地类型	主要树种	主要下木	主要地被物
针阔混交林	四川山矾 *Symplocos setchuensis*、四川大头茶 *Gordonia acuminata*、马尾松 *Pinus massoniana*、四川杨桐 *Adinandra bockiana*	柃木 *Eurya japonica*、光叶山矾 *Symplocos lancifolia*、四川杨桐、新木姜子 *Neolitsea aurata*、罗浮柿 *Diospyros morrisiana*	蕨类 *Pteridiaceae*、狗脊蕨 *Woodwardia japonica*、里白 *Diplopterygium glaucum*、淡竹叶 *Lophatherum gracile*
常绿阔叶林	新木姜子、四川大头茶、四川杨桐	小叶栲 *Castanopsis cuspidata*、贵州鼠李 *Rhamnus esquirolii*、四川山矾、柃木	蕨类、狗脊蕨、淡竹叶
毛竹林	毛竹 *Phyllostachys heterocycle* cv. *pubescens*	杜茎山 *Mells indica*、菝葜 *Smilax china*、地瓜藤 *Ficus virens*、草珊瑚 *Sarcandra glabra*	蕨类、竹叶草 *Oplismenus compositus*、异叶冷水花 *Pilea pumila*、鸭拓草 *Commelina communis*
灌木林	广东山胡椒 *Lindera kwangtungensis*、四川山矾、白毛新木姜子、赤杨叶 *Alniphyllum fortune*	润楠 *Machilus nanmu*、杉木 *Cunninghamia lanceolata*、柃木	蕨类、黄花 *Hemercocallis*、野筒蒿 *Crassocephalum crepidioides*、小白酒草 *Conyza canadensis*

4.6.3.2　典型林地斜坡安全系数分量

从无限斜坡的计算公式来看，我们可以把斜坡安全系数分为有效内摩擦角贡献的斜坡安全系数、有效黏聚力贡献的斜坡安全系数、植物根系贡献的斜坡安全系数、吸应力贡献的斜坡安全系数这 4 个部分。以 45° 的坡体为研究对象计算坡体安全系数时各影响因素对坡体安全系数的贡献见表 4-39。

4 种典型林地不同土层中土壤有效内摩擦角贡献的斜坡安全系数为 0.26~0.60，针阔混交林和常绿阔叶林中土壤有效内摩擦角贡献的斜坡安全系数呈先减后增的趋势，毛竹林和灌木林中土壤有效内摩擦角贡献的斜坡安全系数呈先增后减的趋势，这主要与不同土层中土壤有效内摩擦角大小的变化有关。

4 种典型林地不同土层中有效黏聚力贡献的斜坡安全系数为 0.07~1.75，针阔混交林中有效黏聚力贡献的斜坡安全系数随土层深度的增加而减小，主要原因是随着土层深度的增加土壤的所受到的重力荷载增加导致下滑力增加；常绿阔叶林中土壤有效黏聚力贡献的斜坡安全系数随土层深度的增加呈先增后减的趋势，主要是因为常绿阔叶林 20~30cm 深度的土壤有效黏聚力明显高于其他土层深度的土壤有效黏聚力；毛竹林和灌木林中土壤有效黏聚力贡献的斜坡安全系数均呈现先减后增的趋势，出现减小的原因是随着土层深度的增加下滑力增加，最后增加的原因主要是这 3 个林地第 70~100cm 深度的土壤有效黏聚力明显大于其他土层深度的土壤有效黏聚力。

4 种典型林地不同土层中植物根系产生的附加黏聚力对斜坡安全系数的贡献与根系数量的分布大致相同，针阔混交林中根系分布在 0~70cm 深度的土壤中，但是由于根系数量较少，根系产生的附加黏聚力对斜坡安全系数的贡献相对较小，为 0.39~0.80，70~

100cm 深度的土壤中没有根系分布,所以根系对斜坡安全系数的贡献为 0。常绿阔叶林的根系 0~100cm 土壤均有分布,表层土壤根系分布较多对安全系数的贡献为 3.68~4.18 阔叶林,其他深度的土壤中根系分布较少,根系对斜坡安全系数的贡献为 0.17~1.06。毛竹林的根系在 0~100cm 深度的土壤中均有大量分布,根系对土壤斜坡安全系数的贡献相对较大,为 0.39~4.21,由于下滑力的作用,随土层深度的增加而不断减小。灌木林的根系分布较浅,0~20cm 深度的土壤中根系分布较多,根系贡献的斜坡安全系数为 3.44~4.24,20~40cm 深度的土壤中根系分布较少,贡献的斜坡安全系数仅在 0.76~0.90 之间,40~100cm 深度的土壤中均没有根系分布,所有根系贡献的斜坡安全系数均为 0。

表 4-39　各种影响因素对斜坡安全系数的贡献

林地类型	土层深度（cm）	土壤有效内摩擦角贡献的斜坡安全系数	土壤有效黏聚力贡献的斜坡安全系数	植物根系贡献的斜坡安全系数	吸应力贡献的斜坡安全系数	斜坡安全系数
针阔混交林	0~20	0.44~0.47	1.09~1.33	0.52~0.76	0~35.04	2.05~37.60
	20~40	0.34~0.37	1.09~1.23	0.39~0.63	0~12.84	2.06~14.82
	40~70	0.37~0.41	0.60~0.66	0.60~0.80	0~3.88	1.57~5.76
	70~100	0.42~0.44	0.24~0.28	0.00	0~0.70	0.66~1.42
常绿阔叶林	0~20	0.45~0.51	1.25~1.52	3.68~4.18	0~32.61	5.10~38.82
	20~40	0.36~0.39	1.63~1.75	0.70~1.06	0~5.62	2.69~8.82
	40~70	0.42~0.47	0.32~0.37	0.17~0.29	0~4.79	0.91~5.92
	70~100	0.42~0.50	0.07~0.07	0.21~0.28	0~0.66	0.67~1.51
毛竹林	0~20	0.46~0.55	0.86~1.06	3.95~4.21	0.94~3.48	6.21~9.31
	20~40	0.50~0.60	0.56~0.65	1.60~1.87	0.77~1.05	3.42~4.15
	40~70	0.41~0.54	0.49~0.54	0.61~0.74	0.42~0.55	1.94~2.37
	70~100	0.26~0.38	0.48~0.52	0.39~0.46	0.23~0.41	1.41~1.78
灌木林	0~20	0.38~0.44	1.03~1.32	3.44~4.24	1.23~139.43	6.08~145.42
	20~40	0.45~0.49	0.63~0.81	0.76~0.90	0.64~10.46	2.53~12.62
	40~70	0.54~0.55	0.39~0.49	0.00	2.69~22.04	3.66~23.04
	70~100	0.36~0.40	0.54~0.56	0.00	0.15~2.11	1.10~3.07

　　4 种典型林地中不同土层深度的吸应力对坡体安全系数的贡献主要与土壤的含水量和土—水特征曲线有关。针阔混交林、常绿阔叶林和毛竹林中吸应力对斜坡安全系数的贡献随土层深度的增加呈现减小的趋势,其中针阔混交林和常绿阔叶林中 0~20cm 深度的土壤吸应力贡献的斜坡安全系数较大,最大时可以达到 20 以上,明显大于毛竹林 0~20cm 深度的土壤吸应力贡献的斜坡安全系数,随着土层深度的增加差距逐渐减小,造成这个现象的原因一方面是因为毛竹林土壤的含水率高于针阔混交林和常绿阔叶林的土壤含水率,另一方面是因为当土壤含水率开始降低时,针阔混交林和常绿阔叶林的土壤(除 40~70cm 土

壤外)基质吸力先开始快速增长；灌木林中 0~20cm 深度的土壤吸应力对斜坡安全系数贡献最大，除 40~70cm 深度的土壤外，吸应力对斜坡安全系数的贡献随土层深度的增加呈减小的趋势，40~70cm 深度的土壤吸应力对斜坡安全系数贡献高于其他深度的土壤，这是因为这层土壤的土—水特征曲线中随含水率的减小基质吸力开始快速增长。

此外由表 4-39 可知，除了以上 4 个影响因素对坡体安全系数有影响外，随土层深度的增加，坡体的安全系数也会急剧下降。土层深度的增加主要导致土壤的自重应力增加，使坡体的下滑力加大，从而导致安全系数减小。由此可见，土层深度的变化也是影响斜坡安全系数重要的因素。

4 种林地类型内各种影响因素在不同土层深度斜坡安全系数的贡献百分比如图 4-32 所示。在针阔混交林的各土层深度中，吸应力对斜坡安全系数的贡献百分比最大，0~20cm 深度的土壤吸应力对斜坡安全系数的贡献百分比最大高达 83%，其余各层土层深度均在 42% 以上；植物根系对斜坡安全系数的贡献百分比只在 0~70cm 深度的土壤中分布，随土层深度的增加而增加，其范围为 5%~24%；土壤有效内摩擦角和土壤有效黏聚力对斜坡安全系数的贡献均随着土层深度的增加而增加，其范围分别为 3%~33% 和 9%~20%。

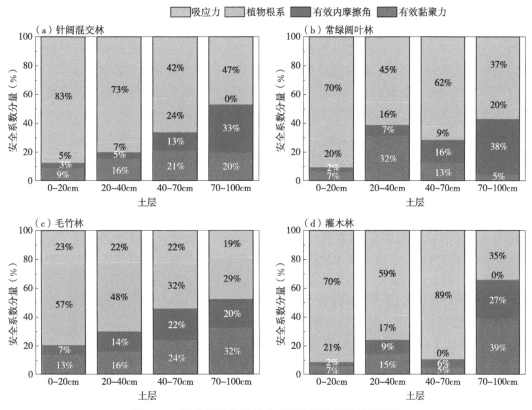

图 4-32　4 种典型林地斜坡安全系数影响因素的百分比

在常绿阔叶林的各土层深度中，吸应力同样是对斜坡安全系数的贡献百分比最大的，0~20cm 深度的土壤吸应力对斜坡安全系数的贡献百分比最大高达 70%，其余各层土层深度均在37%以上；植物根系对斜坡安全系数的贡献百分比的范围为9%~20%，随土层深度的增加植物根系对斜坡安全系数的贡献百分比先减小后增加，在0~20cm深度的土壤中植物根系对斜坡安全系数的贡献百分比与70~100cm深度的同为最大，均为20%；土壤的有效内摩擦角对斜坡安全系数的贡献百分比随土层深度的增加而增加，其范围为2%~38%；土壤有效黏聚力对斜坡安全系数的贡献百分比随土层深度的增加而先增大后减小，20~40cm深度的土壤有效黏聚力对斜坡安全系数的贡献百分比最大，达到了32%，70~100cm深度的土壤有效黏聚力贡献百分比最小，仅为5%。

毛竹林是4种林地类型内唯一根系对斜坡安全系数贡献百分比最大的林分，其范围为29%~57%，且随着土层深度的增加，对斜坡安全系数的贡献百分比逐渐减小；吸应力对斜坡安全系数的贡献百分比随土层深度的增加而减小，但是减小幅度很小，仅从23%减小到19%。土壤有效内摩擦角对斜坡安全系数的贡献百分比随土层深度的增加而先增加后减小，40~70cm深度的土壤有效内摩擦角对斜坡安全系数的贡献百分比最大为22%，0~20cm深度的最小为13%；土壤有效黏聚力对斜坡安全系数的贡献百分比随土层深度的增加而增加，其范围为13%~32%。

与针阔混交林和常绿阔叶林相同，在灌木林中吸应力同样是对斜坡安全系数的贡献百分比最大的一项，从浅到深各层土壤中的贡献百分比分别为70%、59%、89%和35%；根系对斜坡安全系数的贡献百分比仅在0~40cm深度的土壤中存在，这两层的贡献百分比分别为21%和17%；0~70cm深度的土壤有效内摩擦角对斜坡安全系数的贡献百分比较小分别为2%、9%和6%，70~100cm深度的土壤有效内摩擦角对斜坡安全系数的贡献百分比较大为27%；土壤有效黏聚力对斜坡安全系数的贡献百分比随土层深度的变化没有明显的规律，从浅到深各土层中的贡献百分比分别为7%、15%、5%和39%。

4.6.3.3　典型林地斜坡安全系数动态变化

4种典型林地斜坡底层安全系数的动态变化如图4-33所示。为了更好地分析斜坡安全系数的动态变化，根据斜坡安全系数的波动情况和是否会出现失稳的可能，将两年的时间分为了8个阶段，各个阶段的起止时间和斜坡安全系数的描述见表4-40。阶段1的时间为2016年8月1日—2016年9月30日，在这个时间段内斜坡安全系数波动较大，会出现高温造成的安全系数峰值，其中灌木林的安全波动最大，安全系数的峰值也最大达到了3以上；其他3种林地的斜坡安全系数的波动相对较小，峰值从大到小依次为毛竹林、针阔混交林和常绿阔叶林。阶段2的时间为2016年10月1日—2017年3月31日，在这个时间段内安全系数相对稳定，这一阶段斜坡安全系数最大的为毛竹林，安全系数的范围为1.5~1.6；其他3种林地斜坡安全系数范围为1.0~1.5，从大到小依次是灌木林、针阔混交林和常绿阔叶林。阶段3的时间为2017年4月1日—2017年6月30日，在这一时间段内毛竹林的斜坡安全系数最大，波动最小，在0.9~1.1波动；其他3种林地的斜坡安全系数的波动程度介于阶段1和阶段2，经常会出现由于降雨造成的斜坡安全系数降低，当遇到强降雨时斜坡会出现失稳的可能。阶段4和阶段8的斜坡安全系数的变化情况与阶段1的情况相似，阶段5和阶段7的斜坡安全系数的变化情况与阶段3情况相似，阶段6的斜坡安全系数的变化情况与阶段2相似，斜坡安全系数的这种重复性变化体现了其季节性变化规律，由于第二年的降水量明显多于第一年，也造成了在大趋势相同的情况下，第二年安全系数的波动明显大于第一年。

此外，在阶段 3、阶段 5、阶段 7 安全系数都小于 1 的情况出现，这几次都对应着强降雨的出现。在针阔混交林中，2017 年 5 月 22 日，由于前两日降水量分别为 12mm 和 85.6mm，当日降水量分别为 28mm，出现了斜坡安全系数小于 1.0 的情况；2017 年 6 月 9 日、9 月 9 日和 2018 年 4 月 13 日的日降水量分别为 62.8mm、70mm 和 103.4mm，同样也出现了安全系数小于 1.0 的情况。在常绿阔叶林中，2017 年 6 月 9 日和 2018 年 4 月 13 日也出现了斜坡安全系数小于 1.0 的情况。此外，气温的变化安全系数也会造成一定的影响，在低温的时段里，土壤蒸发和植物蒸腾作用较小，此时也处在区域的旱季，安全系数处于一个相对稳定的阶段，在高温的时段里，土壤蒸发和植物蒸腾作用较为活跃，再加上降雨的减小，土壤含水量减小，出现了安全系数的峰值。

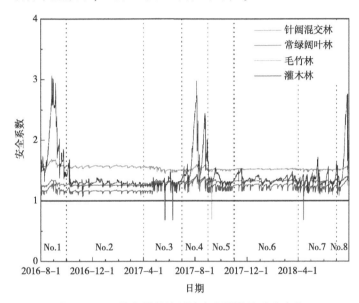

图 4-33　4 种典型林地斜坡安全系数的动态变化

表 4-40　各阶段时间与安全系数描述

阶段编号	时间范围	安全系数
1	2016.8.1—2016.9.30	安全系数波动大，会出现高温造成的安全系数峰值
2	2016.10.1—2017.3.31	安全系数相对稳定
3	2017.4.1—2017.6.30	安全系数波动小，大的降水量可能出现斜坡失稳
4	2017.7.1—2017.8.31	安全系数波动大，会出现高温造成的安全系数峰值
5	2017.9.1—2017.10.30	安全系数波动小，大的降水量可能出现斜坡失稳
6	2017.11.1—2018.3.31	安全系数相对稳定
7	2018.4.1—2018.6.30	安全系数波动小，大的降水量可能出现斜坡失稳的
8	2018.7.1—2018.7.31	安全系数波动大，会出现高温造成的安全系数峰值

4.6.3.4 提高斜坡安全系数的适宜林分类型

综合来看，4 种典型林地中针阔混交林、常绿阔叶林和灌木林在 3 个林地中的吸应力对斜坡安全系数的贡献百分比最大，只有毛竹林中植物根系对斜坡安全系数的贡献百分比最大。随土层深度的增加，吸应力和植物根系对斜坡安全系数的贡献百分比大体呈减小的趋势，土壤有效内摩擦角和土壤有效黏聚力对斜坡安全系数的贡献百分比随土层深度的增加大体呈增大的趋势。

从 4 种典型林地安全系数的动态变化来看，针阔混交林和常绿阔叶林的斜坡安全系数虽然波动幅度较小，但是斜坡安全系数的数值却是最小的，而且在遇到强降雨的情况，斜坡会出现失稳的可能。灌木林的斜坡安全系数的波动最大，容易受降雨和气温等气候因素的影响，虽然在阶段 1、阶段 4 和阶段 8 的斜坡安全系数的峰值最大，但是在其他阶段的斜坡安全系数中并非最大的林分。而毛竹林斜坡安全系数全年都比较稳定，对气候变化的抵抗性最好，而且各阶段的安全系数也都比较大，没有出现失稳的可能。因此，毛竹林是当地固土护坡效果最好的林分，可作为"先驱植物"在山地灾害发生区优先配置，是快速提升生态系统服务能力的林分。

4.6.3.5 林分结构优化策略

基于研究成果，本研究提出该区域提高坡体稳定性的林分结构定位设计技术与调控模式，优化山地灾害防治的植被功能结构的主要优化措施有：

(1)适当间伐陡坡区高大乔木

基于植被对滑坡防治存在的情况有：当低于一定坡度区间条件，植被起防治作用；当高于一定坡度区间条件，植被起促进作用。具体表现为：在低于临界坡度区间的缓坡区域，滑坡起动条件所需要的集水区条件随着植被覆盖程度增高而增高，植被减灾功能越来越显著；在坡度大于临界坡度的陡坡区域，滑坡起动所需要的集水区条件随着植被覆盖增加而减少。也就是说，陡坡条件下，因高大乔木的自重产生的下滑力超过了摩擦力，植被防灾功能不显著并且会促进滑坡。因此，在进行陡坡林地林分结构优化时，避免种植高大乔木，以种植固坡能力强、自重小的植被为主；缓坡区域可适当密植，提高植被覆盖度，减少水土流失。

(2)优先配置以竹类为代表的 W 型根系植被

根系构型为 W 型的植物具备最强的防灾能力，R 型植物次之。在区域选择适宜抗灾、防浅层滑坡的树种时，应选择根系构型为 W 型的树种，主要有毛竹、白夹竹、黄竹、慈竹，而在一些陡坡区域可适当种植 R 根系和 V 型根系的植被。根据不同根系构型植被的固坡效应和提高斜坡稳定性的试验结果，W 型根系的根长密度和根体积密度在 6 种根系构型中均为最大，根系在各个方向广泛延伸，树木与树木之间的根系有联系。W 型根系的根—土复合体黏聚力和内摩擦角较素土提高了 1.55 倍和 1.33 倍，而相较于油樟和香樟的 VH 型根系的根—土复合体分别提升 7.2%和 6.5%。W 型根系的稳渗速率最大，可显著提高土壤入渗。此外，W 型根系的根—土复合体在斜坡临界失稳坡度和失稳的降雨阈值均较大。此外，从不同林分类型陡坡林地稳定性比较来看，毛竹林中植物根系对斜坡安全系数的贡献百分比最大，且毛竹林安全系数全年都比较稳定，对气候变化的抵抗性最好。因此，毛竹可作为防治水土流失和山地灾害活动的"先驱树种"进行合理规划和优先配置，及时更新采伐迹地植被，提升和优化山地灾害植被服务功能。

4.7　小结

通过基础数据收集，对华蓥山森林生态系统进行了划分，主要分为柏木林、马尾松—阔叶混交林、马尾松—杉木混交林、阔叶林和其他等 5 种林分类型，其中马尾松—杉木混交林是华蓥山林地分布面积最广的林分类型，面积占华蓥山林地总面积的 43.1%。

华蓥山林地石漠化强度的划分主要取决于岩石裸露度指标，在强度划分的基础上，通过确定各林分类型的中强度石漠化面积比例，发现柏木林存在的石漠化退化现象最为普遍，其林地发生中强度石漠化的面积占华蓥山柏木林总面积的 40.4%。因此，对于华蓥山石漠化林地的水土保持功能提升而言，需着重关注柏木林，选取轻度或潜在石漠化区典型柏木林坡面进行水土流失影响因素分析及防治策略研究，防止轻度或潜在石漠化向中强度石漠化发展。

此外，马尾松—杉木混交林作为华蓥山林地分布面积最广的林分，其发生中强度石漠化的面积占比较低，接近 80% 的林区不存在石漠化现象或石漠化现象轻微。因此，对于华蓥山非石漠化林地的水土保持功能提升而言，需着重关注马尾松—杉木混交林存在的水源涵养功能下降的问题，选取非石漠化区典型马尾松—杉木混交林小流域进行水源涵养评价及提升策略研究。

在获取华蓥山历史浅表层滑坡灾害点位的基础上，确定了灾害点在各林分类型中的分布情况，结果表明各林分类型均出现过浅表层滑坡现象，通过比较各林分类型的灾害密度，发现马尾松—杉木混交林出现浅表层滑坡灾害的频率最高，柏木林最低。由于浅表层滑坡灾害的发生影响因素众多，林分类型只是其中的一个方面，因此需从区域的层面分析浅表层滑坡的影响因素，而当进行华蓥山林地浅表层滑坡减灾功能提升研究时，则需着重关注灾害频率更高的马尾松—杉木混交林，选取浅表层滑坡风险较高的典型马尾松—杉木混交林小流域，进行减灾策略研究。

5 丘陵山地水源区水源涵养和水质净化能力提升技术

5.1 基于水源涵养能力提升的典型森林结构调控技术

5.1.1 不同密度马尾松林水源涵养能力

5.1.1.1 林冠层

综合整个马尾松林来看(表 5-1),丹江口库区汛期马尾松人工林树干茎流量均值为 3.95mm,仅占大气降雨的 1%。3 种密度林分林冠截留量和林冠截留率变化范围分别为 56.13~77.68mm 和 19.26%~26.66%,均表现为随着林分密度的增加而增大,高密度林冠截留量是低密度的 1.38 倍。方差分析结果表明,3 种密度林分林冠截留量之间无显著性差异($P>0.05$)。

表 5-1 马尾松人工林林冠截留降雨分配特征

密度类型	降水量	穿透雨		树干茎流		林冠截留	
		林内穿透雨	占比	树干茎流量	占比	林冠截留量	占比
低密度	291.4	232.80±32.76a	79.89±11.24a	2.47±0.01a	0.01±0.01a	56.13±32.40a	19.26±11.12a
中密度	291.4	213.87±40.29a	73.39±13.83a	5.34±0.35bc	0.02±0.01bc	72.19±40.39a	24.77±13.86a
高密度	291.4	209.67±38.02a	71.95±13.05a	4.05±0.86c	0.01±0.03c	77.68±38.78a	26.66±13.31a
均 值	291.4	218.78±12.32	75.08±4.23	3.95±1.44	0.013±0.01	68.67±11.20	23.56±3.84

注:表中数值为平均值±标准差,各列字母表示在 $\alpha=0.05$ 水平上显著差异。

5.1.1.2 凋落物层

(1)凋落物层厚度和生物量

未分解层厚度、半分解层厚度和总厚度均表现出相同的规律,即厚度随着林分密度的增大而增加(表 5-2)。未分解层厚度变化范围为(0.55±0.16)~(1.08±0.38)cm,半分解层厚度变化范围为(2.18±0.23)~(2.91±0.71)cm，总厚度变化范围为(2.73±0.38)~(3.99±1.08)cm。经方差分析，不同密度马尾松人工林枯落物总厚度之间差异不显著($P>0.05$)，低密度与高密度的半分解层厚度之间存在显著相关性($P<0.05$)。相同密度下马尾松人工林的未分解层厚度均小于半分解层，且两者之间存在显著相关性($P<0.05$)，这可能与枯落物自身分解状况、当地气候、地形以及积累年限等多种因素有关。

表 5-2　不同密度马尾松人工林凋落物层厚度和生物量

密度类型	枯落物厚度		枯落物总厚度	生物量		总生物量	生物量比例	
	未分解层	半分解层		未分解层	半分解层		未分解层	半分解层
低密度	0.55±0.16a	2.18±0.23b	2.73±0.38a	3.47±0.29a	9.29±1.39b	12.76±1.67a	27.31±1.45a	72.69±1.45a
中密度	0.76±0.18a	2.31±0.25bc	3.07±0.25a	3.91±1.50a	12.27±2.86bc	16.18±2.89ac	24.32±8.32a	75.68±8.33a
高密度	1.08±0.38a	2.91±0.71c	3.99±1.08a	5.82±1.61a	13.74±2.41c	19.56±3.72bc	29.58±4.35a	70.42±4.36a

注：表中数值为平均值±标准差，各列字母表示在 $\alpha=0.05$ 水平上显著差异。

（2）枯枝落叶层持水过程

不同密度林分枯落物在刚浸入水中的前 2h 内，枯落物持水量迅速增加，而后随着浸泡时间的延长，增加速度逐渐减缓，大约到 10~12h 左右，其持水量基本达到饱和，随着浸泡时间的延长，其持水量变化幅度很小(图 5-1)。这一变化规律与枯落物拦蓄地表径流规律相似，即降雨初期，枯落物拦蓄地表径流的能力很强，随着降雨历时增加，其拦蓄能力趋于减弱，直至枯落物持水量达到最大。此外，不同密度未分解层枯落物持水能力的排序为高密度>中密度>低密度，半分解层枯落物持水能力的排序为中密度>高密度>低密度。通过对不同密度未分解层、半分解层的枯落物持水量与浸泡时间进行回归分析可知，持水量与浸泡时间之间符合对数函数关系式，拟合方程如下：

$$Y=a\ln t+b \tag{5-1}$$

式中：Y 为枯落物持水量，t/hm²；t 为浸泡时间，h；a 为方程系数；b 为方程常数项。

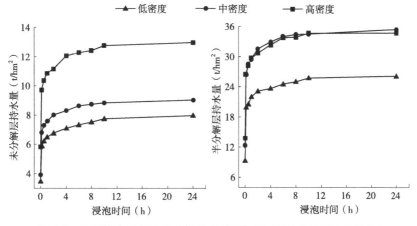

图 5-1　马尾松人工林不同分解状态枯落物持水量与浸泡时间的关系

不同密度、不同分解状态枯落物在刚浸水的前2h内，吸水速率最大，之后随浸泡时间延长，吸水速率逐渐减小，至24h时，吸水速率趋于0(图5-2)。此外，不同密度林分半分解层枯落物吸水速率在同时段显著大于未分解层，可能是因为半分解层中腐殖质含量相对较高，增强了枯落物的吸水能力。对3种不同密度、不同分解状态枯落物吸水速率与浸泡时间进行拟合分析，得出其枯落物吸水速率与浸泡时间呈幂函数关系，回归系数R^2均在0.999以上(表5-3)。拟合方程如下：

$$V = kt^m \qquad\qquad (5\text{-}2)$$

式中：V为枯落物吸水速率；t为浸泡时间；k为方程系数；m为指数。

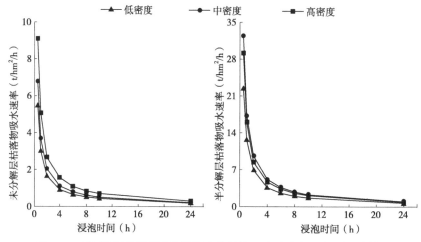

图5-2　马尾松人工林不同分解状态枯落物吸水速率与浸泡时间的关系

表5-3　马尾松人工林不同分解状态枯落物持水量、吸水速率和浸泡时间的拟合方程

分解程度	密度类型	持水量与浸泡时间			吸水速率与浸泡时间		
		回归方程	R^2	P	回归方程	R^2	P
未分解层	低密度	$Y=0.4448\ln t+6.5671$	0.9822	0.0000	$V=3.0211t^{-0.8615}$	0.9999	0.0000
	中密度	$Y=0.4723\ln t+7.6792$	0.9861	0.0000	$V=3.7040t^{-0.87345}$	0.9999	0.0000
	高密度	$Y=0.7009\ln t+10.9343$	0.9774	0.0000	$V=5.0047t^{-0.8618}$	0.9998	0.0000
半分解层	低密度	$Y=1.3627\ln t+22.0515$	0.9713	0.0000	$V=12.4169t^{-0.8623}$	0.9995	0.0000
	中密度	$Y=1.9284\ln t+30.0195$	0.9811	0.0000	$V=17.4936t^{-0.8873}$	0.9999	0.0000
	高密度	$Y=1.8256\ln t+29.8146$	0.9678	0.0000	$V=15.8279t^{-0.8814}$	0.9999	0.0000

3种密度马尾松人工林枯落物未分解层和半分解层自然持水率变化不明显，未分解层自然持水率变化为4.19%~5.16%，半分解层自然持水率变化为11.33%~12.42%。不同密度林分枯落物半分解层自然持水率显著高于未分解层($P<0.05$)，其中低密度、中密度、高密度的枯落物半分解层自然持水率分别是未分解层的2.96倍、2.37倍、2.12倍，而不同密度马尾松人工林枯落物半分解层的最大持水率则略高于未分解层。3种密度林分的未分解层、半分解层最大持水率均随密度增加呈先增加后降低的趋势，未分解层最大持水率

变化范围为 124.39%~131.59%，半分解层最大持水率变化范围为 155.12%~185.75%，且中密度不同层次枯落物的最大持水率均高于其余两个密度的林分（图 5-3）。未分解层最大持水量随密度增大而增加，半分解层最大持水量随密度增加先增加后减小。在有效拦蓄量方面，中密度和高密度枯落物未分解层和半分解层均高于低密度，且同一密度条件下，半分解层有效拦蓄量远大于未分解层，这与不同密度林分枯落物不同分解状态的厚度和生物量密切相关。枯枝落叶层的分解程度影响其持水能力，分解程度越高，半分解层生物量越大，则枯落物持水能力越强。

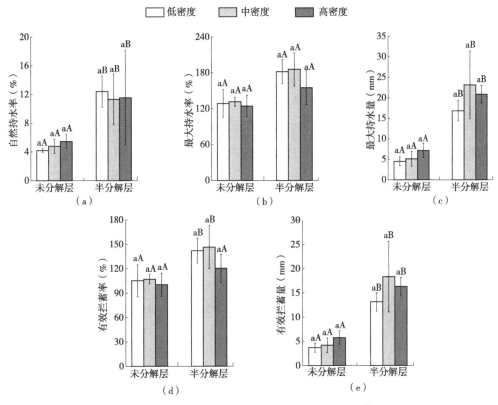

注：同一分解状态标注不同小写字母表示不同密度之间差异显著，$P<0.05$；
同一密度标注不同大写字母表示不同分解状态之间差异显著，$P<0.05$。

图 5-3　马尾松人工林枯落物层持水能力

5.1.1.3　土壤层

不同密度马尾松人工林 0~30cm 土壤密度有所差异。在 0~30cm 土层内，土壤密度均值变化范围为（1.45±0.02）~（1.54±0.05）g/cm³，表现为低密度>高密度>中密度，且低密度与中密度之间存在显著性差异（$P<0.05$）。从土壤垂直层面来看，0~30cm 的土层，3 种林分密度土壤密度变化趋势大体一致，即随着土层深度的加深，土壤密度变大。造成此种现象的原因主要是土层深度的增加，土壤有机质含量减少，土壤团聚性降低，进而土壤紧实性增加，且不同密度林分枯落物组成、分解状态、地下根系等因素的差异从也会造成土壤物理性质的差异，进而影响土壤的持水透气性。低密度林分和高密度林分的 0~10cm 土

层与20~30cm土层之间差异显著（$P<0.05$），而中密度各土层之间差异性不显著（$P>0.05$）。在0~30cm土层内，3种林分密度马尾松人工林总孔隙度均值排序为中密度>高密度>低密度，这一结果表明3种密度马尾松人工林总孔隙度变化趋势与土壤密度变化趋势相反，且中密度林分与低密度林分、高密度林分之间差异性显著（$P<0.05$）。非毛管孔隙度均值排序为中密度>低密度>高密度，3种密度林分不同土层间孔隙度均无显著性差异（$P>0.05$）。毛管孔隙度均值排序为中密度>高密度>低密度。综合得知，中密度林分土壤密度最小，总孔隙度最大，非毛管孔隙度最大，说明马尾松人工林在该密度下有利于改良土壤物理性质，利于水源涵养能力提升（表5-4）。

表 5-4 马尾松人工林土壤物理性质及持水量

密度类型	土壤厚度（cm）	土壤容重（g/cm³）	非毛管孔隙度（%）	毛管孔隙度（%）	总孔隙度（%）	有效持水量（mm）	毛管持水量（mm）	最大持水量（mm）
低密度	0~10	1.48±0.03Aa	4.63±0.43Aa	37.96±1.53Aa	42.59±1.75Aa	4.63±0.43Aa	37.96±1.53Aa	42.59±1.75Aa
	10~20	1.54±0.04ABa	4.74±1.01Aa	37.49±1.17Aa	42.23±1.41Aa	4.74±1.01Aa	37.49±1.17Aa	42.23±1.41Aa
	20~30	1.59±0.08Ba	4.40±0.88Aa	37.33±2.68Aa	41.73±3.55Aa	4.40±0.88Aa	37.33±2.68Aa	41.73±3.55Aa
	均值	1.54±0.05A	4.59±1.76AB	37.60±0.32A	42.18±0.43A	4.59±1.76AB	37.60±0.32A	42.18±0.43A
中密度	0~10	1.40±0.07Aa	4.94±1.72Aa	42.43±2.52Ab	47.37±2.80Ab	4.94±1.72Aa	42.43±2.52Ab	47.37±2.80Ab
	10~20	1.45±0.02Aab	4.75±0.19Aa	40.96±2.33ABb	45.71±2.15ABb	4.75±0.19Aa	40.96±2.33ABb	45.71±2.15ABb
	20~30	1.48±0.06Aab	4.74±1.30Aa	39.30±0.68Ba	44.04±0.78Ba	4.74±1.30Aa	39.30±0.68Ba	44.04±0.78Ba
	均值	1.45±0.04B	4.81±0.11A	40.90±1.57B	45.71±1.67B	4.81±0.11A	40.90±1.57B	45.71±1.67B
高密度	0~10	1.42±0.04Aa	3.84±2.36Aa	39.80±3.36Aab	43.64±1.91Aa	3.84±2.36Aa	39.80±3.36Aab	43.64±1.91Aa
	10~20	1.46±0.06ABa	2.41±0.42Ab	39.62±0.80Aab	42.03±0.74Aa	2.41±0.42Ab	39.62±0.80Aab	42.03±0.74Aa
	20~30	1.51±0.05Ba	2.57±0.44Ab	39.24±0.97Aa	41.81±1.18Aa	2.57±0.44Ab	39.24±0.97Aa	41.81±1.18Aa
	均值	1.48±0.07AB	2.94±0.78B	39.55±0.29AB	42.49±1.01A	2.94±0.78B	39.55±0.29AB	42.49±1.01A

注：同一土层标注不同小写字母表示不同密度之间差异显著（$P<0.05$），同一密度标注不同大写字母表示不同土层之间差异显著（$P<0.05$）。

5.1.1.4 不同密度马尾松人工林水源涵养能力综合评价

3种密度马尾松人工林最大持水量存在差异，随着林分密度的增加，最大持水量呈先增加后减小的趋势，总持水量变化范围为204~237.55mm。低密度、中密度马尾松人工林土壤层最大持水量与林冠层、枯枝落叶层之间存有显著性差异（$P<0.05$）。高密度林分土壤层最大持水量与枯枝落叶层之间差异显著（$P<0.05$），而与林冠层之间无明显差异（$P>0.05$）。3种密度马尾松人工林，林冠层、枯枝落叶层之间均无显著性差异（$P>0.05$），仅中密度林分土壤层与低密度林分土壤层之间存有显著性差异（$P<0.05$）。因不同密度马尾松人工林郁闭度、枯落物生物量、分解状态等不同，其水源涵养能力也各不相同。不同密度林分各水源涵养作用层中，土壤层对大气降雨的拦截和蓄存作用最强，因获取的林冠截

留量为区域丰水期的 8 次大气降雨林冠截留量之和,故其值占比较大,致使土壤水源涵养贡献率在综合水源涵养能力中的占比降低。

3 种密度马尾松人工林的最大持水量远高于有效持水量,前者分别为后者的 6.67 倍、6.43 倍、7.55 倍。低密度林分、中密度林分枯枝落叶层和土壤层有效持水量之间无显著性差异($P>0.05$),仅高密度林分枯枝落叶层和土壤层有效持水量间差异显著($P<0.05$)。3 种密度林分枯枝落叶层有效持水量无显著性差异($P>0.05$),高密度林分土壤层有效持水量与低密度、中密度的差异显著($P<0.05$)。其中中密度林分的有效蓄水量最大,为 35.74mm;高密度的有效蓄水量最小,为 31.43mm,说明在林业经营过程中,要合理调控林分密度,才能达到最佳水源涵养效果。

采用综合蓄水能力法,从林冠层、枯枝落叶层、土壤层对 3 种密度马尾松人工林最大持水量、有效持水量计算可知,3 种密度马尾松人工林最大持水量、有效持水量均随林分密度的增加,呈先增加后减小的趋势,总持水量变化范围为(204.01 ± 32.64)~(237.55 ± 41.58)mm,有效持水量变化范围为(30.59 ± 4.55)~(36.94 ± 7.19)mm,3 种密度马尾松人工林的最大持水量远高于有效持水量,前者分别为后者的 6.67 倍、6.43 倍、7.55 倍(图 5-4)。其中中密度的最大持水量、有效持水量均最大,说明在林业经营过程中,要合理调控林分密度,才能达到最佳水源涵养效果。

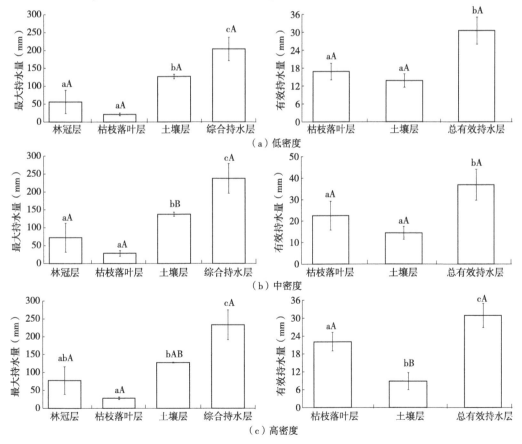

图 5-4　不同密度马尾松人工林水源涵养能力综合评价

近百年来，国内外学者在森林生态系统水源涵养机理和计算方法等方面开展了大量研究工作，提出了多种计量方法。目前被广泛应用的主要有以下几种：综合蓄水能力法、水量平衡法、森林水文模型法、林冠截留剩余法等。其中，综合蓄水能力法虽仅从拦蓄降水作用方面入手，但其综合考虑了森林不同层次降水截留量，有助于全面分析各作用层拦蓄降水功能的大小。

林冠截留是森林植被对大气降水发挥调节作用的起点，冠层结构(叶面粗糙度、枝叶量、枝叶空间分布情况)影响着林木对降水的截留能力。林冠层对降雨的重新分配，一方面避免了雨滴对地面的直接击溅，有效缓解降水对地表的侵蚀；另一方面能够截蓄部分降雨，减少地表产流量、产沙量。研究表明，林冠截留量受多种因素综合制约，包括植被类型、群落结构、郁闭度、降水量、降雨强度及蒸发速率等。本研究中3种林分密度，随着林分密度增大，林冠截留量不断增加，原因是林分密度增大，郁闭度增加，总叶面积增加，使得高密度林分的截留量较高，而林内穿透雨量则与之相反，随着林分密度增加，枝叶交互作用叠加，致使透过林冠的雨量减少。

枯枝落叶层是森林植被对降水再分配的第二个作用层，它增加了地表粗糙度，在减缓地表径流的同时吸收截留降落林地的部分雨量，是表征枯落物水文功能的重要指标。区域3种密度马尾松人工林枯落物生物量与林分密度之间存在正相关关系，即随着林分密度增加，枯落物生物量增大。此外，3种密度各层生物量均表现为半分解层生物量远大于未分解层，该结果与鲁邵伟等对不同密度侧柏人工林枯落物各分解层研究结果相似。枯枝落叶层持水性能受枯落物生物量、分解程度、持水状况、树种组成等多种因素的制约。高密度马尾松人工林，其未分解层生物量、半分解层生物量及总生物量均高于中密度的林分，但后者林分最大持水量和有效持水量均高于前者，这与王骄洋等对不同密度华北落叶松枯落物层持水量研究结果一致，说明在一定密度阈值内，随着林分密度增大，枯落物生物量增加，枯落物持水量提高，但超过一定范围，枯落物生物量虽然增加，其持水量却降低。3种密度林分半分解层最大持水量、有效持水量均高于未分解层，除了枯落物生物量、厚度等因素，可能是因为在分解过程中，枯落物的结构改变、亲水面积增加所致。

土壤层是植被生态系统水源涵养的主体，其持水性能的强弱对地表径流、壤中流和地下水的补给有着直接的影响。林地土壤的持水量通常占林分水源涵养量的85%以上，是评价森林水源涵养功能的重要指标。非毛管孔隙和毛管孔隙持水量之和构成了土壤总蓄水量，即土壤最大持水量。森林植被用于维持自身生长发育的水分主要从土壤毛管孔隙中吸收，而林地水源涵养功能的发挥则主要体现在非毛管孔隙上。土壤容重和孔隙度作为表征土壤物理性质的两个重要指标，其直接影响着土壤的通气、透水和蓄水性能。一般认为，土壤容重小则土质疏松，利于水分吸收，拦蓄降水、减缓径流。不同密度马尾松人工林土壤水文物理性质之间存有差异，这与不同密度林分内枯落物蓄积量、枯落物分解状态及植被地下根系的生长状况有很大关系。区域3种密度马尾松人工林0~30cm土壤容重均值排序为低密度>高密度>中密度；土壤总孔隙度均值排序为中密度>高密度>低密度，与土壤容重均值变化相反，这与众多学者研究结果一致。3种密度林分中，0~30cm土层最大持水量、有效持水量均以中密度最佳，这与陈莉莉等的研究结果一致，说明马尾松人工林在中密度条件下，有利于改良土壤物理性状，提高持水能力，林分过密或过疏均不利于人工林群落的水源涵养。

植被的水源涵养功能主要体现在林冠层、枯枝落叶层和土壤层 3 个作用层上。不同密度林分综合水源涵养能力存有差异，总持水量越大，说明其水源涵养效果越好。区域 3 种密度马尾松人工林以中密度的水源涵养能力最好，高密度次之，低密度最差，在 3 个层次水源涵养贡献率中，土壤层涵养效果最显著。3 种密度马尾松人工林的最大水源涵养能力远大于有效水源涵养能力，其中中密度马尾松人工林的有效水源涵养效果高于其余两种密度的马尾松人工林。综合分析，从不同密度的马尾松人工林涵养水源角度来看，建议湖北库区在森林造林和抚育过程中，为能达到最佳的水源涵养效果，可将马尾松林分密度控制在 1300~1500 株/hm²。

5.1.2　不同类型森林水源涵养能力

5.1.2.1　降雨分配特征

由表 5-5 可以看出栓皮栎纯林的林冠截留能力较强，而马尾松纯林和刚竹林则较低，同时刚竹林的树干茎流较其他林分也偏低。总体而言，林内降雨占大气降雨的 80%~90%。

表 5-5　不同植被类型降雨分配特征

植被类型	林外降雨	林冠截留	林内降雨	树干茎流
马尾松—栓皮栎混交林（Ⅲ）	71.2±50.6a	3.8±2.8b	62.8±49.1c	4.6±1.5a
马尾松纯林（Ⅰ）	74±55.4a	1.7±1.3c	68.4±53a	3.9±1.2b
栓皮栎纯林（Ⅱ）	73.4±49.6a	4.2±2.8a	65.6±50b	3.6±0.5c
刚竹林（Ⅳ）	72.1±38a	1.5±0.8c	69.7±45a	1.1±2.1d
荒草灌丛（Ⅴ）	72.3±27.6a	1.1±0.7c	70.1±32a	—

5.1.2.2　凋落物持水能力

从凋落物生物量来看，阔叶林栓皮栎的凋落物生物量最大，荒草灌丛最小。同时，半分解层生物量大于未分解层。不同林分凋落物的自然含水量未分解层大于半分解层，马尾松林分凋落物含水量显著高于其他林分（表 5-6、图 5-5）。

表 5-6　不同植被类型凋落物生物量

植被类型	各层凋落物生物量（t/hm²）		总生物量（t/hm²）	百分比（%）	
	ULL	DLL		ULL	DLL
Ⅲ	2.12±0.28 Bb	3.65±1.16Ba	5.77±1.44B	37.38±3.94	63.61±2.95
Ⅰ	2.01±0.64 Bb	3.36±0.54 Ba	5.37±1.12B	36.96±5.17	63.05±5.18
Ⅱ	4±0.69 Ab	5.93±1.19Aa	9.93±0.51A	40.56±8.76	59.44±8.76
Ⅳ	1.8±0.3Cb	2.1±1.2Ca	3.9±1.4C	46.2±3.21	53.7±4.3
Ⅴ	1.5±0.4Ca	1.8±0.9Ca	3.3±1.2C	45.4±3.4	54.5±2.8

注：ULL 表示未分解凋落物层；DLL 表示半分解凋落物层。

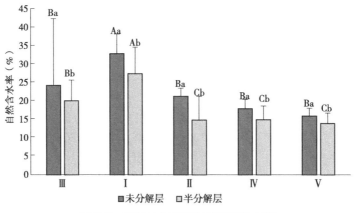

图 5-5 不同林分凋落物层自然含水率

通过凋落物室内浸泡实验，可以得到不同林分凋落物层最大持水量。从试验结果来看，马尾松纯林和混交林最大持水率较高，其次为栓皮栎纯林，刚竹林和荒草灌丛最小（图 5-6）。

从凋落物吸水过程来看，无论未分解层还是半分解层，刚竹林和荒草灌丛的持水率均

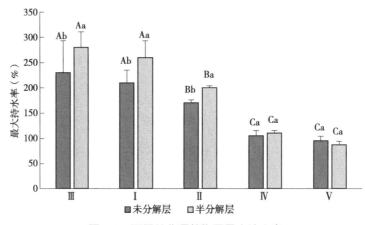

图 5-6 不同林分凋落物层最大持水率

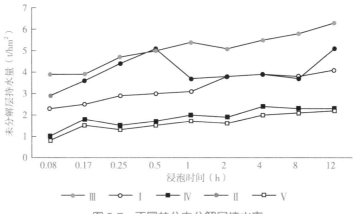

图 5-7 不同林分未分解层持水率

明显低于其他林分，显示出竹类和灌丛凋落物吸水性能较差。从未分解层来看，混交林吸水能力较强，栓皮栎纯林在起始阶段具有较强的吸水能力，但 0.5h 之后，明显减弱(图 5-7)。从半分解层来看，混交林和马尾松纯林的表现好于栓皮栎纯林。同一树种，半分解层的持水量通常要大于未分解层(图 5-8)。

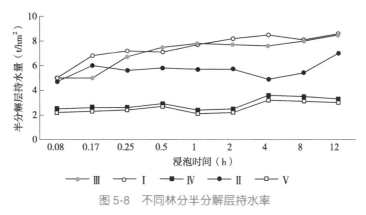

图 5-8　不同林分半分解层持水率

不同林分无论未分解层还是半分解层，凋落物持水速率随时间的延长都逐渐降低(图 5-9、图 5-10)，较好符合指数关系，有较高的相关系数(表 5-7)。

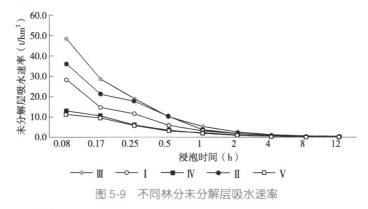

图 5-9　不同林分未分解层吸水速率

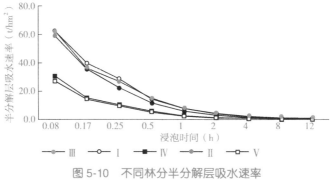

图 5-10　不同林分半分解层吸水速率

5.1.2.3　土壤层持水能力

不同林分土壤容重无明显差异，从土壤孔隙度来看，混交林高于纯林，而刚竹林和荒草灌丛的土壤孔隙度相对较低。从土壤持水能力来看，混交林和马尾松纯林最大，其次为栓皮栎纯林和刚竹林，荒草灌丛的土壤持水能力最小。表层土壤孔隙度较大，因此持水能力较强，随着土层加深，持水能力逐渐减弱（表 5-8）。

表 5-7　不同植被类型凋落物吸水速率与浸泡时间的关系

凋落物层	植被类型	吸水速率与时间的关系	
		回归方程	R^2
未分解（ULL）	III	$V=98.374e-0.597x$	0.995
	I	$V=82.587e-0.613x$	0.980
	II	$V=53.263e-0.568x$	0.994
	IV	$V=29.267e-0.56x$	0.993
	V	$y=27.106e-0.553x$	0.974
半分解（DLL）	III	$V=131.73e-0.589x$	0.992
	I	$V=136.25e-0.588x$	0.993
	II	$V=124.84e-0.626x$	0.990
	IV	$V=55.365e-0.6x$	0.995
	V	$y=49.354e-0.594x$	0.984

表 5-8　不同林分土壤层持水能力

林分类型	土层深度（cm）	土壤容重（g/cm³）	非毛管孔隙度（%）	毛管孔隙度（%）	土壤最大持水量（mm）
III	0~10	0.53±0.06Ac	9.27±0.75Aa	31.34±1.51Aa	35.31±1.23Aa
	10~20	0.66±0.06Ac	9.56±1.40Aa	24.34±4.43Ab	27.60±5.38Ab
	20~40	0.87±0.07Ab	8.52±2.03Ab	16.84±4.18Ac	26.45±5.29Ac
	40~60	0.91±0.18Aa	8.00±1.24Ab	17.46±3.29Ac	25.68±10.73Ac
I	0~10	0.40±0.06Bb	6.78±0.08Ca	27.61±1.72Ba	35.46±2.77Aa
	10~20	0.70±0.05Aa	6.52±0.35Ca	21.54±2.89Bb	25.89±2.26Ab
	20~40	0.86±0.03Aa	5.24±0.86Cb	16.03±1.31Ac	27.26±0.73Ab
	40~60	0.84±0.07Aa	4.67±0.66Cb	14.98±0.57Ac	26.16±4.60Ab
II	0~10	0.68±0.02Ab	8.42±1.74Ba	24.11±1.82Ba	29.99±0.80Ba
	10~20	0.73±0.03Ab	7.46±0.55Bb	22.03±1.65Ba	26.43±1.72Ab
	20~40	0.77±0.10Ab	7.14±1.78Bb	16.87±5.18Ab	26.95±10.70Ab
	40~60	0.89±0.05Aa	7.02±0.81Bb	16.82±5.21Ab	27.04±8.44Ab
IV	0~10	0.61±0.02Ac	5.21±1.21Da	22.87±2.31Ba	26.09±1.12Ca
	10~20	0.83±0.05Ab	4.93±0.82Db	18.06±2.09Cb	24.13±3.25Bb
	20~40	0.94±0.03Ab	4.58±0.56Db	14.23±3.12Bc	20.07±0.98Bc
	40~60	1.20±0.07Aa	4.25±0.73Db	13.15±0.98Bc	19.23±1.74Bc
V	0~10	0.75±0.05Ac	4.13±1.23Ea	19.28±1.09Ca	21.16±3.21Da
	10~20	0.93±0.12Ab	3.94±0.98Eb	17.23±2.14Cb	19.78±2.87Cb
	20~40	1.12±0.08Aa	3.59±0.75Eb	12.76±1.07Bc	16.23±1.23Cc
	40~60	1.30±0.10Aa	3.31±0.43Ec	13.11±0.76Bc	15.12±0.96Cc

5.1.2.4　不同森林类型水源涵养能力综合评价

由图 5-11 可以看出，综合林冠截留量、凋落物持水能力和土壤蓄水能力，混交林和马尾松纯林水源涵养能力最大，其余依次为栓皮栎、刚竹林和荒草灌丛。与荒草灌丛相比，马尾松—栓皮栎混交林、马尾松纯林、栓皮栎纯林和刚竹林的水源涵养能力分别提升了 102%、91%、66% 和 28%。

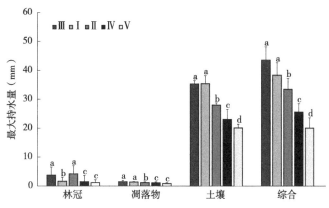

图 5-11　不同林分土壤水源涵养能力综合评价

5.1.2.5　基于水源涵养的丹江口库区森林结构调控技术

丹江口库区有大量的马尾松纯林，中密度（1300~1500 株/hm²）水源涵养能力最佳，同时，与马尾松纯林相比，马尾松—栓皮栎混交林（混交比例 1∶1）能够提升水源涵养能力（13±4）%。与其他乔木树种相比，刚竹林的水源涵养能力相对较弱，因此，作为林地不宜在库区大面积发展。荒草灌丛也具有一定的水源涵养能力，对于防治水土流失发挥了重要作用，要积极保护，同时，条件允许的情况下，可以把荒草灌丛逐步改造成乔木林地，以发挥更大的水源保护作用。

5.2　滨水植被缓冲带水质净化能力提升技术

5.2.1　滨水植被缓冲带类型与宽度对氮磷截留效应的影响

5.2.1.1　全氮全磷截留效应

在模拟实验中，全氮初始浓度为 10mg/L 的背景下，随着缓冲带宽度增加，各类型样地均表现为全氮截留率不断增加（表 5-9、图 5-12），且 5 种类型之间差异均较显著（$P<0.05$）。在 20m 测定位点上，不同植被缓冲带截留率依次为：马尾松—栓皮栎混交林（76.4%）>马尾松纯林（66.7%）>荒草灌丛（60.3%）>刚竹林（40.9%）>栓皮栎纯林（36.1%）。其中，Ⅱ、Ⅳ间差异不显著，$P>0.05$；其余类型间差异显著，$P<0.05$。马尾松—栓皮栎混交林截留率最高，栓皮栎纯林最差，两者相差近一倍。

表 5-9　滨水植被缓冲带对全氮、全磷的截留效应

污染物	缓冲带宽度(m)	马尾松纯林	栓皮栎纯林	马尾松—栓皮栎混交林	刚竹林	荒草灌丛
全氮	2	0.28±0.05Aa	0.16±0.02Ab	0.38±0.02Ac	0.17±0.02Ab	0.20±0.03Ab
	5	0.38±0.04Ba	0.16±0.04Bb	0.53±0.02Bc	0.20±0.01ABb	0.30±0.01Bd
	10	0.43±0.03Ba	0.22±0.01Bb	0.61±0.01Cc	0.23±0.01Bb	0.37±0.02Cd
	15	0.57±0.04Ca	0.34±0.01Cb	0.72±0.01Dc	0.31±0.03Cb	0.52±0.01Dd
	20	0.67±0.05Da	0.36±0.02Cb	0.76±0.02Ec	0.41±0.01Db	0.60±0.01Ed
全磷	2	0.25±0.007Aa	0.18±0.004Aa	0.41±0.003Ab	0.68±0.008Ac	0.28±0.008Aa
	5	0.30±0.007Ab	0.11±0.016Aa	0.51±0.006Bc	0.70±0.008ABd	0.41±0.013Bbc
	10	0.59±0.008Bb	0.37±0.008Ba	0.56±0.006BCb	0.72±0.005ABc	0.54±0.01Cb
	15	0.65±0.01Ba	0.45±0.001Bb	0.64±0.01Ca	0.77±0.009ABc	0.63±0.005Ca
	20	0.67±0.007Bab	0.61±0.002Ca	0.74±0.003Dbc	0.80±0.009Bc	0.66±0.003Cab

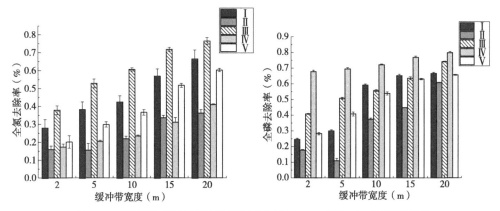

图 5-12　不同宽度缓冲带地表径流对全氮(左)、全磷(右)的截留效果

　　在模拟实验中，TP 初始浓度为 1.6mg/L 的背景下，5 种滨水植被缓冲带的截留效果差异显著，且随宽度增加截留率差异不明显($P>0.05$)。在 20m 测定位点上，不同植被缓冲带截留率依次为：刚竹林(79.77%)>马尾松—栓皮栎混交林(74.21%)>马尾松纯林(66.67%)>荒草灌丛(65.75%)>栓皮栎纯林(60.83%)。若要达到 80% 的去除率，各类型滨水植被缓冲所需的宽度分别为：22.4m、27.6m、23.8m、20.4m、24.6m。

5.2.1.2　铵态氮与硝态氮截留效应

　　在模拟实验中，铵态氮初始浓度为 8.0mg/L 的背景下(表 5-10、图 5-13)，发现铵态氮截留率随宽度增加而增加。不同植被缓冲带截留率依次为：马尾松纯林(55.11%)>刚竹林(53.78%)>马尾松—栓皮栎混交林(50.89%)>荒草灌丛(48.97%)>栓皮栎纯林(29.78%)。若要达到 80% 的去除率，各类型滨水植被缓冲所需的宽度分别为：32.3m、70.2m、39.4m、30.7m、36.6m。

表 5-10　滨水植被缓冲带对铵态氮和硝态氮的截留效应

污染物	缓冲带宽度（m）	马尾松纯林	栓皮栎纯林	马尾松—栓皮栎混交林	刚竹林	荒地
铵态氮	2	0.18±0.026Aab	0.13±0.063Aab	0.26±0.023Ab	0.16±0.006Aa	0.18±0.039Aab
	5	0.22±0.051Aab	0.13±0.06Aa	0.29±0.027Ab	0.30±0.025Bb	0.22±0.036Aab
	10	0.38±0.014Bac	0.17±0.059Ab	0.49±0.046Ba	0.41±0.02Cac	0.36±0.045Bc
	15	0.42±0.008Ba	0.25±0.036Ab	0.44±0.016Bac	0.51±0.036Dc	0.42±0.012BCa
	20	0.55±0.003Ca	0.30±0.088Ab	0.51±0.021Ba	0.54±0.014Da	0.49±0.018Ca
硝态氮	2	0.18±0.008Aa	0.16±0.007Aa	0.33±0.008Ab	0.17±0.008Aa	0.19±0.006Aa
	5	0.23±0.007ABa	0.21±0.009ABa	0.41±0.012ABb	0.21±0.009Aa	0.24±0.0063Aa
	10	0.29±0.008BCab	0.25±0.008BCa	0.44±0.012Bc	0.32±0.009Bab	0.39±0.008Bbc
	15	0.36±0.006Cab	0.32±0.003CDa	0.50±0.008BCc	0.39±0.005Cab	0.43±0.009Bbc
	20	0.48±0.003Db	0.34±0.005Da	0.58±0.005Cd	0.49±0.002Db	0.52±0.001Cc

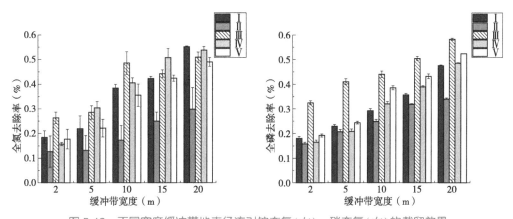

图 5-13　不同宽度缓冲带地表径流对铵态氮（左）、硝态氮（右）的截留效果

在模拟实验中，硝态氮的初始浓度为 2.00mg/L，发现硝态氮的截留率同样随宽度增加而增加。在 20m 测定位点上，不同植被缓冲带截留率依次为：马尾松—栓皮栎混交林（58.17%）>荒草灌丛（52.33%）>刚竹林（48.50%）>马尾松纯林（47.50%）>栓皮栎纯林（34.00%）。若要达到 80% 的去除率，各类型滨水植被缓冲所需的宽度分别为：41.8m、63.9m、37.2m、37.8m、34.6m。

滨水植被缓冲带对面源污染物的截留主要通过植物吸收和土壤吸附作用来实现。影响截留效率的因素很多，如滨水植被缓冲带宽度、坡度、植被类型、林分密度、林龄、土壤持水性能等。本研究表明，截留率会随滨水植被缓冲带宽度增加逐渐增加，这与前人研究结果一致，但由于研究条件限制，仅研究了 20m 以内宽度的截留效应。20m 宽度处 4 种面源污染物截留效果对比结果表明，马尾松—栓皮栎混交林对氮、磷面源污染物的截留效果最好，能达到 55.11%~74.21%，栓皮栎纯林的截留效果最差，仅为 29.78%~60.83%。造成差异的原因可能有如下两方面：①马尾松—栓皮栎混交林的密度比栓皮栎纯林高，林分密度越大时截留效果越好，这已在前人研究中得到验证。②马尾松—栓皮栎混交林土壤密度比栓皮栎纯林更小，入渗性能更好，最大持水量更大。

相关分析结果显示，除铵态氮截留率与 0～10cm、10～20cm 土层的铵态氮含量呈显著负相关外，其余污染物的土壤含量均对截留率无显著影响。滨水植被缓冲带对氮素的截留和转化通过一系列的生物、物理和化学作用完成，主要包括反硝化作用、植物吸收、矿化作用、硝化作用、固氮作用和氨化作用。其中植物吸收和反硝化作用为 2 个主要去氮机制。植物主要吸收铵态氮和硝态氮形式的氮元素。地表径流污染物截留率与土壤污染物含量的相关分析显示，铵态氮截留率与土壤铵态氮含量呈负相关，出现这种现象的原因可能是一方面，当土壤中的铵态氮含量较高时，一部分铵态氮会被释放到径流中导致测定值偏高；另一方面，土壤中铵态氮供给充足减少了植被对地表径流中铵态氮的吸收。

本研究在 20m 宽度处对氮、磷面源污染物的浓度截留率检测与前人研究相比明显偏小。出现这种差异的原因可能有以下 3 个方面：①丹江口库区坡面林分的土壤平均厚度仅19.7cm，较浅的土层直接降低了其对地表径流的缓冲阻滞作用；②本研究的滨水植被缓冲带所在坡面的坡度为 15°～18°，坡度较大也会降低径流与地表的接触时间，从而降低其去除率，这一点在前人研究中得到证实；③由于本区域土层薄，马尾松和栓皮栎人工林长势较差，有研究表明植被生长代谢的旺盛程度是影响截留率的主要因素之一。

因此，在丹江口库区 5 类滨水植被缓冲带（马尾松—栓皮栎混交林、马尾松纯林、荒草灌丛、刚竹林、栓皮栎纯林）对面源污染物（全氮、全磷、铵态氮、硝态氮）的截留率均随缓冲带宽度增加而增加，因此条件允许时应尽可能增加缓冲带宽度来提高截留去污能力。马尾松—栓皮栎混交林的污染物浓度截留效果最佳，在宽度为 20m 处的截留率能达到58.17%～76.40%；栓皮栎纯林的截留效果最差，在宽度为 20m 处的截留率为 29.78%～60.83%。因此，在库区营造滨水植被缓冲带时应尽量提高马尾松—栓皮栎混交林比例。

5.2.2 滨水植被缓冲带坡度对氮磷截留效应的影响

5.2.2.1 全氮全磷截留效应

马尾松人工林缓冲带对全氮的截留，在坡度为 11° 条件下，宽度为 20m 处的截留率显著高于其他 4 种宽度，达到 78%（$P<0.05$）；坡度为 15° 和 21° 条件下，宽度为 10m、15m和 20m 处的截留率显著高于 2m 和 5m 处的截留率（$P<0.05$）；在坡度为 17° 条件下，宽度为 15m 和 20m 处的截留率显著高于 2m、5m 和 10m（$P<0.05$）。同时，当缓冲带宽度一致时，在 2m、5m、15m 和 20m 的宽度条件下，不同坡度截留效应的比较，均表现为坡度11° 的截留率显著高于 21° 的截流率（$P<0.05$）（表 5-11）。

随着坡度的增加，马尾松人工林缓冲带对全磷的去除效果同样逐渐变弱，同一坡度缓冲带内随宽度的增加，截留率逐渐增加。坡度为 11°、宽度为 20m 的马尾松人工林滨水植被缓冲带对全磷的去除效果最好，截留高达 75.00%，坡度为 21°、宽度为 2m 的滨水植被缓冲带对全氮的去除效果最差，截留率仅为 11.00%，两者相差 64%。

表 5-11　滨水植被缓冲带对全氮、全磷的截留效应

污染物	缓冲带宽度（m）	坡度 11°	坡度 15°	坡度 17°	坡度 21°
全氮	2	0.41±0.049Aa	0.27±0.016Ab	0.23±0.037Ab	0.20±0.034Ab
	5	0.48±0.008Aa	0.33±0.05Ab	0.32±0.022Ab	0.35±0.052ABb
	10	0.61±0.066Ba	0.54±0.052Ba	0.47±0.063Ba	0.52±0.025Ca
	15	0.66±0.025Ba	0.57±0.06Ba	0.57±0.057Ca	0.56±0.016Ca
	20	0.78±0.008Ca	0.65±0.016Bb	0.62±0.024Cbc	0.57±0.033Cc
全磷	2	0.33±0.039Aa	0.27±0.033Aab	0.22±0.029Ab	0.12±0.005Ac
	5	0.42±0.19Ba	0.27±0.046Ab	0.27±0.005Ab	0.15±0.012Ac
	10	0.63±0.039Ca	0.57±0.026Ba	0.55±0.049BCa	0.24±0.033Bb
	15	0.67±0.41Ca	0.57±0.0298Ba	0.58±0.070Ba	0.33±0.039Cb
	20	0.75±0.033Da	0.65±0.024Bb	0.64±0.008Bb	0.42±0.029Cc

5.2.2.2　铵态氮与硝态氮截留效应

由表 5-12 分析可知，铵态氮在坡度为 11°条件下，宽度为 10m、15m、20m 的截留率显著高于 2m 和 5m 的截留率，宽度为 20m 的截留率能达到 65%（$P<0.05$）。在坡度为 15° 和 17°条件下，宽度为 20m 处的截留率显著高于其他 4 种宽度（$P<0.05$）。坡度为 21°的条件下，宽度为 15m 和 20m 处的截留率显著高于 2m、5m 和 10m 的截留率（$P<0.05$）。当缓冲带宽度一致时，均表现为坡度 11°的截留率显著高于 21°的截留率（$P<0.05$）。

20m 宽度硝态氮的截留率，在 11°、15°、17° 和 21°坡度下分别为 60.0%、51.0%、45.0%、39.0%，在 11°与 21°坡度下硝态氮的截留率相差 21%。同时，随宽度的增加，截留率也表现出增加的特点。

表 5-12　滨水植被缓冲带对铵态氮和硝态氮的截留效应

污染物	缓冲带宽度（m）	坡度 11°	坡度 15°	坡度 17°	坡度 21°
铵态氮	2	0.32±0.034Aa	0.17±0.021Ab	0.18±0.017Ab	0.1±0.009Ac
	5	0.41±0.022Ba	0.24±0.005Bb	0.17±0.025Ac	0.16±0.012Bc
	10	0.58±0.033Ca	0.36±0.017Cb	0.34±0.017Bb	0.22±0.009Cc
	15	0.62±0.022Ca	0.42±0.012Db	0.42±0.024Cb	0.38±0.028Db
	20	0.65±0.024Ca	0.55±0.012Eb	0.56±0.049Db	0.41±0.016Dc
硝态氮	2	0.31±0.029Aa	0.22±0.005Ab	0.18±0.005Ab	0.11±0.012Ac
	5	0.40±0.021Ba	0.23±0.005Ab	0.21±0.016Ab	0.15±0.012Ac
	10	0.50±0.033Ca	0.32±0.025Bb	0.32±0.012Bb	0.20±0.005Bc
	15	0.51±0.014Ca	0.39±0.05Bb	0.36±0.009Bbc	0.29±0.021Cc
	20	0.6±0.024Da	0.51±0.039Cb	0.45±0.036Cbc	0.39±0.021Dc

5.2.3 滨水植被缓冲带最佳宽度和坡度的确定

由表5-13分析可知，当滨水植被缓冲带的坡度为11°时，对4种面源污染物的截留率要达到80%，其宽度至少应为34m；坡度为15°时，宽度至少应为40m；当坡度为17°时，宽度至少应为45m；当坡度为21°时，至少应为48m。

因此，植被缓冲带在坡度选择时，当坡度/坡长为11°~15°/34~40m或16°~21°/45~48m时，马尾松纯林氮磷截留率达80%以上。

表5-13 缓冲带最佳宽度的确定

污染物	坡度(°)	去除率与宽度距离拟合公式	R^2	缓冲带最佳宽度(m)
全氮	11	$y=0.0198x+0.4083$	0.82	19.8
	15	$y=0.0203x+0.2845$	0.90	25.4
	17	$y=0.0221x+0.2282$	0.90	25.9
	21	$y=0.0198x+0.2259$	0.84	29.0
全磷	11	$y=0.023x+0.3327$	0.91	20.3
	15	$y=0.0218x+0.2432$	0.89	25.5
	17	$y=0.0244x+0.2024$	0.90	24.5
	21	$y=0.0185x+0.0651$	0.87	39.8
铵态氮	11	$y=0.019x+0.3246$	0.84	25.0
	15	$y=0.0198x+0.148$	0.79	32.9
	17	$y=0.0207x+0.1371$	0.78	32.0
	21	$y=0.0176x+0.0705$	0.87	41.4
硝态氮	11	$y=0.0139x+0.3295$	0.93	33.8
	15	$y=0.016x+0.1637$	0.98	39.8
	17	$y=0.0142x+0.1544$	0.89	45.5
	21	$y=0.0149x+0.0849$	0.78	48.0

影响滨水植被缓冲带截留效率的因素有很多，如宽度、坡度、不同植被类型等，但是在建造缓冲带的过程中大规模改变场地坡度不切实际，而且在植被选择上一般也优先考虑适应性更强的本地树种，因此，在建造过程中可操作性最强的就是找到适合的宽度。大量研究已经证实，滨水植被缓冲带的宽度越大、坡度越小，其去除效果越好，这一点也与本研究的结果相符。本研究发现，在坡度为11°条件下，20m宽的缓冲带对4种污染物的截留率为60%~78%。Peterjohn等研究发现，氮和磷去除率为89%和80%时，缓冲带的宽度仅为20m。Haycock等研究发现，当滨水植被缓冲带的宽度达到16.1m时，就能去除92.1%的氮。黄玲玲的研究表明20m宽的硬头黄竹林河岸带，全磷去除率能达到85.07%。与前人研究相比，本研究中的截留率偏小。导致这种差异的主要原因可能有以下4个方

面：①研究选择丹江口库区的坡面林分为研究对象，据相关调查，丹江口库区坡面土层深度平均仅为 19.7cm，较浅的土壤层直接降低了其对地表径流的缓冲阻滞作用；②不同植被类型滨水植被缓冲带对径流污染物的去除效应有较大差异，马尾松对面源污染物的吸收可能不如其他树种；③库区马尾松人工林抚育作业频繁，林下植被稀少，降低了面源污染物的截留效应；④试验区的马尾松人工林林龄偏大，据龙口林场造林数据显示，样地选定区域的马尾松均为 1983 年 1 个批次统一营造。关于林龄对截留效果影响的研究表明，幼龄林生长代谢旺盛，其截留效果更好。

5.3　基于 InVEST 模型水源区产水量和氮磷净化能力提升技术

5.3.1　基于 InVEST 模型产水能力研究

采用 InVEST 模型研究了丹江口市 2003—2018 年产水能力，研究结果发现：结合整体看（图 5-14），近 15 年产水量呈先减弱后增强的趋势，2003 年单位面积产水深度最深可达 646.96mm，远大于 2013 年的 451.25mm 和 2018 年的 527.53mm。2003 年丹江口市产水深度为 310.09mm，产水量为 13.6 亿 m³，产流系数为 0.324；2013 年产水能力最弱，产水深度为 146.67mm，产水量为 5.25 亿 m³，产流系数为 0.281；2018 年产水量相较 2013 年增加了 27.88%，产水量为 7.28 亿 m³，产水深度为 166.06mm，产流系数为 0.296。

同一年内，丹江口市产水能力在空间上分布不均匀，北部丘陵山区产水深度高于南部 39.84%~57.79%；时间序列下，2003—2013 年，大部分地区产水能力呈减弱趋势，减弱区域占全市面积的 85.10%，13.50% 的区域表现为增加趋势（主要分布在林地建设区）；2013—2018 年，丹江口市 89.60% 的区域产水能力有所增强，10.20% 的区域表现出减少趋势（图 5-15）。

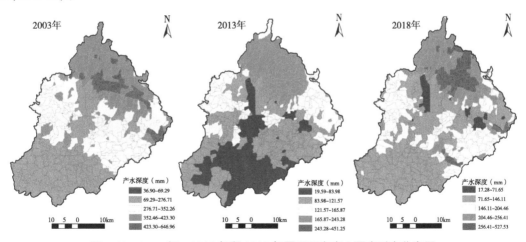

图 5-14　2003 年、2013 年和 2018 年丹江口市产水深度时空分布图

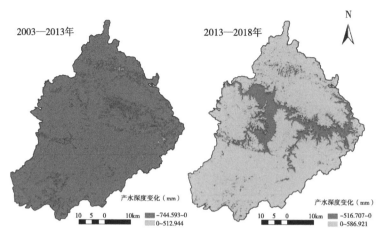

图 5-15　2003—2018 年丹江口市产水能力变化

下垫面是影响产水量变化的重要因素，产水深度为空间分布与土地利用/覆被类型有关，利用分区统计功能得到不同土地利用/覆被类型下的产水深度变化情况（图 5-16）。丹江口市 4 种土地利用/覆被类型中，产水深度最高的是建设用地（530.35mm），其次分别为耕地（292.85mm）、园地（284.07mm）和林地（273.76mm），由于建设用地无植被截留降水，蒸散量小，因此产水能力较高。从变化趋势上可看出，2003—2018 年各土地利用/覆被类型的产水深度均发生变化，其中耕地整体上保持增长趋势，建设用地、园地和林地均呈先减小后缓升的变化。

利用 InVEST 模型对丹江口市 2003—2018 年产水量开展了研究，结果表明近 15 年产水量时空变化较大，产水量分布不均，且各土地利用/覆被类型的产水深度存在差异。研究结果与太湖流域、三江源流域、大凌河流域、石羊河流域、大连市等流域或地区的结果相似，其中杨洁等研究了黄河流域不同土地利用/覆被类型的产水深度，发现永久性冰川雪地、裸岩石质地、城镇建设用地的产水深最高，与本研究结果中建设用地产水量最高相同。

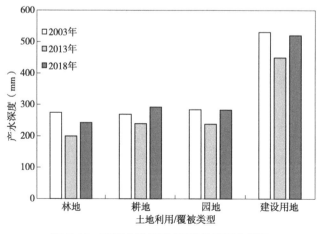

图 5-16　不同土地利用/覆被类型产水情况

产水量大小受该区域年降水量、蒸散量以及两者之间平衡关系的影响，而实际蒸散量除了受气象因素影响外，还直接受制于土地利用/覆被类型的影响。土地利用/覆被类型变化通过改变下垫面结构和类型直接或间接影响产水量，其次土壤孔隙度、土壤质地、结构均对产水量带来间接影响。因此产水量变化是多因子耦合驱动的过程，集合了包括气候变化、土地利用/覆被类型变化在内的自然、社会、经济等多方面因素的共同作用。

5.3.2 基于 InVEST 模型氮磷净化能力研究

5.3.2.1 氮磷净化能力时空变化与等级划分

利用 InVEST 模型对氮磷净化能力开展研究，其中全氮（TN）、全磷（TP）输出总量越大，氮磷净化能力越差。结果表明（表 5-14、图 5-17）TN、TP 单位面积输出量最大值均出现在 2013 年，分别为 1.625kg/hm² 和 0.129kg/hm²，总输出量分别为 776.979t，68.163t；但整体上看，2003 年的 TN、TP 输出总量最高，分别为 899.224t、77.308t，单位面积输出量的最大值分别为 1.559kg/hm² 和 0.124kg/hm²；2008 年的 TN、TP 的单位面积输出量开始降低，输出量的最大值分别为 1.583kg/hm² 和 0.125kg/hm²；2018 年的 TN、TP 的输出总量最低，分别为 672.139t、60.802t，其中单位面积输出量的最大值分别为 1.588kg/hm² 和 0.126kg/hm²。

从时间上看，2003—2018 年丹江口市 TN、TP 输出量呈减少趋势，表明氮磷净化能力逐渐增强，15 年间 TN 的净化服务增强了 25.3%，TP 的净化服务增强了 21.4%；空间上看，TN、TP 输出量高的地区均分布在地势平坦和人口分布密集区。丹江口市农业以种植农作物和柑橘为主，农药、化肥的使用是氮、磷的主要来源，有部分农业区距离水库较近，因此濒临水库处应扩大林地面积，进一步增强该区水质净化能力。

以 2018 年 TN、TP 模型输出结果为例，进行氮磷净化能力的重要性等级分类，共分为 5 级（图 5-18）。整体上看丹江口市 2018 年氮磷水质净化重要性等级分布基本相似，特别是氮磷净化能力强，极重要区、高度重要区主要分布在库区、河流两岸和林地区域；净化能力稍弱，一般重要区主要分布在城镇建设、农田、柑橘园等。

综上可知：氮磷净化能力与景观格局和土地利用类型有关，随着时空变化，丹江口市近 15 年氮磷净化能力不断增强，较弱区域主要集中在平坦地区，这些区域植被覆盖度较低，对污染物的截留效用较弱，且耕地和柑橘园化肥农药的使用增加了氮磷的输出量；同时这些区域城镇化建设明显，人口和人类活动的增加也导致污染物排放递增，从而导致氮磷净化能力较弱；净化能力强，极重要、高度重要区主要分布在库区、河流两岸和林地等区域。

表 5-14 2003 年、2008 年、2013 年、2018 年 TN、TP 总输出量

年份	TN 输出量(t)	TP 输出量(t)	年份	TN 输出量(t)	TP 输出量(t)
2003	899.224	77.308	2013	776.979	68.163
2008	801.481	69.921	2018	672.139	60.802

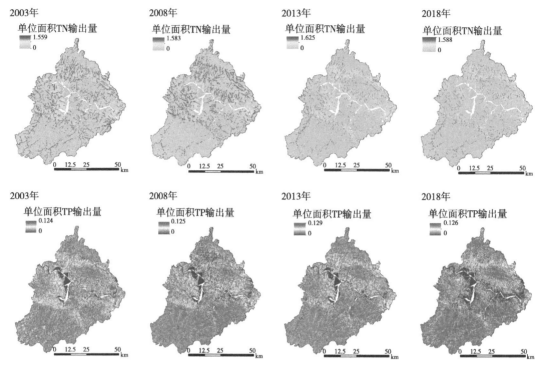

图 5-17 2003 年、2008 年、2013 年、2018 年单位面积 TN、TP 输出量

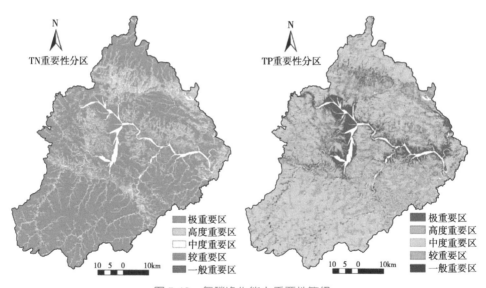

图 5-18 氮磷净化能力重要性等级

5.3.2.2 景观格局变化与氮磷净化能力的关系

由于 InVEST 模型水质净化模块主要与林地、耕地、园地和建设用地有关，利用景观格局指数与氮磷相关分析结果见表 5-15。在斑块类型水平上，林地类型面积与氮磷输出量

均呈显著负相关，表明林地可以有效拦截氮磷进入水库；耕地、园地的斑块类型面积和斑块类型比均与氮磷输出量呈正相关关系，说明农业生产是影响水质的重要因素。随着农业用地的减少，污染源的输入逐渐下降，其中耕地类型的最大斑块指数与氮磷输出呈负相关，表明耕地最大斑块指数的增加对氮磷净化能力的提升起到一定的促进作用；氮磷输出量与建设用地整体上呈中等程度相关，因此城镇化发展中建设用地的增加也是影响水质变化的重要因素。

在景观水平上，氮磷输出量与景观形状指数呈显著正相关，说明 TN、TP 净化能力与景观形状的复杂度有关；与香农多样性指数呈中等程度正相关；氮磷输出量和景观聚集与分散度测量指标中蔓延度指数、聚集度指数呈负相关，并和散布与并列指数表现出显著负相关，表明随着各类景观的连通性与聚集性的升高，氮磷净化能力逐渐增强。

表 5-15　斑块类型及景观水平景观格局与 TN、TP 的关系

景观类型	景观指数	TN	TP
林地	CA	−0.962*	−0.966*
	PLAND	−0.962*	−0.966*
	LPI	−0.354	−0.373
耕地	CA	0.967*	0.973*
	PLAND	0.967*	0.972*
	LPI	−0.858	−0.869
园地	CA	0.949	0.948
	PLAND	0.950	0.948
	LPI	0.995**	0.993**
建设用地	CA	0.581	0.562
	PLAND	0.577	0.558
	LPI	0.407	0.392
景观水平	LSI	0.958*	0.951*
	SHDI	0.550	0.559
	CONTAG	−0.836	−0.847
	IJI	−0.961*	−0.954*
	AI	−0.700	−0.707

注：** 表示在 0.01 水平（双尾）相关性显著；* 表示在 0.05 水平（双尾）相关性显著。CA—斑块类型面积 Class area；PLAND—斑块类型比 Percent of landscape；LPI—最大斑块指数 Largest patch index；LSI—景观形状指数 Landscape shape index；CONTAG—蔓延度指数 Contagion index；IJI—散布与并列指数 Interspersion juxtaposition index；SHDI—香农多样性指数 Shannon's diversity index；AI—聚集度指数 Aggregation index。

在景观格局指数与氮磷净化能力相关性分析的基础上，通过 Canoco5.0 软件进行解释变量的前向选择，排序轴的特征值分别为 0.843 和 0.109，排序图可以很好地反映景观格

局指数与氮磷净化能力之间的关系(图 5-19)。图 5-19 中箭头之间角度余弦值近似于变量之间的相关系数,箭头长度用于比较变量之间影响的大小。图示表明氮磷输出量与林地类型、蔓延度指数、散布与并列指数、聚集度指数呈负相关;与耕地、园地、建设用地类型、景观形状指数,香农多样性指数呈正相关,这与 Pearson 相关分析结果一致。由箭头连线的长短可看出土地利用类型依然以林地、耕地和园地对氮磷净化能力影响最大,各景观格局指数带来的影响较为均衡。

南水北调中线工程通水后,为确保水质安全,协调库区的区域社会经济可持续发展和水环境资源保护,国务院先后批复了《丹江口库区及上游水污染防治和水土保持规范》《丹江口库区及上游水污染防治和水土保持"十二五"规划》以及《丹江口库区及上游水污染防治和水土保持"十三五"规划》,随着规划的推行和实施,面源污染氮磷等元素的输出、水质变化规律和变化驱动因子成为丹江口库区水环境研究的重点。

水质净化功能和景观格局变化的相关性研究主要分为动态研究和静态研究,即通过时间和空间表征两者关系。朱兰保等基于 GIS 和 RS,利用多年的水质数据与景观格局进行分析,研究发现景观类型是影响水质的重要因素,但未明确水质变化与景观格局变化的关系;通过对长江流域景观格局变化与水质净化服务的关系开展研究,结果表明河岸带景观格局的改变更能影响污染物的截留效率;伍恒赟等通过汇水单元和子流域划分,研究不同区域景观格局变化与水质的联系,从空间上分析了两者的相关性,但时间期限较短。本文选择时间变化序列研究方法,从时空动态角度探讨水质净化中氮磷净化能力与景观格局指数的关系,在整体层面研究了丹江口市近 15 年氮磷净化能力、景观格局变化以及两者间的相关性。在斑块水平上选择林地、耕地、园地和建设用地,着重探讨 4 种土地利用类型带来的影响,在景观水平上选择聚集度、形状和多样性测量等指标,进一步探究了各指标与水质净化功能的关系,也表明了营养物质累积浓度的空间分布在不同景观类型上存在差异,补充了丹江口市时空变化下景观格局与氮磷净化能力关系的空缺。

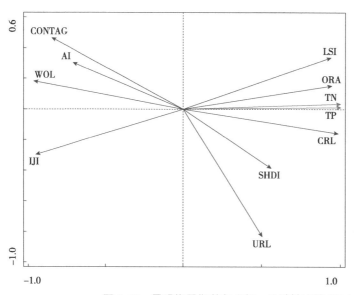

RDA—冗余分析,redundancy analysis;
WOL—林地,woodland;
CRL—耕地,cropland;
ORA—果园,orangery;
URL—建设用地,urbanized land

图 5-19　景观格局指数与全氮、全磷输出量 RDA 排序图

5.4　小流域森林植被类型布局优化技术

按照水质综合污染指数将子流域分类，对水质较差的子流域按照水质较好的子流域森林类型面积比均值进行模拟优化。参考森林类型景观格局指数与水质指标间的相关性分析，确定可用于优化参考的景观格局指数，对水质较差的子流域按照水质较好的子流域景观格局指数均值进行优化。结合森林类型面积比、景观格局指数与水质指标间的回归关系，结合优化后的子流域综合污染指数，对照实测水质的综合污染指数评价其优化效益。对比水质较差的子流域，结合子流域森林类型布局差异，通过调整不同森林类型面积比、景观格局和位置布局来提升子流域水质，达到子流域森林类型布局优化的目的。

5.4.1　小流域针叶林布局优化

5.4.1.1　针叶林景观格局指数与水质的相关性分析

分别对雨季、旱季中 TN、TP、NO_3^--N、NH_4^+-N、COD 各自的浓度与针叶林景观格局指数进行相关性分析，结果见表 5-16。

表 5-16　不同季节水质指标与针叶林景观格局指数的相关性分析

类型	指标	雨季					旱季				
		TN	TP	NO_3^--N	NH_4^+-N	COD	TN	TP	NO_3^--N	NH_4^+-N	COD
针叶林	NP	0.146	0.065	0.063	0.010	0.177	0.318	0.387	0.244	-0.032	0.165
	PD	0.453**	-0.116	0.549**	0.272	0.398**	0.514**	0.042	0.644**	0.228	0.032
	LPI	0.014	-0.303	-0.041	0.134	0.051	0.116	0.403**	0.124	0.095	0.042
	ED	0.045	-0.448**	0.140	0.054	0.145	0.261	0.253	0.389	0.228	-0.006
	LSI	0.081	-0.126	0.109	-0.116	0.132	0.342	0.313	0.342	0.047	0.099
	IJI	0.247	0.316	0.261	0.253	0.152	0.240	-0.072	0.168	-0.012	-0.069

注：** 指在 0.01 水平上显著相关。NP 为斑块数量；PD 为斑块密度；LPI 为最大斑块指数；ED 为边缘密度；LSI 为形状指数；IJI 为散布与并列指数。

结果显示：在雨季，针叶林斑块密度与 TN 浓度、NO_3^--N 浓度、COD 浓度呈显著正相关；针叶林边缘密度与 TP 浓度呈显著负相关；在旱季，针叶林斑块密度与 TN 浓度、NO_3^--N 浓度呈显著正相关；针叶林最大斑块指数与 TP 浓度呈显著正相关。说明针叶林斑块密度是影响径流水质主要景观格局因素，次要影响因素为针叶林边缘密度与针叶林最大斑块指数。

5.4.1.2　针叶林景观格局指数优化技术

按照综合污染指数进行水质分级后的子流域针叶林景观格局指数均值统计见表 5-17。

表 5-17　不同水质子流域针叶林景观格局指数均值

水质	子流域	PD 均值(个/100hm²)	LPI 均值(%)
较好	1、2、3、4	0.30	5.14
轻度污染	7、8、9、11、12	0.39	5.96
中度污染	5、6、10、13、14	0.80	14.04

由表 5-17 可知，针叶林斑块密度和最大斑块指数小则水质好；针叶林斑块密度、最大斑块指数大则水质差；子流域针叶林斑块密度均值在 0.30 个/100hm² 及以下、最大斑块指数均值在 5.14% 及以下则径流水质较好。按照水质较好的子流域针叶林景观格局指数进行优化，优化后水质较差的子流域径流水质和优化结果见表 5-18。

由表 5-18 可知，按照水质较好的子流域森林类型布局对水质较差的子流域进行优化：针叶林景观格局指数上优化的水质提升效益为 8.06%~25.64%。对水质较差的子流域通过按照水质较好的子流域针叶林景观格局指数(斑块密度为 0.3 个/100ha、最大斑块指数为 5.14%)进行优化，可有效提升其水质，径流水质综合污染指数(P 值)降低 8.06%~25.64%，且 14 个子流域径流水质达到较好水质的有 8 个，占子流域的 57.14%，相比优化前增加 28.57%。说明合理调整子流域针叶林斑块离散程度和斑块优势度可有效改善针叶林水质净化功能。

表 5-18　优化前后子流域针叶林景观格局指数及优化结果

子流域	优化前				优化后				P 值降低率(%)
	PD(个/100hm²)	LPI(%)	P 值	水质	PD(个/100hm²)	LPI(%)	P 值	水质	
5	0.90	3.95	0.89	中污			0.71	轻污	20.22
6	0.38	6.32	0.85	中污			0.76	轻污	10.59
7	0.34	5.72	0.78	轻污			0.58	较好	25.64
8	0.36	10.80	0.62	轻污			0.57	较好	8.06
9	0.28	5.65	0.79	轻污	0.30	5.14	0.57	较好	27.85
10	0.72	25.06	0.85	中污			0.75	轻污	11.76
11	0.52	2.43	0.79	轻污			0.59	较好	25.32
12	0.48	5.21	0.77	轻污			0.64	轻污	16.88
13	0.83	6.47	0.81	中污			0.66	轻污	18.52
14	1.20	28.39	0.83	中污			0.76	轻污	8.43

5.4.1.3　针叶林布局调整技术

区域内 14 个子流域针叶林布局特征见表 5-19。水质较好的子流域针叶林位置布局于河流两侧和距离子流域出水口距离较近的位置。水质较差的子流域针叶林零星分布于距离子流域出水口较远的位置。

表 5-19　子流域森林类型布局及评价

子流域	针叶林布局	P 值	水质
1、2、3、4	成片分布，带状布局；离河流及出水口较近的位置	0.57	较好
5、6、7、8、9、10、11、12、13、14	零星分布，离散布局；远离河流及出水口位置	0.80	中污

由表 5-19 分析可知，对于针叶林，应使其尽量分布均匀、邻近，呈整体化布局、带状分布于河流两侧和出水口位置。通过在河流两侧和出水口位置多植树、多造林，增加河岸带纯林的整体性，形成密集的水保林带，发挥更大的净化水质作用，使其成为河流植被缓冲带、水质净化屏障带。对于径流水质较差的子流域，可通过合理调整子流域不同森林类型景观格局来提升水质净化功能，在河流两侧和出水口位置呈聚集分布的针叶林有利于流域水质的提升。

5.4.2　小流域阔叶林布局优化

5.4.2.1　阔叶林景观格局指数与水质的相关性分析

分别对雨季、旱季中 TN、TP、NO_3^--N、NH_4^+-N、COD 各自的浓度与阔叶林景观格局指数进行相关性分析，结果见表 5-20。

表 5-20　不同季节水质指标与阔叶林景观格局指数的相关性分析

类型	指标	雨季					旱季				
		TN	TP	NO_3^--N	NH_4^+-N	COD	TN	TP	NO_3^--N	NH_4^+-N	COD
阔叶林	NP	0.145	0.255	0.052	-0.012	0.040	0.037	-0.106	-0.044	0.144	0.071
	PD	0.127	0.234	0.199	-0.003	0.076	0.071	-0.354	0.087	-0.023	-0.103
	LPI	-0.568**	-0.105	-0.487**	-0.198	-0.463**	-0.536**	-0.331	-0.518**	-0.166	-0.140
	ED	-0.374	0.052	-0.301	-0.124	-0.363	-0.404**	-0.407**	-0.403**	-0.146	-0.144
	LSI	-0.139	0.339	-0.175	-0.033	-0.217	-0.266	-0.311	-0.297	-0.256	-0.020
	IJI	-0.239	0.347	-0.238	-0.083	-0.298	-0.396**	-0.394**	-0.424**	-0.196	-0.120

注：** 指在 0.01 水平上显著相关。NP 为斑块数量；PD 为斑块密度；LPI 为最大斑块指数；ED 为边缘密度；LSI 为形状指数；IJI 为散布与并列指数。

结果显示，在雨季阔叶林最大斑块指数与 TN 浓度、NO_3^--N 浓度、COD 浓度呈显著负相关。在旱季，TN 浓度与阔叶林最大斑块指数、阔叶林边缘密度、阔叶林散布与并列指数呈显著负相关；TP 浓度与阔叶林边缘密度和散布与并列指数呈显著负相关；NO_3^--N 浓度与阔叶林最大斑块指数、边缘密度和散布与并列指数、最大斑块指数、形状指数均呈显著负相关。归纳分析得出结论，与径流水质呈显著负相关的是阔叶林最大斑块指数、边缘密度和散布与并列指数；与径流水质呈显著正相关的是阔叶林斑块密度。

5.4.2.2　阔叶林景观格局指数优化技术

对按照综合污染指数进行水质分级后的 14 个子流域阔叶林相关景观格局指数均值进行统计（表 5-21）。

表 5-21　不同水质子流域阔叶林景观格局指数均值

水质	子流域	NP 均值 （个）	PD 均值 （个/100hm²）	LPI 均值 （%）	ED 均值 （m/hm²）	IJI 均值 （%）
较好	1 2 3 4	3	0.38	9.71	16.02	76.45
轻度污染	7 8 9 11 12	2	0.31	3.46	7.13	33.59
中度污染	5 6 10 13 14	1	0.29	2.64	6.20	30.07

　　阔叶林斑块数量、斑块密度、最大斑块指数、边缘密度和散布与并列指数与径流水质呈正相关。子流域阔叶林斑块数量在 3 个以上、斑块密度在 0.38 个/100hm² 以上、最大斑块指数在 9.71% 以上、边缘密度在 16.02m/hm² 以上和散布与并列指数在 76.45% 以上，则径流水质较好。因此，对水质较差(轻度污染和中度污染)的子流域应采取增大阔叶林斑块数量、斑块密度、最大斑块指数、边缘密度和散布与并列指数的优化措施。按照水质较好的子流域相关阔叶林景观格局指数进行优化，优化前后水质较差的子流域径流水质和优化效益见表 5-22、表 5-23。

表 5-22　优化前子流域阔叶林景观格局指数及水质

子流域	NP （个）	PD （个/100hm²）	LPI （%）	ED （m/hm²）	IJI （%）	P 值	水质
5	9	0.27	1.16	5.36	42.44	0.89	中污
6	2	0.19	0.60	2.61	32.79	0.85	中污
7	1	0.17	2.83	5.56	6.19	0.78	轻污
8	1	0.26	6.11	6.85	2.61	0.62	轻污
9	4	0.36	1.40	5.86	70.25	0.79	轻污
10	1	0.72	5.00	7.89	52.56	0.85	中污
11	1	0.53	2.96	8.94	42.12	0.79	轻污
12	2	0.24	3.99	8.45	46.79	0.77	轻污
13	1	0.28	6.43	15.14	22.57	0.81	中污
14	0	0.00	0	0	0	0.83	中污

由表 5-22 分析可知，阔叶林斑块数量、斑块密度、最大斑块指数、边缘密度和散布与并列指数与径流水质呈正相关。

表 5-23　优化后子流域阔叶林景观格局指数及优化结果

子流域	NP（个）	PD（个/100hm²）	LPI（%）	ED（m/hm²）	IJI（%）	P 值	水质	P 值降低率（%）
5						0.61	轻污	31.46
6						0.66	轻污	22.35
7						0.60	较好	23.08
8						0.60	较好	3.23
9						0.59	较好	25.32
10	3	0.38	9.71	16.02	76.45	0.64	轻污	24.71
11						0.59	较好	25.32
12						0.60	较好	22.08
13						0.64	轻污	20.99
14						0.66	轻污	20.48

由表 5-23 分析可知，按照水质较好的子流域森林类型布局对水质较差的子流域进行优化：阔叶林景观格局指数上优化的水质提升效益为 3.23%～31.46%。对水质较差的子流域通过按照水质较好的子流域阔叶林景观格局指数（斑块数量为 3 个、斑块密度为 0.38 个/100hm²、最大斑块指数为 9.71%、边缘密度为 16.02m/hm² 和散布与并列指数为 76.45%）进行优化，可有效提升其水质，径流水质综合污染指数（P 值）降低 3.23%～31.46%，且 14 个子流域径流水质达到较好水质的有 9 个子流域，占子流域的 64.29%，相比优化前增加 35.71%。说明合理调整子流域阔叶林斑块个数、斑块离散程度、斑块复杂程度、斑块优势度和斑块分布状况可有效改善水质，提升其水质净化功能。

5.4.2.3　阔叶林布局调整技术

由表 5-24 分析可知，阔叶林在河流两侧和出水口位置呈聚集分布有利于子流域水质的提升，在水质较差的子流域中，可通过合理调整子流域不同森林类型景观格局来提升其水质净化功能。

表 5-24　子流域森林类型布局及评价

子流域	阔叶林分布及位置	P 值	水质
1、2、3、4	成片分布，带状布局；离河流及出水口较近的位置	0.57	较好
5、6、7、8、9、10、11、12、13、14	零星分布，离散布局；远离河流及出水口位置	0.80	中污

对于阔叶林，可以增大阔叶林斑块数量、斑块优势度和外围形状复杂程度，减小阔叶林斑块离散程度。通过将子流域中面积较小的阔叶林地合理规划，使其与最大面积的阔叶林整合，增大原始最大的阔叶林地面积。由于森林斑块边缘密度与水质呈正相关，通过整改阔叶林边缘外围，采取增大与其他土地利用类型相邻的边缘长度的措施来增大边缘密度，增大子流域内阔叶林斑块的连接性，使其尽量布局在邻近位置，更好地发挥水质净化作用。

5.4.3 小流域针阔混交林布局优化

5.4.3.1 针阔混交林景观格局指数与水质的相关性分析

利用 SPSS 软件分别对雨季、旱季中 TN、TP、NO_3^--N、NH_4^+-N、COD 各自的浓度与针阔混交林景观格局指数进行相关性分析，结果见表 5-25。

由表 5-25 可知，针阔混交林最大斑块指数、边缘密度、形状指数和散布与并列指数与水质指标浓度呈显著负相关。在雨季，TP 浓度与针阔混交林斑块密度呈显著正相关，COD 浓度与针阔混交林最大斑块指数呈显著负相关。在旱季，TN 浓度与针阔混交林最大斑块指数呈显著负相关；NO_3^--N 浓度与针阔混交林斑块密度呈显著正相关。

表 5-25 不同季节水质指标针阔混交林景观格局指数的相关性分析

类型	指标	雨季					旱季				
		TN	TP	NO_3^--N	NH_4^+-N	COD	TN	TP	NO_3^--N	NH_4^+-N	COD
针阔混交林	NP	-0.125	0.369	-0.263	-0.089	-0.194	-0.267	-0.020	-0.354	-0.210	0.152
	PD	-0.190	0.447**	-0.314	-0.049	-0.286	-0.342	-0.133	0.481**	-0.215	0.073
	LPI	-0.385**	0.229	-0.473**	-0.110	-0.457*	-0.475**	-0.218	-0.596**	-0.216	0.071
	ED	-0.263	0.223	-0.372	-0.096	-0.307	-0.321	-0.010	-0.452**	-0.147	0.132
	LSI	-0.186	0.337	-0.342	-0.094	-0.259	-0.291	0.025	-0.457**	-0.140	0.180
	IJI	-0.167	0.327	-0.304	-0.010	-0.179	-0.322	-0.154	-0.451**	-0.202	-0.007

注：表中 * 指在 0.05 水平上显著相关；** 指在 0.01 水平上显著相关；NP 为斑块数量；PD 为斑块密度；LPI 为最大斑块指数；ED 为边缘密度；LSI 为形状指数；IJI 为散布与并列指数。

5.4.3.2 针阔混交林景观格局指数优化技术

针阔混交林最大斑块指数大、形状指数小，则水质好；针阔混交林最大斑块指数小、形状指数大，则水质差。对水质较差(轻度污染和中度污染)的子流域应采取增大针阔混交林最大斑块指数和形状指数，减小针阔混交林斑块密度和边缘密度的优化措施。按综合污染指数进行水质分级后，对 14 个子流域针阔混交林相关景观格局指数均值进行统计，见表 5-26。

表 5-26　不同水质子流域针阔混交林景观格局指数均值

水质	子流域	PD 均值 （个/100hm²）	LPI 均值 （%）	ED 均值 （m/hm²）	LSI 均值
较好	1、2、3、4	0.66	11.98	19.15	2.12
轻度污染	7、8、9、11、12	0.09	4.58	2.77	2.55
中度污染	5、6、10、13、14	0.13	2.77	6.09	2.99

由表 5-27 可知，按照水质较好的子流域森林类型布局对水质较差的子流域进行优化：针阔混交林景观格局指数上优化的水质提升效益为 10.13%~28.09%。针阔混交林斑块密度、边缘密度与水质指标呈负相关。子流域针阔混交林斑块密度在 0.09 个/100hm² 以下，最大斑块指数在 11.98% 以上，边缘密度在 2.27m/hm² 以下且形状指数在 2.12 以下，则径流水质较好。因此，对水质较差（轻度污染和中度污染）的子流域应采取增大针阔混交林最大斑块指数和形状指数，减小针阔混交林斑块密度和边缘密度的优化措施。

由表 5-27 可知，对水质较差的子流域通过调整针阔混交林的景观格局指数，按照斑块密度为 0.09 个/100hm²、最大斑块指数为 11.98%、边缘密度为 2.77m/hm² 和形状指数为 2.12 进行优化，可有效提升其水质，径流水质综合污染指数（P 值）降低 10.13%~28.09%，且 14 个子流域径流水质达到较好水质的有 7 个子流域，占子流域的 50%，相比优化前增加 21.43%。说明合理调整子流域针阔混交林斑块离散程度、斑块复杂程度、斑块优势度和斑块形状特征可有效改善水质及针阔混交林水质净化功能。

表 5-27　优化前后子流域针阔混交林景观格局指数及优化结果

| 子流域 | 优化前 | | | | | 优化后 | | | | | 水质 | P 值降低率（%） |
	PD（个/100hm²）	LPI（%）	ED（m/hm²）	LSI	P 值	PD（个/100hm²）	LPI（%）	ED（m/hm²）	LSI	P 值		
5	0.20	3.62	3.91	5.24	0.89					0.64	轻污	28.09
6	0.28	3.36	8.70	4.13	0.85					0.67	轻污	21.18
7	0	0	0	0	0.78					0.60	较好	23.08
8	0.12	5.27	7.06	3.62	0.62					0.52	较好	16.13
9	0.20	4.31	4.12	4.10	0.79	0.09	11.98	2.77	2.12	0.71	轻污	10.13
10	0	0	0	0	0.85					0.68	轻污	20.00
11	0	0	0	0	0.79					0.71	轻污	10.13
12	0.12	5.71	3.65	5.01	0.77					0.59	较好	23.38
13	0.28	6.87	17.85	5.56	0.81					0.64	轻污	20.99
14	0	0	0	0	0.83					0.68	轻污	18.07

由表 5-28 分析可知，在径流水质较差的子流域中，可通过合理调整子流域不同森林类型景观格局来提升其水质净化功能。

表 5-28　子流域森林类型布局及效益评价

子流域	针阔混交林分布及位置	P 值	水质
1、2、3、4	零星分布，离散布局；远离河流及出水口位置	0.57	较好
5、6、7、8、9、10、11、12、13、14	成片分布，带状布局；离河流及出水口较近的位置	0.80	中污

针阔混交林在远离河流两侧及出水口位置或分散布局有利于子流域水质的提升。对于针阔混交林，应尽量增大针阔混交林斑块优势度和斑块形状复杂程度，减小斑块离散程度，整合针阔混交林小斑块林地，使其与最大斑块合并，呈整体化布局。

5.5　小流域森林景观格局优化调控技术

5.5.1　小流域径流水质特征

张家山小流域内面源污染来源主要有耕地和果园使用的化肥农药、农村生活污水和垃圾的排放、散点的畜禽养殖和水产养殖等几个方面，由于缺乏有效的污水排放系统，流域内居民的生活污水多数直接进入水体或渗入土壤，无序堆放的生活垃圾也会伴随降雨过程进入地表水体，降低水环境质量。通过对不同景观类型代表性区域土壤氮磷含量的测定和分析发现，流域土壤的氮磷含量总体较高（图 5-20、表 5-29）。

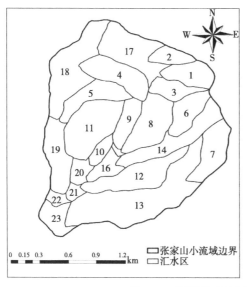
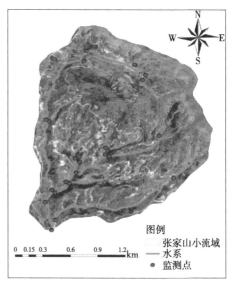

图 5-20　张家山小流域汇水区及监测点分布

表 5-29　张家山小流域雨季与旱季径流水质指标实测值与污染等级

监测点	雨季					旱季				
	TN 等级	TP 等级	NH_4^+-N 等级	COD 等级	WQI	TN 等级	TP 等级	NH_4^+-N 等级	COD 等级	WQI
1	Ⅲ	Ⅱ	Ⅱ	Ⅳ	0.61	Ⅲ	Ⅰ	Ⅰ	Ⅲ	0.42
2	Ⅳ	Ⅱ	Ⅱ	Ⅴ	0.75	Ⅱ	Ⅱ	Ⅰ	Ⅲ	0.41
3	Ⅲ	Ⅱ	Ⅱ	Ⅳ	0.54	Ⅱ	Ⅱ	Ⅱ	Ⅳ	0.45
4	Ⅳ	Ⅰ	Ⅱ	Ⅳ	0.71	Ⅲ	Ⅱ	Ⅱ	Ⅳ	0.52
5	Ⅴ	Ⅱ	Ⅱ	Ⅴ	1.14	Ⅴ	Ⅱ	Ⅱ	Ⅳ	0.93
6	Ⅴ	Ⅱ	Ⅱ	Ⅳ	0.89	Ⅲ	Ⅱ	Ⅱ	Ⅲ	0.45
7	Ⅲ	Ⅱ	Ⅱ	Ⅳ	0.73	Ⅲ	Ⅱ	Ⅱ	Ⅳ	0.49
8	Ⅴ	Ⅱ	Ⅲ	Ⅳ	0.96	Ⅲ	Ⅱ	Ⅱ	Ⅳ	0.63
9	Ⅴ	Ⅱ	Ⅲ	Ⅴ	1.36	Ⅴ	Ⅱ	Ⅲ	Ⅴ	1.04
10	Ⅴ	Ⅱ	Ⅲ	Ⅴ	1.41	Ⅴ	Ⅱ	Ⅱ	Ⅴ	1.02
11	Ⅴ	Ⅱ	Ⅲ	Ⅴ	1.54	Ⅴ	Ⅱ	Ⅱ	Ⅴ	0.93
12	Ⅴ	Ⅱ	Ⅲ	Ⅴ	1.29	Ⅴ	Ⅱ	Ⅱ	Ⅴ	1.06
13	Ⅴ	Ⅱ	Ⅲ	Ⅴ	1.11	Ⅲ	Ⅱ	Ⅱ	Ⅳ	0.64
14	Ⅳ	Ⅱ	Ⅱ	Ⅳ	0.67	Ⅲ	Ⅱ	Ⅱ	Ⅳ	0.60
15	Ⅴ	Ⅱ	Ⅲ	Ⅴ	1.01	Ⅲ	Ⅱ	Ⅱ	Ⅳ	0.51
16	Ⅴ	Ⅱ	Ⅱ	Ⅴ	0.93	Ⅲ	Ⅱ	Ⅱ	Ⅳ	0.57
17	Ⅴ	Ⅱ	Ⅱ	Ⅳ	0.93	Ⅳ	Ⅱ	Ⅱ	Ⅲ	0.68
18	Ⅳ	Ⅱ	Ⅱ	Ⅳ	0.86	Ⅲ	Ⅱ	Ⅱ	Ⅲ	0.48
19	Ⅳ	Ⅱ	Ⅱ	Ⅴ	0.86	Ⅲ	Ⅱ	Ⅱ	Ⅲ	0.46
20	Ⅴ	Ⅱ	Ⅱ	Ⅴ	1.02	Ⅲ	Ⅱ	Ⅱ	Ⅳ	0.68
21	Ⅴ	Ⅱ	Ⅲ	Ⅴ	1.06	Ⅳ	Ⅱ	Ⅱ	Ⅳ	0.74
22	Ⅴ	Ⅱ	Ⅲ	Ⅴ	1.06	Ⅲ	Ⅱ	Ⅱ	Ⅳ	0.60
小流域	Ⅴ	Ⅱ	Ⅱ	Ⅴ	1.02	Ⅲ	Ⅱ	Ⅱ	Ⅳ	0.56

注：WQI 为水质指数。

从雨季径流水质平均污染指数来看，张家山小流域出水口 WQI 值大于 1，表明小流域整体水质受到轻度污染，超过当地水功能区水质标准。从旱季水质平均污染指数来看，小流域径流水质整体状况良好，WQI 值大于 1 的监测点有 9、10、12 号监测点，主要受 COD 污染较为严重；其他监测点 WQI 值均小于 1，表明在旱季，张家山小流域水质达标率较高，径流水质污染较轻。结合表 5-29 可知，总体上小流域旱季径流水质较雨季好，所有水质指标均未超出国家Ⅴ类水标准。

不同类型的"源-汇"景观在非点源污染的形成过程中具有不同程度的促进与阻滞作用，本研究测定了不同类型土壤的氮磷含量，借助 RUSLE 模型，确定了不同景观类型在污染物形成和消减中的权重值。采用 Spearman 相关分析和 RDA 冗余分析筛选出对径流水质影响较大的景观特征指数(表 5-30)。

表 5-30　景观特征指数与径流水质指标的秩相关分析

景观特征		TN	TP	NH_4^+-N	NO_3^--N	COD
雨季	林地	−0.477*	−0.385	−0.934**	−0.482*	−0.313
	果园	0.778**	0.482*	0.275	0.580**	0.365
	耕地	0.295	0.327	0.494*	0.321	0.358
	荒草地	0.225	0.270	0.163	0.343	0.432*
	建设用地	0.491*	0.695**	0.348	0.476*	0.480
	水体	0.120	0.174	0.018	0.200	0.218
	休耕地	0.147	0.169	0.355	0.412	0.447*
	"源"	0.682**	0.366	0.928**	0.196	0.415*
	PD	0.409*	0.248	0.796**	0.309	0.246
	MPS	−0.409*	−0.248	−0.796**	−0.309	−0.246
	LPI	−0.505*	−0.337	−0.453	−0.516*	−0.385
	CONTAG	−0.556**	−0.296	−0.702**	−0.382	−0.316
	SHDI	0.466*	0.203	0.783**	0.504*	0.407
	LCI	0.704**	0.684**	0.801**	0.896**	0.426*
旱季	林地	−0.322	−0.335	−0.492*	−0.343	−0.764**
	果园	0.488*	0.301	0.412*	0.742**	0.117
	耕地	0.376	0.219	0.479*	0.460*	0.502**
	荒草地	0.375	0.298	0.372	0.188	0.300
	建设用地	0.462*	0.351	0.769**	0.410*	0.348
	水体	0.232	0.351	0.075	0.304	0.095
	休耕地	0.152	0.052	0.505*	0.231	0.492*
	"源"	0.336	0.349	0.916**	0.352	0.466*
	PD	0.402	0.378	0.734**	0.730**	0.352
	MPS	−0.402	−0.378	−0.734**	−0.730**	−0.352
	LPI	−0.220	−0.245	−0.370	−0.456*	−0.721**
	CONTAG	−0.367	−0.466*	−0.399	−0.391	−0.450*
	SHDI	0.380	0.379	0.899**	0.401	0.443*
	LCI	0.634**	0.586**	0.708**	0.840**	0.702**

注：表中 * 指在 0.05 水平上显著相关；** 指在 0.01 水平上显著相关；PD 为斑块密度；MPS 为平均斑块面积指数；LPI 为最大斑块指数；CONTAG 为蔓延度指数；SHDI 为香农多样性指数；LCI 为景观负荷对比指数。

图 5-21 为雨季张家山小流域景观特征变量与径流水质指标的 RDA 冗余分析排序图。

结合排序结果，林地面积占比与所有水质指标呈显著的负相关性，解释率高达 72.7%，充分说明林地具有改善流域水质的作用，其中与 TN 浓度的负相关关系最为显著；草地、果园、建筑用地与各水质指标均具有显著的正相关性，水体与各水质指标具有不显著的正相关性，其中果园的解释率为 90.6%，是导致径流水质恶化的主要环境因子。从景观格局分析，LPI 与 MPS 与各水质指标呈显著的负相关，PD、SHDI、LCI 与各水质指标呈显著的正相关，其中 LCI 解释率高达 62.5%，是影响流域水质的主要景观格局因素。

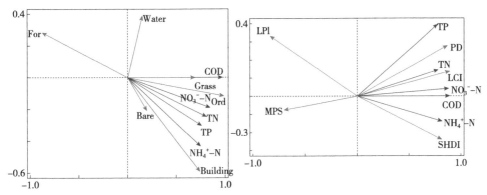

For—林地；Ord—果园；Grass—荒草地；Building—建设用地；Water—水体；Bare—休耕地；LCI—景观负荷对比指数；PD—斑块密度；LPI—最大斑块指数；MPS—平均斑块指数；SHDI—香农多样性指数。

图 5-21　雨季径流水质与景观特征的 RDA 冗余分析排序图

图 5-22 为旱季张家山小流域景观特征变量与径流水质指标的 RDA 冗余分析排序图。排序结果显示，林地面积占比与所有水质指标呈显著的负相关性，解释率高达 56.7%；"源"景观、草地、耕地、果园与各水质指标呈显著的正相关性；其中"源"景观的解释率为 57.7%，是影响径流水质的主要因子，休耕地与各水质指标无显著的相关性。从景观格局角度，LCI、LPI、CONTAG、MPS 与各水质指标呈显著的负相关性，其中 MPS 解释率最高，为 54.0%；LCI、PD、SHDI 与各水质指标呈正相关性，其中 PD 具有显著性，解释率高达 66.3%，是影响流域水质的主要景观格局因素。

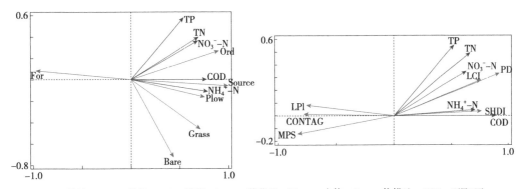

For—林地；Plow—耕地；Ord—果园；Grass—荒草地；Water—水体；Bare—休耕地；SOU—"源"面积占比；LCI—景观负荷对比指数；CONTAG—蔓延度指数；PD—斑块密度；LPI—最大斑块指数；MPS—平均斑块指数；SHDI—香农多样性指数。

图 5-22　旱季径流水质与景观特征的 RDA 冗余分析排序图

5.5.2 小流域"源—汇"景观关键地段识别

将耕地、果园、建设用地、水体、休耕地划分为"源"景观，林地和荒草地为"汇"景观。"源—汇"景观关键地段的识别是进行景观空间布局调控与优化配置的基础。进行景观格局调控需要重点识别 3 类关键地段：对面源污染形成及输出贡献最大的"源"景观；与小流域水体距离较近的"源"景观；相对坡度较大、相对高程较小的"源"景观(表 5-31)。

表 5-31 小流域尺度"源—汇"景观空间布局适宜性

空间要素	"源"景观	"汇"景观
高程	越高越有利于减小污染物威胁	越低越有利于污染物的截留和削减
坡度	越平缓越有利于减小污染物威胁	越陡越有利于污染物的截留和削减
与水体距离	越远越有利于减小污染物威胁	越近越有利于污染物的截留和削减

5.5.2.1 小流域及各个汇水区的"源—汇"空间分布格局

(1) 基于相对距离的景观空间负荷对比指数

利用 ArcGIS 10.2.2 分别计算张家山小流域和各个汇水区出水口的欧氏距离，并分别对距离分级，结合区域土地利用图，获取各个景观类型在不同距离等级里的分布，再基于洛伦兹曲线理论计算各个景观类型的相对距离的面积累计值。给予不同景观类型权重赋值后，根据景观负荷对比指数模型计算小流域和各个汇水区的相对距离面积积累值与景观负荷对比指数，并对景观对比负荷指数进行排序，结果见表 5-32。

表 5-32 不同景观类型相对距离面积积累值与景观负荷对比指数

汇水区	果园	耕地	建设用地	休耕地	水体	林地	荒草地	$LCI_{distance}$
1	1.71	2.75	0.00	2.24	1.16	4.04	0.51	0.050
2	3.47	0.50	0.00	0.59	0.00	4.37	1.45	0.163
3	2.37	3.71	0.00	2.81	0.00	5.39	1.16	0.125
4	4.63	4.44	1.97	2.34	1.62	5.48	4.00	0.273
5	4.62	3.40	1.63	2.64	0.50	3.72	2.42	0.780
6	1.90	3.12	0.00	4.22	0.50	4.88	0.00	0.052
7	3.30	3.90	1.24	2.85	4.20	4.52	2.67	0.227
8	4.07	4.62	2.87	1.84	0.90	4.69	4.26	0.557
9	4.64	3.47	1.40	4.11	2.32	3.36	0.69	1.393
10	5.46	4.88	3.67	3.72	0.50	5.51	1.04	1.725
11	4.39	6.03	3.67	6.60	1.96	4.99	5.61	1.697
12	3.70	3.48	2.63	7.13	0.50	5.76	5.96	0.688
13	6.00	2.62	2.61	4.32	6.62	4.92	3.66	0.678

（续）

汇水区	果园	耕地	建设用地	休耕地	水体	林地	荒草地	LCI$_{distance}$
14	3.24	4.17	1.98	3.27	1.88	4.05	4.22	0.157
15	4.99	4.77	4.14	2.04	2.91	4.39	4.26	0.873
16	4.12	5.08	2.71	3.69	2.36	3.99	4.03	0.475
17	4.65	5.20	3.50	3.21	3.70	4.36	3.12	0.322
18	4.54	3.50	3.34	3.46	3.59	4.16	4.40	0.386
19	4.66	3.65	3.88	4.71	2.96	3.40	5.47	0.573
20	4.05	5.26	2.72	4.71	2.18	4.30	5.45	0.708
21	4.39	4.59	3.07	4.88	2.42	4.30	6.10	0.751
22	5.16	4.95	4.67	5.23	3.33	3.84	6.03	0.753
小流域	4.64	3.10	3.01	3.42	5.14	3.77	3.92	0.657

总体来说，张家山小流域"汇"景观对流域出水口的贡献大于"源"景观，其中"源"景观中的水体和果园面积累计值最大，分别为 5.14 和 4.64；"汇"景观中的林地和荒草地，面积累积值分别为 3.77 和 3.92，表明这几种景观类型更靠近流域出水口。

（2）基于相对高程的景观空间负荷对比指数

相对高程用小流域及汇水区内景观单元距出水口的高程差表示，对其进行分级后计算不同景观类型在高程上的面积累积值，再计算高程意义上的景观负荷对比指数，计算结果如下（表 5-33）。

表 5-33　不同景观类型的高程面积累计值与景观负荷对比指数

汇水区	果园	耕地	建设用地	休耕地	水体	林地	草地	LCI$_{elevation}$
1	1.07	0.77	0.00	0.50	0.50	0.97	0.50	0.088
2	1.13	1.50	0.00	0.50	0.00	1.24	1.50	0.192
3	1.17	1.23	0.00	0.75	0.00	1.74	0.83	0.137
4	0.78	0.68	1.25	1.26	0.50	1.62	1.39	0.165
5	0.99	1.24	1.17	1.25	0.50	1.70	0.50	0.426
6	0.50	1.17	0.00	1.13	0.00	1.63	0.00	0.051
7	0.74	0.95	0.50	1.08	1.17	2.17	0.59	0.125
8	1.02	1.22	1.00	1.29	0.00	1.60	0.60	0.479
9	1.90	1.24	1.06	1.92	0.50	1.27	0.50	1.512
10	0.50	0.50	0.50	0.50	0.50	0.61	0.50	1.470
11	1.37	1.49	1.11	1.73	1.00	2.31	0.55	1.159
12	1.42	1.47	0.50	1.56	0.00	1.60	1.58	0.896
13	1.60	1.26	0.55	2.11	2.19	3.35	1.28	0.301
14	1.27	1.91	1.36	1.30	1.33	2.03	1.88	0.139

（续）

汇水区	果园	耕地	建设用地	休耕地	水体	林地	草地	$LCI_{elevation}$
15	1.99	1.25	1.03	1.35	0.50	1.52	0.75	0.913
16	2.12	2.27	1.14	1.42	1.36	2.34	1.84	0.385
17	1.42	1.54	0.64	0.91	1.50	1.63	1.19	0.252
18	1.84	1.69	0.79	1.38	1.71	2.19	1.79	0.301
19	2.11	1.86	1.01	1.86	2.00	2.42	2.34	0.366
20	2.32	2.43	1.21	1.85	1.30	2.60	2.45	0.613
21	2.36	2.44	1.30	2.02	1.30	2.79	2.49	0.615
22	2.26	2.23	1.17	1.99	2.20	2.60	2.47	0.483
小流域	2.38	2.24	2.24	2.05	2.88	2.78	2.46	0.501

景观负荷对比指数大小主要由景观类型权重和面积百分比决定。

小流域尺度上，张家山小流域景观负荷对比指数为 0.501，表明"汇"景观对流域出水口贡献大于"源"景观。"源"景观中，水体的面积累积值最大为 2.88，表明水体多分布于小流域内平缓区域；休耕地面积累计值最小，为 2.05，说明流域内休耕地主要分布于高海拔区域。总体来说，张家山小流域各景观类型面积累积值整体差别不大，表明张家山小流域不同景观类型在高程上分布较为均匀。

（3）基于坡度的景观空间负荷对比指数

设每个水质监测点的坡度为零，则相对坡度直接用景观的实际坡度来表示。对坡度分级后，分别计算小流域和 22 个汇水区不同景观类型随坡度变化的面积累积值以及景观负荷对比指数，计算结果见表 5-34。

表 5-34　不同景观类型坡度面积累计值与景观负荷对比指数

汇水区	果园	耕地	建设用地	休耕地	水体	林地	荒草地	LCI_{slope}
1	0.73	0.50	0.00	0.83	0.50	1.64	0.50	0.036
2	1.89	0.50	0.00	0.50	0.00	1.84	0.50	0.211
3	1.38	1.08	0.00	2.15	0.00	1.97	0.50	0.133
4	1.62	1.28	0.83	1.33	1.00	1.85	1.17	0.271
5	2.19	1.35	1.83	1.25	0.50	2.58	0.50	0.538
6	0.50	1.22	0.00	2.03	1.00	1.84	0.00	0.054
7	1.18	1.48	0.00	1.93	0.00	2.03	0.00	0.214
8	1.10	1.57	1.21	1.57	0.00	1.27	1.40	0.701
9	2.23	1.63	1.50	1.00	1.00	2.13	0.50	1.075
10	1.45	1.82	1.50	1.58	0.50	1.41	1.00	1.996
11	1.71	2.14	1.55	2.14	1.00	1.94	2.37	1.645

（续）

汇水区	果园	耕地	建设用地	休耕地	水体	林地	荒草地	LCI$_{slope}$
12	2.06	2.08	0.97	2.01	0.00	2.08	2.11	0.992
13	1.77	1.86	1.74	2.49	1.50	2.46	1.76	0.477
14	1.65	1.64	1.79	1.97	1.67	3.10	2.17	0.099
15	3.35	1.62	1.38	1.51	1.00	2.25	1.42	0.949
16	2.40	1.81	1.58	2.42	1.50	3.23	1.50	0.293
17	1.94	0.79	0.90	1.90	0.79	1.89	0.58	0.236
18	2.36	1.16	1.22	2.26	1.31	1.98	1.32	0.388
19	2.51	1.21	1.45	1.51	1.35	2.14	1.48	0.453
20	2.63	2.04	1.60	2.66	2.14	3.40	3.02	0.501
21	2.73	2.05	1.69	2.74	2.14	3.51	3.05	0.530
22	2.63	1.75	1.59	2.68	1.68	3.31	2.85	0.414
小流域	2.68	2.77	1.62	2.63	2.15	3.36	2.82	0.468

总的来说，张家山小流域相对坡度负荷对比指数为 0.468，表明"源"景观在坡度上的贡献大于"汇"景观。其中，作为"汇"景观的林地和荒草地面积累积值最大，分别为 3.36 和 2.28，表明它们多分布于坡度较缓的区域；其次是"源"景观中的耕地和果园，面积累积值分别为 2.77 和 2.68；建设用地的面积累计值最小，表明该景观类型主要分布于坡度较陡的区域，对流域出水口贡献较大。

（4）综合景观空间负荷对比指数

小流域以及各个汇水区的景观负荷对比指数计算结果见表 5-35。张家山小流域"源—汇"分布格局总体良好，流域内的多数汇水区景观空间负荷对比指数为负值，表明"汇"景观贡献大于"源"景观。结合监测点分布图看，从小流域上部至下部，景观空间负荷对比指数呈现先增加后减小的趋势。

表 5-35　小流域和各个汇水区的景观负荷对比指数

汇水区	LCI	汇水区	LCI	汇水区	LCI
1	0.119	9	1.959	17	0.345
2	0.149	10	1.271	18	0.300
3	0.128	11	1.195	19	0.463
4	0.167	12	0.621	20	0.866
5	0.617	13	0.428	21	0.871
6	0.050	14	0.221	22	0.880
7	0.133	15	0.839	小流域	0.702
8	0.381	16	0.625		

5.5.2.2 景观数量特征对径流水质的影响

Spearman 相关分析和 RDA 结果显示，林地与"源"景观面积占比是对径流水质影响较大的景观变量。林地能有效削减氮污染，"源"景观则是氮污染和有机物污染的主要来源。"源"景观中，果园是对径流水质影响最大的景观变量，其次为建设用地。由对张家山小流域"源—汇"数量特征的分析以及各汇水区景观负荷对比指数的计算可知，22 个汇水区中，6 号、1 号汇水区 LCI 值最低，"源"景观面积占比分别为 11.03% 和 17.67%；21 号、22 号汇水区 LCI 值最趋近于 1，"源—汇"分布趋近于平衡状态，"源"景观分别占 47.71% 和 40.58%；而面源污染较严重的 9 号、10 号、11 号汇水区"源"景观面积占比分别为 56.13%、67.77%、65.88%。可知当"源"景观面积占比小于 50% 时，"源"景观贡献小于"汇"景观或"源—汇"景观趋于平衡状态。

5.5.2.3 景观格局特征对径流水质的影响

不同时期径流水质与景观格局特征的 Spearman 相关分析显示，LCI 在雨季和旱季与径流水质都呈显著或极显著关系，表明景观空间负荷对比指数能很好地反映小流域内面源污染的分布特征。从"源—汇"景观格局的调控入手，提升小流域河流径流水质。根据"源—汇"理论，景观格局的调控与优化应首先从小流域整体入手，使整个流域的"源—汇"景观形成合理的空间布局，才能有效减少面源污染的输出。较为理想的"源—汇"空间布局为：离流域出水口由近至远依次设置"汇"景观、低负荷"源"景观、高负荷"源"景观，并在"源"景观中镶嵌"汇"景观。但现实景观空间调控往往还要考虑当地社会经济发展以及流域景观生态维护等方面的需求，并依据景观格局现状构建较为合理和有效的"源—汇"景观空间布局。

由 RDA 可知，在景观格局指数中，雨季的蔓延度指数（CONTAG）对径流水质影响较大，贡献率为 4.6%；旱季时径流水质受斑块密度（PD）影响最大。结合本研究景观格局特征分析，在整个小流域尺度上，水体污染物浓度随着"源"景观 CONTAG 和 PD 的增大而增大，因此，需要降低"源"景观的优势度，尽可能提高"汇"景观的优势度和分散程度。在"汇"景观空间分布调控的研究中，还应考虑"汇"景观在小流域不同空间位置所起到的不同作用。基于坡度和高程的土地利用分析显示，张家山小流域上部区域林地为绝对优势景观，且相对坡度较大，"源"景观分布较少，此时，林地发挥的主要作用是减少水土流失和水源涵养，需要提高"汇"景观的聚集度，降低其分散程度；中部及下部区域，"源"景观逐渐增多，此时，"汇"景观主要起到截留和削减面源污染的作用，应多布置一些林地等"汇"景观，同时尽可能提高其优势度和分散程度。

5.5.2.4 客观约束条件

①小流域社会经济发展需求

张家山小流域的居民主要经济来源为果园和耕地，进行景观格局调控时，应尽可能保证一定数量的果园和耕地，主要针对分布不合理的果园和耕地进行优化和改造。

②已有建设用地的置换

对于已有建设用地，将其转换为其他用地类型是不太现实的，可使用在"源"景观中镶嵌带状"汇"景观的方法进行调控。

③转换成本

相对高程越大，土地开发成本越高。因此，在"源—汇"空间调控方面，"汇"景观能否向相对高程较小的区域发展受到景观类型转换成本的约束限制。

5.5.2.5　"源—汇"数量调控技术

分析显示，可将部分不合理布局的"源"景观转换为"汇"景观，确保"汇"景观面积在50%以上，以减少汇水区内面源污染的输出。

张家山小流域 9 号、10 号、11 号汇水区面源污染较为严重，"源"景观面积均大于50%，结合图 5-23 和景观特征分析可知，9 号、10 号、11 号汇水区平均高程分别为327m、217m、253m，转换难度不高，且汇水区内均分布有较多休耕地，分别占汇水区总面积的4.80%、10.19%、7.52%，因此，可将汇水区休耕地转换为林地，同时在关键地段施行退耕还林等措施来提高"汇"景观面积。

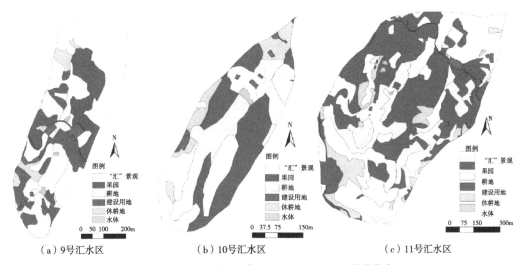

　（a）9号汇水区　　　　　（b）10号汇水区　　　　　（c）11号汇水区

图 5-23　面源污染严重汇水区的"源—汇"景观分布

5.5.3　小流域"源—汇"景观数量与格局调控

基于"源—汇"理论，以张家山小流域景观现状分析、景观数量特征和格局特征与径流水质间的关系为优化依据，识别"源-汇"景观分布不合理的关键地段，同时结合张家山小流域实际情况，围绕小流域景观数量特征和格局特征，确定以保护水环境质量为目标的景观格局调控和优化。

5.5.3.1　"源—汇"格局调控技术

①坡度转换：将坡度大于15°果园、耕地及休耕地等"源"景观转换为林地。

②高程转换：将高程低于 200m 的果园、耕地及休耕地等"源"景观转换为林地。

③距离转换：将距离水体 50m 以内的果园、耕地及休耕地等"源"景观转换为林地或灌草地。

④"源"景观中镶嵌"汇"景观：在面源污染负荷较高的"源"景观中镶嵌若干个"汇"景观斑块或廊道，形成物理障碍和生物地球障碍，减少面源污染的产生。

⑤调整"源—汇"景观间的优势度：将小流域中下部区域较为分散的"汇"景观连接成完整的斑块。在面积较大的"源"景观中镶嵌"汇"景观，增大"源"景观的分散程度，如在大面积果园中镶嵌雨水调节池或小型人工湿地。并将小流域内在面源污染迁移中起传输作用的狭长"源"景观转换为"汇"景观，或在该类"源"景观和收纳水体间增加一定宽度的林带。道路是较为典型的狭长型"源"景观，可在道路两侧增设暗沟收集雨水，尤其是雨季初期雨水，避免大量污染物被冲刷直接进入河流。

⑥设置植被缓冲带：在面源污染输出负荷较高的"源"景观和收纳水体间设置一定宽度的植被缓冲带。

⑦考虑到当地社会经济发展需求，可将高程大于 200m、坡度小于 15° 并远离水体的荒草地和休耕地开垦为农用地。

5.5.3.2 基于"源—汇"景观格局的水质评价

水源区的土地利用类型及景观格局异质性极大程度地影响着区域范围内的非点源污染及降雨产流、产沙情况，从而直接影响着水源区的水质情况。结合流域内养分投入及降水量、水流路径、径流系数、水文糙率系数等因素的综合作用，决定了流域内水土流失风险性。随着遥感水文监测的快速发展，建立景观格局与生态过程之间的定量关系成为可能，将空间遥感技术应用于流域景观识别及健康评价，判定流域内水土流失风险及发现流域景观空间配置存在的问题，提出可行的解决方案，从而达到净化流域水质的目的。对于小流域的景观格局健康评价可通过识别区域内"源—汇"景观用地类型；分析不同类型景观产污及截留功能差异；计算流域内景观空间负荷比指数、景观养分截留功能指数、流域景观汇流累积指数。识别出流域内景观格局和计算出各景观指数后，可以根据识别和计算结果有针对性地对流域整体景观格局布局进行调整，以达到保护和净化流域水质的目的。

依照《第三次全国国土调查工作分类》中指出的国土分类地块类型将用地类型划分为13 大类。其中"源"景观用地包括：耕地、种植园用地、工矿用地、商业服务业用地、住宅用地、公共管理与公共服务用地、特殊用地、交通运输用地。"汇"景观用地包括：湿地、林地、草地。用户自定义识别包括：其他土地。健康评价所参考的数据除上述指数外还包括："源"汇景观面积比例与分布；根据多目标分析中的优劣解距离法——TOPSIS（technique for order preference by similarity to ldeal solution），即逼近理想解排序法进行数据分析，得到区域的小流域水环境相关景观格局健康评价结果（图 5-24）。

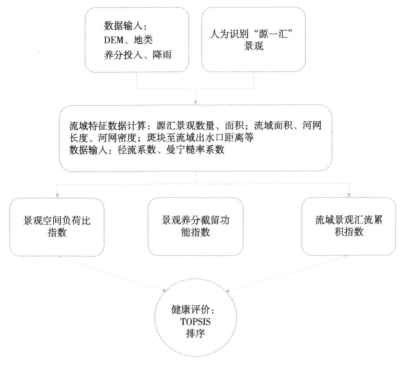

图 5-24　小流域水生态空间健康评价系统框架示意图

5.5.4　利用"源—汇"景观格局指数预测小流域径流水质

丹江口水库附近遍布的典型农业型小流域，在 2018 年对流域内 13 个水质监测点进行了 6 次采样，利用 GIS 处理计算得到的土地利用类型及"源—汇"景观格局指数相结合的方式，在相关性分析及回归分析的帮助下综合评价了土地利用类型、土地糙率系数、景观格局、流域水流长度、流域养分投入等多因素共同作用下对流域内水质的影响。结果显示，水质指数（WQI）与景观空间负荷比指数（LWLI）具有极显著的负相关性，与景观养分截留指数（LCDI）具有显著的负相关性，与流域景观汇流累计指数（FAI）呈弱相关性。说明流域内土地利用类型、"源—汇"景观比例、景观水流路径长度及景观养分投入是河流水质的主要解释因素。结果表明，遥感数据可以代替直接采样来评价流域水质。此外，这些数据可用于预测未来土地利用变化对水质的影响，并促进更有效的流域管理。

5.5.4.1　区域土地利用及"源—汇"景观分布

利用 ArcGIS 计算得到的流域土地利用数据显示（图 5-25），林地是流域内的主要土地利用类型，面积占比为 54.63%；果园为次要土地利用类型，面积占比为 22.89%；其他的面积占比依次是耕地（9.4%），裸地（7.08%），草地（3.47%），建筑用地（1.52%），水体（0.79%）。经统计，流域内"源—汇"景观面积相差甚微，其中"汇"景观面积占比 58.1%，稍占上风，"源"景观面积占比 41.9%。从子流域来看，A、D、G 流域的林地面积占比最大，"汇"景观类型是主要的景观类型，面积占到了 70%~80% 左右；B、C、E、F、L、M

子流域，"汇"景观类型面积占比较 A、D、G 流域有所下降，趋于 55%~70%，林地依然是占主导地位的土地利用类型，果园与耕地次之；H、J、K 子流域内"源—汇"景观的占比较为均衡，林地面积占比接近果园与耕地占比之和，"汇"景观占比趋于 45%~55%；I 流域林地面积占比最小，果园占比最大，其"汇"景观类型仅占 33.4%。

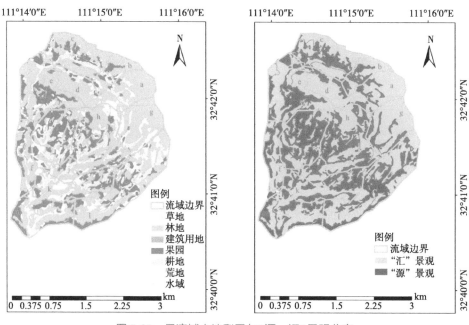

图 5-25　子流域土地利用与"源—汇"景观分布

　　由图 5-26 可知，流域内林地占比最多，其次是果园；流域整体"汇"景观面积占比略高于"源"景观。E、F、I、M、K 子流域果园及耕地面积较多，"源"景观类型面积占比较大；A、D、G 子流域用地类型以林地为主，"汇"景观面积占比较大；B、C、H、J、L 子流域依然以林地为主要用地类型，但林地面积总和接近于"汇"景观类型的用地面积，而草地只占很小的一部分，故"源—汇"景观类型的用地面积较为接近。

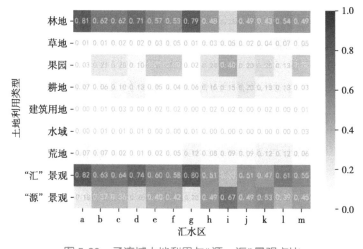

图 5-26　子流域土地利用与"源—汇"景观占比

5.5.4.2　景观格局指数与水质指数的相关性分析及线性回归分析

Pearson 相关性检验显示(表 5-36)FAI 与 WQI 具有弱的相关性;LCDI 与 WQI 具有显著的相关性,相关系数为-0.716,P 值在<0.05 水平;LWLI 与 WQI 具有极显著的相关性,相关系数-0.847,P 值在<0.01 水平。线性回归分析显示(表 5-36)FAI 对 WQI 的解释率为 15.1%;LCDI 对 WQI 的解释率为 51.2%;LWLI 对 WQI 的解释率为 71.8%。

表 5-36　"源—汇"景观格局指数及水质指数 WQI 的 Pearson 相关性分析及线性回归结果

"源—汇"景观格局指数	水质指数			
	相关系数	显著性	R^2	回归方程
FAI	0.389	0.238	0.151	$y = 49.861 + 1327.422x$
LCDI	-0.716*	0.013	0.512	$y = 65.615 - 57.533x$
LWLI	-0.847**	0.001	0.718	$y = 71.335 - 109.289x$

注:* 表明在 0.05 水平相关;** 表明在 0.01 水平相关。

由图分析可知,LWLI 与 LCDI 是影响水质指数的主要因素,且 LWLI 的影响大于 LCDI,FAI 仅对 WQI 具有较小影响。由"源—汇"景观格局指数与水质指数(WQI)的回归分析图显示(图 5-27),子流域 FAI 分布在 0.006 附近,LCDI 分布在 0.1 附近,LWLI 分布在 0.1 附近,WQI 分布在 60 附近;均有正态分布的趋势。反映了各子流域"源—汇"景观面积差异引起的一系列变化,诸如水文糙率系数、养分投入、水流路径等差异导致的"源—汇"格局指数及 WQI 的不同,但各指数分布又存在一定的范围与趋势,是因为各子流域间"源—汇"景观类型面积占比差异导致,实验结果可以互相证实,表明利用"源—汇"格局指数与 WQI 回归分析的结果可信,"源—汇"景观格局指数评判流域水质具有一定的科学性。

线性回归分析表明 FAI 不能准确反映 WQI。随着 WQI 的变化,FAI 没有明显的变化趋势。各子流域按"源"景观面积比例由低到高排列。对 LWLI、LCDI 和 WQI 进行归一化处理,并与 WQI 进行趋势分析,如图 5-28 所示。结果表明,随着"源"景观类型的增加,WQI 呈显著下降趋势,LWLI 和 LCDI 呈显著上升趋势,各指数之间具有良好的相关性。表明随着"源"景观类型面积的增加,养分输入增加,径流污染负荷增加,水质恶化。

5.6　小结

①在不同森林类型水源涵养能力研究中,综合林冠截留、凋落物持水和土壤蓄水,发现马尾松—栓皮栎混交林和马尾松纯林水源涵养能力最大,其余依次为栓皮栎纯林、刚竹林和荒草灌丛。其中,马尾松—栓皮栎混交林能够提升水源涵养能力 13%以上,马尾松纯林中密度为 1300~1500 株/hm² 水源涵养能力较好。与其他乔木树种相比,刚竹林的水源涵养能力相对较弱,因此,作为林地不宜在库区大面积发展。荒草灌丛也具有一定的水源涵养能力,对于防止水土流失发挥了重要作用,在条件允许的情况下,可以把荒草灌丛逐

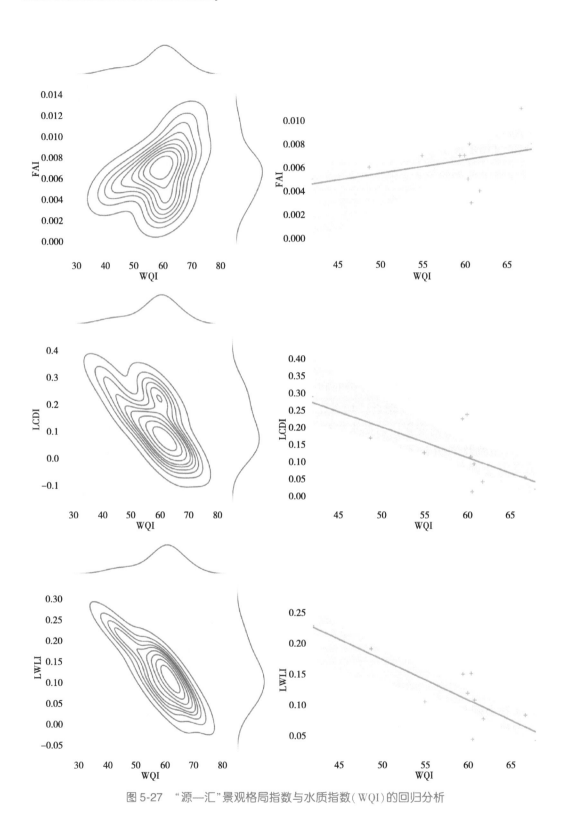

图 5-27　"源—汇"景观格局指数与水质指数（WQI）的回归分析

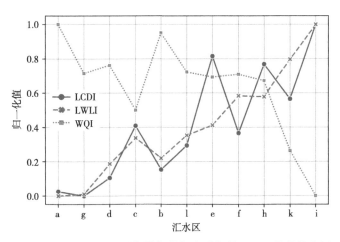

图 5-28　"源—汇"景观格局指数与水质指数(WQI)的趋势分析

步改造成乔木林地,以发挥更大的水源保护作用。

②丹江口库区滨水植被缓冲带氮磷截留能力提升技术研究表明,马尾松—栓皮栎混交林、马尾松纯林、荒草灌丛、刚竹林、栓皮栎纯林对面源污染物氮磷截留均随缓冲带的宽度增加而增加,应尽可能增加缓冲带宽度来提高截留去污能力;马尾松—栓皮栎混交林截留效果最佳,在 20m 处截留率能达 58.17%~76.40%;栓皮栎纯林截留效果最差,20m 处截留率为 29.78%~60.83%。因此,在库区营造滨水植被缓冲带时应尽量提高马尾松—栓皮栎混交林比例。马尾松纯林随着坡度的增加和宽度的减小,对面源污染物的截留效果逐步减弱,当坡度/坡长为 11°~15°/34~40m 或 16°~21°/45~48m 时,马尾松纯林氮磷截留率达 80%以上。

③利用 InVEST 模型研究丹江口市产水量和氮磷净化能力,发现 2003—2018 年产水量表现出先减弱后增强的趋势;单位面积产水量在空间上分布不均,平均而言北部丘陵山区高出南部;各土地利用类型产水深度均有差异,其中产水深度最高的是建设用地(530.35mm)。氮磷净化能力在 2003—2018 年呈持续增强趋势,其中 TN 输出总量分别为 899.224t、801.481t、776.979t、672.149t,TP 输出总量分别为 77.308t、69.921t、68.163t、60.802t,15 年间 TN、TP 的水质净化能力分别增强了 25.3%和 21.4%;对氮磷净化能力重要性等级划分发现极重要、高度重要区主要集中在库区、河流两岸和林地区域;氮磷净化能力稍弱,一般重要区主要在城镇建设、农田、柑橘园。

④通过选取湖北水源区不同类型的典型生态清洁小流域建设项目进行实地调研,分析其生态环境现状及存在的问题。结合文献分析与 GIS 空间分析对不同类型生态清洁小流域的生态环境问题进行总结,最终确定不同类型生态清洁小流域修复重点:生态农业型清洁小流域生态环境受损状况最为严重,生态环境问题包括水土流失、农业面源污染及农村人居环境问题,其生态修复重点包括林地、坡耕地及荒地的水土流失生态修复,种植业、畜禽养殖污染及水产养殖污染生态修复,农村生活污水、垃圾生态修复;城镇发展型清洁小流域的生态环境受损程度低于生态农业型清洁小流域,生态环境问题为城镇人居环境问题和河(沟)道生态环境问题,其修复重点包括城镇生活污水、垃圾及雨水径流的生态修复,城镇市区段及郊区段河(沟)道生态修复;生态涵养型清洁小流域内生态环境良好,需要解

决的主要生态环境问题为水土流失问题与退化山地生态环境问题，其修复重点为林草区、石漠化区及矿山区的水土流失生态修复。

⑤对比综合污染指数较好与较差的子流域森林类型布局差异，按照水质较好的子流域森林类型布局优化水质较差的子流域，在不同森林类型面积比上，增加子流域森林面积且有针对性地调整3种森林类型的面积。在不同森林类型景观格局指数上，增大子流域针叶林斑块空间连通度，减小斑块离散程度和斑块优势度；增大阔叶林斑块个数、斑块离散程度、斑块复杂程度、斑块优势度和斑块分布；增大针阔混交林斑块优势度和斑块分布连接程度，减小斑块离散程度和斑块复杂程度。在不同森林类型布局上，在河流两侧和出水口位置多植树、多造林，提升河岸带森林的整体性，以形成密集的水保林带，使其成为河流植被缓冲带，水质净化屏障带，在较大程度上改善子流域水质状况。

⑥小流域景观格局特征的调控和优化主要从坡度转换、高程转换、距离转换以及调控"源—汇"景观优势度等几个方面进行。空间位置上，将坡度大于15°、高程低于200m、距离水体50m以内的"源"景观转换为林地或灌草地。空间格局上，提升"源"景观的分散程度，降低其优势度；同时提升"汇"景观的优势度，将小流域中下部区域分散程度高的"汇"景观连接成较为完成的斑块。对于面源污染负荷较高或起到传输作用的狭长形"源"景观等关键地段，可在"源"景观中镶嵌若干个"汇"景观斑块或廊道，如在面积较大的果园中镶嵌雨水调节池；在道路和收纳水体间设置一定宽度的林带或灌草地，也可在两侧增设暗沟收集雨水。此外，也可在面源污染负荷较高的"源"景观和收纳水体间设置一定宽度的植被缓冲带来减小面源污染对径流水质的威胁。

⑦土地利用类型及其分布对于流域水质具有强烈的影响，"源—汇"景观格局指数与水质指数之间具有显著的联系。森林作为流域中的"源"景观类型，对于径流形成过程中的养分具有明显的削减作用；果园及耕地作为流域中的"汇"景观类型，是流域中主要的非点源污染源。LWLI对于WQI的解释程度最高，达到了71.8%，指数由"源—汇"景观面积、水流路径、糙率系数决定，本质上反映了土地利用类型、流域水流路径及流域"源—汇"景观占比是影响流域水质的主要因素；LCDI对WQI的解释率为51.2%，反映了养分投入也是影响流域水质的关键因素；FAI对WQI的影响不大，但因流域地形而异的水流路径也可作为流域水质管理的参考因素。研究影响流域水质的各种因素及其重要性，可以帮助流域管理者确定治理时的优先顺序及着重点。土地利用是流域水质控制与保护管理的基础，然而河岸尺度的土地利用对水质的影响程度大于其他尺度。后续的研究中，河岸缓冲带水质保护效应、农业管理做法、水文模型模拟将会是流域管理者不可忽视的内容，应给予更多的关注。

6 丘陵山地次生林生物多样性保育和碳汇提升技术

森林生态系统是陆地生态系统的主体，具有涵养水源、保育土壤、固碳释氧、保护生物多样性、净化大气环境、森林防护等多种功能（徐雨晴 等，2018），为人类带来了巨大的经济效益和生态效益，同时也影响着社会发展和自然演变（余新晓 等，2005）。伴随着经济的发展，人们逐步认识到生态系统服务是人类生存与发展的基础，任何科学技术都不能替代自然生态系统服务功能（Camacho-Valdez et al.，2014；Ruijs et al.，2017；欧阳志云 等，1999；宋庆丰 等，2015）。森林生态系统服务研究已经成为一个涉及生态、社会、经济之间各种关系的跨学科热点问题。近年来与森林生态系统服务相关的研究迅速增长。为了更好地了解该领域的研究广度和深度，有必要对森林生态系统服务研究进行综合和系统的分析，探究其发展进程和趋势。

在森林生态系统服务研究中，对生态服务功能的客观评估是深入探究该领域的基本，也是维持与保育生态系统服务功能、实现可持续发展的基础（周鸿升 等，2014；付晓 等，2008）。同时，分析与评价生态系统服务功能对于提高人们的环境意识，促进生态补偿机制的建立，尽快将自然资源和环境纳入国民经济核算体系及正确处理社会经济发展与生态环境保护之间的关系具有重要的现实意义（刘胜涛 等，2017）。

国内外大量学者对不同区域、类型的森林生态系统服务总体价值进行了估算和变化特征分析（Daily，1997；Costanza et al.，1997；欧阳志云 等，1999），但不同时空尺度上森林生态系统服务之间的作用关系和驱动机制分析及其与林型组成、结构之间的联系分析仍然较少，相关研究仍处于探索阶段（王晓莉，2016）。森林群落物种组成和结构差异以及人类活动影响着森林生态系统所提供的服务类型以及服务之间的相互作用。María 等（2018）认为在温带森林中，森林属性比环境因素更能够预测大多数生态系统服务及其关系，特别是垂直异质性和灌木丰富度对于森林生态系统服务有积极影响。Li 等（2020）认为未管理的林分多样性和间伐恢复时间是林下多样性的两个最重要的驱动因子。Locatelli 等（2014）研究了哥斯达黎加森林提供的生物多样性、碳固定、水源供给和文化服务 4 种生态系统服务之间的相互作用和空间一致性，指出人类活动因素和地理环境因素驱动了这些关系的变化。

湘西地区是我国生物多样性保护及水土保持生态功能区，也是我国亚热带地区重要的固碳潜力区域。但是由于长期以来，人们对该地区资源的不合理利用以及当地生态环境的脆弱性，导致区域内生物多样性与生物资源日趋减少。如何维持和管理该地区的生态环境并促进林分正向演替成为目前面临的首要任务。因此，了解湘西不同林分类型的生态系统服务特征及其之间的关系和影响因素，可以为合理保护和利用植物多样性资源，指导湘西森林可持续经营技术，更好地发挥森林生态效益和经济效益提供依据。

各种生态系统服务在空间、时间和可逆性的复杂动态模式中的相互关联性通常被概括为权衡和协同(MEA，2005；Bennett et al.，2009)。权衡反映了生态系统服务中相反的变化模式，而协同代表了多种生态系统服务相同的变化模式(Bennett et al.，2009)。国内外大量的研究结果表明生态系统服务之间普遍存在着权衡或协同关系(Aillery et al.，2001；Maass et al.，2005；Chisholm，2010；Bai et al.，2011；McNally et al.，2011；Lu et al.，2014；Wang et al.，2017)。木材生产、粮食生产等供给服务与土壤保持、水质净化、区域生物多样性维持等调节或支持服务之间往往存在着权衡关系(Aillery et al.，2001)，土壤保持、植被固碳、空气净化等调节或支持服务之间存在着协同关系(Chisholm，2010)。生态系统服务之间的权衡或协同关系具有2种驱动因子：①共同驱动因子，即降水、土地利用方式、工程措施等外部环境和社会经济因子以及林分密度、植被盖度等内部生态因子；②直接作用因子，即一种生态系统服务供给量变化直接影响另一种生态系统服务供给量变化(Bennett et al.，2009)。此外，生态系统服务之间的相互作用具有明显的尺度效应。时空尺度的差异也会造成生态系统服务关系表现出差异性。如 Bai 等(2011)研究表明白洋淀流域植被固碳与淡水供给服务之间存在协同关系(2014)，而 Onaindia 等(2013)研究表明西班牙乌尔代百保护区的植被固碳与淡水供给服务之间存在着权衡关系。生态系统服务的权衡与协同关系在生态管理(Zheng et al.，2016)、森林经营(刘世荣，2015)、生态补偿(徐建英 等，2015)、土壤管理(程琨，2015)等方面具有重要的决策支撑作用。然而，多种生态系统服务很难同时达到最大化，如何权衡生态系统服务，使区域获取最有利的价值，需要更加深入的研究。

6.1　区域概况

湘西(地区)系武陵山、雪峰山两大山脉和云贵高原环绕的广大地区，是沅水、澧水中上游及其支流汇聚之地，是对包括张家界市、湘西自治州、怀化市以及邵阳、常德、永州的部分县(市)在内的整个湖南西部地区的统称。

6.1.1　中国科学院会同森林生态实验站

中国科学院会同森林生态实验站(26°50′N，109°60′E)位于湖南省怀化市会同县广坪镇境内(图6-1)，地处沅水上游，为云贵高原向江南丘陵的过渡地带，境内地势南低北高，林区的地形地貌主要以低山丘陵为主，海拔高度为 300~415m，相对高度在 150m 以下，山坡陡峭，坡度范围多在 20°~30°，个别陡坡超过 50°。

该区属中亚热带季风湿润气候，热量和雨量充沛，春夏多雨，相对湿度较大，蒸发量小，夏无酷暑，冬无严寒，气候温和，小气候差异较大。年均气温 16.5℃，1 月平均气温 4.5℃，7 月平均气温 27.5℃，一年中有 8～9 个月的气温在 10℃以上，极端高温为 36.4℃，极端低温为-4.4℃，全年无霜期长达 303 天；年降水量为 1200～1400mm，但降水量在年内分配不均匀，且集中在 4—6 月，而 8～9 月较为干旱，年蒸发量为 1100～1300mm，空气相对湿度 83%；年均日照 1426.7h，年日照率约为 34%，4—12 月日照率一般都在 30% 以上，年均总辐射 101.2kcal/cm²，平均风速 1.5～2.0m/s（宫超 等，2011）。

该区的地层古老，以震旦纪的板溪灰绿色板岩、变质页岩、砂页岩为主。土壤为山地红黄壤，为典型的地带性土壤，质地较黏重，介于中壤与重壤之间，淋溶作用强烈，表土呈现褐色至淡黄橙色，心土为橙黄色，土壤 pH 值为 4.8～5.7。土层平均厚度约为 50cm，土壤密度约为 1.25g/cm³，碳氮比（C/N 比）为 10.65～11.07，表层有机质含量介于 10～30g/kg，含量约占 1% 左右，土体中石砾含量约占 15% 左右（彭佳红 等，2010）。

地带性植被类型为典型的亚热带常绿阔叶林，乔木层以壳斗科的常绿树种如栲属（*Castanopsis* spp.）、青冈属（*Cyclobalanopsis* spp.）、柯属（*Lithocarpus* spp.）为主要建群科，其次为樟科（Lauraceae spp.）的樟属（*Cinnamomum* spp.）、楠属（*Phoebe* spp.），山茶科（Theaceae spp.）的木荷属（*Schima* spp.）、山茶属（*Camellia* spp.）以及木兰科（Magnoliaceae spp.）、杜英科（Elaeocarpaceae spp.）的一些树种组成（姜俊 等，2014）。该区常绿阔叶林综合观测场内物种资源非常丰富，大部分树种为当地稀有植物，乔木层树种以丝栗栲（*Castanopsis fargesii*）、青冈（*Cyclobalanopsis glauca*）、刨花润楠（*Machilus pauhoi*）、石栎（*Lithocarpus glaber*）为主，灌木层主要物种有杜茎山（*Maesa japonica*）、山茶（*Camellia japonica*）、柃木（*Eurya japonica*）等，草本层主要有狗脊（*Woodwardia japonica*）、小叶菝葜（*Smilax microphylla*）等。

6.1.2　慈利县天心阁林场

天心阁林场（111°10′～111°11′E，29°13′～29°4′N）位于湖南省张家界市慈利、桃源两县交界处的二坊坪乡境内（图 6-1）。林区地形以丘陵为主，分散于黄石水库中，林地面积近 200hm²。该区处中亚热带季风湿润气候区，热量和雨量充沛，春夏多雨，相对湿度较大，气候温和，光照充足。年平均气温为 18.2℃，极端低温-15.5℃，极端高温 41.6℃，年均日照 1482.8h，无霜期 302 天，年降水量 1615.1mm，相对湿度 75.8%。该区成土母岩为板页岩，土壤为红壤，林地土壤有机质含量较高，土层较薄，土壤 pH 值为 4.4～5.0。

该林场始建于 1988 年，之前林农对经营管理比较粗放，导致全村的林分质量不高，在整个林区没有开矿、毁林开垦和大型放牧等破坏森林的活动，建立后基本无人为干扰。马尾松天然次生林是从 1998 年开始飞播造林后陆续形成的次生林，伴生的阔叶树种主有青冈栎（*Castanopsis glauca*）、香樟（*Cinnamomum septentrionale*）、白栎（*Quercus fabri*）、合欢（*Albizia julibrissin*）、苦槠（*Castanopsis sclerophylla*）、黄檀（*Dalbergia hupeana*）、油茶（*Camellia oleifera*）等。

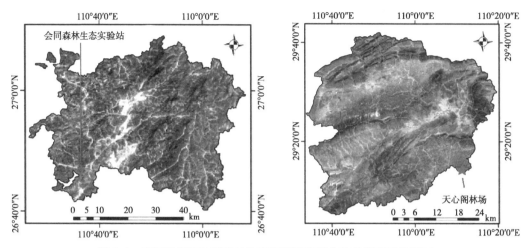

图 6-1　中国科学院会同森林生态实验站和天心阁林场区域位置图

6.2　次生林不同树种之间种间联结性

6.2.1　研究进展

森林群落的形成并非物种的偶然聚集，而是物种与群落之间相互选择、物种之间经过长期适应和相互选择的结果，正是群落中不同物种之间、物种与环境之间相互关系的存在使得它们能够很好地共存。种间联结指不同物种在空间分布上的关联性，反映着物种在不同生境中相互作用所形成的有机联系（Greig-Smith，1983；王乃江，2010；姜俊 等，2014）。种间联结可分为正联结、负联结、无联结（张金屯，2004），呈现显著正联结的树种往往有着相似的生态特性，并能很好地共存。相反，负联结反映了树种不同的生境需求以及其在资源匮乏的环境条件下的种间竞争（Zhao，2012；Hao，2007）。无联结则反映树种相对独立的存在，一方的存在对另一方几乎不存在任何影响。种间联结通过确定物种间的种间关系，反映物种在群落中的分布及其对环境的适应程度，进而对特定环境下种群水平空间配置和分布状态做出定量描述。这种描述既包括物种间的空间分布关系，同时也隐藏着功能关系（徐满厚 等，2016；邓宏兼，2015）。因此，测定和界定植物种间的联结性与相关性对正确认识植物群落的结构、功能和分类具有极其重要的理论意义，并能为森林经营中混交树种的选择和配置提供科学依据。

国外对于种间联结的研究起始于 20 世纪初，Forbes（1907）最先提出种间联结的概念，并用两个物种的频度对种间联结做了最早的定量测定，此后随着概率论和数理统计学的发展，各种种间联结研究不断涌现。Fisher R A 将 χ^2 检验方法引入种间联结测定植物间的种间联结性。Greig-Smith（1964）建议若有 20% 以上单元格的期望值小于 5，应对 χ^2 检验的公式进行 Yates 校正以避免出现有偏估计，此方法一直沿用至今。Dice（1945）基于物种存在与否的数据引入了联结系数定量计算公式。Janson 等（1981）研究了多个测定种间联结程度的定量指标，并提出允许条件对这些指标进行了检验，结果表明联结系数 AC、Dice 指数和 Ochiai 指数均能很好地定量测定种间联结。Legendre（1983）引入 Person 相关系数和 Spearman 秩相关系数两个种间联结测度指标，种间联结测定方法得到不断完善。在上述研究的基础上，Schluter（1984）的验证。至此，种间联结研究进入了新的阶段。

国内种间联结研究开始于 20 世纪 80 年代。1982 年，蒋有绪（1982）最先在国内开展了种间联结研究，其使用的方法较为单一。随着研究的不断深入，种间联结的研究方法逐渐成熟化、科学化。王伯荪等（1985b）最先采用多物种种间联结方法探究厚壳桂群落的种间联结性，并绘制了半矩阵图、星座图展示研究结果，结果表明 χ^2 检验、联结系数检验和共同出现百分率检验均适用于常绿阔叶林种间联结性的测定，一个群落联结性的界定以 χ^2 和联结系数 AC 检验最佳，多个群落种间联结的界定适宜采用 PC 指数，这几种方法各具独特的应用价值。这些研究方法后被广泛用于种间联结分析，如祝宁等（1988）应用 2×2 列联表及 χ^2 检验对小兴安岭红松林木本植物进行分析，肖育檀（1988）采用 χ^2 检验、共同出现百分率 PC 探究湖南石山青冈落叶阔叶树的种间关系。种间联结的方法在前人的探索中逐渐趋于完善。直到 1993 年，杜道林等（1995）发现现有的种间联结研究只局限于种对间的联结性，而群落中多物种种间联结的研究仍空缺。群落中不仅成对物种间有联结关系，群落总体往往也存在一定的相互关系，研究结果与群落实际情况会发生一定偏差。因此，他将检验群落复合联结性的方差比率法引入种间联结，以填补当前国内研究空白。除此之外，他还新应用了 Ochiai、Dice 和 Jaccard 3 个指数以完善种间联结程度的定量测定。这对国内种间联结研究来说是一次历史性的突破。王祥荣等（1994）新引入 Pearson 相关系数检验和 Spearman 秩相关系数检验，这种基于物种数量特征（多度、盖度、重要值等）的非参数检验，不仅能反映物种共存概率，而且能够分析物种间相对数量变化的趋势，即样方中一个物种的数量指标如何随另一个物种变化。其研究结果表明，在多种研究方法中，χ^2 检验与 Pearson 相关系数检验、Spearman 秩相关系数检验结果相似性更高。此后不少学者指出 Spearman 检验相较于 Pearson 检验具有更高的灵敏度。Spearman 秩相关系数检验在种间联结研究中得到广泛应用。如汪建华等（2001）、尚进等（2003）、郭垚鑫等（2011）、韩文衡等（2009）结合方差比率法、χ^2 检验与 Spearman 秩相关系数检验分别对重庆四面山常绿阔叶林、重庆磨盘沟桫椤群落、秦岭紫柏山草甸群落、广西木论常绿阔叶林的种间联结性进行了分析。

种间联结的研究方法较多，其中 χ^2 检验、联结系数和 Spearman 秩相关系数检验为更多学者所接受，在测定时应根据群落的实际情况选择合适的方法进行研究。种间联结取样面积、样方大小、理论和应用实践等方面一直被研究者所关注。阳含熙等（1981）首先对种间联结在实践方面的应用进行了探究。此后种间联结理论常被用于取样面积的确定（王伯荪 等，1985a；李刚 等，2008）、划分生态种组（韩文衡 等，2009；简敏菲 等，2009）、不同演替阶段的树种种间关系研究（龚直文 等，2011；张明霞 等，2015）。种间联结区域广泛，主要集中在常绿阔叶林（黄云鹏，2008；简敏菲 等，2009；罗梅 等，2016）、落叶阔叶林（郭忠玲 等，2004；韩文衡 等，2009）、针阔混交林（龚直文 等，2011；姜俊 等，2011）、高山草甸（李云开 等，2007；郭垚鑫 等，2011）等。

6.2.2 研究区域概况与样地设计

6.2.2.1 会同常绿阔叶林观测场样地设计

本研究的研究对象为近原始天然常绿阔叶林，该林分位于人迹罕至的区域，未受到明显的干扰，为当地近顶级森林群落。中国科学院会同森林生态实验站于 1997 年在该林分中布设典型永久调查样地一块，复测周期为 1 年，总面积为 2500m²。依据相邻网格法将样地划分为 25 块 10m×10m 的小样方，对调查样方内所有胸径（DBH）> 1cm 且树高（H）> 1.3m 的树木进行每木检尺，记录其树种名称、树高、胸径等，同时测定坡度、坡向、海拔等环境因子，并用全站仪标定所有调查树种的位置。根据林分中树种生长特性，采用树木胸径大小代替年龄大小的方法划分树种生长阶段（梁士楚，1992；杨华 等，2014），将 DBH<5.0cm 且 H≥1.3m 的林木划分为幼树（S），DBH≥5.0cm 且 H≥1.3m 的林木划分为成树（U），种间联结分析基于 2018 年调查数据。在绘制树种直径分布曲线时，应确保树种具有一定的林木株数。随着时间的推移，固定样地的森林植被会发生动态变化。鉴于空间条件的限制，本研究采用时间代替空间的方法选择了 2000 年、2003 年、2006 年、2009 年、2012 年、2015 年、2018 年 7 期样地调查数据以确保树种直径分布曲线的准确绘制。

6.2.2.2 天心阁林场样地设计

本研究的研究对象为马尾松天然次生林，该次生林是飞播造林陆续形成的次生林，成林后基本无人为干扰，采用典型抽样的方法共设置大小为 20m×40m 的乔木调查样地 4 块，每个样地划分为 4 块 10m×20m 的小样方。对每块样地进行每木检尺、幼苗幼树更新调查、郁闭度调查、目标树及干扰树调查，对样地内胸径（DBH）≥5cm 且树高（H）>1.3m 的乔木树种种类进行逐一鉴别、标号定位，记录其胸径、树高、干形材等信息。在每个样方内分别沿样地的对角线和中心点设置 5 个 5m×5m 更新调查样方，记录幼苗幼树种类、地径、苗高，并编号挂牌跟踪。

6.2.3 近原始天然林优势树种种间关系研究

6.2.3.1 研究方法

（1）总体联结性检验

总体联结性是群落中所有物种间静态关系的表达，能反映出群落的稳定性现状（简小枚 等，2018）。采用方差比率（VR）法检验多物种间的总体联结性，并用统计量 W 来检验关联的显著度，计算公式如下：

$$VR = \frac{S_T^2}{\sigma_T^2} = \frac{\dfrac{1}{N} \cdot \sum_{j=1}^{N} (T_j - t)^2}{\sum_{i=1}^{s} \dfrac{n_i}{N} \cdot \left(1 - \dfrac{n_i}{N}\right)} \tag{6-1}$$

式中：S 为总的物种数；N 为样方总数；T_j 为样方 j 内出现的物种总数；n_i 为物种 i 出现的样方数；t 为样方中种的平均数，即 $t = (T_1 + T_2 + \cdots + T_n)/N$。

在独立性假设条件下，VR 期望值为 1，当 $VR > 1$ 时，表明物种间呈现出净的正关联；当 $VR < 1$ 时，表明物种间存在净的负关联；$VR = 1$ 时，即符合所有种间无关联的零假设（Ludwig et al.，1988；Gu et al.，2017）。采用统计量 $W = N \times VR$ 检验 VR 值偏离 1 的显著程度，若种间无显著关联，则 W 落入由下面 χ^2 分布给出的界限的概率为 95%：$\chi^2_{0.95}(N) \leqslant W \leqslant \chi^2_{0.05}(N)$（Ludwig et al.，1988）。

（2）种间联结性测定

方差比率法仅从总体层面上确定林分是否存在净的联结，而不能提供具体种对间的关联关系。因此，本研究采用 χ^2 检验、联结系数 AC 和匹配系数 DI（Dice 指数，即重合指数）进一步揭示种对间的联结性。

① χ^2 检验

种间联结一般采用 χ^2 检验进行定性研究，根据实测样地数据建立 2×2 列联表，基于树种存在与不存在数据，构建优势树种在 25 个样方内的原始数据矩阵，以测定成对种间的联结性（王伯荪 等，1985），公式如下：

$$\chi^2 = \frac{N(ad - bc)^2}{(a + b)(c + d)(a + c)(b + d)} \tag{6-2}$$

如果 2×2 列联表中任何一个单元格的预期频率小于 1，或 2 个以上单元格的预期频率小于 5，χ^2 值可能会出现偏差（Zar，1999）。因而采用 Yates 的连续校正系数来纠正 χ^2 统计量，以确保其更接近理论上的连续分布，校正后的 χ^2 统计量计算如下（张金屯，2004）：

$$\chi^2 = \frac{N(|ad - bc| - N/2)^2}{(a + b)(c + d)(a + c)(b + d)} \tag{6-3}$$

式中：N 为总样方数，当 $\chi^2 < 3.841$ 时，种对间联结独立；当 $\chi^2 > 6.635$ 时，种对间存在显著生态联结；当 $3.841 \leqslant \chi^2 \leqslant 6.635$ 时，种对间有一定的生态联结。当 $ad > bc$ 为正联结，反之为负联结。

② 联结系数和匹配系数

χ^2 检验虽能较准确地划分种间联结的显著与否，但对于 χ^2 检验不显著的种对，并不代表它们之间不存在关联；此外，χ^2 检验仅提供了种间联结的定性评估，而不能区分种间联结程度的大小，其模糊了种间联结性之间的差异。χ^2 检验只有与关联指数结合使用，才能较准确地反映种间关系。故本研究采用种间联结系数 AC 和 DI 指数来进一步检验 χ^2 所测得的结果并解释种间联结程度。

联结系数 AC 的计算公式（张金屯，2004）为：

$$AC = \frac{ad - bc}{(a + b)(b + d)} \quad (ad > bc) \tag{6-4}$$

$$AC = \frac{ad - bc}{(a + b)(a + c)} \quad (ad < bc,\ d \geqslant a) \tag{6-5}$$

$$AC = \frac{ad - bc}{(b + d)(c + d)} \quad (ad < bc,\ d < a) \tag{6-6}$$

AC 值的取值范围为 $[-1, 1]$，AC 值越趋近于 1，表示成对物种间的种间正联结性越强；

AC 值越趋近于−1，表示成对物种间的种间负联结性越强；*AC* = 0 表示成对物种间完全独立。

为减少联结系数 *AC* 由于较高 *d* 值（两个树种均未出现的样方数）产生的偏差，本研究结合匹配系数 *DI* 定量测定种间联结，匹配系数 *DI* 的计算公式为（Ludwig et al.，1988）：

$$DI = \frac{2a}{2a + b + c} \tag{6-7}$$

DI 值的范围为[0，1]，*DI* 值越趋近于 1，两物种出现在一个样方中的概率越高。当 *DI* 为 0 时，两物种不同时出现在一个样方，树种间相互独立。

（3）种间相关性测定

χ^2 检验是一种定性检验的方法，种间联结系数和匹配系数虽能定量地描述物种之间的关联程度，但是这 3 个关联指数还是基于二元数据，不可避免地会损失一定的信息量，如多度信息（Ludwig et al.，1988）。种间协变以数量特征为基础，不仅能反映出物种共存概率，而且能够分析物种间相对数量变化的趋势和程度，是对传统种间联结方法的改进（Legendre，1983）。种间正相关表明在一个样方中一个物种的多度增加的同时，另一物种的多度也增加；种间负相关表明一个样方中一个物种多度增加导致另一物种的多度减少。基于多度数量指标的斯皮尔曼相关性（Spearman correlation）是一种用于衡量两个变量之间相关程度的统计方法，它是一种非参数统计方法，不受数据分布的影响，是一种用于评估自变量间线性相关程度的非参数检验，其对区域物种分布类型不作要求，对异常值敏感度低，适合研究样本量较少的样地分析种间相关性（Gautheir，2001）。本研究采用 Spearman 秩相关系数测量物种间的相关性，其计算公式如下：

$$r(i, k) = 1 - \frac{6 \sum_{j=1}^{n} (x_{ij} - \bar{x}_i)^2 (x_{kj} - \bar{x}_k)^2}{N^3 - N} \tag{6-8}$$

式中：$r(i, k)$ 为 *Spearman* 秩相关系数；N 为样方总数；x_{ij} 为种 i 在样方 j 中的秩；x_{kj} 为种 k 在样方 j 中的秩。

本研究运用 Excel 2013、Arcgis 10.2 和 R 软件"spaa"（Zhang et al.，2013）、"plyr"（Wickham，2011）、"corrplot" 3 个程序包对数据进行统计分析、制图等工作。

（4）总体种间联结性分析

采用方差比率（*VR*）法对近原始林内所有树种进行总体联结性分析，近原始林群落的 *VR* = 2.033>1，结果表明群落种群之间在总体上存在净的正联结。对于以上结果，用统计量 *W* 进一步检验联结所达到的显著程度，*W* = *VR* × *N* = 50.823。以 0.95 为相应的置信区间，查表得相应的 χ^2 值，$\chi^2_{0.95}(25) = 14.61$，$\chi^2_{0.05}(25) = 37.65$，*W* 的值大于 $\chi^2_{0.95}(25)$ 和 $\chi^2_{0.05}$ (25)，说明近原始林内种间总体的联结程度达到显著水平。反映出近原始林群落结构及物种组成趋于完善和稳定。

6.2.3.2 种间联结性分析

（1）χ^2 检验结果分析

采用 χ^2 检验测定树种间的种间联结，结果如图 6-2 所示，近原始天然阔叶林优势树种的171个种对中，呈正关联的种对数为80对，呈负关联的种对数为91对，分别占总对数的46.78%，53.22%。其中极显著正相关的种对有3对，分别为山乌柏(U)—黄杞(U)、毛叶木姜子(S)—毛叶木姜子(U)、木油桐(S)—毛叶木姜子(U)；显著正相关的种对有3对，分别为笔罗子(S)—山乌柏(U)、木油桐(S)—木油桐(U)、刨花润楠(S)—黄杞(U)；显著负相关的种对有2对，分别为笔罗子(S)—毛叶木姜子(S)、笔罗子(S)—毛叶木姜子(U)。

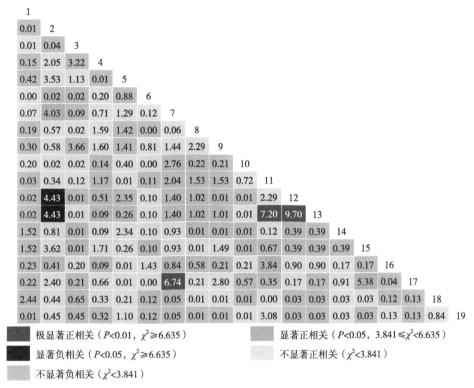

注：1. 栲(U)；2. 笔罗子(S)；3. 栲(S)；4. 刨花润楠(U)；5. 笔罗子(U)；6. 青冈(U)；7. 山乌柏(U)；8. 黄杞(S)；9. 青冈(S)；10. 日本五月茶(S)；11. 木油桐(S)；12. 毛叶木姜子(S)；13. 毛叶木姜子(U)；14. 柯(S)；15. 刨花润楠(S)；16. 木油桐(U)；17. 黄杞(U)；18. 柯(U)；19. 日本五月茶(U)；下同。

图6-2 会同常绿阔叶林优势树种种间联结 χ^2 半矩阵图

（2）关联系数结果分析

联结系数 AC 半矩阵图如图6-3所示，近原始天然阔叶林优势树种的171个种对中，联结系数 $AC \geq 0.6$ 的种对数为16个，占总对数的9.4%，这些种对正联结性显著；联结系数 $0.2 \leq AC < 0.6$ 的种对数为43个，占总对数的25.1%，这些种对间具有不显著的正联结性；联结系数 $-0.2 < AC < 0.2$ 的种对数为38个，占总对数的22.2%，这些种对间联结松散，趋于无联结；联结系数 $-0.6 < AC \leq -0.2$ 的种对数为28个，占总对数的16.4%，这些种对具有不显著的负联结性；联结系数 $AC \leq -0.6$ 的种对数为46个，占总对数的26.9%，这些种对具有显著的负联结性。

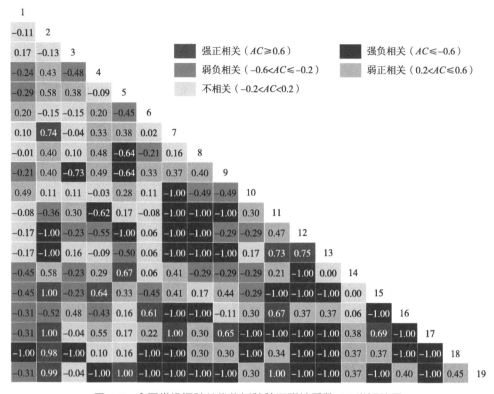

图 6-3　会同常绿阔叶林优势树种种间联结系数 AC 半矩阵图

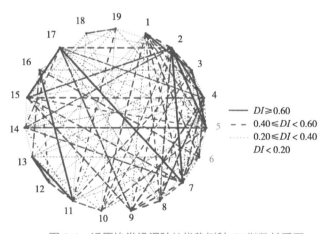

图 6-4　近原始常绿阔叶林优势树种 DI 指数关系图

由 DI 指数的检验结果可以得出如下内容(图 6-4)，近原始天然阔叶林优势树种的 171 个种对中，DI≥0.6 的种对有 10 对，占总对数的 5.9%，这些种对具有强的联结，分别为栲(S)—栲(U)、笔罗子(S)—刨花润楠(U)、笔罗子(S)—笔罗子(U)、笔罗子(S)—山乌桕(U)、栲(S)—笔罗子(U)、木油桐(S)—毛叶木姜子(U)、木油桐(S)—木油桐(U)、毛叶木姜子(S)—毛叶木姜子(U)、刨花润楠(S)—黄杞(U)、山乌桕(U)—黄杞(U)。0.4≤DI<0.6 的种对有 37 对，占总对数的 21.6%，这些种对具有较强的联结性；0.2≤DI<0.4 的种对有 55 对，占总对数的 32.2%，这些种对具有较弱的联结性；DI≤0.2 的种对一共有 69 个，占总对数的 40.3%，这些种对趋于无联结。

6.2.3.3　种间相关性分析

Spearman 秩相关分析结果中(图 6-5)，呈正相关的种对数为 77 对，呈负相关的种对数为 93 对，无相关的种对数为 1 对，分别占总对数的 45.0%，54.4%，0.6%。其中极显著正相关的有 4 对，分别为木油桐(S)—毛叶木姜子(U)、毛叶木姜子(S)—毛叶木姜子(U)、刨花润楠(S)—黄杞(U)、山乌桕(U)—黄杞(U)；显著正相关的种对有 14 对，分别为青冈(S)—黄杞(S)、毛叶木姜子(S)—木油桐(S)、栲(S)—栲(U)、笔罗子(S)—笔罗子(U)、笔罗子(S)—柯(U)、笔罗子(S)—日本五月茶(U)、青冈(S)—刨花润楠(U)、青冈(S)—山乌桕(U)、青冈(S)—黄杞(U)、木油桐(S)—日本五月茶(U)、木油桐(S)—木油桐(U)、刨花润楠(U)—山乌桕(U)、日本五月茶(U)—笔罗子(U)、日本五月茶(U)—柯(U)；显著负相关的种对有 5 对，分别为笔罗子(S)—毛叶木姜子(S)、栲(S)—青冈(S)、笔罗子(S)—毛叶木姜子(U)、栲(S)—刨花润楠(U)、日本五月茶(S)—山乌桕(U)。

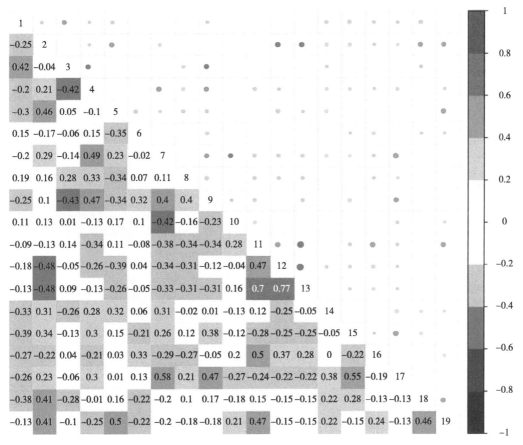

注：极显著正相关($r \geqslant 0.511$，$P \leqslant 0.01$)；显著正相关($0.398 \leqslant r < 0.511$，$P \leqslant 0.05$)；显著负相关($r < -0.398$，$P \leqslant 0.05$)；无关联($-0.398 \leqslant r < 0.398$，$P > 0.05$)。

图 6-5　会同常绿阔叶林优势树种种间 Spearman 秩相关系数半矩阵图

6.2.3.4　种间联结性的最终确定

种间联结性的确定需要定性与定量检测相结合，χ^2 检验虽能准确地定性判断种间联结关系的显著与否，但不能检测联结程度的强弱(薛鸥 等，2016)，因此对于一些 χ^2 检验不显著的种对，它们之间不一定不存在关联（李建民 等，2001）。联结系数 AC 与匹配系数 $Dice$ 虽能定量反映种间联结程度，但因其对联结强弱程度的划分缺乏统一的标准（张翠英，1999；郭志华 等，1997），因此临界值大小的界定不同，显著的种对数也会存在一定差异。Spearman 秩相关系数检验属非参数检验，是基于多度定量数据的检验方法。依据二元数据的 x^2 检验在一定程度上弱化了物种之间的联结性（简敏菲 等，2009），而 Spearman 秩相关系数不仅能反映两物种共存的概率，还能分析物种间相对数量变化的趋势和程度，其灵敏度要高于 x^2 检验（李建民 等，2001），能与 x^2 检验相互检验补充（简小枚 等，2018），更为准确地量化物种间的联结程度。x^2 检验与 Spearman 秩相关分析结合使用是极其必要的，能使检验的结果更加全面（王加国 等，2015；胡文强 等，2013）。因此，本研究种间联结性的最终确定主要以 x^2 检验和 Spearman 秩相关系数检验为基础，而联结系数 AC、DI 指数检验则作为辅助决策信息分析。

本研究的结果表明（表 6-1）：x^2 检验和 Spearman 秩相关系数检验都显著的种对，其 AC 值、DI 值都达到了显著水平。x^2 检验与 Spearman 检验均达显著及极显著水平的种对有山乌桕（U）—黄杞（U）、毛叶木姜子（S）—毛叶木姜子（U）、木油桐（S）—毛叶木姜子（U）、木油桐（S）—木油桐（U）、刨花润楠（S）—黄杞（U）、笔罗子（S）—毛叶木姜子（S）、笔罗子（S）—毛叶木姜子（U）。以上种对在 4 种检验中都呈现出显著的关联，因此，其联结性毋庸置疑，在森林经营树种的选择与配置中，将优先考虑这些种对。

表 6-1　森林经营中种间联结对优先级划分

优先级	显著正联结	显著负联结
第一优先级	山乌桕（U）—黄杞（U），毛叶木姜子（S）—毛叶木姜子（U），木油桐（S）—毛叶木姜子（U），木油桐（S）—木油桐（U），刨花润楠（S）—黄杞（U）	笔罗子（S）—毛叶木姜子（S），笔罗子（S）—毛叶木姜子（U）
第二优先级	笔罗子（S）—柯（U），笔罗子（S）—日本五月茶（U），青冈（S）—黄杞（U），木油桐（S）—日本五月茶（U），日本五月茶（U）—笔罗子（U），栲（S）—栲（U），笔罗子（S）—笔罗子（U）	栲（S）—青冈（S），日本五月茶（S）—山乌桕（U）
第三优先级	青冈（S）—黄杞（S），木油桐（S）—毛叶木姜子（S），青冈（S）—刨花润楠（U），青冈（S）—山乌桕（U），刨花润楠（U）—山乌桕（U），日本五月茶（U）—柯（U）	栲（S）—刨花润楠（U）
第四优先级	笔罗子（S）—山乌桕（U）	笔罗子（S）—刨花润楠（U）

x^2 检验不显著的种对，并不代表它们之间不存在关联。对于 x^2 检验不显著的种对，其中 Spearman 秩相关检验显著，联结系数 AC 或 DI 指数检验也达到显著水平的种对包括：笔罗子（S）—柯（U）、笔罗子（S）—日本五月茶（U）、青冈（S）—黄杞（U）、木油桐（S）—日本五月茶（U）、日本五月茶（U）—笔罗子（U）、栲（S）—青冈（S）、日本五月茶（S）—山乌桕（U）、栲（S）—栲（U）、笔罗子（S）—笔罗子（U）、栲（S）—青冈（S）、日本五月茶（S）—山乌桕（U）。以上种对经 Spearman 秩相关检验和辅助信息决策表明具有较强的联结性，在森林经营树种的选择与配置中的建议中，这些树种的选用将放在第二优先级。

仅仅 Spearman 检验达到显著水平的种对包括：青冈(S)—黄杞(S)、木油桐(S)—毛叶木姜子(S)、青冈(S)—刨花润楠(U)、青冈(S)—山乌桕(U)、刨花润楠(U)—山乌桕(U)、日本五月茶(U)—柯(U)、栲(S)—刨花润楠(U)。在森林经营树种的选择与配置中的建议中，这些树种的选用将放在第三优先级。

除此之外，χ^2 检验、AC 与 DI 值均达到显著水平，但 Spearman 检验不显著的种对有笔罗子(S)—山乌桕(U)。χ^2 检验与 Spearman 检验均未达到显著水平，但具有较高的 AC 值和 DI 值的种对有笔罗子(S)—刨花润楠(U)。在森林经营树种的选择与配置中的建议中，这些树种的选用将放在第四优先级。

6.2.3.5 种间联结成因分析

种间联结表现为显著正相关的物种，在相同的立地条件下往往具有相同或相似的生态习性，并且它们相伴出现的概率较高，能很好地共存(杜道林 等，1995；Zhao et al.，2012；Hao et al.，2007)，这一规律在本研究中得到证实。例如，耐干旱瘠薄的青冈(S)—黄杞(S)，喜光喜肥沃酸性土壤的木油桐(S)—毛叶木姜子(S)，喜阴耐湿的笔罗子(U)—日本五月茶(U)，喜光喜湿润的山乌桕(U)—黄杞(U)，虽然共存可能会导致树种间的竞争，但种间在总体上呈现显著的正联结(Zhao et al.，2012)。研究中还观察到一些树种的幼树与成树间存在着显著的正联结，即幼树能在同种成树下生存和发育，如栲(S)、笔罗子(S)、木油桐(S)、毛叶木姜子(S)与它们的成树显著正关联，一些学者也发现了相似的结果。例如，Hao 等(2007)发现辽东栎幼树与成树间存在显著的正联结，Kang 等(2013)发现林冠下层的红松幼树与主林层红松成树间存在显著正联结，他们将其归因于种子的扩散限制作用(Hao et al.，2007；Grubb，1977；Hou et al.，2004)。此外，本研究还检测到幼树与非亲本成树之间显著的正关联，如刨花润楠(S)—黄杞(U)、青冈(S)—山乌桕(U)、木油桐(S)—毛叶木姜子(U)。这种显著正联结可能归因于它们在资源利用上存在生态位分化，非亲本成树的树冠可能为幼树的生长提供了适宜的微环境(Yuan et al.，2018；Sushma，2006；杜志 等，2013)。

除了种间正联结，研究还发现了以下种对间的显著负联结：栲(S)—青冈(S)、栲(S)—刨花润楠(U)、日本五月茶(S)—山乌桕(U)、笔罗子(S)—毛叶木姜子(S)、笔罗子(S)—毛叶木姜子(U)。这些种间显著的负联结反映了两树种不同的生境需求以及其在资源匮乏的环境条件下的种间竞争(Zhao et al.，2012；Hao et al.，2007；Liu et al.，2001)。这与一些学者的研究结果一致，如邓莉萍 等(2015)研究发现裂叶榆与紫椴之间极显著的负联结，是由于耐干旱轻盐碱的裂叶榆与不耐干旱不耐盐碱的紫椴有着不同的生境喜好，它们对资源利用差别较大，在资源匮乏时，处于适宜生态位的树种有着竞争上的优势(Kang et al.，2013)。

6.2.3.6 结论与讨论

本研究中总体方差比率 VR 大于 1，表明群落种群之间在总体上存在净的正联结，用统计量 W 进一步检验联结所达到的显著程度，结果表明近原始林内总体的联结程度达到显著正联结。树种本身的生态学性质、群落演替阶段与种间联结密切相关。理论上讲，演替初期群落物种间负联结性较强，种间竞争较为激烈。随着群落演替的进行，由于物种对群落的选择和群落对物种的选择和淘汰，群落物种间的正联结程度将不断增大（康丽丹，2011）。因此，处于演替顶级群落中的树种往往能达到某种协调，呈现出显著的正联结，近原始林群落结构及物种组成趋于完善和稳定。事实上，不少学者的研究也同样证实了原始天然林的高稳定性（Thomas et al.，1988）。χ^2 的检验结果表明正负联结种对数差别不大，说明种间联结的取样尺度、样方大小在合理的范围内。不少学者对种间联结的影响因素进行了探究，建议将正负联结种对数几近相等时的取样尺度、样方大小作为能客观地反映实际情况的最小合理面积（李刚 等，2008；康丽丹，2011；李新荣，1999）。

此外，大部分树种对种间联结性未达到显著水平，这可能与群落发展阶段和树种本身生态学特性相关，近原始天然林群落内种间竞争还处于环境容纳范围内，因此群落处于稳定的发展状态（胡贝娟 等，2013）。联结系数 AC 的检验呈现显著正相关与显著负相关的种对数明显多于 χ^2 检验结果，DI 指数达到显著水平的种对数也略多于 χ^2 检验，这可能是由于较高的 d 值导致 AC 正值偏高的同时也夸大了物种间的负联结性（胡文强 等，2013）。此外，联结系数 AC 与匹配系数 Dice 虽能定量反映种间联结程度，但因其对联结强弱程度的划分缺乏统一的标准，因此在不同划分标准下，显著的种对数也会存在一定差异（郭志华 等，1997）。例如，Su 等（2015）将联结系数 AC 的划分标准分为强正向关联（$0.6 < AC \leqslant 1.0$），弱正向关联（$0.2 < AC \leqslant 0.6$），无关联（$-0.2 < AC \leqslant 0.2$），弱负关联（$-0.6 < AC \leqslant -0.2$）和强负相关（$-1.0 \leqslant AC \leqslant -0.6$）。而 Chai 等（2016）将联结系数 AC 划分为 4 个等级，即 $0.5 < AC \leqslant 1.0$、$0.1 \leqslant AC \leqslant 0.5$、$-0.1 \leqslant AC \leqslant -0.5$ 和 $-1.0 \leqslant AC < -0.5$。本研究中 χ^2 检验达到显著及极显著水平的种对经 Spearman 秩相关分析基本都达到了显著水平，且 Spearman 秩相关检验达到显著及极显著水平的种对数多于 χ^2 检验结果，其原因在于依据二元数据的 χ^2 检验在一定程度上弱化了物种间的关联性，而 Spearman 秩相关系数基于连续数据，这使得其对两物种同时出现的敏感度更高（李建民 等，2001）。

综合采用方差比率 VR，χ^2 检验、联结系数 AC、Dice 指数和 Spearman 秩相关系数探究种间联结，能较为准确地确定湘西近原始天然林优势树种的成树与成树之间、幼树与幼树之间、幼树与成树之间的种间联结性，对于森林经营中迹地造林、人工林近自然化改造、退化天然林恢复中树种的选择与配置有着重要的意义。

6.2.4　种间联结规律在森林经营中的应用

结构决定功能，森林多功能的发挥需要依托于丰富而合理的森林结构，树种配置即是重要的森林结构。种间联结作为森林经营中树种配置的量化依据，对探讨树种搭配，实现科学的森林经营具有重要的现实意义（姜俊 等，2014）。除此之外，树种的光特性和经济价值也是开展树种配置、安排合理经营的重要依据（Wang et al.，2018）。本研究根据各优势树种的光特性，将其划分为耐阴树种、机会树种和阳性树种（Swaine et al.，1983）。近原始天然林内前 10 位优势树种中，耐阴树种有笔罗子、青冈、日本五月茶，机会树种有栲、刨花润楠、木油桐、柯，阳性树种有山乌桕、黄杞、毛叶木姜子。依据优势树种的经济价值将其划分为 4 个经济类别，第一经济类的树种有刨花润楠，第二经济类的树种有栲、青冈、柯，第三经济类的树种有黄杞、木油桐，第四经济类的树种有笔罗子、山乌桕、日本五月茶、毛叶木姜子。本研究依据种间关联规律、树种光特性和树种经济价值，对迹地混交林营造、人工林近自然化改造以及退化天然林恢复3个方面中树种的选择与配置，提出相应的经营建议。

6.2.4.1　迹地造林的树种选择与配置

迹地造林的目标为尽快恢复森林。因此，在这种情况下，我们建议营造多树种混交林，待森林环境形成后，将林分改造成物种多样性丰富的多层次异龄林（孟京辉，2011）。目前已有大量多树种混交林造林成功案例（He 等，2013；邹淑琴，2013；蒋家淡，2002）。迹地多树种造林应选择阳性树种作为候选种，如山乌桕、黄杞、毛叶木姜子。同时也可以考虑一些机会树种，如栲、木油桐和柯，这些机会树种的光特性有着很大的弹性和鲁棒性，其中一些能在迹地上很好地生长（Wang et al.，2018；Hung，2008）。种间联结的结果表明山乌桕（U）—黄杞（U）有着极显著的正联结，青冈（S）—黄杞（S）有着显著的正联结。青冈虽是耐阴树种，但由于其耐干旱瘠薄、适应性广的特性，其也可用于迹地造林（袁冬明 等，2012），因此建议在迹地营造山乌桕和黄杞混交林、黄杞与青冈混交林。

此外，恶劣立地条件下的迹地造林，为了保证造林的成活率，建议先营造马尾松纯林。因为该树种是乡土阳性树种，生长迅速且耐贫瘠和干旱，利用其在迹地上扩展生态位的能力，快速建立良好的森林环境（姜春武 等，2017）。待森林郁闭后，适当地配以较高补植密度，填补林下环境，形成林分复层结构丰富的物种多样性，提高林分稳定性。建议在林下补植具有正联结的幼树种对，如毛叶木姜子（S）—木油桐（S）、青冈（S）—黄杞（S）。目前在迹地混交林营造方面有不少成功经营的案例，如曹流清等（2009）的研究表明在湘西迹地上营造马尾松与杉木混交林，能取得不错的生态与经济效益。此外，需要注意的是在森林经营过程中应定时监测补植树种的动态变化，并及时开辟林窗促进其生长。

6.2.4.2　人工林近自然化改造的树种选择与配置

人工林为湘西地区重要的森林类型，传统的人工林经营往往将树种的快速增长、木材产出放在首位，偏重纯林育林模式与人工更新，在这种经营模式下，这里的大部分人工林表现出生物多样性较低、生态和经济效益低下、抵御灾害能力差等缺陷。人工林近自然化改造是指以理解和尊重自然为前提，利用森林自然演替规律和原生植被的信息来指导，在特定的经营目标下，通过调整树种组成、林分结构、保护林下植被和天然更新等一系列措施引导人工林向自然状态发展，逐步转变为多树种、多层次、异龄林的近自然森林，并强调改造后的林分可以实现自我更新，以提高森林生态系统的稳定性，满足森林经营的生态、经济和文化的服务需求（陆元昌，2006；陆元昌 等，2009）。

人工林近自然化改造的目的是将单一树种的人工纯林改造成多树种混交、异龄的复层森林结构，以实现森林的可持续覆盖（陆元昌 等，2009；Adams et al.，2011；O'Hara，2001）。近自然化改造的重要目标之一是尽快建立新的幼树层，其中防护林系统（shelterwood system）被广泛应用于创造新林层（Wetzel et al.，2001）。为了加快人工林演替进程，同时提高林分经济价值，建议在林下补植耐阴树种和机会树种（在幼树阶段需要荫蔽），它们能在林冠下能很好地生存和发育，这些树种包括：笔罗子、青冈、日本五月茶、栲、刨花润楠、木油桐和柯。结合种间联结性分析结果，在本研究中可以补植的种对有日本五月茶（U）—笔罗子（U）、日本五月茶（U）—柯（U）。补植的早期阶段，这些林木不需要刻意的抚育措施，随着时间的推移，建议开辟林窗以促进其进入主林层。

林窗的开设是建立更新层的另一个有效途径（O'Hara，2014）。在主林层中，采取目标树林分作业体系，在充分利用林地自然更新潜力、兼顾生态与经济的要求下，选择林分中干形良好、生命力旺盛的优势单株林木作为目标树进行抚育。抚育过程以目标树为核心进行，伐除周围对其生长产生影响的林木，释放目标树生长空间，以保证目标树的最大生长量和良好的天然更新（陆元昌 等，2009），并在林隙处补植阳性树种和机会树种以丰富树种组成，促进林分高质量材的形成，提高林分价值（Hill，2003）。因此，在林窗林隙处建议补植的树种包括：山乌桕、黄杞、毛叶木姜子、刨花润楠、木油桐、柯和栲。结合种间联结性分析结果，在本研究中可以补植的显著正联结种对有山乌桕（U）—黄杞（U）、木油桐（S）—毛叶木姜子（S）、刨花润楠（U）—山乌桕（U）。除此之外，还建议避免在林下补植具有显著负联结的种对，如笔罗子（S）—毛叶木姜子（S）、栲（S）—青冈（S）。为了加快人工林自然演替进程，还可以在非林窗下补植高价值的耐阴树种和机会树种，以提高森林价值，如刨花润楠、栲、青冈、柯。值得注意的是，如果人工林改造的目标仅仅是为了实现林分结构复杂性，那么开辟少量的林窗不失为一种有效的选择。若改造的目标还需满足林分更高的木材生产，有必要在作业时设计较大的采伐强度（O'Hara，2014；陆元昌 等，2009）。从人工林经营角度来看，选择阔叶树种进行人工林改造更具现实意义，阔叶树能产生的大量落叶，能有效增强土壤肥力，改善立地条件，能在提高林地生产力的同时兼顾恢复地力（姜俊 等，2014）。

6.2.4.3 退化次生林恢复的树种选择与配置

由于天然林区长期不合理、不科学的采伐与利用，湘西地区绝大多数的天然林的质量和生长能力处于退化的状态。退化天然林的主林层大多都是退化的，在演替早期或中期阶段，退化次生林多由低价值的速生树种组成，缺乏高价值树种，林木质量低下。此外由于森林景观的破碎化，种子的传播机制也遭到破坏，高价值树种鲜有天然更新（Wang et al.，2018；Aide et al.，2000），更新层的建立与促进显得尤为重要。因此，退化次生林恢复的目标是通过促进林分内的天然更新来恢复森林，应注意适当引入乡土树种，依靠乡土树种强的适应能力和竞争能力促进天然更新。促进天然更新的林学措施包括利用高价值树种进行林下补植和目标树的选取与择伐。

主林层林木与林下天然更新需要分别对其进行促进，促进的过程中应充分考虑树种的光特性与经济价值，尽量选择具有较高经济价值的树种以加速演替进程，从而恢复退化的生态系统。对于主林层林木的促进应选取干形良好、生命力旺盛的优势单株林木作为目标树，砍伐目标树周围对其生长产生影响的林木与劣质木，以保证其得到充足的养分与空间，实现良好的天然更新。在林分密度过大的区域，可以开辟林窗。为了尽快促进更新层的产生，在较大的林隙与林窗处建议补植阳性树种或机会树种，呈现正联结种对，如：山乌桕（U）—黄杞（U）、木油桐（S）—毛叶木姜子（S）、刨花润楠（U）—山乌桕（U）。值得注意的是在补植上述种对的过程中，还需考虑其与附近主林层林木的关联关系，避免在主林层林木下补植与之呈现负关联树种的种对。

在林下荫蔽处，我们建议补植与主林层林木有显著正关联的耐阴树种或机会树种种对。例如，本研究中呈显著正联结的幼树与成树种对有木油桐(S)—毛叶木姜子(U)、木油桐(S)—木油桐(U)、刨花润楠(S)—黄杞(U)、笔罗子(S)—柯(U)、笔罗子(S)—日本五月茶(U)、笔罗子(S)—笔罗子(U)、笔罗子(S)—山乌桕(U)、笔罗子(S)—刨花润楠(U)、青冈(S)—黄杞(U)、青冈(S)—刨花润楠(U)、青冈(S)—山乌桕(U)、木油桐(S)—日本五月茶(U)、栲(S)—栲(U)。在主林层林木下尽量补植与之有正联结的较高经济价值的树种，如在黄杞林下补植刨花润楠，在刨花润楠林下补植青冈。同时也应特别注意在林下补植幼树种对时，种对间最好为正联结。此外，林下补植应避免选择与主林层有显著负联结的树种，如避免在毛叶木姜子林下补植笔罗子，在山乌桕林下补植日本五月茶，在刨花润楠林下补植栲。同时，也应避免呈显著负联结的幼树种，如笔罗子(S)—毛叶木姜子(S)、栲(S)—青冈(S)。

6.3 次生林物种多样性对疏伐强度的响应

湘西地区次生林普遍存在密度过大、木材生产力低、林下灌草盖度低、天然更新不良的问题。疏伐一直是次生林经营的重要手段，在森林的生长发育过程中，定期伐除部分林木，为保留木提供更多的营养空间，促进保留木的生长，缩短成熟期，改善森林卫生状况，提高林分质量与生长量，从而增强林木抵抗自然灾害的能力，维持生态系统的平衡和稳定(白雪娇 等, 2015; Tessier et al., 2003; Turner et al., 2018)。疏伐作为森林经营的主要措施，影响到森林的多个方面，包括林分的生长、结构、总收获量、生物多样性等(徐金良 等, 2014; 成向荣 等, 2014)。

疏伐后保留木的生长空间和营养空间得到有效改善，林分胸径和树高生长量随间伐强度增大而增加(张水松 等, 2005)。同时，由于间伐后能增加林下环境异质性，林下空间和光照条件可得到改善，使得灌木和草本种类及盖度增加(马履一 等, 2007)。欧洲云杉(*Picea abies*)和美国花旗松(*Pseudotsuga menziesii*)间伐试验也表明，间伐后林下物种丰富度和灌草盖度随间伐强度增大而增加(Heinrichs et al., 2009; Ares et al., 2010); 王凯等(2013)的研究也表明林下灌草物种数、盖度和生物量都随间伐强度的增强而增多。郑丽凤等(2008)的研究表明，随着间伐强度增大，天然更新幼苗数量增大; 张象君等(2011)对林隙间伐的研究也表明，更新幼苗数量和高度也随林隙增大而增大。

疏伐对林下植被影响方面的研究已受到重视，但对生物多样性的长期影响仍缺乏系统研究，结论也不尽相同(雷相东 等, 2005; 李春义 等, 2007)。疏伐强度过大，不利于林分的生长发育，影响林木个体之间对养分的竞争，使得林木分化现象严重。疏伐强度过低，林木在各径阶上的株数分布更趋于正态分布，为保留木创造了适宜的生长空间。合理的疏伐，对可改善林分内部直径结构，提高林分的产量显得至关重要。

6.3.1 研究方法

6.3.1.1 样地设置

2018年，对林场内部分马尾松和青冈栎次生林进行了4种强度(强度、中度、轻度和对照)的疏伐试验，作业的方式是培育目标树(为增加优质木材产量，提高森林产力提供保障)，保留生态目标树(对林分结构发展起良好作用的林木)，采伐干扰树(病虫木、劣质木和不利于目标树发展的林木)，干扰树的地上部分全部清除，无植物残体返还，未伐林地是该试验中的对照组，依据采伐蓄积量与总蓄积量之比对各样地进行疏伐，对应疏伐强度分别为50%、30%、15%、CK。在同一坡度坡向设置样地，以上每个处理各设置3块1000m²的样地，共计12块样地。

6.3.1.2 物种多样性研究

物种多样性计算内容：Margalef丰富度指数(M)、Simpson指数(D)、Shannon Wiener指数(H')、Pielou均匀度指数(J)。

Margalef丰富度指数：$M=(S-l)/\ln N$ (6-9)

Shamon-Wiener指数：$H'=-\sum (N_i/N)\ln(N_i/N)$ (6-10)

Simpson指数：$D=l-\sum [N_i(N_i-1)/N(N-1)]$ (6-11)

Pielou均匀度指数：$J=H'/\ln S$ (6-12)

式中：S为群落植物种数；N_i为第i种植物个体数；$\ln$为对e取对数。

重要值：乔木的重要值=[(相对密度+相对优势度+相对频度)/3]×100，灌木的重要值=[(相对密度+相对频度+相对盖度)/3]×100，草本的重要值=[(相对多度+相对频度+相对盖度)/3]×100。

6.3.2 不同疏伐强度对次生林物种多样性的影响

6.3.2.1 不同植被类型物种组成和多样性

在马尾松天然次生林中，乔木层植物隶属于9科12属，主要优势树种为马尾松(*Pinus massoniana* Lamb.)、苦槠[*Castanopsis sclerophylla* (Lindl.) Schott.]和檵木(*Loropetalum chinense*)，灌木层植物隶属于20科30属，主要优势植物为铁仔(*Myrsine africana* Linn.)、海金子(*Pittosporum illicioides*)、檵木，草本层植物隶属于9科10属，主要植物有蕨(*Pteridium aquilinum*)、兰花草(*Iris japonica*)；青冈次生林中，乔木层植物隶属于16科23属，主要优势植物为青冈[*Cyclobalanopsis glauca* (Thunb.) Oerst.]、马尾松、黄檀(*Dalbergia hupeana*)和苦槠，灌木层植物隶属于22科28属，主要优势植物有铁仔、青冈、海金子，草本层植物隶属于10科10属，主要植物是蕨、兰花草、水苏(*Stachys japonica* Miq.)。

乔木层中，青冈次生林的物种丰富度显著高于马尾松天然次生林($P<0.01$)，其他多样性指数的差异不显著(图6-6)。灌木层中，马尾松天然次生林物种丰富度高于青冈次生

林，其他指数无明显差异。草本层中，马尾松天然次生林 4 种多样性指数均高于青冈次生林，但差异不明显。

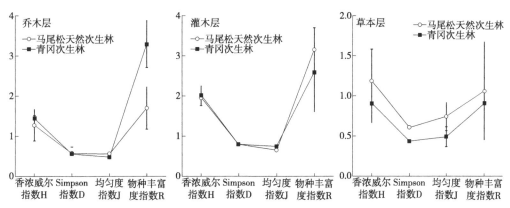

图 6-6　不同林分不同层次物种多样性指数

在马尾松天然次生林中，Margalef 丰富度指数、Shannon-Wiener 指数表现为灌木层>乔木层>草本层，Simpson 指数呈现为灌木层>草本层>乔木层，而 Pielou 均匀度指数呈现为草本层>灌木层>乔木层；在青冈次生林中，物种丰富度指数表现为乔木层>灌木层>草本层，香浓威尔指数、Simpson 指数呈现灌木层>乔木层>草本层，均匀度指数呈灌木层>草本层>乔木层。

6.3.2.2　不同疏伐强度中马尾松次生林物种多样性指数特征

（1）马尾松次生林乔木层的多样性指数在不同疏伐强度中的变化

马尾松次生林乔木层的 Margalef 丰富度指数、Shannon-Wiener 指数、Simpson 指数及 Pielou 均匀度指数如下（表 6-2、图 6-7）：

Margalef 丰富度指数具体表现为 MIT>LIT>CK>HIT；

Shannon-Wiener 指数具体表现为 MIT>LIT>HIT>CK；

Simpson 指数具体表现为 MIT>LIT>HIT>CK；

Pielou 均匀度指数具体表现为 MIT>HIT>LIT>CK。

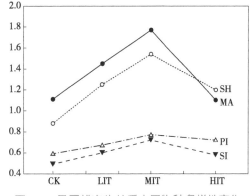

图 6-7　马尾松次生林乔木层物种多样性变化

表 6-2　马尾松次生林乔木层物种多样性指数

物种多样性指数	对照（CK）	轻度疏伐（LIT）	中度疏伐（MIT）	重度疏伐（HIT）
Margalef 丰富度指数	1.11	1.45	1.77	1.10
Shannon-Wiener 指数	0.88	1.25	1.54	1.20
Simpson 指数	0.49	0.60	0.72	0.58
Pielou 均匀度指数	0.59	0.67	0.77	0.72

（2）马尾松次生林灌木层的多样性指数在不同疏伐强度中的变化

马尾松次生林灌木层的 Margalef 丰富度指数、Shannon-Wwinner 指数、Simpson 指数及 Pielou 均匀度指数如下（表 6-3、图 6-8）：

Margelef 丰富度指数具体表现为 MIT>HIT>CK>LIT；

Shannon-Wiener 指数具体表现为 HIT>MIT>CK>LIT；

Simpson 指数具体表现为 HIT>MIT=CK>LIT；

Pielou 均匀度指数具体表现为 CK>HIT>MIT>LIT。

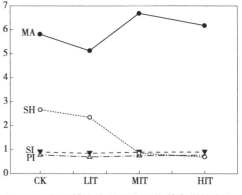

图 6-8　马尾松次生林灌木层物种多样性变化

表 6-3　马尾松次生林灌木层物种多样性指数

指数类型	对照（CK）	轻度疏伐（LIT）	中度疏伐（MIT）	重度疏伐（HIT）
Margalef 丰富度指数	5.81	5.13	6.69	6.18
Shannon-Wiener 指数	2.65	2.33	2.68	2.70
Simpson 指数	0.87	0.83	0.87	0.88
Pielou 均匀度指数	0.76	0.68	0.73	0.75

（3）马尾松次生林草本层的多样性指数在不同疏伐强度中的变化

马尾松次生林草本层的 Margalef 丰富度指数、Shannon-Winner 指数、Simpson 指数及 Pielou 均匀度指数如下（表 6-4、图 6-9）：

Margalef 丰富度指数具体表现为 MIT>LIT>HIT>CK；

Shannon-Wiener 指数具体表现为 MIT>LIT>HIT>CK；

Simpson 指数具体表现为 LIT>MIT>HIT>CK；

Pielou 均匀度指数具体表现为 LIT>HIT>MIT>CK。

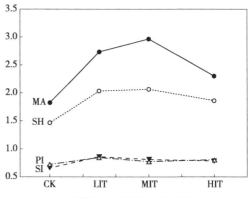

图 6-9　马尾松次生林草本层物种多样性变化

表 6-4　马尾松次生林草本层物种多样性指数

指数类型	对照（CK）	轻度疏伐（LIT）	中度疏伐（MIT）	重度疏伐（HIT）
Margalef 丰富度指数	1.83	2.74	2.97	2.31
Shannon-Wiener 指数	1.47	2.04	2.07	1.87
Simpson 指数	0.66	0.85	0.81	0.79
Pielou 均匀度指数	0.72	0.84	0.77	0.80

6.3.2.3 青冈栎次生林多样性指数在不同疏伐强度中的变化

(1) 青冈栎次生林乔木层的多样性指数在不同疏伐强度中的变化

青冈栎次生林乔木层的 Margalef 丰富度指数、Shannon-Winner 指数、Simpson 指数及 Pielou 均匀度指数如下(表 6-5、图 6-10)：

Margalef 丰富度指数具体表现为 HIT>LIT>CK>MIT；

Shannon-Wiener 指数具体表现为 HIT>LIT>MIT>CK；

Simpson 指数具体表现为 LIT>HIT>MIT>CK；

Pielou 均匀度指数具体表现为 HIT>LIT>MIT>CK。

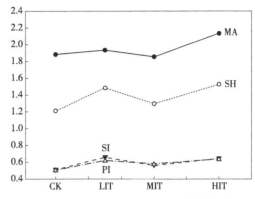

图 6-10 青冈栎次生林乔木层物种多样性变化

表 6-5 青冈栎次生林乔木层物种多样性指数

指数类型	对照(CK)	轻度疏伐(LIT)	中度疏伐(MIT)	重度疏伐(HIT)
Margalef 丰富度指数	1.89	1.94	1.86	2.14
Shannon-Wiener 指数	1.21	1.49	1.30	1.53
Simpson 指数	0.51	0.66	0.56	0.64
Pielou 均匀度指数	0.51	0.62	0.58	0.64

(2) 青冈栎次生林灌木层的多样性指数在不同疏伐强度中的变化

青冈栎次生林灌木层的 Margalef 丰富度指数、Shannon-Winner 指数、Simpson 指数及 Pielou 均匀度指数如下(表 6-6、图 6-11)：

Margalef 丰富度指数具体表现为 HIT>MIT>LIT>CK；

Shannon-Wiener 指数具体表现为 HIT>LIT>MIT>CK；

Simpson 指数具体表现为 HIT>MIT=LIT>CK；

Pielou 均匀度指数具体表现为 HIT>MIT=LIT>CK。

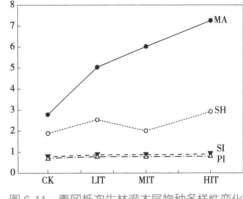

图 6-11 青冈栎次生林灌木层物种多样性变化

表 6-6 青冈栎次生林灌木层物种多样性指数

指数类型	对照(CK)	轻度疏伐(LIT)	中度疏伐(MIT)	重度疏伐(HIT)
Margalef 丰富度指数	2.78	5.03	6.03	7.27
Shannon-Wiener 指数	1.87	2.53	2.00	2.93

（续）

指数类型	对照（CK）	轻度疏伐（LIT）	中度疏伐（MIT）	重度疏伐（HIT）
Simpson 指数	0.77	0.86	0.86	0.90
Pielou 均匀度指数	0.70	0.77	0.77	0.80

（3）青冈栎次生林草本层的多样性指数在不同疏伐强度中的变化

青冈栎次生林灌木层的 Margalef 丰富度指数、Shannon-Winner 指数、Simpson 指数及 Pielou 均匀度指数如下（表6-7、图6-12）：

Margalef 丰富度指数具体表现为 HIT>MIT>LIT>CK；

Shannon-Wiener 指数具体表现为 HIT>MIT>LIT>CK；

Simpson 指数具体表现为 HIT>MIT>LIT>CK；

Pielou 均匀度指数具体表现为 HIT>MIT = CK>LIT。

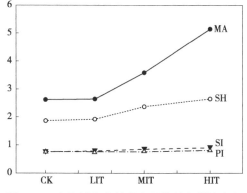

图 6-12　青冈栎次生林草本层物种多样性变化

表 6-7　青冈栎次生林草本层物种多样性指数

指数类型	对照（CK）	轻度疏伐（LIT）	中度疏伐（MIT）	重度疏伐（HIT）
Margalef 丰富度指数	2.63	2.65	3.60	5.15
Shannon-Wiener 指数	1.87	1.93	2.38	2.66
Simpson 指数	0.76	0.78	0.85	0.90
Pielou 均匀度指数	0.77	0.76	0.77	0.81

6.3.2.4　不同疏伐强度自然更新的木本植物优势种

（1）马尾松次生林自然更新的木本植物的重要值

对疏伐 2 年后自然更新的木本植物进行调查，重要值如下（表6-8）。

对照样地（CK）中，重要值>1%的物种从高到低有海金子（15.23%）、铁仔（13.34%）、檵木（10.93%）、白栎（7.28%）、冬青（3.82%）、油茶（3.46%）、石岩枫（3.21%）、山莓（2.93%）、紫弹树（2.70%）、乌饭树（2.58%）、苦槠（2.03%）、粉叶菝葜（2.01%）、青冈栎（1.98%）、黄檀（1.95%）、竹叶花椒（1.92%）、红叶野桐（1.84%）、柞木（1.76%）、金樱子（1.33%）、野柿树（1.15%）、盐肤木（1.06%），共20种。

轻度疏伐（LIT）样地中，重要值≥1%的物种从高到低有铁仔（19.34%）、海金子（18.94%）、檵木（11.37%）、油茶（5.18%）、苦槠（3.95%）、白栎（3.35%）、石岩枫（2.27%）、山莓（2.93%）、盐肤木（2.34%）、白马骨（2.29%）、乌饭树（2.26%）、金樱子（2.22%）、青冈栎（2.18%）、紫弹树（1.60%）、冬青（1.52%）、红叶野桐（1.41%）、菝葜

（1.13%）、黄檀（1.08%）、马尾松（1.03%）、忍冬（1.00%），共 20 种。

中度疏伐（MIT）样地中，重要值＞1% 的物种从高到低有檵木（19.65%）、铁仔（9.06%）、海金子（6.69%）、盐肤木（3.91%）、红叶野桐（3.66%）、山莓（3.07%）、乌饭树（2.80%）、白栎（2.56%）、冬青（2.53%）、金樱子（2.37%）、油茶（2.08%）、石岩枫（1.99%）、木蜡（1.92%）、青冈栎（1.81%）、菝葜（1.73%）、粉叶菝葜（1.73%）、紫弹树（1.48%）、柞木（1.43%）、竹叶花椒（1.41%）、忍冬（1.32%）、楮（1.15%），共 21 种。

重度疏伐（HIT）样地中，重要值＞1% 的物种从高到低有檵木（13.2%）、海金子（5.36%）、铁仔（5.26%）、红叶野桐（3.62%）、盐肤木（3.58%）、山莓（3.03%）、冬青（2.76%）、楮（2.17%）、油茶（1.95%）、野柿树（1.71%）、苦楮（1.67%）、竹叶花椒（1.42%）、青冈栎（1.36%），共 13 种。

表 6-8　马尾松次生林自然更新的木本植物重要值　　　　　单位：%

序号	物种名称	对照（CK）	轻度疏伐（LIT）	中度疏伐（MIT）	重度疏伐（HIT）
1	海金子	15.23	18.94	6.69	5.36
2	铁仔	13.34	19.34	9.06	5.26
3	檵木	10.93	11.37	19.65	13.20
4	白栎	7.28	3.35	2.56	0.88
5	冬青	3.82	1.52	2.53	2.76
6	油茶	3.46	5.18	2.08	1.95
7	石岩枫	3.21	2.71	1.99	0.67
8	山莓	2.93	2.52	3.07	3.03
9	紫弹树	2.70	1.60	1.48	0.94
10	乌饭树	2.58	2.26	2.80	0.45
11	苦楮	2.03	3.95	0.95	1.67
12	粉叶菝葜	2.01	0.29	1.73	0.90
13	青冈栎	1.98	2.18	1.81	1.36
14	黄檀	1.95	1.08	0.80	0.57
15	竹叶花椒	1.92	0.25	1.41	1.42
16	红叶野桐	1.84	1.41	3.66	3.62
17	柞木	1.76	0.58	1.43	0.54
18	金樱子	1.33	2.22	2.37	0.81
19	野柿树	1.15	0.25	0.76	1.71
20	盐肤木	1.06	2.34	3.91	3.58
21	大青	0.96	0.21	0.00	0.32
22	木蜡树	0.95	0.48	1.92	0.59
23	白马骨	0.73	2.29	0.88	0.29

（续）

序号	物种名称	对照（CK）	轻度疏伐（LIT）	中度疏伐（MIT）	重度疏伐（HIT）
24	忍冬	0.70	1.00	1.32	0.30
25	小果蔷薇	0.70	0.50	0.31	0.57
26	小叶葛蕌	0.64	0.29	0.19	0.17
27	山矾	0.63	0.87	0.89	0.61
28	绒毛胡枝子	0.59	0.00	0.30	0.55
29	菝葜	0.55	1.13	1.73	0.59
30	柘树	0.41	0.25	0.31	0.20
31	马尾松	0.39	1.03	0.29	0.95
32	扁担杆	0.34	0.27	0.13	0.00
33	牯岭蛇葡萄	0.28	0.30	0.00	0.14
34	楮	0.27	0.00	1.15	2.17
35	栀子花	0.21	0.31	0.51	0.40
36	青花椒	0.21	0.33	0.55	0.32
37	翅柃	0.00	0.23	0.24	0.00
38	檧木	0.00	0.61	0.48	0.36
39	粗毛悬钩子	0.00	0.00	0.00	0.16
40	枫香	0.00	0.00	0.65	0.62
41	小叶栎	0.00	0.43	0.56	0.28

（2）青冈栎次生林自然更新的木本植物的重要值

对疏伐2年后自然更新的木本植物进行调查，重要值如下（表6-9）。

对照样地（CK）中，重要值≥1%的物种从高到低为海金子（18.81%）、青冈栎（16.58%）、石栎（12.73%）、铁仔（10.74%）、油茶（6.32%）、檵木（4.87%）、黄檀（3.10%）、络石（2.99%）、鸡血藤（2.96%）、牯岭蛇葡萄（2.46%）、油桐（1.94%）、紫弹树（1.88%）、白马骨（1.66%）、石岩枫（1.59%）、三叶木通（1.56%）、山矾（1.55%）、野柿树（1.45%）、木蜡（1.36%）、紫藤（1.30%）、忍冬（1.21%）、粉叶菝葜（1.13%）、竹叶花椒（1.08%）、苦楮（1.00%），共23种。

轻度疏伐（LIT）样地中，重要值>1%的物种从高到低为海金子（17.69%）、石栎（11.60%）、青冈栎（9.25%）、油茶（9.20%）、铁仔（5.65%）、忍冬（3.38%）、黄檀（2.79%）、粉叶菝葜（2.71%）、野柿树（2.09%）、盐肤木（1.94%）、鸡血藤（1.56%）、油桐（1.55%）、石岩枫（1.50%）、三叶木通（1.50%）、牯岭蛇葡萄（1.44%）、紫藤（1.42%）、苦楮（1.39%）、竹叶花椒（1.36%）、菝葜（1.29%）、紫弹树（1.09%）、络石（1.07%），共21种。

中度疏伐（MIT）样地中，重要值>1%的物种从高到低为青冈栎（26.74%）、铁仔

（7.10%）、油茶（5.01%）、竹叶花椒（3.69%）、海金子（3.38%）、紫弹树（3.35%）、盐肤木（3.20%）、山莓（3.08%）、檵木（2.86%）、石岩枫（2.57%）、香樟（2.47%）、楮（2.30%）、苦槠（2.05%）、粉叶菝葜（2.04%）、络石（1.99%）、红叶野桐（1.92%）、石栎（1.76%）、三叶木通（1.69%）、刺楸（1.60%）、楤木（1.39%）、油桐（1.32%）、黄檀（1.28%）、白马骨（1.18%）、冬青（1.17%）、紫藤（1.11%），共25种。

重度疏伐（HIT）样地中，重要值>1%的物种从高到低为青冈栎（17.67%）、铁仔（9.85%）、盐肤木（5.89%）、山莓（3.74%）、紫弹树（3.57%）、粉叶菝葜（3.52%）、楮（3.51%）、檵木（3.28%）、竹叶花椒（3.14%）、白栎（2.60%）、海金子（2.57%）、楤木（2.42%）、油茶（2.11%）、木蜡（1.70%）、石岩枫（1.70%）、香樟（1.49%）、白马骨（1.44%）、黄檀（1.39%）、紫藤（1.32%）、刺楸（1.28%）、络石（1.27%）、红叶野桐（1.17%）、苦槠（1.13%）、石栎（1.12%）、三叶木通（1.12%）、冬青（1.06%），共26种。

表 6-9 青冈栎次生林自然更新的木本植物重要值 单位：%

序号	物种名称	对照（CK）	轻度疏伐（LIT）	中度疏伐（MIT）	重度疏伐（HIT）
1	菝葜	0.61	1.29	0.59	0.98
2	白栎	0.00	0.47	0.89	2.60
3	白马骨	1.66	0.98	1.18	1.44
4	刺楸	0.82	0.00	1.60	1.28
5	楤木	0.00	0.40	1.39	2.42
6	冬青	0.00	0.60	1.17	1.06
7	粉叶菝葜	1.13	2.71	2.04	3.52
8	牯岭蛇葡萄	2.46	1.44	0.96	0.89
9	红叶野桐	0.00	0.26	1.92	1.17
10	黄檀	3.10	2.79	1.28	1.39
11	鸡血藤	2.96	1.56	0.54	0.82
12	檵木	4.87	0.00	2.86	3.28
13	苦槠	1.00	1.39	2.05	1.13
14	络石	2.99	1.07	1.99	1.27
15	木蜡	1.36	0.38	0.62	1.70
16	青冈栎	16.58	9.25	26.74	17.67
17	忍冬	1.21	3.38	0.00	0.68
18	三叶木通	1.56	1.50	1.69	1.12
19	山矾	1.55	0.68	0.90	0.85
20	山莓	0.39	0.84	3.08	3.74
21	石栎	12.73	11.60	1.76	1.12
22	石岩枫	1.59	1.50	2.57	1.70
23	铁仔	10.74	5.65	7.10	9.85
24	香樟	0.00	0.66	2.47	1.49

（续）

序号	物种名称	对照（CK）	轻度疏伐（LIT）	中度疏伐（MIT）	重度疏伐（HIT）
25	楮	0.00	0.31	2.30	3.51
26	崖花海桐	18.81	17.69	3.38	2.57
27	盐肤木	0.00	1.94	3.20	5.89
28	野柿树	1.45	2.09	0.53	0.79
29	油茶	6.32	9.20	5.01	2.11
30	油桐	1.94	1.55	1.32	0.84
31	竹叶花椒	1.08	1.36	3.69	3.14
32	紫弹树	1.88	1.09	3.35	3.57
33	紫藤	1.30	1.42	1.11	1.32

6.4　林窗对次生林物种多样性的影响

林窗是由森林林冠层乔木死亡或移除等原因所产生的林中空地或小地段，是新个体入侵、占据和更新的空间（Watt，1947）。大多数研究者都认为林窗的范围为 4~1000hm^2 的界限之内，是一种中小尺度的干扰（张乔民，1997；陈鹭真，2006）。林窗作为森林内经常发生的重要干扰之一，是植被演替和更新的主要动力。在森林结构调整、群落物种共存和生物多样性维持中扮演着重要的角色（Elias，2009；刘庆，2002）。

林窗大小是表征林窗内生态环境特征的重要指标之一，不同大小林窗中的光照、气温、水分和土壤养分等生态因子组合不同，对植物的生长和繁殖产生着不同的影响，使植被生长和多样性特征存在差异。青海云杉在不同大小林窗均表现为聚集分布，在正常林分内表现为均匀分布，这主要是取决于青海云杉的生物学特性，同时与所处的林窗环境紧密相关。林窗形成后，林窗内植物种数、属数和科数增加，乔木、灌木和草本种数增多，物种丰富度和多样性 Shannon-Wiener 指数显著提高（P<0.05）（杨育林，2014）。

林窗干扰发生后，林窗内的环境条件发生了不同程度的变化。林隙内微环境的改变为种苗的大量萌发提供了充足的光照、水分、温度，这些因子的改变，在最初的形成阶段有利于林隙内物种数量的增加。不同的树种对不同林隙的反映不同，其在不同大小林隙中的重要性也各不相同。随着林窗年龄的增加，林窗内的环境条件逐渐趋于稳定，不同树种的不同个体在对资源的利用和竞争中形成了各自生态位的分化，一些树种个体因不适应林隙内的微生境而停止生长甚至死亡，导致物种丰富度、多样性和均匀度指数下降。

6.4.1　研究方法

6.4.1.1　林窗设置

以慈利县天心阁马尾松次生林和会同生态站的退化常绿阔叶林为研究对象，先后于

2018 年 7 月和 2019 年 1 月分别在天心阁和会同站开展林窗实验。根据随机区组设计的方法，按照长轴、短轴之和平均值与边缘木平均林冠高度的比值来设计，其比值为 0.5、1.5、2.5，设置 3 个不同大小的林窗。选择在林窗的不同位置及中心去设立小样方，并在离每个林窗边缘 10m 处随机设置 1 个 5m×5m 的非林窗对照样方，分别调查林窗内和非林窗内乔木和灌木草本的物种多样性以及各样方的乔灌草更新群团的种类、个体数和盖度等。其中，每区组林窗的林分类型、林龄、海拔、纬度尽量保持一致。砍伐后，转移树枝、树干残体，未进行掘根处理。

在慈利县天心阁林场的马尾松天然次生林设置 6 个区组（大中小）林窗（实验）共 18 个；在林窗的外四周（主要是上面/下面）约 10m 处布置 5m×5m 对照样地共计 31 个。

在会同生态站退化的天然次生林设置 4 个区组（大中小）林窗（实验）共 12 个。

6.4.1.2　林窗内多样性调查

在 2020 年 7 月对林窗内和对照样地进行林下植被调查，在 3 个区组林窗及其对照样地中调查个灌木小样方。样地调查分灌木层和草本层 2 层分别进行，其中灌木层调查和记录的项目包括：灌木层（包括木质藤本中所有乔木幼苗与幼树）的物种名称、不同植物的株数、盖度、高度及其在不同样方中出现的频度；草本层调查和记录的项目包括：草本层（包括草质藤本）的物种名称、不同植物的株数、盖度、高度及其在不同样方中出现的频度。所调查的马尾松次生林划分为 10 个高度级（资源单位），每个高度级为 30cm，分析群落主要优势种群的生态位宽度及各个种间的生态位重叠特征。

6.4.1.3　林窗内的生态位宽度

生态位宽度（B）是指物种对资源利用程度，采用 Shannon-Wiener 生态宽度指数和 Levins 生态宽度指数计算，计算公式如下：

$$P_{ij} = n_{ij} / \sum_{j=1}^{r} n_{ij} \tag{6-13}$$

$$B(SW)_i = - \sum_{j=1}^{r} (P_{ij} \ln P_{ij}) \tag{6-14}$$

$$B(L)_i = 1/r \sum_{j=1}^{r} P_{ij}^2 \tag{6-15}$$

式中：P_{ij} 为物种 i 在第 j 资源位上的占用率或它在该资源状态上的分布比；n_{ij} 为物种 i 在第 j 资源的重要值；r 为资源位总位数（样方数）。其中，$B(SW)_i$ 和 $B(L)_i$ 值域分别为 $[0, \ln r]$ 和 $[1/r, 1]$。

两个指数越大，说明生态位越宽，在资源利用上越占优势。当 2 个指数较小时，那么说明该物种的生态位较窄，对环境的适应性较差。

生态位重叠是指一定资源序列上，2 个物种利用同等级资源而相互重叠的情况。本文采用 Levins 生态重叠指数计算，公式为：

$$L_{ih} = B_{Li} \sum_{j=1}^{r} P_{ij} \times P_{hj} \tag{6-16}$$

$$L_{hi} = B_{Lh} \sum_{j=1}^{r} P_{ij} \times P_{hj} \qquad (6\text{-}17)$$

式中：L_{ih} 表示物种 i 重叠物种；L_{hi} 表示物种 i 被物种 h 重叠的重叠指数，取值范围为 $[0，1]$；B_{Lh} 为物种 h 的生态位宽度指数；P_{hj} 为物种 h 在第 j 资源位上的重要值或它在该资源状态上的分布比本研究的资源单位是高度级，将所调查的林分高度划分为 10 个资源位，每个高度级为 30cm。

6.4.2 林窗对物种多样性特征的影响

林窗大小是林窗的基本特征之一，林窗改变了光照、温度等环境因子，影响林窗内种子萌发及外来种的定居，进而影响林窗内物种更新和生物多样性。从不同面积林窗中植物的生长状况来看，Simpson 指数、Pielou 指数、Shannon-Wiener 指数、Margalef 指数大体上都比林内的要高。其中，Pielou 指数、Shannon-Wiener 指数、Margalef 指数基本呈现中林窗>大林窗>小林窗的变化格局。随林窗面积的不断增大 Simpson 指数呈现逐渐减少的趋势，大面积的林窗的环境条件更接近采伐空地或无林地的，林窗内环境异质性强，且光照强度大，反而不利于植被更新，因此，大林窗的物种丰富度降低，4 个指数偏低。但 Simpson 指数呈现出小林窗>中林窗>大林窗的变化格局，这是因为小林窗内有很多刚萌发不久的幼苗，现阶段 Simpson 指数略大于中林窗。从不同的林分中林窗内植物的生长状况来看，马尾松次生林生态系统中的 Simpson 指数、Pielou 指数、Shannon-Wiener 指数、Margalef 指数大体上都比常绿阔叶次生林生态系统的高，特别是 Pielou 指数、Shannon-Wiener 指数、Margalef 指数明显较高（$p<0.05$），这可能是由于当前的林分马尾松次生林属于演替后期，马尾松土壤根系的抑制作用较小，土壤酸碱度略有提高，保证了大量种子的萌发，进而引起林下植被组成的变化。本研究发现，林窗能够显著促进林下物种多样性及森林更新，林窗内更新苗密度及物种数均多于林内，说明林窗形成后，林窗内植物获得资源的有效性提高，得以良好生长。

(1)常绿阔叶次生林林窗更新群团的外貌特征

大林窗植物总数为 176 种，灌木为 121 种，草本为 55 种；中林窗植物总数为 169 种，灌木有 113 种，草本为 56 种；小林窗植物总数为 120 种，灌木为 85 种，草本 35 种(图 6-13、图 6-14)。

大林窗植被共有 49 科，其中大戟科、百合科、蔷薇科、桑科、樟科较多；共 62 属，其中菝葜属、悬钩子属、木姜子属、冬青属、榕属比较多。中林窗植被共有 51 科，其中大戟科、百合科、马鞭草科、葡萄科、蔷薇科比较多；共 78 属，其中紫珠属、菝葜属、葡萄属、悬钩子属、冬青属比较多。小林窗植被共有 40 科 61 属，其中常见科有樟科、蔷薇科、大戟科、葡萄科、茜草科、木兰科等，常见属有悬钩子属、木姜子属、葡萄属、崖豆藤属、菝葜属。对照样地植被共有 25 科 35 属。

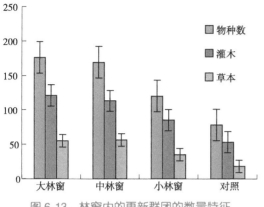

图 6-13　林窗内的更新群团的数量特征

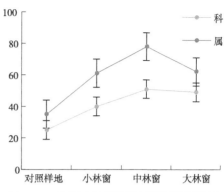

图 6-14　林窗内的更新植被科属数量特征

（2）常绿阔叶次生林林窗更新群团的垂直结构分析

在林窗中，更新群团垂直结构呈现差异化分布。大部分优势种在不同的高度级单元都有分布，只有少数物种仅在一个高度级层次分布，且数量特征明显，说明其在更新中占据特定的位置。这 10 个优势种的种群个体主要分布于Ⅰ层和Ⅲ层（图 6-15）。

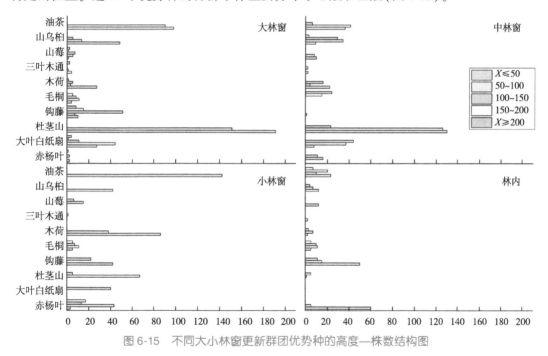

图 6-15　不同大小林窗更新群团优势种的高度—株数结构图

（3）常绿阔叶次生林林窗更新群团的径级结构分析

在林窗中，更新群团的各径级类型分面范围较窄或在径级分布上有明显间断，大多数的物种都在小径级内有分布（图 6-16）。不同大小林窗中，同一径级上，不同物种的个体相对多度代表该物种在该径级上的相对重要性。总体来看，和大林窗、小林窗、林内的物种相比，

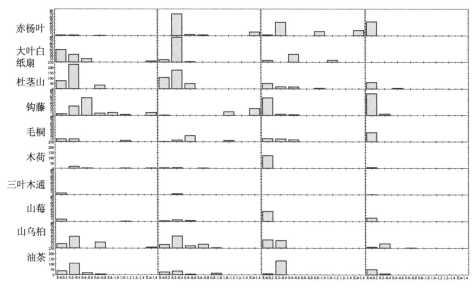

图 6-16　不同大小林窗更新群团优势种的径级—株数结构图

中林窗的更新物种在径级水平上呈现均匀分布，占据着较多的径级层次，更新情况较好。

（4）林窗对马尾松次生林更新群团外貌特征的影响

不同物种优势度在同一大小的林窗内有所不同，同一物种在不同大小林窗内优势度也存在差异。在灌木层，盐肤木（*Rhus chinensis*）、檵木（*Loropetalum chinense*）、铁仔（*Myrsine africana*）的重要值次序都较为靠前种，这些树种生态适应性强，分布广泛，在林窗内和林下都占据着重要位置，为马尾松次生林内的优势树种（图 6-17）。大林窗内重要值排序靠前是小构树（*Broussonetia kaempferi*）、铁仔、山莓（*Rubus corchorifolius*）、苦槠（*Castanopsis sclerophylla*）、粉叶菝葜（*Smilax corbularia*）、油茶（*Camellia oleifera*）、竹叶花椒（*Zanthoxylum armatum*）、红叶野桐（*Mallotus paxii*），中林窗重要值排序靠前是青冈（*Cyclobalanopsis glauca*）、木蜡树（*Toxicodendron sylvestre*）、白栎（*Quercus fabri*），小林窗中林窗重要值排序靠前红叶野桐、黄檀（*Dalbergia hupeana*）、紫弹朴（*Celtis biondii*）。

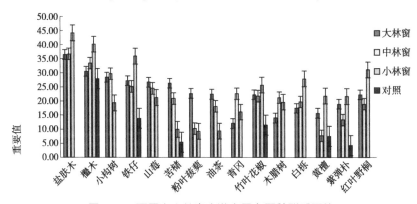

图 6-17　不同大小林窗内灌木层主要种群重要值

（5）林窗对马尾松次生林更新群团生态位特征的影响

不同树种在相同的生境下的生态位宽度值不同，在不同的生境下的生态位宽度值也会不同。盐肤木的生态宽度值：MB（SW）（0.71）>LB（SW）（0.38）>SB（SW）（0.26）=CB（SW）（林内）；檵木、小构树、铁仔、山莓都表现这样的规律，说明这些物种在中林窗（150~180m²）的更新较好（图6-18）。其他树种的生态宽度值变化不明显，对林窗的响应不敏感，在林窗与林内都有特定的高度生态位。

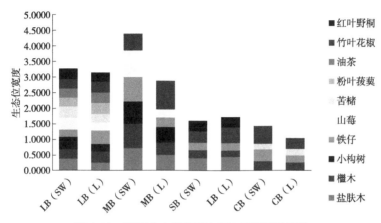

图6-18　不同大小林窗灌木层主要种群生态位

在大林窗、中林窗、小林窗和非林窗的灌木层，生态位重叠值>0.1的物种数所占比例分别为85.71%、92.98%、44.64和12.5%；生态位重叠值为0.2~0.5的物种数比例分别为12.81%、23.24%、41.07%和0.78%。在大林窗中，苦楮与铁仔的生态位重叠值最大，说明这两个物种在高度生态位上利用能力相似（图6-19）。在中林窗内，青

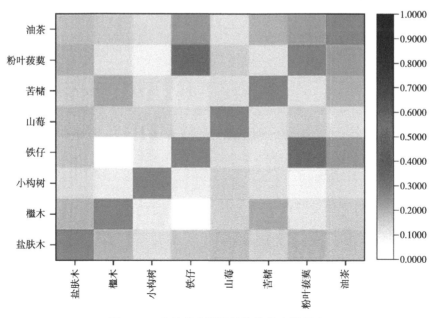

图6-19　大林窗内不同植物的生态重叠度

冈与竹叶花椒的生态重叠值最大，其次是铁仔与竹叶花椒，竹叶花椒与多物种存在资源共享（图6-20）。在小林窗中，紫弹朴与黄檀、铁仔2个物种出现生态位重叠（图6-21、图6-22）。

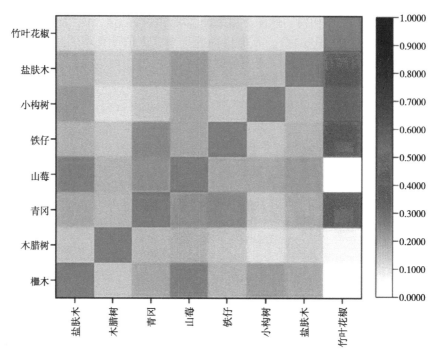

图 6-20　中林窗内不同植物的生态重叠度

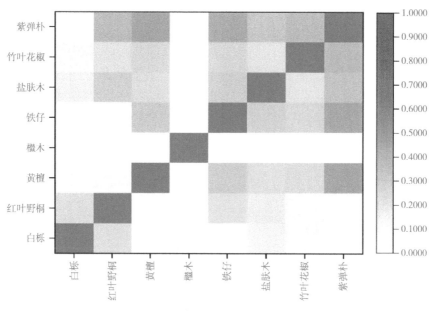

图 6-21　小林窗内不同植物的生态重叠度

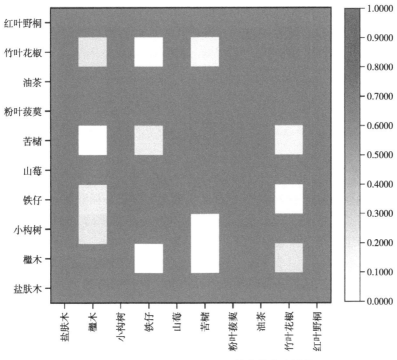

图 6-22　马尾松次生林内不同植物的生态重叠

6.5　基于 SPOT-5 遥感影像的湘西地区林分参数及碳储量预估模型研究

森林是陆地生态系统的主要构成部分，也是大陆上最复杂的生态系统(Meng et al.，2016)，发挥着重要的经济价值、社会价值和生态价值。但是，森林持续地提供这种服务依赖于森林良好的整体状况。森林经营管理的本质是人为参与控制森林生长过程，生产出大量优质的木材。为了实现这一目标，毫无疑问，人们必须清楚地了解被管理的对象，即森林的动态过程。森林结构复杂，影响碳储量因素较大，相互关联。对于具有生长过程耗费时间长的生态系统，森林对实施的管理决策具有很差的容错性。例如，原本已经郁闭的林分可能会因为强度较大的间伐而出现林分无法恢复原来的郁闭状态的情况，而且未来的决策措施无法得到补偿，因此掌握森林结构、动态变化规律以及预测林分相关参数对森林的经营管理尤为重要。科学有效地评估森林状况及经营管理森林离不开对各种有关森林参数系统、全面、准确、即时、可靠的调查。调查数据为科学合理的森林经营决策提供了理论依据和参考，有利于实现森林的可持续经营和林业的可持续发展。但是，几十年来，人类的破坏引起了环境恶化，而环境的恶化导致森林的部分功能丧失，扩大森林面积、提高林分质量、增加生物多样性、维护生态系统功能等是世界面临的巨大挑战(尹伟伦，2015)，尤其是生态功能在近几十年中得到了重点关注，其中对林分结构和碳储量的研究也越来越重视。对于林分变量的估算，传统的人工调查方式不能适应新形势下数字化森林资源监测的要求。

本研究以湘西地区为研究对象，选择 SPOT-5 为数据源，运用全子集回归的方法，通过遥感图像与实地调查数据结合的方式，构建林分结构变量与碳储量预估模型，以更快速、准确的方法掌握林分变量特征，为森林经营管理提供决策依据。

6.5.1 研究方法

6.5.1.1 数据源

（1）样地信息衍生变量

研究中的样地数据来源于 2007 年湖南省的第七次国家森林资源连续清查数据中的调查数据，样地为正方、正向、边长 25.82m，面积为 0.067hm²（1 亩），样地分布在 4km×6km 的正方形网格上。每个样地中胸径≥5cm 的树木按照树种、胸径和它们的空间位置被记录下来。如图 6-23 所示，共有 231 个样地落在影像上，图中标注为黑色的点，将样木表和样地表进行交叉对比，选择共有的样地，其中满足条件的有林地为 78 个样地，图中标注为红色的点。

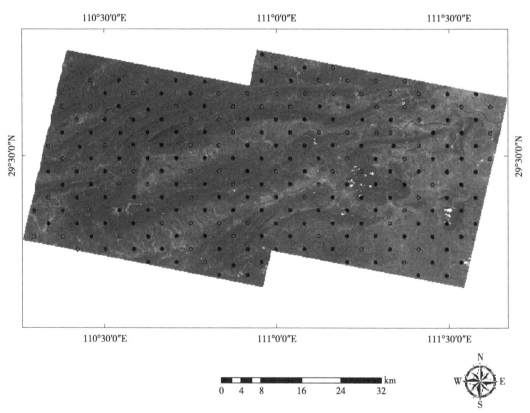

图 6-23　湖南省样地点分布

①传统森林变量

传统的森林变量，包括每一块样地的二次平均直径（QMD）、胸高断面积（BA）、树木数量(NT)和林分蓄积量(SV)。这些变量能够对森林结构整体状态进行基本的描述,并且能够为森林经营管理方案的制定、实现森林管理决策目的提供信息。

②森林结构多样性变量

与传统的森林变量相比,森林结构多样性变量可以提供更多森林结构方面的细节。结构多样性可以分能为 3 个层次:物种多样性、大小多样性以及空间位置多样性。

a. 物种多样性:Shannon 指数(SHI)、Simpson 指数(SII)、Pielou 指数(PI)是通常用于表达物种多样性的 3 个指数。

Shannon 指数:

$$SHI = \sum_{i=0}^{s} p_i \cdot \ln(p_i) \tag{6-18}$$

式中:p_i 表示第 i 个种占总数的比数;s 表示物种的总数。

Pielou 指数:

$$PI = \frac{SHI}{\ln s} \tag{6-19}$$

式中:SHI 是 Shannon 指数。

Simpson 指数:

$$SII = 1 - \sum_{i=1}^{n} p_i^2 \tag{6-20}$$

式中:p_i 表示第 i 个种占总数的比例。

b. 森林空间多样性:森林空间多样性主要体现在森林空间结构参数,以实地调查数据为基础,采用学者通常采用的最近 4 株林木为最小和最优空间结构单元,使用 R 软件编写代码进行数据处理和分析各样地林分的混交度(M)、大小比(U)和角尺度(W)。

角尺度 W_i 是反映树木空间分布状态的指标,参照树 i 与任意 2 株最近的相邻木 j 的夹角有 2 个,小角为 α,α 角小于标准角的个数占所观察的 4 个 α 角的比数称为角尺度(标准角为 72°),公式为(惠刚盈、胡艳波等,2005):

$$W_i = \frac{1}{4} \sum_{j=1}^{n} Z_{ij} \tag{6-21}$$

式中:W_i 是参照树 i 的角尺度。Z_{ij} 中 j 的取值为:当第 j 个夹角小于 72° 时,$Z_{ij} = 1$,反之 $Z_{ij} = 0$。W_i 有 5 种取值,即 0、0.25、0.5、0.75、1,0 表示很均匀,0.25 表示均匀,0.5 表示随机,0.75 表示不均匀,1 表示很不均匀。林分角尺度平均值($\overline{W}$),计算公式为:$\overline{W} = (1/N) \sum W_i$。林分的平均角尺度可以反映林分内林木的局部格局,即当 $0.475 \leqslant \overline{W} \leqslant 0.517$ 时,林分为随机分布,$\overline{W} < 0.475$ 时为均匀分布,$\overline{W} > 0.517$ 时为集群分布。

胸径大小比数(U_i)用来描述林分内相邻树种的差异,在最近的 4 株相邻木中,大于对象木 i 的相邻木 j 的个体数所占的比例称为大小比,它比较准确地用数据来衡量了对象木与其相邻木的大小相对联系,其公式为(惠刚盈 等,2005):

$$U_i = \frac{1}{4} \sum_{j=1}^{n} K_{ij} \tag{6-22}$$

式中:当 $K_{ij} = 1$ 时,参照树 i 比相邻木 j 小,反之,$K_{ij} = 0$。U_i 值越小,表明该树种在胸径指标上表现较优异，当 U_i 分别取值为 0、0.25、0.5、0.75、1，表示为其对象木对于其 4 株最近相邻木的情况分别为优势木、亚优势木、中庸木、劣势木、绝对劣势木。

混交度（M_i）表示树种的空间隔离程度，即最接近参照树 i 的 4 株相邻木 j 中，属于不同种的相邻木所占的比数，即用公式表示为（惠刚盈、胡艳波 等，2005）：

$$M_i = \frac{1}{4} \sum_{j=1}^{n} v_{ij} \tag{6-23}$$

式中：当 $v_{ij} = 1$ 时，参照树 i 与第 j 株相邻木林木属于不一样的树种；当 $v_{ij} = 0$ 时，则为同种树种。M_i 分别取值为 0、0.25、0.5、0.75、1，M_i 取上述数值，表明参照树 i 周围 4 棵最近邻木与参照树均为同种、3 棵为同种、2 棵为同种、1 棵为同种和全部为不同种的情况，相应的混交程度为无混交、混交度弱、混交度中、混交度强、混交度极强。

c. 大小多样性：基尼指数（GC），公式为（Meng et al.，2016）：

$$GC = \frac{\sum_{t=1}^{n} (2t - n - 1) ba_t}{\sum_{t=1}^{n} ba_t (n - 1)} \tag{6-24}$$

其中，ba_t 是排名为 t 的树的胸高断面积（m^2/hm^2），t 是从 1 开始按顺序排列的树的排名。GC 的范围从 0 到 1。当所有树的大小相等时，GC 的最小值为 0，在无限总体中，除了一棵树之外，所有树的基面积都为 0，理论上 GC 的最大值为 1。

DBH 标准误（$SDDBH$），公式为：

$$SDDBH = \sqrt{\frac{\sum_{i=1}^{n} (d_i - \bar{d})^2}{n - 1}} \tag{6-25}$$

式中：d_i 为第 i 棵树木的胸径；$\bar{d}$ 为样地内所有树木胸径的算式平方根。

③森林生态功能指数

《国家森林资源连续清查技术规定》提出了构建森林生态功能指数（FEFI）的评价因子、构建方法及评价标准。森林生态功能指数选择能够反映森林生物量、生物多样性和森林结构的相关特征的性质，把这些性质统一成一个整体来评价森林生态功能水平，也就是全面评估表 6-10 中各评价因子，按相对重要性确定权重，根据相关文献（王柏昌 等，2007；赵刚源，2007）和 2014 年《国家森林资源连续清查技术规定》中的要求评估因素和标准如下（表 6-10）：

计算各样地得分公式为：

$$Y = \sum_{i=1}^{8} W_i X_i \tag{6-26}$$

式中：X_i 为第 i 项评价因素的类型得分值（类型 Ⅰ、Ⅱ、Ⅲ 分别取 1、2、3）；W_i 为评价因素的权重。等级评定见表 6-11。

另外，Y 的倒数定义为森林生态功能指数：

$$K = \frac{1}{\sum W_i X_i} \tag{6-27}$$

表 6-10　森林生态功能评价因素及类型

序号	评价因子	类型划分标准			权重
		Ⅰ	Ⅱ	Ⅲ	
1	森林蓄积量	≥150m³/hm²	50~149m³/hm²	<150m³/hm²	0.20
2	森林自然度	1, 2	3, 4	5	0.15
3	森林群落结构	1	2	3	0.15
4	树种结构	6, 7	3, 4, 5	1, 2	0.15
5	植被总覆盖度	≥70%	50%~69%	<50%	0.10
6	郁闭度	≥0.70	0.40~0.69	0.20~0.39	0.10
7	平均树高	≥15.0m	5.0~14.9m	<5.0m	0.10
8	枯枝落叶厚度等级	1	2	3	0.05

注：竹林的蓄积量统一按类型Ⅱ确定。

表 6-11　森林生态功能等级评定

功能等级	综合得分值	功能等级	综合得分值
好	<1.5	差	≥2.5
中	1.5~2.4		

K 的数值范围 $0 \leqslant K \leqslant 1$，数值越高，表明森林生态功能发挥的越充分。

④碳储量计算

本研究采用李海奎等（2010）建立的回归模型，按照表 6-12 分树种计算样地乔木生物量。

表 6-12　树种生物量回归模型

树种（组）	生物量回归方程
杉木和其他杉类	$W_S = 0.073\,429(D^2H)^{0.862\,62}$；$W_P = 0.013\,775(D^2H)^{0.844\,63}$ $W_B = 0.000\,482(D^2H)^{1.233\,14}$；$W_L = 0.019\,638(D^2H)^{0.789\,69}$ $W_T = W_S + W_P + W_B + W_L$
马尾松和其他松类	$W_T = 0.071\,556(D^2H)^{0.857\,209}$
柏木	$W_S = 0.125\,31(D^2H)^{0.857\,209}$；$W_B = 0.137\,403 + 0\,012\,887D^2H$ $W_L = 0.053\,49 + 0.009\,97D^2H$；$W_T = W_S + W_B + W_L$
油杉	$W_T = 0.149\,707(D^2H)^{0.801\,39}$
硬阔叶类	$W_S = 0.044(D^2H)^{0.9169}$；$W_P = 0.023(D^2H)^{0.7115}$ $W_B = 0.0104(D^2H)^{0.9994}$；$W_L = 0.0188(D^2H)^{0.8024}$ $W_T = W_S + W_P + W_B + W_L$
软阔叶类	$W_T = 0.049\,550\,2(D^2H)^{0.952\,453}$
桉树	$W_S = 0.090\,252\,6(D^2H)^{2.188\,15}$；$W_B = 0.004\,916\,3D^{2.877\,19}$ $W_L = 0.012\,694D^{2.268\,39}$；$W_T = W_S + W_B + W_L$

注：W_S 为树干生物量，W_P 为树皮生物量，W_B 为树枝生物量，W_L 为树叶生物量，W_T 为地上生物量。

目前，森林碳储量计算一般是生物量乘生物量中碳元素含量（含碳系数，表6-13）来推算（李海奎、雷渊才，2010）。

基本公式为：

$$树种碳储量 = 树种生物量 × 树种碳元素的含量 \tag{6-28}$$

表 6-13　各树种含碳系数

树种类型	碳元素的含量	树种类型	碳元素的含量	树种类型	碳元素的含量
红松	0.5113	华山松	0.5225	硬阔类	0.4834
冷杉	0.4999	马尾松	0.4596	椴树类	0.4392
云杉	0.5208	云南松	0.5113	檫树	0.4848
柏木	0.5034	水杉	0.5101	桉树	0.5253
樟子松	0.5223	樟树	0.4916	杨树	0.4956
赤松	0.5141	楠木	0.503	桐类	0.4695
黑松	0.5146	栎类	0.5004	软阔类	0.4956
油松	0.5207	桦木	0.4914	杂木	0.4834

注：未涉及的树种采用 0.5 的含碳系数。

（2）遥感数据

SPOT-5 地球遥感卫星具有以前卫星无法比拟的特点，例如分辨率增加了一个数量级，最高可达 2.5m；能够在前后模式下实时采集立体像对；在运营性能上也有了大大的提高；在包括数据压缩、存储和传输等在内的一系列方面已经有了重大的改进。SPOT-5 卫星采用太阳同步准回归轨道，配备了 3 种成像设备：高分辨率几何装置（HRC），植被探测器（VEGETATION）和高分辨率立体成像（HRS）装置（表 6-14）。高分辨率几何装置可以获取全色波段和多光谱数据，其中全色波段分辨率最高达 2.5m，多光谱数据分为 $B_1(VIS)$（$0.49 \sim 0.61\mu m$）、$B_2(R)$（$0.61 \sim 0.68\mu m$）、$B_3(NIR)$（$0.78 \sim 0.89\mu m$）和 $SWIR$（$1.58 \sim 1.78\mu m$）4 个波段，分辨率为 10m（$SWIR$ 波段为 20m），多光谱波段空间分辨率为 10m（短波红外空间分辨率为 20m），全色波段空间分辨率达到 2.5m（杨长青，2012）。

表 6-14　SPOT-5 数据特征

波段 （μm）	PA 0.46~0.69	B 0.43~0.47	VIS 0.49~0.61	R 0.61~0.68	NIR 0.78~0.89	SWIR 1.58~1.78	视场 （km）
HRG	2.5/5m		10m	10m	10m	20m	60
VEG		1km		1km	1km	1km	2250
HRS	10m						120

本研究中使用的遥感图像为 SPOT-5 卫星遥感影像，两幅影像成像时间为 2007 年 9 月的 16 日、21 日，它与样地数据获取时间一致，覆盖张家界市大部分地区和承德市、湘西

土家族苗族自治州的一小部分地区，影像预处理包括大气校正、几何精校正、配准等由国家林业和草原局调查规划设计院完成，后续信息提取运用软件 ENVI5.3 中的 Band Math 和统计功能。

（3）光谱信息提取

①原始波段值提取

a. 绿谱段（500~590nm）：绿色光谱带位于植被的最大叶绿素光谱反射曲线的波长附近，并且还位于水体的最小衰减值的长波侧，这将有助于探测水中悬浮物质等阻碍光线透过的程度和水深 10~20m 的水体情况；b. 红谱段（610~680nm）：它可用来提供作物识别、没有植物生长的裸地和岩石表面的状态；c. 近红外谱段（790~890nm）：具备穿透大气层的能力，在这个光谱波段，植被呈现发亮的状态，水体则非常暗；d. 此外，还有蓝色波段和全色波段的原始波段值（程建新、王树文，2013）。

②波段组合

遥感影像上的植被信息借助绿色植被叶片和植被冠层的光谱特性及其差别和变化来反映，通过软件分析，可以将不同光谱通道获得的植被信息和不同要素或某种特征状态下的相关性显著与否计算出来。因此，仅使用个别波段或多个单波段数据分析和比较来提取植被信息是相当困难的，为了解决这一阻碍，研究学者选择多光谱的遥感数据，通过加法、减法、乘法、除法等线性或非线性方法，产生对植被生长、生物量等有指标意义的数值，这就是所谓的"植被指数"（付尧，2011）。该指数仅仅依靠光谱信息，就能实现对植物状态信息的最佳表达。有效地收集处理相关的光谱信号、增强植被信息、减少非植被信号的影响是定性和定量地评价植被覆盖、生长及生物量来建立植被指数的关键。由于植物内部生理过程、外部立地条件等对光谱信息有一定影响，所以在不同的区域以及不同的时间范围内光谱信息会有所不同。不同的植被指数可适用于分析不同的地物。除了各波段对应比值之外，本研究还使用了一些植被指数（表 6-15）。

表 6-15　SPOT-5 影像光谱信息

指数	公式
单一波段	$mean\_nir$；$mean\_red$；$mean\_green$；$mean\_swir$；$mean\_pan$
波段比	$RED/SWIR$；$GREEN/SWIR$；$NIR/GREEN$；$GREEN/RED$
亮度	$(NIR+RED+GREEN+SWIR)/4$
归一化植被指数 $NDVI$	$(NIR-RED)/(NIR+RED)$
比值植被指数 RVI	NIR/RED
土壤调节植被指数 $SAVI$	$[(NIR-RED)/(NIR+RED+L)](1+L)$
水分胁迫指数 MIS	$SWIR/NIR$
短波红外线与可见光之比 SVR	$SWIR/[(RED+GREEN)/2]$

注：NIR、RED、$GREEN$、$SWIR$ 是近红外波段、红波段、绿波段和短波红外波段的表面反射率，其中 $L=0.5$。

归一化植被指数($NDVI$)，近红外波段与可见光红外波段数值之差比上这两个波段数值之和，即：

$$NDVI = \frac{NIR - R}{NIR + R} \qquad (6\text{-}29)$$

NIR 是近红外波段，R 是红外波段，分别是 SPOT-5 中的第三波段和第二波段。$NDVI$ 被认为是十分重要的植被指数的原因主要有以下 4 点：a. 植被检测响应变化程度较高；b. 代表的植被面积较大；c. 能减小地表形态和植被空间结构、时间组配和种类结构的阴影和辐射干扰；d. 减小太阳高度角和大气层所带来的噪点。然而，$NDVI$ 也存在局限性，因为它以非线性的映射方式把信号放大，增强了 NIR 和 RED 反射率的对比度，对于同一影像，当分别求出 RVI 和 $NDVI$ 时，会发现 RVI 值的增加速度高于 $NDVI$ 的速度，也就是说，$NDVI$ 对高植被区的不太敏感（仝慧杰，2007）。

比值植被指数（RVI，ratio vegetable index）公式为：

$$RVI = \frac{NIR}{R} \qquad (6\text{-}30)$$

研究表明，当植被覆盖度大于 50% 时（高覆盖率）的时候，RVI 对植被覆盖度的差异尤其敏感；然而，它不能很好区分小于 30% 的植被覆盖率，并且受到大气和地形的辐射强烈影响。因此，RVI 适合植被覆盖率高的区域监测。对于绿色植物叶绿素的红光吸收和叶肉组织的近红外强反射，两者在数值上有着较大的差值，R 与 NIR 的值不同，并且 RVI 值高。而对于没有植物的地方包括裸土、建筑物、水体以及已经死亡或受胁迫的植被，则没有这种特殊的光谱响应。因此，比值植被指数可以增强植被与土壤背景之间的辐射差异。土壤通常接近于 1 的比率，而植被则会显示出大于 2 的比率。可以看出，比值植被指数可为植被反射提供重要信息，是测定植被生长、丰度的方法之一。类似的，可见光绿色波带（叶绿素引起的反射）与红色波带之比 G/R 也是有效的。RVI 是绿色植被的敏感指标，与叶面积指数（LAI）、植物叶片干质生物量（DM）、叶绿素含量高度相关，可用以监测和预估植物生物量（仝慧杰，2007）。

土壤调节植被指数（$SAVI$，soil adjusted vegetable index），公式为：

$$SAVI = \frac{NIR - RED}{NIR + RED + L} \times (1 + L) \qquad (6\text{-}31)$$

其中，L 是土壤调节因子，数值不是固定不变的，会随着植被密度的变化而变化，通常取值范围为 0~1，但是在以往学者的研究探索中，L 的值可以取 0.5、0.35、0.25，当植被覆盖度很高时为 0，很低时为 1（仝慧杰，2007）。很明显，如果 $L=0$，那么 $SAVI = NDVI$。基于 $NDVI$ 和大量观测数据提出的土壤调节植被指数（$SAVI$）可以降低土壤背景的影响。本建模区域植被覆盖中等，故 L 值取 0.5。

水分胁迫指数（MSI），公式为：

$$MSI = \frac{SWIR}{NIR} \qquad (6\text{-}32)$$

MSI 用于冠层应力监测，生产力预估、监测和模型构建，明火威胁条件分析和生态系统生理原理研究。

短波红外线与可见光之比(SVR)，公式为：

$$SVR = \frac{SWIR}{\left(\dfrac{RED + GREEN}{2}\right)} \tag{6-33}$$

(4)纹理特征因子提取

纹理是一种普遍存在的视觉现象，没有固定的概念定义。一个纹理基元是一个具有一定的不变特性的视觉基元。这些不随外部因素变化的特征在给定范围内的不同地方上重新重复出现，但是会改变原来的形态呈现出不同的方向，纹理信息最本质、不因外部因素变化的特性之一是区域内像素的灰度分布，而影调也是表示灰度的明暗分布，纹理特征提取是通过一定的图像处理技术提取纹理因子，从而获得纹理因子定量或定性描述的过程（杨长青，2012）。相关文献指出，对于纹理信息全色波段尤其适合空间关系的分析（何春阳等，2003；张哲，2012）。因此，我们采用基于灰度共生矩阵（gray level cooccurrence matrix，GLCM）从每幅图的全色带中计算了二阶结构特征。

$$p(i, j) = V(i, j) \Big/ \sum_{i=0}^{n-1} \sum_{j=0}^{n-1} V(i, j) \tag{6-34}$$

式中：$p(i, j)$ 为灰度共生矩阵归一化后第 i 行第 j 列的值；$V(i, j)$ 为移动窗口第 i 行第 j 列数值；n 为灰度共生矩阵的行或列数。

本研究选取平均值（mean）、变化量（variance）、同质性（homogeneity）、对比度（contrast）、非相似度（dissimilarity）、熵（entropy）、角二阶矩（angular second moment）和相关性（correlation）作为潜在的自变量来建立预测模型（表 6-16）。除了空间分辨率，纹理特征还取决于窗口大小（黎良财 等，2014；王昆 等，2013；赵安玖，2017）。为了确定最优窗口大小，本研究计算了与林分变量在 9 个窗口大小（3×3，5×5，7×7，9×9，11×11，13×13，15×15，17×17，19×19）下纹理信息的 Pearson 相关性。

表 6-16　基于灰度共生矩阵的二阶纹理信息统计量

纹理因子	公式	纹理因子	公式
平均值	$\sum\limits_{i, j=0}^{N-1} i P_{i, j}$	非相似度	$\sum\limits_{i, j=0}^{N-1} P_{i, j} \lvert i - j \rvert$
变化量	$\sum\limits_{i, j=0}^{N-1} P_{i, j} (i - MEAN)^2$	同质性	$\sum\limits_{i, j=0}^{N-1} \dfrac{P_{i, j}}{1 + (i + j)^2}$
相关性	$\sum\limits_{i, j=0}^{N-1} P_{i, j} \left[\dfrac{(i - MEAN)(j - MEAN)}{VAR} \right]$	熵	$\sum\limits_{i, j=0}^{N-1} -P_{i, j} \ln P_{i, j}$
对比度	$\sum\limits_{i, j=0}^{N-1} P_{i, j} (i - j)^2$	角二阶矩	$\sum\limits_{i, j=0}^{N-1} P_{i, j}^2$

6.5.1.2 建模自变量的确定

不同的森林群落表现出的不同森林结构和其他特征在获取的影像上可以表现为不同的色调、结构和纹理特征，因此以上色调、结构和纹理特征都是后续构建预估模型的备选独立变量。本研究选择了上述提及的光谱和纹理特征共 23 个变量作为构建预估的备选独立变量。本次研究共有 78 个样地数据，首先按实地调查数据中的横纵坐标定位样地坐标在地理信息系统(GIS)中生成实测样地点状矢量数据，然后运用分析工具–领域分析–缓冲区，设置半径为 12.91m 的缓冲区生成圆形缓冲区，再以圆形缓冲区为基础，采用数据管理工具–要素–要素包络矩形转面命令，建立圆形多边形的外接方形多边形，从而生成方形样地，生成样地大小面状矢量文件，然后将面状矢量文件覆盖到生成的 23 个变量数据层数据上，并从各数据层读取样地所在范围内象元的平均值，即为样地所对应各自变量的值(杨长青，2012)。

6.5.1.3 建模方法

全子集回归也称最优子集回归，一种拟合多元线性回归方程的自变量选择的方法(Örkcü，2013)。假设共有 m 个变量，全子集回归过程会先把所有可能包含 1 个、2 个直至全部 m 个自变量的子集回归方程都拟合，然后从所有独立变量全部可能的独立变量组合的子集回归方程中按照不同的需求标准挑选最佳的一个。m 个自变量会拟合 2^m-1 个子集回归方程，然后使用回归方程的统计数据作为选择最优方程的标准。常用的是 $MS_{剩}$(剩余均方)准则或 R 准则，R_c 叫作校正复相关系数，$0 \leqslant R_c \leqslant 1$，公式为：

$$MS_{剩} = \frac{SS_{剩}}{n-p-1} \tag{6-35}$$

$$R_c^2 = 1 - \frac{MS_{剩}}{MS_{总}} = R^2 - \frac{p(1-R^2)}{n-p-1} \tag{6-36}$$

式中：p 为子集回归方程中包含的独立变量的数量。p 增加，分子 $SS_{剩}$ 虽会随之减少，但分母也会减小。如果分子的减小权衡不了分母的减小，p 增加会造成 $MS_{剩}$ 的增大，由于 $MS_{总}$($即 S_y^2$)不变，因此 R_c^2 减小。此准则选 $MS_{剩}$ 最小或 R_c^2 最大者为最优回归方程。最优子集回归法的优点是所拟合的回归方程的剩余均方最小，因此 $F(MS_{回}/ MS_{剩})$ 最大，从这种意义上说，回归方程保证了最优。缺点是：a. 计算量大，如 $m=15$，则必须拟合 $2^{15}-1=32\ 767$ 个子集回归方程来挑选最优者；b. 当样本含量 n 变小时，结果的重复性差；c. 无法保证引入回归方程的各独立变量显著，回归方程外的各独立变量都不显著。当参与筛选的独立变量个数少，如 $m=3\sim5$ 时，用全子集回归法可考察和比较所有可能的子集回归方程，从而可分析不同的自变量对应变量的联合作用，因而可选用此法。当 m 大时，也可先规定回归方程包含的独立变量个数 m'，然后从全部可能的子集回归方程中挑选最优者。

6.5.1.4 模型构造与验证

在建立预测模型之前，首先进行对森林变量与影像信息(光谱、纹理)之间的关系进行相关分析。用双尾 t 检验确定相关性是否具有统计学意义。只有显著相关的影像信息才能作为自变量进入随后的预测模型。预测模型的构建本研究使用了全子集回归的方法，对于存在异方差的情况采用响应变量（林分变量）的 Box-Cox 变换，将方差膨胀系数（VIF）限制为 10，并将独立变量数量限制为小于 4，以避免多重共线性（孙华，2013）。在回归中，除了残差图之外，还进行了 Shapiro-Wilk 检验（简称 SW 检验）和 NCV 检验分别检验残差的正态性和等方差性。对通过确定系数（R^2）和均方根误差（$RMSE$）来评估模型的精度，然后通过计算留一交叉验证的确定系数（R_{cv}^2）和均方根误差（$RMSE_{cv}$），进一步验证了预测模型，计算公式如下：

决定系数：

$$R^2 = 1 - \frac{\sum (y_i - \bar{y}_i)}{\sum (y_i - \bar{y})} \tag{6-37}$$

均方根误差：

$$RMSE = \sqrt{\frac{\sum (y_i - \bar{y}_i)^2}{n}} \tag{6-38}$$

式中：y_i 为测量值；$\bar{y}_i$ 为预测值；$\bar{y}$ 为测量平均值；n 为样地数。

6.5.1.5　数据变换

一般线性模型的应用中，通常情况是构建的模型残差和预测变量具有一定的相关性。这样构建的预估模型是不能够应用的，遇到此类情况大多数学者会选择对因变量 Y 进行变量变换的方法来减少不可预测的误差和预测变量的相关性（张彦林，2010）。本研究也选择了这种方法，通过因变量 Y 的适当变换，实现了原始数据的综合转换，从而尽可能地满足线性回归模型的假设，因变量 Y 的变量变换有许多方法，常用的变换都可以通过公式实现。Box 和 Cox 在 1964 年提出了 Box-Cox 变换，是一种广义幂变换方法，这种方法引入了参数 λ，基于样本数据本身估计该参数，从而确定数据变换形式，不需要任何先验信息，克服了一般变换模型的诸多缺点，并具有灵活的参数形式（以线性、对数线性和幂函数模型为特殊案例）。实践证明，Box-Cox 变换可以明显地改善数据的正态性、对称性和方差相等性，对许多实际数据都是行之有效的，Box-Cox 变换形式为（刘承平，2005）：

$$Y^{(\lambda)} = \begin{cases} \dfrac{Y^\lambda - 1}{\lambda}, & \lambda \neq 0 \\ \ln Y, & \lambda = 0 \end{cases} \tag{6-39}$$

式中：λ 是一个待确定的参数，可以针对不同的 λ 进行不同的变换，由公式（6-39）可以看出当 $\lambda = 0$ 时该变换为对数变换，当 $\lambda = -1$ 时，变换为倒数变换，当 $\lambda = 0.5$ 时，变换为平方根变换，将上述变换应用于因变量的 n 个观测值获得向量，公式如下：

$$Y^{(\lambda)} = (Y_1^{(\lambda)}, \cdots, Y_n^{(\lambda)}) \tag{6-40}$$

变换参数 λ 使得 $Y^{(\lambda)}$ 满足：

$$Y^{(\lambda)} = X\beta + e, \ e \sim N(0, \ \sigma^2 I) \tag{6-41}$$

通过因变量变换，得到的向量 $Y^{(\lambda)}$ 与独立变量具有线性关系，误差也服从正态分布，误差各分量具有方差齐性且相互独立。

公式中的 λ 可以通过最大似然方法确定，其基本思想是根据公式(6-39)写出 $Y^{(\lambda)}$ 的似然函数，选择 λ 使:

$$SSE(\lambda; \ Z^{(\lambda)}) = (Z^{(\lambda)})'[I - X(X'X)^{-1}X']Z^{(\lambda)} \tag{6-42}$$

达到最小，其中:

$$Y^{(\lambda)} = (Z_1^{(\lambda)}, \ \cdots, \ Z_n^{(\lambda)}) \tag{6-43}$$

$$Z_i^{(\lambda)} = \begin{cases} \dfrac{Y_i^{(\lambda)}}{\left[\prod\limits_{i=1}^{n} Y_i\right]^{\frac{\lambda-1}{n}}}, \ \lambda \neq 0 \\[6mm] (\ln Y_i)\left[\prod\limits_{i=1}^{n} Y_i\right]^{\frac{1}{n}}, \ \lambda = 0 \end{cases} \tag{6-44}$$

虽然无法得到最小化的 SSE(λ, $Z^{(\lambda)}$) 对应的 λ 的解析表达式，但上述公式为在计算机上的实现 Box-Cox 变换提供了极大的便利。本研究中，对检验出异方差的模型数据采用 R 语言中 MASS 安装包进行因变量的数据变换。

6.5.1.6 碳储量专题图制作

选取区域内完整的行政地域，对此区域的森林碳储量分布图进行统计查询，大多文献将生物量或者碳储量按标准制定为 4~5 个等级(夏栗 等，2017；岳彩荣，2012)，首先在 ENVI 中计算输出灰度图像结果，再利用 ArcGIS 的分级彩色显示生成碳储量等级图。

6.5.2 结果与分析

6.5.2.1 林分参数

78 个样地的林分参数见表 6-17，虽然样地数目较少，但是同样代表了广泛的森林特征。最重要的常规林分变量蓄积量为 8.56~170.54m³/hm²，均值为 39.85m³/hm²，与湖南省的平均值 33.31m³/hm² 基本一致(夏栗 等，2017)。在物种多样性方面，以 SHI 为例，其范围为 0~1.86，数值范围说明样地中既有同种树种，也存在混合树种，树种物种多样性程度还是比较高的。GC 值为 0.17~0.78，平均值为 0.4，而 GC 的理论最大值为 1，说明树种大小多样性程度处在中等。在树种位置多样性方面，范围为 0~0.90，平均值为 0.31 的 M 说明混交林差异较大，从极低水平到极高水平都有分布。U 值在 0.35~0.61，平均值为 0.50，说明林分树木大小存在中等分化。W 值在 0.47~0.85，平均值为 0.61，表明样地为集群分布。碳储量平均值为 11.71t/hm²，与湖南省 2004—2008 年的森林碳密度 23.2t/hm² 相差较大(郭兆迪 等，2013)。

表 6-17　林分变量统计值

林分变量	最大值	最小值	平均值	标准偏差
林木数量（n/hm²）	2528	60	662.88	557.70
胸高断面积（m²/hm²）	27.01	0.40	6.73	6.48
蓄积量（m³/hm²）	170.54	8.56	39.85	21.72
胸径标准误	15.53	1.08	4.21	2.40
角尺度	0.85	0.47	0.61	0.08
大小比	0.61	0.35	0.50	0.05
混交度	0.90	0	0.31	0.25
二次平均直径（cm）	22.61	6.29	11.31	3.18
基尼指数	0.78	0.17	0.40	0.13
Shannon 指数	1.86	0	0.65	0.48
Simpsno 指数	0.82	0	0.35	0.25
Pielou 指数	1.00	0.07	0.59	0.27
森林生态功能指数	0.68	0	0.36	0.22
碳密度（t/hm²）	21.01	1.22	11.71	1.84

6.5.2.2　最优窗口选择

在不同窗口下，林分变量与纹理信息的相关性表明（图 6-24），林分变量与灰度共生矩阵 GLCM 的相关性变化趋势各不相同。对比度、均值、非相似度和均质性与涉及的林分变量的相关系数随着窗口的变化表现的并不明显。变化量与胸高断面积、蓄积、角尺度、辛普森指数、Shannon 指数和基尼指数的相关性最大，均值与蓄积、混交度、辛普森指数、Shannon 指数、胸高断面积和基尼指数的相关性最小。

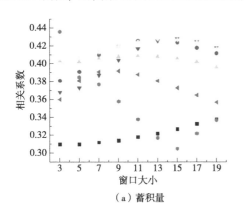

（a）蓄积量

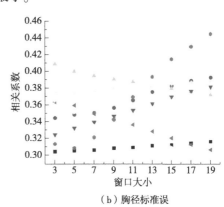

（b）胸径标准误

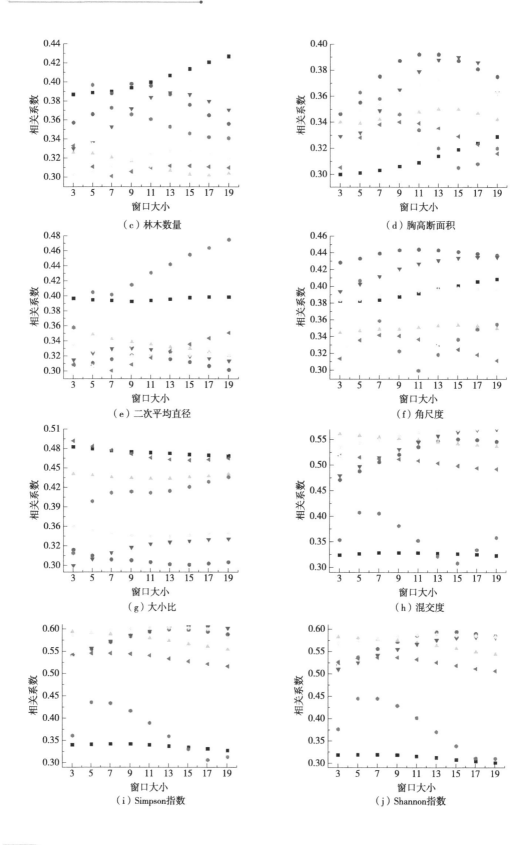

（c）林木数量

（d）胸高断面积

（e）二次平均直径

（f）角尺度

（g）大小比

（h）混交度

（i）Simpson指数

（j）Shannon指数

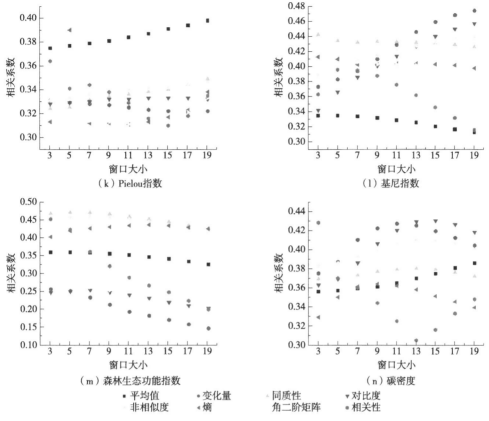

图 6-24　不同窗口下林分变量与纹理信息的 Pearson 相关性

随着窗口的增大，有些纹理变量变化比较大，角二阶矩阵与胸高断面积和蓄积的相关系数变化明显，在窗口 9×9 到 11×11 时相关系数增加显著。最优窗口条件下，纹理变量与林分变量的结果见表 6-18 所列。

表 6-18　最优窗口选择结果

林分变量	林木数量	胸高断面积	蓄积量	DBH 标准误	角尺度	大小比	混交度
最优窗口	9×9	11×11	11×11	13×13	3×3	3×3	5×5
林分变量	二次平均直径	基尼指数	Simpson 指数	Shannon 指数	Pielou 指数	森林生态功能指数	碳密度
最优窗口	9×9	9×9	5×5	5×5	7×7	3×3	11×11

6.5.2.3　相关性分析

表 6-19 中总结了林分变量和纹理信息之间的相关性分析。除了胸高断面积和二次平均直径之外，所有的林分变量都与均值显著相关，同样的，除了大小比和 Pielou 指数，所有的林分变量都与纹理信息相关性显著相关。在所有显著相关的变量里，变化量、非相似度与所有林分变量呈现正相关，对比度与所有林分变量呈现负相关。其中，均值与 Shannon 指数相关性达到最高，为 0.563。

表 6-19　各森林参数与纹理信息之间的相关性

变量	均值	标准差	对照	均匀度	非一致性	第二角力矩	纹理指数	相关性
NT	**0.385**	−0.037	−0.192	**0.198**	0.218	**0.236**	−0.227	**0.334**
BA	0.226	**0.159**	−0.118	0.21	**0.313**	0.141	−0.197	**0.297**
SV	**0.492**	**0.493**	**−0.398**	**0.396**	**0.447**	**0.365**	**−0.282**	**0.255**
SDDBH	**0.274**	0.199	−0.121	**0.267**	**0.381**	**0.204**	−0.124	0.218
W	**−0.483**	−0.381	0.357	−0.356	−0.378	**−0.401**	0.382	**−0.437**
U	**0.322**	0.265	−0.105	0.153	0.155	0.112	−0.125	0.108
M	**0.429**	**0.416**	**−0.436**	**0.428**	**0.459**	**0.372**	**−0.342**	**0.212**
QMD	−0.017	**0.218**	**−0.246**	0.064	0.168	**0.235**	**−0.214**	**0.194**
GC	**0.372**	0.155	**−0.429**	**0.296**	**0.381**	**0.401**	**−0.401**	**0.316**
Shannon	**0.563**	**0.471**	**−0.512**	**0.435**	**0.516**	**0.455**	**−0.412**	**0.321**
Simpson	**0.518**	**0.42**	**−0.503**	**0.381**	**0.478**	**0.462**	**−0.424**	**0.323**
PI	**0.501**	**0.336**	**−0.502**	**0.377**	**0.461**	**0.432**	**−0.422**	0.169
FEFI	**0.360**	0.256	0.247	**−0.367**	0.256	0.284	**0.402**	**−0.452**
C	**−0.368**	**0.285**	−0.213	**0.276**	**0.257**	0.222	−0.22	**0.288**

注：加粗数字表示在 0.05 水平上显著。

对于光谱信息来说，除了角尺度（*W*）之外，其余林分变量与 mean_green、mean_pan、mean_red 以及 red/swir 呈正相关，与 *GR*、*SR*、*NDVI*、*SVR* 呈负相关；除了混交度，其余林分变量都与 *SR* 显著相关；除了胸高断面积和碳储量，其余林分变量都与 mean_pan 和 mean_red 显著相关；此外，Brightness、mean_red 与 *DBH* 标准误，green/swir 与林木数量、胸高、断面积、角尺度、碳密度，mean_pan 与森林生态功能指数，*NDVI*、*SAVI* 与蓄积量，red/swir 与林木数量、蓄积量、角尺度具有较高的相关性（$|r| > 0.60$），其中 red/swir 与蓄积量的相关性达到最高，为 0.676，见表 6-20。

6.5.2.4　各参数估测模型建立与验证

基于纹理和光谱信息作为自变量构建的预估模型见表 6-21，所有的模型最多有 3 个自变量。*Brightness* 是最常用的一个自变量，预测了 *SDDBH*、*M*、*QMD*、*Pielou* 指数和 *FEFI*，波段比值中 *GREEN/SWIE* 对于预测胸高断面积、角尺度和碳储量有所帮助。从表 6-21 中可看出，所有构建的模型都具有统计学意义（$p < 0.001$），然而，结论是预测胸高断面积、蓄积量、角尺度、大小比、混交度、二次平均直径、*Shannon* 指数、*Simpson* 指数、*Pielou* 指数、森林生态功能指数和碳储量模型是可靠的，因为它们的决定系数 $R^2_{adj} > 0.5$。表 6-22 中通过留一交叉验证的方法进一步证实这些模型的预估能力。

具有预估能力的模型残差图如图 6-25 所示，没有观察到特定的模式。因此，这些模型能够有效地预测林分变量。

表 6-20　各参数与光谱信息之间的相关性

变量	Brightness	GR	green/swir	green/swir mean_	green mean_	nir mean_	pan mean_	red mean_ swir	MSI	NDVI	red/swir	SAVI	SR	SVR	VI
NT	-0.035	-0.506	0.628	0.207	-0.454	0.317	0.267	-0.409	-0.091	-0.504	0.624	-0.504	-0.425	-0.622	-0.099
BA	-0.237	-0.408	0.658	0.162	-0.486	0.121	0.046	-0.513	-0.011	-0.381	0.521	-0.381	-0.275	-0.536	0.051
SV	0.199	-0.546	0.569	0.509	-0.413	0.498	0.492	-0.209	-0.222	-0.622	0.676	-0.622	-0.494	-0.591	-0.28
SDDBH	0.605	-0.285	0.092	0.545	0.088	0.588	0.604	0.386	-0.031	-0.393	0.305	-0.393	-0.366	-0.213	-0.479
W	0.068	0.491	-0.641	-0.310	0.474	-0.284	-0.234	0.415	0.081	0.475	-0.601	0.475	0.392	0.601	0.037
U	0.051	-0.452	0.556	0.376	-0.271	0.323	0.239	-0.309	-0.081	-0.381	0.499	-0.381	-0.358	-0.593	0.009
M	0.540	-0.063	0.003	0.429	0.315	0.433	0.414	0.361	-0.079	-0.156	0.166	-0.156	-0.154	-0.051	-0.324
QMD	0.458	-0.148	-0.280	0.248	0.043	0.344	0.393	0.564	0.295	-0.183	0.051	-0.183	-0.274	-0.145	-0.497
GC	0.471	-0.368	0.260	0.537	-0.029	0.568	0.514	0.211	0.162	-0.424	0.403	-0.424	-0.405	-0.311	-0.379
SW	0.412	-0.401	0.343	0.550	-0.118	0.565	0.53	0.079	-0.195	-0.482	0.496	-0.482	-0.409	-0.387	-0.348
Simpson	0.367	-0.362	0.328	0.505	-0.105	0.52	0.483	0.042	-0.211	-0.433	0.461	-0.433	-0.363	-0.38	-0.302
PI	0.579	-0.195	0.023	0.48	0.193	0.499	0.504	0.427	0.059	-0.25	0.222	-0.250	-0.290	-0.110	-0.458
FEFI	0.449	-0.209	-0.299	0.467	0.460	0.626	0.435	0.555	-0.299	-0.588	0.219	0.514	-0.574	-0.238	-0.273
C	-0.197	-0.409	0.638	0.195	-0.448	0.154	0.089	-0.515	-0.023	-0.362	0.532	-0.362	-0.285	-0.575	0.103

注：加粗数字表示在 0.05 水平上显著。

表 6-21　基于纹理和光谱信息的林分变量回归模型

因变量	变换形式	模型参数		模型拟合统计量		
		自变量	回归系数	R^2_{adj}	RMSE	P
NT		b	1762.567	0.3221	371.548	<0.001
		mean_swir	−14.11			
		SAVI	−1768.855			
BA	取对数	b	6.208	0.5049	5.312	<0.001
		GREEN/SWIR	−1.942			
		mean_swir	−0.023			
SV	取对数	b	6.594	0.5264	25.3219	<0.001
		SVR	−3.514			
SDDBH		b	−12.025	0.4202	2.1084	<0.001
		Brightness	0.11			
		RVI	3.867			
W		b	0.884	0.603	0.1258	<0.001
		GREEN/SWIR	−0.245			
U		b	0.672	0.6356	0.0674	<0.001
		SVR	−0.171			
M		b	−0.823	0.6603	0.1318	<0.001
		Brightness	0.01			
QMD		b	21.693	0.5187	4.2317	<0.001
		Brightness	0.099			
		GREEN/RED	−16.221			
GC		b	−0.134	0.28	0.1346	<0.001
		mean_pan	0.008			
		mean_red	−0.004			
Shannon 指数		b	−3.833	0.5928	0.5147	<0.001
		VI	1.815			
		Mean	0.055			
		Dissimilarity	0.255			
Simpson 指数		b	−0.118	0.5418	0.3543	<0.001
		RED/SWIR	0.501			
		RVI	0.354			
		Homogeneity	−0.707			
Pielou 指数		b	−0.814	0.5149	0.4717	<0.001
		Brightness	0.011			
FEFI		b	−0.298	0.5017	0.0488	<0.001
		Brightness	0.003			
		mean_pan	0.004			
		Mean	−0.005			
C		b	−1.548	0.573	9.1385	<0.001
		GREEN/SWIR	19.889			
		mean_nir	−0.131			
		SAVI	19.131			

表 6-22　预估模型检验结果

变量	Shapiro-WilWK 检验		NCV 检验			留一交叉验证	
	W	P	Chisquare	Df	p	R^2_{adj}	RMSE
BA	0.9622	0.3233	6.2515	1	0.2124	0.4840	6.5190
SV	0.9096	0.3127	0.2885	1	0.5911	0.5172	27.4231
W	0.9825	0.3614	1.1113	1	0.2918	0.5093	0.0730
U	0.9574	0.4129	0.9805	1	0.3221	0.5103	0.0367
M	0.9471	0.5071	3.8012	1	0.3512	0.5463	0.1785
QMD	0.9731	0.3102	15.1910	1	0.2254	0.4984	4.6091
Shannon 指数	0.9869	0.6362	0.0453	1	0.8314	0.5142	0.3600
Simpson 指数	0.8725	0.5127	0.0412	1	0.7853	0.5246	0.2847
Pielou 指数	0.9752	0.2079	0.3138	1	0.5576	0.4914	0.2011
FEFI	0.9576	0.5211	0.0652	1	0.7985	0.4860	0.0763
C	0.9910	0.8761	2.4364	1	0.1185	0.5503	7.2119

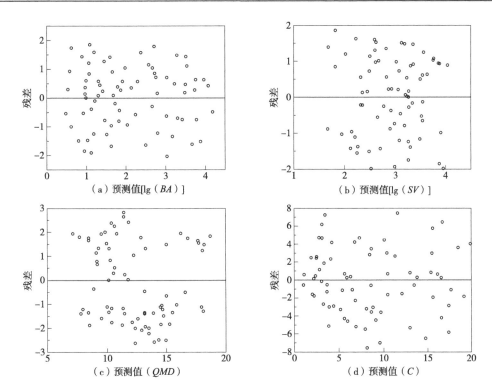

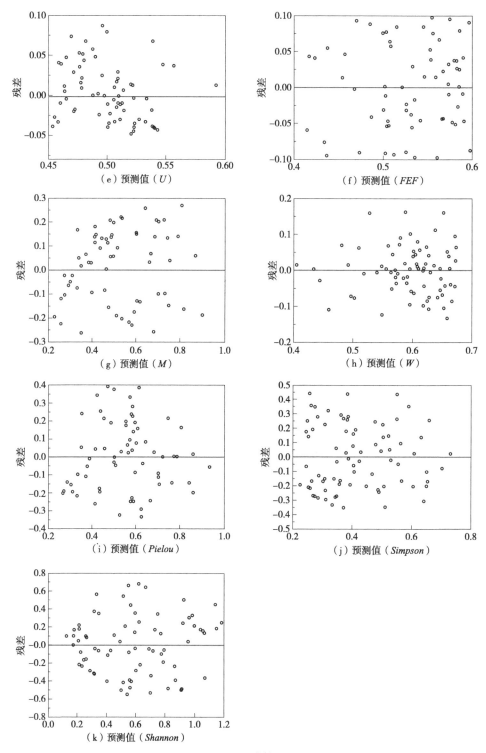

图 6-25　残差图

6.5.2.5　碳储量专题图

根据得到的碳储量模型，裁剪出武陵源区和永定区的影像，运用 ENVI5.3 及 Arcmap10.2 得到图 6-26 武陵源区和永定区碳储量专题图，因统计出的值最大在 20 左右，按照以往研究分级规则，本研究将其分为 5 个等级（0~5t/hm²，5~10t/hm²，10~15t/hm²，15~20 t/hm²，>20t/hm²），图中将碳储量分为了 5 级，每种颜色代表不同的等级，白色表示无林地，蓝色表示碳储量为 0~5t/hm² 等级的区域，青绿表示碳储量 5~10t/hm² 等级的区域，草绿表示碳储量 10~15t/hm² 等级的区域，黄色表示碳储量 15~20t/hm² 等级的区域，红色则表示碳储量>20t/hm² 等级的区域。由图 6-26 可以看出，该区域 56% 的碳储量处于 10~15t/hm² 等级，均值为 13.12t/hm²，前文中计算的样地碳储量平均值也处在这个范围，但是与全国以及整个湖南碳储量相比，整个区域处于一种较低密度（李海奎 等，2011；刘兆丹 等，2016；夏栗 等，2017）。

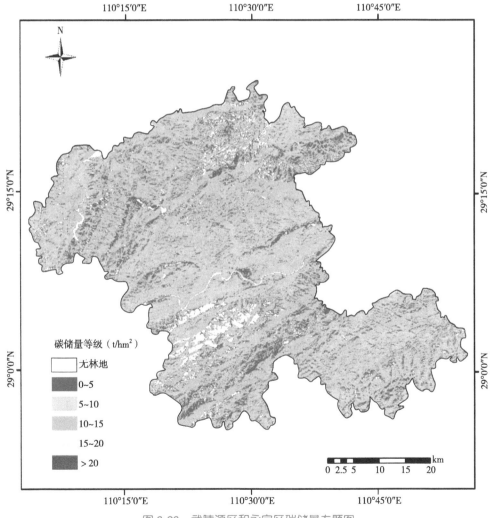

图 6-26　武陵源区和永定区碳储量专题图

6.5.3 讨论与结论

6.5.3.1 讨论

使用光谱和纹理信息建立了预测模型，但是结果中可以看出大部分模型中仅保留了光谱信息，仅有林木数量、Shannon 指数和森林生态功能指数中含有纹理信息，这可能是由于多重共线的原因。所产生的模型能够预测胸高断面积（BA）、蓄积量（SV）、二次平均直径（QMD）、Shannon 指数、Simpson 指数、Pielou 指数、混交度（M）、大小比（U）、角尺度（W）、森林生态功能指数（FEFI）和碳储量（R^2_{adj} 在 0.50~0.70，p<0.001）。植被指数是常用的和有潜力的独立变量来估计林分变量（Wallner，2015），在本研究中，虽然包括比值植被指数和其他植被指数，但是构建的预估模型中，只有比值植被指数（RVI）和土壤调节植被指数（SAVI）包含在林木数量、DBH 标准误和碳储量预估模型中，其他模型均没有植被指数进入模型，国外学者研究也曾得到类似的结果（Castillo-Santiago et al.，2010），他们使用 4 个植被指数来预测胸高断面积、蓄积量和地上生物量，但最终发现没有一个植被指数包括在最终模型之中。植被指数用于预测林分变量的有效性是由森林的性质和阴影的数量决定的。有国外学者研究发现森林处在较低的生物量水平下，光谱信息（植被指数）能够很好地解释森林结构变化（Corona，Marchetti，2007）。Wallner（2015）在研究中也解释了植被指数（如 GR 和 SR）估计林分变量的有效性：植被指数的低值意味着存在具有阴凉面和相对密度较低的针叶林，指数较高的意味着具有封闭冠层的阔叶林。从相关性上来看，植被指数与林分变量之间的相关性处于中等水平，这也就是说明了区域林分条件相对来说比较适宜，而最终模型却有很少的植被指数，可能是多重共线性导致了植被指数被排除在外。

模型中除了 Shannon 指数、Simpson 指数和 Pielou 指数之外，其余模型没有一个将纹理信息中的变量作为自变量，与研究结果相比，其他研究表明将纹理特征特别是二次纹理特征结合光谱测量可以改进林分变量的预估以及森林分类的准确性，Wulder 等（1998）发现从遥感影像中提取的纹理特征信息能够将估计硬木树种的叶面积指数（LAI）的能力提高20%；Kim 等（2009）同样将纹理信息结合光谱信息，提高了使用 IKONOS 影像的分类精度；Eckert（2012）通过研究表明，基于 WorldView-2 的热带雨林生物量/碳储量的估计在引入纹理特征后模型精度得到改善。本研究的结果与上述研究不一致的原因可能是由于SPOT-5 与上述遥感卫星（IKONOS 和 WorldView-2）相比具有相对较低的分辨率，Lu 等（2007）认为引入纹理信息的重要性随空间分辨率的增加而增加。此外，相对于低空间分辨率的图像，纹理信息的引入增加了高空间分辨率的分类精度，相对于针叶林样地，纹理信息的引入增加了阔叶林样地的分类精度（Franklin et al.，2000；Franklin et al.，2001）。研究中涉及结构多样性指数（GC 和 SDDBH）的估计，有学者指出树木有规律间隔分布以及密度相对较大的林分具有较低的结构多样性，但却具有较高的纹理信息值。相反的，具有较高结构多样性的样地产生较低的纹理信息值，因为这样的样地中的大树冠和间隙增加了具有相似或者相同灰度级的相邻像素的数量。区域中 78 个样地在物种组成和结构特征方面有着显著不同（表 6-17），Shannon 指数范围是 0~1.86，表明这些样地由单一树种组成的也有混交树种组成的，SV 的范围是 8.56~170.54m³/hm²，变异系数为 54.50%。在回归过程中，这些样地可能改变了纹理特征与林分变量之间的关系，这也可以解释很多模型最后都没有纹理特征包含在内的原因。因此，在构建预估模型之前，有必要将样地重新进行划分，将纯林和混交林分开建立预估模型(Meng et al.，2016)。

Simpson 指数和 Shannon 指数模型中包含纹理特征，并且可以进行可靠估计[Simpson 指数和 Shannon 指数的 R_{adj}^2 值分别为 0.5418 和 0.5928($p<0.001$)]，从研究情况可以看出许多学者在不同的研究方向探索了物种多样性和纹理特征之间的关联。Nagendra 等(2010)通过研究发现纹理特征与 Shannon 指数等物种多样性指数呈显著相关，St-Louis 等(2006)测试了影像纹理特征与鸟类物种丰富度和密度的预测，结果表明纹理特征是非常有潜力的预测变量，甚至优于在野外测量的植被结构。而 Simpson 指数和 Shannon 指数又被称为异质性特征，这种指数结合丰富度和均匀度的多样性，因此具有更多的信息，而正是包含了更多的信息，所以它们对遥感影像纹理信息具有较高的敏感性，也被认为是植被结构的替代品(Magurran，2003)。

对于要预测的林分变量，大多数研究集中在使用遥感数据估计常规的林分变量，如 SV、NT 和 QMD。对于更复杂的林分结构变量空间结构指数、生态指数等却只有很少研究，而这些复杂的林分变量在森林的管理经营方案的制定上有着举足轻重的地位，并且这些变量在实地调查过程中的数据收集更为耗费人力、物力和财力。本研究中，成功地构建了这些复杂林分变量的预估模型，如 SDDBH、GC 和林分空间结构指数。SDDBH、GC 和 U 可以反映树种大小的多样性，影响森林的经济、生态和社会价值，W 可以反映树种位置的多样性，能够据此推断生态机理和调整最佳树种的组合及预估最佳收获量。判定系数(R^2)或者调整的判定系数(R_{adj}^2)通常是评价模型的指标(Burkhart，Tomé，2012)，虽然 SDDBH 和 GC 的预估模型 R_{adj}^2 较低，但是也不能说它们是不可靠的 Murfitt 等(2016)在其研究中构建了 7 个模型，但是 R^2 值的范围为 0.23~0.38，并且他们使用了 R^2 为 0.38 的模型来绘制了整个区域的专题图。所以除了 R^2 或者 R_{adj}^2 之外，应该有更加综合有效的标准 Janssen 等(1995)的研究表明最佳模型的选择应该反映模型的预期使用情况，并且应该关注被认为与当前研究相关的模型数量。Krause 等(2005)在分析了几种标准的效果后，建议将不同的标准组合起来，用于科学合理的模型校准和验证。

空间结构指数是各种环境因素对林木相互作用后的综合反映。当个体之间竞争激烈时，森林中个体大多均匀分布；个体共存的空间关系主要表现为聚集分布；而当个体互相独立时则呈现随机分布(陈婷婷 等，2018)。本研究中，平均角尺度为 0.61，为集群分布，与其他生态学者的研究结果相同，自然环境中大部分物种都为聚集分布，森林物种分布的主导模式多为聚集格局(陈婷婷 等，2018；宋厚娟 等，2014)，而树种聚集分布在一起分布可以提高自身的生存几率(宋厚娟 等，2014；尤海舟 等，2009)。就角尺度一方面来说，区域内林木为共存关系，生存几率较高。在构建的预估模型中，可以发现林分空间结构参数的 R_{adj}^2 在 0.6 以上。其中混交度的预估模型精度最高，这可能由于混交度与其他林分变量相比有着更为详细的信息。胸高断面积和蓄积量既不包括物种组成也不包含树木位置信息，而 Shannon 指数和 Simpson 指数虽然涉及树种组成，但不涉及树木位置信息，相比之下，M 既包含树种组成信息又包含树木位置信息。

本研究中森林生态功能指数的计算是参照 2014 年发布的《国家森林资源清查及技术规

定》，也有学者对生态功能指数的计算提出改进；2005 年彭达针对广东森林资源清查中生态功能等级的实际问题，提出了森林生态功能水平的分类标准；2013 年施恭明等用免疫进化算法的投影寻踪法，构建了森林生态功能评价模型，将森林生态功能等级划分为五级对其进行评价；2018 年奚存娃利用神经网络分析法对甘肃森林资源清查中森林生态指数三级法、五级法、七级法进行评价，结果证明划分越细评价越客观。以上各位学者认为计算生态功能指数的 8 个指标都是合理的，只是将标准划分为更多级，以此来达到获取准确结果的目的，由于森林生态功能评价过程中含有定量、定性和可变性要素，单因素评价指标的评价结果往往又不相容。因此，森林生态功能评价中的高维、非线性和非正态性指标数据的处理使评价模型在客观性和可操作性方面存在一定的局限性，所以森林生态指数在等级划分方面存在很大争议，还需进一步研究确定合理的森林生态指数等级划分标准。此外针对计算生态指数的各森林指标的权重也应更加完善，寻求一个更加合适准确的权重。虽然通过 Pearson 相关性分析得出有 13 个统计量(9 个光谱统计量和 4 个纹理统计量)，它们可以作为构建模型的潜在独立变量，但最终进入模型的只有 3 个变量(*Brightness*、*mean_pan* 和 *Glcm_mean*)，这可能是多重共线性导致的。此外，进入模型的其中 2 个变量为光谱信息统计量，光谱信息统计量进入模型是与大多数学者的研究相符合的，值得注意的是，有一个纹理变量进入模型，这种情况与李明诗等(2006)提出的纹理信息不能很好地表达阔叶林空间分布格局的结论不相符。然而，也有众多学者证明了纹理信息在森林分类和预测林分属性方面存在巨大优势。国外研究学者在采用纹理信息对森林参数建立预估模型方面取得了较大进展(Dekker，2003；Sarker，Nichol，2011)，国内学者曹庆先等(2010)在进行生物量反演时发现生物量与常用生物量遥感估测光谱自变量基本不相关，与多个纹理特征确存在较好的相关性。因此在国内的大多数研究中，纹理特征信息被用于森林蓄积量、针叶林生物量的反演(房秀凤 等，2017；李明诗 等，2006)，并证明了纹理特征能够较好地预测森林某些参数。与光谱信息统计量相比，遥感数据的纹理特征提高了基于原始影像亮度的空间信息识别，基于纹理特征的表面参数反演精度具有很大的改进潜力(刘俊 等，2014)，同时有也说明了纹理信息将在未来森林资源研究中发挥巨大潜力。然而，阴影对光谱、纹理信息的影响不同，针叶林和阔叶林的反射对于光谱、纹理特征也不同(于泉洲 等，2015)，这两方面的影响可能是本研究中森林生态功能指数模型的精度稍高于 0.5 的原因。

本研究中地上乔木碳储量平均值为 11.71t/hm²，与同时期整个湖南省的平均碳密度和遥感预测碳密度平均值有所出入，根据刘兆丹等(2016)的研究，张家界市的碳密度在整个湖南区域是处于较低水平的，再加上本研究中的碳储量只涉及覆盖地上的树木，不包括灌木、草本、土壤等方面的碳储量，导致了这样的结果。构建的碳储量预测模型，虽然模型精度大于 0.5，但是相对于其他学者(李娜，2008；岳彩荣，2012)建立的碳储量反演模型精度来说相对较低，碳储量研究采用的建模样本数据中的样地生物量并非实测生物量，而是采用全国相同树种的生物量回归模型，影响了样地生物量的准确性和模型的精度，并且生物量信息的影响因素十分复杂，而遥感影像所包含的信息是有限的，这同样会影响模型的精度。

多重线性回归通常用于林业研究中森林生长和收获模型，本研究采用最优子集回归的方法来构建预测模型，相比于逐步回归，最优子集回归弥补了逐步回归的一些缺点和问题，将所有独立变量进行无规则搭配，根据实际要求进行选择。但是不论是逐步回归还是最优子集回归，都不可避免地受到一定限制，即对数据的严格假设。生态数据与遥感数据之间存在较复杂的关系，有非线性关系存在的可能(郭颖，2011)，所以两种数据之间在一定程度上是满足不了回归4个假设的，而且使用 VIF 来限制变量的数量，去除多重共线性的可能，会导致变量少则模型精度小，相对的机器学习方法能够很好地解决这个问题，它不需要对数据做任何假设，完善的机器学习方法应该在未来的遥感研究中被优先考虑，徐辉等(2018)运用 TM 影像和森林资源调查固定样地数据，构建的森林地上生物量多元线性回归此 BP 神经网络估算模型的预测精度差 20%，这表明 BP 神经网络模型优于多元线性回归模型，与翟晓江等(2014)研究的结论相一致，但是机器学习训练数据集的大小会直接影响模型的稳定性和准确性，本研究只有 78 块样地数据，满足不了机器学习对训练数据集大小要求，我们只能使用线性回归的方法。由于样地数只有 78 块，样本较小，所以本研究采用了样本利用率较高的留一交叉验证对模型进行验证，Meng(2016)的研究证明 48 块样地足以产生中等精度和普遍性的模型，本研究中利用 78 块样地产生的预测模型是有可靠性的。

森林的管理经营需要森林更加详细的信息，而有效的信息往往是复杂的，国外学者研究了在不断变化的情况下对森林生态系统进行大规模监测和评估的案例，并对过去 10 年的文献中出现的案例进行评论(Corona，2016)。遥感技术提供了提取这种详细又复杂信息的条件，因此，应该进一步研究探索这些复杂的森林结构指数与遥感数据信息间的关系。

6.5.3.2　结论

(1)通过 Pearson 相关分析和最优窗口原则选择纹理信息的最优窗口，角尺度(W)、大小比(U)和森林生态功能指数($FEFI$)选择 3×3 窗口；混交度(M)、Shannon 指数和 Simpson 指数选择 5×5 窗口；Pielou 指数选择 7×7 窗口；林木数量(NT)、二次平均直径(QMD)、基尼指数(GC)选择 9×9 窗口；胸高断面积(BA)、蓄积量(SV)和地上乔木碳储量选择11×11 窗口；DBH 标准误($SDDBH$)选择 13×13 窗口。

(2)使用 SPOT-5 卫星影像提取的光谱以及纹理信息可以可靠地预测胸高断面积(BA)、蓄积量(SV)、角尺度(W)、大小比(U)、混交度(M)、二次平均直径(QMD)、Shannon 指数、Simpson 指数、Pielou 指数、森林生态功能指数($FEFI$)和地上乔木碳储量，调整的决定系数(R_{adj}^2)都能达到 0.5 以上，而且模型的残差呈均匀地分布在 0 附近，没有明显的变化趋势；构建的模型能够预估林分变量，为林分变量的快速、经济且定量的评价提供数据支持，为有效的森林管理以及决策的制定提供理论支持。而林木数量(NT)、DBH 标准误($SDDBH$)、基尼指数(GC)的调整决定系数(R_{adj}^2)在 0.5 以下。

(3)根据森林地上碳储量模型绘制出湘西地区部分地域的碳储量专题图，将碳储量分为 5 级，遥感影像预测均值为 13.12t/hm²，遥感预测能够清晰地表明整个区域森林地上生物量的变化趋势，而通过森林资源清查的样地生物量是很难获得连续的碳储量分布结果。

森林结构参数等林分变量对于森林的经营管理具有重要意义。然而，这些地面数据的获得是耗时且昂贵的。在本研究中成功地构建了预测林分变量的预测模型。虽然产生的预测模型提供了林分变量的快速且经济的预估，当使用时应注意，如果使用这些模型时超出了构建模型的范围，有偏估计就有可能会发生，所以应鼓励开发兼容性的模型，为以后林分变量的预测提供更加便利的方式。值得注意的是，多元线性回归假设变量之间的线性和独立性，这在森林和遥感数据中很少观察到。完善的统计方法，例如机器学习，需要在未来的研究中运用。

6.6　物种多样性保育和固碳能力提升的量化经营技术

系统工程认为结构决定功能。因此，森林结构决定了森林生态系统的功能。森林固碳功能和生物多样双赢的目标势必对应一定的森林结构。本研究需要探求物种多样性保育和固碳能力提升最优化下的林分空间结构。基于该最优空间结构，进而确定森林经营中所采取的经营措施(如采伐木的确定)，将林分逐步导向兼顾生物多样性保育及固碳能力最强的结构。

森林空间结构从林木大小、林木空间分布、林分物种混交程度3个方面系统描述森林结构，为合理开展森林经营提供了重要依据。本研究首先选择全混交度、大小比数以及角尺度3个空间结构指数，采用四株木法确定林分的空间结构单元，对目标林分的空间结构进行分析，并构建林分空间结构综合指数。其次，构建森林生物多样性和固碳能力为因变量，森林空间结构指数为自变量的单一主导功能(即森林固碳能力、森林生物多样性)的回归模型。最后，在上述研究的基础上，构建基于单一主导功能的最优空间结构模型，得到基于单一功能的最优空间结构指标及各单一主导功能的最大值，为多样性保育及碳汇协同提升为目标的最优空间结构确定提供基础。

依据权重赋权法，构造出兼顾反映森林生物多样性及固碳能力综合指数。在确定的单一功能的最优空间结构的基础上，构建以单一功能权重为基础的多目标优化模型，利用多目标优化中使偏差量最小的思想，得到基于整体功能最优的空间结构，该空间结构为后继森林经营措施的开展，提出具体的量化导向目标。

以确定的生物多样性及固碳能力整体最优时的空间量化结构为目标，根据现实林分的特点，通过择伐逐步优化森林空间结构。以乘除法构建空间结构目标函数，以非空间结构作为约束条件，构建多目标线性规划模型，对模型进行求解，确定最优择伐木，实现森林择伐作业的量化，对比模拟优化前后各指标变化，建立森林经营优化体系。

6.6.1　研究方法

6.6.1.1　林分空间结构综合指数构建

本研究采用全混交度、大小比、角尺度3个空间结构参数描述林分空间结构，并在此基础上进一步提出综合空间指数。上述3个空间参数的具体公式如下：

(1)全混交度(Mc_i)

全混交度可反映林木间隔离程度，具体公式如下：

$$Mc_i = \frac{1}{2}\left(D_i + \frac{n_i}{n}\right) M_i = \frac{M_i}{2}\left[1 - \frac{1}{(n+1)^2}\sum_{j=1}^{s_i} n_j^2 + \frac{n_i}{n}\right] \tag{6-45}$$

式中：D_i 为参照木 i 所在空间结构单元的辛普森指数；M_i 为参照木 i 的简单混交度；n 为相邻林木的数量；s_i 为参照木 i 所在空间结构单元的树种数量；n_i 为邻近木中与参照木树种不同的树种数。

（2）大小比数（U）

大小比数可用来描述林木间竞争情况，具体公式如下：

$$U_i = \frac{1}{n}\sum_{j=1}^{n} k_{ij} \tag{6-46}$$

k_{ij} 的取值为 0 或 1，$k_{ij} = \begin{cases} 0 & \text{当临近木 } j \text{ 的胸径小于参照木 } i \text{ 的胸径} \\ 1 & \text{当邻近木 } j \text{ 的胸径不小于参照木 } i \text{ 的胸径} \end{cases}$

（3）角尺度（W_i）

角尺度可反映林分的水平分布格局，具体公式如下：

$$W_i = \frac{1}{n}\sum_{j=1}^{n} z_{ij} \tag{6-47}$$

$z_{ij} = \begin{cases} 1 & \text{当第 } j \text{ 个 } \alpha \text{ 角小于标准角 } \alpha_0 \\ 0 & \text{当第 } j \text{ 个 } \alpha \text{ 角不小于标准角 } \alpha_0 \end{cases}$

根据乘除法的思想，用全混交度、大小比数以及角尺度构造林分空间结构综合指数。根据各指标的实际意义可知，全混交度越大证明林分空间结构越优，大小比数越小则林分空间结构越优，当林分水平空间分布接近随机分布时为优，即角尺度值减去 0.5 的绝对值越小则越优。因此，将全混交度作为分子，大小比数和角尺度减去 0.5 后的绝对值作为分母，得到森林空间结构综合指数公式：

$$Q(x) = \frac{[M(x)+1]}{[U(x)+1]\,|\,W(x)-0.5|} \tag{6-48}$$

式中：$Q(x)$ 为空间结构综合指数；$M(x)$ 为森林的全混交度；$U(x)$ 为林分的大小比数；$W(x)$ 为林分的角尺度。

6.6.1.2　森林固碳与生物多样性综合指数构建

（1）植物多样性功能

①Gini 系数

Gini 系数能够客观表达不同径级分布的林分中林木大小的多样性差异，Gini 系数越大，表示林木大小多样性差异越大。

$$GC = \frac{\sum_{t=1}^{n}(2t-n-1)ba_t}{\sum_{t=1}^{n} ba_t(n-1)} \tag{6-49}$$

式中：ba_t 指径级 t 下林木底面积，m^2/hm^2。

②Shannon-Wiener 指数

香农-威纳指数（Shannon-Weiner Index）是在进行物种多样性调查时最常用的指数，它反映了群落的异质性，公式如下：

$$H = -\sum_{i=1}^{s} p_i \ln p_i \tag{6-50}$$

式中：s 指样地种物种数量；p_i 指第 i 种的个体数与样地内总个体数的比值。

③Pielou 均匀度指数

物种均匀度是指某一群落或生境中全部物种个体数目的分配状况，Pielou 均匀度指数反映了各物种个体数目分配的均匀程度，公式如下：

$$J_h = \frac{-\sum_{i=1}^{s} p_i \ln p_i}{\ln S} \tag{6-51}$$

式中：s 指样地中物种数量；p_i 指第 i 种的个体数与样地内总个体数的比值。

④辛普森指数

辛普森多样性指数（Simpson index）描述了从一个群落中连续 2 次抽样所得到的个体数属于同一种的概率，是反映物种多样性的指标，公式如下：

$$D = 1 - \sum_{j=1}^{s} p_j^2 \tag{6-52}$$

式中：s 指样地中物种数量；p_i 指第 i 种的个体数与样地内总个体数的比值。

（2）固碳功能

根据计算出的生物量结果，计算各个样地的碳储量，计算公式如下：

$$C = W \times BEF \tag{6-53}$$

式中：C 表示植物碳储量，kg/hm^2；W 指植物生物量，kg/hm^2；BEF 为转化系数，具体 BEF 值大小与树种有关。

基于 4 个植物多样性指数，采用 CRITIC 方法得物种多样性综合指数。在此基础上，同样采用 CRITIC 方法整合固碳功能，得到森林固碳与生物多样性综合指数。

6.6.1.3　森林固碳与生物多样性协同的空间结构优化模型

（1）森林固碳和生物多样性单一主导功能回归模型

本研究选择多元二次回归作为基础模型，构建森林生物多样性和固碳能力为因变量，森林空间结构指数为自变量的单一主导功能的回归模型。为了扩大样本数量，本研究把 20m×20m 的样地划分为 2 个 10m×20m 的小样格作为样本，以提高模型精度。采用如下基础模型，量化多功能指标与空间结构因子之间的关系：

$$Y_i = f_i(M, U, W) \tag{6-54}$$

式中：Y_i 为森林单一功能（生物多样性或森林固碳功能），M、U、W 分别为全混交度、大小比数及角尺度。

最后，计算均方根误差 *RMSE*、决策系数 R^2 等统计量，并绘制残差图，对模型的预测能力进行评价。

（2）单一功能主导最优空间结构确定

在计算某个主导功能的最优空间结构模式时，考虑另外一个功能水平在所有观测样地的平均水平之上，且空间综合结构指数也不低于研究样地的平均水平，因此以单一功能主导的最优空间结构优化模型及其约束条件如下所示：

$$\text{Max}Z = f_i(M,\ U,\ R,\ W)$$
$$f_j(M,\ U,\ R,\ W) \geqslant \overline{Y}_j (j = 1,\ 2;\ j \neq i)$$
$$i = 1,\ 2,\ 3,\ 4 \tag{6-55}$$
$$Q_x \geqslant Q_0$$

式中：$\text{Max}Z$ 为基于单一功能的最大值；Q_x 为某一单一功能的空间结构综合指数；Q_0 为观测样地的平均空间结构综合指数。

对上述模型进行求解，得到基于单一功能（即森林固碳能力、森林生物多样性）的最优空间结构及各单一主导功能的最大值。

（3）森林固碳与生物多样性协同最优空间结构确定

本研究的目标是通过合理开展森林经营，使得生物多样性保育和森林固碳 2 个功能同时最优。但是，在现实的经营活动中无法实现所有功能都达到最大化的目标，本研究以每个功能的权重为基础建立多目标优化模型。模型以每个单一功能尽可能达到最优状态为约束条件，以偏差变量之和达到最小作为目标函数，且约束等级为每个功能的指标权重。具体模型表述如下所示：

$$f_2(M,\ U,\ R,\ W) + d_2^+ - d_2^- = Z_2$$
$$f_1(M,\ U,\ R,\ W) + d_1^+ - d_1^- = Z_1 \tag{6-56}$$
$$\text{Min}Z = P_1(d_1^- + d_1^+) + P_2(d_2^- + d_2^+)$$

式中：Z_2、Z_1 分别为通过基于单一主导功能模型计算出的固碳功能、生物多样性功能的最大值；d_1^+、d_2^+ 为对应功能的正偏差变量，d_1^-、d_2^- 为对应功能的负偏差变量，表示实际值与目标值的差值；P_1、P_2 为各自功能的权重（由 CRITIC 方法计算得到）。对模型进行求解，计算出森林生物多样性及固碳能力协同最优的空间结构指数（M，U，W）及最优结构综合指数。

6.6.1.4　基于最优空间结构的林分调整方案

（1）目标函数的确定

在对林分空间结构进行优化时，选择林分空间综合结构指数作为目标函数，林分空间指数全混交度、大小比数以及角尺度，林分非空间结构指数（如树种数量、径级数等）为约束条件，构建林分空间结构多目标优化模型。值得说明的是，本研究所确定的森林生物多样性及固碳能力协同最优的空间结构指数，为多目标规划空间指数的约束条件。

（2）约束条件的设置

①树种多样性原则

为保证林分树种多样性，保持择伐前后的树种数量一致。

②直径结构

一般情况下，林分径级数越多，林分结构越优，因此要保证择伐后林分径级数不变。

③采伐量控制

为保证森林效益收获的永续性，在采伐时要控制采伐的强度，保证采伐量小于生长量，间伐强度小于30%。

④空间结构指标约束

经采伐后的林分应提升树种的隔离程度、降低林木之间的竞争强度，且整体水平格局分布更加趋近于随机分布，以上空间结构特点可通过调整空间结构指标大小来控制。

（3）模型建立

①目标函数

$$\mathrm{Max}Z = Q_{(x)} \tag{6-57}$$

②约束条件

$$N_{(x)} = N_0$$
$$D_{(x)} = D_0$$
$$M_{(x)} \geqslant M_0$$
$$U_{(x)} \leqslant U_0$$
$$|W_{(x)} - 0.5| \leqslant |W_0 - 0.5|$$
$$P \leqslant Z$$
$$Y_{(x)} \leqslant 30\%$$

式中：N_0 为林分择伐前树种数量，$N_{(x)}$ 为林分择伐后树种数量；D_0 为林分择伐前径级数量，$D_{(x)}$ 为林分择伐后径级数量；M_0 为林分择伐前全混交度，$M_{(x)}$ 为林分择伐后全混交度；U_0 为林分择伐前大小比数，$U_{(x)}$ 为林分择伐后大小比数；W_0 为林分择伐前角尺度，$W_{(x)}$ 为林分择伐后角尺度；P 表示采伐量；Z 表示生长量；$Y_{(x)}$ 表示采伐强度。

约束条件：a. 择伐前后林分树种数量不变；b. 择伐前后林分径级数量不变；c. 择伐后林分全混交度不低于择伐前林分全混交度；d. 择伐后林分大小比数不高于择伐前林分大小比数；e. 择伐后林分分布格局更趋于随机分布状态；f. 采伐量不超过生长量；g. 采伐强度不超过30%。

（4）择伐流程图

对林分内非健康的林木直接进行采伐，其余林木按照林分空间结构的约束条件以及林分空间结构综合指数 $Q_{(x)}$ 确定择伐木，旨在使得林分空间整体结构不断趋于优化，逐渐逼近森林生物多样性及固碳能力协同最优的空间结构。具体择伐流程图如图6-27所示。

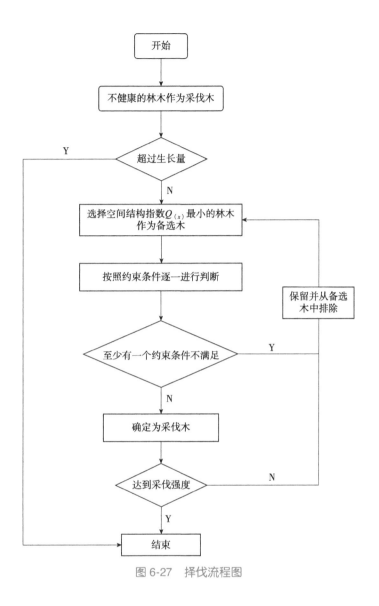

图 6-27　择伐流程图

6.6.2　研究结果

6.6.2.1　基于单一主导功能的回归模型

针对林分的物种多样性功能和固碳功能，分别与 3 个空间结构指数进行多元二次回归分析，构建出单一功能为因变量、空间结构指数为自变量之间的关系模型。

（1）物种多样性回归模型

对林分的物种多样性综合指数与 3 个空间结构指数进行多元二次回归分析，得到物种多样性模型，如下式所示：

$Z^1 = -0.055\ 25 - 4.995\ 19U + 1.907\ 86M + 4.662\ 19W + 14.670\ 76U^2 - 2.385\ 03M^2 + 1.006\ 12W^2 - 5.450\ 05UM - 13.162\ 08UW + 4.224\ 42MW$ (6-58)

模型的确定系数 R^2 值为 0.6149，平均绝对误差 AMR 为 0.0664，均方根误差 $RMSE$ 为 0.0828。由残差图进一步可知，标准化残差均匀地分布在 0 两侧，没有发现明显的变化趋势（图 6-28）。因此，物种多样性回归模型具有较好的预估精度与准确度。

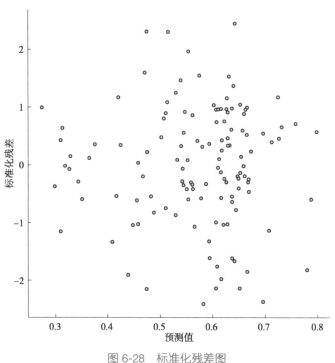

图 6-28　标准化残差图

（2）固碳功能与空间结构的拟合方程

对林分的固碳功能与 3 个空间结构指标进行多元二次回归分析，得到森林固碳回归模型，模型具体形式如下所示：

$Z^2 = -568\ 955 + 3\ 334\ 009U + 243\ 440M - 830\ 288W - 3\ 597\ 323U^2 + 169\ 110M^2 + 640\ 611W^2 + 626\ 515UM + 307\ 191UW - 92\ 9921MW$ (6-59)

模型的确定系数 R^2 值为 0.5323，平均绝对误差 AMR 为 9725.0320，均方根误差 $RMSE$ 为 11 395.4600。由残差图进一步可知，标准化残差均匀分布在 0 两侧，没有发现明显的变化趋势（图 6-29）。因此，物种多样性回归模型具有较好的预估精度与准确度。

6.6.2.2　基于单一功能最优的森林空间结构

在考虑基于单一主导功能最优时，也应考虑另一功能能够达到平均水平之上，且此时空间综合结构指数也不应该低于平均水平。因此，以另一功能以及空间综合结构指数为约束条件，得到基于单一主导功能的最优空间结构优化模型，公式如下：

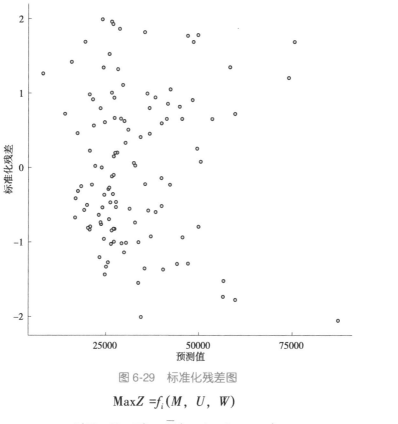

图 6-29　标准化残差图

$$\mathrm{Max}Z = f_i(M,\ U,\ W)$$

$$f_j(M,\ U,\ W) \geqslant \overline{Y}_j(j = 1,\ 2;\ j \neq i)$$

$$i = 1,\ 2 \tag{6-60}$$

$$Q_x \geqslant Q_0$$

式中：$\mathrm{Max}Z$ 为基于单一功能的最大值；$\overline{Y}_j$ 为另一功能的平均水平；Q_x 为基于单一功能的空间结构综合指数；Q_0 为马尾松天然林平均空间结构综合指数。

对上述模型求解，得到基于单一功能的最优时，空间结构指数值以及单一主导功能的最大值（表 6-23）。物种多样性最优时的最大多样性综合指数为 1.1749，达到该最大值时，全混交度为 0.7061，大小比为 0.5280，角尺度为 0.4438；固碳能力最大值为 147181.60，此时全混交度为 0.6504，大小比为 0.6343，角尺度为 0.4378。

表 6-23　基于单一主导功能的最优空间结构模式

主导功能	全混交度 （M）	大小比数 （U）	角尺度 （W）	单一主导功能 最大值（$\overline{Y}$）	空间综合 指数（Q）
物种多样性功能	0.7061	0.5280	0.4438	1.1749	15.9229
固碳功能	0.6504	0.6343	0.4378	147 181.6000	15.9230

6.6.2.3 基于固碳与生物多样性协同的最优空间结构

$$f_1(M, U, W) + d_1^- - d_1^+ = Z_1$$
$$f_2(M, U, W) + d_2^- - d_2^+ = Z_2 \qquad (6\text{-}61)$$
$$MinZ = P_1(d_1^- + d_1^+) + P_2(d_2^- + d_2^+)$$

式中：Z_1、Z_2 分别为基于单一主导功能模型计算得到的物种多样性功能、固碳功能的最大值；d_1^+、d_2^+ 为对应的正偏差变量，d_1^-、d_2^- 为对应的负偏差变量；P_1、P_2 为各自功能的权重。

对上述模型进行求解，得出表6-24，可知森林固碳及多样性保育协同的最优空间结构为（0.7061，0.5280，0.4438）。此时，物种多样性综合指数为1.1749，固碳功能指数为37 060.3200。

由 Lingo 软件计算出基于整体功能最优的空间结构模式为（0.7061，0.5280，0.4438），此时，空间综合结构指数为15.9229，物种多样性功能指数为1.1749，固碳功能指数为37 060.3200。

表 6-24 基于生物多样性及森林固碳能力协同的最优空间结构

主导功能	全混交度 （M）	大小比数 （U）	角尺度 （W）	单一主导功能 最大值（$\bar{Y}$）	空间综合 指数（Q）
物种多样性功能	0.7061	0.5280	0.4438	1.1749	15.9229
固碳功能	0.6504	0.6343	0.4378	147 181.6000	15.9230

6.6.2.4 基于森林固碳与生物多样性最优空间优化结构的森林调整研究

以慈利县天心阁林场马尾松天然林样地为例，由上述约束条件，最终得到该样地的择伐备选木信息，具体信息见表6-25。

表 6-25 马尾松天然次生林样地择伐备选木信息

样木号	X 坐标	Y 坐标	树种	胸径（cm）
9	18.738 09	17.145 22	马尾松	270
46	1.882 13	3.657 028	马尾松	194
75	19.577 76	18.505 42	杉木	108
85	2.045 352	3.465 92	马尾松	114
99	19.834 04	22.097 48	栎类	192
132	10.998 06	11.3062	栎类	90
149	17.044 52	5.143 231	其他硬阔类	92
155	2.000 225	10.393 72	栎类	81
158	9.880 912	13.5577	其他果树类	137
161	23.477 16	10.667 72	樟木	122
193	1.413 17	12.913 17	漆树	53

根据约束条件得到模拟优化采伐木筛选结果，最终马尾松天然次生林样地中，共有 11 株林木被选为采伐木，其中有马尾松 3 株、杉木 1 株、栎类 3 株、樟木 1 株、漆树 1 株、其他硬阔类 1 株、其他果树类 1 株，采伐强度为 10.38%。模拟择伐后样地内林木分布情况如图 6-30 所示，其中，红色圆圈代表采伐木，黑色空心圆圈代表保留木。

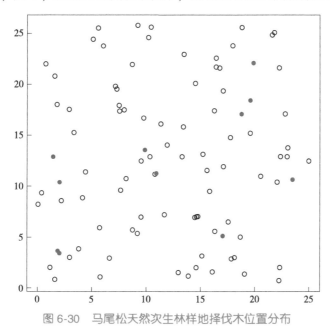

图 6-30　马尾松天然次生林样地择伐木位置分布

马尾松天然次生林样地进行采伐前后，样地空间结构指数发生了变化，具体变化情况见表 6-26。在马尾松天然次生林样地内共模拟采伐了 11 株林木，采伐强度为 10.38%，采伐后样地内林木树种数（N）和径级数（D）均未发生改变；模拟优化后林分全混交度（M）为 0.4129，较之前提升了 2.0499%；模拟优化后林分大小比数（U）为 0.5095，较之前减小了 0.4433%；模拟优化后林分关于角尺度的指标（$|W-0.5|$）为 0.0762，较之前减小了 19.2381%；模拟优化后林分空间结构指数（Q）为 12.2848，较之前增加了 24.7391%。

表 6-26　马尾松天然次生林样地优化前后空间结构参数对比

参数	优化前	优化后	变化趋势	变化幅度
树种数（N）	12	12	不变	—
径级数（D）	7	7	不变	—
全混交度（M）	0.4046	0.4129	增大	2.0499%
大小比数（U）	0.5118	0.5095	减小	-0.4433%
角尺度（$|W-0.5|$）	0.0943	0.0762	减小	-19.2381%
空间结构指数（Q）	9.8484	12.2848	增大	24.7391%

模拟优化后，马尾松天然次生林样地的空间结构指数为（0.4129，0.5095，0.5762），而森林固碳及多样性保育协同的最优空间结构为（0.7061，0.5280，0.4438）。由此可见经过择伐木的伐除，林分的空间结构逐步接近森林固碳及多样性保育协同的最优空间结构。

7 丘陵山地人工林生态系统服务提升技术

7.1 赣中南丘陵山地人工林概述

7.1.1 赣中南丘陵山地人工林现状

人工林作为森林生态系统的重要组成部分，在有效地缓解天然林被采伐的同时，还能够保障木材生产的供给，自1990年以来，全球天然林面积持续下降，而用于生产的人工林面积则增加了1.23亿 hm^2（FRA，2020）。根据全国第九次森林资源清查结果，中国人工林的造林面积7954万 hm^2，位居世界第一，蓄积量也在每年逐步提升（余畅，2020）。然而我国人工林经过了几十年的发展，也面临着一系列严重的问题，一方面是量的问题——森林面积增长减缓，短时间内难以持续增长，并且受到国家天然林保护政策的影响，更多森林产品生产的压力转移到了人工林上；另一方面则是质的问题——主要体现在人工林单位蓄积量小、生产力低下、林分结构单一、生物多样性低、幼龄化严重等问题（Cao，2011；刘世荣，2018）。因此，最直接、最有效、最现实的能够提升森林质量的方法就是深入挖掘现有森林的多种生态功能与生产价值，来发挥森林生态系统的最大潜力。

7.1.2 赣中南丘陵山地人工林退化问题

赣中南丘陵地区是我国东部亚热带红壤区的典型区域，由于人类不合理的开发利用，导致赣中南丘陵山地森林面积大幅减少，水土流失问题日益严重，生态环境遭到严重破坏。20世纪80年代初期，各地开始通过植树造林、退耕还林和封山育林等林业活动使得植被得到较好恢复，赣中南丘陵山地环境中，杉木人工林林分结构不合理、林分质量下降及粗放经营等导致人工林土壤退化（土壤结构较差、碳储量下降、有机质与养分含量低）等问题。陈楚莹（1990）、杨玉盛（2002）、林开敏（2001）、葛乐（2011）、廖世水（2011）等通过混交阔叶树种，何宗明（1996）等通过杉木复合经营，蒋云东（1995）、龚臻祺（1996）等通过杉木施肥，曾满生（2003）等通过保留枯落物等措施为解决杉木人工林地力退化问题做出了大量的尝试，都取得了不同程度的积极贡献，但人工林退化问题的深入研究还需要进一步加强。同时，赣中南地区是中国柑橘类水果的主要产区之一，柑橘业也是该地区的一个重要经济产业，赣中南地区是全国最大的脐橙主产区，柑橘人工林的种植面积居世界第一、年产量世界第三。据赣州市果业局统计，2014 年，赣州市脐橙种植面积达 11.2 万 hm^2，产量达 123 万 t。赣中南地区大多开发利用坡地发展柑橘产业，普遍存在土地利用方式单一、全垦清耕和大规模机械化开挖等，造成了强烈的土壤扰动和地表植被覆盖的缺乏，柑橘人工林尤其是幼龄林面临着严重的水土流失和土壤退化风险。江西降雨充沛，雨期集中且多暴雨，大范围的柑橘人工林全垦整地等极易发生严重的土壤侵蚀（左长清，谢颂，2006；何长高 等，2017；赵其国，2006；何绍浪 等，2017）。朱丽琴等（2019）对赣州柑橘人工林的水土流失研究结果显示，柑橘人工林建成的第二年土壤侵蚀模数为 5043t/（km^2·a），次年为 4984t/（km^2·a），均达到或接近强度侵蚀等级。孙永明等（2014）对赣南柑橘人工林水土流失现状的研究表明，柑橘人工林水土流失面积占赣州耕地总面积的 33.53%，1~3 年柑橘人工林的水土流失以强度侵蚀为主，流失量高达 360.2 万 t。土地利用方式单一和清耕极大地降低了柑橘人工林的生物多样性，增加了病虫害蔓延的风险，2012—2014 年黄龙病的暴发和蔓延对赣中南地区柑橘产业的发展造成了很大的威胁，同时农药大量而频繁地使用对柑橘人工林生态系统可持续经营极为不利。赣中南地区柑橘人工林生态系统面临着水土流失严重、土壤保持能力差和化肥农药使用伴随的面源污染等问题。

7.1.3　赣中南丘陵山地人工林生态系统服务功能下降

尽管国内外已在人工林生态系统服务评估与管理方面取得了突出成就，但在确保社会和经济发展的前提下如何通过人工林生态系统管理来改善生态系统服务，进而保障赣中南丘陵山地乃至南方丘陵山地生态屏障带的生态安全，还缺乏充分的科学研究和成功范例。当前，赣中南丘陵山地典型人工林（杉木林、毛竹林、柑橘林等）仍然面临着一系列生态系统服务下降的问题，即由土壤退化所导致的保育土壤（土壤生产力与土壤保持）下降、生物多样性降低、碳汇能力下降与面源污染加剧等。

保育土壤（土壤生产力与土壤保持）下降包括人工林土壤生产力下降、土壤有效养分（氮、磷）缺乏（肥力），土壤保持能力下降。

生物多样性降低包括人工林结构单一、植物物种多样性降低，土壤动物多样性下降，土壤微生物多样性下降等。

碳汇能力下降包括人工林生态系统（灌木层、草本层、凋落物层与土壤层）综合固碳能力下降，土壤呼吸增加等。

面源污染加剧包括化肥施加形成的富营养化面源污染，杀虫剂除草剂等农药使用伴随的面源污染等。

7.1.4　研究目的

南方丘陵山地带是我国生态修复与保护的核心和关键区域，是我国"两屏三带"生态安全建设的重要组成部分。但不合理的开发利用导致该区域生态系统服务能力不强，表现出生物多样性减少、人工林土壤退化等生态问题。赣中南丘陵山地是我国南方山地丘陵山地生态屏障带的重要组成部分，该地区人工林分布广泛，人工林对区域生态服务起到重要作用，为赣中南丘陵山地区域经济发展和生态建设提供重要支撑。目前赣中南丘陵山地典型人工林面临着一系列生态系统服务下降的问题，例如土壤退化导致的人工林生产力下降、生物多样性降低、固碳能力下降、水土流失等。尽管国内外已在人工林生态系统服务评估与管理方面取得了突出成就，但在确保社会和经济发展的前提下，如何通过人工林生态系统管理来改善生态系统服务，进而保障赣中南丘陵山地，乃至南方山地丘陵山地生态屏障带生态安全，还缺乏充分的科学研究和成功范例。

赣中南丘陵山地的杉木人工林、柑橘人工林占据优势，随着人工林种植面积的不断扩张、看重短暂经济效益的错误理念以及不当的经营方式，引起了人工林生物多样性降低、人工林土壤退化等一系列生态问题，制约了人工林的可持续发展及其生态服务功能的发挥。如何扭转人工林经营现状，提升其人工林土壤保持、生物多样性和固碳减排能力，使之既可以呈现健康稳定的人工林生态系统又可以满足人类对生产和经营上的需求，是该区域人工林生态系统面临的问题。

近年来，通过近自然化改造的途径将人工纯林改造成高生产力、高固碳效率、高物种多样性的近自然化混交林是林业和生态学领域的热门话题。通过近自然化改造的方式将针叶林转变为混交林是当前最具实际意义、前景最为广阔的森林管理模式，在包括中国在内的许多国家中，经营针阔混交林已经得到了长足的发展。研究近自然化改造下杉木人工林物种多样性、土壤理化性质的相关关系及其动态变化以及林地土壤肥力的可持续性，探究改造后植被—土壤系统之间的相互影响关系，评估人工经营及近自然化改造措施对不同龄级杉木人工林群落的生态影响，可以为杉木人工林土壤质量的改良和杉木人工林土壤退化导致的人工林生产力、碳汇、生物多样性保育等生态服务功能下降问题提供科学依据，为进一步探索杉木人工林土壤管理模式的选择提供参考。

综上，人工纯林营造及其他人为活动干扰、柑橘人工林经营面临着固碳能力下降、土壤退化、水土流失、面源污染严重等生态问题，严重影响了南方丘陵山地生态系统的服务功能。在了解人工林生态服务功能提升的相关研究与方法的基础上，本研究针对赣中南人工林生态系统服务下降的问题，从保育土壤、生物多样性、固碳释氧、面源污染控制等生态系统服务功能提升的角度，研发并形成了杉木人工林林下植被定向恢复技术、杉木人工林减排增汇的土壤管理技术和柑橘人工林土壤保持与污染物削减的植被空间配置技术，形成了赣中南人工林生态系统服务提升技术。在不影响人工林生态系的统经济和社会效益基础上，为南方丘陵屏障带生态系统服务功能的提升提供理论基础。

7.2 赣中南丘陵山地人工林林下植被(植物功能群)定向恢复技术

7.2.1 林下植(物)被退化成因与植被恢复与重建关键限制因子

7.2.1.1 杉木人工林和毛竹林林下植被恢复与重建的干扰因子及特征

比较不同时间序列杉木人工林土壤有机碳、氮含量和储量，结果表明：在幼龄林阶段碳氮储量最高，随着林龄的增加，土壤有机碳储量和全氮储量均呈先下降后上升的趋势（图 7-1）。随着更新进程的推进，林下土壤碳氮下降可能是林下恢复的重要限制因子。

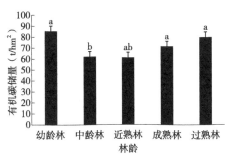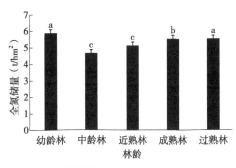

图 7-1　不同林龄土壤有机碳和全氮储量

7.2.1.2　林下植被恢复不同功能群的筛选

将南岭黄檀、南方红豆杉、密花豆、山柰以不同的搭配模式（南方红豆杉+南岭黄檀、密花豆+南岭黄檀、南岭黄檀+山柰、南方红豆杉+密花豆+山柰、南方红豆杉+密花豆+南岭黄檀）引入 6a、15a、25a、32a 以及 50a 林龄的杉木人工林下（表 7-1）。

选择南方红豆杉、草珊瑚、绞股蓝、南岭黄檀、白三叶这 5 种植物以不同的搭配模式（南方红豆杉+南岭黄檀、南方红豆杉+草珊瑚+绞股蓝、南方红豆杉+草珊瑚+南岭黄檀+绞股蓝+白三叶、草珊瑚+南岭黄檀+绞股蓝+白三叶、草珊瑚+绞股蓝+白三叶）引入毛竹林。

表 7-1　林下植物功能群的筛选与引入

模式编号	植物组合模式及数量	株行距
Y1/Z1/J1/C1/G1	10 株南方红豆杉+10 株南岭黄檀	2.00m×2.00m
Y2/Z2/J2/C2/G2	20 株南岭黄檀+60 个山柰块茎	2.00m×2.00m
Y3/Z3/J3/C3/G3	15 株密花豆+15 株南岭黄檀	1.60m×1.66m
Y4/Z4/J4/C4/G4	16 株密花豆+8 株南岭黄檀+8 株南方红豆杉	1.60m×1.66m
Y5/Z5/J5/C5/G5	20 株南方红豆杉+16 株密花豆+60 个山柰块茎	1.33m×1.66m
Y6/Z6/J6/C6/G6	对照	

7.2.2　杉木人工林林下植被恢复技术

7.2.2.1　杉木林下引入植物的生长状况

在幼龄林所有样地中，山柰的存活率最高（81%），其次是密花豆（61.67%），南方红豆杉（39.33%），存活率最低的是南岭黄檀（38%）。幼龄林内郁闭度很高，林内光线稀少，从样地内各个植物的生长状况可看出，山柰和密花豆可以较好地适应幼龄林下荫蔽的环境。南岭黄檀和南方红豆杉在幼龄林内的生长量相比其他林龄都低，样地内一些南岭黄檀叶片上还有虫害和病害，说明荫蔽的环境阻碍了南岭黄檀和南方红豆杉的生长（图 7-2、图 7-3）。

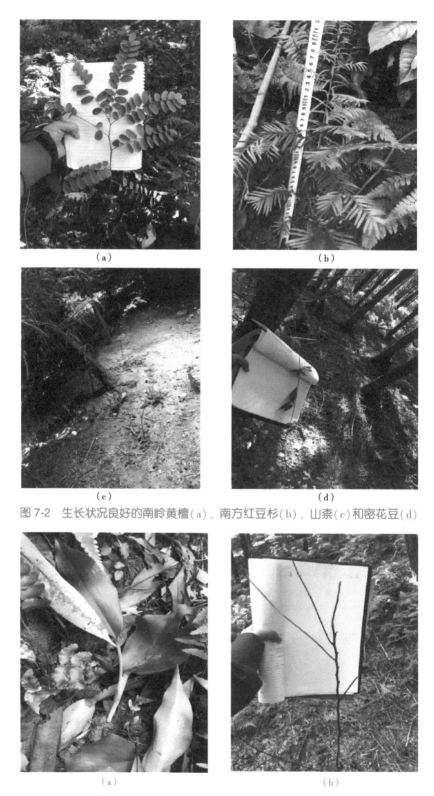

（a）　　　　　　　　　　　　（b）

（c）　　　　　　　　　　　　（d）

图 7-2　生长状况良好的南岭黄檀（a）、南方红豆杉（b）、山柰（c）和密花豆（d）

（a）　　　　　　　　　　　　（b）

图 7-3　被鼠食的山柰（a）和枯梢的南岭黄檀（b）

　　在中龄林的所有样地中，存活率最高的植物是山奈(94.5%)，密花豆和南方红豆杉的存活率也很高，分别是86.67%和85.33%，这3种植物长势良好，均能够很好地适应杉木中龄林的林内环境。虽然中龄林的郁闭度与幼龄林相差不大，但是南方红豆杉在中龄林下的存活率和生长量最高，这可能是由于南方红豆杉对于林内资源的竞争力小于其他林木的长势速度。

　　中龄林样地内林下植被种类少，南方红豆杉可以更好地利用林下资源。由此可知，比起上层林木郁闭度，林下植被对于南方红豆杉生长的影响可能更大。中龄林中存活率最低的是南岭黄檀(39%)，且南岭黄檀叶片小、长势差，有些南岭黄檀叶片上还存在白蚁取食情况。可见南岭黄檀是4种植物中最喜光不耐阴的，中龄林的郁闭度对于南岭黄檀来说仍较高(表7-2)。

　　在近熟林的所有样地中，山奈的存活率最高(79%)，其次是密花豆(72.33%)，南方红豆杉(54.67%)，存活率最低的是南岭黄檀(46%)。相比幼龄林来说南岭黄檀和南方红豆杉在近熟林的存活率以及生长量都有所提升。由于近熟林样地内有许多高大的蕨类，而山奈植株矮小，蕨类对林地养分以及光照的竞争影响了山奈的长势，使得其叶片较小且颜色较浅，还存在虫害现象。此外近熟林内70%以上的南岭黄檀存在虫害现象和枯梢的情况(表7-2)。

　　在成熟林的所有样地中，密花豆的存活率(73.33%)最高，而山奈(55%)、南岭黄檀(44.5%)以及南方红豆杉(42.33%)的存活率都较低。南岭黄檀存在虫害情况。约1/3的山奈有被鼠食的痕迹。说明成熟林样地内存在诸多对于植物生长不利的生物因素，如病虫害和动物取食(表7-2)。

　　在过熟林的所有样地中，山奈和密花豆的存活率较高，分别是74%和73.67%，其次是南方红豆杉(59.67%)，南岭黄檀(51.75%)。4种植物的生长状况在过熟林总体来说都比较好，南岭黄檀的生长量在过熟林最高(表7-2)。

表 7-2　植物存活率以及生长量

林龄	存活率（%）				生长量(cm)			
（a）	南岭黄檀	南方红豆杉	密花豆	山奈	南岭黄檀	南方红豆杉	密花豆	山奈
幼龄林	38.00	39.33	61.67	81.00	16.08	4.42	65.30	23.15
中龄林	39.00	85.33	86.67	94.50	37.98	18.06	156.24	19.34
近熟林	46.00	54.67	72.33	79.00	66.06	7.84	104.68	16.82
成熟林	44.50	42.33	73.33	55.00	50.78	8.00	150.39	14.68
过熟林	51.75	59.67	73.67	74.00	82.05	9.53	85.27	14.61

注：生长量指植物株高或地茎的增加量。

　　上述结果表明杉木人工林下的植物种类较为丰富，共出现了53科75属97种，其中木本植物35科52属72种，草本植物18科23属25种。在幼龄林阶段林下植物种类较少，中龄林阶段林下植物种类最少，从近熟林开始林下植被逐渐恢复，此时近熟林草本绝大多数为蕨类植物，成熟林阶段林下植物种类最多。杜茎山是杉木人工林中的优势灌木，黑足鳞毛蕨以及双盖蕨是杉木人工林中的优势草本，寒莓、绒毛润楠、刨花楠、淡竹叶、苫草等植物在杉木人工林草本中也占据一定的优势，其他植物的重要值基本都低于5。

本区域林下种植植物约9个月后的生长状况表明，山奈和密花豆对于杉木人工林下环境适应能力强，适合在各个林龄中种植。相比之下南方红豆杉和南岭黄檀的耐阴能力较差，尤其南岭黄檀，只有在过熟林中的存活率超过一半。南方红豆杉在中龄林的存活率远超其他林龄，说明南方红豆杉可能更加适合在林下植被种类稀少的杉木林内种植。

7.2.2.2 植物功能群对杉木人工林土壤保育功能的提升

（1）植物功能群对杉木人工林土壤养分的影响

由表7-3可知，在幼龄林，Y5模式组的有机质含量显著高于对照组（$p<0.05$），Y2、Y3、Y4、Y5模式组的全氮含量均显著高于对照组（$p<0.05$），Y2、Y3、Y5模式组的全磷含量均显著高于对照组（$p<0.05$），Y1、Y3、Y4、Y5模式组的全钾含量均显著高于对照组（$p<0.05$），Y3、Y4、Y5模式组的碱解氮含量均显著高于对照组（$p<0.05$），Y1、Y2、Y3、Y5模式组的有效磷含量均显著高于对照组（$p<0.05$），Y5模式组的速效钾含量显著高于对照组（$p<0.05$）。短期内引入的植物对于幼龄林土壤的pH值没有影响。Y5模式组下土壤有机质、全氮、全磷、全钾、碱解氮、有效磷以及速效钾的含量在各模式组和对照组中均最高，且显著高于对照组（$p<0.05$）。可见在幼龄林中Y5模式组（密花豆+南方红豆杉+山奈）对于土壤各养分的改善效果最显著。

表7-3 不同种植模式土壤养分含量

种植模式	pH	有机质（g/kg）	全氮（g/kg）	全磷（g/kg）	全钾（g/kg）	碱解氮（mg/kg）	有效磷（mg/kg）	速效钾（mg/kg）
Y1	4.44±0.04a	19.42±1.11c	1.54±0.07c	0.32±0.04b	25.95±2.01a	37.09±3.52f	1.65±0.08c	93.79±0.33b
Y2	4.42±0.05a	20.06±1.21c	1.69±0.17bc	0.33±0.02ab	14.14±1.58c	65.72±2.98e	2.05±0.21b	96.45±2.31b
Y3	4.39±0.06a	30.94±2.10b	1.88±0.13ab	0.33±0.01ab	16.82±0.23b	82.46±2.14c	1.64±0.08c	95.58±1.52b
Y4	4.51±0.09a	29.76±0.92b	1.7±0.20bc	0.32±0.03b	16.14±1.78bc	88.09±1.92b	0.76±0.08d	97.06±3.85b
Y5	4.20±0.10b	36.20±1.86a	2.07±0.20a	0.37±0.02a	14.62±0.50bc	104.06±3.22a	2.70±0.26a	116.26±4.82a
Y6	4.42±0.11a	27.68±3.35b	1.42±0.20c	0.29±0.01b	13.76±1.02c	73.46±3.23d	0.78±0.08d	96.28±0.7b
Z1	4.37±0.04b	27.80±3.25bc	1.64±0.14bc	0.41±0.01a	14.19±0.98c	49.27±4.24e	0.65±0.03cd	101.21±1.23cd
Z2	4.33±0.09b	32.04±2.03a	1.93±0.12a	0.35±0.02b	17.00±0.22b	105.62±2.79a	1.25±0.22a	106.49±1.14b
Z3	4.33±0.07b	24.03±1.68cd	1.47±0.14c	0.31±0.01c	16.63±1.32b	65.05±1.50d	0.67±0.11c	100.30±1.77d
Z4	4.54±0.06a	29.89±1.97ab	1.85±0.12ab	0.41±0.0058a	19.27±0.84a	80.10±2.21b	0.51±0.04cd	103.38±2.88bc
Z5	4.40±0.09b	22.72±2.11d	1.52±0.19c	0.11±0.02e	14.99±1.75bc	47.44±1.85e	0.95±0.10b	109.29±3.89a
Z6	4.42±0.07a	24.3±2.00cd	1.50±0.09c	0.28±0.02d	16.11±0.78bc	73.38±3.24c	0.46±0.07d	112.72±4.06a
J1	4.35±0.05ab	20.85±2.15b	1.47±0.16bc	0.33±0.01ab	18.78±0.70d	95.21±5.51a	0.75±0.06ab	84.61±2.36bc

（续）

种植模式	pH	有机质（g/kg）	全氮（g/kg）	全磷（g/kg）	全钾（g/kg）	碱解氮（mg/kg）	有效磷（mg/kg）	速效钾（mg/kg）
J2	4.53±0.07ab	19.49±2.10b	2.62±0.10a	0.29±0.01cd	19.22±0.66cd	69.40±2.71b	0.94±0.10a	81.57±3.23c
J3	4.55±0.15a	17.65±2.10bc	1.36±0.22c	0.35±0.02a	21.42±1.19b	65.72±0.76b	0.37±0.22d	88.54±4.13b
J4	4.37±0.13ab	24.18±1.88a	1.55±0.08bc	0.31±0.02bc	20.67±1.2bc	68.97±2.26b	0.41±0.08cd	89.31±3.07b
J5	4.25±0.06c	24.71±1.29a	1.71±0.11b	0.26±0.02de	22.17±1.09ab	98.45±5.26a	0.60±0.07bc	97.89±1.33a
J6	4.33±0.18bc	15.90±1.21c	1.61±0.16bc	0.25±0.02e	23.64±0.35a	50.82±3.76c	0.66±0.05b	98.63±3.29a
C1	4.45±0.04bc	24.53±1.48a	1.71±0.015a	0.32±0.02bc	23.84±0.20c	134.19±2.92a	1.26±0.12a	42.25±2.01a
C2	4.58±0.04a	21.71±1.72ab	1.52±0.11bc	0.36±0.02ab	29.07±1.17b	111.95±3.48b	0.84±0.04b	31.47±1.96c
C3	4.5±0.08ab	21.69±1.59ab	1.41±0.03cd	0.36±0.01ab	10.50±0.67d	57.40±2.78e	0.54±0.47bc	42.58±1.41a
C4	4.37±0.06c	24.40±1.65a	1.55±0.045b	0.29±0.03c	29.38±1.10b	103.31±2.07c	0.86±0.05b	38.4±1.72b
C5	4.37±0.03c	19.59±1.53b	1.33±0.078d	0.38±0.03a	32.94±1.18a	130.43±6.68a	0.64±0.04bc	26.61±2.58d
C6	4.43±0.10bc	24.02±1.33a	1.50±0.085bc	0.33±0.01bc	30.73±2.19b	82.55±2.11d	0.30±0.03c	26.44±1.3d
G1	4.31±0.05a	28.08±1.52a	1.81±0.095a	0.50±0.01a	26.72±1.76a	127.64±2.28a	0.66±0.08cd	59.62±5.06a
G2	4.35±0.07a	20.92±0.92b	1.45±0.080b	0.45±0.03b	24.77±0.23c	20.51±0.73e	1.34±0.15a	46.15±2.89b
G3	4.45±0.13a	26.03±1.68a	1.73±0.040a	0.49±0.03a	26.80±2.93a	75.55±2.24b	1.14±0.10b	43.69±2.99b
G4	4.30±0.17a	18.69±1.34b	1.40±0.095b	0.45±0.02b	26.36±4.01a	61.57±3.73c	0.27±0.02e	18.56±5.96c
G5	4.36±0.16a	26.25±1.20a	1.82±0.16a	0.19±0.01c	27.63±1.24a	72.62±2.63b	0.70±0.08c	42.53±1.51b
G6	4.28±0.08a	19.47±1.60b	1.42±0.090b	0.43±0.01b	25.69±1.45a	36.60±1.76d	0.51±0.09d	39.41±3.92b

注：相同林龄不同种植模式间不同小写字母表示差异显著（$p<0.05$）。

在中龄林，Z1、Z2、Z3 和 Z4 模式组的有机质含量均显著高于对照组（$p<0.05$），Z1、Z2、Z4 模式组的全氮含量均显著高于对照组（$p<0.05$），Z1 和 Z4 模式组的全磷含量均显著高于对照组（$p<0.05$），Z4 模式组的全钾含量显著高于对照组（$p<0.05$），Z2 和 Z4 模式组的碱解氮含量均显著高于对照组（$p<0.05$），Z1、Z2、Z3、Z4 和 Z5 模式组的有效磷含量均显著高于对照组（$p<0.05$）。短期内引入的植物对于中龄林土壤 pH 值以及速效钾没有显著影响。Z2 模式组内土壤有机质含量、全氮含量、碱解氮含量以及有效磷含量在各模式组与对照组间最高，且均显著高于对照组（$p<0.05$）。Z4 模式组内土壤全磷和全钾含量在各模式组间最高，且显著高于对照组（$p<0.05$）。Z5 模式组内土壤速效钾含量在各模式组间最高，但与对照组之间差异不显著（$p>0.05$）。可见 Z2 模式组（南岭黄檀+山奈）对于中龄林较多种土壤养分的改善起到显著作用。

在近熟林，J1、J2、J3 和 J4 模式组的 pH 值含量显著高于对照组（$p<0.05$），J1、J2、J3、J4 和 J5 模式组的有机质含量均显著高于对照组（$p<0.05$），J2 和 J5 模式组的全氮含量显著高于对照组（$p<0.05$），J1、J2、J3、J4 和 J5 模式组的全磷含量均显著高于对照组（$p<0.05$），J1、J2、J3、J4 和 J5 模式组的碱解氮含量均显著高于对照组（$p<0.05$），J1、

J2 模式组的有效磷含量均显著高于对照组($p<0.05$)。短期内引入的植物对于近熟林土壤全钾以及速效钾没有显著影响。J2 模式组的土壤全氮和有效磷含量在各模式组以及对照组中最高，且 J2 模式组的土壤 pH 值、有机质、全氮、全磷、碱解氮、有效磷含量均显著高于对照组($p<0.05$)。可见相比其他模式，J2 模式组(南岭黄檀+山奈)对于近熟林土壤养分改善的效果最显著。

在成熟林，C1、C2 和 C3 模式组的 pH 值含量显著高于对照组($p<0.05$)，C1 和 C4 模式组的全氮含量显著高于对照组($p<0.05$)，C2、C3 和 C5 模式组的全磷含量显著高于对照组($p<0.05$)，C5 模式组的全钾含量显著高于对照组($p<0.05$)，C1、C2、C4 和 C5 模式组的碱解氮含量显著高于对照组($p<0.05$)，C1、C2、C3、C4 和 C5 模式组的有效磷含量显著高于对照组($p<0.05$)，C1、C2、C3、C4 模式组的速效钾含量显著高于对照组($p<0.05$)。短期内引入的植物对于成熟林土壤全钾没有显著影响。C1 模式组的土壤有机质含量、全氮含量、碱解氮含量、有效磷含量以及速效钾含量均高于各模式组以及对照组，且与对照组之间差异显著($p<0.05$)，可见 C1 模式组(南岭黄檀+南方红豆杉)对于成熟林土壤养分改善的效果最显著。

在过熟林，G1、G3 和 G5 模式组的土壤有机质含量和全氮含量显著高于对照组($p<0.05$)，G1、G3 模式组的土壤全磷含量显著高于对照组($p<0.05$)，G1、G3、G4 和 G5 模式组的土壤碱解氮含量显著高于对照组($p<0.05$)，G1、G2、G3 和 G5 模式组的土壤有效磷含量显著高于对照组($p<0.05$)。短期内引入的植物对于过熟林土壤的 pH 值、全钾、速效钾没有显著影响。G1 模式组的土壤有机质含量、全氮含量、全磷含量、碱解氮含量以及速效钾含量均高于各模式组和对照组，且与对照组差异显著($p<0.05$)。G2 模式组的土壤有效磷含量显著高于各模式组和对照组且与对照组之间差异显著($p<0.05$)。可见 G1 模式组(南岭黄檀+南方红豆杉)可以对过熟林土壤养分起到更显著的改善作用。

(2)植物功能群对杉木人工林土壤酶活性的影响

由表 7-4 可知，幼龄林中，Y1、Y2、Y5 模式组的土壤脲酶活性都显著高于对照组($p<0.05$)，Y2、Y3、Y4、Y5 模式组的土壤酸性磷酸酶活性都显著高于对照组($p<0.05$)，Y1、Y2、Y3、Y4、Y5 模式组的土壤纤维素酶活性都显著高于对照组($p<0.05$)。可见多数引入的种植模式组对于幼龄林的土壤酶活性均有明显提升。Y5 模式组中的土壤脲酶活性、酸性磷酸酶活性和纤维素酶活性均高于各个模式组和对照组，且与对照组的差异显著($p<0.05$)。

在中龄林，Z4 模式组的土壤脲酶活性显著高于对照组($p<0.05$)，Z4 和 Z5 模式组的纤维素酶活性显著高于对照组($p<0.05$)。不同模式组对于中龄林酸性磷酸酶活性没有影响。各种种植模式组对于中龄林土壤酶活性的影响较小。在近熟林，J1、J2、J3 模式组的土壤脲酶活性显著高于对照组($p<0.05$)，J1、J2、J3、J4、J5 模式组的土壤纤维素酶活性显著高于对照组($p<0.05$)。各模式组对近熟林土壤酸性磷酸酶活性没有影响。在成熟林，C1 和 C3 模式组的土壤脲酶显著高于对照组($p<0.05$)，且 C1 模式组的土壤脲酶活性高于其他模式组。C2 和 C3 模式组的土壤纤维素酶活性显著高于对照组($p<0.05$)，C3 模式组

表 7-4　不同种植模式组土壤酶活性

种植方式	脲酶活性 [μg/(g·d)]	酸性磷酸酶 [μmol/(g·d)]	纤维素酶 [mg/(g·d)]
Y1	350.44±2.34b	10.37±2.17c	44.14±3.78d
Y2	309.20±9.39b	19.55±3.01a	65.57±3.01bc
Y3	232.56±10.30e	13.16±1.63bc	70.22±5.53ab
Y4	155.33±11.45f	22.15±1.80a	61.55±2.99c
Y5	396.10±6.45a	19.46±1.07a	73.88±4.45a
Y6	291.81±8.94d	15.94±0.51b	36.75±1.71e
Z1	227.39±8.17d	14.69±0.78b	27.50±2.00d
Z2	163.74±8.77e	20.20±1.18a	34.58±2.29c
Z3	88.73±4.65f	20.48±1.28a	34.02±1.98c
Z4	419.30±15.07a	11.74±1.25c	43.68±0.78b
Z5	251.08±7.56c	12.65±1.18c	64.44±4.01a
Z6	278.76±8.02b	21.53±0.73a	35.32±2.00c
J1	306.76±7.47a	16.75±0.11d	29.25±1.95ab
J2	278.33±8.33b	18.63±1.01c	26.15±0.99bc
J3	264.05±11.07bc	12.87±0.11e	26.72±0.32bc
J4	211.37±7.38d	15.58±0.20d	24.45±2.00c
J5	178.34±6.16e	22.49±1.34b	30.48±1.99a
J6	253.15±11.28c	25.59±1.09a	17.52±3.07d
C1	215.38±12.65a	23.37±1.00d	35.62±0.76cd
C2	115.61±9.38e	24.28±1.91c	42.39±2.05b
C3	195.03±10.63b	26.58±1.07e	69.42±3.95a
C4	166.18±7.99c	22.17±0.98d	33.45±1.23cd
C5	137.07±8.17d	26.91±0.46b	32.22±0.93d
C6	162.24±10.34c	27.09±0.70a	37.22±3.56c
G1	314.54±13.71b	27.41±2.01a	19.43±2.09c
G2	330.15±66.90b	11.49±0.54de	40.38±3.00b
G3	385.62±12.20a	13.48±0.99d	49.74±3.51a
G4	243.27±14.22d	16.95±1.02c	38.31±3.00b
G5	257.32±3.31Cd	22.38±1.00b	38.3±2.01b
G6	303.70±9.56c	10.39±0.86e	35.34±4.13b

注：相同林龄不同种植模式组间不同小写字母表示差异显著（$p<0.05$）。

的土壤纤维素酶活性高于其他模式组。各模式组对成熟林土壤酸性磷酸酶活性没有影响。在过熟林，G1、G2、G3 模式组的土壤脲酶活性显著高于对照组($p<0.05$)，其中 G3 模式组的土壤脲酶活性最高。G1、G2、G3、G4、G5 模式组的土壤酸性磷酸酶活性显著高于对照组($p<0.05$)，其中 G1 模式组的土壤酸性磷酸酶活性最高。G3 模式组的土壤纤维素酶活性高于各模式组和对照组且与对照组之间差异显著($p<0.05$)。

综上所述，在杉木幼龄林，Y5 模式组与对照组相比，有机质含量提升了 30.81%，全氮含量提升了 45.77%，全磷含量提升了 27.59%，有效磷含量提升了 243.62%，碱解氮含量提高了 41.66%，速效钾含量提升了 20.75%，土壤脲酶活性提高了 35.74%。在中龄林，土壤有机质、全氮、碱解氮、有效磷含量在 Z2 模式组与对照组相比，分别提高了 31.87%、28.95%、43.94%、174.35%。在杉木近熟林，J2 模式组对土壤全氮和有效磷含量的提升效果最显著，全氮含量提升了 62.73%，有效磷含量提高了 44.08%。在杉木成熟林，C1 模式组下的土壤全氮、碱解氮、有效磷含量以及脲酶活性与对照组相比提升显著，其中全氮含量提升了 13.97%，碱解氮含量提高了 62.56%，有效磷含量提高了 326.86%，脲酶活性提高了 32.76%。在杉木过熟林，G1 模式组使得土壤有机质、全磷、碱解氮、速效钾含量以及酸性磷酸酶活性均显著高于其他模式组，相比对照组，有机质含量提升了 44.20%，全磷含量提升了 16.28%，碱解氮含量提升了 248.74%，速效钾含量提升了 51.28%，酸性磷酸酶活性提升了 163.76%。

引入不同搭配模式组的植物功能群对于不同林龄的杉木人工林土壤的有机质、全磷、有效磷以及碱解氮的影响较为显著，而对土壤的 pH、全钾、速效钾的影响较小。总体来说在幼龄林种植"密花豆+南方红豆杉+山柰"相比其他模式组可以起到最佳的土壤养分改善效果，在中龄林和近熟林种植"南岭黄檀+山柰"对于土壤养分有较好的改善效果，在成熟林和过熟林种植"南岭黄檀+南方红豆杉"对于土壤养分有较好的改善效果。可见南岭黄檀对于改良杉木人工林下土壤质量的重要性，然而南岭黄檀的存活率在杉木林下较低，今后在引入植物前应该为南岭黄檀的生长营造更加适合的林内密度。向成熟林和过熟林中引入南方红豆杉之前应对林下杂草蕨类等植物稍加清理，可能会促进南方红豆杉的生长。

幼龄林不同模式组的植物都对酶活性的影响明显，中龄林和成熟林引入不同模式组的植物后对酶活性的影响不明显，近熟林引入不同模式组的植物后对脲酶和纤维素酶的影响明显，过熟林中不同模式组的植物对脲酶和纤维素酶的影响较为明显。引入模式组植物对于中龄林、近熟林和成熟林的土壤酸性磷酸酶活性都没有影响。

(3)植物功能群对杉木林土壤微生物 Alpha 多样性分析

由表 7-5 可知，在杉木幼龄林中，从 Chao1 指数和 ACE 指数可以看出，不同种植模式组间土壤真菌群落丰富度大小依次为 Y3>Y1>Y2>Y5>Y4>Y6，不同种植模式组间土壤真菌 Simpson 指数大小依次为 Y6>Y1>Y4 = Y2 = Y3>Y5，Shannon 指数大小依次为 Y5>Y2>Y1>Y3>Y4>Y6，5 种模式组的土壤真菌的丰富度和多样性水平均高于对照组，可见采用不同的种植模式组对幼龄林土壤真菌丰富度和多样性都有明显的改善。在杉木中龄林中，不同

表 7-5　不同种植模式组土壤微生物群落丰富度和多样性指数

类型	模式编号	真菌					细菌				
		Shannon	Simpson	Ace	Chao	Coverage	Shannon	Simpson	Ace	Chao	Coverage
幼龄林	Y1	4.09	0.07	809.14	818.90	0.998	5.94	0.0064	1918.11	1908.28	0.986
	Y2	4.12	0.05	768.46	794.83	0.998	5.95	0.0070	2023.52	2016.47	0.984
	Y3	4.03	0.05	855.77	867.83	0.997	5.79	0.0090	1929.72	1923.60	0.984
	Y4	3.70	0.05	693.50	701.29	0.998	5.78	0.0089	1818.24	1821.83	0.986
	Y5	4.19	0.04	737.52	754.80	0.998	6.01	0.0068	1889.66	1909.44	0.986
	Y6	3.46	0.09	453.03	472.03	0.999	5.39	0.0143	1682.23	1734.64	0.986
中龄林	Z1	3.64	0.06	762.74	769.44	0.997	6.06	0.0055	1861.71	1872.47	0.986
	Z2	4.02	0.05	772.98	787.81	0.998	5.84	0.0076	1918.08	1932.03	0.984
	Z3	4.31	0.04	729.20	747.51	0.998	6.01	0.0062	1889.33	1893.00	0.986
	Z4	3.50	0.09	682.60	682.99	0.998	6.02	0.0062	1890.03	1923.46	0.986
	Z5	3.56	0.09	793.23	803.40	0.997	6.12	0.0050	1986.26	2006.78	0.984
	Z6	3.36	0.09	628.28	633.54	0.998	6.02	0.0056	1924.32	1938.57	0.985
近熟林	J1	4.44	0.03	680.49	691.67	0.999	5.98	0.0072	1972.47	1995.07	0.984
	J2	4.36	0.03	766.93	776.96	0.998	5.77	0.0097	1975.62	1993.00	0.983
	J3	4.39	0.03	659.33	683.07	0.999	6.07	0.0060	2095.23	2121.30	0.983
	J4	4.16	0.04	743.12	752.75	0.998	6.14	0.0054	2048.14	2078.27	0.984
	J5	4.31	0.04	904.77	907.12	0.997	6.12	0.0057	1973.94	1980.88	0.985
	J6	3.90	0.09	460.48	458.61	0.999	6.17	0.0055	2042.54	2010.73	0.985
成熟林	C1	3.74	0.09	797.39	822.74	0.997	5.98	0.0072	1870.87	1866.69	0.985
	C2	2.88	0.22	782.24	766.59	0.9971	6.07	0.0068	2077.37	2125.13	0.983
	C3	1.71	0.40	394.41	408.53	0.999	5.62	0.0163	1744.05	1792.82	0.986
	C4	3.72	0.07	873.53	878.50	0.997	6.11	0.005	1971.98	2007.21	0.985
	C5	3.25	0.11	706.98	694.82	0.997	6.07	0.0062	1980.51	1951.37	0.985
	C6	3.89	0.06	735.92	747.23	0.998	6.10	0.0056	1878.64	1909.97	0.986
过熟林	G1	2.69	0.29	772.30	768.88	0.997	5.98	0.0063	1821.28	1827.00	0.986
	G2	4.39	0.04	802.78	812.96	0.998	6.05	0.0060	1974.43	1992.48	0.984
	G3	4.27	0.06	860.96	866.45	0.998	5.85	0.0097	1902.41	1977.11	0.984
	G4	4.39	0.04	651.33	653.65	0.999	6.00	0.0067	1901.93	1925.59	0.986
	G5	3.20	0.15	715.90	728.51	0.998	6.13	0.0048	1802.11	1786.43	0.988
	G6	4.07	0.05	632.20	646.13	0.999	6.05	0.0059	1895.15	1914.81	0.986

模式组下土壤真菌群落丰富度大小依次为 Z5>Z2>Z1>Z3>Z4>Z6，土壤真菌 Simpson 指数大小依次为 Z4=Z5=Z6>Z1>Z2>Z3，Shannon 指数大小为 Z3>Z2>Z1>Z5>Z4>Z6，5 个种植模式组内土壤真菌的 Chao1 指数、ACE 指数、Shannon 指数均高于对照组，说明采用不同种植模式组对于中龄林土壤真菌丰富度和多样性均有积极影响。在杉木近熟林，不同模式组土壤真菌群落丰富度大小顺序为 J5>J2>J4>J1>J3>J6，土壤真菌 Simpson 指数大小依次为 J6>J5=J4>J2=J3=J1，Shannon 指数大小依次为 J1>J3>J2>J5>J4>J6，5 个种植模式组的土壤真菌的丰富度和多样性水平均高于对照组，说明 5 种模式组对近熟林土壤真菌的丰富度和多样性均有所提升。在杉木成熟林，各模式组土壤真菌丰富度指数大小依次为 C4>C1>C2>C6>C5>C3，其中 Y4、Y1、Y2 这 3 种种植模式组的土壤真菌丰富度高于对照组。各个模式组的土壤真菌 Simpson 指数大小依次为 C3>C2>C5>C1>C4>C6，Shannon 指数大小为 C6>C1>C4>C5>C2>C3，结果表明对照组的土壤真菌群落多样性水平高于各个种植组，说明这 5 种模式组对于成熟林内土壤真菌多样性没有影响。在杉木过熟林内，不同模式组下土壤真菌群落丰富度 Chao1 指数和 ACE 指数大小顺序为 G3>G2>G1>G5>G4>G6，5 个种植模式组内土壤真菌丰富度 Chao1 指数和 ACE 指数均高于对照组，过熟林土壤真菌 Simpson 指数大小顺序为 G1>G5>G3>G6>G2=G4，过熟林土壤真菌 Shannon 指数大小顺序为 G4>G2>G3>G6>G5>G1，G4、G2 这两种模式组的土壤真菌多样性高于对照组。

在杉木幼龄林中，从 Chao1 指数和 ACE 指数可以看出，不同种植模式组间土壤细菌群落丰富度大小依次为 Y2>Y3>Y1>Y5>Y4>Y6，5 个种植模式组下土壤细菌丰富度均高于对照组。不同种植模式组土壤细菌 Simpson 指数大小依次为 Y6>Y3>Y4>Y2>Y5>Y1，Shannon 指数大小依次为 Y5>Y2>Y1>Y3>Y4>Y6，由此可知 5 个种植模式组对幼龄林的土壤细菌多样性均有提升效果。在杉木中龄林中，不同模式组下土壤细菌群落丰富度大小依次为 Z5>Z6>Z2>Z4>Z3>Z1，Z5 模式组下的土壤细菌丰富度高于对照组。土壤细菌 Simpson 指数大小依次为 Z2>Z3=Z4>Z6>Z1>Z5，Shannon 指数大小依次为 Z5>Z1>Z6=Z4>Z3>Z2，Z5 和 Z1 这 2 种模式组下的土壤细菌多样性水平高于对照组土壤。在杉木近熟林，不同模式组土壤细菌群落丰富度大小顺序为 J3>J4>J6>J2>J5>J1，其中 J3 和 J4 这 2 种模式组下土壤细菌丰富度高于对照组。不同种植模式组下土壤细菌 Simpson 指数大小依次为 J2>J1>J3>J5>J6>J4，Shannon 指数大小依次为 J6>J4>J5>J3>J1>J2，对照组的细菌多样性指数较高，说明不同模式组对于土壤细菌多样性影响不大。在杉木成熟林，各个模式组下土壤细菌群落丰富度大小依次为 C2>C5>C4>C6>C1>C3，其中 C2、C5、C4 这 3 个种植模式组的土壤细菌群落丰富度相比对照组有所提升。各个模式组的土壤细菌 Simpson 指数大小为 C3>C1>C2>C5>C6>C4，Shannon 指数大小为 C4>C6>C2=C5>C1>C3，对照组的土壤细菌多样性较高，施加其他种植模式组对于成熟林土壤细菌群落丰富度和多样性水平基本没有提高。在杉木过熟林，不同模式组下土壤细菌群落丰富度 Chao1 指数和 ACE 指数大小顺序为 G2>G3>G4>G6>G1>G5，其中 G2、G3、G4 这 3 种模式组的土壤细菌丰富度超过了对照组。过熟林土壤细菌 Simpson 指数大小顺序为 G3>G4>G1>G2>G6>G5，过熟林土壤细菌 Shannon 指数大小顺序为 G5>G2=G6>G4>G1>G3，G5 的土壤细菌 Simpson 指数和 Shannon 指数与对照组相比有所增加。

（4）不同种植模式组土壤微生物群落组成及相对丰度分析

对不同林龄杉木人工林土壤真菌的分类学分析显示丰度大于 1% 的真菌菌门共 4 种，包括子囊菌门（*Ascomycota*）、担子菌门（*Basidiomycota*）、接合菌门（*Zygomycota*）以及罗兹菌门（*Rozellomycota*）。对不同林龄杉木人工林土壤细菌进行分类学分析，共得到丰度大于 1%的细菌菌门 11 种，分别是变形菌门（*Proteobacteria*）、酸杆菌门（*Acidobacteria*）、绿弯菌门（*Chloroflexi*）、放线菌门（*Actinobacteria*）、浮霉菌门（*Planctomycetes*）、厚壁菌门（*Firmicutes*）、疣微菌门（*Verrucomicrobia*）、芽孢杆菌门（*Gemmatimonadetes*）、拟杆菌门（*Bacteroidetes*）、螺旋体菌门（*Saccharibacteria*）以及蓝藻细菌门（*Cyanobacteria*）。

幼龄林土壤真菌在门水平的群落结构组成按其所占比例大小依次为子囊菌门、担子菌门、接合菌门以及罗兹菌门。在 5 个种植模式组中占比最高的均为子囊菌门，所占比例基本都在 40%以上，而对照组的担子菌门比例最高（45.85%），5 个模式组的担子菌门比例相比对照组均有所下降。在 Y3 模式组下土壤真菌在罗兹菌门占比为 23.82%，而其他模式组以及对照组中的罗兹菌门在各自模式组下所占比例均小于 3%。在各种植模式组下幼龄林土壤细菌群落结构组成中变形菌门和酸杆菌门占据一定的优势，所占比例均大于 20%，对照组土壤细菌中绿弯菌门占比最高（42.18%），变形菌门和酸杆菌门也占据一定的优势（17.30%，19.14%）。除 Y3 模式组下的浮霉菌门占比 1.04%外，绿弯菌门、放线菌门、浮霉菌门在各个模式组下的占比都大于 3%，其余门水平细菌占比基本上都低于 3%（图 7-4）。

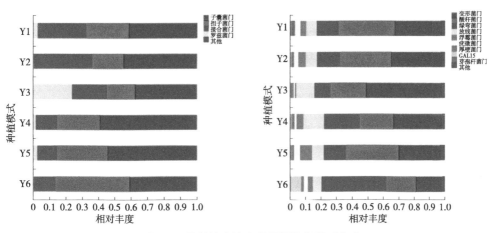

图 7-4　幼龄林土壤真菌和细菌的相对丰度

中龄林土壤真菌在门水平按所占比例大小依次为子囊菌门、担子菌门、接合菌门。在 Z2、Z3、Z4、Z5 模式组下，土壤真菌中子囊菌门的占比最高，均超过了 50%，接合菌门占比相对最低。在 Z1 模式组和对照组中，占比最高的是接合菌门（37.15%，45.31%），担子菌门相对占比最低。中龄林中不同模式组下的土壤细菌酸杆菌门、变形菌门和绿弯菌门都占有一定优势，Z1、Z3、Z5 模式组下的酸杆菌门占比最高，分别达 32.57%、28.02%、28.88%。Z2 模式组下的变形菌门占比最高（36.13%），Z4 和对照组在绿弯菌门占比最高，分别达 32.00%和 28.07%。各个模式组下的放线菌门占比均大于 7%，Z4 和 Z5

模式组的浮霉菌门、对照组的浮霉菌门和疣微菌门在各自模式组下的占比均大于3%，其余门水平细菌占比均低于3%(图7-5)。

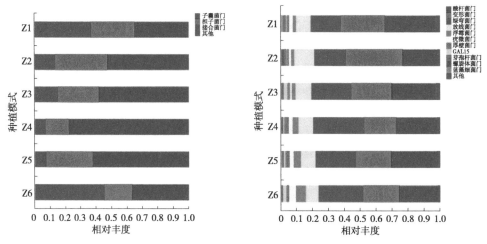

图7-5 中龄林土壤真菌和细菌的相对丰度

近熟林土壤真菌在门水平按所占比例大小依次为子囊菌门、担子菌门、接合菌门。J1和J2模式组下土壤真菌在担子菌门占比最高，占比大小分别为42.61%和44.65%。J3、J4、J5模式组以及对照组土壤真菌均在子囊菌门占比最高，所占比例大小均超过40%。各个模式组下以及对照组的土壤真菌在罗兹菌门占比最低。近熟林中不同模式组下的土壤细菌酸杆菌门、变形菌门和绿弯菌门都占有一定优势，J2、J4、J5模式组下的酸杆菌门占比最高，分别达32.24%、33.66%、34.88%。J3和对照组的变形菌门占比最高，分别达31.58%和29.05%。J1模式组下绿弯菌门占比最高(29.08%)。各个模式组下的放线菌门和J1、J2、J3、J5、对照组下的厚壁菌门以及J2、J4、J5模式组下的浮霉菌门在各自模式组中的占比大于3%，其余门水平细菌占比均小于3%(图7-6)。

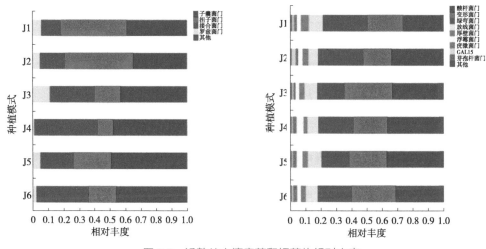

图7-6 近熟林土壤真菌和细菌的相对丰度

成熟林土壤真菌在门水平按所占比例大小依次为子囊菌门、担子菌门、接合菌门。C2模式组土壤真菌在担子菌门占比最高(53.99%)，C5模式组土壤真菌在接合菌门占比最高(62.81%)，其余各模式组以及对照组的土壤真菌在子囊菌门占比最高，尤其是C4模式组和对照组，子囊菌门所占比例均超过70%。成熟林中不同模式组下的土壤细菌酸杆菌门、变形菌门和绿弯菌门都占有一定优势，C3模式组下的绿弯菌门占比最高(41.08%)，除C3外其他模式组下的变形菌门占比最高。所有模式组中的放线菌门，C1、C3、C4以及对照组的浮霉菌门，C4模式组和对照组下的疣微菌门以及C4模式组下的厚壁菌门，在各自模式组下的占比均大于3%(图7-7)。

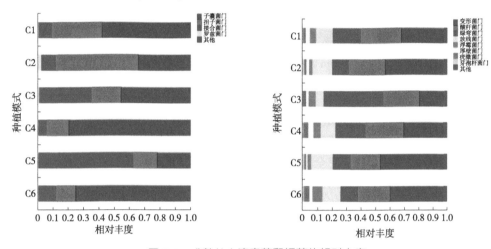

图 7-7　成熟林土壤真菌和细菌的相对丰度

过熟林土壤真菌在门水平按所占比例大小依次为担子菌门、子囊菌门、接合菌门。G1、G4、G5中担子菌门所占比例最高(52.78，45.47%，66.18%)，G2、G3以及对照组中子囊菌门所占比例最高(59.72%，45.29%，41.64%)。不同种植模式组以及对照组中的罗兹菌门占比最低。过熟林中不同模式组下的土壤细菌变形菌门、酸杆菌门、绿弯菌门都占有一定优势，G1、G3、G4模式组以及对照组的变形菌门占比最高，所占比例分别为32.00%、53.54%、33.88%、27.57%。G2和G5模式组下的酸杆菌门占比最高，分别为31.69%和28.49%。所有模式组下的放线菌门，G1、G4、G5模式组以及对照组的浮霉菌门，G1、G4、G5模式组以及对照组的疣微菌门，G4和G5模式组下的厚壁菌门，在各自模式组下的占比均大于3%，其余门水平细菌占比小于3%(图7-8)。

(5)不同植物功能群引入后土壤微生物群落主成分分析

由主成分分析可知，各组间距离越大，组间差异越大。幼龄林中Y1、Y2、Y3、Y4模式组与Y5、对照组在PC1轴完全分开，说明Y1、Y2、Y3、Y4模式组与对照组土壤真菌群落结构差异明显，植入Y5模式组后土壤真菌群落结构变化不明显。中龄林中Z1、Z5、对照组与Z2、Z3、Z4模式组在PC1轴完全分开，Z1、对照组和Z5模式组围绕PC2轴完全分开，说明Z2、Z3、Z4模式组与对照组土壤真菌群落结构差异明显，Z5模式组与对照组土壤真菌群落结构差异明显，植入Z1模式组后土壤真菌相比对照组的变化不明显。近

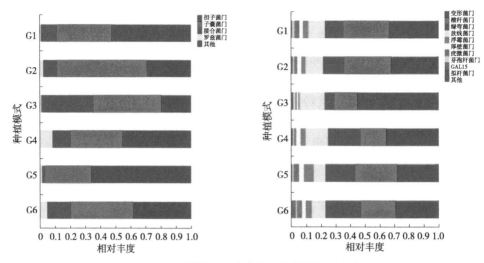

图 7-8　过熟林土壤真菌和细菌的相对丰度

熟林中 J1、J2、J3、J4、J5 模式组和对照组在 PC1 轴完全分开，说明在近熟林各个种植模式组与对照组相比土壤真菌群落结构均发生了明显变化。在成熟林，C2 模式组与 C1、C3、C4、C5、对照组在 PC1 轴完全分开，C3、C5 模式组和 C1、C4、对照组在 PC2 轴完全分开，说明 C2 模式组与对照组的真菌群落结构差异明显，C3、C5 模式组与对照组的真菌群落结构差异明显，C1、C4 种植模式组与对照组相比土壤真菌群落无明显变化。过熟林中，G1 模式组与 G2、G3、G4、G5、对照组之间围绕 PC1 轴完全分开，G5 模式组与G2、G3、G4、对照组之间围绕 PC2 轴完全分开，说明 G1 模式组与对照组的土壤真菌群落结构差异明显，G5 模式组与对照组的土壤真菌群落结构差异明显，G2、G3、G4 模式组的土壤真菌群落结构与对照组相比变化不明显（图 7-9）。

　　幼龄林中 Y4、对照组和 Y1、Y2、Y3、Y5 模式组在 PC1 轴完全分开，说明 Y1、Y2、Y3、Y5 模式组与对照组的土壤细菌群落结构差异明显，与对照组相比，种植 Y4 模式组后细菌群落结构变化不明显。中龄林中 Z1、Z2 模式组与 Z3、Z4、Z5、对照组围绕 PC1 轴完全分开，Z3、Z5 模式组和 Z4、对照组围绕 PC2 轴完全分开，说明 Z1、Z2 模式组与对照组的土壤细菌群落结构差异明显，Z3、Z5 模式组和对照组的细菌群落结构差异明显，而Z4 模式组下细菌群落结构与对照组相比差异不明显。近熟林中，J1、J2 模式组与 J3、J4、J5、对照组围绕 PC1 轴完全分开，J4、J5 和 J3、对照组围绕 PC2 轴完全分开，说明 J1、J2 模式组与对照组的土壤细菌群落结构差异明显，J4、J5 模式组与对照组的土壤细菌群落结构差异明显，而 J3 模式组与对照组相比土壤细菌群落结构的变化不明显。成熟林中，C3 模式组与 C1、C2、C4、C5、对照组围绕 PC1 轴完全分开，C1、C4 模式组与 C2、C5、对照组围绕 PC2 轴完全分开，说明 C3 模式组与对照组的细菌群落结构差异明显，C1、C4 模式组与对照组的细菌群落结构差异明显，而 C2、C5 模式组与对照组之间的群落结构差异不明显。在过熟林，G1、G2、G5、对照组与 G3、G4 模式组围绕 PC1 轴分开，G1、G2 模式组与 G5、G6 模式组围绕 PC2 轴分开，说明 G3、G4 模式组与 G6 对照组的土壤细菌群落结构差异明显，G1、G2 模式组与对照组细菌群落结构差异明显，种植 G5 模式组后的土壤细菌群落结构与对照相比变化不明显（图 7-10）。

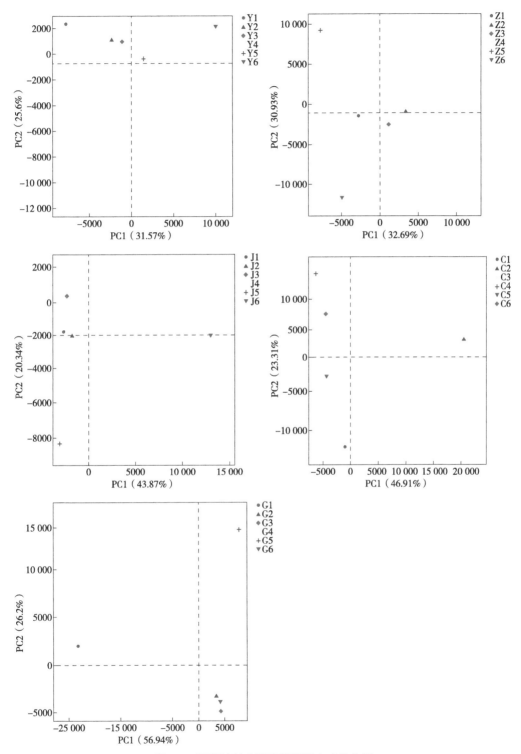

图 7-9　不同林龄土壤真菌群落主成分分析

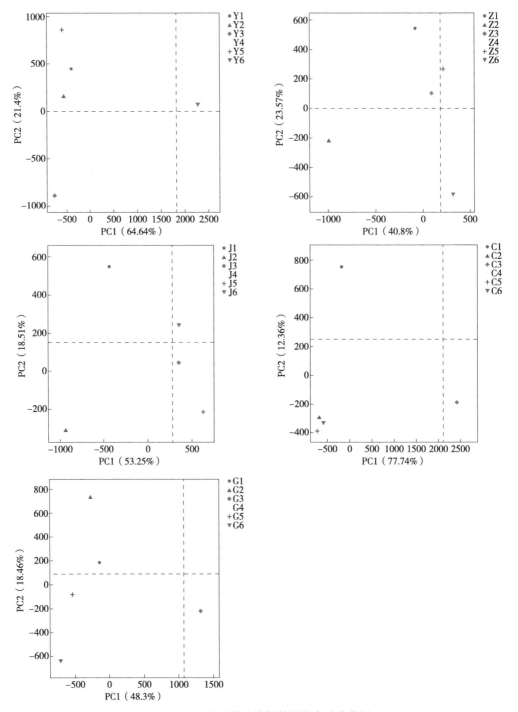

图 7-10　不同林龄土壤细菌群落主成分分析

综上所述，幼龄林、中龄林以及近熟林的土壤真菌丰富度和多样性水平受不同模式组植物引入的影响较大，相比对照组这3个林龄的土壤真菌丰富度和多样性水平基本上都有所提高。而成熟林和过熟林的土壤真菌丰富度和多样性指数受不同模式组引入的影响较小。幼龄林的土壤细菌丰富度和多样性水平受不同模式组植物引入的影响较大，相比对照组各个模式组的细菌丰富度和多样性都有所上升。而不同模式组植物的引入对其他 4 个林龄的土壤细菌丰富度和多样性水平基本没有影响。这可能是因为引入植物对原本植物和土壤造成了一定程度的扰动，影响了土壤微生物，幼龄林和中龄林林下植被稀疏，对于林下原本植物和土壤微生物的扰动较小。

7.2.3　林下植被功能提升和生物多样性维持的调控技术

7.2.3.1　未恢复下不同林龄杉木人工林林下植物组成及重要值

在所有样方中，杉木人工林下出现的植物种类共 53 科 75 属 97 种，其中木本植物共 35 科 52 属 72 种，草本植物有 18 科 23 属 25 种。杉木幼龄林下共出现植物 27 科 33 属 38 种，包括木本植物 15 科 19 属 24 种，草本植物有 12 科 14 属 14 种。杉木中龄林下植物种类共 19 科 23 属 24 种，包括木本植物 12 科 15 属 16 种以及草本植物 7 科 8 属 8 种。杉木近熟林下植物种类共有 31 科 37 属 40 种，包括木本植物 18 科 23 属 26 种以及草本植物 13 科 14 属 14 种。杉木成熟林下植物种类共计 36 科 51 属 58 种，其中有木本植物 21 科 34 属 41 种，草本植物 15 科 17 属 17 种。杉木过熟林下植物共计 31 科 45 属 51 种，其中有木本植物 18 科 30 属 36 种，草本植物 13 科 15 属 15 种。杉木中龄林时期林下植物种类最少，原因是中龄林上层杉木郁闭度高，速生阶段的杉木对于林内光照和水分的竞争激烈，使得林下植被稀少。中龄林样地杉木林发育至近熟林时期之后林下植物种类较杉木幼龄林、中龄林时期明显增加。

重要值是显示群落中各个物种相对重要性的指标。分别对杉木林下灌木层和草本层的重要值进行统计，结果表明：在灌木层中，杜茎山（*Maesa japonica*）在杉木各个龄级均占有一定优势。在杉木幼龄林中，杜茎山重要值为 16。此外，寒莓（*Rubus buergeri*）重要值为 26，在杉木幼龄林下灌木中占有绝对优势。鸡屎藤（*Trachelospermum cathayanum*）在杉木幼龄林中的重要值为 10。杉木中龄林下，钩藤（*Uncaria rhynchophylla*）是优势种，重要值高达 39。另外，绒毛润楠（*Machilus velutina*）、土茯苓（*Smilax glabra*）、杜茎山在灌木中都占有一定优势，重要值分别为 12、10、7。杉木近熟林中，杜茎山为优势灌木，重要值达 33。刨花楠（*Machilus pauhoi*）、绒毛润楠以及毛冬青（*Ilex pubescens*）重要值分别为 12、10、8，占有较大优势。在杉木成熟林和过熟林中杜茎山是灌木优势种，其重要值分别为 21 和 37。在草本层中，蕨类植物在各个林龄的杉木林中占有较大优势。杉木幼龄林中，黑足鳞毛蕨（*Dryopteris fuscipes*）和淡竹叶（*Lophatherum gracile*）在草本层占有绝对优势，重要值为 22、19。此外，海金沙（*Lygodium japonicum*）重要值为 14，也占有较大优势。杉木中龄林中，草本优势种为双盖蕨（*Diplazium*）、齿牙毛蕨（*Cyclosorus dentatus*）以及黑足鳞毛蕨，重要值分别为 25、21、21。淡竹叶和边缘鳞盖蕨（*Microlepia marginata*）也占有一定优势，重要值为 12、10。杉木近熟林中，草本优势种为黑足鳞毛蕨和双盖蕨，重要值分别为 23、20。顶芽狗脊蕨（*Woodwardia unigemmata*）和边缘鳞盖蕨也占有一定优势，重要值为 15、14。杉木成熟林中，草本双盖蕨为优势种，重要值为 23。荩草（*Arthraxon hispidus*）和铁芒萁（*Dicranopteris lineari*）的重要值为 14、11，占有一定优势。杉木过熟林中，双盖蕨重要值为

40，占有绝对优势。扇叶铁线蕨（*Adiantum flabellulatum*）重要值为 11，占有一定优势。说明这些植物对本研究地杉木人工林的林下环境的适应力很强。除了上述植物外，其他灌木和草本植物在不同林龄下的重要值基本都低于 5（表 7-6、表 7-7）。

表 7-6　未恢复下灌木主要物种组成及其重要值

科名	属名	种名	林龄（a）				
			6	15	25	32	50
安息香科 Styracaceae	赤杨叶属	拟赤杨 *Alniphyllum fortunei*	—	—	1.00	—	—
百合科 Liliaceae	菝葜属	菝葜 *Smilax china*	—	1.00	1.00	1.00	3.00
	菝葜属	土茯苓 *Smilax glabra*	—	10.00	2.00	1.00	1.00
唇形科 Labiatae	香薷属	鸡骨柴 *Elsholtzia fruticosa*	—	—	1.00	6.00	1.00
大戟科 Euphorbiaceae	乌桕属	山乌桕 *Sapium discolor*	—	2.00	—	—	—
	乌桕属	乌桕 *Sapium sebiferum*	—	—	—	4.00	—
	五月茶属	酸味子 *Antidesma japonicum*	—	—	—	—	1.00
	油桐属	千年桐 *Aleurites montana*	—	—	2.00	—	—
蝶形花科 Papilionaceae	葛属	野葛 *Pueraria lobata*	5.00	—	—	—	—
冬青科 Aquifoliaceae	冬青属	冬青 *Ilex chinensis*	2.00	—	—	2.00	2.00
	冬青属	满树星 *Ilex aculeolata*	—	—	—	1.00	—
	冬青属	毛冬青 *Ilex pubescens*	1.00	3.00	8.00	3.00	5.00
豆科 Leguminosae	南岭黄檀属	南岭黄檀 *Dalbergia hupeana*	—	—	—	1.00	1.00
	崖豆藤属	香花崖豆藤 *Millettia dielsiana*	2.00	—	—	1.00	—
杜鹃花科 Ericaceae	杜鹃属	杜鹃 *Hododendron simsii*	—	—	1.00	1.00	—
防己科 Menispermaceae	千年藤属	粉防己 *Stephania tetrandra*	—	—	—	1.00	—
	青牛胆属	中华青牛胆 *Tinospora sinensis*	—	—	—	1.00	—
虎耳草科 Saxifragaceae	鼠刺属	滇鼠刺 *Itea yunnanensis*	—	—	—	—	1.00
金缕梅科 Hamamelidaceae	枫香树属	枫香 *Liquidambar formosana*	—	—	—	—	1.00
	檵木属	檵木 *Loropetalum chinense*	—	—	—	—	1.00
爵床科 Acanthaceae	杜根藤属	杜根藤 *Calophanoides quadrifaria*	—	—	6.00	2.00	2.00
萝摩科 *Asclepiadaceae*	黑鳗藤属	黑鳗藤 *Stephanotis mucronata*	—	—	—	2.00	1.00
马鞭草科 Verbenaceae	大青属	大青 *Clerodendrum cyrtophyllum*	1.00	—	1.00	6.00	1.00
	紫珠属	红紫珠 *Callicarpa rubella*	—	—	1.00	—	1.00
	紫珠属	紫珠 *Callicarpa bodinieri*	3.00	4.00	2.00	2.00	1.00
猕猴桃科 Actinidiaceae	猕猴桃属	猕猴桃 *Actinidia chinensis*	2.00	—	—	—	—
木兰科 Magnoliaceae	南五味子属	南五味子 *Kadsura japonica*	—	2.00	—	—	—
	南五味子属	异形南五味子 *Kadsura heteroclita*	—	—	—	1.00	—
	五味子属	五味子 *Schisandra chinensis*	1.00	2.00	—	—	—

（续）

科名	属名	种名	林龄（a）				
			6	15	25	32	50
葡萄科 Vitaceae	地锦属	地锦 *Parthenocissus tricuspidata*	—	—	—	1.00	—
	蛇葡萄属	广东蛇葡萄 *Ampelopsis cantoniensis*	1.00	—	—	—	1.00
	蛇葡萄属	蛇葡萄 *Ampelopsis sinica*	2.00	—	—	—	—
	崖爬藤属	三叶崖爬藤 *Tetrastigma formosanum*	—	—	1.00	1.00	2.00
漆树科 Anacardiaceae	盐肤木属	盐肤木 *Rhus chinensis*	1.00	—	—	—	—
茜草科 Rubiaceae	白马骨属	六月雪 *Serissa japonica*	—	—	—	1.00	—
	钩藤属	钩藤 *Uncaria rhynchophylla*	3.00	39.00	1.00	6.00	3.00
	鸡屎藤属	鸡屎藤 *Trachelospermum cathayanum*	10.00	—	4.00	3.00	3.00
	流苏子属	流苏子 *Thysanospermum diffusum*	—	—	1.00	—	1.00
	栀子属	黄栀子 *Gardenia jasminoides*	—	—	—	1.00	2.00
蔷薇科 Roseaceae	桂樱属	大叶桂樱 *Laurocerasus zippeliana*	—	—	—	—	1.00
	蔷薇属	金樱子 *Rosa laevigata*	—	—	—	2.00	—
	石斑木属	石斑木 *Rhaphiolepis indica*	1.00	—	—	—	—
	悬钩子属	白花悬钩子 *Rubus leucanthus*	—	—	—	—	3.00
	悬钩子属	高粱泡 *Rubus lambertianus*	2.00	—	—	—	3.00
	悬钩子属	寒莓 *Rubus buergeri*	26.00	—	—	—	2.00
	悬钩子属	空心泡 *Rubus rosaefolius*	4.00	—	1.00	7.00	—
	悬钩子属	悬钩子 *Rubus corchorifolius*	4.00	—	—	—	—
忍冬科 Caprifoliaceae	忍冬属	忍冬 *Lonicera japonica*	—	—	1.00	1.00	—
桑科 Moraceae	榕属	薜荔 *Ficus pumila*	—	—	—	4.00	1.00
	榕属	珍珠莲 *Ficus sarmentosa*	2.00	—	—	—	—
山茶科 Theaceae	柃木属	格药柃 *Eurya muricata*	—	—	—	1.00	—
	柃木属	柃木 *Eurya japonica*	2.00	—	1.00	1.00	2.00
	柃木属	细枝柃 *Eurya loquaiana*	—	—	—	1.00	1.00
	木荷属	木荷 *Schima superbamp*	—	—	—	1.00	—
	山茶属	毛丝连蕊茶 *Camellia trichandra*	—	—	2.00	2.00	—
	山茶属	油茶 *Camellia oleifera*	—	—	—	1.00	1.00
	杨桐属	黄瑞木 *Adinandra millettii*	3.00	4.00	1.00	5.00	2.00
山矾科 Symplocaceae	山矾属	黄牛奶树 *Symplocos laurina*	—	3.00	2.00	—	—
杉科 Taxodiaceae	杉木属	杉木 *Cunninghamia lanceolata*	—	—	2.00	2.00	1.00
薯蓣科 Dioscoreaceae	薯蓣属	日本薯蓣 *Dioscorea japonica*	3.00	—	—	—	—
五福花科 Adoxaceae	荚蒾属	荚蒾 *Viburnum dilatatum*	3.00	—	1.00	—	—

（续）

科名	属名	种名	林龄（a）				
			6	15	25	32	50
五加科 Araliaceae	楤木属	楤木 Aralia chinensis	—	—	—	5.00	—
玄参科 Scrophulariaceae	泡桐属	白花泡桐 Paulownia fortunei	—	—	—	1.00	—
樟科 Lauraceae	木姜子属	山苍子 Litsea cubeba	—	3.00	—	1.00	—
	润楠属	刨花楠 Machilus pauhoi	—	—	12.00	1.00	7.00
	润楠属	绒毛润楠 Machilus velutina	—	12.00	10.00	8.00	3.00
	山胡椒属	红果山胡椒 Lindera erythrocarpa	—	—	—	—	2.00
	山胡椒属	乌药 Lindera aggregata	—	—	—	1.00	—
紫金牛科 Myrsinaceae	杜茎山属	杜茎山 Maesa japonica	16.00	7.00	33.00	21.00	37.00
	紫金牛属	朱砂根 Ardisia crenata	—	1.00	—	—	1.00

表 7-7　未恢复下草本植物主要物种组成及其重要值

科名	属名	种名	林龄				
			6	15	25	32	50
凤尾蕨科 Pteridaecae	凤尾蕨属	半边旗 Pteris semipinnata	—	—	1.00	1.00	—
	凤尾蕨属	线羽凤尾蕨 Pteris linearis	—	—	—	2.00	—
骨碎补科 Davalliaceae	骨碎补属	骨碎补 Davallia mariesii	—	2.00	2.00	—	—
海金沙科 Lygodiaceae	海金沙属	海金沙 Lygodium japonicum	14.00	5.00	3.00	6.00	5.00
禾本科 Poaceae	淡竹叶属	淡竹叶 Lophatherum gracile	19.00	12.00	7.00	6.00	3.00
	荩草属	荩草 Arthraxon hispidus	5.00	—	3.00	14.00	5.00
	芒属	五节芒 Miscanthus floridulus	4.00	—	—	—	—
姬蕨科 Dennstaedtiaceae	鳞盖蕨属	边缘鳞盖蕨 Microlepia marginata	2.00	1.00	14.00	4.00	1.00
金星蕨科 Thelypteridaceae	齿牙毛蕨属	齿牙毛蕨 Cyclosorus dentatus	6.00	21.00	—	4.00	—
	针毛蕨属	针毛蕨 Macrothelypteris oligophlebia	—	2.00	2.00	1.00	—
桔梗科 Campanulaceae	半边莲属	野烟 Lobelia seguinii	—	—	1.00	1.00	—
里白科 Gleicheniaceae	芒萁属	铁芒萁 Dicranopteris lineari	2.00	—	1.00	11.00	4.00
蓼科 Polygonaceae	蓼属	水蓼 Polygonum hydropiper	4.00	—	—	—	—
鳞毛蕨科 Dryopteridacece	鳞毛蕨属	黑足鳞毛蕨 Dryopteris fuscipes	22.00	21.00	23.00	8.00	7.00
	鳞毛蕨属	稀羽鳞毛蕨 Dryopteris sparsa	—	—	—	—	2.00
陵齿蕨科 Lindsaeaceae	陵齿蕨属	团叶陵齿蕨 Lindsaea orbiculata	—	—	—	—	7.00
	乌蕨属	乌蕨 Stenoloma chusana	2.00	—	—	8.00	3.00
裸子蕨科 Hemionitidaceae	凤了蕨属	凤了蕨 Coniogramme japonica	—	—	—	—	3.00

（续）

科名	属名	种名	林龄				
			6	15	25	32	50
三白草科 Saururaceae	蕺菜属	鱼腥草 *Houttuynia cordata*	1.00	—	—	—	—
莎草科 Cyperaceae	莎草属	莎草 *Cyperus rotundus*	5.00	—	—	2.00	2.00
蹄盖蕨科 Athyriaceae	双盖蕨属	双盖蕨 *Diplazium*	7.00	25.00	2.00	23.00	4.00
铁线蕨科 Adiantaceae	铁线蕨属	扇叶铁线蕨 *Adiantum flabellulatum*	—	5.00	3.00	2.00	11.00
乌毛蕨科 Blechnaceae	狗脊属	顶芽狗脊蕨 *Woodwardia unigemmata*	4.00	—	15.00	5.00	3.00
中国蕨科 Sinopteridaceae	金粉蕨属	野雉尾金粉蕨 *Onychium japonicum*	1.00	—	—	—	—

7.2.3.2　恢复后不同林龄杉木人工林林下植物组成及重要值

对恢复后各林龄林分的林下灌木层和草本层的重要值进行统计计算，结果表明：在灌木层中，枇杷叶紫珠在中龄林和近熟林中为优势种，重要值分别达 11、20。刨花楠在成熟林和过熟林中为优势种，重要值分别达 14、18。五月茶在幼龄林中为优势种，重要值达 23。杜茎山在幼龄林、近熟林和过熟林中均占有一定优势，重要值分别达 19、9、12。杉木在中龄林、成熟林中均占有一定优势，重要值分别达 10、9。南方红豆杉在幼龄林、近熟林中均占有一定优势，重要值分别达 15、8（表 7-8）。

在草本层中，蕨类植物在各个林龄杉木林中为优势种。幼龄林中，山柰和鳞毛蕨在草本层占有绝对优势，重要值分别达 32、30。杉木中龄林中，草本优势种为草珊瑚，重要值达 18，酢浆草以及鸡屎藤也占有一定优势，重要值分别达 18、11、11。近熟林中，草本优势种为蕨和鳞毛蕨，重要值分别达 22、15。成熟林中，淡竹叶为优势种，重要值达 18。过熟林中，鳞毛蕨重要值达 46，占有绝对优势。

表 7-8　林下植被恢复不同林龄杉木人工林林下物种重要值

类型	幼龄林		中龄林		近熟林		成熟林		过熟林	
	植物种类	重要值	植物种类	重要值	植物种类	重要值	植物种类	重要值	植物种类	重要值
灌木	五月茶	23.305	枇杷叶紫珠	11.323	枇杷叶紫珠	20.325	刨花楠	14.953	刨花楠	18.349
	杜茎山	19.958	杉木	10.230	杜茎山	9.827	南方红豆杉	9.603	杜茎山	12.949
	南方红豆杉	15.775	山苍子	9.752	南方红豆杉	8.805	草珊瑚	8.390	山柰	7.433
草本	山柰	32.988	草珊瑚	18.334	蕨	22.663	淡竹叶	18.660	鳞毛蕨	46.595
	鳞毛蕨	30.617	酢浆草	11.759	鳞毛蕨	15.641	鳞毛蕨	12.351	山柰	11.009
	蕨	13.049	鸡屎藤	11.466	山柰	8.671	香花崖豆藤	8.730	土茯苓	10.852

注：各林分中重要值前三的植物及其重要值。

总体来看，人工林林下不同植物功能群引入后，引入物种如南方红豆杉、草珊瑚和山奈在灌木层占据优势，对林下生境和物种组成稳定性具有重要作用。

7.2.3.3 未恢复下不同林龄杉木人工林林下植被多样性分析

由表7-9可知，灌木丰富度指数随着杉木林龄的增加而增大，在杉木过熟林时期灌木丰富度最高（27.00）；草本丰富度指数随杉木林龄的增加呈现先增大后减小的趋势，在杉木近熟林时期草本丰富度指数最高（12.00）。不同林龄的灌草丰富度指数间差异均不显著（$p>0.05$）。灌木多样性指数（Shannon-Wiener指数）没有显著变化规律，在杉木近熟林时期灌木多样性指数最高；草本多样性指数随着杉木林龄的增加呈现先增大后降低的变化趋势，在杉木近熟林时期草本多样性指数最高。不同林龄的灌草多样性指数间差异不显著（$p>0.05$）随着杉木林龄的增加，灌木均匀度指数（Pielou指数）呈先减小后增大再减小的变化趋势，在杉木近熟林时期灌木均匀度指数最高；草本均匀度指数随着杉木林龄的增加呈现大体先增大后减小，在杉木中龄至成熟林阶段草本均匀度指数较高（表7-10）。不同林龄下的灌草均匀度指数之间的差异不显著（$p>0.05$）。本研究地杉木人工林的林下物种数以及物种多样性与其他研究地同龄杉木人工林的林下物种数以及物种多样性相比都较高。其中近熟林是杉木林下灌草多样性各指数相对较高的阶段，这可能是由于从近熟林阶段开始杉木的生长速度相比幼龄和中龄阶段有所减慢，对养分的需求也减少，从而减少了对土壤养分、光照以及水分等环境因素的竞争，为林下植被更好的生长发育创造了条件。

表7-9 未进行林下植被恢复不同林龄杉木人工林林下灌草多样性

林龄	丰富度指数		多样性指数		均匀度指数	
	灌木	草本	灌木	草本	灌木	草本
幼龄林	22.33±3.21a	8.00±1.73a	2.66±0.32a	1.71±0.08a	0.86±0.08a	0.83±0.05a
中龄林	23.67±2.08a	10.00±1.73a	2.62±0.33a	2.00±0.07a	0.83±0.08a	0.88±0.06a
近熟林	23.67±5.03a	12.00±3.61a	2.79±0.39a	2.13±0.38a	0.88±0.06a	0.87±0.04a
成熟林	25.67±2.08a	9.00±1.00a	2.61±0.31a	1.93±0.22a	0.80±0.08a	0.88±0.07a
过熟林	27.00±1.00a	8.50±0.50a	2.68±0.08a	1.62±0.08a	0.81±0.02a	0.76±0.02a

注：不同林龄间不同小写字母表示差异显著（$p<0.05$）。

表7-10 林下植被恢复不同林龄杉木人工林林下灌草多样性

林龄	灌木			草本		
	丰富度指数	多样性指数	均匀度指数	丰富度指数	多样性指数	均匀度指数
幼龄林	9	2.02	0.97	7	1.63	0.84
中龄林	41	3.18	0.86	26	2.79	0.86
近熟林	32	2.96	0.85	19	2.58	0.88
成熟林	54	3.36	0.84	24	2.76	0.87
过熟林	33	2.91	0.83	8	1.66	0.80

7.2.3.4 恢复后不同林龄杉木人工林林下植被多样性分析

植物功能群引入之前植被调查结果表明：所有林分植物种类共 53 科 75 属 97 种，其中木本植物共 35 科 52 属 72 种，草本植物有 18 科 23 属 25 种。杉木幼龄林下共出现植物 27 科 33 属 38 种，包括木本植物 15 科 19 属 24 种，草本植物有 12 科 14 属 14 种。杉木中龄林下植物种类共 19 科 23 属 24 种，包括木本植物 12 科 15 属 16 种以及草本植物 7 科 8 属 8 种。杉木近熟林下植物种类共有 31 科 37 属 40 种，包括木本植物 18 科 23 属 26 种以及草本植物 13 科 14 属 14 种。杉木成熟林下植物种类共计 36 科 51 属 58 种，其中有木本植物 21 科 34 属 41 种，草本植物 15 科 17 属 17 种。杉木过熟林下植物共计 31 科 45 属 51 种，其中有木本植物 18 科 30 属 36 种，草本植物 13 科 15 属 15 种。植物功能群引入 3 年后，在林下植被调查的所有样方中，出现的植物种类共 69 科 107 属 139 种，其中灌木层植物共 42 科 72 属 92 种，草本层植物有 27 科 35 属 47 种。幼龄林下共出现植物 14 科 16 属 16 种，包括灌木层植物 8 科 9 属 9 种，草本层植物有 6 科 7 属 7 种。中龄林下植物种类共 47 科 58 属 67 种，包括灌木层植物 27 科 36 属 41 种以及草本层植物 20 科 22 属 26 种。近熟林下植物种类共有 42 科 47 属 51 种，包括灌木层植物 28 科 31 属 32 种以及草本层植物 14 科 16 属 19 种。成熟林下植物种类共计 45 科 59 属 78 种，其中有灌木层植物 28 科 41 属 54 种，草本层植物 17 科 18 属 24 种。过熟林下植物共计 29 科 36 属 41 种，其中有灌木层植物 22 科 28 属 33 种，草本层植物 7 科 8 属 8 种。相比于植物功能群引入之初，植物功能群引入后，5 种林分下总体上看，植物多样性得以提升，无论是植物的种类还是数量均有所增加。除幼龄林和过熟林的林下植物多样性降低外，其他 3 种林分的植物多样性显著增加。幼林和成熟林的林下植物多样性降低的主要原因是幼龄林阶段还处于速生生长时期，未经过林分间的自然稀疏以及人工间伐，林内郁闭度处于较高水平，对林下遮挡效果强，林下植被区域的光照和水分条件较差，原有的林下植被多不能适应环境而枯死；过熟林由于较多的阔叶树种侵入后，林分郁闭度增加，导致一些喜光植物逐渐枯死。

总的来看，林下植物功能群定向恢复增加了中龄林、近熟林、成熟林和过熟林灌木层和乔木层物种丰富度和多样性，促进林下植被生长与恢复。

7.2.4 赣中南丘陵山地人工林林下植被(植物功能群)定向恢复技术措施

(1)植物功能群关键种确定

幼龄林：南方红豆杉+密花豆+山柰；
中龄林：南岭黄檀+山柰；
近熟林：南方红豆杉+密花豆+山柰；
成熟林：南方红豆杉+南岭黄檀；
过熟林：南岭黄檀+山柰。

（2）植物功能群关键种苗木规格

南方红豆杉实生苗按行业标准 LY/T 1902—2010 达Ⅰ级苗标准，无性系苗按行业标准 LY/T 1902—2010 达Ⅰ级或Ⅱ级苗标准；组培苗按行业标准 LY/T 1902—2010 达Ⅱ级苗标准。

南岭黄檀实生苗参照国家标准 GB 6000—1999 中豆科树种Ⅰ级苗标准；无性系苗参照国家标准 GB 6000—1999 豆科树种Ⅰ级或Ⅱ级苗标准。

密花豆苗参照 DB44/T 2234—2020 标准。

山柰直接采用块茎。

（3）功能群植物种配置

杉木幼龄林和近熟林林下植物功能群配置模式：南方红豆杉+密花豆+山柰。

杉木中龄林和过熟林林下植物功能群配置模式：南岭黄檀+山柰。

杉木成熟林林下植物功能群配置模式：南岭黄檀+南方红豆杉。

（4）植物功能群引入方法

①林地处理

所有待恢复杉木林均在保留原有林下植被的基础上，采用穴状整地。

②栽植方法

南方红豆杉、南岭黄檀、密花豆、山柰均采用穴植法造林。南方红豆杉、南岭黄檀、密花豆穴坑大小 20cm×20cm，深 20cm，每穴 1 株苗木，山柰采用 1 锄穴，每穴 3~4 个芽。

③栽植时间

南方红豆杉、南岭黄檀、密花豆引入时间应选择春季多雨天气，山柰引入时间为每年 5—6 月。

④功能群植物配置比例与引入格局

幼龄林和近熟林引入"南方红豆杉+密花豆+山柰"植物功能群，南方红豆杉、密花豆和山柰的簇数比为 1∶1∶1，南方红豆杉、密花豆和山柰采用行状混交方式引入杉木林地内，南方红豆杉、密花豆在同一行内交错种植，南方红豆杉和密花豆的株行距均为 2m×2m，同一行内南方红豆杉与相邻的密花豆株间距为 1m，山柰采用行间种植，两行间相邻两株密花豆之间种植有一簇山柰，每簇山柰内有 4 株且分布于边长 0.5m 正方形的 4 个顶点。

杉木中龄林和过熟林下引入"南岭黄檀+山柰"植物功能群，南岭黄檀与山柰的簇数比为 1∶1；南岭黄檀与山柰采用行状混交种植，南岭黄檀的株行距为 2m×2m，两行间相邻两株南岭黄檀之间种植有一簇山柰，每簇山柰内有 4 株且分布于边长 0.5m 正方形的 4 个顶点。

杉木成熟林林下引入"南岭黄檀+南方红豆杉"植物功能群，南岭黄檀与南方红豆杉的株数比为 1∶1；采用块状交错种植，南岭黄檀和南方红豆杉的株行距均为 2m×2m，行内和行间南岭黄檀和南方红豆杉均交错种植。

春季引入时，南方红豆杉、南岭黄檀和密花豆均直接种植苗高 1m 以下的相应树苗，山柰采用块茎直接埋入，如图 7-11 所示。

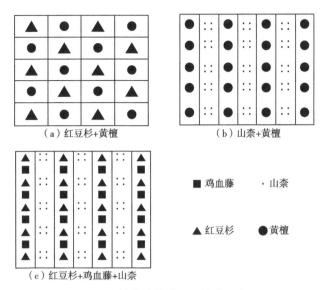

（a）红豆杉+黄檀　　　　（b）山柰+黄檀

■ 鸡血藤　　　·山柰

▲ 红豆杉　　　●黄檀

（c）红豆杉+鸡血藤+山柰

图 7-11　植物功能群配置模式示意图

（5）植物功能群引入后的管护

①生长观测
植物功能群引入后半个月内密切关注栽植成活情况，如有枯死株需及时补植。
②水肥管理
植物功能群引入后不需要施肥，只需要密切关注是否缺水，栽植时土壤湿度低于 30%，引入后 1 周内仍没有降雨必须补水。
③抚育管理
因为本技术目标之一是恢复林下植被，因此不需要进行除草等抚育措施。
④病虫害防治
南方红豆杉和密花豆极少出现病虫害，南岭黄檀易遭幼虫蚕食，栽植成活后可以在树冠喷洒 50% 的辛硫磷乳油 800~1000 倍液。山柰块茎易遭田鼠啃食，可通过喷洒有机驱鼠剂加以保护。

7.3　赣中南丘陵山地杉木人工林减排增汇的土壤管理技术

7.3.1　赣中南丘陵山地杉木人工林生态系统土壤退化特征与制约因子

7.3.1.1　影响赣中南丘陵山地杉木人工林土壤退化和碳汇功能的因素分析

解译杉木人工林和毛竹林的土壤退化特征，揭示其土壤退化关键因子；随着林龄的增加（不同时间序列的杉木人工林），土壤有机碳和全氮储量均呈先下降后升的趋势，在幼龄林阶段碳氮储量最高。随着更新进程，林下土壤有机碳、养分下降，林下植物多样性较低可能是林下恢复的重要限制因子。

通过不同演替序列和更新方式的杉木人工林环境因子、林分调查，森林碳储量、森林凋落物及分解、土壤有效性等指标分析，揭示不同时间序列杉木人工林森林乔木层、灌草层、凋落物碳储量及土壤碳储量变化：乔木层碳储量杉木林更新增加；灌草层碳储量在杉木更新过程中降低；而土壤碳储量在更新过程中降低。林下植被与土壤碳的下降可能是影响人工林碳汇的重要影响因素（图 7-12、图 7-13）。

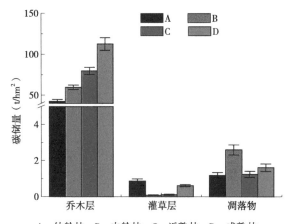

A—幼龄林；B—中龄林；C—近熟林；D—成熟林

图 7-12　不同年龄序列杉木人工林地上碳储量

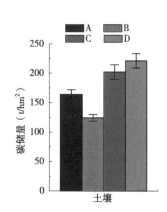

A—幼龄林；B—中龄林；C—近熟林；D—成熟林

图 7-13　不同年龄序列杉木人工林土壤碳储量

7.3.1.2　构建减排增汇土壤管理技术和林分经营管理技术要素

在分析杉木人工林生态系统土壤退化原因及林分经营制约因子基础上，构建了林分改造、演替顶级种引入、不同施肥等技术措施，定期跟踪杉木人工林碳储量、森林凋落物分解与元素返还、土壤有效性及微生物活性等土壤管理技术和林分经营管理技术要素。

①施肥措施对杉木人工林土壤有效性的影响。

②基于近自然化结构调整（杉木人工林自然化演替顶级树种引入）对土壤作用。根据实地调查套种乡土树种（参照顶级群落物种组成情况确定闽楠、木荷为常绿阔叶林顶级树种）。基于施肥措施和顶级树种引入的补充，构建施肥与树种引入的最优管理组合。

③杉木人工林凋落物分解元素返还对土壤影响：施肥下凋落物分解对土壤有效性的影响；杉木人工林不同更新阶段林分自然化改造对土壤有效性的影响及凋落物分解对土壤的影响。

7.3.2　林分碳汇提升与近自然化结构调整的杉木人工林林分经营管理技术

7.3.2.1　基于近自然化结构调整的杉木人工林林分经营管理技术

（1）近自然化结构调整对不同龄级杉木人工林林分特征的影响

从表 7-11 中可以看出龄级、近自然化管理单因素对杉木胸径和高度有极显著影响（$P<$

0.01），两者的交互作用则无显著影响。杉木的高度和胸径都随着林分年龄的增加而增加，经过近自然化改造的杉木人工林中杉木高度和胸径分别为 13.86m 和 16.67cm，未改造杉木人工林中杉木高度和胸径分别为 12.66m 和 15.31cm，经过近自然化改造后分别提升了9.48% 和 8.88%，如图 7-14 所示。

表 7-11　杉木人工林龄级和近自然化改造对杉木生长与林分特征的影响（混合线性模型）

林分特征	自由度	杉木胸径		杉木高度		大小比数	
		F	P	F	P	F	P
龄级	4	182.991	**<0.001**	388.812	**<0.001**	0.163	0.954
近自然化管理	1	16.992	**0.001**	35.288	**<0.001**	285.110	**<0.001**
交互效应	4	0.700	0.601	1.473	0.248	9.601	**<0.001**

注：当在 0.05 级别效应显著时，数值以粗体表示。

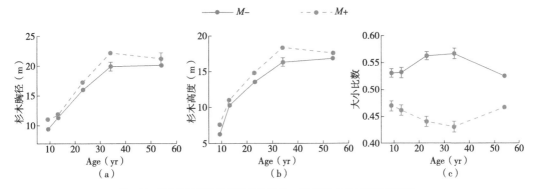

注：M+ 表示经过近自然化改造的林分；M- 表示未经过改造的林分。

图 7-14　龄级和近自然化改造对杉木生长特征的影响

由表 7-11 可知，近自然化管理单因素对林分大小比数有极显著影响，龄级单因素对林分大小比数无显著影响，但两者的交互作用对其有显著影响。经过近自然化改造，林分平均大小比数为 0.45，显著低于未改造的林分平均大小比数 0.54。交互作用显示，近自然化改造对于林分大小比数的积极作用在近熟林和成熟林中要显著大于幼龄林、中龄林以及过熟林，如图 7-14 所示。

由图 7-15 可知，从径级分布来看，不同龄级的杉木林胸径分布均表现为单峰分布，中径级的林木数量较多，而小径级、大径级林木数量呈逐渐减少趋势。在幼龄林中，未改造的杉木径级分布集中在 8~10cm，经过改造后的杉木径级分布集中在 12~14cm；在中龄林中，未改造的杉木径级分布集中在 10~12cm，经过改造后的杉木径级分布集中在 12~14cm；在近熟林中，未改造的杉木径级分布集中在 12~14cm，经过改造后的杉木径级分布集中在 16~18cm；在成熟林中，未改造的杉木径级分布集中在 20~22cm，经过改造后的杉木径级分布集中在 22~24cm；在过熟林中，未改造的杉木径级分布集中在 22~24cm，经过改造后的杉木径级分布集中在 22~24cm。在不同龄级中，相比未改造的林分，近自然化改造增加了中、大径级林木的比例。

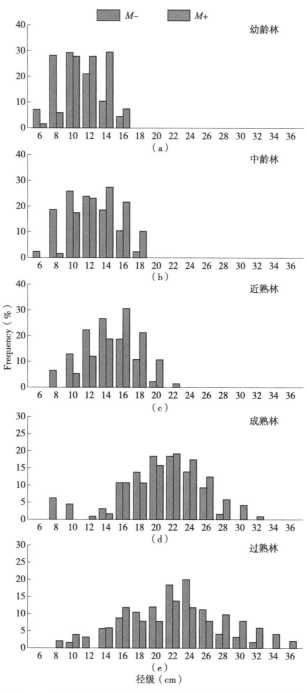

图 7-15　龄级和近自然化改造对杉木径级结构分布的影响

（2）近自然化结构调整对不同龄级杉木人工林乔、灌、草群落结构的影响

①不同林分下乔、灌、草层的物种丰富度

根据对不同龄级近自然化改造与未改造的林分，共计 30 个 20m×20m 标准样地的调查

结果，未经近自然化改造林分中共发现植物 19 种，分属 16 科 18 属，近自然化改造林分中共发现植物 28 种，分属 22 科 25 属。杉木人工林近自然化改造 9 年后，杉木人工林群落中植物组成结构有所变化，增加了 6 科 7 个属，物种数增加了 8 种。

表 7-12 显示了近自然化改造对总丰富度、乔木层丰富度、灌木层丰富度及草本层丰富度都有极显著影响。图 7-16 显示了在不同龄级下，近自然改造林分与未改造林分之间物种丰富度的差异。无论在何种龄级下，经过近自然化改造的林分的物种丰富度都显著高于未经改造的林分，约为未经改造林分的 2.11 倍。乔木层物种丰富度在近自然化改造的林分中约为未经改造林分的 3.25 倍。灌木层和草本层物种丰富度在两种林分间也有一定的差异，近自然化改造林分中，两者分别为未改造林分的 2.02 倍和 1.82 倍。

总丰富度、灌木层丰富度随着林分的林龄增大而显著增加，根据多重比较的结果，在过熟林中，总丰富度、灌木层物种丰富度均显著高于其他龄级的林分。在过熟林中，草本层物种丰富度虽然高于其他龄级的林分，但其差异并未到达显著性水平（$P<0.05$）。乔木层物种丰富度虽然在中龄林下显著高于其他林分，但其他龄级林分变化不显著。表明随着林龄的增大，杉木人工林中乔木层、草本层的物种没有明显变化，主要是灌木层的物种在增加，进而引起人工林总丰富度的增加。

表 7-12　龄级和近自然化改造对杉木人工林物种丰富度的影响（混合线性模型）

丰富度	自由度	林分总丰富度		乔木层丰富度		灌木层丰富度		草本层丰富度	
		F	P	F	P	F	P	F	P
龄级	4	**17.443**	**<0.001**	**5.375**	**0.004**	**27.091**	**<0.001**	2.361	0.088
近自然化管理	1	**316.455**	**<0.001**	**324.000**	**<0.001**	**118.227**	**<0.001**	**56.889**	**<0.001**
交互效应	4	**4.466**	**0.010**	**5.875**	**0.003**	**3.455**	**0.027**	1.194	0.344

注：龄级按照杉木龄组划分分为幼龄林、中龄林、近熟林、成熟林、过熟林。当在 0.05 级别效应显著时，数值以粗体表示。

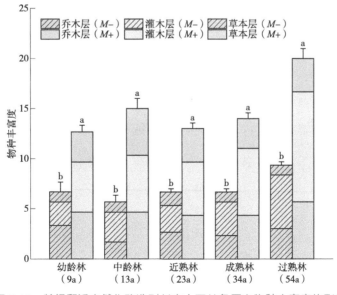

图 7-16　龄级和近自然化改造对杉木人工林各层次物种丰富度的影响

根据表 7-12 显示，近自然化改造和龄级的交互作用对总丰富度、乔木层、灌木层物种丰富度有显著的影响。在过熟林中，近自然化改造对总丰富度、灌木层丰富度提升最大；在中龄林中，近自然化改造对乔木层丰富度提升最大，对总丰富度也有显著提升。

②不同林分下乔、灌、草层的物种组成与重要值

经过调查所有林分乔木层，共发现 8 个物种，分属 7 科 8 属。经过近自然化改造的林分中发现 7 种，未经近自然化改造的林分发现 4 种。经过近自然化改造，乔木优势种也发生了改变。在未经改造的林分中，杉木是绝对的优势种，重要值均大于 75.0，而在经过近自然改造的林分中，杉木的重要值下降，闽楠、木荷、刨花润楠等物种的重要值在上升。在不同龄级的林分下，中龄林的乔木种类显著多于其他龄级的林分。

经过调查所有林分灌木层，共发现 29 个物种，分属 19 科 26 属。经过近自然化改造的林分中发现 24 种，未经近自然化改造的林分发现 14 种，杜茎山、野山茶、枇杷叶紫珠、酸藤子在各林分中均有分布，是林分共有的灌木优势种，而相比于未经改造的林分，近自然化改造的林分中增加了毛杜鹃、野蔷薇、石楠等喜光灌木。不同龄级林分下增加的物种也不完全相同，表明近自然化改造对各龄级林分的灌木层物种数有促进作用，但在不同龄级间的促进作用表现不同（表 7-13）。

表 7-13　各龄级与近自然化改造林分灌木层植物组成及其重要值

植物种名	幼龄林		中龄林		近熟林		成熟林		过熟林	
	M−	M+	M−	M+	M−	M+	M−	M+	M−	M+
杜茎山 Maesa japonica	14.74			19.10	69.24	62.31	54.48	51.22		40.39
野山茶 Camellia pitardii	71.36				8.22	7.07	3.30	2.67		
尖叶黄杨 Buxus sinica var. aemulans				5.82		13.72	7.93	4.06		
杜鹃 Rhododendron simsii						4.96				3.05
土茯苓 Smilax glabra			28.83	17.39						2.14
黄杨 Buxus sinica		37.34								
钩藤 Uncaria rhynchophylla			22.81							2.76
密花豆 Callerya dielsiana			11.29							
毛杜鹃 Rhododendron pulchrum		16.53								
含笑 Michelia figo	13.89			4.15	15.64		8.11	5.36		
野蔷薇 Rosa multiflora		9.49				9.16				
枇杷叶紫珠 Callicarpa kochiana			8.63	4.98	6.89		21.03	17.46		
常绿荚蒾 Viburnum sempervirens			4.18							
草珊瑚 Sarcandra glabra			4.68							
光叶山矾 Symplocos lancifolia		13.42		35.68						
酸藤子 Embelia laeta		7.04	7.11	8.72		2.78	5.16	12.94		12.67

（续）

植物种名	幼龄林		中龄林		近熟林		成熟林		过熟林	
	M-	M+	M-	M+	M-	M+	M-	M+	M-	M+
米碎花 Eurya chinensis								6.29		12.29
朱砂根 Ardisia crenata										2.69
垂珠花 Styrax dasyanthus										3.05
杨桐 Adinandra millettii		16.18								
山乌桕 Triadica cochinchinensis			3.13							
檵木 Loropetalum chinense			4.33							
毛冬青 Ilex pubescens			5.03							
大青 Clerodendrum cyrtophyllum				4.15						2.25
寒莓 Rubus buergeri										2.14
山胡椒 Lindera glauca										6.10
柃木 Eurya japonica										7.05
雀梅藤 Sageretia thea										1.71
石楠 Photinia serratifolia										1.71

　　经过调查所有林分草本层，共发现 15 个物种，分属 14 科 15 属。经过近自然化改造的林分中发现 8 种，未经近自然化改造的林分发现 11 种。相比于未改造林分，近自然化改造的林分增加了芒萁、团叶陵齿蕨、扇叶铁线蕨、蕗蕨等多种蕨类植物，而野薄荷、芒草等植物减少，更为耐阴的蕨类植物的多样性增加。在两种林分中，草本层中的共有优势种是双盖蕨，重要值均在 20.0 以上，相比于未改造林分，近自然化改造的林分中狗脊的重要值上升，鳞毛蕨的重要值下降。不同龄级林分下草本植物的种类变化不大，主要的变化体现在优势种的变化，表明近自然化改造更多的是对各物种的数量产生了影响，而非种类（表 7-14）。

表 7-14　各龄级与近自然化改造林分草本层植物组成及其重要值

植物种名	幼龄林		中龄林		近熟林		成熟林		过熟林	
	M-	M+	M-	M+	M-	M+	M-	M+	M-	M+
双盖蕨 Diplazium donianum	20.16	33.98	34.18	22.74	93.77	49.51	80.64	54.55		36.23
狗脊 Woodwardia japonica		42.74	41.43	71.32		29.15	6.33	13.49		50.53
鳞毛蕨 Dryopteris simasakii	49.07		5.19		6.23			16.70		
海金沙 Lygodium japonicum		6.06	5.70			14.76	13.03	10.57		
香附子 Cyperus rotundus	11.94									
金毛狗 Cibotium barometz						4.69				
芒萁 Dicranopteris dichotoma		17.22				6.59				

（续）

植物种名	幼龄林		中龄林		近熟林		成熟林		过熟林	
	M-	M+	M-	M+	M-	M+	M-	M+	M-	M+
山莓 Rubus corchorifolius	10.61									
团叶陵齿蕨 Lindsaea orbiculata			5.94							
野薄荷 Anisomeles indica	1.33									
芒 Miscanthus sinensis	6.63									
扇叶铁线蕨 Adiantum flabellulatum			9.34							7.72
沿阶草 Ophiopogon bodinieri	0.27									
白英 Solanum lyratum			4.16							
蕗蕨 Hymenophyllum badium										5.53

7.3.2.2 基于林分碳汇提升的人工林林分经营技术

（1）人工林选择性间伐对乔木、林下和人工林生物量的影响

在本研究中，除树木叶生物量外，杉木人工林各组分的生物量和林下生物量均表现为间伐处理显著高于未间伐处理，低初始密度高于高初始密度。杉木人工林各组分生物量均随林分生长发育阶段的增加而增加（表7-15、表7-16和图7-17）。低初始密度对各组分生物量的正效应表现为近熟林和成熟林林分显著大于中龄林林分，林龄(S)×初始密度(D)交互作用见表7-15和图7-17。

表7-15 林分阶段（幼龄/中龄/近熟/成熟）、初始密度（低/高）、间伐选择管理（有间伐和没有间伐）及其相互作用对杉木人工林乔木和人工林生物量影响的混合线性模型结果

因素	DF	树木							
		叶		枝		茎		根	
		F	P	F	P	F	P	F	P
林分阶段(S)	3	56.83	<0.001	227.7	<0.001	374.3	<0.001	322.9	<0.001
初始密度(D)	1	2.44	0.125	7.72	0.008	12.86	0.001	11.75	0.001
间伐选择管理(T)	1	19.45	<0.001	22.52	<0.001	25.16	<0.001	26.41	<0.001
$S×D$	3	7.29	<0.001	7.94	<0.001	10.32	<0.001	10.54	<0.001
$S×T$	3	0.15	0.928	0.48	0.696	0.81	0.496	0.74	0.533
$D×T$	1	1.69	0.199	2.02	0.161	2.44	0.125	2.35	0.131
$S×D×T$	3	0.42	0.738	0.57	0.639	0.66	0.580	0.60	0.615
整体模型	15	14.80	<0.001	49.75	<0.001	80.13	<0.001	69.95	<0.001

(续)

因素	DF	地上植株		总乔木		人工林	
		F	P	F	P	F	P
林分阶段(S)	3	307.9	<0.001	309.3	<0.001	314.1	<0.001
初始密度(D)	1	10.91	0.002	11.01	0.002	12.47	0.001
间伐选择管理(T)	1	24.38	<0.001	24.61	<0.001	25.48	<0.001
$S \times D$	3	9.65	<0.001	9.75	<0.001	10.49	<0.001
$S \times T$	3	0.63	0.601	0.64	0.594	0.79	0.508
$D \times T$	1	2.32	0.134	2.32	0.134	2.68	0.108
$S \times D \times T$	3	0.62	0.605	0.62	0.606	0.52	0.669
整体模型	15	66.51	<0.001	66.84	<0.001	68.07	<0.001

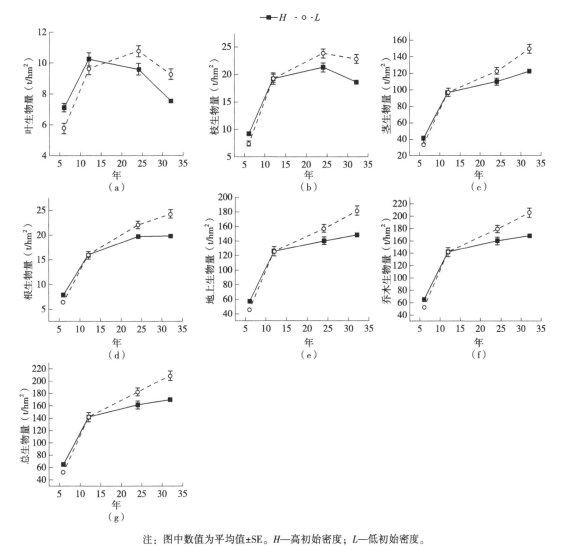

注：图中数值为平均值±SE。H—高初始密度；L—低初始密度。

图 7-17　不同林分阶段高低初始密度处理下杉木人工林各组分生物量和人工林总生物量

表7-16 杉木人工林不同林分阶段、不同初始密度和不同间伐管理方式下乔木和林下层生物量组成

变量	树木生物量组分						灌木	草本	植被总生物量
	叶	枝	茎	根	地上部分	树木			
林分阶段									
幼龄林	6.37±0.26a	8.22±0.34a	36.27±1.51a	7.07±0.29a	50.87±2.11a	57.94±2.41a	0.15±0.02a	0.28±0.06a	58.37±2.40a
中龄林	9.91±0.31b	19.26±0.60b	96.60±3.00b	16.00±0.50b	125.77±3.90b	141.78±4.40b	0.05±0.01b	0.02±0.01a	141.71±4.39b
近熟林	10.18±0.30b	22.56±0.67c	116.00±3.42c	20.86±0.62c	148.73±4.39c	169.60±5.01c	0.63±0.23c	1.70±0.24b	171.93±5.28c
成熟林	8.41±0.31c	20.74±0.77b	135.63±5.07d	22.04±0.82c	164.77±6.16d	186.81±6.98d	0.69±0.21c	1.60±0.22b	189.11±7.29d
选择性间伐管理									
无间伐	8.04±0.33a	15.60±1.02a	82.40±6.39a	14.15±1.01a	106.03±7.64a	120.18±8.65a	0.28±0.07a	0.55±0.11a	120.96±8.73a
有间伐	9.09±0.35b	17.53±1.15b	92.69±7.34b	15.98±1.16b	119.31±8.72b	135.29±9.87b	0.31±0.11b	0.82±0.18b	136.38±10.03b
初始密度									
高	8.57±0.30a	16.45±0.94a	86.48±5.91a	14.90±0.92a	111.51±7.00a	126.40±7.92a	0.12±0.01a	0.58±0.11a	127.06±7.97a
低	8.52±0.39b	16.61±1.21b	88.25±7.69b	15.17±1.23b	113.39±9.20b	128.56±10.43b	0.46±0.12b	0.77±0.18b	129.74±10.61b

注：数值为平均值±SE，字母表示处理之间的差异为0.05水平。

（2）人工林选择性间伐对乔木、林下植被、土壤和生态系统碳储量的影响

低初始密度下，乔木、灌木、草本、0～20cm 土层深度和杉木人工林总碳储量显著高于高初始密度。间伐处理对乔木、灌木、草本和 0～10cm、0～20cm、20～40cm 土层深度和杉木总碳储量的影响均显著高于不间伐处理，未分解凋落物、半分解凋落物、乔木、灌木、草本和杉木人工林的碳储量均随林分阶段增加而增加。总体而言，不同林分阶段的人工林总碳储量依次为：幼龄林 119.7t/hm²，中龄林 145.45t/hm²，近熟林 155.65t/hm²，成熟林 170.73t/hm²。0～10cm 和 20～40cm 土层碳储量随林龄的增大而减少。此外，低林分密度对乔木、灌木、草本植物碳储量和 0～20cm 土层深度在成熟林中的正效应显著大于中龄林。间伐对草本植物碳储量在近熟林中的正效应显著大于其他林分阶段（图 7-18、图 7-19）。

①杉木人工林不同处理碳储量的回归分析

杉木人工林碳储量的回归分析表明，低初始密度和间伐显著促进乔木碳储量的增加，0～10cm 土层的碳储量随林龄的减少量显著低于高初始密度和不间伐，如图 7-20（a）（b）（d）（e）所示。此外，低初始密度和间伐管理下（LM+）的乔木和 0～10cm 土层的碳增量显著高于其他 3 个处理（HM-、LM- 和 HM+），如图 7-20（c）（f）所示。

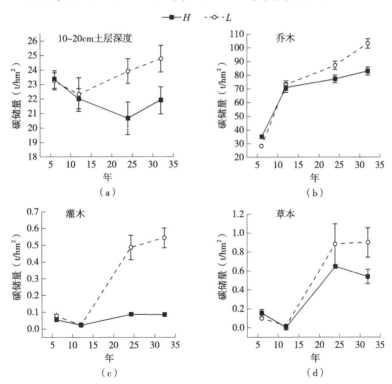

注：图中数值为平均值±SE。H—高初始密度；L—低初始密度。

图 7-18　杉木人工林不同林分阶段高低初始密度处理下乔木（a）、灌木（b）、草本（c）和 10～20cm 土层深度（d）的碳储量

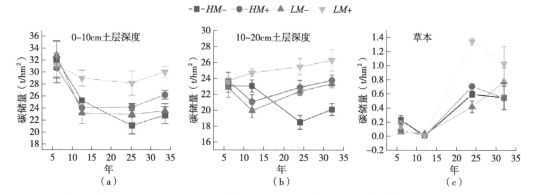

注：图中数值为平均值±SE。HM-——高初始密度，不进行间伐管理；HM+——高初始密度和选择性间伐管理；LM-——低初始密度，没有选择性间伐管理；LM+——低初始密度，选择性间伐管理。

图7-19　杉木人工林不同林分阶段不同初始密度下0~10cm土层深度（a）、10~20cm土层深度（b）和草本（c）的碳储量

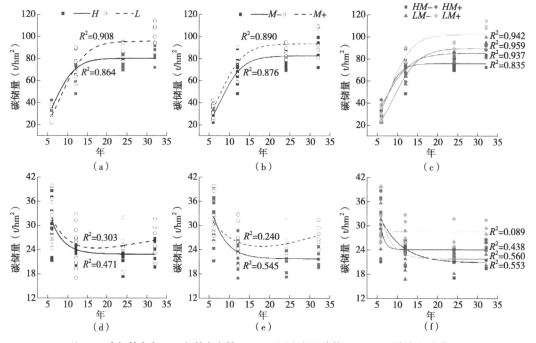

注：H——高初始密度；L——初始密度低；M——无选择性疏伐管理；M+——选择性细化管理；HM——初始密度高，不进行间伐管理；HM+——高初始密度和选择性间伐管理；LM——低初始密度，没有选择间伐管理；LM+——低初始密度，并进行间伐管理。

图7-20　杉木人工林不同林分阶段高、低初始密度、有无间伐管理处理下林木碳储量（a）~（c）和0~10cm土层深度（d）~（f）的回归

杉木人工林碳储量的线性回归结果表明，在低初始密度和间伐管理（LM+）处理下，灌木、草本、10~20cm土层深度随林龄增加的碳增量显著高于其他3个处理，见表7-17，图7-21（a）（b）（d）。低初始密度和间伐下的20~40cm土层的碳储量随林龄的增加显著小于其他3个处理，见表7-17、图7-21（e）。

表 7-17　林龄(幼龄、中龄、近熟、成熟)、初始密度(低密度、高密度)、间伐管理(有间伐和无间伐)及其相互作用对杉木人工林不同组分碳储量影响的混合线性模型结果

因素	DF	乔木		灌木		草本		未分解凋落物	
		F	P	F	P	F	P	F	P
林分阶段(S)	3	310.8	<0.001	13.25	<0.001	118.0	<0.001	27.82	<0.001
初始密度(D)	1	16.04	<0.001	28.33	<0.001	14.86	<0.001	0.99	0.324
间伐选择管理(T)	1	30.36	<0.001	4.25	0.041	17.72	<0.001	0.03	0.958
S×D	3	12.05	<0.001	8.88	<0.001	6.69	0.001	1.18	0.326
S×T	3	0.59	0.622	1.11	0.353	11.32	<0.001	2.28	0.09
D×T	1	4.44	0.04	0.41	0.523	20.48	<0.001	0.05	0.826
S×D×T	3	1.77	0.164	1.04	0.385	5.72	0.002	0.38	0.766
整体模型	15	68.67	<0.001	5.93	<0.001	30.50	<0.001	6.45	<0.001

因素	DF	部分分解凋落物		土层深度					
				0~10cm		10~20cm		20~40cm	
		F	P	F	P	F	P	F	P
林分阶段(S)	3	19.46	<0.001	13.74	<0.001	2.16	0.112	43.43	<0.001
初始密度(D)	1	1.97	0.166	3.18	0.08	13.48	0.001	3.30	0.079
间伐选择管理(T)	1	3.04	0.087	5.82	0.019	28.43	<0.001	11.37	0.002
S×D	3	1.65	0.189	0.26	0.856	4.08	0.015	1.18	0.331
S×T	3	0.55	0.652	2.23	0.096	2.85	0.053	2.44	0.082
D×T	1	0.06	0.816	2.25	0.14	2.20	0.148	1.71	0.201
S×D×T	3	1.37	0.264	4.45	0.012	4.68	0.008	0.72	0.545
整体模型	15	4.87	<0.001	4.05	<0.001	5.70	<0.001	10.65	<0.001

　　由灌木、草本、半分解凋落物、10~20cm 和 20~40cm 土层深度的线性回归分析表明,在间伐或不间伐、初始密度低或高的情况下,灌木、草本、半分解凋落物的碳储量与乔木和 0~10cm 土层的碳储量线性回归的规律相似(表 7-18、图 7-21)。草本和半分解凋落物与乔木之间的碳储量线性回归显著增加,在低初始密度和间伐条件下,0~10cm 土层和乔木层的碳储量显著低于其他 3 个处理。

　　②DCA 排序

　　DCA 第 1 轴从左到右依次为土壤 N、容重和海拔逐渐增加,草本和半分解凋落物碳含量逐渐减少。DCA 第 2 轴表示乔木碳含量和坡度的增加,而土壤磷含量自下而上减少。其中,红色的点和大部分绿色的点(分别代表成熟林和近熟林)聚集在 DCA 图的左上方,与

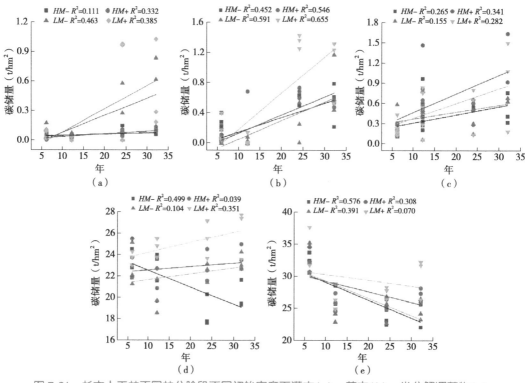

图 7-21 杉木人工林不同林分阶段不同初始密度下灌木(a)、草本(b)、半分解凋落物(c)、
10~20cm(d)和 20~40cm 土层深度(e)碳储量的线性回归

乔木层碳储量呈正相关，与灌木层碳储量呈偏相关。黄色样地主要分布在 DCA 图的右下角，与容重有较高的相关性，与土壤 N、P 呈偏相关。浅紫色和浅灰色样地分别表示近熟林和成熟林初始密度较低的聚集区(图 7-22)。

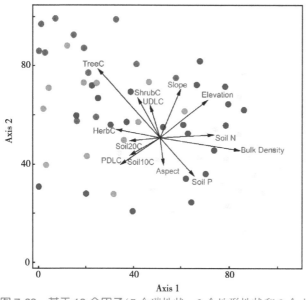

注：不同颜色的点表示不同的林分阶段。黄色、蓝色、绿色和红色点分别代表幼龄、中龄、近熟和成熟的种植地块。浅紫色斑块和浅灰色斑块分别表示早熟和成熟人工林初始密度低的聚集区（TreeC—乔木层碳储量；ShrubC—灌木层碳储量；HerbC—草本层碳储量；UDLC—未分解凋落物碳；PDLC—半分解凋落物碳含量；Soil 10C—0~10cm 土层深度的碳；Soil 20C—10~20cm 土层深度的碳；Soil N—0~10cm 土层有效氮；Soil P—0~10cm 土层有效磷）。

图 7-22 基于 13 个因子(7 个碳性状、3 个地形性状和 3 个土壤理化性状)属性矩阵的 DCA 排序

表 7-18　杉木人工林不同林龄、不同初始密度和不同间伐管理方式下不同组分碳储量的研究

土层深度	碳储量								生态系统
	0~10cm 土层深度	10~20cm 土层深度	20~40cm 土层深度	未分解层	半分解层	乔木	灌木	草本	
林龄									
幼龄林	31.52±1.22a	23.28±0.41ns	33.14±0.61a	0.16±0.03a	0.19±0.03a	31.22±1.30a	0.07±0.01a	0.12±0.01a	119.7
中龄林	24.67±0.79b	22.16±0.65ns	25.73±0.52b	0.57±0.06b	0.58±0.06b	71.71±2.27b	0.02±0.004a	0.01±0.004a	145.45
近熟林	23.43±1.08b	22.28±0.83ns	25.44±0.55b	0.71±0.03bc	0.56±0.04b	82.18±2.37c	0.28±0.10b	0.77±0.38b	155.65
成熟林	25.09±1.03b	23.33±0.76ns	26.63±0.87b	0.90±0.11c	0.75±0.10b	93.11±3.67d	0.31±0.10b	0.61±0.15b	170.73
采伐措施									
没有间伐	25.74±1.05a	21.62±0.43a	26.81±0.84a	0.53±0.06ns	0.43±0.05ns	60.33±4.12a	0.12±0.02a	0.25±0.05a	135.84
间伐	27.81±0.78b	23.90±0.41b	28.67±0.70b	0.50±0.06ns	0.52±0.06ns	68.37±4.71b	0.18±0.03b	0.37±0.08b	150.28
初始密度									
高密度	25.79±0.92ns	21.97±0.45 a	27.24±0.71ns	0.51±0.05ns	0.46±0.05ns	63.27±3.65a	0.06±0.01a	0.26±0.05a	139.56
低密度	27.64±0.95ns	23.55±0.46b	28.24±0.86ns	0.53±0.07ns	0.50±0.06ns	65.14±5.07b	0.22±0.05b	0.35±0.08b	146.17

注：数值为平均值±SE，字母表示处理之间的差异为 0.05 水平。

7.3.3 基于减排增汇的杉木人工林土壤管理技术

7.3.3.1 基于外源营养添加凋落物的土壤管理对土壤保育和土壤固碳的影响

（1）凋落物的质量损失动态

在不同林龄的杉木人工林中引入木荷凋落物，经过 12 个月的分解，在 3 组不同龄级林地下的凋落物残留质量均表现为：杉木组>杉木+木荷组>木荷组（图 7-23）。

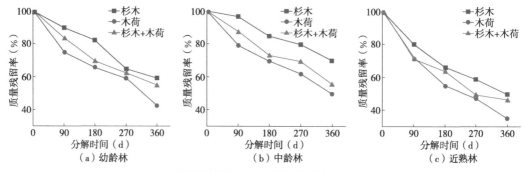

图 7-23　不同龄级杉木林下凋落物质量损失变化规律

在幼龄林中，经过 360d 的分解，杉木组、杉木+木荷组和木荷组的质量残留率分别为 58.9%、55.2% 和 42.6%，其中木荷组质量损失率比杉木高 16.3%，表明木荷凋落物分解速率明显快于杉木组凋落物；通过杉木组和木荷组质量损失率的算术平均计算值（预期损失率）与杉木+木荷对比，杉木+木荷组合凋落物的质量损失率与其预测值没有显著差异，表明混合凋落物中未出现非加和效应；在 360d 的分解过程中，3 组凋落物中木荷组、杉木+木荷组表现为 0~180d 分解更快，180~360d 分解更慢，杉木组则与之相反。

在中龄林中，经过 360d 的分解，杉木组、杉木+木荷组和木荷组的质量残留率分别为 69.8%、55.3% 和 49.5%，整体而言经过 360d 分解，凋落物在中龄林的质量损失要大于幼龄林；通过杉木组和木荷组质量损失率的算术平均计算值（预期损失率）与杉木+木荷组质量损失率的对比，杉木+木荷组凋落物的质量损失率与其预测值没有显著差异，表明混合凋落物中未出现非加和效应，这与幼龄林中的表现相同；在 360d 的分解过程中，3 组凋落物均表现为 0~180d 分解更快，180~360d 分解更慢。

在近熟林中，经过 360d 的分解，杉木组、杉木+木荷组和木荷组的质量残留率分别为 49.7%、46.1% 和 34.8%，3 组凋落物在近熟林中分解远快于其他龄级的林分；同样，通过杉木组和木荷组质量损失率的算术平均计算值（预期损失率）与杉木+木荷组质量损失率的对比，杉木+木荷组凋落物的质量损失率与其预测值没有显著差异，表明混合凋落物中未出现非加和效应，这与幼龄林、中龄林中的表现一致；在 360d 的分解过程中，3 组凋落物均表现为 0~180d 分解更快，180~360d 分解更慢，这与中龄林中表现一致。

在氮、磷添加的样地中，经过 360d 的分解，磷添加促进凋落物分解，氮添加抑制凋落物分解，氮、磷共同添加促进凋落物分解的效果弱于磷添加。而不同类型凋落物组合间的分解速率也存在差异，具体表现为：杉木残留率最高，分解最慢；闽楠残留率最低，分解最快；阔叶混合凋落物分解快于针阔混合凋落物（图 7-24）。

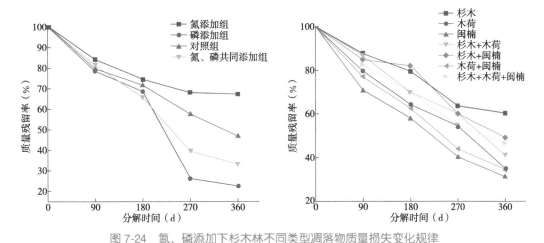

图 7-24 氮、磷添加下杉木林不同类型凋落物质量损失变化规律

（2）凋落物的分解动态

①凋落物碳含量动态

在不同林龄间，凋落物的碳含量有差异，表现为：幼龄林中凋落物碳含量显著低于中龄林和近熟林，而中龄林和近熟林间则没有显著差异。经过不同处理的凋落物碳含量在分解时间上有变异，但总体表现为杉木组>杉木+木荷组>木荷组（图 7-25）。

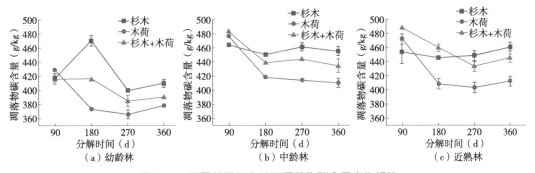

图 7-25 不同龄级杉木林下凋落物碳含量变化规律

在中龄林和近熟林中，凋落物碳含量在分解初期（90d）较高，在 90~180d 会有一个快速释放的过程，这一过程在木荷组和杉木+木荷组体现较为明显，杉木组释放过程相对缓慢；在 180~270d，杉木组的碳含量有小幅上升，木荷组的碳含量有小幅下降，杉木+木荷组的碳含量在中龄林中小幅上升，在近熟林大幅下降；在 270~360d，中龄林中各处理碳含量均为下降，而近熟林中各处理的碳含量均在上升，但差异不明显。在幼龄林中，分解初期各处理的碳含量变异较大，在 90~180d，杉木组碳含量大幅上升，木荷组碳含量则大幅下降，杉木+木荷组则没有明显变化；在 180~270d，3 组处理的碳含量均在下降，杉木组下降幅度最大；在 270~360d，3 组处理碳含量均在上升，但差异不明显。所有不同龄级

下，在经过360d的分解后，所有处理凋落物碳含量低于最初的凋落物碳含量，表明在分解的初期，凋落物的碳含量较为不稳定，变异性大，在分解后期，凋落物中的碳还是在缓慢释放。

②凋落物氮含量动态

在不同林龄间凋落物的氮含量没有显著差异。不同处理的凋落物氮含量总体表现出木荷组>杉木+木荷组>杉木组（图7-26）。

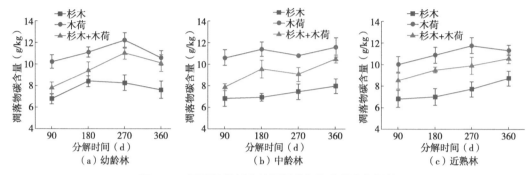

图7-26　不同龄级杉木林下凋落物氮含量变化规律

在幼龄林中，各处理的凋落物氮含量在整个分解过程中呈现先上升后下降的趋势，但经过360d的分解后，各处理的氮含量和最初的氮含量没有显著差异。在中龄林中，杉木组氮含量一直处于小幅上升的状态，随时间变化没有显著差异，杉木+木荷组以及木荷组的氮含量呈现上升—下降—上升的趋势，但木荷组氮含量随时间变化没有显著差异，而杉木+木荷组经过360d的分解后，氮含量有明显的升高。在近熟林中，各处理氮含量在整个360d的分解过程中呈现上升的趋势，但都随时间变化没有显著差异。

③凋落物磷含量动态

在不同林龄间凋落物的磷含量有显著差异，凋落物磷含量表现为近熟林>中龄林>幼龄林。不同处理的凋落物磷含量总体表现出杉木组>杉木+木荷组>木荷组（图7-27）。

在幼龄林中，杉木组和杉木+木荷组变化一致，呈现出上升—下降—上升的趋势，木荷组则一直呈现小幅上升的趋势，并且经过360d的分解，各处理的磷含量和最初的磷含量没有显著差异。在中龄林中，杉木组和木荷组呈现出上升的趋势，而杉木+木荷组呈现出上升—下降—上升的趋势。在近熟林中，3组处理的碳含量变化表现的趋势一致，在前中期没有明显变化，在分解后期有大幅的上升，表明在分解后期凋落物的磷在释放。

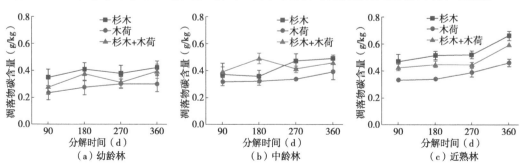

图7-27　不同龄级杉木林下凋落物磷含量变化规律

（3）不同类型凋落物添加处理对各龄级杉木林土壤养分和有机碳的影响

①杉木林土壤养分对林龄的响应特征

单因素方差分析结果表明，龄级对杉木林土壤有机碳、全氮、全磷、碱解氮、有效磷、C∶N、N∶P 以及 C∶P 均有极显著影响（$P<0.01$）。

不同龄级杉木林有机碳、全氮、全磷、碱解氮及有效磷含量呈现出一致的趋势，均表现为近熟林（23a）>幼龄林（5a）>中龄林（11a），不同龄级杉木林土壤有机碳含量分别为 25.171g/kg、22.908g/kg 及 32.511g/kg；不同龄级杉木林土壤全氮含量分别为 1.021g/kg、0.865g/kg 及 0.950g/kg；不同龄级杉木林土壤全磷含量分别为 0.391g/kg、0.245g/kg 及 0.581g/kg；不同龄级杉木林土壤碱解氮含量分别为 147.034mg/kg、138.018mg/kg 及 163.263mg/kg；不同龄级杉木林土壤有效磷含量分别为 9.153mg/kg、6.186mg/kg 及 12.344mg/kg。不同龄级杉木林中 N∶P 和 C∶P 均呈现出中龄林>幼龄林>近熟林，而 C∶N 则呈现出近熟林>中龄林>幼龄林。

②杉木林土壤养分对不同类型凋落物添加处理的响应特征

单因素方差分析结果表明，虽然不同类型凋落物处理对杉木林土壤碱解氮和有效磷含量无显著差异（$P>0.05$），但对杉木林土壤有机碳、全氮、全磷、碱解氮、有效磷、C∶N、N∶P 以及 C∶P 均有极显著影响（$P<0.01$）。

在添加不同凋落物类型的情况下，杉木林土壤有机碳、全氮、全磷及氮磷比的响应如图 7-28 所示。

杉木林土壤有机碳含量：各类型凋落物添加处理后，对照组、杉木凋落物添加组、阔叶树种凋落物添加组及混合凋落物添加组的杉木林土壤有机碳含量分别为 23.636g/kg、25.472g/kg、26.767g/kg 及 29.578g/kg；杉木凋落物添加组、阔叶树种凋落物添加组及混合凋落物添加组较对照组分别增加了 7.77%、13.25% 及 25.1%。

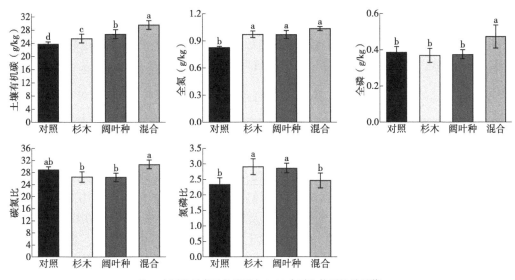

注：小写字母表示各处理在 0.05 水平比较下差异显著。

图 7-28　不同类型凋落物添加处理对杉木林土壤养分含量及计量比的影响

杉木林土壤全氮含量：各类型凋落物添加处理后，对照组、杉木凋落物添加组、阔叶树种凋落物添加组及混合凋落物添加组的杉木林土壤全氮含量平均值分别为 0.823g/kg、0.971g/kg、0.968g/kg 及 1.033g/kg；杉木凋落物添加组、阔叶树种凋落物添加组及混合凋落物添加组较对照组分别增加了 17.98%、17.62% 及 25.52%。

杉木林土壤全磷含量：各类型凋落物添加处理后，对照组、杉木凋落物添加组、阔叶树种凋落物添加组及混合凋落物添加组的杉木林土壤全磷含量平均值为 0.385g/kg、0.368g/kg、0.375g/kg 及 0.473g/kg；杉木凋落物添加组、阔叶树种凋落物添加组较对照组分别下降了 4.42% 与 2.60%，混合凋落物添加组较对照组增加了 22.86%。

杉木林土壤养分计量比：杉木凋落物添加组与阔叶树种凋落物添加组处理的土壤 N：P 显著高于其他两组，其土壤 C：N 显著低于混合凋落物添加组。

③杉木林土壤养分及其化学计量对凋落物添加与龄级双因素交互作用的响应特征

由表 7-19 双因素方差分析结果显示，龄级和凋落物添加的交互作用对杉木林土壤有机碳、全氮有显著影响（$P<0.05$），对全磷、N：P 及 C：P 有极显著影响（$P<0.01$）。

杉木林土壤有机碳量：混合凋落物添加组与近熟林协同效应对杉木林土壤有机碳量的提升作用最为显著（$P<0.05$），与近熟林对照组相比提升了 36.8%。

杉木林土壤全氮含量：混合凋落物添加组与幼龄林协同效应对杉木林土壤全氮含量的提升作用最为显著（$P<0.05$），与幼龄林对照组相比提升了 40.4%。同时，混合凋落物添加组与近熟林协同效应对杉木林土壤全氮含量提升作用也较为显著（$P<0.05$），与近熟林对照组相比提升了 25.7%。

杉木林土壤全磷含量：混合凋落物添加组与近熟林协同效应对杉木林土壤全磷含量的提升作用最为显著（$P<0.05$），与近熟林对照组相比提升了 69.1%。

杉木林土壤 C：P：混合凋落物添加组与中龄林协同效应对杉木林土壤 C：P 的作用最为显著（$P<0.05$），与中龄林对照组相比提升了 26.0%。

杉木林土壤 N：P：杉木凋落物添加组、阔叶树种凋落物添加组与幼龄林协同效应对杉木林土壤 N：P 的作用最为显著（$P<0.05$），与幼龄林对照组相比分别上升了 63.6%、59.6%。混合凋落物添加组与中龄林协同效应对杉木林土壤 N：P 的作用也较为显著（$P<0.05$），与中龄林对照组相比提升了 16.1%（图 7-29）。

(4) 不同类型凋落物添加处理对各龄级杉木林土壤微生物特性的影响

①杉木林土壤微生物量对林龄的响应特征

龄级对杉木林土壤微生物生物量碳、微生物生物量氮、微生物生物量磷及碳磷比均具有极显著影响（$P<0.01$）；虽然凋落物添加对微生物生物量碳及微生物生物量磷没有显著性影响，但对微生物生物量氮有显著性影响；龄级和凋落物添加的交互作用对微生物生物量磷的影响显著（$P<0.05$），对微生物生物量氮及其氮磷比的影响极显著（$P<0.01$，表 7-20）。

在单因素分析中，不同龄级杉木林土壤微生物的生物量碳、生物量氮、生物量磷出现差异，但均表现为近熟林>幼龄林>中龄林，如图 7-30 所示。微生物生物量 CP 表现为 5a 显著高于其他两个年龄的林分。

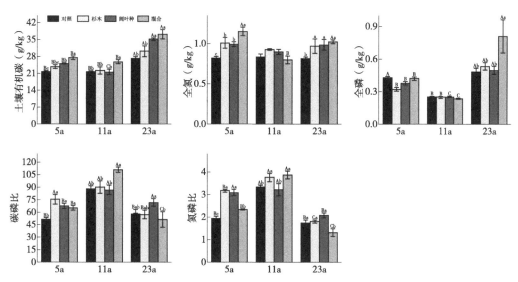

注：大写字母表示林龄处理在 0.05 水平比较下差异显著，小写字母表示在凋落物处理在 0.05 水平比较下差异显著。

图 7-29　龄级与凋落物添加对杉木林土壤养分含量及计量比的影响

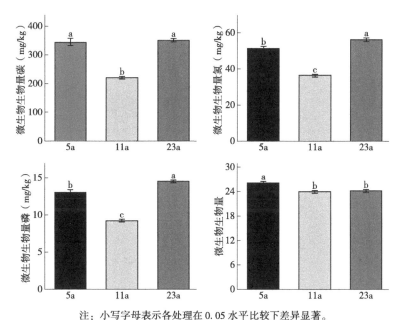

注：小写字母表示各处理在 0.05 水平比较下差异显著。

图 7-30　龄级对杉木林土壤微生物生物量及计量比的影响

②杉木林土壤微生物量对不同类型凋落物添加处理的响应特征

单因素方差分析结果显示，不同类型凋落物添加处理对杉木林土壤微生物生物量氮有极显著影响（$P<0.01$），对土壤微生物生物量碳、生物量磷无显著影响（$P>0.05$）。

各类型凋落物添加处理后，对照组、杉木凋落物添加组、阔叶树种凋落物添加组及混合凋落物添加组杉木林土壤微生物生物量氮平均值为 45.089g/kg、47.566g/kg、49.705g/kg 及 50.495g/kg；杉木凋落物添加组、阔叶树种凋落物添加组及混合凋落物添加组较对照组分别增加了 5.5%、10.2%、12.0%。

表 7-19 短期（90 天）内龄级、凋落物添加及交互作用对杉木林土壤特性的影响

土壤特性	自由度 dF	有机碳 SOC		全氮 TN		碱解氮 AN		全磷 TP		有效磷 AP		土壤碳氮比 C:N		土壤氮磷比 N:P		土壤碳磷比 C:P	
		F	P	F	P	F	P	F	P	F	P	F	P	F	P	F	P
龄级	2	86.59	<0.001	17.57	<0.001	7.59	<0.001	55.57	<0.001	187.55	<0.001	32.23	<0.001	202.52	<0.001	52.19	<0.001
凋落物添加	3	21.11	<0.001	6.61	<0.001	2.78	0.052	5.58	0.002	2.25	0.096	4.68	0.006	7.81	<0.001	2.63	0.062
龄级×凋落物类型	6	2.84	0.020	2.55	0.033	2.29	0.052	4.28	0.002	2.03	0.082	0.76	0.609	7.53	<0.001	4.54	<0.001

表 7-20 中短期（270 天）内龄级、凋落物添加及交互作用对杉木林土壤微生物特性的影响

土壤特性	自由度 dF	微生物生物量碳 MBC		微生物生物量氮 MBN		微生物生物量磷 MBP		微生物生物量碳氮比 MBC:MBN		微生物生物量氮磷比 MBN:MBP		微生物生物量碳磷比 MBC:MBP	
		F	P	F	P	F	P	F	P	F	P	F	P
龄级	2	37.43	<0.001	263.62	<0.001	105.84	<0.001	1.73	0.194	1.81	0.181	5.98	<0.001
凋落物添加	3	1.84	0.161	6.86	<0.001	1.44	0.250	0.96	0.425	1.75	0.177	2.64	0.068
龄级×凋落物类型	6	2.25	0.065	7.53	<0.001	3.53	0.009	1.60	0.181	7.27	<0.001	2.05	0.089

③杉木林土壤微生物量对龄级与凋落物添加双因互交互作用的响应特征

双因素方差分析结果显示，龄级和凋落物添加的交互作用对杉木林土壤微生物生物量碳、生物量碳氮比及碳磷比无显著影响（$P>0.05$），土壤微生物生物量氮、生物量磷及生物量氮磷比有极显著影响（$P<0.01$）。

杉木林土壤微生物生物量氮：混合凋落物添加组与幼龄林协同效应对杉木林土壤微生物生物量氮的提升作用最为显著（$P<0.05$），与对照组相比提升了 23.4%。阔叶树种凋落物添加组与近熟林协同效应对杉木林土壤微生物生物量氮的提升作用也较为显著（$P<0.05$），与对照组相比提升了 11.3%。

杉木林土壤微生物生物量磷：阔叶树种凋落物添加组、混合凋落物添加组与幼龄林协同效应对杉木林土壤微生物生物量磷的提升作用都较为显著（$P<0.05$），与对照组相比分别提升了 25.7%、23.9%。

杉木林土壤微生物生物量 N：P：阔叶树种凋落物添加组与近熟林协同效应对杉木林土壤微生物生物量 N：P 的提升作用最为显著（$P<0.05$），与对照组相比提升了 15.2%（图 7-31）。

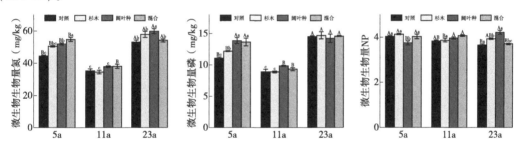

注：大写字母表示林龄处理在 0.05 水平比较下差异显著，小写字母表示在凋落物处理在 0.05 水平比较下差异显著。

图 7-31　龄级与凋落物添加对杉木林土壤微生物生物量及计量比的影响

（5）杉木林土壤微生物量与土壤养分的相关性分析

杉木林土壤微生物特性与土壤养分之间的 Pearson 相关性分析如图 7-32 所示。相关分析表明：杉木林土壤微生物量碳、微生物生物量氮、微生物生物量磷与其土壤有机碳、全氮、全磷、碱解氮、有效磷呈现显著正相关，与土壤 N：P、土壤C：P 呈现显著负相关；杉木林土壤微生物生物量碳氮比与全氮呈现显著正相关；杉木林土壤微生物量碳磷比与全氮、土壤含水量呈现显著正相关；杉木林土壤微生物量氮磷比与土壤养分无显著相关（$P>0.05$）。

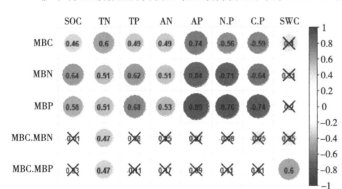

注：×号表示相关性不显著，蓝色表示正相关，红色表示负相关，相关性强弱由数值与颜色深度表示，缩写释义见表 7-20。

图 7-32　杉木林土壤微生物量特性与土壤养分的相关性分析

7.3.3.2 基于外源营养添加凋落物和施肥的土壤管理对土壤保育和土壤固碳的影响

（1）施肥对土壤养分和有机碳的影响

施肥对杉木林土壤中的碱解氮、全氮、速效磷、全磷、有机碳的含量均有显著的影响。从图 7-33 及表 7-21 可以看出，施用氮磷混合肥显著增加了土壤中的全氮与碱解氮的含量（$P<0.05$）。相比对照处理，施用氮磷混合肥土壤全氮含量增加了 14.7%，土壤中碱解氮含量增加了 10.7%（$P<0.05$）；施用氮肥后，土壤中碱解氮含量显著增加了 5%（$P<0.05$）；施用磷肥后，土壤中碱解氮含量显著降低了 15.3%（$P<0.05$）。虽然施用单一元素磷肥使土壤中碱解氮含量降低，但是施用氮磷肥混合肥则增加了土壤中碱解氮的含量，且碱解氮的增加量比添加单一元素氮肥多 5.7%（$P<0.05$），这说明磷肥的加入对土壤中碱解氮的释放有促进作用。施用单一元素氮肥对于土壤中的磷元素含量没有显著影响。施用单一元素磷肥和施用氮磷元素混合肥后，土壤中全磷和速效磷含量相较于对照组均有了显著的提高（$P<0.05$），土壤全磷含量分别提高了 34.6% 和 44%（$P<0.05$），速效磷含量分别提高了 34.8% 和 36.7%（$P<0.05$）。与施用单一元素磷肥相比，施用氮磷元素混合肥后，土

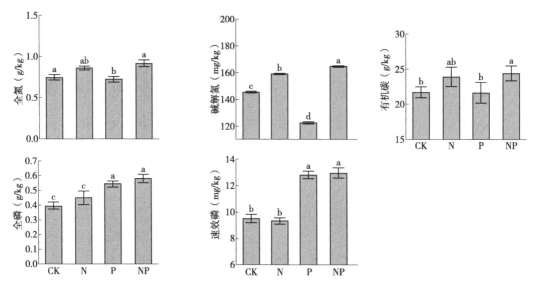

注：CK—对照组；N—施氮；P—施磷；NP—施氮和磷；不同小写字母表示处理间存在显著差异（$P<0.05$），下同。

图 7-33　施肥对土壤养分的影响

表 7-21　施肥和凋落物添加对土壤养分的影响

试验设计	自由度 dF	土壤碱解氮（AN）		土壤全氮（TN）		土壤速效磷（AP）		土壤全磷（TP）		土壤有机碳（SOC）	
		F	P	F	P	F	P	F	P	F	P
施肥	3	159.216	<0.001	137.172	<0.001	44.617	<0.001	6.930	<0.001	3.921	0.013
凋落物	7	223.372	<0.001	128.554	<0.001	0.355	<0.001	0.620	<0.001	3.958	0.001
凋落物×施肥	21	1.147	0.339	1.019	0.416	1.281	0.237	0.938	0.549	1.204	0.315

壤中磷元素的含量有所增加，但施用氮肥后土壤中磷元素的变化并不显著。与对照组相比，施用单一元素氮肥，土壤有机碳含量增加了 10.1%，但变化并不显著（$P>0.05$）。施用单一元素磷肥对土壤有机碳含量影响也不显著，而施用氮磷元素混合肥则使土壤有机碳含量增加了 16.8%（$P<0.05$），磷肥的施入使氮肥对有机碳含量的提高作用达到了显著性水平。

（2）凋落物添加对土壤养分和有机碳的影响

凋落物添加对杉木林土壤中的碱解氮、全氮、速效磷、全磷、有机碳的含量均有显著的影响，结果见表 7-21 及图 7-34 所示。从表 7-21 可以看出，不同类型凋落物添加处理对氮和磷的含量均有显著的影响（$P<0.05$）。相较于对照组而言，添加杉木凋落物、添加闽楠凋落物及添加杉木+闽楠凋落物的杉木林土壤全氮含量分别增加了 3.2%、10.6% 及 12.4%（$P<0.05$）。

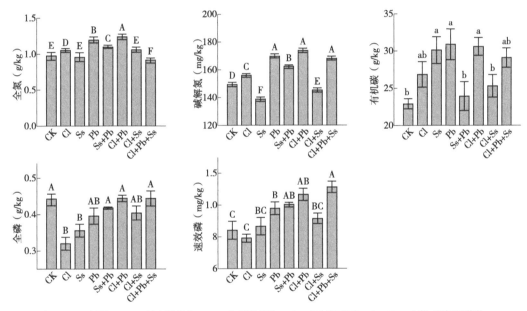

注：CK—对照组；Cl—杉木凋落物；Ss—木荷凋落物；Pb—闽楠凋落物；Ss+Pb—木荷+闽楠凋落物；Cl+Pb—杉木+木荷凋落物；Cl+Ss—杉木+木荷凋落物；Cl+Pb+Ss—杉木+闽楠+木荷凋落物。不同大写字母（A~F）表示处理间存在极显著差异（$P<0.01$），下同。

图 7-34 凋落物添加对土壤养分的影响

从图 7-34 可以看出，添加闽楠凋落物、杉木+闽楠凋落物及杉木+闽楠+木荷凋落物对土壤碱解氮含量的提高作用均达到了显著性水平，其含量分别增加了 16.5%、18.4% 和 16.8%（$P<0.05$）。尽管添加杉木凋落物与添加木荷+闽楠凋落物后土壤碱解氮的含量分别增加了 2.8% 和 10.1%，但是添加木荷凋落物与添加木荷+杉木凋落物后却降低了土壤中碱解氮的含量（$P<0.05$）。实验表明，木荷凋落物的加入对土壤碱解氮含量的提升有抑制作用。与仅添加闽楠凋落物相比，添加杉木+闽楠凋落物处理后土壤碱解氮含量增加了 9.5%（$P>0.05$）。

单因素方差分析表明，不同类型凋落物添加处理对土壤中的磷含量和有机碳含量产生了显著的影响（$P<0.05$）。与对照组相比，虽然添加单一杉木凋落物与添加单一木荷凋落物对土壤速效磷的含量均没有显著影响，但是添加单一闽楠凋落物与添加木荷+闽楠凋落物、杉木+闽楠凋落物及杉木+木荷+闽楠凋落物对土壤速效磷的含量分别显著增加了16.2%、19%、26.6%及32.1%（$P<0.05$）。3种混合凋落物添加与单一杉木凋落物添加相比，土壤速效磷含量均显著提高了40.4%以上（$P<0.05$）。与对照组相比，添加单一杉木凋落物和添加单一木荷的凋落物致使土壤全磷含量分别降低了27.5%和19.2%（$P<0.05$）；添加单一闽楠凋落物和添加混合凋落物对土壤全磷含量的影响不显著。

与对照组相比，添加单一木荷凋落物、添加单一闽楠凋落物与添加杉木+闽楠混合凋落物时均对土壤有机碳含量产生了显著影响，土壤有机碳含量分别增加了31.3%、34.6%和33.4%；而添加木荷+闽楠混合凋落物的土壤有机碳含量并没有显著提高，且增加量显著低于添加单一木荷凋落物与添加单一闽楠凋落物的土壤有机碳含量。

施肥与凋落物添加对土壤中的碱解氮、全氮、速效磷、全磷、有机碳含量双因互交互作用的影响均没有达到显著性水平，见表7-21。这表明在此试验状态下，施肥和凋落物添加对土壤养分没有产生交互作用影响，关于两者的协同作用有待进一步研究。

（3）施肥对土壤微生物特性的影响

施肥对杉木林土壤中的微生物生物量碳、微生物生物量氮与微生物生物量磷均有极显著的影响，结果见表7-22及图7-35所示。与对照组相比，施用磷肥后杉木林土壤中的微生物生物量氮与微生物生物量磷含量分别增加了27%和22.8%，施用氮磷混合肥后杉木林土壤中的微生物生物量氮与微生物生物量磷含量分别增加了19.5%和22.7%。相较于对照组，施用单一元素氮肥后杉木林土壤中微生物生物量碳的含量降低了3.3%（$P<0.05$），而微生物生物量氮和微生物生物量磷没有显著变化。施用单一元素磷肥和施用氮磷肥混合添加后，微生物生物量磷的含量分别提升了23.6%和29.3%（$P<0.05$）。

表7-22　施肥和凋落物添加对土壤微生物特性的影响

试验设计	自由度 dF	微生物生物量碳（MBC）		微生物生物量氮（MBN）		微生物生物量磷（MBP）	
		F	P	F	P	F	P
凋落物	7	1.257	<0.001	0.467	<0.001	0.626	<0.001
施肥	3	9.112	<0.001	31.507	<0.001	26.375	<0.001
凋落物×施肥	21	5.899	<0.001	1.936	0.037	1.562	0.027

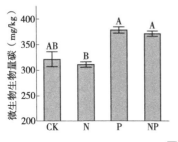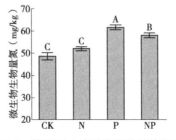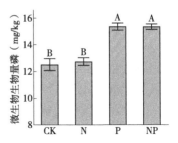

图7-35　施肥对土壤微生物特性的影响

（4）凋落物添加对土壤微生物特性的影响

凋落物添加对杉木林土壤中微生物生物量碳、微生物生物量氮与微生物生物量磷的影响均达到显著性或极显著性水平，结果见表7-23及图7-36所示。从图7-36可以看出，添加不同类型凋落物后，杉木林土壤中微生物生物量碳、微生物生物量氮与微生物生物量磷含量产生了极显著差异（$P<0.01$），添加杉木+闽楠凋落物后，各项土壤微生物生物量含量均为最高。与对照组相比，添加单一木荷凋落物后土壤中微生物生物量碳、微生物生物量氮与微生物生物量磷含量分别提高了9.7%、7.2%和11.2%，添加单一闽楠凋落物后分别提高了52.8%、13.6%、28.3%（$P<0.05$），添加杉木+木荷+闽楠混合凋落物后分别提高了51.2%、18.7%及24.5%（$P<0.05$），添加杉木+木荷混合凋落物后分别提高了12.4%和10.9%（$P<0.05$），添加木荷+闽楠混合凋落物后分别提高了43.3%、8.9%及23.9%（$P<0.05$），添加杉木+闽楠混合凋落物后分别提高了55.2%、22.8%及29.6%（$P<0.05$），而添加杉木凋落物后却均没有产生显著性差异。

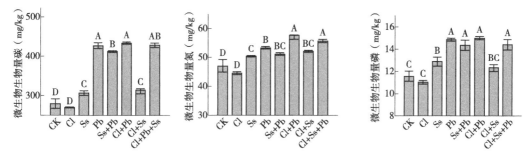

图7-36 凋落物添加对土壤微生物特性的影响

施肥与凋落物添加交互作用对土壤微生物生物量碳、微生物生物量氮与微生物生物量磷均有显著与极显著的影响，结果见表7-22及图7-37所示。从图7-37可以看出，与对照组相比，在8类凋落物添加与4种施肥试验组合所产生的交互作用对土壤中微生物生物量碳的提升效果中，杉木林地同时施用氮磷混合肥与添加杉木+木荷+闽楠混合凋落物最好，施用磷肥与添加杉木+闽楠混合凋落物也较好。

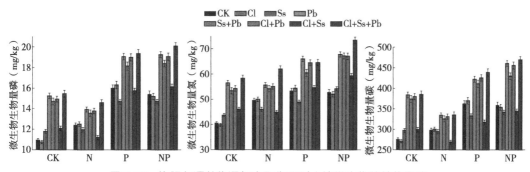

图7-37 施肥与凋落物添加交互作用对土壤微生物特性的影响

表7-23 不同施肥和调落物添加处理下的杉木人工林土壤特性

试验组	全氮 TN	碱解氮 AN	全磷 TP	速效磷 AP	土壤有机碳 SOC	微生物生物量碳 MBC	微生物生物量氮 MBN	微生物生物量磷 MBP
CK$_1$	0.90±0.01B	176.61±6.66C	0.39±0.02C	9.4815±0.32B	21.70393±0.76b	321.16±14.55AB	48.63±1.60C	12.51±0.45B
N	1.01±0.01AB	155.70±6.69B	0.45±0.05BC	9.32±0.23B	23.892±1.37ab	310.54±5.64B	52.03±0.89C	12.74±0.29B
P	0.95±0.02B	148.71±8.15D	0.54±0.02A	12.78±0.30A	21.61±1.49b	378.47±6.13A	61.75±1.01A	15.35±0.27A
NP	1.02±0.01A	157.543±6.66A	0.58±0.03A	12.96±0.40A	24.41±1.06a	371.275.19A	58.13±1.08B	15.35±0.21A
CK$_2$	0.91±0.02E	149.43±1.56D	0.44±0.02A	8.43±0.32C	22.92±0.65B	279.61±11.92D	46.94±2.13D	11.58±0.45C
Cl	1.00.±0.02D	155.94±1.24C	0.32±0.02B	7.94±0.23C	26.86±1.72AB	270.20±0.63D	44.47±0.48D	11.03±0.17C
Ss	0.94±0.02E	138.69±1.54F	0.36±0.02B	8.69±0.30BC	30.08±1.77A	306.66±6.12C	50.32±0.23C	12.88±0.40B
Pb	1.04±0.01B	169.80±1.39A	0.40±0.03AB	9.80±0.40B	30.85±2.03A	427.34±7.24A	53.30±0.46B	14.86±0.12A
Ss+Pb	0.94±0.02C	162.03±1.15B	0.42±0.00A	10.03±0.32AB	23.94±1.93B	411.98±2.54B	51.12±0.48BC	14.36±0.45A
Cl+Pb	1.06±0.01A	173.67±1.38A	0.44±0.01A	10.67±0.23AB	30.58±1.21A	434.05±3.43A	57.65±0.15A	15.01±0.14A
Cl+Ss	0.89±0.02DE	145.16±1.33E	0.40±0.02AB	9.16±0.30BC	25.31±1.52B	314.24±3.49C	52.06±0.37BC	12.33±0.31BC
Cl+Pb+Ss	0.99±0.01F	168.14±1.35A	0.44±0.02A	11.14±0.40A	29.08±1.30AB	428.32±5.55AB	55.70±0.57A	14.42±0.46A

注：不同大写字母（A~D）表示处理间存在极显著差异（$P<0.001$），不同小写字母（a，b）表示处理间存在显著差异（$P<0.05$），下同，缩写释义如图7-34所示。

（5）施肥和凋落物添加对土壤化学计量特征的影响

①施肥对土壤化学计量特征的影响

与对照组相比，施用磷肥与氮磷肥混合后，使杉木林土壤中的碳氮比分别增加了30.7%和37.2%，碳磷比分别减少了19.5%和16.6%，氮磷比分别减少了38.3%和39%；施用氮肥后虽然使杉木林土壤氮磷比减少了19%（$P<0.05$），但对土壤的碳氮比和碳磷比没有显著影响。与施用氮肥相比，施用氮磷混合肥显著提高了土壤的碳氮比，磷肥的加入使得土壤的碳氮比有了显著的提升（图7-38）。

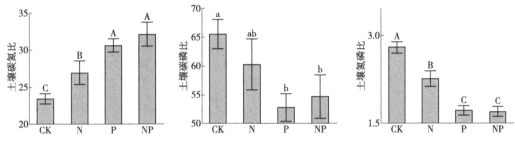

图 7-38　不同施肥处理下土壤化学计量特征

②施肥与凋落物添加交互作用对土壤化学计量特征的影响

施肥与凋落物添加交互作用对土壤 N∶P 具有显著影响，表现为施用氮磷混合肥与添加闽楠、杉木+木荷+闽楠混合凋落物显著低于其他施肥与凋落物添加组合。在对照组处理的样地中添加杉木凋落物的土壤 N∶P 高于添加木荷凋落物与添加杉木+木荷混合凋落物处理，而在施肥的样地中添加杉木凋落物土壤 N∶P 低于木荷凋落物与添加杉木+木荷混合凋落物处理（图7-39）。

③杉木林土壤养分与土壤化学计量特征的关系

由图7-40可知，杉木林土壤碱解氮与TN；土壤速效磷与TP、MBP 正相关，与 N∶P

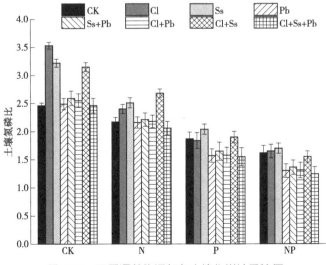

图 7-39　不同凋落物添加与土壤化学计量特征

负相关。土壤全磷与 C∶P、N∶P 负相关。土壤微生物生物量碳与 MBP、MBC∶MBN 正相关。土壤微生物生物量氮与 MBP 正相关。土壤 MBC∶MBN 与 MBC∶MBP 正相关，与 MBN∶MBP 负相关。土壤 MBC∶MBP 与 C∶N 负相关。土壤有机碳与 C∶N 正相关。土壤 C∶P 与 N∶P 正相关。

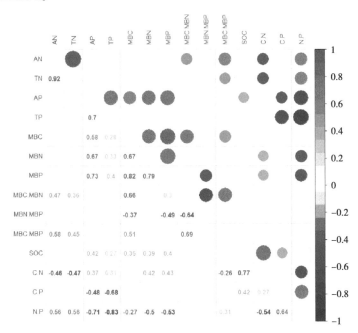

图 7-40　土壤养分与土壤化学计量特征的相关性分析

7.3.4　赣中南丘陵山地杉木人工林减排增汇的土壤管理技术措施

7.3.4.1　基于杉木人工林近自然化结构调整的土壤管理技术

近自然化改造树种以适地的乡土树种为代表，引入闽楠、刨花楠、木荷等演替顶级优势树种。经营目标计划是让该区森林群落的主要乡土树种达到森林生物群落动态平衡的格局。

选择立地指数为 14~16 的杉木林，伐除部分干形差及生长不良的树种后，开展闽楠、刨花楠、木荷等树种混交造林。

①立地选择

杉木林立地指数为 14~16，且较为退化的杉木人工林。

②林分选择

选择幼龄、中龄、近熟、成熟及过熟杉木人工林。

③调整林分结构

带状间伐或开设林窗方式造林，带状间伐时每隔 3~4 行，对林分过密区域开展间伐作业；开设林窗，则本着去小留大、去弱留壮的原则，伐除小、病、弱、断头和优势木竞争的杉木，根据不同林龄林分保留生长旺盛的杉木目标树 40~60 株。间伐调整后将林分郁闭度调整为 0.5 左右。

④苗木选择

采用带状或群团状的方式在林下补植闽楠、刨花楠、木荷等树种的轻基质容器苗或大苗，补植密度 80~120 株/亩。

⑤混交造林

以适地适树为原则，将闽楠、刨花楠、木荷等以带状或群团状混交，保留林内其他乡土阔叶树种。

⑥整形修枝

在生长季结束，对闽楠、刨花楠、木荷等树种进行修枝，修除枯死枝、过密枝，以促进干形生长和下层枝条生长发育。

⑦抚育

1~2 年生长期间，及时对闽楠、刨花楠、木荷等树种进行抚育除草和清理藤本杂灌。

⑧林下树种更新保留

保留杉木林冠下更新的乡土树种拟赤杨、苦槠、油桐等树种幼苗。

⑨改造后的管护

a. 生长观测，树种引种 1 个月内，密切关注栽植成活情况，如有枯死株需及时补植；b. 病虫害防治，楠木和木荷幼树遭幼虫蚕食，可用 50%多菌灵粉剂 500 倍液或 70%甲基托布津可湿性粉剂 500~800 倍液每隔 10~15d 喷 1 次，连喷 2~3 次，或使用 50%马拉松800 倍液喷施。

7.3.4.2　基于凋落物添加的土壤管理技术

①立地选择

杉木林立地指数为 14~16，且较为退化的杉木人工林。

②林分选择

选择幼龄、中龄、近熟杉木人工林。

③林地清理

清除植被，清理天然植被(林地上的小灌木、杂草等)和采伐剩余物。

④凋落物选择

选择近自然林组成树种木荷以及地带性常绿阔叶林顶极群落优势树种闽楠的凋落物(未分解状态，包括叶、小枝)。

⑤凋落物采集

新鲜凋落物收集于 10 月末，此时大部分叶片已经凋落、风干。

⑥凋落物添加方式

凋落物添加分为闽楠凋落物添加、木荷+闽楠混合凋落物添加(1:1)两种措施，添加量为 $50g/m^2$。

7.3.4.3　基于凋落物添加和施养的综合土壤管理技术

立地选择、林分选择、林地清理、凋落物选择、凋落物采集同 7.3.4.2。

①添加方式

凋落物添加分为闽楠凋落物添加、木荷+闽楠混合凋落物添加(1:1)两种措施，添加量为 200kg/a。在凋落物添加同时，进行添加施磷肥与氮磷复合肥处理，磷肥［P 含量 50kg/（hm² · a）］和氮磷组合肥［P 含量 50kg/（hm² · a）+N 含量 200kg/（hm² · a）］。施肥方式喷施。

②凋落物放置

凋落物底层紧贴土壤表层。

7.4 赣中南丘陵山地柑橘林土壤保持和污染物削减的植被空间配置技术

7.4.1 柑橘林植被空间配置模式与径流量及污染物的特征分析

7.4.1.1 模拟场降雨下不同配置模式对径流量和面源污染物削减的作用

（1）对径流量的削减作用

与对照组裸地相比，5 种林下植被配置模式都明显延缓了 60min 模拟场降雨的地表径流峰值产生的时间，推迟 2～11min，白三叶+黑麦草模式没有产生明显峰值。其中，白三叶、白三叶+黑麦草模式在场降雨过程中的径流量始终低于裸地，箭舌豌豆+高羊茅、自然生草（马唐）模式的径流量达到稳定后与裸地数值接近，但是南苜蓿+狗牙根模式的径流量却始终高于裸地（图 7-41）。

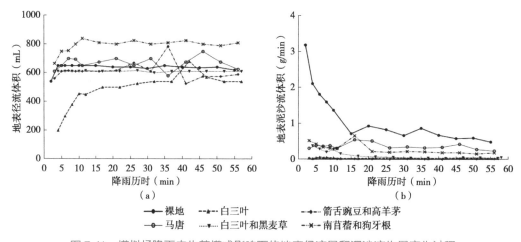

图 7-41 模拟场降雨中生草模式影响下的地表径流量和泥沙流失量变化过程

5 种模式下每分钟泥沙流失量始终稳定地处于较低水平。其中，白三叶和箭舌豌豆+高羊茅模式的流失曲线类似，均始终维持在很低的水平，曲线较为平缓；白三叶+黑麦草模式的泥沙流失量在前 17min 下降较快，随后缓慢下降，第 27min 后保持稳定；南苜蓿+狗牙根和自然生草（马唐）模式泥沙流失量在前 10min 保持稳定，第 15min 出现回升后又保持在稳定状态。

由此可知，5 种模式均有效地削减了降雨初期泥沙流失的高峰值，使场降雨地表泥沙流失量变化趋势变缓，并使泥沙流失量始终维持在较低水平。

（2）对氮、磷污染物的削减作用

各生草模式都明显降低了降雨初期裸地每分钟全氮流失量的峰值，并在前 15min 基本都低于裸地，在 20~25min 有高有低，30min 后箭舌豌豆+高羊茅、自然生草（马唐）模式和裸地一样处于较为稳定的波动状态，且数值较为接近，白三叶+黑麦草和白三叶模式下均高于裸地，南苜蓿+狗牙根则比裸地高出很多（图 7-42）。

对硝态氮的流失影响上，只有箭舌豌豆+高羊茅和白三叶模式明显降低了裸地在降雨初期的峰值，但是箭舌豌豆+高羊茅模式在 20min 后流失量与裸地相近，白三叶模式在 12min 后高于裸地；白三叶+黑麦草模式每分钟硝态氮流失量在前 10min 基本都低于裸地，随后接近；南苜蓿+狗牙根、自然生草（马唐）则始终与裸地相近。表明场降雨中，当植被覆盖较高时，其地表硝态氮流失量与裸地相似，且波动变化主要集中在降雨初期，流失量在降雨过程中与裸地相近（张冠华 等，2009）。

5 种模式都明显地降低了降雨初期氨态氮流失的峰值，流失量始终低于裸地。

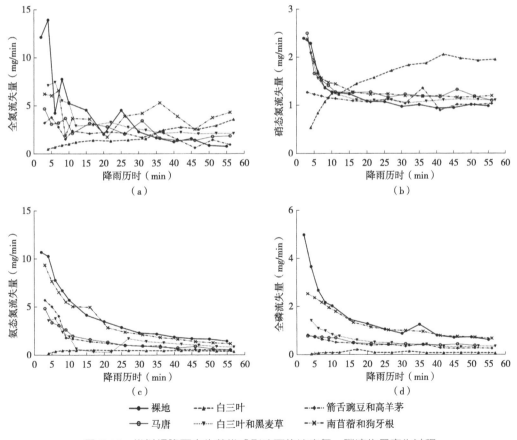

图 7-42　模拟场降雨中生草模式影响下的地表氮、磷流失量变化过程

5 种模式明显降低了降雨初期的全磷流失峰值，全磷流失量均低于裸地，且曲线较为平直，植被覆盖可以明显降低场降雨中全磷流失的峰值，但变化趋势与裸地相似(钱婧，2012)。

由以上分析可知，5 种模式均能明显地削弱全氮、氨态氮和全磷的流失量的峰值，并保持其流失过程的稳定，但是除箭舌豌豆+高羊茅外，其他 4 种模式对硝态氮的流失过程影响不明显。另外，林下生草模式对全氮和硝态氮流失的削减作用在降雨后期变弱。

7.4.1.2 模拟 7 天连续降雨下不同配置模式对径流量和面源污染物削减的作用

(1)对径流量的削减作用

各生草模式下的产流时间都明显晚于裸地，产流时间在 1~3min。相对于裸地，自然生草(马唐)模式可延迟 0.48~0.67min，箭舌豌豆+高羊茅模式可延迟 0.38~0.65min，南苜蓿+狗牙根模式可延迟 0.62~1.07min，白三叶+黑麦草模式可延迟 0.62~1.03min，白三叶模式可延迟 1.01~1.93min。

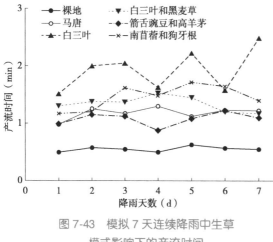

图 7-43　模拟 7 天连续降雨中生草模式影响下的产流时间

在每场降雨中不同生草模式均有效地延迟了地表产流时间，各生草模式地表产流时间在 1.00~3.00min，相对裸地可推迟产流时间 0.48~2.00min(图 7-43)。

各生草模式延迟效果依次表现为白三叶>南苜蓿+狗牙根>白三叶+黑麦草>自然生草(马唐)>箭舌豌豆+高羊茅，由此可知，对产流时间延迟效果最好的是白三叶，最差的为箭舌豌豆+高羊茅。

白三叶+黑麦草模式明显推迟了 1 天的径流峰值产生的时间。另外，只有白三叶模式的地表径流量始终低于裸地，自然生草(马唐)和箭舌豌豆+高羊茅模式在第 4 天、白三叶+黑麦草模式在第 3 天地表径流量高于裸地，南苜蓿+狗牙根模式在降雨过程中地表径流量始终高于裸地(图 7-44)。

白三叶模式能有效地削减暴雨径流量，7 天总削减率达到 25.48%，其他 4 种模式在连续 7 天模拟暴雨下径流量均高于裸地(表 7-24)。

5 种模式均显著降低了每日泥沙流失量和总泥沙流失量(图 7-45)。模拟 7 天连续降雨下，总泥沙削减率排序为箭舌豌豆+高羊茅(93.34%)>白三叶(91.49%)>白三叶+黑麦草(87.60%)>南苜蓿+狗牙根(71.64%)>自然生草(50.49%)。其中白三叶和箭舌豌豆+高羊茅模式显著优于白三叶+黑麦草白三叶+黑麦草模式显著优于南苜蓿+狗牙根模式、南苜蓿+狗牙根模式又显著优于自然生草模式(表 7-25)。

因此从削减泥沙流失量、增强土壤保持功能来说，林下有草本植物生长均有显著效果，白三叶模式和箭舌豌豆+高羊茅模式最优，其次是白三叶+黑麦草模式。

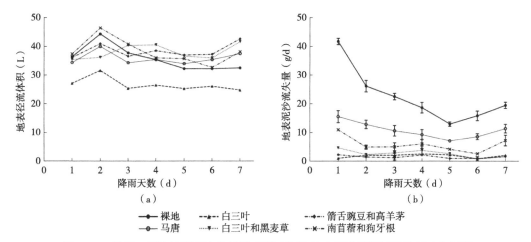

图 7-44　模拟 7 天连续降雨中生草模式影响下的地表径流和泥沙流失量变化过程

表 7-24　模拟 7 天连续降雨中不同生草模式对径流量的削减率

降雨天数（d）	生草模式削减率（%）				
	自然生草	白三叶	白三叶+黑麦草	箭舌豌豆+高羊茅	南苜蓿+狗牙根
1	5.41	25.37	1.67	0.66	-2.83
2	9.76	28.73	18.3	7.62	-4.68
3	8.97	32.72	-7.01	3.02	-8.07
4	-0.08	25.19	-14.45	-8.73	-1.69
5	-5.64	21.42	-13.67	-14.85	-11.04
6	-9.88	18.99	-11.77	-15.58	-1.43
7	-15.57	23.54	-28.28	-31.38	-17.54
总削减率（%）	-0.16	25.48	-6.55	-7.31	-2.58

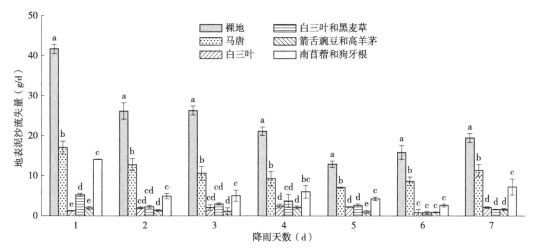

注：不同小写字母表示同一场降雨中不同处理之间差异显著（$P<0.05$），下同。

图 7-45　模拟 7 天连续降雨中不同生草模式与裸地的地表泥沙量对比

表 7-25   模拟 7 天连续降雨中不同生草模式对泥沙量的削减率

降雨天数(d)	生草模式削减率(%)				
	自然生草	白三叶	白三叶+黑麦草	箭舌豌豆+高羊茅	南苜蓿+狗牙根
1	59.02	96.84	87.40	95.17	66.28
2	50.89	92.19	91.22	94.56	81.29
3	59.54	92.02	88.82	95.36	80.96
4	56.12	88.02	82.46	89.77	71.55
5	45.34	82.68	79.65	92.57	67.59
6	45.73	94.49	94.83	94.2	83.48
7	41.51	89.12	91.75	91.55	62.69
总削减率	50.49	91.49	87.60	93.34	71.64

(2)对氮、磷污染物的削减作用

与裸地相比,各生草模式都削减了降雨前期的全氮流失峰值,并在模拟 7 天连续降雨前 5 天的日全氮流失量明显低于裸地,但是第 5 天后,除自然生草(马唐)外,各生草模式的日全氮流失量都高于裸地。

各生草模式在模拟 7 天连续降雨过程中都明显削减了硝态氮、氨态氮和全磷的流失峰值和日流失量(图 7-46)。

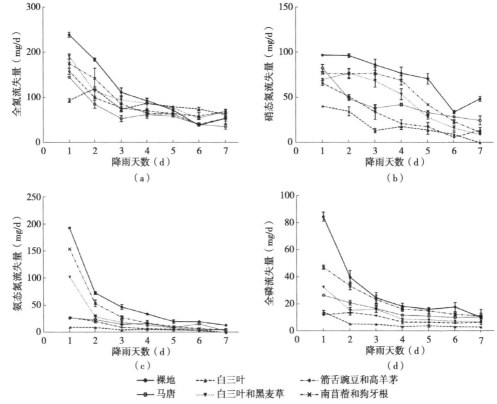

图 7-46   模拟 7 天连续降雨中生草模式影响下的地表 N、P 污染物流失量变化过程

①对全氮的削减作用

5 种模式对模拟 7 天连续降雨下土壤全氮流失均有较好的削减作用(图 7-47、表 7-26)，总削减率排序为自然生草(39.37%)>白三叶(25.47%)>箭舌豌豆+高羊茅(24.59%)>南苜蓿+狗牙根(20.98%)>白三叶+黑麦草(13.29%)。

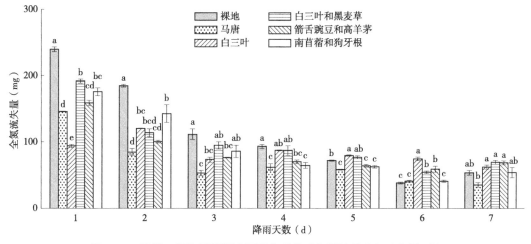

图 7-47　模拟 7 天连续降雨中不同生草模式与裸地的全氮流失量对比

表 7-26　模拟 7 天连续降雨中不同生草模式对全氮流失量的削减率

降雨天数(d)	生草模式削减率(%)				
	自然生草	白三叶	白三叶+黑麦草	箭舌豌豆+高羊茅	南苜蓿+狗牙根
1	39.19	60.69	19.91	33.69	26.67
2	53.94	34.92	38.43	45.53	22.77
3	52.2	34.13	14.82	31.39	22.95
4	33.19	6.6	6.82	24.67	30.43
5	18.79	−10.18	−6.64	11.13	12.84
6	−5.7	−93.92	−41.12	−53.58	−6.13
7	34.15	−15.5	−28.52	−27.79	−0.59
总削减率	39.37	25.47	13.29	24.59	20.98

5 种模式下，前 2 天土壤的全氮流失量均显著低于裸地；第 3、第 4 天自然生草、白三叶和箭舌豌豆+高羊茅模式下的全氮流失量显著低于裸地，白三叶+黑麦草和南苜蓿+狗牙根模式下的全氮流失量低于裸地，但差异不显著。第 5 天，自然生草、箭舌豌豆+高羊茅和南苜蓿+狗牙根模式下的全氮流失量显著低于裸地，而白三叶模式下的全氮流失量显著高于裸地，白三叶+黑麦草模式下的全氮流失量稍高于裸地但差异不明显。第 6 天，自然生草、南苜蓿+狗牙根模式下的全氮流失量与裸地接近，差异不显著；白三叶、白三叶+黑麦草、箭舌豌豆+高羊茅模式下的全氮流失量均显著高于裸地。第 7 天，自然生草和南苜蓿+狗牙根模式下的全氮流失量低于裸地，但差异不显著，其他 3 种模式下的全氮流失

量高于裸地，差异也不显著。

各生草模式中连续 7 天的模拟降雨下，对地表全氮流失量有较好的削减效果，主要削减效果集中在降雨前期和中期(第 1~4 天)，后期(第 6~7 天)会逐渐失去削减效果。对地表全氮流失量削减效果最好的为自然生草(马唐)，其次是白三叶和箭舌豌豆+高羊茅。

②对硝态氮的削减作用

连续 7 天模拟降雨下，5 种模式的土壤硝态氮流失量均低于裸地，除了第 3 天和第 4 天，南苜蓿+狗牙根模式下的土壤硝态氮流失量与裸地差异不显著外，其他均显著低于裸地，各模式对土壤硝态氮的削减作用明显(图 7-48、表 7-27)。总削减率排序为白三叶(74.59%)>箭舌豌豆+高羊茅(58.83%)>自然生草(41.43%)>白三叶+黑麦草(36.77%)>南苜蓿+狗牙根(25.79%)。

③对氨态氮的削减作用

第 1 天降雨氨态氮的流失量最大，随后迅速降低，5 种模式均能显著削减土壤氨态氮的流失(图 7-49、表 7-28)。总削减率排序为白三叶(90.71%)>箭舌豌豆+高羊茅(79.83%)>自然生草(73.12%)>白三叶+黑麦草(54.46%)>南苜蓿+狗牙根(31.04%)。

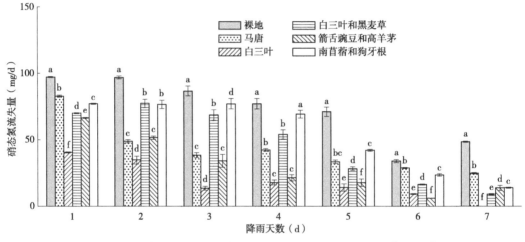

图 7-48　模拟 7 天连续降雨中不同生草模式与裸地的硝态氮流失量对比

表 7-27　模拟 7 天连续降雨中不同生草模式对硝态氮流失量的削减率

降雨天数(d)	林下生草模式削减率(%)				
	自然生草	白三叶	白三叶+黑麦草	箭舌豌豆+高羊茅	南苜蓿+狗牙根
1	14.72	58.27	27.91	31.97	20.75
2	49.66	64.12	20.24	46.89	20.92
3	55.66	84.43	20.85	60.64	11.07
4	45.07	76.83	30.01	72.32	10.25
5	52.95	80.12	60.18	75.11	40.57
6	15.07	73.15	52.31	82.33	30.64
7	49.01	100.00	81.57	71.58	71.58
总削减率	41.43	74.59	36.77	58.83	25.79

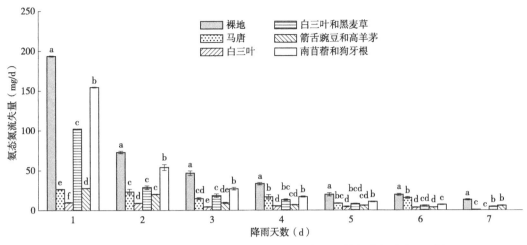

图 7-49　模拟 7 天连续降雨中不同生草模式与裸地的氨态氮流失量对比

表 7-28　模拟 7 天连续降雨中不同生草模式对氨态氮流失量的削减率

降雨天数(d)	林下生草模式削减率(%)				
	自然生草	白三叶	白三叶+黑麦草	箭舌豌豆+高羊茅	南苜蓿+狗牙根
1	86.16	94.96	47.03	85.59	20.26
2	68.02	87.54	60.84	72.04	26.11
3	68.02	90.35	60.42	80	41.62
4	49.99	83.78	59.64	79.07	48.80
5	54.87	76.86	58.83	69.08	45.65
6	19.59	81.07	70.26	79.9	64.22
7	93.98	100	63.75	56.13	62
总削减率	73.12	90.71	54.46	79.83	31.04

④对全磷的削减作用

模拟 7 天连续降雨，前 6 天各模式下土壤全磷流失量均低于裸地，除南苜蓿+狗牙根模式外，其他 4 种模式均能显著削减土壤全磷的流失，起到削减作用。第 7 天仅白三叶+黑麦草模式下的全磷流失量显著低于裸地，其他 4 种模式与裸地差异均不显著，其中自然生草和南苜蓿+狗牙根模式下的全磷流失量高于裸地(图 7-50、表 7-29)。总削减率排序为箭舌豌豆+高羊茅(72.89%)＞白三叶(72.69%)＞白三叶+黑麦(55.11%)＞自然生草(46.45%)＞南苜蓿+狗牙根(30.67%)。

(3)对农药噻虫嗪的削减作用

噻虫嗪施用后，模拟 7 天连续降雨，降雨第 1 天，各生草模式均显著降低了地表噻虫嗪的流失量，第 4 天则差异均不显著，第 7 天各模式下的地表噻虫嗪流失量均高于裸地。但噻虫嗪的流失量在第 4 天及以后均很低，约为第 1 天的 1/4(图 7-51、表 7-30)。总削减率排序为白三叶+黑麦(67.04%)＞白三叶(56.10%)＞自然生草(48.03%)＞南苜蓿+狗牙根(31.17%)＞箭舌豌豆+高羊茅(-7.14%)。

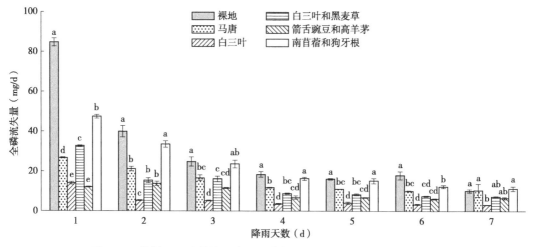

图 7-50　模拟 7 天连续降雨中不同生草模式与裸地的全磷流失量对比

表 7-29　模拟 7 天连续降雨中不同生草模式对全磷流失量的削减率

降雨天数(d)	生草模式削减率(%)				
	自然生草	白三叶	白三叶+黑麦草	箭舌豌豆+高羊茅	南苜蓿+狗牙根
1	68.47	83.25	61.42	85.67	44.07
2	47.05	86.55	61.4	65.37	16.23
3	32.64	78.86	34.51	53.46	4.85
4	35.85	81.08	52.02	63.03	12
5	30.85	75.27	47.71	58.51	6.31
6	43.45	81.78	58.81	66	30.97
7	−3.66	69.18	29.02	35.76	−11.48
总削减率	46.45	72.69	55.11	72.89	30.67

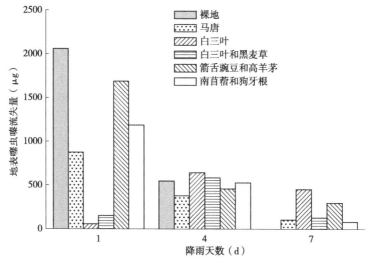

图 7-51　模拟 7 天连续降雨中不同生草模式与裸地的噻虫嗪流失量对比

表 7-30　模拟 7 天连续降雨中不同生草模式对地表噻虫嗪流失量的削减率

生草模式	降雨天数(d)			总削减率(%)
	1	4	7	
自然生草	57.59	30.58	-1767.81	48.03
白三叶	97.29	-17.47	-7915.50	56.10
白三叶+黑麦草	92.68	-6.90	-2168.38	67.04
箭舌豌豆+高羊茅	0.56	16.58	-5125.25	-7.14
南苜蓿+狗牙根	42.39	3.23	-1332.03	31.27

总体上，除了白三叶模式外，其他生草模式均不能削减地表径流量，相反还有增加地表径流的趋势。但是 5 种模式均很好地起到削减泥沙、全氮、全磷、硝态氮、氨态氮和农药噻虫嗪的地表流失量。

5 种模式对土壤保持的作用从大到小依次为箭舌豌豆+高羊茅、白三叶、白三叶+黑麦草、南苜蓿+狗牙根、自然生草(马唐)。

5 种模式对氮、磷污染物的削减作用从大到小依次为白三叶、箭舌豌豆+高羊茅、自然生草(马唐)、白三叶+黑麦草、南苜蓿+狗牙根。

5 种模式对噻虫嗪的削减作用从大到小依次为白三叶+黑麦草、白三叶、自然生草、南苜蓿+狗牙根、箭舌豌豆+高羊茅。

综合地表径流、泥沙、氮磷污染和农药噻虫嗪污染的削减情况，5 种模式的综合削减作用从大到小依次为白三叶、箭舌豌豆+高羊茅、自然生草(马唐)、白三叶+黑麦草、南苜蓿+狗牙根。

因此基于土壤保持和污染物削减的柑橘人工林林下植被配置模式优先推荐在新建林地人工种植白三叶、箭舌豌豆+高羊茅；其次是自然生草，清除高草和恶性杂草，保留马唐为主的一年生禾草；还可以人工种植白三叶+黑麦草；南苜蓿和狗牙根的土壤保持和污染物削减效果较差，不推荐。

7.4.1.3　植被格局调整对小流域土壤侵蚀和氮、磷面源污染的削减作用

(1)狮子口小流域土壤侵蚀和面源污染负荷分析

①狮子口小流域土壤侵蚀负荷

在 GIS 技术支持下，根据土壤侵蚀模数分级标准对狮子口小流域土壤侵蚀进行等级划分，得到小流域土壤侵蚀等级图(图 7-52)和小流域土壤侵蚀等级状况表(表 7-31)。总体上小流域平均土壤侵蚀模数为 4492.09t/(km·a)，小流域整体处于中度侵蚀等级，小流域微度侵蚀面积有 1089.05hm²，占比 73.99%；其次为，面积 122.23hm²，占比 7.60%剧烈侵蚀区；轻度侵蚀占比 6.36%、中度侵蚀占比 4.10%、强度侵蚀占比 3.34%、极强度侵蚀占比 4.61%。中度及以上侵蚀等级的面积占小流域面积的 19.65%，属于需要进行土壤侵蚀治理的面积。

表 7-31 狮子口小流域土壤侵蚀等级状况

土壤侵蚀等级	侵蚀模数[t/(km·a)]	面积(hm²)	所占比例(%)
微度侵蚀	<500	1089.05	73.99
轻度侵蚀	500~2500	93.61	6.36
中度侵蚀	2500~5000	60.50	4.10
强度侵蚀	5000~8000	49.29	3.34
极强度侵蚀	8000~15 000	67.96	4.61
剧烈侵蚀	>15000	122.23	7.60

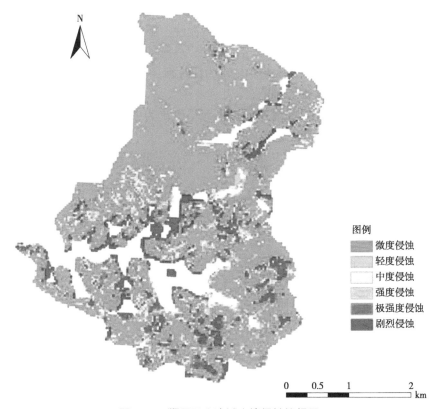

图 7-52 狮子口小流域土壤侵蚀等级图

②狮子口小流域不同土地利用覆盖类型的土壤侵蚀负荷

狮子口小流域各地类平均土壤侵蚀模数表显示(表 7-32),"源"景观中裸土地、柑橘林地、旱地、油茶园平均土壤侵蚀模数较高,其中裸土地平均土壤侵蚀模数最高,处于极强度侵蚀等级;其次是柑橘林地、旱地、油茶园,均处于中度侵蚀等级;水田处于轻度侵蚀等级。"汇"景观中草地、灌木林地处于中度侵蚀等级,可能与狮子口小流域草地灌丛普遍稀疏、植被覆盖度低有关(张桐艳,2012)。

表 7-32　狮子口小流域用地类型土壤侵蚀模数表

用地类型	平均土壤侵蚀模数[$t/(km \cdot a)$]	侵蚀等级
旱地	4078.72	中度
水田	760.39	轻度
柑橘园	4806.02	中度
油茶园	2546.18	中度
乔木林地	609.89	轻度
灌木林地	2956.66	中度
草地	4082.57	中度
住宅	0.00	微度
交通运输用地	0.00	微度
水域	0.00	微度
裸土地	10 173.98	极强度

"源"景观中，裸土地、柑橘人工林、旱地和油茶园是土壤侵蚀重点调控的土地利用覆盖类型。尤其是总面积较大、总侵蚀量最高的柑橘园。

③狮子口小流域氮磷面源污染负荷

基于网格景观空间负荷对比指数的全氮、全磷面源负荷分析，获取狮子口库区全氮、全磷网格空间负荷对比指数分布图(图 7-53)可知，小流域中部和下部区域水库岸带周边分布较强的面源污染氮磷"源"且较集中。总体上，磷"源"强度较氮"源"低，氮磷"源""汇"分布范围差异不大。

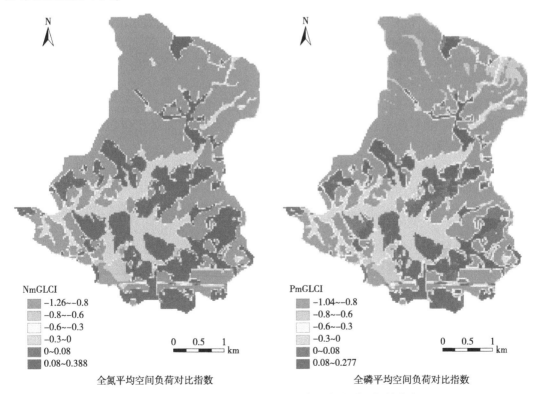

图 7-53　狮子口小流域全氮全磷平均空间负荷对比指数分布图

根据小流域各土地利用覆盖类型土壤侵蚀分析，结合土壤侵蚀标准等级划分，可以识别出处于中度及以上强度侵蚀等级的土壤侵蚀调控关键区域，分别是裸土地、柑橘园、旱地、草地、油茶园、灌木林地这6类土地利用覆盖类型。

分析比较小流域各土地利用覆盖类型全氮/全磷平均空间负荷对比指数，可知油茶园、柑橘林地、水田、旱地、裸土地和住宅是氮面源污染源，水田、住宅、油茶园和柑橘园是磷面源污染，需要控制这些土地利用覆盖类型的氮/磷面源污染，以减轻汇土地利用覆盖类型的污染压力。

(2)基于源汇理论的狮子口小流域植被空间结构调整

①面源污染关键"源"景观调整为"汇"景观

狮子口小流域各土地利用类型中，土壤侵蚀模数最高的是裸土地，是典型的土壤侵蚀"源"景观，而狮子口小流域整体地形较为平缓，并没有陡坡地，裸土地的形成主要是土地开发形成的。乔木林地则是典型的土壤侵蚀和面源污染的"汇"景观，能有效降低土壤侵蚀及削减氮/磷面源污染。因此对狮子口小流域关键"源"景观做植被格局调整时，优先将裸土地转换为乔木林地，形成"汇"景观。

将裸土地转换为乔木林地后，小流域侵蚀模数由4492.09t/(km·a)降至4143.39t/(km·a)，侵蚀等级不变，总土壤侵蚀量减少3375.77t/a；小流域面源污染全氮全磷景观空间负荷对比指数由-0.555、-0.506下降为-0.577、-0.522。

②狮子口水库滨水植被缓冲带构建

设置滨水植被缓冲带能很好地拦截土壤侵蚀和面源污染物进入水体，在裸土地转换为乔木林地的基础上，在狮子口水库岸边设置30m宽的乔木林作为滨水植被缓冲带，以进一步减少土壤侵蚀和吸纳氮磷等面源污染物。由于滨水地形平缓，因此可将滨水30m区域内非林地均转换为乔木林地，主要是柑橘人工林地。转换后，小流域整体土地利用覆盖类型布局发生变化，小流域平均土壤侵蚀模数由4143.39t/(km·a)降至2052.70t/(km·a)，总土壤侵蚀量减少28654.12t/a，小流域土壤侵蚀等级由中度侵蚀降为轻度侵蚀。同时滨水缓冲带的构建可使小流域面源污染全氮/全磷网格空间负荷对比指数分别由-0.555、-0.506降至-0.579、-0.524。

③柑橘人工林和油茶林林下植被结构调整

狮子口小流域水土流失和面源污染调控的关键"源"景观中，面积比最大的是柑橘林地，柑橘林地水土流失和面源污染较为严重，形成的原因主要是地表裸露和化肥农药的施用，油茶园也类似。前期研究表明，柑橘林下生草，对土壤侵蚀的削减率在52.62%~93.65%，对全氮的削减率在1.54%~36.63%，对全磷的削减率为22.49%~79.42%。其中在柑橘园下层混种箭舌豌豆+高羊茅，可削减泥沙93.65%、削减全氮8.4%、削减全磷63.16%。如果将狮子口小流域的柑橘林地和油茶园植被结构调整为柑橘—箭舌豌豆+高羊茅、油茶—箭舌豌豆+高羊茅模式后，地表植被覆盖率提升到75%，在重点削减土壤侵蚀的同时对面源污染全氮、全磷负荷也能起到一定的削减作用。柑橘人工林平均土壤侵蚀模数由4806.02t/(km·a)削减至360.03t/(km·a)，侵蚀等级由中度下降为微度；全氮全磷负荷对比指数分别由0.14、0.03降至0.128、0.011。油茶园平均土壤侵蚀模数由2546.18t/(km·a)削减至300.49t/(km·a)，侵蚀等级由中度下降为微度；全氮/全磷景观空间负荷对比指数分别由 0.26、0.03 降至 0.238、0.011。

植被结构调整后小流域整体平均土壤侵蚀模数由 2052.70t/(km·a) 降至 1793.99t/(km·a)，侵蚀等级为轻度侵蚀，土壤侵蚀量减少 8824.52t/a；面源污染氮负荷指数由 −0.555 降至 −0.558，磷负荷指数由 −0.506 降至 −0.509。

7.4.1.4　狮子口小流域植被空间结构调整后的土壤保持和 NP 污染削减效应

狮子口小流域经过裸地转换为林地、滨水 30m 缓冲带的建立、柑橘林地和油茶林林下生草等植被空间结构调整后，对土地利用、土壤侵蚀和氮、磷面源污染负荷产生了影响。

(1) 土地利用覆盖变化

调整后汇景观林地面积增加 64.64hm²，源景观裸土地面积减少 35.3hm²、柑橘林地面积减少 20.89hm²，源景观占比由调整前的 26.97% 降至 23.11%(图 7-54、表 7-33)。

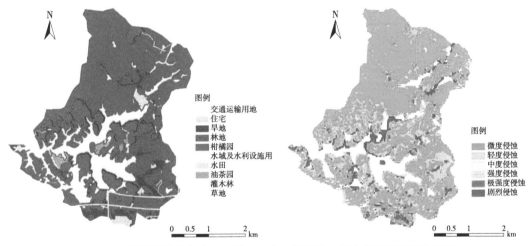

图 7-54　植被结构优化前小流域土地利用覆盖类型和土壤侵蚀等级分布图

表 7-33　植被结构优化前后小流域土地利用覆盖变化

源汇景观划分	土地利用覆盖类型	调整前面积(hm²)	调整前面积占比(%)	调整后面积(hm²)	调整后面积占比(%)
"源"景观	旱地	97.7	6.01	95.92	5.90
	水田	7.6	0.47	6.28	0.39
	柑橘林地	233.0	14.33	212.11	13.05
	油茶园	21.5	1.32	17.98	1.11
	住宅	21.6	1.33	21.61	1.33
	交通运输用地	21.9	1.35	21.9	1.35
	裸土地	35.3	2.17	0	0
"汇"景观	乔木林地	943.8	58.04	1008.44	62.02
	灌木林地	28.3	1.74	27.17	1.67
	草地	7.9	0.49	7.43	0.46
	水域	207.6	12.77	207.12	12.74

（2）土壤侵蚀负荷变化

小流域植被空间结构调整后的土壤侵蚀分布栅格图（图7-55）表明小流域中下游近水库区域土壤侵蚀程度得到有效缓解。

植被结构优化后，小流域平均土壤侵蚀模数由4492.09t/（km·a）降至1793.99t/（km·a），侵蚀等级由中度降为轻度，总土壤侵蚀量减少40 854.41t/a，由小流域土壤侵蚀等级状况表可知，优化前后小流域均以微度侵蚀占比最高，优化后小流域整体处于轻度侵蚀水平。小流域剧烈侵蚀区面积减少了108.78hm²，占比由8.74%降至1.35%，极强度侵蚀等级区面积减少21.88hm²，占比由3.88%降至2.39%，小流域严重侵蚀区得到有效治理。微度侵蚀、轻度侵蚀、中度侵蚀、强度侵蚀的区域占比面积增加，分别增加了73.37hm²、3.51hm²、10.73hm²、46.02hm²，占比分别由54.21%、26.33%、4.62%、2.21%增至59.08%、26.52%、5.34%、5.33%（表7-34）。

表7-34　植被结构优化后小流域土壤侵蚀等级状况

土壤侵蚀等级	侵蚀模数 [t/（km·a）]	现状		植被结构优化	
		面积（hm²）	所占比例（%）	面积（hm²）	所占比例（%）
微度侵蚀	<500	797.94	54.21	871.31	59.08
轻度侵蚀	500~2500	387.54	26.33	391.05	26.52
中度侵蚀	2500~5000	68.04	4.62	78.77	5.34
强度侵蚀	5000~8000	32.58	2.21	78.60	5.33
极强度侵蚀	8000~15 000	57.06	3.88	35.18	2.39
剧烈侵蚀	>15 000	128.7	8.74	19.92	1.35

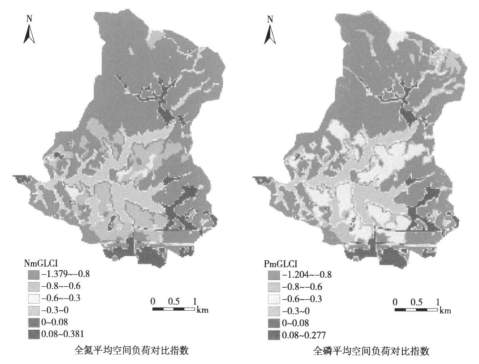

图7-55　植被结构优化后小流域全氮、全磷负荷对比指数分布图

（3）面源污染负荷变化

运用网格景观空间负荷对比指数修正模型，结合 GIS 空间分析功能，生成实施植被结构优化措施后小流域面源污染全氮/全磷负荷对比指数分布图，由负荷分布栅格图可以看出植被结构优化后水库周边氮磷面源污染风险区得到有效削减。植被结构优化后，小流域整体全氮空间负荷对比指数由−0.555 降至−0.725，全磷空间负荷对比指数由−0.506 降至−0.634。

7.4.2　基于土壤保持和面源污染调控的柑橘林林分尺度植被空间配置技术

7.4.2.1　单片切割和划分柑橘人工林，构建基于土壤保持和面源污染调控的植被隔离带体系

根据区域现有柑橘人工林的分布，按照单片不超过 200 亩的原则进行单片切割，即对于超过 200 亩的连片柑橘人工林进行人工切割，中间用隔离带进行分隔。

在原有的或者切割的单片柑橘人工林外围构建植被隔离带，以隔离柑橘木虱的迁飞以及柑橘人工林的水土流失与面源污染物。

图 7-56　柑橘人工林外围隔离带设置示意图

（1）隔离带的宽度和高度

外围隔离带宽度原则上越宽越好，最好利用现有的自然山体分隔，人工建立的隔离带最低宽度控制在 30~50m（图 7-56）。

外围隔离带高度原则上要超过柑橘木虱迁飞的最大高度（7m），越高越好，建议隔离带高度在 10m 以上。

（2）隔离带群落类型

由于柑橘木虱可以借助风力进行迁飞，建议外围隔离带以复杂结构的乔灌草群落为宜，尽量保留原有自然植被或模拟当地的自然群落，并在此基础上人工补植柑橘木虱驱避植物、天敌喜好植物，同时适当补植利于水土保持的植物（图 7-57）。

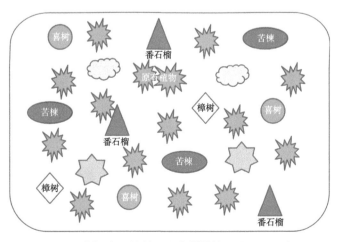

图 7-57　柑橘人工林外围隔离带植物配置平面示意图

（3）隔离带物种组成（图7-58）

①本土自然植被组成物种

调查本土自然森林群落的物种组成，得到基本物种名录。

②柑橘木虱驱避物种

乔木种可以选择喜树、番石榴、苦楝、阴香、樟树、朴树；灌木种可以选择海桐；草本植物可以选择红凤菜、辣椒、烟草、韭菜、薄荷、洋葱、罗勒等。

③柑橘木虱天敌瓢虫的喜好物种

首选樟树，另外选择构树、苦楝、海桐、阴香、木荷、韭菜等也可以选择。

④水土保持物种

根据具体生境，可以选择百喜草、狗牙根、双穗雀稗、马唐、白三叶、紫云英、黑麦草、箭舌豌豆等。

图7-58　柑橘人工林外围隔离带植物配置立面示意图

7.4.2.2　单片内柑橘木虱隔离带、隔离缓冲带设置

对单片200亩的柑橘人工林内部再进行小块划分，每个小块面积为20~50亩，小块之间构建柑橘木虱隔离带、兼具木虱隔离和水土流失控制缓冲带。一般可沿人工林内主次干道两旁配置，没有道路可直接设置植被隔离带。

顺坡主次干道两旁设置柑橘木虱隔离带，横坡主次干道两旁设置兼具木虱隔离和水土流失控制缓冲带。

（1）顺坡柑橘木虱隔离带

顺坡隔离带方向以南北向为最佳，可以减少对附近柑橘的遮阴。

①隔离带宽度

顺坡隔离带主要功能是防止木虱迁飞导致柑橘木虱在单片柑橘人工林内蔓延，宽度以2~5m为宜。

②隔离带高度

顺坡隔离带的高度以7~8m为宜，以有效阻挡柑橘木虱的迁飞。

③隔离带群落类型

顺坡隔离带群落类型以小乔木、灌木和草本植物构成的乔灌草结构为佳。

④隔离带物种组成

顺坡隔离带的物种由柑橘木虱驱避植物、天敌喜好植物和枝叶密集的本地小乔木和灌木物种组成。

乔木：苦楝、番石榴、喜树、杉木、樟树、圆柏。

灌木：法国冬青、海桐、马甲子、胡枝子、木槿。

草本：红凤菜、烟草、韭菜、辣椒、薄荷、洋葱、罗勒。

（2）横坡柑橘木虱隔离和水土流失缓冲带（简称隔离缓冲带）

在柑橘人工林内横坡设置兼具柑橘木虱隔离和水土流失控制功能的植被隔离缓冲带，大多沿主干道两边设置（图7-59）。

图7-59　片内柑橘木虱隔离带设置示意图

①隔离缓冲带宽度

横坡隔离缓冲带宽度以2~5m为宜。

②隔离缓冲带高度

横坡隔离缓冲带高度要超过7m，结合主干道两旁绿化进行设置，高度可以行道树的高度为准。

③隔离缓冲带群落类型

横坡隔离缓冲带的群落类型以乔灌草结构为宜。

④隔离缓冲带物种组成

横坡隔离缓冲带物种由当地主要行道树物种、柑橘木虱驱避植物、天敌喜好植物和枝叶密集的本地小乔木和灌木物种组成。

当地主要行道树物种参考当地绿化树种。其他参考物种同7.4.2.1。

7.4.2.3　片内水土保持缓冲带设置

在片内柑橘木虱隔离带设置的基础上，对于每小块的内部根据坡面长度横坡设置水土保持缓冲带，每30m左右的坡长设置1条水土保持缓冲带，起到覆盖地表、阻挡地表径流和泥沙产生的作用（图7-60、图7-61）。

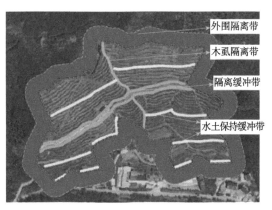

图7-60　片内水土保持缓冲带设置示意图

图7-61　基于土壤保持和污染物削减柑橘人工林的植被隔离缓冲带体系

①缓冲带宽度

水土保持缓冲带的宽度以 2~3m 为宜。

②缓冲带高度

水土保持缓冲带的高度不超过 1m，以免遮挡阳光，影响柑橘的生长。

③缓冲带群落类型

水土保持缓冲带以草本植物群落为宜。

④缓冲带物种组成

水土保持缓冲带物种以多年生草本植物为主，辅助一二年生草本植物。推荐物种有白三叶、双穗雀稗、狗牙根、多年生黑麦草、马唐、狗尾草、箭舌豌豆、紫云英等。

7.4.2.4 柑橘人工林林下植被配置

柑橘人工林须采用横坡整地，避免顺坡种植。株行距适当拉开，以 4m×4m 或 4m×5m 为宜，原因是密度太大林分郁闭早，易发生黄龙病。然后在柑橘林下配置行间水土保持植物带和株间柑橘木虱控制植物带。

（1）行间水土保持植物带

①水土保持植物带的宽度

如果柑橘种植密度为 4m×4m，则行间水土保持植物带的宽度为 2m；如果柑橘种植密度为 4m×5m，行间水土保持植物带宽度可为 2.5~3m（图 7-62）。

②水土保持植物带的高度

行间水土保持植物带的高度以不影响柑橘生长和林分通风透光为准，一般控制在 50cm 左右，可以通过刈割的方式控制。

③水土保持植物带的物种选择

行间种植利于水土保持的草本植物，选择根系较浅、丛生性好、易种植管理、病虫害少的多年生禾本科植物和豆科植物组合，控制水土流失的同时还可以培肥土壤。

行间水土保持植物推荐白三叶、箭舌豌豆+黑麦草、白三叶+黑麦草。降雨充沛且分配较为均匀的地区也可以种植紫云英、马唐和双穗雀稗。也可以利用自然生长的草本植物，清除恶性杂草，通过多次刈割，控制高度，形成自然水土保持植物带。

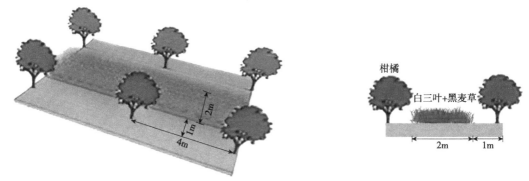

图 7-62　柑橘人工林行间水土保持植物带配置示意图

④水土保持植物带的播种

在新建果园开园当年的冬季即可播种，以浅沟条播和穴播为宜，沟距50cm，穴距30~50cm。播种时混合有机肥，播后适当覆薄土。最好是雨前播种，利于发芽。冬季干旱的地区可在春季雨水较为充沛时再播种，最迟不要超过3月。这样才可以在汛期来临前，使地表植被覆盖度达到75%以上，达到控制水土流失的目的。

（2）株间柑橘木虱控制植物带

柑橘株间种植不同的柑橘木虱驱避植物、天敌喜好植物等，以生态调控手段控制柑橘木虱种群数量，达到有效防治黄龙病的目的。

①木虱控制植物带的宽度

如果柑橘种植密度为4m×4m，则株间木虱控制植物带的宽度为2m；如果柑橘种植密度为4m×5m，则植物带宽度可为2.5m（图7-63）。

②木虱控制植物带的高度

株间柑橘木虱控制植物带的高度以不影响柑橘生长和林分通风透光为准，可以通过适当修剪来调控，以50~80cm为宜。

③木虱控制植物带的物种选择

由柑橘木虱驱避植物和天敌喜好植物组合而成，亦可增加能控制其他病虫害的植物，如红蜘蛛的驱避植物和天敌喜好植物。株间柑橘木虱驱避植物推荐红凤菜、辣椒、烟草、韭菜、薄荷、洋葱、罗勒等。株间天敌喜好植物推荐韭菜、藿香蓟等。推荐混合种植。

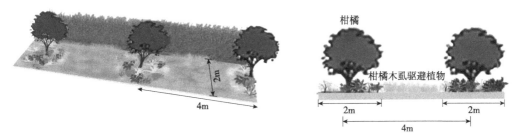

图7-63 柑橘人工林株间木虱控制植物带配置示意图

7.4.3 基于土壤保持和面源污染调控的柑橘林小流域或县域尺度植被空间格局调整技术

7.4.3.1 小流域或县域尺度水平柑橘人工林生态适宜度评价

（1）资料收集

①收集本区域主要气象因子历史数据资料

包括多年平均气温、极端低温、极端高温、10℃以上积温、年降水量、年日照时数、日均温-3℃以下的持续天数。

②收集本区域主要栽培或拟种植的柑橘品种适宜的气候条件数据资料

包括对年均温、10℃以上积温、年降水量和年日照时数的要求，能忍耐的极端低温和极端高温，对日均温−3℃以下的忍耐天数等。

（2）本区域适宜的柑橘品种栽培气候生态适宜度评价

根据收集的气象数据资料，进行本区域适宜的柑橘品种气候生态适宜度评价，从而确定不同品种栽培的气候生态风险等级。

7.4.3.2 基于土壤保持和面源污染调控的柑橘林小流域或县域尺度植被空间格局调整

（1）小流域或县域尺度现有柑橘人工林生态适宜度评价

应用区域遥感影像和数字高程数据，在地理信息系统平台提取现有柑橘人工林分布图的基础上，对坡度25°以上易发生严重水土流失的区域和低洼积水易发生黄龙病的区域进行剔除（图7-64），得到调整后本区域适宜的柑橘种植区。

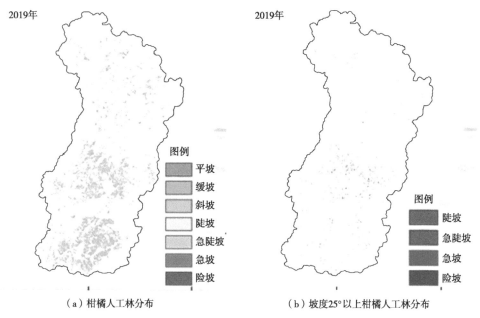

图7-64 安远县2019年柑橘人工林分布图

（2）水土流失和柑橘黄龙病高风险区土地利用方式的调整

调整水土流失和病虫害爆发高风险区的土地利用方式，从宏观层面调整柑橘人工林植被空间分布格局，从而控制水土流失、降低黄龙病的爆发风险，提高土壤保持能力并削减氮磷和农药造成的面源污染。

25°以上坡地上的柑橘人工林是水土流失和氮、磷等面源污染的高风险区，将此部分柑橘人工林转换为乔木林，可以大大减少水土流失和面源污染。

洼地柑橘人工林是黄龙病高发区，也是农药面源污染的高风险区，将此部分柑橘人工林转换为其他农作物或经济林，可以大大降低黄龙病的爆发风险（图7-65）。

（3）提高现有柑橘人工林地表植被覆盖

理论上，地表植被覆盖度达到或超过 78.3%，即不会产生土壤侵蚀。因此在 GIS 平台上，提取现有柑橘人工林地表植被覆盖度低于 78.3% 的区域，将其作为重点提升地表植被覆盖度的目标区域，采用林下草本植物种植、行间隔离缓冲带、外围隔离缓冲带等方式，提高柑橘人工林地表植被覆盖度，从而有效降低土壤侵蚀和面源污染。具体技术参见 7.4.2。

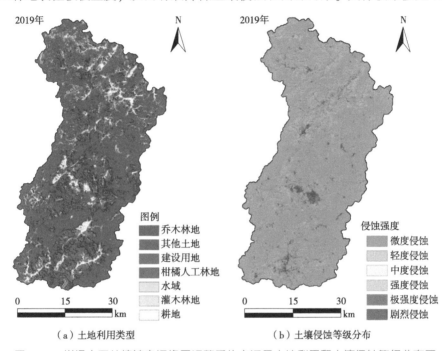

（a）土地利用类型　　　　　　　　　（b）土壤侵蚀等级分布

图 7-65　柑橘人工林植被空间格局调整后的安远县土地利用和土壤侵蚀等级分布图

7.5　小结

赣中南丘陵山地人工林分布广泛，杉木、柑橘人工林占据优势，同时是全国最大的脐橙主产区，柑橘人工林的种植面积居世界第一。杉木纯林营造及其他人为活动干扰，使柑橘人工林经营面临着土壤退化、固碳能力下降、水土流失、面源污染严重等生态问题，严重影响了南方丘陵山地生态系统的服务功能。

针对以上问题，通过研究构建以实现土壤保持与生物多样性保育功能提升的人工林林下植物功能群定向恢复模式，人工林减排增汇（固碳、土壤保持）功能提升的近自然化结构调整和土壤管理模式，以及土壤保持与污染物削减功能提升的人工林林下生草模式和木虱生态防控植物配置模式。在不同林龄的杉木人工林构建植物功能群，实施近自然化改造和外源性营养添加的土壤管理，进行林分结构调整和土壤管理，提升固碳（林下植被和土壤固碳）、土壤保育（养分与微生物活性）、生物多样性维持（林下植物、土壤动物和微生物多样性）生态系统服务功能，构建基于土壤保持和面源污染调控的柑橘人工林林下植被配置模式(箭舌豌豆+黑麦草+白三叶)、柑橘人工林林内缓冲带配置和生态隔离带植被配置模式(柑橘木虱生态防治趋避和隔离),提升柑橘人工林的土壤保持、污染物削减、生物多样性维持(林分、土壤动物和微生物多样性)的生态系统服务功能,研发并形成了杉木人工林林下植被恢复技术,杉木人工林减排增汇土壤管理技术和柑橘人工林土壤保持与污染物削减的植被空间配置技术,形成赣中南人工林生态系统服务提升技术。进而提高人工林生态系统生产力水平和经济效益,为人工林生态系统服务功能的提升提供理论基础,有利于人工林生态系统结构与功能的恢复和可持续发展。

8 生态系统服务能力与农村社区发展能力协同提升

8.1 南方丘陵山地屏障带生态系统服务与农村社区发展概述

8.1.1 试验地概况及研究方法

8.1.1.1 试验地概况

本研究初期选取湖南省慈利县、广东省乐昌市、四川省华蓥市、湖北省丹江口市、江西省崇义市等各课题重点示范区域研究对象，其中湖南省慈利县、广东省乐昌市等地的村镇近年来通过实施林业重点生态工程建设，规范生态公益林的抚育管理和更新性质采伐，增加森林蓄积量，提高森林覆盖率，生态服务功能不断提升，同时加强现代农业、生态农业、生态旅游的发展，在改善农户生产生活条件、保护高山生态环境方面已成效显著。四川省华蓥市近年来通过对侧柏人工林、马尾松林区域实施土壤特性及水源涵养能力提升技术，明显提升了区域生物多样性、森林蓄积量、森林覆盖率。湖北省丹江口市近年来通过实施滨水植被缓冲带提质建设、小流域森林类型布局优化、库区森林景观调控技术等，流域森林植被有效恢复、流域水质明显提升。

同时通过区域生态系统服务提升与农村社区发展的耦合实证分析，选取广东省乐昌市的 8 个行政村(九峰镇的浆源村和茶料村、北乡镇的前村和上从村、三溪镇的三溪村和车头园村、五山镇的沙田村和石下村)和湖南省慈利县的 6 个行政村(两溪村、江娅林场、二坊坪村、永安村、占甲桥村、九溪村)等典型农村社区为重点区域。其中广东省乐昌市区域在生物多样性保护、水源涵养功能等方面具有重要地位，是广东乃至全国重要的生态保护区、水源涵养区、生态环境敏感区。该区域森林覆盖率高，其良好的森林生态系统对区域生态服务功能的提升和生态安全维护具有重要作用。因此，区域能较好地反映南方丘陵山区农村社区发展类型的多样性，对于探讨生态系统服务与农户福祉、农村社区的发展关系，揭示生态保护与农村经济发展影响机制具有典型性和代表性。通过实地调研获悉，这 8 个村地处 $25°18' \sim 25°35'$N、$112°87' \sim 113°49'$E，地形地貌和气候条件相似，属中亚热带季风气候区，水热条件优良，年均温约为 20℃，年均降水量超过 1500mm。主要树种有杉木、枫树、毛竹、马尾松、柏树等，主要经济作物有马蹄、茶叶、奈李、香芋等。虽然 8

个村的自然生态条件相似，但土地利用与经济发展存在明显差异。前村、上丛村积极发展马蹄、香芋等特色种植；茶料、浆源两村依托种植经济作物奈李、茶叶，探索开发乡村旅游；三溪村、车头园村积极发展林果种植业以及特色养殖等。

而慈利县区域地处湖南省的北部、位于张家界市的东部，东依武陵山脉，处澧水中游，属湘西山区向滨湖平原过渡地带，县域面积 3480km²，地理位置为 110°27′~111°20′E，29°04′~29°41′N。2019 年末，户籍总人口 69.4 万人，常住人口 61.96 万人，城镇化率上升到 47.3%，生产总值 178.3 亿元。6 个村庄作为典型的中亚热带季风湿润气候区，多年平均气温 16.8℃，多年平均日照 1563.3h，多年平均太阳光辐射总量为 102kcal/cm²，年平均降水量 1390mm，无霜期年均 267.6d。该地区主要森林植被类型有常绿阔叶林、落叶阔叶林、常绿和落叶阔叶混交林、常绿杉松针叶林等。随着乡村振兴战略深入实施，近年来该区域城镇化进程快速推进，促使居民生活方式和生态环境状况产生剧烈变化。同时该区域处于全国罕见的气候微生物发酵带、土壤富硒带和植物群落亚麻酸带，历史文化厚重，民俗风情浓郁，生态景观优美，森林覆盖率高达 66.53%，森林资源蓄积量达 722.82 万 m³，完成营造林面积 15.74 万亩。该区域的湿地、林地、园地、农田等生态系统承担着维护生物多样性、维持生态平衡、调节区域气候及涵养水源等重要的生态系统服务功能，是长江经济带重要的生态安全屏障，也是具有突出代表性的少数民族过半县和扶贫攻坚主战场，属于全国 14 个集中连片特困地区之一。以慈利县为典型区域开展生态系统服务感知分析，依靠科学合理的回归模型，明确农户的生态系统服务感知，可以为探索"既要绿水青山，又要金山银山"的理想模式、为保护国土空间生态安全提供决策依据，同时能有效助推民生和区域协调稳定发展、保证我国区域经济可持续发展和生态文明建设的稳步推进。

8.1.1.2　研究方法

本研究首先结合多种评价方法(典型区域生态系统服务与农村社区协同发展调查及程度评价、典型区域生态系统服务功能重要性重要程度分析、典型区域生态系统服务功能技术需求分析)，选择典型的农村社区(分别根据区域不同的产业发展优势类型和生态系统服务提升技术需求和示范效果选择多种典型农村社区开展研究)，然后采用定性调查方法(典型调查法、现场访谈与问卷调查法)，结合数理统计方法(模糊综合评价法、结构模型法、多元线性回归法等)，对典型农村社区发展与生态系统服务进行相关研究。

(1)生态系统服务功能协同度分析与计算方法

耦合作为物理学概念，是指 2 个(或 2 个以上的)体系或运动形式通过各种相互作用而彼此影响的现象。类似地，可将生态系统服务提升与农村社区发展 2 个系统通过各自的耦合元素产生相互作用、彼此影响的现象，将其定义为生态系统服务提升与农村社区协同发展耦合。为深入分析生态系统服务提升与农村社区发展的耦合关系，借鉴相关文献与资料，经过修改与分析，定义生态系统服务提升与农村社区发展的耦合系数为 UC，具体计算方法为：

$$UC = \left\{ \frac{f(x)g(y)}{\left[\frac{f(x) + g(y)}{2} \right]^2} \right\}^k \tag{8-1}$$

$$f(x) = \sum_{i=1}^{m} a_i x_i \ , \ g(y) = \sum_{j=1}^{n} a_j x_j \tag{8-2}$$

式中：UC 为生态系统服务提升与农村社区发展的耦合系数，UC 取值为 $0 \sim 1$，UC 值越大，表明生态系统服务提升与农村社区发展之间越协调，反之则反；$f(x)$ 为生态系统服务提升指数；$g(y)$ 为农村社区发展综合指数；k 为调节系数，一般为 $2 \leqslant k \leqslant 5$。因本研究中度量是由生态系统服务提升和农村社区发展 2 个子系统构成的耦合度模型，故 k 值取 2。

该模型反映了在生态系统服务提升与农村社区发展一定的情况下，为使生态系统服务提升与农村社区发展的复合效益最大，生态系统服务提升与农村社区发展耦合协调的数量程度。然而协调度在某些情况下很难反映出生态系统服务提升与农村社区发展的整体功能或综合发展水平。因此，该模型又将度量生态系统服务提升与农村社区协调发展水平高低的定量指标定义为"协调发展系数"用 D 来表示：

$$D = \sqrt{UC \times T} \tag{8-3}$$

$$T = \alpha f(x) + \beta g(y) \tag{8-4}$$

式中：α 和 β 为待定系数，由于生态系统服务与农村社区发展同等重要，本文取 $\alpha = \beta = 0.5$；T 为生态系统服务提升与农村社区发展的综合评价指数，它反映了生态系统服务与农村社区整体效益。D 判别与 UC 判别相比，具有更高的稳定性以及更广泛的适用范围，可用于不同城市或区域间、同一城市或区域中不同时期的耦合协调发展状况定量评价。根据模型得到的耦合协调度值，将耦合协调度分为 10 级不同的层次（表 8-1），即"极度失调衰退"（耦合协调度值 $0 \sim 0.09$），"严重失调衰退"（耦合协调度值 $0.1 \sim 0.19$），"中度失调衰退"（耦合协调度值 $0.2 \sim 0.29$），"轻度失调衰退"（耦合协调度值 $0.3 \sim 0.39$），"濒临失调衰退"（耦合协调度值 $0.4 \sim 0.49$），"勉强协调发展"（耦合协调度值 $0.5 \sim 0.59$），"初级协调发展"（耦合协调度值 $0.6 \sim 0.69$），"中级协调发展"（耦合协调度值 $0.7 \sim 0.79$），"良好协调发展"（耦合协调度值 $0.8 \sim 0.89$），"优质协调发展"（耦合协调度值 $0.9 \sim 1.0$）。从而对区域的耦合协调性做出进一步判断。

表 8-1　耦合协调度评判标准

层次序号	耦合协调度值	耦合协调度类型	层次序号	耦合协调度值	耦合协调度类型
1	$0 \sim 0.09$	极度失调衰退	6	$0.5 \sim 0.59$	勉强协调发展
2	$0.1 \sim 0.19$	严重失调衰退	7	$0.6 \sim 0.69$	初级协调发展
3	$0.2 \sim 0.29$	中度失调衰退	8	$0.7 \sim 0.79$	中级协调发展
4	$0.3 \sim 0.39$	轻度失调衰退	9	$0.8 \sim 0.89$	良好协调发展
5	$0.4 \sim 0.49$	濒临失调衰退	10	$0.9 \sim 1.0$	优质协调发展

（2）生态环境服务感知指标与计算方法

选取当地农户 2005 年与 2018 年对区域生态环境变化的感知与认识，共计 12 个具体均值指标，分别归入供给服务、调节服务、文化、维持其他服务 4 个方面，运用统计检验方法构建感知强度数学模型，由此来判断农户的感知差异，分析农户属性与农户感知之间的相互关系，并测量相对强度：

$$A_j = \frac{\sum_{i=1}^{n} P_i N_{ij}}{\sum_{i=1}^{n} N_{ij}} \tag{8-5}$$

式中：A_j 表示农户对问题 j 相对感知度的平均值；P_i 表示农户持第 i 种观点的得分；N_{ij} 表示农户对问题 j 持第 i 种观点的人数；n 为问题 j 的选项个数。将农户对生态系统服务变化感知的强度依次用"非常不满意""不满意""不太满意""一般""较满意""满意"和"非常满意"来表示。

（3）农村社区发展水平与生态环境耦合的结构方程模型

采用 AMOS 软件分析生态系统服务技术对农村社区发展及农户福祉作用机制，用结构方程模型对于客观存在但实际测量中不方便直接测量的指标进行价：

$$\eta = B\eta + \Gamma\xi + \zeta \tag{8-6}$$
$$y = \Lambda_y\eta + \varepsilon \tag{8-7}$$
$$X = \Lambda_x\xi + \delta \tag{8-8}$$

Γ 表示外因潜在变量对内因潜在变量的影响，B 为内因潜变量的互相影响，用 ζ 表示为误差项。将内因潜变量 η 连接到内生标识，即观测 y，将外因潜变量连接到外生标识，即观测 x，矩阵 Λ_x 与 Λ_y 分别 x 对 ξ 和 y 对 η 的关系强弱程度的系数矩阵，可以理解为相关系数，ε 与 δ 都是测量当中的误差项。

（4）农村社区（乡村）生态系统服务价值指标评估方法

结合 Costanza、DeGroot 和 CICIESV43 的分类方法，同时参考国内学者的研究结果，对照城市生态系统服务价值评估，针对乡村生态系统的以农林业第一产业为主、结构简单、与土地密切等特点和乡村社会经济对生态系统服务的重点需求，选取指标建立生态系统服务价值评估指标体系（表 8-2）。最后通过计算得到生态系统服务价值。其计算方法见表 8-3。

表 8-2　农村社区（乡村）尺度生态系统服务价值评估指标框架

生态系统 服务类型	生态系统产品 或服务功能	内容	备注	市场化 属性
供给服务	01 提供生物质产品	木材蓄积	山林林木蓄积年增长量	是
		提供生物质产品	当地耕地、园地等提供粮食、蔬菜、水果、干果的量	是

（续）

生态系统 服务类型	生态系统产品 或服务功能	内容	备注	市场化 属性
支持与调节服务	02 气体调节	吸收 CO_2		否
		释放 O_2		否
		吸收 SO_2		否
		滞留粉尘		否
	03 气候调节	调节小气候	乡村夏季局部降温、增湿、增雨效应	否
	04 水源涵养	涵养水源	生态系统调蓄水源总量	否
	05 土壤形成与保护	保持土壤肥力	通过减少土壤侵蚀保持当地的土壤肥力和减少泥沙淤积	否
		减少泥沙淤积		否
	06 废弃物处理与营养循环	分解固体废弃物	生态系统降解的固体废弃物量	否
		净化生活污水	生态系统净化当地居民的生活污水量	否
	07 生物多样性保护	维持生物多样性		否
文化服务	08 娱乐休闲	生态旅游	当地生态旅游、农业旅游的年收入	是
	09 科研教育	科研价值	研究机构在当地的年科研投入	是

表 8-3　各项生态系统服务价值计算方法

生态系统 服务类型	生态系统服 务功能/产品	计算公式	主要参数解释
01 提供生物 质产品	木材蓄积	$Vt=(Ac\times Sc+Ab\times Sb+Am\times Sm)\times Pl\times Gr$	Ac、Ab、Am 分别为针叶林、阔叶林、针阔混交林的面积；Sc、Sc、Sm 分别为单位面积针叶林、阔叶林、针阔混交林蓄积活立木的量；Gr 为活立木年增长率；Pl 为原木价格
	提供生物质产品	$Vp=Q-P$	Vp 为生态系统提供的生物质产品的价值；Q 为该生态系统的总产值，P 为该生态系统的成本
02 气体调节	吸收 CO_2	$A=M\times 1.63\times(12/44)\times PC$	A 为生态系统固定 CO_2 的价值；M 为生态系统生物量增长量；PC 为税碳法单价
	释放 O_2	$A=M\times 1.20\times P$	A 为生态系统固定二氧化碳的价值；M 为生态系统生物量增长量；P 为工业制氧单价
	吸收 SO_2	$Vm=\sum M_i\times W_1$	Vm 为生态系统对 SO_2 吸收价值总量；M_i 为生态系统年吸收 SO_2 量；W_1 为我国治理 SO_2 排放的平均费用
	滞留粉尘	$Vs=\sum S_i\times W_2$	Vs 为生态系统对粉尘滞留值总量；S_i 为生态系统年滞留粉尘量；W_2 为我国消减粉尘的平均费用

（续）

生态系统服务类型	生态系统服务功能/产品	计算公式	主要参数解释
03 气候调节	调节小气候	$Ew = Sw \times Qw \times Pw$	Ew 为生态系统增加降水量服务价值，Sw 为该生态系统面积，Qw 为单位面积生态系统增加的降水量
		$Et = Tt \times Pt \times Np \times D$	Et 为生态系统调节环境温度服务价值，Tt 为生态系统降低环境温度量。Pt 为居民夏季平均降温成本，Np 区域内生态系统调节环境温度服务享用人数，Dt 为需要降温天数
		$Pt = St \times Wt \times Ht \times At$	St 为人均住房面积，Wt 为空调降温功率，Ht 为人均使用空调时间，At 为区域内电价
04 水源涵养	涵养水源	$As = (\sum S_i \times W_i + Wg) \times Pw$	As 为生态系统涵养水源价值总量，S_i 为生态系统的面积，W_i 为生态系统单位面积涵养水量，Wg 为冠层截流量，Pw 为我国水库工程成本单价
		$W_i = We_i - Wd$	We_i 为生态类型单位面积持水量，Wd 为裸地单位面积持水量
		$Wg = Q \times R$	Wg 为冠层截流量，Q 为区域内年平均降水量，R 为森林冠层截流系数
05 土壤形成与保护	保持土壤肥力	$Ac = Ap - Ar$	Ac 为减少土壤侵蚀量，Ap 为潜在土壤侵蚀量，Ar 为现实土壤侵蚀量
		$Ap = D \times M_1$	D 为区域面积，M_1 为荒地侵蚀模数
		$Ar = D \times M_0$	M_0 为当前植被覆盖下实际侵蚀模数
		$E_i = \sum Ac \times C_i \times P_i$	E_i 为保护土壤肥力价值，Ac 为生态系统减少土壤侵蚀量，C_i 为第 i 类营养物质在土壤中含量，P_i 为第 i 类营养物质单价
	减少泥沙淤积	$Ea = 0.24 \times Ac \times Ca / \rho$	Ea 为减少泥沙淤积价值，Ac 同上，Ca 为水库工程费用，ρ 为泥沙的容重值
06 废弃物处理与营养循环	分解固体废弃物	$V = SEP \times P \times M$	V 为生态系统处理废弃物价值，SEP 为人均年产生固体垃圾量，P 为视同秦越内人口总数，M 为全国固体垃圾处理平均单价
	净化生活污水	$S = Vs \times Ps$	S 为生活污水净化价值，Vs 为生活污水排放量，Ps 为我国生活污水处理成本
07 保护生物多样性	维持生物多样性	$D = \sum A_i \times D_i$	A_i 为生态系统的面积，D_i 为单位面积生态系统支持生物多样性的价值
08 娱乐休闲	生态旅游		旅游景点的各项收入之和
09 科研教育	科研价值		科研单位在当地的各项财力投入之和

(5)农户生态系统服务感知研究方法

生态系统服务多样性感知：根据千年生态系统评估的分类体系，参照 Costanza 等的生态系统服务分类，结合地区的相关研究，本研究对慈利县 6 个村进行区域分类，分别为支持与文化服务保护型区域(两溪村、江娅林场)，供给服务发展型区域(二坊坪村、永安村)，调节服务发展型区域(占甲桥村、九溪村)，并确定 3 个区域的农田、园地、林地、湿地等主要生态系统的 16 种生态系统服务(表 8-4)，采用多样化感知指数测度农户 10 年前和 10 年后对生态系统服务多样化程度的感知变化，如农户认为农田生态系统服务只有提供农田时，农户对生态系统多样性感知评估为 1，多样化感知指数为 1，有提供农田和涵养水源时，农户对生态系统多样性感知评估为 2，多样性感知指数为 2，以此类推，公式如下：

$$D_i = \frac{1}{s} \sum_{i=1}^{s} d_i \tag{8-9}$$

式中：D_i 为第 i 类生态系统服务多样性的感知指数；s 为生态系统服务类型数；d_i 为 i 类生态系统服务多样化的感知指数。

表 8-4　生态系统服务分类

类型	具体指标	类型	具体指标
供给服务	提供事物、农产品服务 提供非食物产品 提供水源	文化服务	休闲与养身 生态旅游
调节服务	防风 气候调节 水源涵养 控制侵蚀	支持服务	净化空气 保持生物多样性 森林碳汇

生态系统服务属性感知：本研究从生态系统服务属性 4 个维度出发，分析供给服务发展型、调节服务发展型、支持与文化服务保护型 3 种类型的农村社区中农户的生态系统服务感知。其中，重要性指农户对该类生态系统生产生活的重要程度；可管理性指农户对该类生态系统能够轻松、直接地改变生态系统服务供应的能力；脆弱性是指农户对该类生态系统服务丧失对农户初级生产力的负面影响程度；损害度指农户对该类生态系统目前的破坏程度(表 8-5)。本研究将各维度的感知强度分为 5 个赋值，不同区域农户的赋值加总平均后得到该区农户的指数，公式如下：

$$p_{mj} = \frac{1}{n} \sum_{i=1}^{n} p_{mij} \tag{8-10}$$

式中：p_{mij} 为 j 区域 i 农户的 m 类生态系统服务的感知度赋值；n 为 j 区域的农户数量；p_{mj} 为 j 区域农户对 m 生态系统服务的感知度指数。

采用多元线性回归模型来分析影响慈利县 6 个村农户的生态系统服务感知的关键因

素。模型为揭示变量与因变量之间关系的线性回归模型，假设因变量农户的农田、林地、园地、湿地生态系统服务多样化感知指数 y_1、y_2、y_3、y_4 及重要性、可管理性、脆弱性、损害度感知度指数 g_1、g_2、g_3、g_4 分别受自变量 $x_1, x_2, \cdots, x_i$ 的影响，公式如下：

$$Y = \beta_0 + \beta_1 x_1 + \beta_2 x_2 + \cdots + \beta_i x_i \tag{8-11}$$

式中：Y 为被解释变量；$x, \cdots, x_i$ 为自变量；β_0 为解释变量；$\beta_0, \cdots, \beta_i$ 为回归系数。若回归系数为正，表示解释变量每增加一个单位值，发生比会相应增加；反之亦然。

表 8-5　生态系统服务属性感知

属性感知	测度问题	赋值
重要感知	m 类生态系统服务对生产生活的重要程度	不重要 = 0；不太重要 = 0.25；一般 = 0.5；比较重要 = 0.75；非常重要 = 1
可管理性感知	改变 m 类生态系统服务供应的能力大小	非常弱 = 0；比较弱 = 0.25；一般 = 0.5；比较强 = 0.75；非常强 = 1
脆弱性感知	m 类生态系统服务减弱对生产生活的影响	非常小 = 0；比较小 = 0.25；一般 = 0.5；比较大 = 0.75；非常大 = 1
损害度感知	目前 m 类生态系统服务的破坏程度有多大	非常小 = 0；比较小 = 0.25；一般 = 0.5；比较大 = 0.75；非常大 = 1

(6) 农村社区民生感知计算方法

农村社区发展指标计算方法

选取 2005 年与 2018 年社区慈利县村域农户的生活条件、农业生产资料的可达性和农业基础设施条件、农户的健康状况、生活状况、家庭关系、社区活动与农村补贴的公平性 5 个方面来考察农户福利的功能性活动。采用模糊综合评价法对农村社区发展进行模糊评价，将农户社区发展水平以模糊集 X 表示，设农户在 10 年前后发生的各种功能性的活动构成农村社区发展 X 的子集 W，而后第 p 个农户的社区发展函数可用 $w^{(p)} = \{x, \mu(x)\}$ 来表现，其中 $x \in X$，$\mu_w(x)$ 是 x 与 W 的相关度，$\mu_w(x) \in [0, 1]$，相关度越大，表示农户社区发展水平越高。

让 x_i 作为初级指标 x_{ij} 定义为农户社区发展水平的第 i 个功能活动性子集，农户社区发展水平的初级指标设定为 $[x_{11}, x_{12}, \cdots, x_{ij}]$。以调查问卷的形式进行，根据相关的问题，对农户的满意度进行评分。采用 7 级量表形式，并为这 7 种状态依次赋值 $x_{ij} = \{x_{ij}^{(1)}, \cdots, x_{ij}^{(7)}\}$，如果获得的分值越大，表示农户的社区发展水平越高。

$$\mu(x_{ij}) = \begin{cases} 0 & x_{ij} \leqslant x_{ij}^{\min} \\ \dfrac{x_{ij} - x_{ij}^{\min}}{x_{ij}^{\max} - x_{ij}^{\min}} & x_{ij}^{\min} \leqslant x_{ij} \leqslant x_{ij}^{\max} \\ 1 & x_{ij} \geqslant x_{ij}^{\max} \end{cases} \tag{8-12}$$

式中：$x_{ij}^{\min}$ 和 $x_{ij}^{\max}$ 分别为初级指标 x_{ij} 的最小值与最大值，$\mu_\omega(x)$ 值越大，则农户的社区发展水平就越高。将初级指标的权重定义为：

$$\omega_{ij} = \ln\left[\frac{1}{\bar{\mu}(x_{ij})}\right] \tag{8-13}$$

式中：$\bar{\mu}(x_{ij}) = \frac{1}{n}\sum_{p=1}^{1}\mu(x_{ij})^p$，为第 n 个农户初级指标 x_{ij} 隶属度的均值。在此基础上，为进一步计算出各功能性活动的隶属度。总结出以下加总公式：

$$\mu(x_i) = \left[\sum_{j=1}^{k}\bar{\mu}(x_{ij}) \times (\omega_{ij})/\sum_{j=1}^{k}\omega_i\right] \tag{8-14}$$

式中：k 为第 i 个功能性活动子集中包括 k 项初级指标。测度农户社区发展水平的总隶属公式可表示为：

$$\omega = \left[\sum_{i=1}^{h}\mu(x_i) \times \omega_\iota\right]/\sum_{i=1}^{h}w_i \tag{8-15}$$

式中：各项功能的权重 $w_i = \ln\left[\frac{1}{\mu(x_i)}\right]h$，$h$ 为功能性活动个数。单个农户的社区发展水平为：

$$w^{(p)} = \left[\sum_{i=1}^{h}\mu(x_i)^{(p)} \times \omega_\iota^{(p)}\right]/\sum_{i=1}^{h}\omega_i^{(p)} \tag{8-16}$$

式中：$\mu(x_i)^{(p)} = \left[\sum_{j=1}^{k}\mu(x_{ij})^{(p)} \times \omega_{ij}\right]/\sum_{j=1}^{k}\omega_{ij}$，$\omega_\iota^{(p)} = \ln\left[\frac{1}{\mu(x_i)^{(p)}}\right]$。

(7) 生态系统服务价值评估方法

生态系统服务价值根据其功能产品主要分为：提供生物质产品，调节气体，调节气候，涵养水源，土壤形成和保护，废弃物处理和营养循环，保护生物多样性，娱乐休闲，科研教育等，计算方式见表 8-6。

表 8-6　各项生态系统服务价值计算方法

服务类型	服务功能/产品	计算公式	主要参数解释
01 提供生物质产品	木材蓄积	$Vt = (Ac \times Sc + Ab \times Sb + Am \times Sm) \times Pl \times Gr$	Ac、Ab、Am 分别为针叶林、阔叶林、针阔混交林的面积；Sc、Sc、Sm 分别为单位面积针叶林、阔叶林、针阔混交林蓄积活立木的量；Gr 为活立木年增长率；Pl 为原木价格
	提供生物质产品	$Vp = Q - P$	Vp 为生态系统提供的生物质产品的价值；Q 为该生态系统的总产值；P 为该生态系统的成本
02 气体调节	吸收 CO_2	$A = M \times 1.63 \times (12/44) \times PC$	A 为生态系统固定 CO_2 的价值；M 为生态系统生物量增长量；PC 为税碳法单价
	释放 O_2	$A = M \times 1.20 \times P$	A 为生态系统固定二氧 O_2 的价值；M 为生态系统生物量增长量；P 为工业制氮单价
	吸收 SO_2	$Vm = \sum M_i \times W_1$	Vm 为生态系统对 SO_2 吸收价值总量；M_i 为生态系统年吸收 SO_2 量；W_1 为我国治理 SO_2 排放的平均费用
	滞留粉尘	$Vs = \sum S_i \times W_2$	Vs 为生态系统对粉尘滞留价值总量；S_i 为生态系统年滞留粉尘量；W_2 为我国消减粉尘的平均费用

（续）

服务类型	服务功能/产品	计算公式	主要参数解释
03 气候调节	调节小气候	$Ew = Sw \times Qw \times Pw$	Ew 为生态系统增加降水量服务价值，Sw 为该生态系统面积，Qw 为单位面积生态系统增加的降水量
		$Et = Tt \times Pt \times Np \times D$	Et 为生态系统调节环境温度服务价值，Tt 为生态系统降低环境温度量。Pt 为居民夏季平均降温成本，Np 区域内生态系统调节环境温度服务享用人数，Dt 为需要降温天数
		$Pt = St \times Wt \times Ht \times At$	St 为人均住房面积，Wt 为空调降温功率，Ht 为人均使用空调时间，At 为区域内电价
04 水源涵养	涵养水源	$As = (\Sigma S_i \times W_i + Wg) \times Pw$	AS 为生态系统涵养水源价值总量，S_i 为生态系统的面积，W_i 为生态系统单位面积涵养水量，Wg 为冠层截流量，P_w 为我国水库工程成本单价
		$W_i = We_i - Wd$	We_i 为生态类型单位面积持水量，Wd 为裸地单位面积持水量
		$Wg = Q \times R$	Wg 为冠层截流量，Q 为区域内年平均降水量，R 为森林冠层截流系数
05 土壤形成与保护	保持土壤肥力	$Ac = Ap - Ar$	Ac 为减少土壤侵蚀量，Ap 为潜在土壤侵蚀量，Ar 为现实土壤侵蚀量
		$Ap = D \times M_1$	D 为区域面积，M_1 为荒地侵蚀模数
		$Ar = D \times M_0$	M_0 为当前植被覆盖下实际侵蚀模数
		$E_i = \Sigma Ac \times C_i \times P_i$	E_i 为保护土壤肥力价值，Ac 为生态系统减少土壤侵蚀量，C_i 为第 i 类营养物质在土壤中含量，P_i 为第 i 类营养物质单价
	减少泥沙淤积	$Ea = 0.24 \times Ac \times Ca / \rho$	Ea 为减少泥沙淤积价值，Ac 同上，Ca 为水库工程费用，ρ 为泥沙的容重值
06 废弃物处理与营养循环	固体废弃物分解	$V = SEP \times P \times M$	V 为生态系统处理废弃物价值，SEP 为人均年产生固体垃圾量，P 为视同区域内人口总数，M 为全国固体垃圾处理平均单价
	生活污水净化	$S = Vs \times Ps$	S 为生活污水净化价值，Vs 为生活污水排放量，Ps 为我国生活污水处理成本
07 生物多样性保护	维持生物多样性	$D = \Sigma A_i \times D_i$	A_i 为生态系统的面积，D_i 为单位面积生态系统支持生物多样性的价值
08 娱乐休闲	生态旅游		旅游景点的各项收入之和
09 科研教育	科研价值		科研单位在当地的各项财力投入之和

8.1.2　生态系统服务与农村社区协同发展调研

为深入了解各生态服务提升技术重点示范区域内农村社区的生态系统服务价值构成以及民生福祉变化情况，针对湖南省慈利县、广东省乐昌市、四川省华蓥市、湖北省丹江口市、江西省崇义县等各课题重点示范区域内农村社区的村干部和当地农户，通过问卷调研、访谈调研和田野调研等方法，调研当地产业结构、居民收入与生态本底以及生态服务提升技术对农户收入与行为的影响。

8.1.2.1　生态服务提升技术重点示范区域农村社区调研及结果

课题组于 2016 年 4 月、2017 年 7 月、2018 年 9 月分别赴湖南省慈利县、广东省乐昌市、四川省华蓥市、湖北省丹江口市、江西省崇义县等各课题重点示范区域开展了大量的农村社区实地调查与访谈工作，共计发放问卷 1575 份，回收有效问卷 1456 份，问卷有效率达 92.44%。调查显示，在农村居民收入中，打工收入仍然是主要来源，其次为农林收入；绝大多数农村居民对现在所居住的农村社区环境表示满意，认为现在的农村环境相较之前有了很大的改善。其中湖南省慈利县、广东省乐昌市、江西省崇义县等地村镇近年来通过实施林业重点生态工程建设，规范生态公益林的抚育管理和更新性质采伐，增加森林蓄积量，提高森林覆盖率，生态服务功能不断提升，同时加强现代农业、生态农业、生态旅游的发展，在改善农户生产生活条件、保护高山生态环境方面已成效显著。四川省华蓥市近年来通过对侧柏人工林、马尾松林区域实施土壤特性及水源涵养能力提升技术，明显提升了区域的生物多样性、森林蓄积量、森林覆盖率。湖北省丹江口市近年来通过实施滨水植被缓冲带提质建设、小流域森林类型布局优化、库区森林景观调控技术等，流域森林植被得到有效恢复、流域水质明显提升。

8.1.2.2　典型农村社区调研及结果

课题组于 2019 年 5 月、2019 年 9 月、2019 年 11 月分别赴广东省乐昌市、湖南慈利的典型农村社区进一步开展了大量的实地调查与访谈工作，通过对乐昌市北乡镇(前村村、上丛村)、九峰镇(浆源村、茶料村、文洞村、联安村)、三溪镇(三溪村、车头园村)、五山镇(沙田村、石下村)等农村社区进行走访调查，共计发放调查问卷 500 份，收到有效问卷 481 份，问卷有效率为 96.20%。对慈利县零阳镇、苗市镇等农村社区进行走访调查，共计发放调查问卷 275 份，收到有效问卷 255 份，问卷有效率为 92.73%。

调查发现，乐昌市被调查的 481 户家庭的家庭人口共计 1819 人，其中劳动力 1108 人。种田务农人员 710 人，占家庭人口的 39.03%，外出打工人员 398 人，占家庭人口的 21.88%。家庭平均总收入 43598 元。在农村居民收入中，打工收入仍然是主要来源，其次为农林收入。经济作物收入与林果收入基本持平。粮食作物主要为自用，很少出售。69.79% 的农民认为耕地质量较好，21.35% 的农民认为耕地质量好，仅有 6.5% 的农民认为耕地质量较差。33.07% 的农民认为耕地无石漠化现象，61.98% 的农民认为耕地石漠化不严重，仅有 4.69% 的农民认为耕地石漠化严重。水土流失情况良好，94.8% 的农民认为无水土流失或者不严重。农药化肥污染、畜禽养殖污染均不严重。

同时通过对慈利县的调查走访发现，被调查的 255 户家庭的家庭人口共计 1316 人，其中劳动力 825 人。种田务农人员 419 人，占家庭总人口的 31.84%，外出打工人员 406 人，占比为 30.85%，种田务农与外出打工的人数基本持平。种田务农人员多为留守老人，外出打工人员多为青壮年劳力。家庭平均总收入 69 298 元。在农村居民收入中，打工收入仍然是主要来源，农林收入占比很小。经济作物和粮食基本自用。82.86% 的农民认为耕地质量好或者较好。82.86% 的农民认为耕地没有石漠化或者不严重。91.67% 的农民认为农药化肥对环境没有产生影响或影响不严重。84.93% 的农村居民认为无水土流失或者不严重。98% 的农村居民认为畜禽养殖对环境没有污染或污染不严重。在调研过程发现绝大数农村居民对现在所居住的农村社区环境表示满意，认为现在的农村环境相较之前有了很大的改善。农村社区的水、气、土等环境质量都有大幅提高。

8.1.3 县域生态系统服务功能协同度评估

8.1.3.1 构建农村尺度的生态系统服务与农村社区发展指标体系

针对湖南省慈利县、广东省乐昌市、江西省崇义县、湖北省丹江口市和四川省华蓥市的生态系统服务提升情况和农村社区发展情况开展实地调研。根据调研结果，对传统评价指标做了相应调整，调整后的指标体系见表 8-7。其中生态系统服务类型的不同指标划分了南方丘陵山地屏障带生态系统服务核心功能(水源涵养、水质净化能力、空气净化能力、

表 8-7　生态系统服务与农村社区发展指标体系

指标	生态系统服务情况	指标	农村社区发展情况
x_1	耕地面积	y_1	人均农业生产总值
x_2	森林覆盖率	y_2	农民人均可支配收入
x_3	森林资源蓄积量	y_3	人均粮食总产量
x_4	地质水达标率	y_4	经济作物种植面积比
x_5	空气质量优良达标率	y_5	公共预算支出
x_6	水资源总量	y_6	土地生产率
x_7	造林面积	y_7	人均肉类产量
x_8	年均降水量	y_8	人均水产品产量
x_9	林地面积	y_9	财政预算收入
		y_{10}	消费品零售总额
		y_{11}	固定资产投资
		y_{12}	人口密度
		y_{13}	乡村每千人拥有的医生和卫生人员数
		y_{14}	中等学校学生数占人口数

固碳能力、污染物削减)的具体表现。针对南方丘陵山地屏障带生态系统服务的不同功能以及区域生态系统服务与农村社区发展中存在的问题,探究生态系统服务提升技术对农户收入与行为的影响,来评价区域生态系统服务与农村社区发展程度。同时鉴于指标选取的代表性、真实性、可获得性等原则,构建区域生态系统服务和农户的意愿、收入、行为等决策系统,通过最大限度减少农户生计活动对生态系统服务的影响与干扰,获得不同区域生态系统服务与农村社区协同发展模式。

8.1.3.2　农村社区尺度的生态系统服务协同性分析

南方丘陵山地区域复杂的内外界环境因素作用于区域生态系统与农村社区系统的结构、过程及功能,进而影响生态系统服务供给、农村社区系统的供需变化,表现为区域生态系统服务与农村社区协同发展状态在时空尺度上的协同快速增长以及一主(显著提升)一辅(较明显提升)的变化关系。具体为 3 种发展状态:

①生态系统服务与农村社区良好协同发展状态

以乐昌市为代表,协调系数为 0.873,其生态系统服务与农村社区未来发展趋势为生态系统服务将稳步提升,供给服务、文化服务得到良好利用,区域经济显著提升,同时经济发展和产业结构优化促进生态系统调节服务和支持服务的有效提高。

②区域生态系统服务显著提升,农村社区经济较显著提升的发展状态

以慈利县为代表,协调系数为 0.828,经济发展主成分得分为 0.744,生态发展主成分得分为 0.922,未来发展趋势为经济发展模式更多以生态经济、绿色产业为主,生态系统的调节服务和支持服务显著提升,不过度地发展生态系统的文化服务和供给服务。

③区域农村社区经济显著提升,生态系统服务较显著提升的发展状态

以丹江口市为代表,协调系数为 0.831,经济发展主成分得分高达 0.908,未来发展趋势以提升区域的生态系统供给服务和文化服务为主,促进当地的经济发展,同时依靠经济发展一定程度上促进生态系统调节服务和支持服务的协同提高(表 8-8)。

表 8-8　生态系统服务与农村社区发展耦合协同度分析

城市	经济发展	生态发展	协调系数	耦合协调度类型
慈利县	0.744	0.922	0.828	良好协调发展
乐昌市	0.954	0.798	0.873	良好协调发展
崇义县	0.587	0.431	0.503	勉强协调发展
丹江口市	0.908	0.761	0.831	良好协调发展
华蓥市	0.031	0.349	0.104	严重失调衰退

通过"协调发展系数"可以看出广东省乐昌市在调查区具有最好的生态系统服务与农村社区协调发展现状,因此本研究选择广东省乐昌市为典型区域,并选择典型农村社区提炼典型农村社区与生态系统服务协同发展模式。同时发现湖南省慈利县生态系统服务相对其

他几个市(县)是最好的,但是农村社区发展却比较低,因此本研究选择湖南省慈利县为协同发展模式推广区域,探索"绿水青山就是金山银山"的特色发展模式。

8.2 南方丘陵山地典型社区农户福祉与生态系统服务感知

8.2.1 粤北(乐昌市)丘陵山地农户福祉与生态系统服务感知分析

选取典型农村社区(村庄)开展农户福祉与生态系统服务变化关系分析,依据国际通用分类标准和评价方法,分析农户福祉的变化及其对农村生态系统服务的认可度,以确保政府的指导政策与农户的生产、生活方式、意愿等保持一致,从而在提升生态系统服务功能的同时,也对农户福祉进行了优化,以实现双重目标。

以广东省乐昌市北乡镇、五山镇、九峰镇、三溪镇的8个村为区域,基于实地调查对2005年及2018年农村社区发展水平变化进行了评估、分析,并利用结构方程模型,对农村社区(农户福祉)的发展水平与生态系统服务变化之间的关系进行了综合相关性耦合的结构分析。

8.2.1.1 农户福祉与生态系统服务的变化关系分析

(1)农户社区发展2005年与2018年变化分析

2005年与2018年的社区发展相关指标得分以及分析结果见表8-9。根据总模糊指数来看,2005年总模糊指数为0.298,现如今大多数农村社区充分利用生态服务提升后的成效,大力发展生态旅游,2018年总模糊指数为0.387,农户福祉指数总体呈上升趋势。

①生活指标由2005年的0.261增长到2018年的0.317。其中,生活适应性的隶属度略微上升,但农户收入增长迅速,模糊评价值由2005年的0.294增加到2018年的0.385。由于收入水平、稳定程度明显改善,农户的消费水平、消费能力不断增强,同时随着新农村建设、乡村振兴战略的实施,其生活便利度以及社会保障与福利水平不断提升,隶属度变化较明显。

②在农业生产资料的可达性方面,由于政府利农政策的实施,农业基础设施建设的隶属度呈上升状态,模糊评价值由2005年的0.234增长到2018年的0.251,其中农田基础设施的建设提升较明显,耕地数量与质量隶属有所增加,养殖种类与规模略微下降,农业资源可达性改善较显著。

③2018年农户健康状况较2005年略有增加。由于农户收入普遍增多,农户的身体健康和心理健康、生活质量等均有所改观,对期望寿命也较为满意。农户收入模糊评价值由2005年的0.294上升到2018年的0.385。饮食健康方面变化不大,反映农户饮食习惯受影响较小。

表 8-9　农户福祉度量指标体系及 2005 年与 2018 年福祉水平变化

功能性活动及指标	指标分量	平均值		模糊评价结果	
		2005 年	2018 年	2005 年	2018 年
生活(ξ_1)	—	—	—	0.261	0.317
生活适应性(X_1)	生活适应性	4.216	3.968	0.549	0.574
收入(X_2)	收入水平、收入稳定与来源	2.093	3.090	0.294	0.385
消费(X_3)	消费水平、消费能力	1.675	3.177	0.279	0.317
生活便利(X_4)	水电、交通、医院、上学、购物	1.617	3.058	0.225	0.330
社会保障与福利(X_5)	医疗保险、养老保险、低保	1.927	2.134	0.191	0.261
基础设施与生产资料(ξ_2)	—	—	—	0.234	0.251
耕地数量、质量(X_6)	耕地数量、质量	3.644	3.790	0.412	0.429
养殖种类与规模(X_7)	养殖状况	1.160	1.132	0.161	0.154
资源可达性(X_8)	农业肥料购买与运输	2.057	2.910	0.213	0.290
农田基础设施(X_9)	农田水利、道路	2.777	3.663	0.285	0.317
健康(ξ_3)	—	—	—	0.412	0.436
身体健康(X_{10})	是否有疾病、能否正常劳动	4.178	4.378	0.435	0.460
心理健康(X_{11})	正常思考、认知能力	5.186	5.270	0.359	0.391
饮食健康(X_{12})	蔬菜和肉类消费	4.703	4.835	0.390	0.409
期望寿命(X_{13})	期望寿命满意度	6.160	6.028	0.530	0.527
安全(ξ_4)	—	—	—	0.297	0.365
粮食安全(X_{14})	粮食产量和结构	3.374	3.646	0.310	0.334
饮用水安全(X_{15})	饮用水源和供给	5.009	5.130	0.388	0.403
垃圾与污水处理(X_{16})	垃圾与污水处理	3.266	4.096	0.262	0.317
居住安全(X_{17})	面积、结构、装修	2.432	4.586	0.245	0.422
家庭关系和社区活动(ξ_5)	—	—	—	0.382	0.397
家庭负担指数(X_{18})	家庭负担满意度	3.444	3.718	0.273	0.298
家庭关系(X_{19})	家庭和睦、亲戚关系	5.803	5.827	0.488	0.493
邻里关系(X_{20})	融洽、愿意交往	5.707	5.484	0.491	0.491
社区融入感(X_{21})	社区融入感、认同感	5.172	4.331	0.390	0.373
自由与选择权利(ξ_6)	—	—	—	0.312	0.325
选举公平(X_{22})	农村选举权、大事知晓	3.626	3.360	0.280	0.304
补助补贴公平(X_{23})	补助、补贴公平公正	3.345	3.339	0.353	0.375
	总模糊指数	—	—	0.298	0.387

④从安全指数看，2005—2018 年农户对粮食安全方面的感知隶属度有所增加；饮水方面，因农户水源总体为山泉水，其隶属度变化不大；由于新农村建设加大了对人居环境的

综合整治，垃圾与污水处理得到了有效改善，其隶属度得到了提升。近年来，农村住房条件明显改善，居住安全得到了保障，隶属度增加明显，其模糊评价值由 2005 年的 0.245 增加到 2018 年的 0.422。

⑤农户的家庭关系和社区活动方面变化较小，呈略微上升状况。由于农户收入以及生活条件的改善，家庭负担减少，家庭关系、邻里关系等隶属度不断增加。但由于外出务工人员的增多，导致农户参与社区活动较少，致使农户的社区融入感与认同感均略有所下降。农户的选举公平、大事知晓等方面指标的隶属度变化较小，但总体呈增加的趋势，反映出在村庄自治管理、补贴保障方面村民的认可度较高。

(2)生态系统服务感知 2005 年与 2018 年变化分析

由农户对生态系统服务感知的情况不难看出，村民在 2005 年与现在对生态系统服务的感知得分差异非常明显，对调节、文化、支持 3 种服务都呈现出表现出了明显的上涨，其中调解服务变化比较小；农户对文化服务与支持服务的感知得分上升明显(表 8-10)。

表 8-10　2005 年与 2018 年农户对生态系统服务感知的情况

生态服务功能		感知得分		感知指数	
		2005 年	2018 年	2005 年	2018 年
供给服务(η_1)		—	—	0.404	0.449
	提供食物(y_1)	4.253	3.711	0.418	0.455
	提供非食物产品(y_2)	4.335	4.160	0.429	0.453
	提供水源(y_3)	3.690	3.847	0.376	0.386
调节服务(η_2)		—	—	0.391	0.412
	防风(y_4)	4.351	4.709	0.425	0.437
	气候调节(y_5)	3.948	4.387	0.393	0.434
	水源涵养(y_6)	4.701	4.890	0.435	0.457
	控制侵蚀(y_7)	4.149	4.340	0.349	0.360
文化服务(η_3)		—	—	0.251	0.370
	休闲和养生(y_8)	2.701	2.454	0.269	0.295
	生态旅游(y_9)	2.048	2.115	0.243	0.259
支持服务(η_4)		—	—	0.380	0.406
	净化空气(y_{10})	5.324	5.428	0.411	0.428
	保持生物多样性(y_{11})	3.974	4.342	0.367	0.394
	森林碳汇(y_{12})	4.915	5.016	0.376	0.409
总体感知指数		—	—	0.356	0.417

①部分村民自 2005 年后开始放弃种植业转向生态旅游业，因此生态旅游的感知得分较高；

②乡政府从 2008 年开始修建了诸多如文化活动室、图书室等文娱活动场地，养生与休闲的感知得分也因此升高；

③村里在 2010 年自建小型的蓄水池，主要用于储存山水与自来水，提供水源方面得到改善；

④村里农户在 2005 年砍伐树木情况比现在严重，2005 年后政府颁布了封山育林的相关规定，现在砍伐树木与水土流失情况鲜有存在，水源涵养的感知指数显著提高；

⑤由于调节服务难以通过直接观察得出结论，加上农户普遍对自然环境变化认识的不足，难以界定调解服务，相比于供给服务、文化服务与支持服务这种能给居民的自身利益带来显著直观改变的生态服务功能，村民对调解服务显然关心度较低，因此调解服务的农户感知指数十年来变化不大；

⑥生态服务总体感知指数变化幅度较小，由于封山育林相关措施的实施，林地面积得到保障，森林覆盖率升高，农户对水源涵养、生物多样性和森林碳汇的感知和意愿显著增加。

（3）生态系统服务与农户社区发展水平的关系

通过剖析 AMOS 软件的结果，结合影响农户福祉的相关因素，可以看出，生态系统的 4 个服务功能与农户的发展（福祉）都存在一定程度的耦合关系（图 8-1）。并从与村民生活息息相关的 4 个服务功能中可以看出，文化服务与农户发展（福祉）的关系最为密切，供给服务次之，而调节服务则最弱。根据生态系统服务与农户福祉相关要素的耦合关系的路径系数来看，文化服务中的生态旅游作为部分农户的主要经济来源，其与农化福祉变化的关系最为密切。因为在加强生态建设、提升生态服务功能中，区域大多坚持农村社区发展、

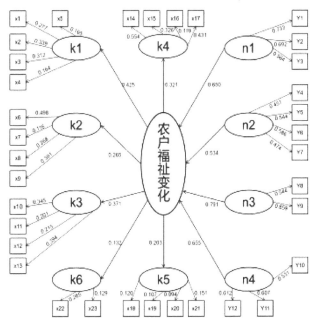

图 8-1　2018 年农户社区发展水平与生态系统服务的关系

扶贫开发与生态旅游结合，让农户通过旅游产业实现脱贫致富。其次是发展林下经济，提供粮食和其他特色农产品，大力开发森林碳汇、天然氧吧、休闲养生娱乐活动等，既解决了生态保护和"靠山吃山"的问题，同时也保护了生态多样性。其中路径系数相关性最少的是控制水土流失，其缘由可能是农户对生态系统服务功能的认识与理解存在一定的差距，且生态系统服务功能难以在短期内发生重大变化。

8.2.1.2 农村社区经济发展与生态系统服务关系分析

选取典型农村社区(村庄)开展了农村社区经济发展与生态系统服务关系研究。据此，从生态系统服务、经济发展等复合结构出发，探讨了经济发展模式对生态系统服务产生的显著作用。结合典型农村社区(村庄)初步提炼了生态系统服务与农村社区协同发展模式。

(1)生态系统服务功能价值评估

根据农村社区自然状况，结合生态系统服务功能价值评估方法，分别对各村各项数据进行了量化计算，得到了如下结果(表8-11)。

表8-11 8个村主要类型生态系统服务价值

生态系统产品或服务功能	生态系统服务价值(万元/a)								市场化
	茶料村	沙田村	前村	石下村	上丛村	车头园村	浆源村	三溪村	
木材蓄积	256	333	233	303	77	21	463	64	是
提供生物质产品	3406	75	4685	25	2603	946	1796	711	是
吸收 CO_2	73	95	66	88	22	5	132	18	否
释放 O_2	84	109	76	102	25	6	152	21	否
吸收 SO_2	13	17	11	29	3	1	23	2	否
滞留粉尘	543	706	420	797	108	20	936	54	否
调节小气候	333	417	305	424	105	34	594	82	否
涵养水源	1473	1915	1281	1853	397	86	2626	305	否
保持土壤肥力	2865	3625	3031	3019	1006	231	6088	607	否
减少泥沙淤积	10	13	11	12	8	2	22	2	否
固体废弃物分解	4	0	9	2	7	1	2	5	否
生活污水净化	4	0	8	1	7	1	2	5	否
维持生物多样性	1936	2457	1764	2046	599	256	3469	499	否
生态旅游	373	227	1254	0	0	0	282	0	是
科研价值	0	0	0	0	0	0	0	0	是
合计	11 374	9989	13 153	8700	4967	1612	16 585	2377	

①总生态服务价值分析

据表8-11可知，浆源村生态系统服务价值最高，为16 585. 17万元/a，车头园村生态系统服务价值最少，为1612万元/a，前者是后者的10倍有余，8个村的生态系统服务价值均值为8791. 30万元/a。从各村情况来看，浆源村土地面积大，林地数量多，其生态服务价值量大，同时种植特色作物，如黄金奈李等，具有较高的经济价值。前村生态服务总价值居其次（13 152. 62万元/a），该村耕地数量多，规模化种植马蹄和香芋，其提供的生物质产品价值表现突出，同时农业生态旅游发展成效明显，其娱乐游憩服务价值较大。茶料村林地比重较大，同时规模化种植茶叶、奈李等特色作物，并积极发展生态旅游，其生态服务总价值居第3位。沙田村和石下村拥有大面积的林区，有利于提升生态系统的调节气候、涵养水源、保持土壤等能力，生态服务总价值较高。但因两村耕地面积少，其提供生物质产品价值少。三溪村、车头园村的服务功能总价值较低，主要原因是两村面积较小，且用于生态服务重要的林地、耕地的面积均较少，导致生态系统服务价值总量较低。

各村生态服务的商业/非商业价值占比各不相同，但拥有相似特征，即多数村庄的非商业生态服务价值都超过总价值量的50%，这是由农村社区的自然本底条件决定的，如调节大气、涵养水源、水土保持、净化环境等这些维持生态系统、人类社会健康发展的支持、调节类生态服务功能，仍是人与自然相互作用的前沿"阵地"——乡村所保有的特征。值得注意的是，车头园村商业/非商业价值构成是一个特例，该村的生态服务商业价值量高于非商业价值量，原因是当地大量种植高收益的经济作物（脐橙、红柚、香芋等），以生态服务的供给功能为代表的非商业价值原始值较大，同时该村生态林区面积很少，故支持、调节类生态服务非商业价值居全区末尾，体现出不同于其他村庄的生态系统价值构成特征。

②单位面积生态系统服务价值

经测算，单位面积生态系统服务价值较高的是车头园村和石下村，分别为8.8万元/（hm² · a）和8.1万元/（hm² · a），原因在于村域面积较小的车头园村规模种植高价值量的果树以及石下村保有大面积的生态公益林对于当地生态系统服务价值的贡献。8个村中上丛村单位面积服务价值最低，只有3.4万元/（hm² · a），这是因为上丛村总面积较大，建设用地（如交通运输用地、商服用地等）面积相对较大，林地比重较低，而这类用地往往不产生生态系统服务价值，导致该村的生态系统服务总价值偏低。

各村单位面积生态系统服务价值测算结果如图8-2所示。相对于总生态服务价值而言，单位面积生态系统服务价值量总体上有相似的格局，但部分呈现一定的差异分布。其中，前村、上丛村较高，分别为8.739万元/（hm² · a）、8.0808万元/（hm² · a）。究其原因，两村林地有一定数量的分布，且耕地占比较高，规模化特色种植提供的生物质产品价值量高，进而导致单位面积生态系统服务价值较高。沙田村、石下村分布有较大面积的生态公益林，单位面积生态系统服务非市场价值量较高，但由于耕地少，提供生物质产品价值较少，进而在一定程度上降低了整个村域单位面积的生态服务价值。

各村生态系统服务价值构成比例的总体特征表现一致：除去车头园村以外的其余所有村落，非商业价值占比均超过50%。从细分功能角度来看，非商业价值主要体现在涵养水源、保持土壤肥力两项功能上，商业价值主要以木材砍伐和提供生物质产品得以体现。分村落来看，林地面积是影响生态系统服务价值构成的重要因素，有大面积林地的村落生态

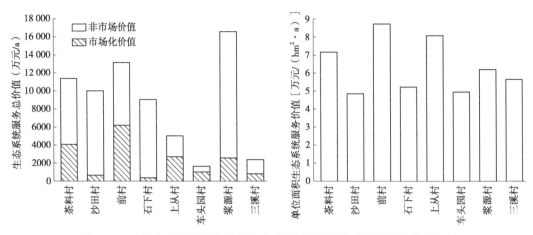

图 8-2 8 个村生态系统服务总价值构成和单位面积生态系统服务价值比较

系统服务价值的非市场化价值占比往往都比较大，如石下村和浆源村，反之则较低，如车头园村和三溪村；前村和车头园村则在市场化价值占比中位次较高，这是由于两村在"提供生物质产品"上的数值较高，前村大规模种植的香芋、马蹄和车头园村的红柚、脐橙都有较高的经济价值。

（2）经济收入和居民从生态系统服务中获得的福利

为了增强 8 个村庄之间数据的可比性，基于调查问卷数据核算了 8 个村人均经济收入和生态系统服务中获得的福利。结果表明：从总量数据来看，前村人均总收入最高，约为5.4 万元/a，沙田村、车头园村和石下村人均年收入较少，分别只有 1.5 万元/a、1.1 万元/a、0.7 万元/a。前村的人均收入最高，这主要得益于该村种植业的收入较高，当地种植的香芋、马蹄等特色农作物具有较高的经济价值，这无形中也带动了当地以特色农产品为特点的生态旅游业的发展；茶料村的人均收入在 8 个村中排名第 2，这同样是因为当地的黄金奈李和茶叶等经济作物给村民带来了可观的收入；上丛村同样也依靠了当地的香芋和马蹄的收益在年人均收入中位列第 3，同时该村靠近镇区，建设用地较多，虽然不能提供生态系统服务功能，但是为当地村民提供了到附近工厂务工的机会，因而务工的收入占总收入的 40%。人均收入最低的是石下村，该村有大面积的林地，园地和耕地较少，不利于当地种植业的发展，大部分村民选择外出务工；沙田村和石下村同属于五山镇，经济情况相近，但是由于沙田村拥有一些旅游资源（"龙王潭"景点），一定程度上提高了该村的年人均经济收入；车头园村的年人均收入也较低，虽然当地的特色水果具有一定的经济价值，但是由于山地较多，种植果树的园地分散而又缺乏统一管理，故而影响了居民收入。

从人均数据来看：浆源村、沙田村、石下村和前村的人均生态系统服务价值较高，分别为 6.4 万元/a、6.3 万元/a、5.2 万元/a、3.0 万元/a。这表明这些村庄的生态系统得到了有效保护，并具有较高的服务价值，人们能从生态环境中获得较大的福利。相较之下，三溪村和车头园村具备生态服务功能的用地类型的面积较小而总人口较多，因此生态服务功能的人均价值量较小。这 8 个村中，除了车头园村，其余 7 个村的人均市场价值均远高于人均非市场价值（图 8-3）。

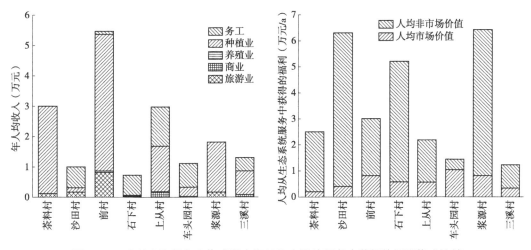

图 8-3　8 个村人均年收入构成和人均从生态系统服务中获得的福利构成比较

（3）生态服务与农村社区发展模式

①经济发展模式与生态系统服务价值、土地利用的关系

研究结果表明，从经济发展模式来看，在这 8 个乡村中前村的经济发展水平最高，经济发展模式适宜当地的发展需要，主要表现为当地生态服务功能的保育和利用较好，生态系统服务价值达到 7559 万元/a，在 8 个乡村中排名第 4。这是因为前村有大面积的林地和耕地，都对前村的生态系统服务价值，尤其是非商业价值部分的测算产生了重要的正面影响，这也得益于当地封山育林、禁止砍伐树木的政策方针，通过生态保护与生态修复、土壤保育、水土涵养功能不断提升，与此同时，该村的产业发展也极具特色，村内种植经济价值较高而且质量上佳的经济作物，如香芋、马蹄，当地的特色农业又吸引了各地游客到村里游览参观，使当地生态旅游业得到长足发展。这样的经济发展模式既赚到了"金山银山"，又享有"绿水青山"，充分保护和利用了当地的生态环境。但生态系统服务价值较高的沙田村、石下村和车头园村却是人均年收入最低的 3 个村落，这说明这些乡村在农村经济与生态保护协同发展关系上的处理存在问题，生态优势未能很好地转化为经济优势，今后如何合理利用好优良的生态条件来促进农村社区全面发展，科学转变经济发展模式，有待进一步思考和改进。

从生态系统服务价值来看，浆源村、沙田村、石下村和前村的人均生态系统服务价值较高，分别为 6.4 万元/a、6.3 万元/a、5.2 万元/a、3.0 万元/a，表明这些村庄的生态系统功能得到了有效保护，具有较高的服务价值，当地农村社区居民能从生态环境中获得较大的非市场福利。究其主要原因，一类以沙田、石下两村为代表的山区村落，得益于其拥有规模较大的林区，近年来林区生态保护与修复，致使生态服务功能非商业价值提升较大；另一类以前村、茶料村为代表的复合型村落，这些村庄以特色农林产品种植、生态旅游为主要经济来源，采取第一、第三产业复合发展模式，提升了生态系统服务价值，以生态保护和生态建设为根本的生产活动方式使得当地经济发展水平与生态价值得到双提升。

②经济发展模式与生态系统服务价值的关系

在本研究中经济发展与生态系统的相互作用体现在两个方面：

一是随着生态服务功能的不断提升，生态文明理念的逐步推广，山区居民摒弃了无序开发的生产方式，收到了生态环境转好的有效回报，进而逐渐自发地参与到产业优化的进程中来。区域农村在因地制宜指导下优选出的特色种植产业模式，直接提升了生态服务价值的商业化转化效率和农户经济收益，同时尝试依托生态服务功能优势和产业模式特色，吸引外来消费者前来旅游，通过旅游业驱动力将非商业化的环境调节、产品供给等服务功能转化为生态旅游商品，进而达成生态服务价值总量的持续提升。由此可见，农村社区可以依托良好的生态环境优势，寻求"将绿水青山转化金山银山"的有效途径。在保证生态安全的前提下，依托生态环境优势，通过因地制宜地发展产业经济，推进"一、三产"种植+旅游的融合发展，提高生态服务功能的转化效率、商品化水平，从而最终实现生态服务功能与农村社区经济社会的协同发展。

二是区域农村转变经济发展模式，重新调整当地的土地开发方式和类型，从生态系统的供应服务角度着手，提升其耕地供养的生物质产品产值并将其转化为非商业价值，进而达成生态服务功能提升和生态环境优化的目标。以茶料村、前村等经济发展水平较高的村落为例，尽管上述各村林地生态公益林面积较为可观，用于生产生物质产品、提供生态服务的非商业价值耕地、园地的绝对数量也不是最多的，但这些乡村通过规模化种植经济作物，不仅提升了土地产出及其商业价值，还率先发展生态旅游，以农家乐和"桃花节、奈梨节"等载体和平台，拓展"种植业+旅游业"和"特色种植业+农产品加工"的产业发展模式。综上，乡村尺度的生态服务价值对土地利用变化的响应非常敏感，与区域尺度上生态服务价值对土地利用的响应具有近似特征。因此，通过因地制宜地优化经济发展模式，增加生态系统服务价值涵养量高的土地利用类型的面积，适度发展乡村旅游，形成高效科学的乡村产业模式，将能有效提高乡村生态系统服务价值，取得生态环境与经济效益共赢的局面。

基于上述分析，可知在当前林业保护的政策环境下，山区农村可以通过适度发展生态旅游和特色种养业，有效降低对生态系统服务，尤其是调节、支持类等功能的不利影响，探索出适宜当地的经济发展模式，这也是实现农村社区生态文明建设与乡村振兴战略深度融合的有效举措。故提出以下3种生态服务功能与农村社区协同发展模式：

山地丘陵水土保持涵养功能提升+特色林果经济+乡村民俗文化+森林生态旅游协同发展模式；

低山丘陵土壤保育与生物质功能提升发展技术+特色农产品种植+农产品加工+生态农业文旅观光模式；

山地公益林生态功能提升发展技术+特色林下经济+林竹产品初加工+森林生态旅游模式。

8.2.2 湘西北(慈利县)丘陵山地农户福祉与生态系统服务感知分析

8.2.2.1 农户福祉与生态系统服务关系研究

（1）农户社区发展 2005 年与 2018 年变化分析

2005 年与 2018 年农户发展相关指标的得分以及分析结果见表 8-12。根据指数结果来看，2005 年总模糊指数为 0.337，2018 年总模糊指数为 0.564，增幅较大，可以看出居民

表 8-12　农户福祉度量指标体系及 2005 年与 2018 年福祉水平变化

功能性活动及指标	指标分量	平均值		模糊评价结果	
		2005 年	2018 年	2005 年	2018 年
生活（ξ_1）	—	—	—	0.287	0.619
生活适应性（x_1）	生活适应性	1.712	2.926	0.313	0.719
收入（x_2）	收入水平、收入稳定与来源	1.545	2.713	0.294	0.640
消费（x_3）	消费水平、消费能力	1.849	2.914	0.325	0.610
生活便利（x_4）	水电、交通、医院、上学、购物	1.501	3.003	0.246	0.625
社会保障与福利（x_5）	医疗保险、养老保险、低保	1.678	2.877	0.310	0.692
基础设施与生产资料（ξ_2）	—	—	—	0.340	0.584
耕地数量、质量（x_6）	耕地数量、质量	2.457	2.505	0.559	0.539
养殖种类与规模（x_7）	养殖状况	1.884	2.869	0.385	0.690
资源可达性（x_8）	农业肥料购买与运输	1.738	2.971	0.296	0.644
农田基础设施（x_9）	农田水利、道路	1.680	2.737	0.295	0.581
健康（ξ_3）	—	—	—	0.379	0.516
身体健康（x_{10}）	是否有疾病、能否正常劳动	2.919	3.278	0.342	0.425
心理健康（x_{11}）	正常思考、认知能力	2.282	2.579	0.416	0.561
饮食健康（x_{12}）	蔬菜和肉类消费	1.951	2.628	0.554	0.598
期望寿命（x_{13}）	期望寿命满意度	2.025	2.847	0.359	0.588
安全（ξ_4）	—	—	—	0.342	0.614
粮食安全（x_{14}）	粮食产量和结构	1.903	2.587	0.395	0.635
饮用水安全（x_{15}）	饮用水源和供给	2.366	2.885	0.448	0.611
垃圾与污水处理（x_{16}）	垃圾与污水处理	1.785	2.761	0.333	0.704
居住安全（x_{17}）	面积、结构、装修	1.928	2.644	0.304	0.580
家庭关系和社区活动（ξ_5）	—	—	—	0.361	0.530
家庭负担指数（x_{18}）	家庭负担满意度	1.837	2.314	0.375	0.625
家庭关系（x_{19}）	家庭和睦、亲戚关系	1.717	2.658	0.359	0.539
邻里关系（x_{20}）	融洽、愿意交往	1.637	2.614	0.379	0.616
社区融入感（x_{21}）	社区融入感、认同感	1.782	2.005	0.386	0.531
自由与选择权利（ξ_6）	—	—	—	0.415	0.642
选举公平（x_{22}）	农村选举权、大事知晓	1.917	2.372	0.495	0.611
补助补贴公平（x_{23}）	补助、补贴公平公正	2.544	3.124	0.387	0.701
总模糊指数	—	—	—	0.337	0.564

满意度和环境感知情况都有明显提升，但是通过 2018 年总模糊指数可以看出居民对民生福祉改善和环境质量提高仍然有较高期待和迫切需求。

①生活指标模糊评价值由 2005 年的 0.287 增长到 2018 年的 0.619。其中，各个分指标都有较大提高，表明当地居民生活的各个方面都有很大提高，特别是生活适应性指标在

2018 年高达 0.719，表明随着社会的发展，当地居民普遍安居乐业。结合当地实情来看，因为 2015 年，张家界市移民局驻村帮扶后，因地制宜修建公路，培育产业，实施移民搬迁，推进共同富裕，整合资金，带领贫困户整理土地、栽苗、施肥，发展种植三红蜜柚，社会保障、补助补贴和交通都很大改善。收入方面也有涨幅，但是经济来源还是村民外出打工为主。在这 10 年，二坊坪村的交通、水电、购物方面都得到了发展，从而带动了当地居民的消费能力与消费水平的提高。

②基础设施与生产资料模糊评价值由 2005 年的 0.340 增长到 2018 年的 0.584。由于政府利农政策的实施、小型农机设备的发展普及、粮食作物质量的提高与规范化生产，大部分农业基础设施与生产资料指标的隶属度显著上升，但是由于人们健康意识的提高，对耕地质量和安全程度的要求上升，耕地数量与质量隶属度有一定降低。

③2005 年与 2018 年相比，农户健康状况有一定改善，但是其增加的幅度在所有指标中是最低的。这主要反映了随着生活质量提高，人们对健康的要求大幅提高。同时可以看出饮食健康指标一直维持在较高的水平，说明当地居民对自给自足的饮食非常满意。

④从安全维度分析，垃圾与污水处理模糊评价值从 0.333 增长至 0.704，指标增长率和 2018 年评价指标结果都是最高的，说明随着农村管道工程的实施，垃圾与污水处理较以前得到了很大的改善，农户满意度很高。而随着粮食产量的提高、供给的改善让居民可以吃得更营养健康，因此相关指标的满意度也明显上升。

⑤农户的家庭关系和社区活动方面变化也较低，主要是因为比起城市日新月异的变化，农村社区的变化较小，居民的日常交流并没有太多的变化，社区活动也还需要进一步的发展。

⑥农户的选举公平、大事知晓方面指标的隶属度变化较大，主要原因在于当地实施的一系列民生政策和产业扶贫制度让当地居民非常满意。

(2) 生态系统服务感知 2005 年与 2018 年变化分析

区域生态系统服务感知指标计算结果见表 8-13。可以看出居民的感知得分从 2005 年到 2018 年明显上升，其中总体感知指数从 0.431 上升到 0.627，表明了社区居民普遍感受到了环境的改善、体会到了环境质量上升的好处。

具体分析如下：①随着当地柚子、桃子水果品种的改良、净水设施的建设、杜仲等经济作物的培育发展，当地的自然环境提供了健康的食物，还创造了一定的经济收入。②调节服务感知指数从 0.474 增长至 0.639，增长率较高，说明农户对生态调节服务感知满意度较强，良好的森林生态系统给当地带来了宜人的气候条件。③文化服务感知指数从 0.477 增长至 0.650 总体比例有大幅度上升，作为张家界全域旅游辐射圈的一部分，当地经过近几年的发展具有良好的旅游基础。④支持服务感知指数从 0.429 增长至 0.673，增长率相对其他 3 个指数都要高，农户 2018 年满意度较其他 3 个指数也是最高的。这主要是因为各村在 2005 年响应国家的政策，实行了封山育林与植树造林。各村 2005 年的树木砍伐量在 100 亩左右，现在基本已经做到不砍伐树木。由于林地面积的增加，气候调节感知指数、森林碳汇感知指数增长明显，气候调节、控制侵蚀方面也得到改善，同样，由于林地面积的增加，空气的净化程度有所提高，生物多样性也比 2005 年更加繁多。

表 8-13　2005 年与 2018 年农户对生态系统服务感知的情况

生态服务功能		感知得分		感知指数	
		2005 年	2018 年	2005 年	2018 年
供给服务（η_1）		—	—	0.424	0.627
	提供食物（y_1）	4.325	5.396	0.433	0.663
	提供非食物产品（y_2）	4.131	5.027	0.446	0.658
	提供水源（y_3）	3.814	4.711	0.431	0.633
调节服务（η_2）		—	—	0.474	0.639
	防风（y_4）	5.055	4.947	0.579	0.613
	气候调节（y_5）	4.561	5.419	0.427	0.674
	水源涵养（y_6）	4.784	5.465	0.522	0.692
	控制侵蚀（y_7）	4.576	5.374	0.471	0.667
文化服务（η_3）		—	—	0.477	0.650
	休闲和养生（y_8）	4.393	5.152	0.487	0.659
	生态旅游（y_9）	4.399	5.286	0.502	0.678
支持服务（η_4）		—	—	0.429	0.673
	净化空气（y_{10}）	4.183	5.421	0.443	0.694
	保持生物多样性（y_{11}）	4.276	5.508	0.430	0.689
	森林碳汇（y_{12}）	4.215	5.257	0.446	0.655
	总体感知指数	—	—	0.431	0.627

8.2.2.2　生态系统服务与农户社区发展水平的关系

采用 AMOS 软件分析生态系统服务与农户社区发展水平与民生感知的关系，可以看出，生态系统的四大服务与农户的社区发展水平有着一定的耦合关系。

具体分析如下：①支持服务与农村社区发展水平的耦合关系最为密切，生物多样性和森林碳汇与社区发展密不可分，相应的社区发展水平偏高。②文化服务在与农户社区发展水平的关联度当中排行第二，旅游与养生以及生态旅游对农户社区发展经济水平是密不可分的。所有耦合都相对其余 3 个功能较高。③调节服务与农户社区发展水平关系最弱，第一可能是由于农户对生态系统的服务功能认识不全或者村民互相认知存在差异导致调节服务的感知得分很低；第二，调节气候服务也有天气等外在因素。④二坊坪村、占甲桥村、两溪村三村在 10 多年内收入水平上升，但是 3 个村庄发展农家乐，农户并没有增长过多的收入，村庄交通发展带动了农户消费和生态供给服务功能。⑤3 个村庄生态服务系统功能几年来都有所上升，4 个功能与农户社区发展水平耦合度都较高。

8.2.2.3　经济发展模式对区域生态环境保护和利用影响

（1）计算结果

根据农村社区自然状况，结合生态系统服务功能价值评估方法，分别对各村各项数据进行了量化计算，结果见表 8-14。

表 8-14　3 个村主要类型生态系统服务价值　　　　　　　　单位：万元/a

生态系统产品或服务功能	生态系统服务价值			市场化
	两溪村	占甲桥村	二坊坪村	
木材蓄积	64	285	209	是
提供生物质产品	521	898	826	是
吸收 CO_2	17	69	59	否
释放 O_2	1	6	5	否
吸收 SO_2	2	8	6	否
滞留粉尘	80	322	185	否
调节小气候	108	333	298	否
涵养水源	309	1334	995	否
保持土壤肥力	981	3165	3419	否
减少泥沙淤积	4	11	12	否
固体废弃物分解	4	6	8	否
生活污水净化	4	6	7	否
维持生物多样性	129	408	437	否
生态旅游	4	1	50	是
科研价值	0	0	0	是
合计	2229	6852	6516	

（2）结果分析

①总生态服务价值分析

从计算获得的结果来看，占甲桥村生态系统服务价值最高，约 6852 万元/a，最少的是两溪村，生态系统服务价值约 2229 万元/a。3 个村的生态系统服务价值均值为 5199 万元/a（图 8-4）。

占甲桥村因其有大面积的竹林、杉木为主要树种的针叶林以及针阔混交林而有较高的木材蓄积服务价值，而大面积的林区又有助于提高涵养水源等生态系统服务价值，因此占甲桥村是生态系统服务价值最高的村庄；二坊坪村是生态系统服务价值排名第 2 的村庄，该村种植大面积针叶林，而且为 3 个村庄中面积最大的，这使二坊坪村在评价中涵养水源一项遥遥领先于其他乡村。

两溪村是研究区域的生态系统服务总价值评价中最低的乡村，主要原因是两溪村面积较小，生态系统功能重要的林地、耕地的面积都较少，而且该村靠近镇区，建设用地较多而具有最少的生态系统服务价值，因此该村生态系统服务价值最低。

各村生态系统服务市场价值和非市场价值比例不尽相同，大多数村庄生态系统服务非商业价值都远高于其对应市场价值，这说明这些村庄的生态系统服务价值更多地体现于非直接经济价值，如调节大气、涵养水源、水土保持、净化环境等这些维持生态系统、人类社会健康发展的更重要的服务功能。车头园村是一个特例，该村的生态系统市场价值高于非市场价值，这得益于该村大量种植具有当地特色而且高收益的经济作物，如脐橙、红柚、香芋等，这既保护了生态环境又保证了经济的发展。

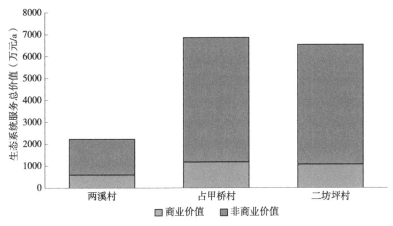

图 8-4　3 个村生态系统服务总价值构成

②单位面积生态系统服务价值

单位面积生态系统服务价值较高的是两溪村和占甲桥村，分别为 4.2 万元/（hm²·a）和 4 万元/（hm²·a），究其原因在于两溪村种植高收益的果树和村域面积较小以及石下村大面积的生态公益林对于当地生态系统服务价值的贡献。然而二坊坪村却比较低，只有 3.5 万元/（hm²·a），因为二坊坪村的林地所占比重较低，而且总面积比较大，加之建设用地（如交通运输用地）所占比例较高，而这些建设用地是不产生生态系统服务价值的（图 8-5）。

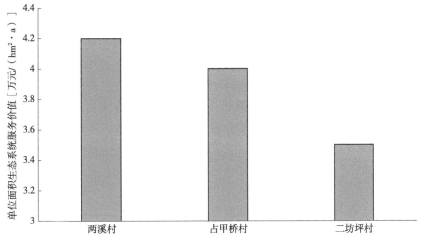

图 8-5　3 个村单位面积生态系统服务价值比较

各村生态系统服务价值的组成相去甚远。由生态系统服务价值构成可知，林地的生态系统服务价值非常重要，有大面积林地的村落生态系统服务价值计算结果往往都比较大，如二坊坪村和占甲桥村，反之则较低，如两溪村。在提供生物质产品一项中，两溪村和占甲桥村的数值都较高，这是因为该村的柑橘、玉米、水稻、油茶都有较高的经济价值。

8.3 典型区域生态系统服务与农村社区协同发展模式

本研究基于生态系统服务价值评估指标体系构建了农村社区尺度的生态系统服务价值评估指标体系，并通过农户福祉与生态系统服务的变化关系分析、农户生态系统服务多样性与属性感知变化分析以及农村社区经济发展与生态系统服务关系分析等，基于区域生态系统服务功能和农户收入与行为，实现技术实施过程中与当地利益相关者的沟通，为生态系统服务提升技术在农村社区的实施提供支撑。并深入结合生态系统服务提升技术研究及示范，探索了适合农村社区尺度的生态系统功能提升技术模式，最终选择湖南省慈利县、广东省乐昌市典型农村社区提炼出区域生态系统服务与农村社区协同发展模式。

8.3.1 粤北(乐昌市)典型农村社区与生态系统服务协同发展模式(乐昌模式)

8.3.1.1 生态优势助推经济协同发展模式

(1)模式表达

山地丘陵水土保持涵养功能提升+特色林果经济+乡村民俗(民宿)文化+森林生态旅游协同发展。

(2)具体内容

该模式主要通过实施水土保持涵养等功能提升技术，以此增强区域生态系统服务整体功能，当地农村社区依托良好的生态优势，通过发展特色林果经济、乡村民俗文化、民俗(民宿)经济与森林生态旅游等，实现生态系统服务与农村社区协同发展。随着生态文明建设的深入推进，生态服务功能的不断提升，拥有良好的人居生态环境成为共识，农村社区居民自发参与到生态保护之中。依托生态环境优势，积极打造生态旅游业，通过旅游业驱动力将生态服务功能中非商业类的环境调节、产品供给等价值转化为生态旅游商品，进而直接提高生态服务价值的商业化转化效率和农户经济收益，从而实现生态服务功能与农村社区经济社会的协同发展。

(3)模式主要技术内容

①山地丘陵水土保持涵养、碳汇功能提升技术

通过实施多树种造林，提高植被蓄水和土壤固定能力，及时补植华润楠、广东润楠等树种，防止树种单一化，能有效加强土地的水土保持能力。对不同类型险坡进行科学改造并增补相应的植物可以减少区域风蚀、水蚀现象，增加土地利用效率，并且改良区域微气候和风热条件，提高土壤有机质含量和全氮含量。封山育林，及时进行森林更新，主体种植杉类、松类、阔叶林类树木的同时，适当增加竹林、经济林、灌木林，提升森林固碳释氧量，使得区域生态环境质量和农林产品品质逐步上升。

②"特色林果种植+生态农业观光"助力产业结构提升

通过调整产业结构，在着力提升生态系统的供给服务功能同时，优化土地利用结构，增加生态系统服务价值涵养量高的土地利用类型的面积，减轻土地利用的强度，既促进了当地经济发展和农民增收，又有效提高了生态服务功能价值总量。如浆源村、茶料村等，通过优化种植产业结构，摒弃损耗资源、牺牲环境的经济开发模式，依托特色林果经济作物黄金奈李、鹰嘴桃、蜜柑等种植，积极打造"桃花节""奈李节"等文化旅游品牌，适度发展生态旅游业，探索开发乡村旅游，配套餐饮、民宿等服务业日趋发展，形成"特色林果+生态旅游"和"特色农业+生态农业观光"等低生态环境影响经济发展模式。产业优化促进生态保育，即农村社区通过因地制宜发展特色种植业和生态旅游业，提升生态系统服务总价值，从而促进生态环境的保护与农村区域的发展。

③"森林生态旅游+乡村民俗民宿文化"构筑乡村旅游产品的核心竞争力

在乡村品牌化经营方式、运行机制和开发管理模式上通过对乡村民俗文化的挖掘、乡村特色产品的培育以及与周边旅游线路的积极互补，对接吸引社会资本投资开发乡村旅游。在乡村旅游的发展过程中，逐步形成以"旅游协会+旅行社+农户""农村合作社+村民""旅游服务公司+农户"等众多具有特色的且农村社区参与、民主集中管理的乡村森林生态旅游模式，通过民俗旅游合作组织，调动广大农户参与发展旅游业的积极性，创建以村民为主体的乡村版森林生态旅游发展模式。

(4) 模式运行机制

该模式适用于山地丘陵地带生态本底良好的农村社区，通过实施良好的水土保持涵养，鼓励农户利用丰富的林地资源，发展特色林果经济，并在此基础上发展森林生态旅游，通过旅游业的发展提升农户的收入水平，形成反馈机制，打造区域闭合发展链，然后基于完善的区域闭合发展链，进一步发展乡村民俗文化，最终形成区域生态功能提升与农村社区协同发展的良性发展模式(图 8-6)。

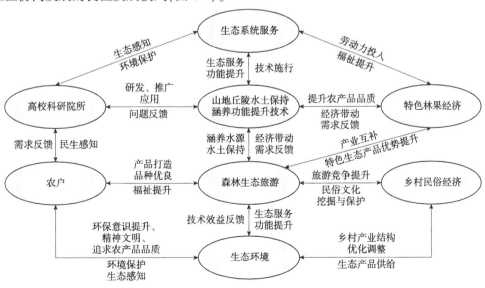

图 8-6　生态优势助推经济协同发展模式运作机制图

（5）模式适用范围

该模式适用于以浆源村、茶料村、联安村、文洞村等为代表的山地型农村社区，该类村庄的林地、耕地面积较为可观，且具备良好的水利灌溉条件，水土保持和水源涵养是该地区重要的生态功能；该模式也适用于丘陵地区园地较多的乡村，这些乡村有较好的果树种植资源基础，生态条件本底良好，适合林果种植和旅游业发展，社区居民生态保护意识强，产业发展基础较好，并具备良好的交通区位条件、稳定的劳动力资源。

8.3.1.2 产业优化促进生态服务提升协同发展模式

（1）模式表达

山地公益林生态功能提升发展技术+特色林下经济+林竹产品初加工+森林生态旅游。

（2）具体内容

该模式主要通过实施山地公益林生态功能提升发展技术，以此强化区域生态系统服务整体功能，通过保护和修复生态环境，使区域的水源涵养功能、水土保持功能、防风固沙功能和生物多样性全面提高，达到生态保育的目的。同时利用特色林下经济、林竹产品初加工以及森林生态旅游的有限度发展，实现生态系统服务与农村社区协同发展。通过调整产业结构提高生态系统服务的非市场化价值，大力发展特色养殖、林下经济等，使得生态系统服务价值涵养量高的林地比重不断增加，促进生态系统服务的非市场化价值持续提升，提高区域生态系统服务价值，促进生态环境与农村经济协调发展。

（3）模式主要技术内容

①山地公益林生物多样性、林下植被恢复与重建及碳汇生态功能提升技术

通过对南方丘陵山地屏障带次生林与人工林多重方式与途径的改造，特别是林下植被的恢复与重建，能极大地提高生态系统生物多样性保育水平；对土壤结构进行改良，实现森林生态系统减排增汇的目标；植被屏障带的构建及区域性植被空间格局的调整，对于区域生态安全格局的构筑、生态屏障功能的实现和当地居民脱贫致富等方面都极为关键。

②"特色林下经济+林竹产品初加工"复合经营技术

通过调整产业结构提高生态系统服务的非市场化价值，积极调整乡村产业结构，如发展特色养殖、林下经济等。建立林下药材（五指毛桃、三七等）、菌类（香菇等）种植的林农复合经营，同时优化提升竹产品精深加工，突出延伸产业链、提升价值链，推动竹浆纸、竹笋、竹人造板、竹工艺品、竹建材装饰等传统产业绿色化改造，加快竹饮料（竹酒）、竹原纤维等新兴产业发展。

③森林生态旅游+山地森林康养休闲生态产业

充分依托当地优良的生态环境和原有的森林条件，在不对森林生态功能形成破坏的前提下，适当建设一些基础性绿色设施，为游客提供游览观光、休闲度假、健康养生、文化

教育等旅游活动。强调在开发中提高对森林生态系统的保护与修复，要在旅游业打造中着力宣传生态保护，以当地良好的"绿水青山"为旅游宣传点和打造点，依托林业生态资源，积极发展森林生态旅游，打造康养休闲生态产业，吸引劳动力及人口回流，促进生态系统服务良性循环利用与保护以及乡村可持续发展。

（4）模式运行机制

该模式为重点生态功能区在以生态保护为主的基础上进行有限度发展的模式。该模式简单可行，通过提升公益林生物多样性和碳汇生态功能，发展特色林果种植、林产品初加工、特色养殖和森林生态旅游，同时通过旅游业的发展进一步提高生态保护技术的投入力度，形成良性的区域协调发展模式，实现对资源、劳动力、生态功能以及民俗文化的良好利用（图 8-7）。

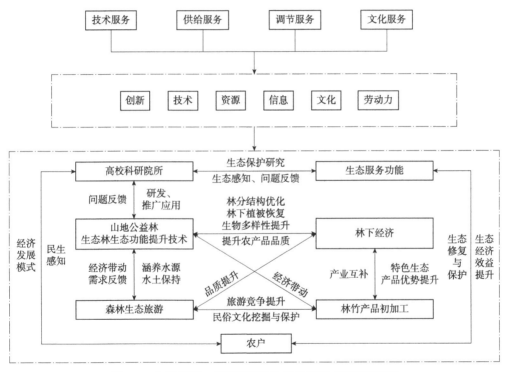

图 8-7　生态保育—低影响活动协同发展模式运作机制图

（5）模式适用范围

该模式可应用于以沙田村、石下村等为代表的山地型农村社区，该类村庄生态条件本底较为优秀，林业资源丰富，并且形成了完善的森林生态系统，但是受林业生态保护的影响，使得该类村庄原有经济结构产生变化，产业转型缓慢或不良，经济发展滞后，农户人均收入偏低，农村空心化严重。因此该模式适合低影响的生产活动，以保护和修复生态环境、提供生态产品为首要任务的区域。

8.3.1.3 生态保育—低影响活动协同发展模式

（1）模式表达

低山丘陵土壤保育与生物质功能提升发展技术+特色农产品种植+农产品加工+生态农业文旅观光。

（2）具体内容

该模式主要通过实施低山丘陵土壤保育与生物质功能提升技术，以此改善区域生态系统服务整体功能，特别是通过土壤保育与生物质功能提升改善当地特色农产品的生长条件，并在此基础上发展特色农产品种植、农产品加工以及生态农业文旅观光等产业，实现产品的品质提升，以绿色理念改善生产方式，以特色农林产品种植、生态旅游为经济发展特色，形成第一、第三产业复合发展模式，促进生态服务非商业价值向商业化转换，经济发展模式使得当地经济发展水平、农户收入与生态系统服务功能得到协同发展。

（3）模式主要技术内容

①土壤保育与生态服务提升技术提高区域生态服务功能

在维持森林优势相对稳定的基础上，通过补植、抚育及改造措施，调整树种结构，形成以林为主，乔、灌、草结合的立体混交结构，努力提高林分质量和林分生产力，培育多树种、多品种的大径材，使森林质量得以改善，实现土壤保持功能最大化。通过对耕地的多重方式与途径的改造、特别是土壤保育，能极大地提高生态系统生物多样性保育水平；对土壤结构进行改良，增强土壤抵抗土壤传播的虫害爆发能力，增强土壤生物群与有机/无机成分、空气及水分功能上的相互作用，提高土壤养分，促进农作物生长。

②"特色农产品种植+农产品加工"助力经济发展

要大力推动农产品深加工产业发展，加快建设农产品加工厂房，促进就地加工转化增值，不断提高农产品资源精深加工比重。要持续加强农业科研成果转化，提升农产品规模化供给水平，打造区域性特色农产品品牌，为农业增产、农民增收注入强劲动力。要积极拓宽农产品流通和销售渠道，打通供应链条，创新销售方式，加快流通服务和销售网点建设，解决末端销售不畅等问题，全面提升农业现代化发展水平。

③"特色种植+生态农业文旅观光"优化生态经济结构

通过优化经济发展模式，以此减轻产业活动对生态系统的压力，同时加强提高生态系统服务价值的市场化利用效率，以及将非市场化调节与支持服务价值转化为游憩娱乐商品，从而提高生态系统服务总价值。如前村、上丛村等在"特色种植+生态农业文旅观光"的经济发展模式总体效果较优，促进了生态服务价值提升和农民增收。一方面通过因地制宜做大做强特色种植，发展高附加值农业项目，特色农业收入不断提高；另一方面积极拓展农业观光、生态旅游的发展，旅游业收入比重由此增加，一定程度上提高了农户的收入。通过产业结构优化调整，土壤保育、水源涵养等生态服务功能得到维护和提升，这种经济发展模式较好地保护和利用了当地的生态环境。

（4）模式运行机制

该模式通过土壤保育与生态服务提升技术打造良好的生态环境和土壤保育质量，后期利用相对丰富的耕地资源，提高特色农产品种植品质，同时辅以发展生态农业文旅观光，初步形成生态保护与经济发展良性循环。另外，在特色农产品种植和生态农业文旅观光形成良性循环的基础上，进一步发展农产品深加工，最后形成经济发展与生态保护的双向正循环，实现区域生态功能提升与农村社区协同发展的良性发展模式（图 8-8）。

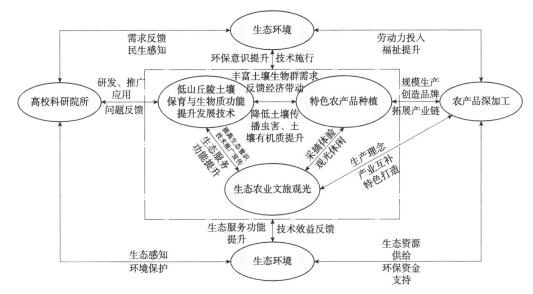

图 8-8　产业优化促进生态服务提升协同发展模式运作机制图

（5）模式适用范围

该模式适用于以茶料村、前村、上丛村等为代表的缓坡丘陵型农村社区，该类村庄生态条件本底良好，村庄地形起伏和缓，地势较为平坦，多为山地向平原过渡的地带，邻近城区或镇区，其区位及交通条件相对优越，且耕地数量较多。因此该模式适合规模化种植、产业基础较好的区域。

8.3.2　湘西北（慈利县）典型农村社区与生态系统服务协同发展模式（慈利模式）

8.3.2.1　供给服务发展型协同发展模式

占甲桥村地处二坊坪镇，邻村有岩屋峪村、新建村、高溪村，风景宜人。村内企业有硅石英沙厂、磷肥厂。主要农产品有茅菜、玉米尖、韭菜花、葱、枣子、桑椹、栗子。村内资源包括珍珠岩、铜、芒硝、硅石、沸石金红石。占甲桥村地形以山地为主，村庄类型为综合型，主导产业为柑橘、水稻、玉米、养鱼。村域面积为 $17.25km^2$，户籍总人口为 1575 人。村庄男女比例为 7∶6。全村耕地面积约为 1250 亩，有林地面积约为 18 000 亩，森林覆盖率约为 77%。从 2000 年至今，村级生态保护平台已建好，村中农家乐已建成。

公益林、生态林保护很好，水田环境卫生保护很好。

（1）模式表达

林下植被修复与重建技术+森林结构优化调控技术+森林可持续经营技术+特色林果经济+林下经济+生态补偿转移支付+生态旅游。

（2）具体内容

主要通过实施林下植被修复与重建技术、森林结构优化调控技术以及森林可持续经营技术，以此提升区域生态系统服务整体功能，特别是通过林下植被的修复与重建、森林结构的优化调控以及森林可持续经营的提升，改善当地区域生态系统的供给服务功能，并在此基础上发展特色林果经济、林下经济、生态旅游等，同时借助生态补偿转移支付实现生态系统服务与农村社区协同发展。

（3）模式主要技术内容

①对占甲桥村林区采用林下植被修复与重建技术+森林结构优化调控技术等技术，人工促进天然更新，提高生物多样性，优化林分结构，提高林分质量和林地生产效益，全面提高生态效益，实现森林资源可持续发展和永久利用。并选择适宜的林地推行林药、林菌生产技术，增加林农收入。

②在社区生产生活中加大环保力度，并合理利用生态补偿转移支付，在增加农户收入的同时，一部分用于培训和奖励项目区的林农和普通农户，促使他们逐步接受森林可持续经营的理念，提供森林经营管理水平和能力，稳步提升当地生态保护力度。

③后期利用当地良好的生态环境，结合张家界市和慈利县的旅游发展规划、产业扶贫规划，围绕武陵源—慈利这一精品旅游路线发展旅游业。通过生态长廊、林下特色种植采摘区的打造，将生态环境与旅游相结合，最大程度地发挥生态环境的经济效益、社会效益，同时营造生态发展的理念。

（4）模式运作机制

通过林下植被修复与重建技术+森林结构优化调控技术等打造良好的生态保护措施和林地建设情况，后期利用相对丰富的耕地资源，分区域打造林下经济、特色林果经济、森林课持续经营技术，并形成生态保护反馈，初步建设生态保护小循环。取得一定的转移支付资金，并在此基础上发展区域生态旅游，通过旅游业的发展形成经济发展大循环和生态保护的正向反馈，打造区域协调发展模式，采取"三步走方针"精细化完成模式的建设和完善，减少旅游发展风险和生态保护风险，最后完成区域生态功能提升与农村社区协同发展的良性发展模式（图8-9）。

（5）适用区域

该模式适合生态条件本底良好、特色林农产品丰富、产业基础较好的农村区域。

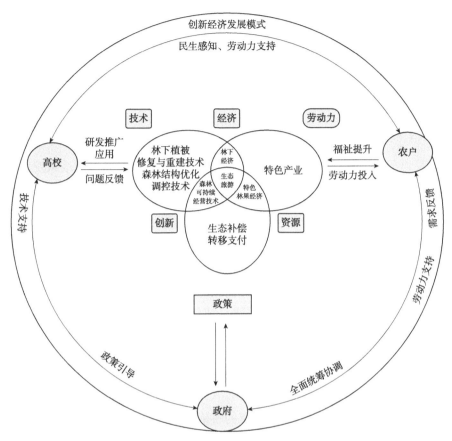

图 8-9　供给服务发展型协同发展模式运作机制示意图

8.3.2.2　调节服务发展型协同发展模式

二坊坪镇的二坊坪村海拔约为 600m，地形为丘陵山区，生态环境状况良好。二坊坪村位于湖南省张家界市慈利县东南边陲，村庄类型为种植型和复合型。全村有 15 个村民小组，共 667 户、2100 人，常住人口 1435 人。全村总面积 18.79km²，有耕地 2764 亩，有林地 15 745 亩，其中针叶林面积 15 137 亩、阔叶林面积 300 亩，森林覆盖率约 80%。本次调研选取了二方坪镇二坊坪村，其主导产业为种植业，以水稻、玉米、柑橘为主，经济来源中种植业占总收入约为 30%，其他农业项目约为 10%，其他非农业项目约为 60%，村民外出打工居多且为主要收入。村民小学文化水平居多，约全村人口的 40%。男女比例约为 8:7。

（1）模式表达

土壤保持技术+碳汇功能减排增汇土壤管理技术+生态农业+生态补偿转移支付+现代农业观光旅游。

（2）具体内容

该模式主要通过实施土壤保持技术+碳汇功能减排增汇土壤管理技术，以此提升区域生态系统服务整体功能，特别是通过次生林碳汇功能的提升，改善当地区域生态系统的调节服务功能，并在此基础上依托良好的生态优势，通过发展生态农业、现代农业观光旅游等，同时借助生态补偿转移支付实现生态系统服务与农村社区协同发展。

（3）模式主要技术内容

①选择荒地和耕种收益不佳的耕地补植杜仲，并借助当地产业扶贫政策发展杜仲深加工工艺。改良当地作物品种，推行"中稻+冬季马铃薯"种植技术、稻田养鱼技术等，提高耕地利用度，增加农户收入。同时，结合土壤保持技术+碳汇功能减排增汇土壤管理技术提高土壤的生态功能和耕地质量。

②合理利用生态补偿转移支付，一部分增加农户收入，一部分用于培训和奖励项目区的林农和普通农户，促使他们逐步接受森林保护的理念，稳步提升当地生态保护力度。

③后期利用当地良好的自然环境和浓厚的民俗风情，结合张家界市和慈利县旅游发展规划、产业扶贫规划，围绕武陵源—慈利这一精品旅游路线发展旅游业。通过生态蔬菜园、生态垂钓园和珍稀植物园的打造形成当地民宿旅游特色，做到生产生活区域小而精、生态旅游保护带广而美，最大程度地发挥环境保护的社会效益、经济效益。

（4）模式运作机制

该模式通过良好的生态保护，利用丰富的耕地资源，发展特色农业种植，并通过生态提升技术提高土壤的生态功能以及取得一定的转移支付资金。然后在此基础上发展现代农业观光旅游，并通过旅游业的发展形成反馈循环，打造区域闭合发展链，逐步完善区域生态及经济建设发展的每个组成部分，突出阶段性平缓建设（分3步完成模式的建设和完善），减少旅游发展风险和生态保护风险，最后形成区域生态功能提升与农村社区协同发展的良性发展模式（图8-10）。

（5）模式适用区域

该模式适合生态条件本底良好、社区居民生态保护意识强、发展基础较好的农村区域。

8.3.2.3 支持与文化服务保护型协同发展模式

慈利县江垭森林公园位于慈利县西北部的江垭镇，地处武陵山脉北端与云贵高原过渡的峡谷地带，地理位置介于110°44′~110°48′E，29°30′~29°33′N。基地东面是仁石溪，东南有关门岩水库，西面、南面有溇水环绕，西面有江垭水库，总面积2652hm²。村庄户籍人口为1051人，林地共31 252.5亩，男女比例为1：0.95，主导产业为旅游业。基地的前身为江垭国有林场，2006年经湖南省人民政府批准成立江垭省级森林公园。江垭省级森林公园属中山地貌，山体雄伟，视野开阔，南坡平缓，西北部多悬崖峭壁，最低处溇水河谷

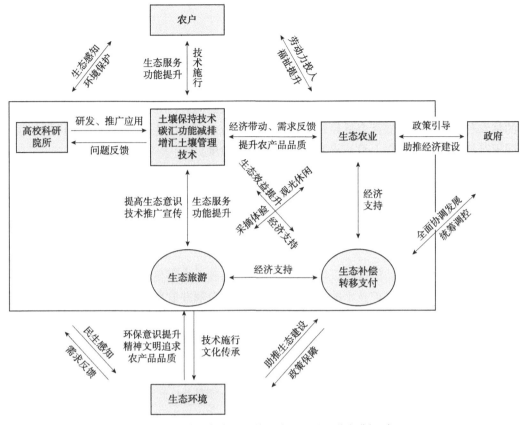

图 8-10　调节服务发展型协同发展模式运作机制示意图

海拔 116m，最高峰紫驼峰海拔 1121m。气候属中亚热带湿润季风气候区，四季分明，光热充足，雨水丰沛，森林小气候明显。年均气温 17.3℃，年降水量 1383mm，年均日照数 1382.6h，无霜期 302d。公园交通方便，距慈利县 50km，距武陵源区 30km，距张家界市 70km，是通往武陵源风景区的要道。

（1）模式表达

丘陵山地水源涵养与水质净化能力提升技术+林分改造和恢复技术+土壤保持技术+生态补偿转移支付+林业生态旅游。

（2）具体内容

该模式主要通过实施丘陵山地水源涵养与水质净化能力提升技术、林分改造和恢复技术、土壤保持技术，以此提升区域生态系统服务整体功能，特别是通过水源涵养与水质净化、林分改造和恢复以及土壤保持，提升国家重点生态功能区的生物多样性、生态稳定性，同时通过国家森林公园的打造挖掘区域生态系统的文化价值，以此全面提升区域生态系统的支持服务和文化服务功能。并在此基础上有限度地发展林业生态旅游，同时借助生态补偿转移支付实现生态系统服务与农村社区协同发展。

（3）模式主要技术内容

①对二坊坪村林区采用丘陵山地水源涵养与水质净化能力提升技术+林分改造和恢复技术+土壤保持技术，人工促进森林植被天然更新、提高生物多样性、优化林分结构、提高林分质量和林地生态功能，提高水源质量和土壤质量，全面提高生态效益。

②合理利用生态补偿转移支付，在增加农户收入的同时，一部分用于培训和奖励项目区的林农和普通农户，提高森林经营管理水平和能力、学会次生林群落生物多样性与碳汇协同提升技术的相关操作，稳步提升当地生态保护力度。

③后期结合当地良好的生态环境及旅游区位发展优势。通过生态长廊、野外观光露营区、生态康养中心的打造，将林地生态环境与旅游相结合，最大程度地发挥林地生态环境的经济效益、社会效益。

（4）模式运作机制

该模式为重点生态功能区在以生态保护为主的基础上有限度地发展经济的模式。该模式简单可行，通过生态保护技术的实施取得转移支付金额并发展林业生态旅游，同时通过旅游业的发展进一步提高生态保护技术的投入力度，形成良性的区域协调发展模式，采取"三步走方针"精细化完成模式的建设和完善，减少旅游发展风险和生态保护风险，最后形成区域生态功能提升与农村社区协同发展的良性发展模式（图 8-11）。

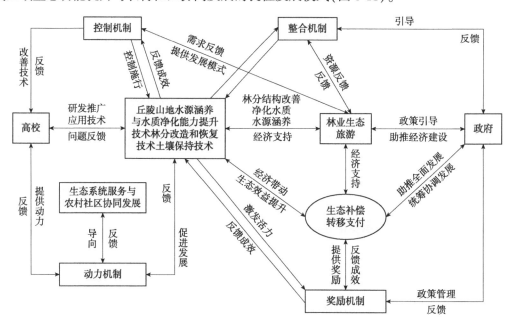

图 8-11　支持与文化服务保护型协同发展模式运作机制示意图

（5）模式适用区域

该模式适合生态条件本底较为良好且处于重要功能区的核心区（包括林场、森林公园），限制生产性活动，适合以保护和修复生态环境、提供生态产品为首要任务的农村区域。

8.4　典型村域生态系统服务价值与民生感知预测

8.4.1　传统预测方法分类与比较

为了保证农村社区发展与生态感知预测的科学性和准确性，分别从定性分析和定量分析两个方面分别对传统预测方法进行了分类与比较，具体结果见表 8-15。同时通过对预测方法的匹配度判断以及数据的可获得性分析，最终选择了算术平均法、最小二乘法、指数平滑法以及趋势外推法等基于多期历史数、运用数学模型拟合，数据需求较小且能相互比较的预测方法对农村社区发展与生态感知进行综合预测。

表 8-15　预测方法分类与比较

定性定量	方法名	适用时间	方法说明	需要数据
定性方法	专家会议法	长期预测	组织专家以会议的形式进行预测，综合专家意见，得出结论	市场历史发展资料信息
	德尔菲法	长期预测	专家会依法的发展，对多名专家匿名调查，多轮反馈整理对结果进行统计分析，采用平均数或者中位数得出量化结果	专家意见综合整理分析
	类推预测法	长期预测	运用事物发展相似性原理，对相互类似产品的出现和发展进行对比分析	相关历史数据
定量方法	线性回归预测法（包括一元和多元）	短、中期预测	因变量与一个或多个自变量之间存在线系关系，最常见的是一元模型关系 $y=ax+b$	待分析相关量的历史数据
	非线性回归预测	短、中期预测	因变量与一个或多个自变量之间存在非线系关系，常见关系模型：幂函数关系、指数函数关系、抛物线函数关系、对数函数关系、S形函数关系	待分析对象的历史数据
	趋势外推法	中期到长期预测	运用数学模型拟合一条趋势线，预测事物未来的发展趋势	长期的历史数据
	移动平均法	短期预测	取多期数据的平均值来预测未来时间的趋势	多期历史数据
	指数平滑法	短期预测	类似平均移动法，但是给近期和远期观测数据不同的权重来预测趋势	多期历史数据
	自适应过滤法	短期预测	对趋势形态的性质随时间变化，并且没有季节性规律的时间序列数据	多期历史数据
	平稳时间序列预测法	短期预测	对各种序列的发展形态都适用的预测方法	多期历史数据
	干预分析预测模型	短期预测	时间序列在某个节点受到突发性事件的干预影响时可以适用的预测方法	历史数据及重大影响事件

（续）

定性定量	方法名	适用时间	方法说明	需要数据
	景气预测法	短、中期预测	时序趋势的延续及转折预测	大量历史数据
定量方法	灰色预测法	短、中期预测	当时序的发展呈指数型趋势发展时	分析对象的历史数据
	状态空间模型和卡尔曼滤波	短、中期预测	适用于各类时序的预测	分析对象的历史数据

8.4.2 典型农村发展与生态系统服务感知预测

8.4.2.1 算术平均法预测

算术平均数，又称均值，是统计学中最基本、最常用的一种平均指标，分为简单算术平均数、加权算术平均数。它主要适用于数值型数据，不适用于品质数据。根据表现形式的不同，算术平均数有不同的计算形式和计算公式。算术平均数是加权平均数的一种特殊形式（特殊在各项的权重相等）。在实际问题中，当各项权重不相等时，计算平均数时就要采用加权平均数；当各项权重相等时，计算平均数就要采用算术平均数。它的特点是：①算术平均数是一个良好的集中量数，具有反应灵敏、确定严密、简明易解、计算简单、适合进一步演算和较小受抽样变化的影响等优点；②算术平均数易受极端数据的影响，这是因为平均数反应灵敏，每个数据的或大或小的变化都会影响到最终结果。

本文通过算术平均法对 2005 年与 2018 年农户的民生感知和生态感知数据进行预测分析，结果见表 8-16、表 8-17。

表 8-16 农村社区发展民生感知 2030 年预测表

功能性活动及指标	茶料村	浆源村	前村	上丛村	石下村	沙田村	两溪村	占甲桥村	二坊坪村
生活	0.429	0.417	0.314	0.387	0.351	0.185	0.684	1.495	1.786
生活适应性	0.630	0.584	0.615	0.615	0.271	0.038	0.979	1.402	2.545
收入	0.738	0.609	0.375	0.642	0.327	0.351	0.443	1.611	2.127
消费	0.329	0.453	0.318	0.383	0.377	0.340	0.819	1.053	1.652
生活便利	0.829	0.324	0.372	0.635	0.443	0.234	0.591	2.074	2.238
社会保障与福利	0.161	0.276	0.162	0.162	0.284	0.233	1.293	1.432	1.665
基础设施及生产资料	0.232	0.279	0.290	0.362	0.236	0.215	0.965	1.007	0.918
耕地情况	0.141	0.477	0.383	0.383	0.719	0.320	0.927	0.323	0.540
养殖种类与规模	0.268	0.130	0.146	0.146	0.138	0.125	0.862	1.259	1.474
资源可达性	0.184	0.448	0.341	0.984	0.223	0.252	0.991	1.404	1.724
农田基础设施	0.447	0.279	0.461	0.461	0.255	0.216	1.057	1.391	0.829

（续）

功能性活动及指标	茶料村	浆源村	前村	上丛村	石下村	沙田村	两溪村	占甲桥村	二坊坪村
健康	0.437	0.433	0.482	0.492	0.452	0.439	0.704	0.915	0.501
身体健康	0.454	0.618	0.499	0.499	0.618	0.608	0.509	0.518	0.529
心理健康	0.399	0.389	0.399	0.419	0.436	0.415	1.024	1.204	0.337
饮食健康	0.425	0.327	0.574	0.599	0.336	0.314	0.784	1.119	0.341
期望寿命	0.471	0.552	0.484	0.484	0.538	0.611	0.713	1.416	0.790
安全	0.584	0.502	0.385	0.369	0.494	0.398	0.990	1.242	0.946
粮食安全	0.500	0.362	0.336	0.336	0.372	0.296	0.780	1.051	1.184
饮用水安全	0.469	0.447	0.351	0.351	0.456	0.450	1.102	1.438	0.383
垃圾与污水处理	0.312	0.444	0.332	0.338	0.348	0.602	1.096	1.420	1.840
居住安全	1.699	0.783	0.651	0.506	0.969	0.326	1.026	1.146	0.990
家庭关系和社区活动	0.405	0.383	0.369	0.374	0.265	0.362	0.790	1.008	0.550
家庭负担指数	0.302	0.366	0.225	0.225	0.394	0.417	0.768	1.398	0.923
家庭关系	0.477	0.547	0.485	0.475	0.536	0.365	0.987	1.466	0.255
邻里关系	0.466	0.476	0.464	0.474	0.468	0.492	0.931	1.674	0.654
社区融入感	0.429	0.266	0.437	0.476	0.083	0.085	0.558	0.473	1.200
自由与选择权利	0.189	0.355	0.273	0.284	0.335	0.365	0.791	0.951	1.143
选举公平	0.117	0.362	0.224	0.203	0.271	0.313	0.687	0.815	0.787
补助补贴公平	0.328	0.349	0.339	0.439	0.428	0.436	0.977	1.117	1.548
总模糊指数	0.368	0.391	0.347	0.382	0.343	0.277	0.796	1.101	0.842

表 8-17　农户对生态系统服务感知 2030 年预测表

生态系统服务功能	茶料村	浆源村	前村	上丛村	石下村	两溪村	占甲桥村	二坊坪村	沙田村
供给服务	0.501	0.439	0.415	0.484	0.447	0.883	1.340	0.596	0.276
提供食物	0.409	0.444	0.459	0.604	0.431	0.739	1.431	0.897	0.226
提供非食物产品	0.645	0.525	0.430	0.547	0.566	0.821	1.281	0.806	0.245
提供水源	0.500	0.377	0.365	0.373	0.387	1.095	1.434	0.394	0.388
调节服务	0.399	0.484	0.404	0.431	0.451	0.886	0.568	1.244	0.439
防风	0.310	0.543	0.310	0.540	0.493	0.916	0.522	0.589	0.493
气候调节	0.392	0.524	0.625	0.386	0.499	1.011	0.468	2.704	0.483
水源涵养	0.579	0.528	0.371	0.494	0.504	0.762	0.680	1.358	0.464
控制侵蚀	0.415	0.390	0.361	0.361	0.354	0.923	0.636	1.331	0.353
文化服务	1.129	0.241	0.227	0.322	0.162	1.053	0.547	1.061	0.115
休闲和养生	1.114	0.337	0.267	0.267	0.252	1.048	0.585	1.068	0.107

（续）

生态系统服务功能	茶料村	浆源村	前村	上丛村	石下村	两溪村	占甲桥村	二坊坪村	沙田村
生态旅游	1.162	0.179	0.195	0.401	0.109	1.056	0.531	1.152	0.121
支持服务	0.443	0.433	0.445	0.450	0.420	0.856	1.206	1.051	0.447
净化空气	0.397	0.450	0.463	0.441	0.514	0.812	1.322	1.117	0.430
保持生物多样性	0.483	0.390	0.417	0.455	0.333	0.940	1.231	1.075	0.438
森林碳汇	0.494	0.462	0.453	0.453	0.459	0.816	1.111	0.954	0.476
总体感知指数	0.511	0.397	0.372	0.423	0.355	0.901	0.838	0.920	0.294

8.4.2.2 最小二乘法预测

农村社区是由能源、经济、环境等系统组成的综合系统，在进行农村社区研究时，对农村社区能源—经济—环境系统进行深入分析是科学合理预测的基础。经济系统是能源—经济—环境系统的核心，能源与环境问题产生的重要根源之一是农村社区居民经济活动的负外部性。一方面，社区居民的经济活动首先依存于一定的地域空间，而后从自然界中获取各类资源加以利用，伴随经济规模的扩张，资源消耗量快速增加，必然引致不可再生资源储量锐减，且生产、生活过程中会排放各类废弃物，因此，经济活动本身就是开放性的，将经济系统与能源系统、环境系统连接成一体。另一方面，随着技术的进步、物质资本与人力资本的累积，人类开采利用资源的能力不断提升，新能源在能源消费总量中的比重将不断提高，对环境问题的关注程度与治理能力也将持续提高，因此，经济系统与能源系统、环境系统之间存在协调发展的可能，特别是随着南方丘陵山地屏障带生态系统服务提升技术研究与示范项目在乐昌市、慈利县等地的实施，区域生态系统服务与农村社区协同发展模式成为新的发展方向。其中对典型脆弱生态环境系统的修复与保护是区域协调发展的重要部分，而经济系统运行的状态将起决定性作用。

总之，能源系统、经济系统、环境系统不可分割，它们相互依存、相互渗透、相互制约，人类自觉的行为调整有促进能源—经济—环境系统重新步入协调运行轨道的可能。因此，当以经济系统为核心，更多地关注推动经济增长与经济发展的源泉问题时，必须同时考虑能源、环境对经济增长的约束，以及突破能源、环境约束的可行路径。

因此为了在进行预测时对农村社区能源—经济—环境系统进行综合分析考虑，本研究引入由中国统计学会测算的地区发展与民生指数（DLI），综合考虑经济发展、民生改善、社会发展、生态建设、科技创新和公众评价六大方面的农村社区指标，保证预测结果的权威性与可靠性。同时为了反映出随着经济社会发展出现的货币实际购买力下降问题，本研究引入居民消费价格指数，对通货膨胀、单位收入实际价值变化进行分析。最后，通过matlab2014软件运用最小二乘法，设置主要参数，提炼出农户社区发展与民生感知预测模型。

最小二乘法（又称最小平方法）是一种数学优化技术。它通过最小化误差的平方和寻找数据的最佳匹配函数。利用最小二乘法可以简便地求得未知的数据，并使得这些求得的数据与实际数据之间误差的平方和最小，也可以用来曲线拟合。

本研究通过拟合方程 f[式(8-15)]，综合考虑地区发展与民生指数（DLI），通过居民消费价格指数以及农村社区居民民生感知和生态感知分别得出广东省乐昌市以及湖南省慈利县的感知预测模型：

$$f = 1.588\ 911\ 707 \times X(1) \times \mathrm{xdata} - 1.398\ 678\ 663 \times X(2) \times \mathrm{xdata} \tag{8-17}$$

广东省乐昌市农户社区发展与民生感知预测模型：

$$f_b = 1.036\ 261\ 141^{(b-a)} \times 6.9728 \times x_a - 1.026\ 145\ 803^{(b-a)} \times 7.1680 \times x_a \tag{8-18}$$

湖南省慈利县农户社区发展与民生感知预测模型：

$$f_b = 1.036\ 261\ 141^{(b-a)} \times 6.4792 \times x_a - 1.026\ 145\ 803^{(b-a)} \times 6.2888 \times x_a \tag{8-19}$$

广东省乐昌市农户生态系统服务感知预测模型：

$$f_b = 1.036\ 261\ 141^{(b-a)} \times 6.9703 \times x_a - 1.026\ 145\ 803^{(b-a)} \times 7.1704 \times x_a \tag{8-20}$$

湖南省慈利县农户生态系统服务感知预测模型：

$$f_b = 1.036\ 261\ 141^{(b-a)} \times 6.0661 \times x_a - 1.026\ 145\ 803^{(b-a)} \times 5.9157 \times x_a \tag{8-21}$$

x_a 表示第 a 年的实际得分，如当 a 等于 2018 时，x_{2018} 表示 2018 年各指标的具体得分。f_b 表示第 b 年的预测得分。1.036 261 141 表示发展与民生指数的年均增长率（由 2000—2013 年的实际数据计算得出），1.026 145 803 表示居民消费价格指数的年均增长率（由 2000—2018 年的实际数据计算得出）。其余数值为通过最小二乘法模拟预测得出的拟合度最高的常数项。

8.4.2.3　指数平滑法

指数平滑预测是生产预测中一种常用的时间序列分析法，也是一种特殊的加权平均法。针对不同时期的观察值赋予不同权数，新数据赋予较大的权数，旧数据赋予较小的权数，权数由近到远按照指数规律递减，加大近期观察值对市场实际反映的变化，从而求得下一期预测值的方法。指数平滑预测法包含一次指数平滑法、二次指数平滑法和三次指数平滑法。

考虑到最小二乘法在进行曲线拟合时存在一定误差，为了减小误差值，本文通过指数平滑法对最小二乘法预测模型进行调整。

(1) 发展与民生指数的指数平滑拟合

运用 spss2018 软件对发展与民生指数进行指数平滑拟合，结果显示 F 统计值良好发展，与民生指数拟合结果具有较高的时间序列变化特点，随着时间的增长而呈现出平稳上升状态。因此可以用指数平滑法进行高度拟合。

(2) 感知模型及计算结果

通过指数平滑法结果对最小二乘法预测模型进行调整，感知模型如下：
广东省乐昌市农户社区发展与民生感知预测模型：

$$f_b = y_b / y_a \times 6.9728 \times x_a - z_b / z_a \times 7.1680 \times x_a \tag{8-22}$$

湖南省慈利县农户社区发展与民生感知预测模型：

$$f_b = y_b / y_a \times 6.4792 \times x_a - z_b / z_a \times 6.2888 \times x_a \tag{8-23}$$

广东省乐昌市农户生态系统服务感知预测模型：

$$f_b = y_b/y_a \times 6.9703 \times x_a - z_b/z_a \times 7.1704 \times x_a \tag{8-24}$$

湖南省慈利县农户生态系统服务感知预测模型：

$$f_b = y_b/y_a \times 6.0661 \times x_a - z_b/z_a \times 5.9157 \times x_a \tag{8-25}$$

将广东省乐昌市和湖南省慈利县共 11 个村庄在 2005 年与 2018 年的农户社区发展变化与民生感知和农户对生态服务系统的感知得分带入模型，最终计算结果见表 8-18、表 8-19。

表 8-18　农户社区发展民生感知 2030 年指数平滑预测表

功能性活动及指标	茶料村	浆源村	前村	上丛村	石下村	沙田村	两溪村	占甲桥村	二坊坪村
生活	0.731	0.963	0.925	0.969	0.877	0.809	1.1692	1.0619	0.9583
生活适应性	2.109	2.044	2.020	2.020	2.044	1.024	1.2839	1.1877	1.0064
收入	0.741	0.718	1.163	1.605	0.718	0.718	0.9731	1.0878	1.1988
消费	0.935	0.983	0.932	0.932	0.935	0.867	1.4652	1.3542	0.7881
生活便利	0.459	1.014	0.877	0.877	0.721	0.721	1.0582	0.8103	0.8584
社会保障与福利	0.527	0.789	0.517	0.517	0.765	0.765	1.258	1.0989	1.0804
基础设施及生产资料	0.871	0.748	0.816	0.816	0.748	0.718	1.332	1.3209	1.1248
耕地情况	0.884	1.660	1.289	1.289	1.660	1.626	1.4097	3.0488	1.7464
养殖种类与规模	1.320	0.422	0.456	0.456	0.422	0.405	1.4689	1.3912	1.4134
资源可达性	0.571	0.718	0.724	0.724	0.718	0.639	1.3394	1.0915	0.8547
农田基础设施	0.945	0.799	1.204	1.204	0.799	0.799	1.2099	1.1655	0.8991
健康	1.459	1.394	1.357	1.326	1.377	1.354	1.4134	1.1951	1.6021
身体健康	1.432	2.054	1.167	1.167	2.054	2.020	1.2691	1.2691	1.258
心理健康	1.231	1.167	1.231	1.170	1.109	1.068	1.3912	1.0915	2.1349
饮食健康	1.660	1.058	1.544	1.476	1.058	1.048	1.6095	1.4578	3.0858
期望寿命	1.616	1.928	1.605	1.605	2.034	1.979	1.4911	1.0915	1.406
安全	0.847	0.830	1.092	1.136	0.854	0.792	1.3579	1.2469	1.1877
粮食安全	0.738	1.167	1.071	1.071	1.204	0.905	1.6465	1.4985	1.2358
饮用水安全	1.442	1.527	1.044	1.044	1.493	1.452	1.2765	1.1766	2.5197
垃圾与污水处理	1.105	0.677	1.000	0.993	0.677	0.677	1.4504	1.2358	1.0064
居住安全	0.510	0.483	1.282	1.622	0.527	0.517	1.2025	1.1951	0.9731
家庭关系和社区活动	1.384	1.418	1.207	1.207	1.333	1.258	1.2469	1.1544	1.6058
家庭负担指数	1.048	1.211	0.690	0.690	1.017	1.027	1.3912	1.2062	1.5614
家庭关系	1.609	1.820	1.636	1.602	1.775	1.479	1.2284	1.1803	1.5725
邻里关系	1.558	1.772	1.558	1.592	1.738	1.745	1.0693	1.0101	2.1275
社区融入感	1.503	1.170	1.500	1.500	1.170	1.061	1.4504	1.3949	1.4356

（续）

功能性活动及指标	茶料村	浆源村	前村	上丛村	石下村	沙田村	两溪村	占甲桥村	二坊坪村
自由与选择权利	0.864	1.235	0.854	1.197	0.976	0.993	1.2025	1.3616	2.0424
选举公平	0.707	1.197	0.673	1.014	0.894	0.894	1.1988	1.5059	2.7898
补助补贴公平	1.082	1.275	1.119	1.459	1.068	1.109	1.2506	1.2617	1.7871
总模糊指数	0.966	1.024	1.024	1.071	0.976	0.928	1.2876	1.1988	1.258

表 8-19   农户社区发展生态感知 2030 年指数平滑预测表

生态系统服务功能	茶料村	浆源村	前村	上丛村	石下村	沙田村	两溪村	占甲桥村	二坊坪村
供给服务	1.468	1.431	1.366	1.383	1.403	1.258	1.356	1.349	1.692
提供食物	1.407	1.400	1.542	1.542	1.407	1.315	1.495	1.221	1.775
提供非食物产品	1.431	1.732	1.393	1.393	1.597	1.258	1.675	1.266	1.692
提供水源	1.576	1.258	1.210	1.251	1.251	1.203	1.097	1.706	1.675
调节服务	1.275	1.403	0.997	1.397	1.451	1.431	1.671	2.052	1.201
防风	1.010	1.688	1.003	1.698	1.658	1.658	1.602	2.602	1.806
气候调节	1.281	1.461	0.715	1.203	1.512	1.498	1.740	1.986	0.709
水源涵养	1.576	1.546	1.203	1.654	1.597	1.488	1.820	2.021	1.581
控制侵蚀	1.359	1.088	1.210	1.210	1.166	1.183	1.609	1.917	1.367
文化服务	0.956	0.898	0.770	1.010	0.915	0.390	1.398	1.695	1.858
休闲和养生	0.861	1.102	0.864	0.864	1.102	0.349	1.464	1.951	1.640
生态旅游	1.068	0.749	0.688	1.203	0.773	0.437	1.377	1.533	2.301
支持服务	1.264	1.298	1.159	1.268	1.298	1.437	1.349	1.159	1.948
净化空气	1.515	1.393	1.390	1.390	1.441	1.478	1.678	1.135	1.785
保持生物多样性	1.088	1.088	1.088	1.431	1.088	1.353	1.156	1.291	2.021
森林碳汇	1.217	1.488	1.054	1.054	1.437	1.488	1.356	1.121	2.152
总体感知指数	1.244	1.268	1.058	1.281	1.281	1.054	1.450	1.481	1.543

8.4.3   典型农村生态服务价值预测

8.4.3.1   预测基础数据及前提条件

（1）预测前提条件

各典型村域按以下模式进行合理发展。

①生态优势助推经济发展模式

山地丘陵水土保持涵养功能提升发展模式+特色林果经济+乡村民俗文化+森林生态旅游。

②产业优化促进生态服务保育模式

低山丘陵土壤保育与生态服务提升发展模式+特色农产品种植+农产品深加工+生态农

业文旅观光。

③生态保护为主的基础上有限度的发展经济的模式

公益林生物多样性和碳汇生态功能提升发展模式+特色林业种植+林产品初加工+特色养殖+森林生态旅游。

(2)以2005年和2018年各村主要类型生态系统服务价值数据为预测基础数据(表8-20)。

表8-20 2018年各村主要类型生态系统服务价值 单位：万元/a

生态系统产品或服务功能	生态系统服务价值						市场化
	茶料村	沙田村	前村	石下村	上丛村	浆源村	
木材蓄积	256	333	233	303	77	463	是
提供生物质产品	3406	75	4685	25	2603	1796	是
吸收 CO_2	73	95	66	88	22	132	否
释放 O_2	84	109	76	102	25	152	否
吸收 SO_2	13	17	11	29	3	23	否
滞留粉尘	543	706	420	797	108	936	否
调节小气候	333	417	305	424	105	594	否
涵养水源	1473	1915	1281	1853	397	2626	否
保持土壤肥力	2865	3625	3031	3019	1006	6088	否
减少泥沙淤积	10	13	11	12	8	22	否
固体废弃物分解	4	0	9	2	7	2	否
生活污水净化	4	0	8	1	7	2	否
维持生物多样性	1936	2457	1764	2046	599	3469	否
生态旅游	373	227	1254	0	0	282	是
科研价值	0	0	0	0	0	0	是
合计	11 374	9989	13 153	8700	4967	16 585	

8.4.3.2 指数平滑法

(1)预测指数

在进行主要生态系统产品或服务功能价值预测的过程中，要高度结合农村社区的经济系统，将农村社区生态系统各子系统的生态效益进行具体量化并掌握其变化情况。基于此，本研究结合林产品生产价格指数、农产品生产价格指数、工业生产者出厂价格指数、种植业生产价格指数以及农村商品零售价格指数等指数，采用指数平滑法能有效反映单位生态系统产品或服务功能经济价值的未来变化情况，并对其进行预测(表8-21)。

表8-21 各预测指数的平滑拟合结果表

年份	林产品生产价格指数	农产品生产价格指数	工业生产者出厂价格指数	种植业生产价格指数	农村商品零售价格指数
2020	168.4	202.5	108.5	213.0	138.6
2021	173.1	208.9	108.8	220.1	140.9

（续）

年份	林产品生产价格指数	农产品生产价格指数	工业生产者出厂价格指数	种植业生产价格指数	农村商品零售价格指数
2022	177.8	215.3	109.1	227.2	143.2
2023	182.5	221.7	109.4	234.3	145.5
2024	187.2	228.1	109.7	241.4	147.8
2025	191.9	234.5	110	248.5	150.1
2026	196.6	240.9	110.3	255.6	152.4
2027	201.3	247.3	110.6	262.7	154.7
2028	206	253.7	110.9	269.8	157
2029	210.7	260.1	111.2	276.9	159.3
2030	215.4	266.5	111.5	284	161.6

（2）感知模型及计算结果

通过指数平滑法结果对算术评价法预测模型进行调整，模型如下：

林产品生产价格指数预测模型：

$$y_b = y_a \times z^{(b-a)} \times f_{林}^{(b-a)} \tag{8-26}$$

农产品生产价格指数预测模型：

$$y_b = y_a \times z^{(b-a)} \times f_{农}^{(b-a)} \tag{8-27}$$

工业生产者出厂价格指数预测模型：

$$y_b = y_a \times z^{(b-a)} \times f_{工}^{(b-a)} \tag{8-28}$$

种植业生产价格指数预测模型：

$$y_b = y_a \times z^{(b-a)} \times f_{种}^{(b-a)} \tag{8-29}$$

农村商品零售价格指数预测模型：

$$y_b = y_a \times z^{(b-a)} \times f_{商}^{(b-a)} \tag{8-30}$$

其中 y_b 为第 b 年的生态系统服务价值预测值，y_a 为第 a 年的生态系统服务价值实际值，z 为生态系统服务价值的年增长率，$f_{林}$、$f_{农}$、$f_{工}$、$f_{种}$、$f_{商}$ 分别为各 PPI 指数的增长率。

将广东省乐昌市 8 个典型村庄在 2005 年与 2018 年的主要类型生态系统服务价值数据代入模型，最终计算结果见表 8-22。

表 8-22　2030 年各村主要类型生态系统服务价值预测结果表

生态系统产品或服务功能	生态系统服务价值						市场化
	茶料村	沙田村	前村	石下村	上丛村	浆源村	
木材蓄积	287	495	346	443	119	581	是
提供生物质产品	4097	87	6458	45	3064	2571	是
吸收 CO_2	83	106	101	101	23	160	否

（续）

生态系统产品或服务功能	生态系统服务价值						市场化
	茶料村	沙田村	前村	石下村	上丛村	浆源村	
释放 O_2	101	126	92	131	26	208	否
吸收 SO_2	16	21	15	34	4	26	否
滞留粉尘	571	775	451	879	122	999	否
调节小气候	377	438	328	458	132	627	否
涵养水源	1982	2240	1535	2029	436	2942	否
保持土壤肥力	3824	4587	3127	4537	1572	8523	否
减少泥沙淤积	12	14	13	15	10	29	否
固体废弃物分解	4	0	11	2	8	2	否
生活污水净化	6	0	9	2	8	2	否
维持生物多样性	2708	3856	2189	3029	687	4352	否
生态旅游	970	741	2354	0	0	669	是
科研价值	0	0	0	0	0	0	是
合计	15 038	13 486	17 028	11 705	6212	21 690	

8.5　小结

8.5.1　结论

（1）各重点示范区生态系统服务功能稳步提升，人居环境质量持续改善

课题组通过对各课题重点示范区域开展大量的实地调查与访谈工作，发现经过各课题生态服务提升技术的推广应用，各重点示范区生态环境质量得到了有效提升。其中湖南省慈利县、广东省乐昌市等地的村镇近年来通过实施林业重点生态工程建设，规范生态公益林的抚育管理和更新性质采伐，增加森林蓄积量，提高森林覆盖率，生态服务功能不断提升，同时加强现代农业、生态农业、生态旅游的发展，在改善农户生产生活条件、保护高山生态环境方面已成效显著。四川省华蓥市近年来通过对侧柏人工林、马尾松林区域实施土壤特性及水源涵养能力提升技术，明显提升了区域生物多样性、森林蓄积量、森林覆盖率。湖北省丹江口市近年来通过滨水植被缓冲带的提质建设、小流域森林类型的布局优化、库区森林景观调控技术的推进等，流域森林植被有效恢复、流域水质明显提升。

（2）生态系统服务提升对农户收入、意愿行为正向影响显著

调查表明，绝大部分农户经过政府的积极引导和政策宣传，对生态系统服务功能逐渐得以认知，维护农村生态环境的意识不断增强。生态系统服务提升对农户参与生态保护、

生态建设的意愿及其主动性、自觉性也有较大幅度的提高，但受自然生态环境、发展基础与条件等的影响，农户对各类生态系统服务的感知也存在一定的差异性。农户对开展林下经济、开展特色林果种植、发展乡村生态旅游、打造特色农村社区（特色美丽乡村）均有很高的认同感。生态系统服务提升与农户收入、意愿和行为的影响均呈现正相关的关系，区域生态系统服务与农村协同发展程度不断提高，林地砍伐率由原有的 9% 降低至 1% 以下，矿山、荒地改造成林场、茶园、果林的转化率每年高达 5%~10%。

通过调研及测算发现，生态系统服务提升对农户收入和行为具有重要的影响，大多数农户的收入均随着生态系统服务的改善与提升逐步增加，特别是支柱性产业效益大幅提升，随着生态服务功能提升技术的研发及示范，各示范区供给服务有效提升，生态产品质量和数量不断提高，其中示范区的特色林果产品，经济收益普遍提高 1~5 倍；示范区林场生态效益提高 30% 左右，经济效益提高 2~3 倍；示范区农田效益提高 1 倍以上；特色农产品效益也提高了 1 倍左右。居民平均收入由 2010 年 3770 元提升到 2018 年 14 252 元，收入显著增加。

在调节服务中，由于封山育林等相关生态保护措施的实施，林地面积、森林覆盖率增加较大，农户对水源涵养、生物多样性和森林碳汇的感知显著增加。对生态系统服务功能提升技术，如防治山地地质灾害，提升土壤保持与保育、改善林果品质等有较高的关注度和紧迫感。

（3）各重点示范区经济发展模式显著影响生态系统服务与农村社区协同发展程度

通过计算发现，乐昌市生态系统服务与农村社区发展协调系数为 0.873，得分最高，说明乐昌市生态系统服务与农村社区发展的耦合协调属于优秀协调发展，整体趋势向着良性发展。其经济发展主成分得分为 0.920（排第 2），生态发展主成分得分为 0.677（排第 2），说明乐昌市良好的经济发展模式和良好的生态环境能相互促进，有效实现了生态系统服务与农村社区协同发展。

丹江口市和慈利县生态系统服务与农村社区发展协调系数分别为 0.831（排第 2）、0.828（排第 3），说明丹江口市和慈利县生态系统服务与农村社区发展的耦合协调属于良好协调发展，整体趋势向着良性发展，以良好的生态环境为基础，通过生态优先的发展模式或者经济优先的发展模式，都实现了很好的经济效益或者生态效益。其经济发展主成分得分分别为 0.926（排第 1）和 0.580（排第 3），生态发展主成分得分分别为 0.596（排第 4）和 1.265（排第 1），在一定程度也体现了过度地发展经济会影响生态环境，同时单纯提升生态系统服务功能也无法实现经济的有效增长，在各课题生态服务功能提升技术研发应用下，慈利县拥有最好的生态服务功能，但是由于生态优先的经济发展模式，所以慈利县经济发展不明显。

崇义县生态系统服务与农村社区发展协调系数为 0.503，耦合协调属于勉强协调发展，其经济发展主成分得分为 -0.223，排名最低，生态发展主成分得分为 0.640（排第 3），说明崇义县的经济发展模式没有更好地利用生态环境获得经济效益，也说明良好的区域生态系统服务功能，能有效促进经济的发展。

通过将各重点示范区生态系统服务与农村社区协同发展程度进行比较，可以发现进行生态系统服务与农村社区协同发展比单方面的发展区域生态系统服务功能或者过度地进行经济开发更加有利于区域发展。

(4)农户生态感知呈上升趋势，民生福祉感知提升明显

2005—2018 年农户对生态系统服务的感知得分呈上升趋势，但总体感知指数变化幅度较小，由 0.356 上升到 0.417。从分项来看，特别是农户对文化服务的感知得分增加较为明显，从 0.251 上升到 0.370。具体表现为：①2005 年以来通过实施新农村建设、乡村振兴等战略，注重加强环境整治与乡村生态治理，乡村人居环境质量及生态系统服务功能不断改善，农户总体对环境的养生与休闲的感知得分也逐渐提升(从 0.269 上升到 0.395)。②利用良好的生态环境，积极开展生态旅游等经济活动，在一定程度上改善农户收入，因此对生态旅游的感知得分有一定程度的增加(从 0.243 上升到 0.359)。但由于受发展规模的影响，还有较大的挖掘潜力。③通过实施封山育林等规定，乱砍滥伐得到了有效遏制，对森林水源涵养(从 0.435 上升到 0.457)、生物多样性(从 0.367 上升到 0.394)和森林碳汇(从 0.376 上升到 0.409)感知的指数有所提高。

2005 年农户福祉总模糊指数为 0.298，2018 年为 0.387，农户福祉指数总体呈上升趋势。①生活指标由 2005 年的 0.261 增长到 2018 年的 0.317。其中，生活适应性的隶属度略微上升，但农户收入增长迅速，由 2005 年的 0.294 增加到 2018 年的 0.385。由于收入水平、稳定程度明显改善，农户的消费水平、消费能力不断增强，同时随着新农村建设、乡村振兴战略的实施，其生活便利度以及社会保障与福利水平不断提升，隶属度变化较明显。②在农业生产资料的可达性方面，由于政府利农政策的实施，农业基础设施建设的隶属度呈上升状态，由 2005 年的 0.234 增长到 2018 年的 0.251，其中农田基础设施的建设提升较明显，耕地数量与质量隶属度有所增加，养殖种类与规模略微下降，农业资源可达性改善较显著。③农户健康状况 2018 年较 2005 年略有增加。由于农户收入普遍增多，农户的身体健康和心理健康、生活质量等均有所改观，对期望寿命也较为满意。农户收入评价值由 2005 年的 0.294 上升到 2018 年的 0.385。饮食健康方面变化不大，反映出农户饮食习惯受影响较小。④从安全指数看，2005—2018 年农户对粮食安全方面的感知隶属度有所增加；饮水方面，因农户的饮用水水源总体为山泉水，其隶属度变化不大；由于新农村建设加大了对人居环境的综合整治，垃圾与污水处理得到了有效改善，其隶属度得到了提升。近年来，农村住房条件明显改善，居住安全得到了保障，隶属度增加明显，其评价值由 2005 年的 0.245 增加到 2018 年的 0.422。⑤农户的家庭关系和社区活动方面变化较小，呈略微上升状况。由于农户收入以及生活条件的改善，家庭负担减少，家庭关系、邻里关系等隶属度不断增加。但由于外出务工人员的增多，导致农户参与社区活动较少，致使农户的社区融入感与认同感均略有所下降。农户的选举公平、大事知晓等方面指标的隶属度变化较小，但总体呈增加的态势，反映出在村庄自治管理、补贴保障方面村民的认可度较高。

(5)生态系统四大服务功能与农户的发展(福祉)都存在一定的正向耦合关系

利用 AMOS 软件分析农户福祉发展水平与生态系统服务的关系，可以看出生态系统的

4 个服务功能与农户的发展(福祉)都存在一定程度的耦合关系。其中,供给服务与农户发展(福祉)的关系最为密切,相关性系数高达 0.791,文化服务次之,相关性系数为 0.650。根据生态系统服务与农户福祉相关要素的耦合关系的路径系数来看,供给服务(提供食物)、文化服务(生态旅游)与农户福祉关系紧密,相关性系数分别为 0.813 和 0.656。由于区域实施一系列生态保护措施,严格执行封山育林,控制林木砍伐量,促使乡村产业转型,当地引种茶叶、马蹄、奈梨等特色作物,特色种植业逐渐成为该地区主要产业。同时,发展林下经济,如种植中草药等,并依托良好的生态环境,发展乡村生态旅游,开发森林碳汇、天然氧吧、休闲养生、民宿等文旅活动。通过实施"特色种植+林下经济+生态旅游(文旅)"等低影响开发模式,有效缓解生态保护和社会经济发展之间的矛盾,促进生态系统服务与农民福祉、农村社区的协同发展,农户实现增收、脱贫致富。

根据生态系统服务与农户福祉的耦合关系,结合区域的实际情况,通过近年来重点生态工程建设的实施,其中包括规范生态公益林的抚育管理制度与更新性质采伐、增加森林蓄积量和提高森林覆盖率等,不但提升了区域生态系统服务功能,同时也增强了现代农业、生态农业和生态旅游的发展,在改善农户生产生活条件、保护丘陵山地生态环境方面已初见成效,生态系统服务对农户福祉水平的提升逐渐显现;乡村生态旅游实际上也涉及森林碳汇、生物多样性等,这些因子的系数也较高。因此,通过提升生态系统服务功能,能够有效地实现区域生态系统服务与农村社区的协同发展,改善农户福祉水平。应进一步加强通过生态旅游业的驱动,将生态系统服务功能中非商业类的环境调节、产品供给等价值转化为生态旅游商品,进而提高生态系统服务价值的商业化转化效率和农户经济收益。

(6)经济发展模式与生态系统服务价值的关系(优化经济发展模式可以提高生态系统服务价值)

研究表明,经济发展模式与生态系统服务的响应关系具有以下两个特点:①通过优化经济发展模式,以此减轻产业活动对生态系统的压力,同时加强提高生态系统服务价值的市场化利用效率,以及将非市场化调节与支持服务价值转化为游憩娱乐商品,从而提高生态系统服务总价值。如前村、茶料村等村庄的"特色种植+生态旅游"的经济发展模式总体效果较优,促进了生态服务价值提升和农民增收。前村人均收入在 14 个村中较高,一方面通过因地制宜做大做强特色种植(如香芋、马蹄等),发展高附加值农业项目,特色农业收入不断提高;另一方面积极拓展农业观光、生态旅游的发展,旅游业收入比重由此增加,一定程度上提高了农户的收入。通过产业结构优化调整,保育土壤、涵养水源等生态服务功能得到维护和提升,这种经济发展模式较好地保护和利用了当地的生态环境。②通过调整产业结构提高生态系统服务的非市场化价值。如沙田村、石下村等,林业原为其主导产业,由于实施严格的生态公益林保护及生态管控,砍伐量持续减少,乡村产业结构由此调整变化,如发展特色养殖、林果经济等,生态系统服务价值涵养量高的林地比重不断增加,促进生态系统服务的非市场化价值持续提升。因此,优化经济发展模式与土地利用结构,减轻人类活动对生态系统的干扰和影响,是提高区域生态系统服务价值、促进生态环境与农村经济协调发展的重要途径。

（7）生态系统服务与农村社区协同发展模式

乡村属于小尺度复合生态系统，影响其生态系统服务的内部和外部因素复杂多样，乡村经济与生态保护协同发展体现在两个方面：①利用生态优势助推经济发展。随着生态文明建设的深入推进，生态服务功能的不断提升，拥有良好的人居生态环境成为共识，农村社区居民自发参与到生态保护之中。依托生态环境优势，积极打造生态旅游业，通过旅游业驱动力将生态服务功能中非商业类的环境调节、产品供给等价值转化为生态旅游商品，进而直接提高生态服务价值的商业化转化效率和农户经济收益。由此可见，依托生态优势，推进"一、三产"种植+旅游的融合发展，并提高生态服务功能的转化效率和商品化水平，从而实现生态服务功能与农村社区经济社会的协同发展。②以产业优化促进生态服务保育。通过调整产业结构，在着力提升生态系统的供给服务功能同时，优化土地利用结构，增加生态系统服务价值涵养量高的土地利用类型的面积，减轻土地利用的强度，既促进了当地经济发展和农民增收，又有效提高了生态服务功能价值总量。如前村、茶料村等，通过优化种植产业结构，摒弃损耗资源、牺牲环境的经济开发模式，积极打造"桃花节""柰梨节"等文化旅游品牌，适度发展生态旅游业，形成"特色林果+生态旅游"和"特色农业+农业观光"等经济发展模式。产业优化促进生态保育，即农村社区通过因地制宜发展特色种植业和生态旅游业，以产业结构优化调整推动生态服务功能的维护与保护，提升生态系统服务总价值，从而促进生态环境的保护与农村区域的发展。

但值得关注的是，部分农村地处重点生态功能区的核心区，在实行严格的生态保护措施下，生态服务功能非商业价值提升较大，但农村经济发展滞后，且当地居民部分林业收入（如伐木收入等）减少。近年来，重点生态功能区和重要生态屏障带的生态补偿持续推进，因此应充分利用重点生态功能区转移支付财政政策，保障农户收入。同时地方也需配套专项资金及相关扶持机制，如提供特色种植、养殖等技术培训，提供护林岗位等，帮助农户改善收入来源结构。同时，还应加快培育新的替代产业，优化产业结构，充分利用各种资源，深入推进林果种植、林下经济、林产品加工以及森林生态旅游等复合生态产业的构建，发展林区立体经营模式。通过发展林下经济以及山林景观为特色的生态旅游等，加快生态系统服务非商业价值向商业价值的转变，促进收入增加，改善居民福利，提升区域可持续发展能力。

基于上述分析，实现区域生态系统服务功能提升与农村社区协同发展，在制度保障层面，要加强完善重点生态功能区的生态补偿制度，加大财政转移支付力度，在产业转型层面，要加大探索推行低影响产业发展模式，有效降低对生态系统服务（尤其是调节、支持类等功能）的不利影响，实现生态系统服务提升与农村社区协同发展，促进农村社区生态文明建设与乡村振兴战略深度融合。结合对乐昌市典型村庄的研究以及实地生态服务的需求调查，提出以下3种发展模式（乐昌模式）。

①特色林果经济+乡村民俗文化+森林生态旅游+山地丘陵水土保持涵养功能提升发展模式。该模式适用于以茶料村、浆源村、联安村、文洞村等为代表的山地丘陵农村社区，该类村庄林地、耕地面积较为可观，且具备良好的水利灌溉条件，水土保持和水源涵养是该地区重要的生态功能；该模式也适用于丘陵地区园地较多的乡村，这些村庄有较好的果

树等种植资源基础，并具备良好的交通区位条件、稳定的劳动力资源。

②特色农产品种植+农产品加工+生态农业文旅观光+低山丘陵土壤保育与生物质功能提升发展模式。该模式适用于以茶料村、前村、上从村等为代表的低山丘陵农村社区，该类村庄地势较为平坦，邻近城区或镇区，其区位及交通条件良好，且耕地数量较多，茶叶、马蹄、香芋等特色农产品规模化种植。

③特色林下经济+林竹产品初加工+森林生态旅游+山地公益林生态功能提升发展模式。该模式可应用于以沙田村、石下村等为代表的乡村，该类村庄受林业生态保护的影响，原有经济结构由此变化，由于产业转型缓慢或不优，经济发展滞后，农户人均收入偏低，农村空心化严重。

同时为了体现模式的普遍性和可推广性，也为了更好地突出项目的生态效益，本研究选取了各示范区生态系统服务功能主成分得分最高的慈利县的典型农村社区进行深入研究，提出以下 3 种发展模式（慈利模式）。

①林下植被修复与重建技术+森林结构优化调控技术+森林可持续经营技术+特色林果经济+林下经济+生态补偿转移支付+生态旅游。主要通过实施林下植被修复与重建技术、森林结构优化调控技术以及森林可持续经营技术，以此提升区域生态系统服务整体功能。特别是通过林下植被的修复与重建、森林结构优化调控以及森林可持续经营提升，改善当地区域生态系统的供给服务功能，并在此基础上发展特色林果经济、林下经济、生态旅游等，同时借助生态补偿转移支付实现生态系统服务与农村社区协同发展。

②土壤保持技术+碳汇功能减排增汇土壤管理技术+生态农业+生态补偿转移支付+现代农业观光旅游。该模式主要通过实施土壤保持技术+碳汇功能减排增汇土壤管理技术，以此提升区域生态系统服务整体功能，特别是通过次生林碳汇功能提升改善当地区域生态系统的调节服务功能，并在此基础上依托良好的生态优势，通过发展生态农业、现代农业观光旅游等，同时借助生态补偿转移支付实现生态系统服务与农村社区协同发展。

③丘陵山地水源涵养与水质净化能力提升技术+林分改造和恢复技术+土壤保持技术+生态补偿转移支付+林业生态旅游。该模式主要通过实施丘陵山地水源涵养与水质净化能力提升技术、林分改造和恢复技术、土壤保持技术，以此提升区域生态系统服务整体功能。特别是通过水源涵养与水质净化、林分改造和恢复以及土壤保持，提升国家重点生态功能区的生物多样性、生态稳定性，同时通过国家森林公园的打造，挖掘区域生态系统的文化价值，以此全面提升区域生态系统的支持服务和文化服务功能，并在此基础上有限度的发展林业生态旅游，同时借助生态补偿转移支付实现生态系统服务与农村社区协同发展。

(8)协同发展模式经济成效显著，生态效益稳步提升

通过调研及测算发现，生态系统服务提升对农户收入和行为具有重要的影响，多数农户的收入均随着生态系统服务的改善与提升逐步增加，特别是支柱性产业效益大幅提升。居民平均收入由 2010 年的 3770 元提升到 2018 年的 14 252 元，收入显著增加。

①示范区特色林果产品，经济收益普遍提高 1 倍

如浆源村、茶料村所产黄金奈李 2018 年入选国家地理标志保护产品，品质提升带动

效益增加,黄金奈李价格由 2015 年前的 3~4 元/斤提升到 7~8 元/斤。

②示范区林场生态效益提高 30%左右,经济效益普遍提高 2~3 倍

如五山镇林场在施肥、滴灌、抚育等精细化管理措施到位的前提下,亩产毛竹可达 60~80 根/年,且成品竹品质更佳,平均亩产毛竹由原有的 20 根/年上升到 30~40 根/年,林场示范区单位立竹量提升 30%,病虫害现象显著下降,效益提升 3 倍,且发展出竹筒酒、竹建材、竹工艺品、竹笋食品等加工产业以及林芝、九节茶以及养蜂等林下经济,进一步提高了毛竹收益(单根毛竹收益提高 10 元以上)。

③示范区农田效益提高 1 倍以上

如通过各课题生态服务提升技术的研发应用,农田的水土条件得到改善,有机稻品质也得到提升,使当地稻米价格由 4 元/kg 提升到 9 元/kg,使得农田收益提高 1 倍以上,更进一步带动了旅游业发展。

④示范区特色农产品效益提高近 1~4 倍

如茶料村所产茶青品质提高,通过鲜茶制成东方美人茶、红茶等高(中)档茶叶,亩产值由 13 500 元提高到 5 万~7 万元,茶园亩利润提高了 4 倍。如前村、上丛村种植的马蹄在 2020 年亩产超过 2500kg,且大果多,平均亩产高达 1000kg,比 2015 年以前增产 500kg(大果增产 200kg),平均收购价达 8 元/kg,比原平均收购价提高了 3 元,每亩平均收入增加 1 倍。

协同发展模式通过经济结构优化和生态经济的大力推进有效减少了当地农村社区居民对重点生态保护区及周边区域的粗放型、破坏性砍伐,多种低影响经营模式取代了单一的梯田种植模式,减轻了梯田开垦和过度种植造成的危害。通过实施水土流失区的植被恢复和重建及土壤保持技术、天然林及次生林固碳增汇提升技术和生物多样性保育技术、山地公益林生态功能提升发展技术,在疏林地及撂荒地种植快速修复功能植物可显著提高地上部分持水量,减少水土流失,提高土壤肥力和结构稳定性,同时补植林下功能植物树种、林窗套种、人工林林药复合经营以及林下经济建设能有效提高区域生物多样性,且混交林的林内相对光照强度较低,混交林光能利用率较高,可以提高单位生态系统服务价值。规模化地进行农业种植和生产加工可以更有效地对生产过程中的生态环境问题进行诊断和针对性治理,生产活动更加环保科学,更便于生产活动高标准化,且避免了破碎化生产以及潜藏式污染对环境的危害,也降低了环境治理成本。多功能种植区将种菜、观光功能融为一体,提高了空间利用率,实现了资源利用的最大化。同时当地结合低山丘陵土壤保育与生物质功能提升发展技术,通过喷施宝、环垦地养力、植物精华素等微生物菌肥、人工调整土壤空隙结构以及补植具有水土保持功效的植物等方法,可以优化补充区域的土壤微生物群落、活化土壤养分、提高养分利用率、改善土壤理化性状、提高土壤地力、减少化肥用量、保持水土。滨水植物缓冲带建设能提高区域污染物削减能力,进一步提高区域水质。

(9)实施协同发展模式满意度较高

①生态优势助推经济协同发展模式

农户满意度调查结果表明,受访农户中,高达 88.78%的农户对协同发展模式比较满

意或者非常满意。其中 64.29% 的农户对协同发展模式比较满意，24.49% 的农户对协同发展模式非常满意，表明农村社区居民对生态优势助推经济协同发展模式满意度普遍较高，都比较满意该模式的应用和推行。特别是对于"经济发展模式""邻里关系及治安水平""森林生态旅游""特色林农产品品质""特色林果经济""健康情况""山地丘陵水土保持涵养功能提升技术"以及"水土条件"等指标的满意程度较高，超过 20% 的农户感到非常满意，其中 28.57% 的农户对"经济发展模式"非常满意，61.22% 农户对"经济发展模式"比较满意，表明村民对于生态经济的生产方式、经济效益以及生态效益的认可度很高。而只有极少数村民由于在黄金奈李、蜜柑等特色林果产品的种植过程中，投入大量劳动力到施肥、套袋、驱虫、滴灌等，但是收益（林果产品价格）没有按预期提升，且乡村的基础设施、公共服务设施以及发展乡村生态旅游的配套设施尚无法满足特色林果经济和旅游业的发展，所以对生态优势助推经济协同发展模式感觉一般（9.18%）或者存在一定的不满意现象（2.04%）。

②生态保育—低影响活动协同发展模式

农户满意度调查结果表明，该受访农户中，77.32% 的农户对该协同发展模式比较满意或者非常满意。其中 58.76% 的农户对该协同发展模式比较满意，18.56% 的农户对该协同发展模式非常满意，特别是"森林生态旅游""林竹产品初加工""特色林下经济""经济发展模式""水土条件""气候""环境卫生质量"以及"邻里关系及治安水平"等指标的满意程度较高，超过 20% 的农户感到非常满意，其中 28.87% 的农户对"林竹产品初加工"非常满意，说明农户对低影响的生产模式和发展林竹产品、保护生态环境的产业发展定位比较赞同，同时对已经取得的生态效益、经济效益感到满意，普遍认可生态保育—低影响活动协同发展模式的实施，而只有极少数村民（3 户）由于国家重点生态保护区政策《关于加强国家重点生态功能区环境保护和管理的意见》，当地从 2015 年以后不允许砍伐林木及毛竹进行贩卖，影响了他们的生计收入，因此对低影响的经济发展模式存在不满意的现象。

③产业优化促进生态服务提升协同发展模式

农户满意度调查结果表明，受访农户中，82.83% 的农户对该协同发展模式比较满意或者非常满意。其中 64.65% 的农户对该协同发展模式比较满意，18.19% 的农户对该协同发展模式非常满意。特别是"低山丘陵土壤保育与生物质功能提升发展技术""水土条件""气候""邻里关系及治安水平""生态农业文旅观光""特色农产品品质""特色农产品种植""经济发展模式"以及"收入"等指标的满意程度较高，超过 20% 的农户感到非常满意，其中 27.28% 的农户对"收入"非常满意，25.24% 的农户对"特色农产品品质"非常满意，22.21% 的农户对"经济发展模式"非常满意。一方面是因为特色农产品种植和农产品加工取得了很好的经济效益，农产品品质和产量都得到了很大的提高；另一方面说明农户对发展特色产业的生产模式、农产品加工业以及产业优化调整比较满意，居民对产业优化促进生态服务提升协同发展模式满意度普遍较高。只有极少数村民（4 户）由于家庭劳动力不足，而特色农产品种植如马蹄、芋头种植需要投入较多的劳动力，播种、施肥、采挖时劳动强度较高，因此对该模式存在不满意的现象。

(10) 典型村域生态系统服务价值与民生感知预测结果提升明显

通过典型村域的生态系统服务价值与民生感知预测，可以明显看出 2005 年、2018 年、

2030年的农村社区民生感知及生态感知得分呈现出稳定上升的趋势，其中广东省乐昌市石下村、沙田村、浆源村、茶料村、前村、上丛村等农村社区的民生感知指数综合得分在2030年的指数平滑法预测结果比2018年分别上升了3.10倍、3.37倍、2.97倍、2.97倍、3.16倍、3.10倍，总体上平均增加了3.11倍。表明随着乡村振兴发展以及各课题生态服务提升技术的研发应用，各示范区典型农村社区居民民生福祉将逐步得到很大的提升。同时茶料村、前村、上丛村、石下村、沙田村、浆源村等农村社区生态感知指数综合得分在2030年的指数平滑法预测结果，比2018年分别上升了2.85倍、3.09倍、3.19倍、3.50倍、3.49倍、3.28倍，总体上平均增加了3.19倍。表明南方丘陵山地屏障带生态系统服务提升技术研究与示范项目在乐昌市的实施，生态感知将逐步地提升，石下村、沙田村生态感知得分提升最大，是生态保育—低影响活动协同发展模式取得良好生态保护效果的体现。同时可以看出生态得分和民生得分始终保持相关度较高的协同上升状态，且高于地区国民生产总值、发展与民生指数等指标的增长速率，表明了农村社区发展与生态功能提升协同模式具有良好的生态效益和经济效益。

同时通过典型村域生态系统服务价值预测，可以发现茶料村、沙田村、前村、石下村、上丛村以及浆源村的生态系统服务价值在2030年的指数平滑法预测结果，比2018年分别上升了32.21%、35.01%、29.47%、34.54%、25.07%以及30.78%，总体上平均增加了31.18%。生态系统服务价值提升显著，其中石下村和沙田村提升最为明显，一方面是因为"生态保育—低影响活动协同发展模式"显著提高了生态系统的支持服务和调节服务，同时发展林下复合经营、山地森林文旅观光等生态经济也在一定程度上提高了生态系统的供给服务和文化服务。

8.5.2　建议

8.5.2.1　协同发展模式未来发展建议

（1）生态优势助推经济协同发展模式未来发展建议

应加强提高特色林果等产品的品质，打造具有地域特点的地理标志产品，提升产品知名度与产品效益。同时，加大利用优美的山水景观、森林资源以及特色林果种植、少数民族（民俗）风情等，重点发展生态观光、休闲度假、节庆旅游等专项旅游产品，鼓励农户发展民宿、生态农庄等经营活动，提高居民在旅游业的参与度，增加农户经济收入。

（2）产业优化促进生态服务提升协同发展模式未来发展建议

应大力发展农产品精深加工，加强农产品加工业的引入与发展，优化生产组织模式，依托特色农产品生产基地，培育和壮大加工型龙头企业和合作组织，延伸加工产业链，提升农产品附加值；加大基础设施的投入建设，创新农产品流通模式，强化电商平台以构建便捷的农产品流通体系，推动农业特色化和产业化的发展；通过提升现代农业文旅产品的设计和质量水平，做大做强生态农业观光体验式旅游业。

(3)生态保育—低影响活动协同发展模式未来发展建议

应加大通过生态补偿财政转移支付、提供部分护林岗位等，保障农户收入，持续有效保护林地生态功能；充分利用林业资源优势，发展特色林果经济、林下经济（中药、菌类种植等），积极拓展林产品加工等产业发展。加快建设以毛竹（散生竹）为主、丛生竹为辅，材用竹、笋用竹和笋材两用竹并举的竹木产业基地，并培育生产特色名贵树木等。依托林业生态资源，积极发展森林生态旅游，打造康养休闲生态产业，吸引劳动力及人口回流，促进生态系统服务良性循环利用与保护以及乡村可持续发展。

8.5.2.2　加强宏观政策引导，突出特色文化传承

(1)加强宏观政策引导

研究制定生态环保全面支撑乡村振兴的顶层设计，做好村庄角色定位、工作目标、工作重点、工作方法和政策制度的转变，谋划好生态保护与乡村振兴的政策衔接、制度衔接、工作衔接，建立健全生态保护和助推乡村振兴长效机制，让良好生态成为乡村振兴的重要支点。大力推进乡村治理体系和治理能力现代化，推动全面实现乡村文明。加强农村基层党组织对乡村建设的全面领导，积极引导群众参与乡村生态环境监督管理。注重传统文化与生态文化的继承、创新，开设乡村生态产业转型大课堂，打造乡村农业技术教育基地。通过修订村规民约、开展绿色家庭创建活动，营造村民积极参与乡村振兴的良好氛围。

(2)突出特色文化传承

乡村振兴过程中对生态环境的保护不能只孤立地保护自然环境，同时还需要对生物资源相关传统知识进行重点保护和传承。以乡村最有特色的农业文化遗产为例，它涵盖了生物资源、生态景观、民俗文化、传统村落、传统知识与技术体系等诸多方面，是融合态性、动态性等特点为一体的复合型农业生产系统，具有生态与环境、经济与生计、社会与文化、科研与教育、示范与推广等多种功能和价值。强调以当地人的传统知识和经验为基础，以实现这些结构复杂的农业生态系统、农业生物多样性和当地景观的有效保护与可持续管理，将生态系统的文化服务与乡村传统文化相结合，实现协同发展。

8.5.2.3　推进乡村振兴战略，改善人居环境质量

(1)推进乡村振兴战略

积极探索有机产品认证、生态旅游、森林碳汇交易等农村绿色发展路径，将农村环境整治与特色产业开发相结合，拓展农村集体经济来源，推动实现乡村生态要素向生产要素转变、生态财富向物质财富转变，不断探索生态产业化和产业生态化的生态文明发展之路，全面推进乡村振兴战略。同时乡村振兴离不开产业项目，要积极引进一些产量较高的外来品种，同时保留当地传统种植遗传资源。如在湖南省侗族的聚居地区，当地人食用的传统糯米品种多达几百个。在乡村振兴战略过程中，平衡好本地传统品种与高产量的外来品种或杂交选育品种的比例关系，最大程度维持区域的生物多样性，保护好各地的珍贵遗传资源。

（2）加强全域协调发展

推动区域高质量发展，需要注重各村产业之间的协调发展、区域之间的协同发展。为此，应采取协同机制，推动产业链上、中、下游地区的资源、资金、技术等发展要素以及产业的横向联合，通过合理调配资源，优化区域产业结构，实现区域之间的优势互补、互惠互利，从而达到区域内经济社会的协调发展。如上丛村、前村距离乡镇非常近，地势平缓、交通便利、经济较发达、基础设施良好，在依靠本村资源如生态旅游、服务业的同时，可以联合其他农村社区的特色农产品资源，在达到扩大上丛村、前村服务业市场的同时，可以带动其他村的农产品销售。

（3）加快补齐农村人居环境短板，打造生态宜居美丽乡村

结合《农村人居环境整治三年行动方案》，统筹考虑生活垃圾和农业农村废弃物综合治理，建立健全符合农村实际、方式多样的生活垃圾收运处置体系；梯次推进农村生活污水治理，因地制宜采用污水治理与资源利用相结合、工程措施与生态措施相结合、集中与分散相结合的建设模式和处理工艺；加强农业农村废弃物资源化利用，推动畜禽粪污就地消纳和资源化利用，以应用加厚地膜、机械化捡拾、专业化回收为方向，提升农膜资源化利用水平。

8.5.2.4 健全生态补偿机制，保障生态工程建设

（1）健全生态补偿机制

生态补偿机制是实现国家重点生态保护区保护治理与区域发展的重大需求，更是实现粤北山地丘陵区域高质量发展与生态安全的重要保障。围绕着粤北地区资源开发、污染物减排、水资源节约、生态产业发展等，实施生态补偿机制。加快推进粤北地区生态环境权益探索，排污权交易、生态建设配额交易等市场化的生态补偿方式，对粤北地区国家重点生态保护区及广大山地丘陵区域保护生态环境所丧失的发展机会成本和环境保护设施、水利设施项目投入等予以补偿。为此，应根据对粤北地区不同类型生态系统服务价值的科学评估，实施多样化、市场化的生态补偿机制。

（2）保障生态工程建设

林业保护工程与天然林保护工程关系着社会经济发展与行业进步，更是建设南方丘陵山地屏障带的重要保障，应加强完善与落实管理制度、优化调整经营战略、通过扩招林农以及增加专业技术培训，强化专业技术人员队伍，制定科学的管理模式，加大对天然林的保护，加强对濒危物种的保护，维护生物多样性。完善林业生态建设体系，加强对林业生态保护技术的研发与支持，促进其生态效益的最大化利用。

（3）建立区域生态保护及污染防治协同工作机制

由于生态保护及污染防治涉及面广，且必须跨区域实施，协同治理就尤其重要。为

此，必须尽快建立南方山地丘陵区域生态保护及污染防治协同工作机制，以便行动一致、措施一致、保障一致，系统性推进区域生态保护及污染防治工作。为将各镇协同治理工作落到实处，必须建立有效的组织机构，如区域协调领导小组，并下设办公室，机构成员来自林业部门、各镇人民政府等部门，负责统筹协同推进粤北地区生态保护和高质量发展工作。

（4）以实施奖惩评价为保障

以各村的高质量发展与生态保护协同发展评价为主题，每年举办农村社区高质量发展与生态保护协同发展评价大会，并制定村干部奖励制度，对工作成果突出、区域协同发展成效显著的村干部给予一定奖励，并形成经验报告进行推广宣传。

8.5.3　展望

当前，大中尺度生态系统服务价值评估理论体系及方法已较为完善，且实证研究丰富，而对于乡村小尺度的评估，由于其空间的复杂性和人地关系的特殊性，其生态系统服务的评估方法及实证仍需要加强探索与完善。本研究基于前人研究成果，并结合区域的实地调查，开展乡村尺度的生态系统服务价值评价是一次有益的探索。但受研究方法、数据获取、参数取值等因素的限制，在一定程度上影响生态系统服务价值评价结果的精确度。如乡村尺度生态系统服务产品/功能指标可能不尽全面、针对性有待加强；部分参数取值来源于对村干部、村民的调查访谈，受人为因素的影响较大，涉及经济收入等敏感指标可能有所保留；一些参数未能紧密结合南方丘陵山地或南岭地域予以选取参照；林木经济收益除受木材蓄积量影响外，还受采伐指标的限制；土地利用数据、经济数据等应结合农村土地确权、土地流转、林权等，林业数据还应细分树种及林分结构等。

另外，本研究仅在静态的时间节点上对各村生态系统服务价值进行估算，而单一时间点并不能完全反映生态系统服务贡献、福利以及供需状况；同时，采用经济评价方法，其相关因子受市场、政策等影响较大，探讨生态系统服务与区域社会经济的协同发展，应从长时间序列上对各类生态服务价值（物质量）予以分析，以此反映生态系统服务能力的变化态势，探寻两者之间的相应变化。因此，优化完善小尺度生态系统服务价值评估方法，加强结合实地观测、实验监测和模型分析，提高生态系统服务价值评估的客观性、精确度及其结果的实用性、应用性是后续有待加深的研究方向。

此外，调查中发现，大部分村民的从业呈现综合性的特点，加强探讨从业村民的内部差异性及其与经济发展、生态系统服务保护与利用之间的关系，深入研究生态系统服务与乡村发展影响机制，合理调整土地利用结构与产业结构以及如何持续地将生态系统服务价值转化为市场价值，进一步挖掘与提炼协同发展模式等，还有待更深入的研究，以此为农村经济产业规划与生态系统管理及生态服务功能的保育和提升提供科学依据。

9 南方丘陵山地生态系统服务功能提升技术集成和示范

9.1 南方丘陵山地生态系统服务功能提升技术集成

9.1.1 典型区域生态系统服务功能技术需求分析

9.1.1.1 基于生态系统区划的生态系统服务功能需求分析

以广东省生态功能区划为基础，根据生态系统区划基本原则，以乐昌市地貌特征为骨架，结合社会经济发展特征，综合考虑行政区划、农业区划、土地利用规划、水土保持区划等相关规划。以乡镇为基本单元，划分乐昌市生态功能区，并对功能区中潜在适用的生态系统服务功能进行探讨(图 9-1)。

(1)南部中心城镇景观林生态功能区

该区域以乐城镇为中心，包括长来、北乡 2 个镇，位于乐昌市的南部，与韶关市市区相接，主要以平原为主。该区域交通、电力等基础设施较好，重点发展特色农林业、工商业，主要生态系统服务功能的需求为城区和郊区环境美化等。

(2)北部工矿治理及生态林业功能区

该区域以坪石镇为核心，包括三溪镇，位于乐昌市北部，与湖南省相接。在乐昌市，有色金属矿主要分布于北部，该区域重点围绕工矿业发展小城镇。一些矿山由于盲目开采，其土壤重金属污染严重，也存在较多废弃矿山及荒废土地，导致山地灾害频发，水土流失严重，因此，山地灾害防控、土壤保育、污染物削减是其需求的核心技术。

(3)西南部水土流失治理生态功能区

该区域以梅花镇为中心，包括秀水、沙坪、云岩 3 个镇。乐昌市是广东省 7 个石灰岩地貌的县(市)中水土流失面积最大、水土流失程度最高的县级行政区之一。水土流失区域主要位于这 4 个镇。由于水土流失地区人口压力大，农民为了生存乱垦乱伐，导致水土流失地区生态环境日益恶化及农民生活日益贫困。因此，土壤保育功能包含固土、水土流失防治及营养物质保育等功能、水源涵养技术、植被快速恢复是其核心需求。针对水土流失严重的区域，需要开展水土流失防治技术研发和集成示范；针对潜在水土流失威胁区域，应该开展土壤保育技术研发及集成示范。

图 9-1　乐昌市生态系统服务功能区划

(4) 东北部生物多样性保护功能区

该区域主要包括黄圃镇、白石镇和青云镇，是乐昌市杨东山十二度水省级自然保护区、大瑶山省级自然保护区的所在地，也是南岭山区的核心地带，保存有广东省面积最大的原始森林，是岭南生物多样性丰富之地。因此如何维持和提升南岭山区林地生物多样性及珍稀植物保育、森林固碳技术，成为本区域亟须解决的重点问题。

（5）中部经济林果产业及生态旅游发展功能区

该区域包括九峰镇、大源镇、两江镇，主要以经济林果产业为主，盛产橘子、奈李、桃等水果。这些经济林果产业的发展直接决定当地居民收入。因而经济林果的高效经营问题是其生态林业面临的关键问题。近几年来，随着九峰镇林果采摘旅游的兴起，该区域生态旅游产业快速发展。如何在保障经济林果产业健康发展的同时，减少经济林污染物、林下植被恢复的重要问题也是其核心需求。

（6）东部生态林业开发功能区

该区域主要包括廊田镇和五山镇2个镇，是乐昌市人工用材林的主要产区，包括乐昌市龙山林场，主要种植杉木和毛竹。但是由于立地条件及森林采伐限额的限制，一些人工用材林的立地条件并不适合种植或无法转变为经济林，而且此区域水库众多，因而如何有效提升工用材林经营、改善人工林固碳功能、实现水源涵养等是其核心需求。

从乐昌市生态系统区划及其主要生态定位来看，其生态系统服务功能提升技术需求见表9-1。

表9-1　乐昌市生态系统服务功能区划及需求

序号	生态系统服务功能区	范围	主要特点	提升技术需求
1	南部中心城镇景观林生态功能区	乐城镇、长来镇、北乡镇	中心城镇、特色农林业、工商业中心	生态景观林改造，提升森林景观
2	北部工矿治理及生态林业功能区	坪石镇、三溪镇	工矿业较为发达，导致山地灾害频发，水土流失严重	山地灾害防控、土壤保育、污染物削减技术
3	西南部水土流失治理生态功能区	梅花镇、秀水镇、沙坪镇、云岩镇	水土流失严重	土壤保育技术、水源涵养技术、植被快速恢复
4	东北部生物多样性保护功能区	黄圃镇、白石镇、青云镇	自然保护区，主要天然林分布区	生物多样性保育、森林固碳技术
5	中部经济林果产业及生态旅游发展功能区	九峰镇、大源镇、两江镇	经济林果产业为主，生态旅游产业快速发展	经济林果高效经营、污染物削减技术、林下植被恢复
6	东部生态林业开发功能区	廊田镇、五山镇	人工用材林的主要产区	人工用材林经营、固碳功能、水源涵养等

从表9-1中可以看出，乐昌市不同功能区对生态系统服务功能提升技术的需求是不同的，而且功能区对技术的需求也不是单一的，这就要求对生态系统服务功能提升技术进行集成，并重点针对北部工矿治理及生态林业功能区、西南部水土流失治理生态功能区、东北部生物多样性保护功能区、中部经济林果产业及生态旅游发展功能区、东部生态林业开发功能区等区域开展技术示范。

9.1.1.2　基于农户调查的生态系统服务功能需求分析

通过针对广东省乐昌市农村社区居民对于生态系统服务功能感知的研究，得出他们对于提升生态系统服务功能技术需求的迫切性。

通过对乐昌市北乡镇、九峰镇、三溪镇等农村社区进行走访调查，共计发放问卷 600 份，收到有效问卷 578 份，问卷有效率为 96.33%。调查发现，乐昌市主要农村社区的农村居民对森林生态系统服务功能存在的问题选择次数达到了 1917 次，平均每人有 3.32 个问题。仅 15.75% 的受访者认为现在环境已经较好，无须改变。

在所有生态系统服务功能中选择提升林农收入达到了 67.82%，其次为保育土壤，约占 56.75%、森林景观功能的选择占 44.29%、污染物削减的选择占 40.31%、生物多样性维持的选择占 35.29%、森林游憩功能的选择占 31.14%、固碳释氧功能的选择占 30.10%，而涵养水源、净化空气等功能需求较少（表 9-2）。

可见居民对保育土壤、污染物削减等功能存在一定需求，而且这种需求也是多样的，因而单一技术示范可能存在一定阻力。

表 9-2　社区问卷调查分析

性质	服务指标	问题描述	选择人数（人）	比率（%）
调节服务	涵养水源	干旱或洪水比以前频繁	51	8.82
	保育土壤	水体污染比较严重，有水土流失威胁	328	56.75
	固碳释氧	森林好像没以前多了，树太小了	174	30.10
	净化空气	空气质量不好	99	17.13
	生物多样性维持	森林中植物和动物种类减少	204	35.29
	污染物削减	土壤污染比较严重，担心有毒物质污染	233	40.31
供给服务	林农收入	提升农民经济收入	392	67.82
文化服务	森林游憩功能	农村设施欠缺，游览不健全	180	31.14
	森林景观功能	环境不够美	256	44.29
	无问题	我觉得现在农村环境和森林挺好	91	15.74

9.1.2　生态系统服务功能提升技术分解与集成

9.1.2.1　项目组研发技术提取

（1）山地灾害区森林生态系统服务提升技术

重点针对地表植被结构因子与土壤保持能力之间的响应机制、根系力学叠加作用和异质性对坡面稳定性的影响以及流域空间水土保持措施对侵蚀效应的调控开展研究，研发了地表植被侵蚀控制、径流调控、提高坡体稳定性的土壤保持技术和侵蚀控制空间配置技术。运用现有的技术基于针阔混交林、常绿阔叶林、毛竹林和灌木林的研究发现，毛竹林对陡坡地土壤保持最为有利。

山地灾害防控技术主要通过构建土壤抗侵蚀能力最优的植被类型，并调节现有林分的空间结构，实现防御山体滑坡等山地灾害的效果。其核心便是在现有植被基础上，实施山地灾害防治的植被结构优化提升技术及流域山地灾害防控的植被空间配置技术。

（2）丘陵山地水源区域水源涵养和水质净化能力提升技术

完成了马尾松、栎树、马尾松和栎树混交林、柑橘、侧柏5种林分的水源涵养能力研究，通过群落植被调查和土壤样本采集分析了滨水植被缓冲带的群落特征和面源污染物的分布特征。通过模拟地表径流实验和土壤养分元素分析研究了不同林分类型、不同宽度的滨水植被缓冲带对地表径流污染物的削减作用。

该技术主要目的是提升森林生态系统的水源涵养和水质净化能力。其主要做法是：在林分尺度上，通过调整林分密度、树种配置及林分空间结构，实现森林水源涵养及水质净化能力的提升；通过滨水植物带指标配置技术，实现水源涵养及水质净化能力的提升；在景观尺度，通过提取森林植被、景观格局调控，实现水质净化能力提升。

（3）次生林生物多样性保育和碳汇提升技术

研发了次生林生物多样性保育的人工促进天然更新技术、次生林固碳能力提升的森林结构优化调控技术、次生林群落多样性和森林碳汇协同提升的量化经营技术。

在次生林植物群落的物种多样性调查和历史监测数据的基础上，研究物种多样性对人工促进天然更新的响应机制；采用点格局分析方法，研究更新层幼树之间、乔木层成树之间以及幼树与成树之间的种间关联关系，提出人工促进天然更新时幼树群团以及幼树群团与成树之间的优化配置，提出不同更新群团在林窗中的优化配置模式。基于次生林不同群落层的物种多样性数据和林窗配置模式的关系，提出次生林生物多样性提升的人工促进天然更新技术。

结合无人机获取的天然次生林影像和高空间分辨率全波段遥感影像进行多尺度分割，构建整合林分空间结构参数、地形参数的林分空间异质性综合表述指数，并基于该指数对遥感分割单元进行合并或拆分，最终生成空间异质性最小的作业级单元；以试验区次生林固碳树种组成和碳密度差异为基础，识别并评估作业级内不同树种的固碳能力，绘制试验区次生林的固碳潜力图；结合次生林的固碳潜力图，构建综合森林生物多样性指数、林木大小指数、森林空间异质性指数、森林正向演替阶段指标、基础林分参数等信息的多目标规划模型，提出以增加碳汇为目标的森林结构量化调整方案。

基于天然次生林物种多样性、物种相似性和物种丰富度调查数据，结合森林固碳潜力图，分析次生林物种多样性与森林固碳能力的权衡关系，确定物种多样性与固碳能力之间最优平衡阈值；在最优平衡阈值基础上，从固碳关键树种的选择、树种的生态位配置、林木生长率促进措施、心材比率提升的单木经营技术、生态采伐作业设计等方面，研发次生林生物多样性保育和固碳能力协同提升的森林经营技术。

本项目通过次生林和人工林调控技术，实现次生林生物多样性保育及碳汇能力提升。

主要通过人工促天然更新，即林下幼树及林分调控、森林经营等技术，实现生物多样性保育和碳汇提升。

(4)人工林典型生态系统服务提升技术

主要研发了基于重要功能植物群的杉木人工林和毛竹林下植被恢复和重建技术、杉木人工林碳汇功能减排增汇土壤管理技术和土壤保持与污染物削减的植被空间配置技术。

将南岭黄檀、南方红豆杉、密花豆、山柰以不同的搭配模式引入不同林龄的杉木人工林下；选择南方红豆杉、草珊瑚、绞股蓝、南岭黄檀、白三叶这 5 种植物以不同的搭配模式(南方红豆杉+南岭黄檀、南方红豆杉+草珊瑚+绞股蓝、南方红豆杉+草珊瑚+南岭黄檀+绞股蓝+白三叶、草珊瑚+南岭黄檀+绞股蓝+白三叶、草珊瑚+绞股蓝+白三叶)引入毛竹林，构建林下功能植物群，提升林分生态系统服务功能。

分析森林生态系统土壤退化原因及林分经营制约因子，在此基础上构建了林分改造、演替顶级种引入、不同施肥等技术措施，明确了森林凋落物分解与元素返还、土壤有效性及微生物活性等土壤管理技术要素。在土壤保持与污染物削减的植被空间配置技术中，目前完成的室内模拟连续降雨条件下，对地表泥沙量和氮、磷污染物总削减效果最好的配置模式为箭舌豌豆+高羊茅和白三叶。

该课题技术通过对退化人工林林下植被快速回复、植被空间配置技术及基于土壤管理的森林经营技术实现了退化人工林生态系统减排增汇、土壤保持和污染物削减功能的提升。

9.1.2.2　生态系统服务功能提升技术集成

从生态系统服务功能提升技术可以看出，实现森林水源涵养功能、污染物削减、森林碳汇、生物多样性保育、山地灾害防控等技术，其主要途径有 3 种：一是基于林下植被配置和构建的森林生态系统服务功能提升技术；二是基于林分层面主要是林木配置及改造的森林生态系统服务功能提升技术；三是基于森林整体恢复及经营的森林生态系统服务功能提升技术。可见，虽然各课题组对实现森林生态系统服务功能提升技术的目标各不相同，但是其提升的途径和典型方法却是一致的，因此，在示范过程中，可以将这些技术进行系统的集成，形成多目标、多功能的森林生态系统服务功能提升技术。故而基于本文研发的技术，完成了疏林地及撂荒地植被快速恢复技术集成、低效人工林定向恢复技术集成、退化天然林及次生林生态系统服务功能提升技术集成及水源涵养林水源涵养和污染物削减能力提升技术集成。

(1)疏林地及撂荒地植被快速恢复技术集成

针对区域内出现的疏林地、灌木林及撂荒地，根据研究结果，这类区域容易发生山体滑坡等地质灾害，而且水源涵养能力低下，水土流失严重。因而，在这些林地中，重点集成植被快速恢复技术。从技术使用区域的典型林分出发，筛选出根系发达、速生丰产的树种应用于区域内。

以南方山地丘陵屏障带区域为例，在疏林地、灌木林及撂荒地中，重点采用竹类植物、杉木、马尾松、湿地松等树种。针对一些土层薄的区域，可以重点种植山苍子、马尾松、千年桐等树种，使其能够快速成林，从而实现林地的快速恢复，提升其固土、涵养水源的能力。

(2)低效人工林定向恢复技术集成

南方山地丘陵屏障带区域的低效人工林主要分为低效人工用材林和低效经济林。在提升人工林生态系统服务功能时，仍然需要考虑林分的经济效益。因此课题将人工林典型生态系统服务提升技术进行集成，重点针对马尾松林、杉木林、侧柏林等低效人工用材林以及柑橘、毛竹林等低效经济林，提升其生态系统服务功能。

在低效人工用材林中，集成人工林经营技术，通过混交林改造、林窗补植、施肥、林下重要功能植物群重建等技术，恢复提升人工用材林生态系统服务功能。在低效经济林中，集成经济林经营技术，通过应用重要功能植物群重建、施肥等措施，恢复提升经济林生态系统服务功能。

(3)退化天然林及次生林生态系统服务功能提升技术集成

南方山地丘陵屏障带区域的退化天然林及次生林主要包括退化天然林林地、低效次生林和退化生态公益林等。对于这些森林以生态系统服务功能提升为主要经营目的，其重点生态系统服务功能为提升森林碳汇、维持和提升森林生物多样性等。

针对退化天然林林地，重点集成基于林窗的森林更新、演替顶级种引入、关键功能林下植被引入等技术，恢复天然林顶级群落的稳定性，稳定提高天然林的森林生物多样性及森林碳汇功能。

针对低效次生林和退化生态公益林，重点集成演替顶级种引入、林分关键种构建、功能植物群重建等技术，提升其生态系统服务功能。

(4)水源涵养林水源涵养和污染物削减能力提升技术集成

针对南方丘陵山地普遍存在的水库区域和水源地中的水源涵养林，根据第5章和第7章研究结果，这些区域需要重点集成植被快速恢复技术，筛选出能够净化水质、涵养水源的树种和林下植被，实现土壤保持、水质净化和污染物削减等功能。

9.2 南方丘陵山地生态系统服务功能提升技术示范

通过生态系统服务规划及需求分析，本研究在广东省乐昌市十二度水自然保护区和龙山林场开展生态系统服务功能提升技术及农村社区协同发展集成示范 283hm²；在湖南省慈利县江垭林场和天心阁林场推行生态系统服务功能提升技术 600hm²；在江西省崇义县赣南树木园完成示范 16.81hm²；协助四川省华蓥市和湖北省丹江口市开展示范(表 9-3)。

表 9-3　课题示范情况

序号	示范县域	示范地点	示范技术	示范面积（hm²）
1	乐昌市	九龙山林场、十二度水自然保护区	低效人工林林下植被恢复和固碳增汇提升技术集成、人工林林药复合经营等林下植被恢复技术集成示范、人工林生态系统服务功能提升与农村社区发展技术模式集成示范、退化天然林及次生林固碳增汇提升技术和生物多样性保育技术集成示范、疏林地及撂荒地的植被恢复和重建及土壤保持技术集成与示范、水源涵养林水源涵养和污染物削减能力提升技术集成与示范	283
2	慈利县	天心阁林场、江垭林场	次生林和退化人工林固碳增汇提升技术和生物多样性保育技术集成示范、低效人工林林下植被恢复和固碳增汇提升技术集成示范	600
3	崇义县	赣南树木园	低效人工林固碳增汇提升与林下经济协同发展技术集成与示范	16.81
			合计	899.81

9.2.1　粤北丘陵山地生态系统服务功能提升技术示范

2017 年 1 月至 2021 年 6 月，在广东省乐昌市龙山林场完成低效人工林林下植被恢复和固碳增汇提升技术集成、人工林林药复合经营等林下植被恢复技术集成示范 91hm²；在九峰镇联安村、浆源村、文洞村、茶料村等村庄完成人工林生态系统服务功能提升与农村社区发展技术模式集成示范 24hm²；在十二度水自然保护区横坑村完成退化天然林及次生林固碳增汇提升技术和生物多样性保育技术集成示范 92hm²；在云峰和斜坑的水土流失严重工矿区等植被稀少区域完成疏林地及撂荒地的植被恢复和重建及土壤保持技术集成与示范 35hm²；在龙山林场的水源涵养区域，完成水源涵养林水源涵养和污染物削减能力提升 41hm²，共计 283hm²（表 9-4）。

表 9-4　乐昌市示范点建设情况

示范区类型	示范技术	示范内容	样地名称	示范面积（hm²）
人工用材林示范区	低效人工林林下植被恢复和固碳增汇提升技术集成、人工林林药复合经营等林下植被恢复技术集成示范	林窗套种、人工林林药复合经营、补植林下功能植物	龙山林场	91
经济林示范区	人工林生态系统服务功能提升与农村社区发展技术模式集成示范	人工林复合经营、补植林下功能植物、农村社区发展建议	九峰镇联安村、浆源村、文洞村、茶料村	24
天然林和天然次生林示范区	退化天然林及次生林固碳增汇提升技术和生物多样性保育技术集成示范	林窗更新、演替顶级种关键种及功能植物群重建	十二度水自然保护区横坑村	92

（续）

示范区类型	示范技术	示范内容	样地名称	示范面积（hm²）
疏林地及撂荒地示范区	疏林地及撂荒地的植被恢复和重建及土壤保持技术集成与示范	种植具有快速修复功能的植物	云峰和斜坑	35
水源涵养林示范区	水源涵养林水源涵养和污染物削减能力提升	种植具有涵养水土的功能植物	龙山林场	41
	合计			283

9.2.1.1 人工用材林生态系统服务功能提升技术集成示范 91hm²

针对区域退化人工用材林，课题组引进了相关技术，集成了低效人工林林下植被恢复和固碳增汇提升技术集成等林下植被恢复技术集成示范（图 9-2），其主要技术方案为：针对现有森林资源进行详细勘察，选取大小为 30m×40m 的样地进行林下功能植物恢复、林下重要功能植物群重建、混交林改造、密度调控，实施碳汇功能减排增汇土壤管理技术、固碳能力提升的森林结构优化调控技术、人工林林药物复合经营技术等，定植密度为 800 株/hm²；具体措施如林窗套种"乐昌含笑+深山含笑+火力楠"、人工林林药物复合经营"麦冬+三叶木通+巴戟天+砂仁"、林下功能植物重建"辣木+五子毛桃+巴戟天"等。

在技术集成示范的基础上，进一步引入固碳增汇和生物多样性保育的相关指标，即：碳储量和 Shannon-Wiener 指数、Simpson 优势度指数等，针对人工林开展了典型人工林群落固碳能力和林下生物多样性调查，引入针对人工林的林下经营技术，实现林场收入提升。

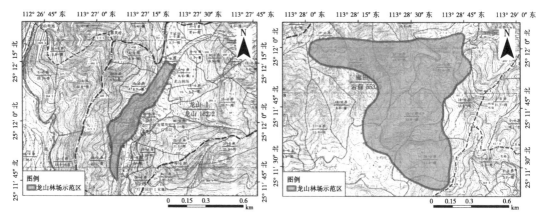

图 9-2　人工用材林生态系统服务功能提升技术集成示范

（1）典型人工林群落生长状况及固碳能力研究

红锥人工林不同林层树冠的平均竞争高度值分布范围为 6.40~11.10m，综合平均树高约为 10.10m；其中，未经处理的红椎林不同林层平均胸径为 8.16~18.78cm，综合平均胸径为 16.96cm，林分密度约为 750 株/hm²，其中上林层占 89.87%，中林层占 9.47%，下林层占 0.66%。经过技术集成示范的实施后，红椎人工林平均胸径达到了 19.31cm，林分密度略微降低，为 725 株/hm²，其中上林层占 85.24%，中林层占 12.69%，下林层占 2.07%。

含笑人工林不同林层树冠平均竞争高度值分布范围为 5.71~12.52m，综合平均树高约为 11.07m；其中，未经处理的含笑人工林不同林层平均胸径为 6.75~16.07cm，综合平均胸径为 14.25cm，林分密度约为 950 株/hm²，其中上林层占 92.21%，中林层占 6.84%，下林层占 0.95%。经过示范后，含笑人工林平均胸径达到了 17.15cm，林分密度略微降低，为 867 株/hm²，其中上林层占 82.58%，中林层占 15.57%，下林层占 1.85%（表 9-5）。

引入建立的阔叶树种生物量模型和含碳率，最终获得地上部分的碳储量。其中示范后，红椎林中地上部分的碳储量从 75.15t/hm² 提升至 102.55t/hm²，含笑人工林地上部分碳储量由 59.94t/hm² 提升至 89.48t/hm²。

在土壤中，经过集成技术示范后，红椎林的土壤碳储量从 29.86t/hm² 提升至 41.18t/hm²，含笑人工林土壤碳储量由 25.69t/hm² 提升至 32.16t/hm²。

示范后，红椎林总体碳储量从 105.01t/hm² 提升至 143.73t/hm²，含笑人工林总碳储量由 85.62t/hm² 提升至 121.64t/hm²。综合碳储量提升 39.47%。

表 9-5　各样地不同林层基本情况

样地号		树冠光竞争高度（m）	平均胸径（cm）	蓄积量比重（%）
红椎林对照组	上林层	11.10	18.78	89.87
	中林层	9.74	14.67	9.47
	下林层	6.40	8.16	0.66
	均值/合计	10.10	16.96	100
含笑林对照组	上林层	12.52	16.07	92.21
	中林层	10.02	13.20	6.84
	下林层	5.71	6.75	0.95
	均值/合计	11.07	14.25	100
红椎林示范	上林层	12.97	20.04	85.24
	中林层	10.25	14.35	12.69
	下林层	8.82	7.94	2.07
	均值/合计	11.24	19.31	100
含笑林示范	上林层	12.89	17.99	82.58
	中林层	10.31	14.01	15.57
	下林层	6.71	6.80	1.85
	均值/合计	11.95	17.15	100

（2）典型人工林群落生物多样性研究

在生物多样性方面，未经经营的含笑人工林和红椎林，其林下灌木层生物多样性较低，如图9-3所示，对照组的Shannon-Wiener指数仅为1.33，Simpson指数为0.67；经过示范后，红椎林灌木层Shannon-Wiener指数达到1.74，Simpson指数达到0.74，分别提升了30.83%和10.45%；含笑人工林灌木层Shannon-Wiener指数达到1.61，Simpson指数达到0.71，分别提升了17.91%和5.97%；示范后，红椎林和含笑人工林综合生物多样性提升达到了18.94%。

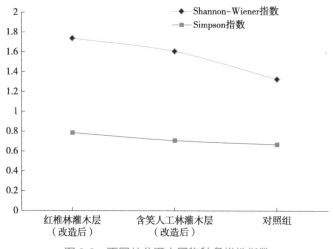

图9-3 不同林分灌木层物种多样性指数

（3）典型人工林林药复合经营收入提升

建立巴戟、甘木通、五指毛桃、七叶一枝花、砂仁等林下药材的林农复合经营。其主要经济收益见表9-6。

表9-6 主要林药复合经营技术收益

品种	单价(元/kg)	亩产量(kg/a)	年收入(元/a)	成本(元/a)	净收入(元/a)
甘木通	6	800~1200	4800~7200	800	4000~6400
巴戟	25	100~250	2500~6250	500	2000~5750
砂仁	18	200~400	3600~7200	500	3100~6700
七叶一枝花	20	200~300	4000~6000	500	3500~5500
三七	30	100~160	3000~4800	500	2500~4300

从表9-6可以看出，这几种药材亩产差异非常大，因而其净收入变化幅度也非常大，其收入最大差异甚至在2倍以上。从调查中可以发现，这3种药材主要种植方式有：果园、杉木、红椎、马尾松、次生矮林等林下经营，也有少量采用非林下栽培。由净收入可

知，通过复合经营，林场每亩净收益提升 2000~6700 元，特别是通过种植砂仁，每亩净收益达到 3100~6700 元，折合每公顷年收益提升 4.65 万~10.05 万元。

研究显示，经过示范，人工林林分乔木层分层效果均显著，创造了良好的林下环境，有助于林下植被和林木的健康生长，显著提升了碳汇功能、生物多样性保育功能以及林场给整体经济效益。

9.2.1.2　经济林生态系统服务功能提升技术和农村社区发展集成示范 24hm²

通过套种、人工林复合经营、补植林下功能植物、农村社区发展建议等方式，引入林下植被恢复与重建技术、碳汇功能减排增汇土壤管理技术、林下复合经营技术和农村社区发展模式，对九峰镇联安村、浆源村、文洞村、茶料村等村落的经济林开展集成示范。主要完成经济林果高效经营技术示范和林下蜜源植物选择及示范（图 9-4）。

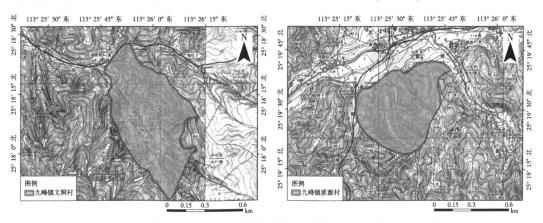

图 9-4　经济林生态系统服务功能提升技术和农村社区发展集成示范

蜜源植物的增加可以吸引更多的昆虫（蜜蜂）传粉、采蜜，增强植物花粉的杂交提升种子质量，尤其蜜蜂还能采集蜜源增加蜜糖产量，提高农民收入。蜜源植物是经济效益较好的林下植物，能满足"林业增效、农民增收、农村增绿"的可持续发展需求，也是符合全面推进乡村振兴战略的要求。

样地树种：红锥等壳斗科树种，林下树种选择山乌桕。

造林设计：由于山乌桕对光的要求较高，本研究拟在目标森林群落直线距离 100m 的范围之内，根据林隙大小开展造林。在较大空间的林地采用复层构建模式（山乌桕+五指毛桃+花生）；在林隙较小、林间道路两边采用带状廊道种植山乌桕的模式（图 9-5）。

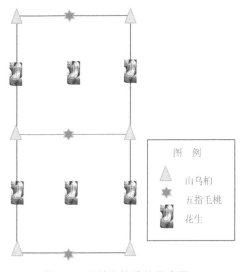

图 9-5　团状斑块造林示意图

春季和雨季采用实生苗造林，苗龄 1~3a，种植和整地同时进行，采用穴状整地。

斑块造林方案：整地规格按照山乌桕行间距为 2m×3m，五指毛桃间种行距在 2m 之间，花生种植在间距 3m 之间。

带状造林方案：在林道两边适合种植空间间距 3m 种山乌桕。

通过协同发展模式示范后可以看出农村社区经济成效显著，生态效益稳步提升。农村社区居民平均收入由 4000~6000 元提升到 10 000~25 000 元；示范区特色林果产品经济收益普遍提高 2.0~5.2 倍，示范区林场经济效益普遍提高 2~3 倍；示范区特色农产品效益提高 1 倍左右。预计到 2030 年，示范区农村社区民生感知指数综合得分比 2018 年提高 3.11 倍，生态感知指数综合得分提升 3.19 倍，生态系统服务价值提升 31.18%。

9.2.1.3　天然林和天然次生林生态系统服务功能提升技术集成示范 92hm²

针对区域退化次生林和天然林，课题组引进了课题 4 的相关技术，集成了退化次生林和天然林固碳增汇和生物多样性提升技术集成示范（图 9-6）。在乐昌市杨东山十二度水自然保护区横坑村完成试验示范 92hm²。

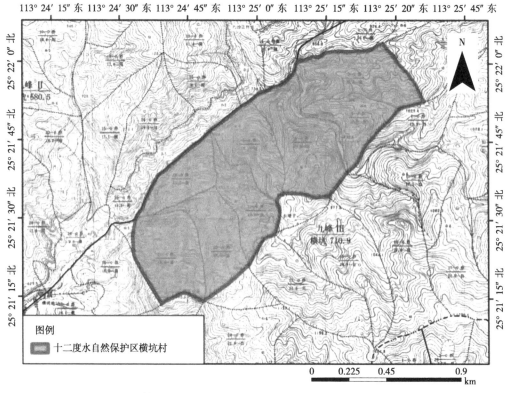

图 9-6　天然林和天然次生林生态系统服务功能提升技术集成示范

乐昌市杨东山十二度水自然保护区（以下简称十二度水保护区）位于南岭山脉中段，地带性植被为亚热带常绿阔叶次生林。该区域是冬季雨雪冰冻灾害的主要受灾区，产生了大量的林窗。为使受损森林恢复，充分发挥其生物多样性保育、森林固碳等功能，综合本课题取得的植被恢复和生态系统服务能力提升技术模式，结合南岭丘陵区林业生态环境建设现实需求，开展示范区建设。具体方案及成效如下：

(1)林窗更新技术

人工辅助更新模式。针对大林窗(400m² 以上)内更新种以演替早期种为主的现象，采用人工补植红椎、华润楠、广东润楠、樟树、深山含笑等地带性植被优势种，要求苗高大于 80cm，按照 5m×6m、5m×5m、4m×4m 这 3 种株行距处理进行随机混交补植，示范面积 20hm²(图 9-7)。从恢复效果来看，补植后减少林下草本植物的种类，5m×5m、4m×4m 株行距补植减少最多，几近对照种类的一半。对灌木层 5m×5m、4m×4m 株行距补植影响不明显，但 5m×6m 株行距的灌木层种数增加较为明显。对乔木层而言，3 种补植处理均增加乔木层的株数，5m×5m、4m×4m 株行距补植影响较大。产生这种现象的原因可能是补植后形成新的生境，降低林内光照，更有利于耐阴种的生长，同时林内光照减少，不利于草本植物生长，促使部分草本植物衰亡，减少与木本植物的养分竞争。从林分垂直结构来看，虽然补植与对照都形成了一定的层次结构，但补植演替层的树木株数增加了 51.98%，主林层株数略有增加，生物多样性提升显著。从总体来看 5m×5m、4m×4m 的株行距补植恢复效果较好，更有利于快速形成林分的复层结构，初步形成亚热带地带性植被。

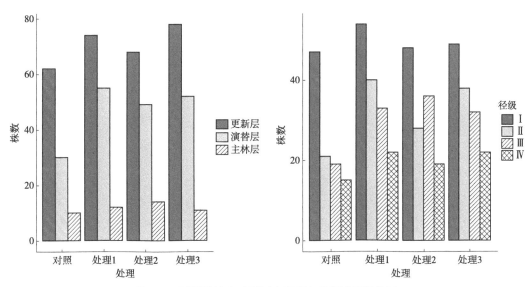

图 9-7　不同补植方式对树木径级与林层分布的影响

(2)施肥模式

为使受损森林快速恢复，按复合肥 20kg、石灰 30kg、复合肥 15kg+石灰 15kg 等 3 种处理进行施肥，每年 1 次，在 3 月施肥，连续 2 年，示范面积为 40hm²。从图 9-8 可以看出，施复合肥 20kg、复合肥 15kg+石灰 15kg 这两种处理有利于优势种径向生长，且复合肥 15kg+石灰 15kg 效果更明显，而施石灰 30kg 处理对优势种径向生长增加不明显，与对照相比无显著差异。对树高而言，3 种处理均提高优势种的高生长，其中复合肥 15kg+石灰 15kg 效果最好。这可能是施肥或施石灰在促进优势种径向生长的同时，也增加了树木冠幅，优势种为获取更多的光照，通过加速高生长提高冠层对光的利用。从表 9-7 可以看出，施复合肥 20kg、复合肥 15kg+石灰 15kg 这两种处理可提升细根的生物量，从而增加树木对养分和水分的吸收，进而促进树木的生长。从初步效果来看，复合肥 15kg+石灰 15kg 处理比对照样树生长迅速，能促进细根的生长，可见该处理是能够促进受损森林快速恢复的有效措施。

通过生物量和碳储量换算可以看出，经过经营，与对照相比，处理 1 地上部分碳储量年均增加 2.77 倍，处理 2 地上部分碳储量增加 1.27 倍，处理 3 地上部分碳储量增加 4.09 倍，综合提升了 2.71 倍(图 9-8)。

表 9-7　不同施肥处理对细根生物量垂直分布的影响

土层深度(cm)	复合肥+石灰	复合肥	对照	石灰
0~10	181.56±18.53Aa	122.54±23.36Ab	99.45±12.33Ab	99.22±13.4Ab
10.1~20	57.23±11.4Bab	65.56±26.7Ba	36.66±11.03Bb	35.11±5.33Bb
20.1~30	48.54±11.44BCa	31.89±11.65BCab	20.11±8.76BCb	23.29±12.27Bb
30.1~40	32.78±4.69Ca	28.78±8.98Cab	16.76±7.35Cb	21.29±8.64Bab

注：表内的数值为"平均值±标准差"。同列不同大写字母表示同一处理样地内细根生物量随土层深度变化的差异，同行不同小写字母表示同一土层深度样地间细根生物量的差异，$p=0.05$。

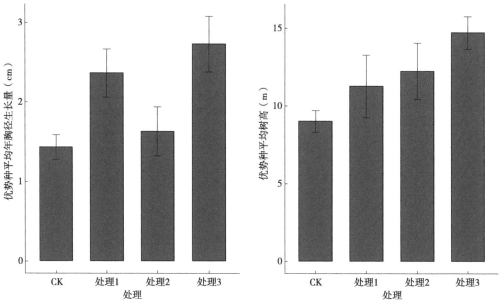

注：CK 为对照组；处理 1 为复合肥 20kg 处理；处理 2 为石灰 30kg 处理；处理 3 为复合肥 15kg+石灰 15kg 处理。

图 9-8　不同施肥方式对优势种胸径和树高的影响

（3）目标树管理模式

为构建地带性植被功能群团，按照"受损群落优势种加强抚育、解除被压木上倒木、断枝或断干，去除不能成材、受损严重的个体；适当清除阳性先锋植物，清除受损树木高度在 2~4m 以下的萌条"，示范面积 20hm²。通过鱼眼法定位监测结果来看，处理实施 3 年后，林分郁闭度由 0.42 增加到 0.89，实现了林冠层的快速恢复。清除下层被压木的枯枝和阳生植物，一是提高被压植物的光接收面积，二是减少阳性植物对光能和养分的竞争。通过本技术措施，处理 3 年后林分已初步形成复层结构，基本保持了地带性植被的特征(图 9-9)。

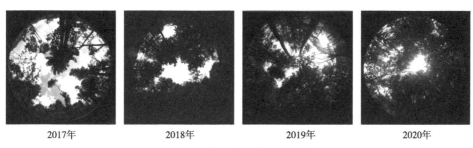

| 2017年 | 2018年 | 2019年 | 2020年 |

图 9-9　不同处理对林分郁闭度的影响

9.2.1.4　疏林地及撂荒地示范区生态系统服务功能提升技术集成示范 35hm²

在植被稀少、山地灾害频发的水土流失矿山区域的云峰和斜坑，集成了撂荒地和疏林地快速恢复技术，分别建立基于森林恢复的复合生态系统服务功能提升技术示范区(图 9-10)，通过选育乡土树种及乡土林下植被，实现其森林植被的快速恢复，最终实现其土壤固定、山地灾害防控的效果。同时，课题组引入针对川东地区自然灾害防控的相关指标，即土壤和枯落物综合有效拦蓄量指标，它能反映撂荒地和疏林地快速恢复技术集成示范后生态系统针对山地灾害的防灾减灾综合能力及土壤保持能力。

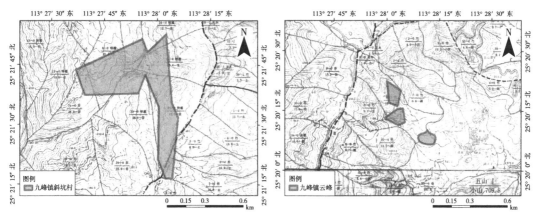

图 9-10　疏林地及撂荒地示范区生态系统服务功能提升技术集成示范

(1)分析疏林地先锋树种和主要建群树种，初步筛选植被治理恢复树种

对不同类型疏林地的植被进行分析：极重度和重度水土流失时期，以草本和小灌木植物为主，中度水土流失时期开始出现乔木树种，常见树种如山苍子、朴树、构树、盐肤木、潺槁木姜子、槭属树种等，但主要是落叶阔叶树种。由此表明，在水土流失植物群落演替过程中，乔木在中度水土流失时期开始出现，主要以落叶树种为主，落叶阔叶树种是水土流失地区演替过程中的先锋树种。轻度水土流失时期乔木树种的种类和数量大量增多，主要有光皮树、青冈栎、雷公青冈、罗浮槭等槭属植物及樟科植物等，在水土流失顺向演替过程中，乔木植被类型最先演替为落叶阔叶林，或是含有少量常绿阔叶树种的落叶阔叶林，这些树种在潜在水土流失地区植被类型中常作为伴生树种。潜在水土流失地区植被类型以常绿阔叶树种为主，经调查以青冈类树种数量最多、分布也最广，调查样地中青冈类的相对多度、相对频度、相对优势度和重要值分别为21.86%、4.84%、11.42%和12.71%。

根据乐昌市水土流失地区植被类型临时样地调查和乐昌市水土流失地区植被演替趋势研究，以及乐昌市水土流失地区常绿阔叶林和落叶阔叶林中乔木树种的组成和群落特征的研究，初步筛选出适合作为乐昌市水土流失地区水土流失恢复的乔木树种，其中常绿树种包括山苍子、朴树、构树、盐肤木、潺槁木姜子、岭南槭、罗浮槭、阴香、木姜子等。

(2)集成了3种技术恢复技术示范

速生乡土小乔木或灌木树种混播快速恢复：主要为岭南槭+罗浮槭+山苍子+潺槁木姜子混播，其中每个树种每亩播种约40g。2年后，山苍子平均树高约为55cm，岭南槭平均树高约为47cm，罗浮槭平均树高约为34cm，潺槁木姜子树高约为42cm。整体恢复情况良好。

种植速生乡土树种恢复：主要通过种植3~5年生青榨槭、岭南槭等槭属，阴香、木姜子等樟科乡土树种苗木，实现快速恢复，种植密度约为1m×2m，同时在地面层，引入葛藤速生藤本，实现快速恢复。

竹林快速恢复：通过种植毛竹，密度约为3m×4m，实现撂荒地快速恢复。

(3)示范成效

研究显示，在枯落物蓄积量上，撂荒地的枯落物主要以草本植物的枯落物为主，其蓄积量约为1.57t/hm²，显著低于其他快速恢复后的样地。在所有完成快速恢复的样地中，竹林恢复模式枯落物蓄积量最高，达到5.44t/hm²，其次为乡土树种恢复，为5.08t/hm²，混播恢复模式中，枯落物蓄积量为3.92t/hm²。

在枯落物拦蓄量上，竹林恢复的最大拦蓄量和有效拦蓄量均为最高，分别达到了8.22t/hm²和6.78t/hm²；其次为乡土树种快速恢复，最大拦蓄量和有效拦蓄量分别为6.81t/hm²和5.58t/hm²；撒播恢复枯落物最大拦蓄量和有效拦蓄量分别为5.72t/hm²和4.74t/hm²，均显著高于荒地1.82t/hm²的最大拦蓄量和1.50t/hm²的有效拦蓄量。

在土壤方面，荒地土壤总孔隙度较高，其最大拦蓄量达到627.10t/hm²，高于其他模式，但是其有效拦蓄量仅为191.35t/hm²，低于其他模式，而有效拦蓄量最高的模式为乡土树种恢复模式，达到311.15t/hm²，其后依次为竹林恢复模式(254.37t/hm²)、撒播恢复模式(210.57t/hm²)。由于土壤均含有一定的水分，因此有效拦蓄量能够反映土壤对水土的保持能力。因此这也说明本课题示范的 3 种技术集成模式，均能显著提升土壤保持能力，其平均提升达到了 39.64%。

在总有效拦蓄量上，乡土树种模式总有效拦蓄量达到 316.73t/hm²，竹林模式 271.16t/hm²，撒播模式 215.32t/hm²，均高于荒地 192.85t/hm²，这也说明本课题示范的 3 种技术集成模式能够提升荒地和撂荒地应对山地灾害的防灾减灾综合能力，其平均提升效果达到了 38.83%。

9.2.1.5　水源涵养林生态系统服务功能提升技术集成示范 41hm²

针对退化水源涵养林，参考项目研究内容和成果的相关技术，建立了水源涵养林水源涵养和污染物削减能力提升技术集成与示范，引入了针对水源涵养林面源污染物总氮、总磷和铵态氮的削减能力指标，反映出水源涵养林对污染物削减能力的提升（图 9-11）。

研究显示，水源涵养林马尾松林中，总氮削减能力为 0.57，经过改造后，削减能力提升至 0.74，提升了 29.82%；总磷削减能力初始为 0.61，经过改造后提升至 0.75，提升了 22.95%；铵态氮初始削减能力为 0.44，改造后提升至 0.54，提升了 22.73%。在红椎林中，总氮削减能力为 0.42，经过改造后提升至 0.71，提升了 69.05%；总磷削减能力初始为 0.54，经过改造后提升至 0.79，提升了 46.30%；铵态氮初始削减能力为 0.41，改造后提升至 0.58，提升了 41.46%。综合来看，改造后的马尾松林和红椎林在面源污染物总氮、总磷和铵态氮的削减能力上综合提升了 38.72%。

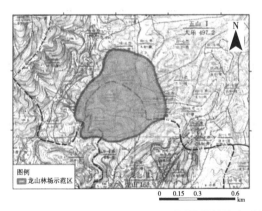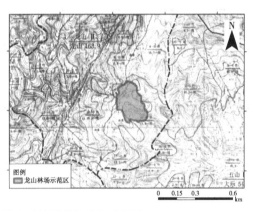

图 9-11　水源涵养林生态系统服务功能提升技术集成示范

9.2.2　湘西北山地生态系统服务功能提升技术示范

在湖南省慈利县，参考项目的研究内容和成果，重点选择林场中的主要人工林（即马尾松林和青冈林）为研究对象，完成了次生林和退化人工林固碳增汇提升技术和生物多样性保育技术集成示范和低效人工林林下植被恢复和固碳增汇提升技术集成示范 600hm²。基地范围为张家界市慈利县二坊坪镇二坊坪村、二坊坪镇占甲桥村、零阳镇两溪村和江垭林场（表 9-8）。规划面积为二坊坪镇 200hm²，零阳镇 100hm²，江垭林场 300hm²。

表 9-8　示范区域一览表

乡镇（林场）	村	面积（hm²）	小班数	优势树种
二坊坪镇	二坊坪村	146	4	马尾松
二坊坪镇	占甲桥村	54	2	马尾松
零阳镇	两溪村	100	2	马尾松
江垭林场		262	2	马尾松
江垭林场		38	1	杜仲
合计		600	11	

（1）技术方案

对湖南省慈利县二坊坪镇和零阳镇规划的 10 个林窗进行补植，每个林窗补植面积为 400m²，补植株数为 50 株。补植树种为栾木、樟树、楠木等珍贵阔叶树种，建立次生林和退化人工林固碳增汇提升技术和生物多样性保育技术集成示范区 300hm²（图 9-12）。

在江垭林场进行林下补植、林药、林菌、林果 4 种模式建设，共建设 4 个片区：

林下补植模式：马尾松林下补植南方红豆杉、大叶女贞苗木，苗木补植数量比例为 2∶1。

林药模式：杜仲林下种植白及。

林菌模式：马尾松林下种植菌类。

林果模式：林缘种植猕猴桃和柚子。共完成示范面积 300hm²。

林窗样地设置：为研究林窗大小对幼苗/幼树天然更新的影响，在慈利县天心阁林场马尾松天然次生林中设置大中小林窗共 6 个区组 18 个试验样地，在湖南省会同县退化阔叶次生林共设置 4 个区组 12 个试验样地。

林窗设置目标：林窗大小按照长轴、短轴之和的平均值与边缘木平均林冠高度的比值 $D∶H$ 来设计，其比值为 $D∶H<1$，$1<D∶H<2$，$D∶H>2$，设置 3 个不同大小的林窗，面积为 300m²、160m²、60m²。每个梯度的林窗，3 个重复。其中，每个林窗的林分类型、林龄、海拔、纬度尽量保持一致。砍伐后，转移树枝、树干残体，未进行掘根处理。

（2）生物多样性保育功能示范成效

对天心阁林场和江垭林场的马尾松林和青冈林开展生物多样性调查，调查显示：

马尾松天然次生林：共调查乔木层 377 棵树木，分属于 7 科 9 属；共调查灌木层 1642 株植物，分属于 19 科 28 属；共调查草本层 354 株植物，分属于 7 科 8 属。

青冈天然次生林：共调查乔木层 392 棵树木，分属于 6 科 8 属；共调查灌木层 841 株植物，分属于 11 科 16 属；共调查草本层 471 株植物，分属于 8 科 9 属。

青冈林和马尾松林在示范前，其乔木层生物多样性较低，Shannon-Wiener 指数仅为 1.13，Simpson 指数为 0.53；而其灌木层生物多样性相对较高，Shannon-Wiener 指数为

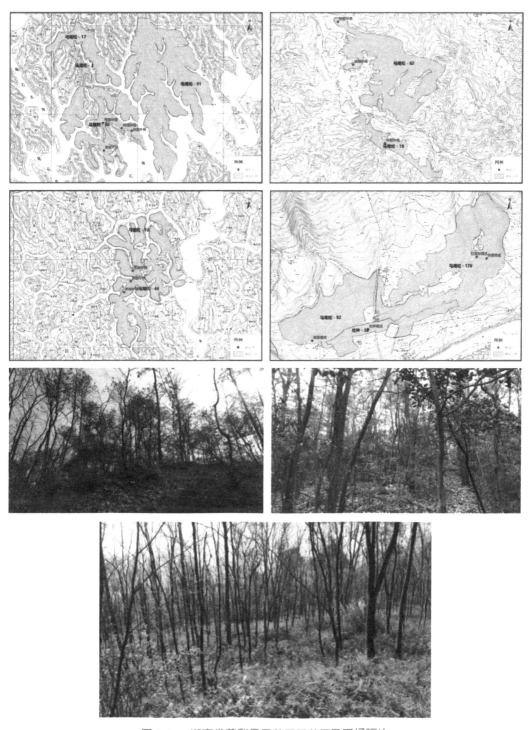

图 9-12　湖南省慈利县示范区示范图及现场照片

1.80，Simpson 指数为 0.74；在经过示范后，马尾松林中，乔木层 Shannon-Wiener 提升至
1.34，提升了 18.58%；Simpson 指数提升至 0.59，提升了 11.32%。灌木层 Shannon-Wiener

提升至 1.84，提升了 2.22%；Simpson 指数提升至 0.81，提升了 9.46%。青冈林中，乔木层 Shannon-Wiener 提升至 1.18，提升了 4.42%；Simpson 指数提升至 0.61，提升了 15.09%。灌木层 Shannon-Wiener 提升至 1.91，提升了 6.11%；Simpson 指数提升至 0.78，提升了 5.41%。

（3）固碳增汇功能提升

引入第 6 章针对马尾松和青冈地上生物量的模型：
马尾松地上生物量最优模型：

$$B = 0.0803 \times D^{1.5822} H^{1.0032} \tag{9-1}$$

青冈地上生物量最优模型：

$$B = 0.1085 \times D^{2.6569} \tag{9-2}$$

研究结果发现，在未示范的对照样地中，马尾松林乔木层单位面积生物量约为 115.31t/hm²，青冈林乔木层单位面积生物量约为 92.71t/hm²，经过示范后，马尾松林乔木层单位面积生物量提升为 142.63t/hm²，提升了 23.69%，青冈林乔木层单位面积生物量提升至 127.48t/hm²，提升了 37.50%，综合固碳增汇效果提升了 30.60%。

9.2.3　赣南山地生态系统服务功能提升技术示范

在赣南树木园标本岛十三小区、八角基地，引入观光木、蓝果树、米老排、乌桕、岭南槭、台湾栾树、枫香等乡土树种，示范低效人工林林下植被恢复和固碳增汇提升技术，提升人工林生态系统服务功能。完成示范 12.77hm²（图 9-13）。

图 9-13　江西崇义示范区示范图及现场照片

在标本岛二小区进行林下补植、林药、林菌3种模式种植规划，在西坑进行林果模式种植规划，通过引入宁夏山香圆、灵芝等药用植物示范栽培，促进了本地2个乡镇的林下经济产业发展。示范面积3.41hm²，提升了人工林生态系统服务功能。

在低效人工林中，土壤固碳增汇效果提升显著，也是反映技术实施成效的重要指标之一。因此，在该样地中，采用土壤固碳增汇效果反映示范后低效人工林林下植被恢复和固碳增汇提升技术成效。

经过示范后，与对照相比，0~40cm土层中，标本岛十三小区示范区土壤有机碳从20.55t/hm²提升至27.86t/hm²，提升了35.61%；标本岛二小区示范区土壤有机碳从20.74t/hm²提升至26.62t/hm²，提升了28.40%，综合土壤碳增加了32.01%。

9.3　南方丘陵山地生态系统服务提升决策支持系统的开发

9.3.1　南方丘陵山地生态系统服务提升途径及其实现

9.3.1.1　数据来源和收集区域

(1)数据来源

中国土地利用数据是在土地利用遥感监测数据的基础上，基于Landsat系列遥感影像，包括耕地、林地、草地、水域、居民地和未利用土地6个一级类型以及25个二级类型，本研究选取1980—2018年各年度湖南省地表生境空间数据，影像采集时间主要集中在8月下旬到9月中旬，经过人机交互解释，利用GIS的ActToolbox裁剪工具提取湘西州各类型土地利用的动态信息数据。

GDP和人口等社会经济空间分布公里网格数据集是在全国分县统计数据的基础上，综合分析了与人类活动密切相关的土地利用类型、夜间灯光亮度、居民点密度数据与GDP及人口的空间互动规律，并分别建立三者与GDP之间的关系模型，利用多因子权重分配法将以行政区为基本统计单元的人口数据展布到空间格网上，从而实现人口的空间化。

气象环境方面，平均气温、年降水量空间插值数据集是基于全国2400多个气象站点日观测数据，通过整理、计算和空间插值处理生成。

农田生产潜力数据是基于中国耕地分布、土壤和高程DEM等数据，采用GAEZ(global agro-ecological zones)模型，综合考虑光、温、水、CO_2浓度、病虫害、农业气候限制、土壤、地形等多方面因素，估算获取中国耕地生产潜力，揭示气候与耕地变化对粮食生产力影响的空间格局及区域分异规律。

其他数据还包括：归一化植被指数数据(NDVI)、叶面积指数数据(LAI)、植被蒸腾速率数据等。

(2)数据收集区域

南方丘陵山地区域共涉及湖南省、湖北省、广东省、四川省、江西省的5个县市，分别是慈利县、丹江口市、乐昌市、华蓥市和崇义县。湖南省慈利县位于湖南省西北部，总面积 3480km²，占湖南省总面积的 1.7%，总人口数为 70.6 万人。湖北省丹江口市位于湖北省西北秦巴山区腹地，总面积 3587.8km²，总人口数为 41.7 万人。广东省乐昌市位于广东省韶关市北部，总面积 2421km²，总人口数为 52 万人。四川省华蓥市位于四川省东部，总面积 470km²，总人口数为 36 万人。江西省崇义县位于江西省西南边陲，总面积 2206.27km²，总人口数为 21.6 万人。同时研究引入北方草原和沙漠气候带，丰富数据收集内容。

9.3.1.2 南方丘陵山地生态系统服务提升途径

土地利用变化下生态系统服务影响关系以及人类社会作用下的气候灾害变化研究方法有很多，涉及图表分析、相关分析、回归分析、主成分分析等。

生态环境与社会经济系统研究应当紧紧围绕生态系统服务模型—生态系统服务—人类社会福祉主线展开，量化任意 2 个或 2 个以上生态系统与社会服务之间的权衡度，更好地权衡集成研究。但不同的模型其针对的对象和尺度各异，标准和使用方法也不同，本文针对湘西小区域范围进行建模，构建适合丘陵山地区域的生态系统服务与社会经济协同发展模型。

①相关分析建模

构建生态系统服务与自然灾害、环境质量、社会经济之间的静态的空间效应模型，选择连续变量的皮尔逊相关系数，通过对系统输入和输出的相关函数之间的关系进行分析，把系统的输入输出关系转变为输入自相关和输入输出互相关的关系，从而建立系统数学模型。

相关关系模型可分为同一区域不同县域各类型生态系统服务与社会经济指标间相关、同一区域不同年度各类型生态系统服务与社会经济指标间相关(含随机波动自相关)的关系子模型等，生态环境、自然灾害风险因子及社会经济的相关关系建模如图 9-14 所示。

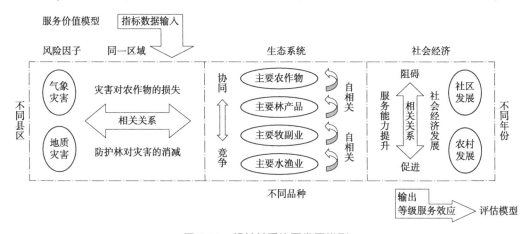

图 9-14　相关关系协同发展模型

其中农田生态系统下分的农作物品种有主要粮食作物(包括稻谷、小麦、玉米、高粱、大豆、绿豆、红薯、马铃薯等)、主要经济作物(包括花生、油菜、棉花、芝麻、甘蔗、烟叶、蔬菜、瓜果等)的面积、产量、产值等服务评价指标;风险因子下的气象自然灾害(包括暴雨洪涝、干旱、冷害与连阴雨、冻害、大风与冰雹、雷击、大雾、降雨型地质灾害、森林火灾等)有受灾面积、粮食减产、倒塌房屋、人口伤亡、牲畜伤亡、经济损失等评价指标;森林生态系统(包括针阔混交林、阔叶林、湿地松林、马尾松林、毛竹林、杉木林、栲槠林和油茶林等)主要有涵养水源、净化空气等功能服务评价指标;草地生态系统主要有牧副业、水域生态系统主要的淡水渔业以及社会经济发展的区域 GDP、第一产业产值等评价指标;其他由于南方区域无荒漠生态系统,城市生态系统并非两屏三带脆弱带区域的重点,因此较少提及。

②回归分析建模

构建生态系统服务与土地利用变化、人类干扰作用、气候条件变化、环境污染改善之间的动态效应模型,确定 2 种或 2 种以上变量间相互依赖的定量关系,可选择连续的多元线性回归(linear regression)或逐步回归(stepwise regression)。回归模型是一种趋势预测、因果分析、优化问题的数学模型,使用最佳的拟合直线(也就是回归线)在因变量(Y)和一个或多个自变量(X)之间建立一种关系,根据给定的预测变量(s)来预测目标变量的值,最后再进行拟合优度检验和交叉验证。

回归分析模型可分为空间多指标关联的因果分析、不同时期各年度指标的发展趋势预测、决策优化问题等子模型。按年度预测回归一般涉及显著性分析及验证,剔除非显著性项,用于生态系统服务与社会经济协同效益分析;多指标关联的因果回归可分生态系统服务与外界环境社会等指标的回归和人均产值与人口与各产业产值的回归,可运用于不同县区域相同指标间的关联效应,结果用于各县区域协同效应评估。回归分析建模如图 9-15 所示。

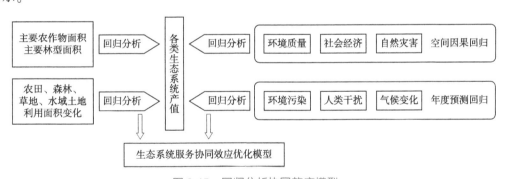

图 9-15　回归分析协同效应模型

这里选择生态系统服务价值或人均产值为因变量,其余为自变量。其中,环境质量主要选择公园建设的自然保护地面积转换价值,社会经济选择县区域 GDP,自然灾害为受灾面积的损失值;环保污染主要选择三废治理及投资资金,人类干扰选择砍伐森林、践踏草地及污染排放合并价值,气候变化选择气象灾害合并价值等自变量各指标间统一计量单位标准,无法统一标准的可用归一化矩阵值代替进行比较,不同年度相同指标做可比价处理。

9.3.1.3　南方丘陵山地生态系统服务提升实现方法

人工神经网络借助神经生理学和神经解剖学原理通过树突接收信息作为输入,在细胞核进行信息处理、反馈修正，再在轴突发出，通过突触传递给下一神经元。其 BP 模型对非线性数据分类十分有效，计算公式为：

隐结点的输出：

$$Y_i = f\left(\sum_j W_{ij} X_j - \theta_i\right) \tag{9-3}$$

输出结点的输出：

$$Q_l = f\left(\sum_i T_{ij} y_j - \theta_l\right) \tag{9-4}$$

式中：X_j 为输入结点；Y_i 为隐结点；O_l 为输出结点；W_{ij}、T_{ij} 为连接权值；θ 为结点阈值。

人工神经网络对往年灾害、生态环境、各作物品种等社会经济产值等因素进行综合分析，进一步将多源异构数据进行更好融合，以供发展趋势预测与权衡决策之用。

（1）人工神经网络机器学习方法

人工神经网络实现机器学习的模型和算法有很多，如 MATLAB/Mathematica 的 NetTrain，spss 神经网络多层感知器，R 语言包的 nnet、AMORE、Neuralnet、RSNNS 等。主要包括 nnet、AMORE、Neuralnet、RSNNS 等。nnet 提供了最常见的前馈反向传播神经网络算法，AMORE 提供了丰富的控制参数，RSNNS 可直接调用 SNNS 的函数命令，在神经网络其他拓扑结构和网络模型方面有极大的补充。

（2）R 语言数据构建

R 语言通常创建一个包含隐藏层的 3 层神经网络，首先对数据样本标准化或归一化 0~1 范围内，再将数据样本按照 3：1 比例划分为训练样本和检验样本。在训练模型时，由于初始权值的不同，训练结果有可能随机发生变化，所以得到的结果可能不同，使用 set. seed(123) 函数使得每次训练返回相同的值，使测试数据保持一致。经过训练和检验后，可以比较预测值和实测值的相关系数和均值误差，反映预测模型的可靠性；不同的指标对产生结果的权重是不一样的，经过重复多次的训练和验证，得到较为精确的预测权值。

（3）实现方法过程

①隐含层神经元数目的确定

隐含层层数或神经元数目增加可以提升神经网络的精度，但隐含层层数增加会消耗大量的时间，同时出现局部最小值，而隐含层神经元数目过多也会弱化 BP 神经网络的泛化能力，降低预测效果。按照公式(9-5)设置隐藏层初始神经元数目范围。

$$m = \sqrt{l + n} + a \tag{9-5}$$

式中：m 为隐藏层神经元个数 l 为输入层结点个数；n 为输出层结点个数；a 为 1~10 的常数。

②训练模型的实现

可用 d=read. csv(file. choose()) 读取工作夹文件，安装及加载 Neuralnet 及 Deriv、grid 和 MASS 两个依赖包，colnames() 或 lapply() 归一化或标准化处理，经过建立的 BP 人工神经网络预测模型进行迭代训练，结束条件为误差函数的绝对偏导数小于 0.01，不同的神经元数目及隐含层层数运行结果是不同的。

③验证模型的实现

结果得到各指标阈值权重和服务变化的关系，再去拟合训练数据，利用 compute(model，testdata)测试集去回测神经网络准确性 MSE 代表均值误差，用 ls() 和 plot() 函数画图，比较其预测的准确性，再利用 10 次交叉检验的方法来验证线性模型的 MSE，即重复 10 次进行随机的 90% 的训练数据集和 10% 的测试数据集。均值误差公式(9-6)如下：

$$MSE = \frac{1}{N} \sum_{i=1}^{N} (observed_i - predicted_i)^2 \tag{9-6}$$

式中：MSE 为均值误差；N 为样本组个数；$observed_i$ 为第 i 个样本组的实测值；$predicted_i$ 为第 i 个样本组的预测值。

(4) 人工神经网络预测与特征分析

根据 R 语言 neuralnet 函数、BP 人工神经网络模型结果、矩阵 model $ result. matri 可得到预测权重值，由于 BP 人工神经网络是误差反向传播算法，它对权值的修改是沿着误差的反方向进行的，因此第 1 列为最终的修正预测权值。

神经网络中的连接权重无法直观揭示输出变量的重要性，由 Neuralnet 函数的对数优势函数提供的偏导数广义权重(generalize weight，也称泛化权重)可用来测度解释变量的重要性。同时通过 head(model $ generalized. weights[[1]]) 函数调用可得到模型的广义权值，可以比较各指标因素自变量在因变量影响中的地位。如果该协变量的所有泛化值都接近于 0，则说明协变量对分类结果影响不大。若总体方差大于 1，则说明协变量对分类结果存在非线性影响。

由于 R 语言在人工神经网络效果上不是很明显，且算法较为复杂，再联合 SPSS 作为决策支持上的补充分析，得到影响湘西区域各主要指标自变量的重要性。这里需要指出的是，使用不同的方法得到的权重不一定相同，这与不同的激励函数、初始权值的随机变化和样本的划分有关，权重的差异化比较还有待进一步的完善，或再将社会经济指标细化。

(5) 情景分析

情景分析法是通过假设、预测、模拟等手段生成未来情景，并分析情景对目标产生影响的方法，在权衡决策中假定这种趋势持续到未来不变的前提下，对预测未来可能出现的情况或引起的后果的判定方法。情景分析的方法有很多，常应用的环境分析工具主要包括 PEST 分析法和 SWOT 分析法等，SWOT 常用于势态分析，主要是帮助企业找出自身优势，整合资源，形成战略规划，而 PEST 更深入了解产品分析，对影响环保产业发展的政治、经济、社会和技术四大类外部环境因素进行分析。

PEST 方法(政治 politics、经济 economy、社会 society、技术 technology)考虑近期规划或远景目标可能发生的通过政府管制而带来的产业政策变化、劳动力市场价格汇率变化、社会人为破坏及绿色保护、种植技术科学化替代等各方面的发展趋势和特征，对过去发生的生态环境效应与社会经济情况作一个前景预测，将不利于发展变化的趋势及时纠正。

PEST—SWOT 分析方法除适用于以盈利为目的的企业单位外，也适用于国家政府部门和事业单位等服务机构，用以判断研究对象是否有着更广阔的发展前景。

9.3.2　生态系统服务效应

9.3.2.1　生态系统服务效应——对极端天气的调节

以内蒙古自治区和南方丘陵山地为例，采用景观格局分析、相关分析、多元回归分析方法，应用遥感和 GIS 技术研究了不同气候区下景观格局与温度和降水之间的关系。结果表明，南北方的景观格局对年均温度的影响均体现出在相似气候背景下最优研究尺度相同，在不同气候背景下最优研究尺度略有差异。从回归模型上来看，南方地区最优回归模型中涉及的景观格局指数类型较丰富，北方地区最优回归模型中以森林、草地和沙地的景观格局指数为主。总的来说，南方地区森林景观面积越大、破碎化程度越低以及草地景观的形状越趋于复杂对温度的降温作用越显著；北方地区草地景观面积越大、边缘密度越高越有利于温度的降低。为了探究景观格局对温度的影响机理，通过计算南方地区不同景观内植被的蒸腾作用与温度数据进行相关性分析。景观格局与年均降水量的回归模型中，在南方地区由于影响降水的因素较多，气候背景和地形地貌对降水的影响较大，部分区域未能得出回归方程。北方地区由于受洋流、季风等天气影响较弱，地形较为平坦，3 个旗县均得出 5km 为最优研究尺度的回归方程。总的来说，南方地区森林景观形状越复杂，草地景观的斑块数量越多且形状越复杂，对降水起抑制作用；北方地区森林和沙地景观形状复杂程度与降水呈正相关关系。灌丛景观的斑块边缘长度越小、斑块数量越少越能促进当地的降水。基于以上研究，建议在应对气候变化时考虑景观格局对温度和降水的影响，且在不同气候背景下选择合适的尺度优化景观格局，提高森林和水体景观面积和形状复杂程度，降低森林景观破碎度，合理选择植物物种，增强植被蒸腾作用来促进降水和降低温度；同时，在极端温度和降水的研究上，需考虑极端温度、降水事件的发生机制，通过土地利用和景观优化来减少极端天气事件的发生频率。

（1）南方丘陵山地景观格局对年均温度的影响分析

通过双变量分析筛选出 1995 年和 2005 年南方丘陵山地屏障带 5 个县（市）不同尺度下与年均温度相关性显著的景观格局指数，将初步筛选的景观格局指数与年均温度进行逐步回归，分析南方丘陵山地屏障带景观格局指数与年均温度之间的关系，揭示其尺度效应，获得最优回归模型。

在所有景观格局指数与年均温度的回归模型中，根据 R^2、VIF 和 AIC 值选择了 5 个区域在不同尺度下的最优回归模型，没有多重共线性及过度拟合现象。由表 9-9 分析可知，景观格局指数对年均温度具有显著的尺度效应。慈利县、乐昌市和崇义县的最优研究尺度为 5km，丹江口市和华蓥市的最优研究尺度为 3km 和 4km，由图 9-16 可知，慈利县、乐昌市和崇义县位于中亚热带江南、瓯江、闽江、南岭区的比较相似的气候背景下，丹江口市在北亚热带秦巴气候区下，华蓥市位于中亚热带四川气候区下，因此，初步可得出不同气候背景下，景观格局影响年均温度的尺度不同。综合 5 个区域来看，从类型水平的景观格局指数上看，影响年均温度的景观类型主要有森林、灌丛、草地、农田及水体，并且水体和灌丛的面积加权形状指数（$AWMSI$）在回归模型中起决定性作用，表明在不同研究尺度上水体和灌丛形状越复杂的斑块对温度影响越大。从景观水平的景观格局指数上看，散步与并列指数(IJI)、平均斑块大小(MPS)以及最大斑块指数(LPI)对年均温度影响较大，而核心区斑块数量(NCA)、平均邻近指数(MPI)、平均斑块分维数($MPFD$)、斑块面积标准差($PSSD$)、斑块丰富密度(PRD)对年均温度一定的影响，且不同气候背景下，影响强弱也有所不同。

表 9-9　南方丘陵山地屏障带 5 个县市景观格局指数和年均温度最优回归模型

区域	尺度(km)	回归方程	R^2 值	VIF	AIC
慈利县	5	$Y=12.976+0.055\times TCAI-5+0.401\times AWMSI-6-0.02\times IJI-all-0.001\times CA-2+0.029\times MCA-4+0.003\times MPS-2$	0.715	<10	-111.01
丹江口市	3	$Y=-3.92+0.026\times NCA-all+0.007\times PSCoV-4+1.265\times DLFD-3-13.919\times AWMPFD-4-0.052\times IJI-all+0.004\times MPI-all-0.001\times MPI-1+0.024\times IJI-1-0.094\times NCA-2-0.057\times MPS-all+30.756\times MPFD-all+0.014\times IJI-4+0.009\times PSSD-all$	0.795	<10	-105.94
乐昌市	5	$Y=14.082+0.015\times IJI-3+0.033\times IJI-all-0.010\times MCA1-2+0.494\times AWMSI-6+0.014\times TCAI-5$	0.835	<10	-74.65
华蓥市	4	$Y=85.286-0.003\times PSSD-1-0.043\times TLA-6+0.571\times AWMSI-2$	0.923	<10	-63.86
崇义县	5	$Y=14.625+15.1\times PRD-all+1.057\times AWMSI-2-0.018\times LPI-all-0.041\times \%LAND-3-0.001\times CASD1-1$	0.675	<10	-65.02

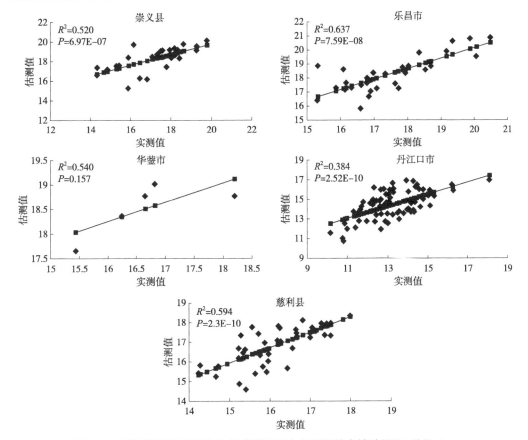

图 9-16　区域不同尺度下年均温度实测值与估测值精度检验模型(单位:℃)

根据上述获得 1995 年和 2005 年不同尺度下景观格局指数与年均温度关系的最优模型，将 2015 年未参与建模的景观格局指数带入最优模型与年均温度进行拟合，与实际温度进行进度检验。此过程在 Excel 2010 中进行分析。

由精度检验结果可知，除华蓥市实测值与估测值拟合效果不显著($P>0.05$)外，其他 4 个区域的拟合效果均显著($P<0.01$)，因此不同尺度下模型中景观格局指数与年均温度之间关系的描绘是理想的。慈利县景观格局指数与年均温度的最优研究尺度为 5km，且最适景观格局指数为 TCAI—水田、AWMSI—水体、IJI—所有景观类型、CA—灌丛、MCA—旱地、MPS—灌丛；丹江口市景观格局指数与年均温度的最优研究尺度为 3km，最适景观格局指数为 NCA—所有景观类型、PSCoV—旱地、AWMPFD—旱地、IJI—所有景观类型、MPI—所有景观类型、MPI—森林、IJI—森林、NCA—灌丛、MPS—所有景观类型、MPFD—所有景观类型、PSSD—所有景观类型；乐昌市景观格局指数与年均温度的最优研究尺度为 5km，最适景观格局指数为 IJI—草地、IJI—所有景观类型、MCA1—灌丛、AWM-SI—水体、TCAI—水田；华蓥市景观格局指数与年均温度的最优研究尺度为 4km，最适景观格局指数为 PSSD—森林、TLA—水体、AWMSI—灌丛；崇义县景观格局指数与年均温度的最优研究尺度为 5km，最适景观格局指数为 PRD—所有景观类型、AWMSI—灌丛、LPI—所有景观类型、%LAND—草地、CASD1—森林。

进一步分析景观格局指数对年均温度的影响，将逐步回归的结果应用于冗余分析中，景观格局指数作为解释变量，年均温度作为相关矩阵，结果如图 9-17 所示。慈利县中灌丛景观的总面指数(CA)与年均温度有很强的负相关关系，其次是灌丛景观的平均斑块大小(MPS)和景观水平上的散步与并列指数(IJI)；水田景观的总核心区面积(TCAI)、水体景观的面积加权形状指数(AWMSI)和旱地景观的核心斑块平均大小(MCA)与年均温度呈正相关关系。丹江口市中森林景观的平均邻近指数(MPI)与年均温度呈正相关关系，其 IJI 对年均温度有消极影响；灌丛景观的核心区斑块数量(NCA)和草地景观的形状复杂度指数(DLFD)与年均温度呈负相关关系；旱地景观的斑块面积变化系数(PSCoV)和 IJI 与年均温度分别呈正相关和负相关关系。此外，整体景观的面积指数与温度呈负相关，其破碎化程度与温度呈正相关。乐昌市中灌丛景观的斑块平均核心区面积(MCA1)、草地景观的 IJI、水田景观的 TCAI、水体景观的 AWMSI 和景观水平上的 IJI 指数均与年均温度呈正相关关系。华蓥市中灌丛景观的 AWMSI 与年均温度呈较弱的正相关关系；森林景观的斑块面积标准差(PSSD)和水体景观的总面积(TLA)与年均温度呈明显的负相关关系。崇义县中景观水平上的最大斑块指数(LPI)与年均温度呈负相关关系；森林景观的核心斑块面积方差(CASD1)、灌丛景观的 AWMSI、草地景观斑块面积比例(%LAND)以及景观水平的斑块丰富密度(PRD)与年均温度呈正相关关系。

总的来说，在不同地区不同尺度下，不同景观格局指数对年均温度的影响不同。森林景观的面积越大对温度的降温效果越好，但邻近程度的增加会减少降温效应；灌丛景观的面积和数量越大可以减缓温度的升高，但斑块形状越复杂会产生相反的作用；草地景观的斑块形状越复杂对温度的降温效果越好，但面积占总体景观的面积的比例越高会增加温度的升高；旱地景观和水田景观均属于耕地，其面积指数、分布指数以及面积变化指数均对温度有积极的增温影响；水体景观的总面积越大，降温作用越显著，其形状指数表明越趋于复杂的水面降温作用越不显著。

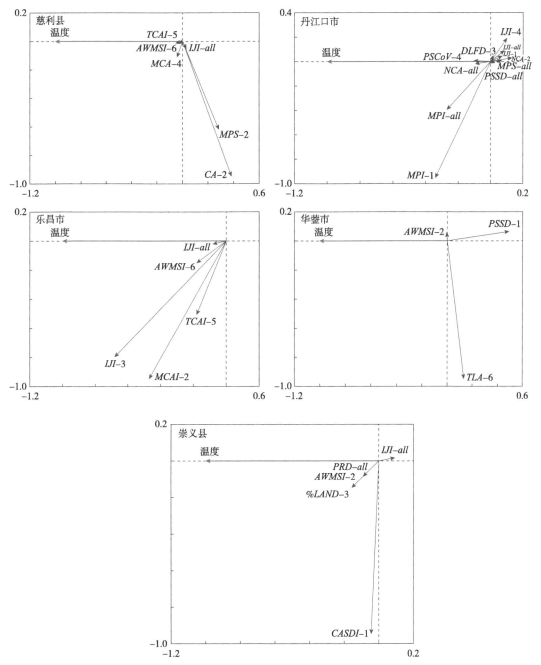

图 9-17　南方丘陵山地屏障带最优尺度下景观格局指数与年均温度的 RDA 图

（2）南方丘陵山地植被蒸腾对温度变化的影响分析

为了充分探究景观格局对温度影响的作用机理，本研究在最优尺度下，通过上述计算 *LAI* 和单元网格内植被蒸腾数据的方法，得到单元网格内植被蒸腾数据，与 2015 年春、夏、秋、冬 4 个季节温度数据进行相关性分析。

在 ArcGIS 10.4 中统计每个网格中不同植被类型，因此在每个网格中可能是单独一种植被类型或是几种植被类型的组合。由表 9-10 分析可知，同一植被与温度的关系上具有季节性差异，单一植被和不同植被组合对温度的影响也不同。草地的蒸腾作用在夏季和秋季与温度相关性较大；灌丛的蒸腾作用在秋季和冬季与温度相关性较大；栲树、马尾松、毛竹、杉木的蒸腾作用以及草丛+马尾松组合、草丛+杉木组合、灌丛+马尾松组合、栲树+毛竹组合、马尾松+杉木组合的蒸腾作用与温度几乎没有相关性；栓皮栎的蒸腾作用在 4 个季节中均与温度呈较强的正相关，可能由于在单元网格内其他植被类型对温度的降温作用显著，相比之下弱化了栓皮栎的蒸腾作用对温度升高的抑制作用；茅栗林的蒸腾作用在 4 个季节中均与温度呈较强的负相关，说明在暖季，茅栗林可使温度降低，而在冬季则可能导致极端低温事件；草丛+栲树组合、水稻+冬小麦组合和水稻+小麦+灌丛组合的蒸腾作用与温度相关性均强于单一植被类型与温度的关系。因此，在植物种植规划中应尽可能提高植被多样性，优化不同植被之间的配置，增强植被蒸腾作用而产生的降温效应。

表 9-10　植被蒸腾作用与温度之间的关系

植被类型	春	夏	秋	冬
草地	−0.066	0.547**	0.361*	0.132
灌丛	0.019	0.093	−0.327**	−0.272**
栲树	—			
马尾松	0.130	0.114	0.005	−0.014
毛竹	—			
茅栗林	−0.86*	−0.86*	−0.902*	−0.902*
棉花+大豆+小麦	—	—	0.762*	0.767*
杉木	−0.050	0.220	0.100	−0.277
栓皮栎	0.995**	0.995**	0.954*	0.993**
水稻	0.185*	−0.075	−0.009	−0.179*
水稻+冬小麦	0.441**	0.423**	−0.499**	−0.524**
草丛+栲树	−0.164	−0.691*	0.775**	0.742**
草丛+马尾松	0.306	0.306	0.200	0.271
草丛+杉木	0.015	−0.051	−0.148	−0.381
灌丛+马尾松	0.386	0.435	−0.332	−0.086
杉木+灌丛	−0.716*	−0.732*	−0.032	0.133
栲树+毛竹	−0.397	−0.309	0.129	0.082
马尾松+杉木	0.208	−0.194	0.489	0.292
水稻+小麦+灌丛	0.245	0.467**	−0.552**	−0.592**
水稻+小麦+马尾松	0.362*	−0.103	−0.340*	−0.150

注：*表示在 0.05 水平上显著相关；**表示在 0.01 水平上显著相关；—表示没有相关性。

（3）南方丘陵山地景观格局对极端温度的影响分析

已有研究表明景观格局对极端温度的影响很可能比平均温度更为显著，对于极端低温来说，景观格局导致的平均最低温度变化可贡献极端低温变化的 90% 左右，而平均最高温度的变化对极端高温变化则贡献了 63.4%，其余的 36.6% 则来源于景观格局变化导致温度非平均态变化的影响。本节整理了 1995 年、2005 年和 2015 年南方丘陵山地屏障带气象站逐日观测数据中 1 月和 7 月的最低温度和最高温度，并在 ArcGIS 10.4 软件中进行了空间插值分析，在上述得到的最优尺度下与景观格局指数进行双变量相关性分析（表 9-11）。

由表可知，5 个区域内景观格局指数在 1995 年、2005 年和 2015 年对最低温度和最高温度的影响较多，且指数较为相似，综合 3 年总和的数据来看，影响最低温度和最高温度的景观格局指数较少，主要和不同年份中发生的城市化、荒漠化、森林砍伐、农田增加和免耕等景观变化有关。因此，景观格局指数对最低、最高温度的影响有年份差异，不同气候背景下的影响也有所不同。慈利县 1995 年、2005 年和 2015 年影响最低和最高温度的景观格局指数较为接近，均为景观水平上的形状指数、面积指数、斑块分布指数及多样性指数，类型水平上来看森林、灌丛和旱地的斑块面积所占比例、核心区斑块面积、斑块数量对最低和最高温度影响较大。除此之外，草地景观的总面积、斑块数量、核心区密度指数与慈利县最低温度的相关性较大，水体景观的斑块分布、破碎化程度指数与慈利县最高温度的相关性较大。综合慈利县 3 年温度和景观格局指数相关性来看，景观水平上的平均斑块分维指数相关性较大，总的来说，斑块形状指数对最低和最高温度均有影响。丹江口市景观格局指数在 1995 年、2005 年和 2015 年最低和最高温度的影响主要以景观水平上的边缘密度、平均斑块面积、分布指数及丰富度指数为主，类型水平上以森林、灌丛、水田、水体和建筑用地的面积指数、斑块面积所占比例为主。除此之外，2015 年建设用地景观的边缘长度、边缘密度、斑块总面积、形状指数均与最低温度相关性较强，3 年综合影响指数除水体景观的面积、最大斑块面积、平均斑块大小指数对最低和最高温度均有相关性外，景观水平上的核心区面积指数、平均斑块面积大小指数、森林景观的边缘密度、形状指数、核心区面积、灌丛景观的斑块数量、斑块面积指数与最低温度相关性较强。

乐昌市、华蓥市和崇义县在 1995 年、2005 年和 2015 年景观格局指数对最低和最高温度的影响指数差异较大，对最低温度来说，主要有森林景观的边缘密度、形状指数；旱地景观的邻近度指数、面积加权平均形状指数、核心区面积指数；水田景观的面积指数、邻近度指数；水体景观的斑块数量、斑块面积均方差指数的相关性较强。对最高温度来说，主要以草地景观的斑块数量、边缘长度、斑块面积所占比例指数为主。综合 3 年总相关性，建筑用地景观的边缘密度、破碎化指数对最低温度影响较大，旱地景观的斑块面积标准差、总核心面积、最大斑块占有比例指数与最高温度相关性较强。同一景观类型的面积、形状及破碎化程度对最低、最高温度的影响均有所不同，应积极探索景观类型的改变及指数的变化对温度产生的影响，以减少极端温度对生产、生活造成的损害。

进一步分析南方丘陵山地地区景观格局指数与最低气温和最高气温的正负相关性。在不同气候背景下，同一类型的不同指数以及同一类型的同一指数在不同年份和与最低、最高气温的相关性都存在差异，这与不同年份的大气环流、台风等气象背景变化有关。总的

表9-11　南方丘陵山地景观格局指数与极端温度的相关性

区域	温度	1995年	2005年	2015年	3年之和
慈利县	T_{min}	MPI-all、IJI-all、NumP-all、PSSD-all、SEI-all、CASD1-all、LPI-all、MSIDI-all、SHEI-all、SIEI-all、MSIEI-all、MPI-1、PSCoV-1、PSSD-1、TE-1、ED-1、AWM-SI-1、AWMPFD-1、TCA-1、CASD-1、CASD1-1、LPI-1、LSI-1、CA-1、%LAND-1、C%LAND-1、NumP-2、PSCoV-2、TE-2、ED-2、CAD-2、CACoV-2、CACV1-2、LSI-2、NCA-2、DLFD-2、NumP-3、MPI-4、MNN-4、IJI-4、NumP-4、MPS-4、PSCoV-4、PSSD-4、TE-4、ED-4、AWMSI-4、AWMPFD-4、TCA-4、CAD-4、MCA-4、CASD-4、CACoV-4、CACV1-4、CASD1-4、LPI-4、LSI-4、MCA1-4、NCA-4、CA-4、%LAND-4、C%LAND-4、IJI-5	NumP-all、MPS-all、MSIDI-all、SDI-all、MCA-all、MCA1-all、MSIDI-all、SIEI-all、TCA-1、CA-1、%LAND-1、C%LAND-1	NumP-all、MPS-all、TE-all、ED-all、SDI-all、CAD-all、MCA-all、TCAI-all、CASD1-all、LSI-all、MCA1-all、NCA-all、MSIDI-all、SIEI-all、TCA-1、CA-1、%LAND-1、C%LAND-1、AWMPFD-2	MPFD-all
	T_{max}	MPI-all、MNN-all、IJI-all、NumP-all、MPS-all、PSSD-all、TE-all、ED-all、CAD-all、SDI-all、SEI-all、TCA-all、CAD-all、MCA-all、CASD-all、TCAI-all、LPI-all、LSI-all、MCA1-all、NCA-all、MSIDI-all、SHEI-all、MSIEI-all、MPI-1、MPS-1、PSSD-1、AWMPFD-1、AWMPFD-1、TCA-1、MCA-1、CASD-1、CASD1-1、LPI-1、MCA1-1、CA-1、C%LAND-1、AWMSI-2	MPI-all、NumP-all、MPS-all、PSSD-all、TE-all、ED-all、SDI-all、SEI-all、TCA-all、CAD-all、MCA-all、CASD-all、TCAI-all、CASD1-all、LPI-all、LSI-all、MCA1-all、NCA-all、MSIDI-all、SHEI-all、SIEI-all、MSIEI-all、MPI-1、MPS-1、PSCoV-1、PSSD-1、TE-1、ED-1、AWMSI-1、AWMPFD-1、TCA-1、MCA-1、CASD-1、TCAI-1、CASD1-1、LPI-1	MPI-all、MNN-all、IJI-all、NumP-all、MPS-all、PSSD-all、TE-all、ED-all、SDI-allTCA-all、CAD-all、MCA-all、CASD-all、TCAI-all、LPI-all、LSI-all、MCA1-all、NCA-all、MSIDI-all、SIEI-all、MSIEI-all、MPI-1、MPS-1、PSSD-1、TE-1、ED-1、AWMSI-1、AWMPFD-1、TCA-1、MCA-1、CASD-1、TCAI-1、CASD1-1、LPI-1、LSI-1	MPFD-all

（续）

区域	温度	1995 年	2005 年	2015 年	3 年之和
慈利县	T_{max}	AWMPFD-2、IJI-3、MNN-4、NumP-4、MPS-4、PSCoV-4、TE-4、ED-4、AWM-SI-4、AWMPFD-4、TCA-4、CAD-4、CACoV-4、CACV1-4、LPI-4、LSI-4、NCA-4、CA-4、%LAND-4、C%LAND-4、IJI-5、IJI-6	LSI-1、MCA1-1、CA-1、%LAND-1、C%LAND-1、NumP-2、PSCoV-2、TE-2、ED-2、CAD-2、CACoV-2、CACV1-2、LSI-2、NCA-2、CA-2、%LAND-2、MPI-4、MNN-4、IJI-4、NumP-4、MPS-4、PSCoV-4、PSSD-4、TE-4、ED-4、AWMSI-4、AWMPFD-4、TCA-4、CAD-4、MCA-4、CASD-4、CACoV-4、TCAI-4、CACV1-4、CASD1-4、LPI-4、LSI-4、MCA1-4、NCA-4、CA-4、%LAND-4、C%LAND-4、IJI-5	MCA1-1、CA-1、%LAND-1、C%LAND-1、NumP-2、PSCoV-2、TE-2、ED-2、AWMSI-2、AWMPFD-2、TCA-2、CAD-2、CACoV-2、CACV1-2、LSI-2、CA-2、%LAND-2、C%LAND-2、MNN-4、IJI-4、NumP-4、PSCoV-4、TE-4、ED-4、TCA-4、CAD-4、MCA-4、CASD-4、CACoV-4、TCAI-4、LPI-4、LSI-4、MCA1-4、NCA-4、CA-4、%LAND-4、IJI-5、IJI-6	C%LAND-6
丹江口市	T_{min}	NumP-all、MPS-all、PSSD-all、TE-all、ED-all、SDI-all、TCA-all、MCA-all、CASD-all、TCAI-all、LPI-all、LSI-all、MCA1-all、MSIDI-all、PR-all、PRD-all、NumP-1、MPS-1、PSCoV-1、TE-1、ED-1、CAD-1、MCA-1、CACoV-1、TCAI-1、CACV1-1、LSI-1、MCA1-1、NumP-2、MPS-2、PSSD-2、CAD-2、MCA-2、CASD1-2、LPI-2、MCA1-2、NCA-2	NumP-all、MPS-all、PSSD-all、TE-all、ED-all、TCA-all、MCA-all、CASD-all、TCAI-all、CASD1-all、LPI-all、LSI-all、MCA1-all、PR-all、PRD-all、NumP-1、MPS-1、PSCoV-1、TE-1、ED-1、CAD-1、MCA-1、CACoV-1、LSI-1、MCA1-1、NCA-1、NumP-2、MCA-2、CASD-2、TCAI-2、CAD-2、MCA-2、CASD1-2、LPI-2、NCA-2	NumP-all、MPS-all、PSSD-all、TE-all、ED-all、TCA-all、MCA-all、CASD-all、TCAI-all、CASD1-all、LSI-all、MCA1-all、MCA1-all、NumP-1、MPS-1、PSCoV-1、TE-1、ED-1、CAD-1、MCA-1、CACoV-1、CACV1-1、LSI-1、MCA1-1、NCA-1、NumP-2、PSSD-2、CAD-2、CASD-2、CASD1-2、LPI-2、NCA-2、TCAI-5、IJI-6	C%LAND-6
	T_{max}	MCA-2、MNN-4、TLA-6	MPS-all、TCAI-all、MCA1-all、MCA-1、CACoV-1、IJI-3	MPS-all、TE-all、ED-all、TCA-all、MCA-all、TCAI-all、LSI-all、MCA1-all、NumP-1、CAD-1、LSI-1、NCA-1、TCA-5、MCA-5、CASD-5、LPI-5、CA-5、%LAND-5、C%LAND-5、TLA-6、TCAI-6、MCAI-6	C%LAND-6

（续）

区域	温度	1995年	2005年	2015年	3年之和
乐昌市	T_{min}	AWMSI-1、AWMPFD-1、NumP-8、TE-8、ED-8、CAD-8、LSI-8、NCA-8	TE-1、ED-1、MSI-1、AWMSI-1、AWMPFD-1、TCA-5、LPI-5、CA-5、AWMPFD-5、%LAND-5、C%LAND-5、TE-8、ED-8、LSI-8	DLFD-4、LPI-5、NumP-8、TE-8、ED-8、CAD-8、CACoV-8、LSI-8、NCA-8	ED-8
	T_{max}	ED-1、CAD-2、MNN-8	MPS-2、MCA1-2、ED-6	MPFD-4、AWMPFD-4	无
华蓥市	T_{min}	MSI-4、AWMPFD-4、MCAI-6	IJI-4、AWMSI-5、AWMPFD-5	MPS-4、PSSD-4、AWMSI-4、AWMPFD-4、MCA-4、CASD-4、TCAI-4、CASD1-4、MCA1-4、IJI-5、AWMSI-6	ED-8
	T_{max}	LPI-3、MPS-4、PSSD-4、AWMSI-4、AWMPFD-4、CASD-4、TCAI-4、CASD1-4、MCA1-4	DLFD-1、LPI-3、PSSD-4、AWMSI-4、CASD-4、CASD1-4、LPI-4	MPS-4、AWMSI-4、AWMPFD-4、TCAI-4、MCA1-4、IJI-5、AWMSI-6	CASD-4
崇义县	T_{min}	PSCoV-1、CACV1-1、TCAI-3、PSCoV-6、CACV1-6	PSCoV-1、AWMPFD-1、MCAI-1	MNN-1	无
	T_{max}	PSCoV-all、CACV1-all、AWMPFD-1	MCAI-all、IJI-1、NumP-3、TE-3、ED-3、TCA-3、CAD-3、LSI-3、NCA-3、CA-3、%LAND-3、C%LAND-3	MNN-1	无

注：景观格局指数在 0.01 水平上与极低和极高温度呈显著相关；"1"代表森林，"2"代表灌丛，"3"代表草地，"4"代表旱地，"5"代表水田，"6"代表水体，"7"代表裸地，"8"代表建筑用地。

来说，慈利县中与最低气温呈负相关的景观格局指数主要包括景观水平上的破碎化指数和相关面积指数，类型水平上主要包括森林的面积指数、草地斑块的数量指数以及旱地的分布指数和破碎化指数，与最低气温呈正相关的景观格局指数主要包括景观水平上的斑块数量指数和多样性指数，类型水平上主要是灌丛的面积指数、形状指数和边缘密度指数。因此，景观的整体破碎化程度越高、森林面积越大、草地斑块数量越多等越容易发生低温气象事件，并且在冷月期间应提高整体景观的多样性、丰富不同景观类型组合以及扩大灌丛面积、提高形状复杂度和边缘密度以稳定温度变化，降低发生极低温度事件的概率。慈利县与最高气温呈负相关和正相关的景观格局指数和最低气温的相关性指数基本相同，不同的是，水体的分布指数与最高温度呈负相关，水田的分布指数与最高温度呈正相关，因此在应对高温天气时应扩大水体的分布区域，减少水田的分布面积。

丹江口市、乐昌市、华蓥市和崇义县中的景观格局指数与最低、最高气温的相关性基本与慈利县的结果相同，在丹江口市、华蓥市和崇义县中主要涉及的景观格局指数为景观水平和不同类型水平的面积指数。对于乐昌市来说，建筑用地的景观格局指数对最低和最高气温的影响较大，尤其数量指数、边缘指数、面积指数和形状指数与最低气温呈显著的正相关，因此人类的活动过程能够显著提高最低气温，促进气温的升高。

(4) 南方丘陵山地景观格局对年均降水量的影响分析

通过双变量分析筛选出 1995 年和 2005 年南方丘陵山地屏障带 5 个县(市) 不同尺度下与年均降水量相关性显著的景观格局指数，将初步筛选的景观格局指数与年均降水量进行逐步回归，分析南方丘陵山地屏障带景观格局指数与年均降水量之间的关系，揭示其尺度效应，获得最优回归模型。

在景观格局指数与年均降水量的回归模型中，根据 R^2、VIF 和 AIC 值选择了 5 个区域在不同尺度下的最优回归模型，没有多重共线性及过度拟合现象。由表 9-12 分析可知，在景观格局指数与年均降水量的拟合分析中，由于年均降水量时空分布受海陆位置、区域内地形地貌特征的影响差异明显，除乐昌市、崇义县外，其他 3 个区域均无拟合。乐昌市景观格局指数与年均降水量最优研究尺度为 5km，影响的主要景观格局指数为森林景观的形状复杂度指数(LSI)。崇义县景观格局指数与年均降水量最优研究尺度为 4km，主要景观格局指数包括景观水平上的斑块丰富度(PR)、草地景观的数量指数($NumP$)、灌丛景观的总边缘长度(TE)以及水体景观的核心斑块的平均大小(MCA)。

表 9-12 南方丘陵山地屏障带 5 个县(市)景观格局指数和年均降水量最优回归模型

区域	尺度(km)	回归方程	R^2 值	VIF	AIC
慈利县		无拟合			
丹江口		无拟合			
乐昌市	5	$Y=1805.214-35.749 \times LSI-1$	0.152	<10	524.72
华蓥市		无拟合			
崇义县	4	$Y=1772.386-25.995 \times PR\text{-}all-3.557 \times NumP-3-0.002 \times$ $TE-2-0.779 \times MCA-6$	0.580	<10	659.79

根据上述获得乐昌市和崇义县1995年和2005年不同尺度下景观格局指数与年均降水量关系的最优模型(图9-18),将2015年未参与建模的景观格局指数带入最优模型与年均降水量进行拟合,与实际温度进行进度检验。此过程在Excel 2010中进行分析。

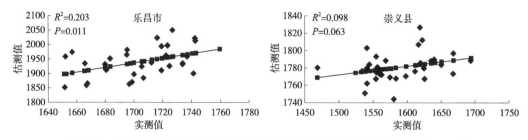

图9-18　乐昌市和崇义县年均降水量实测值与估测值精度检验模型(单位:mm)

由精度检验结果可知,乐昌市实测值与估测值拟合效果较显著($P<0.05$),但回归系数较小,数据波动较大,崇义县接近显著性($P>0.05$)。乐昌市景观格局指数与年均降水量的最优研究尺度为5km,最适景观格局指数为LSI—森林;崇义县景观格局指数与年均降水量的最优研究尺度为4km,最适景观格局指数为PR—所有景观类型、TE—草地、$NumP$—草地、MCA—水体。

进一步分析乐昌市和崇义县景观格局指数对年均降水量的影响,将逐步回归的结果应用于冗余分析中,景观格局指数作为解释变量,年均降水量作为相关矩阵,结果如图9-19所示。乐昌市中森林景观的形状复杂程度与年均降水量呈很强的负相关关系,因此大面积形状越趋于规则的森林景观越促进降水。崇义县中灌丛景观的总边缘长度、水体景观的平均核心斑块大小、草地景观的斑块数量和景观水平上的斑块丰富度均与年均降水量呈负相关关系。

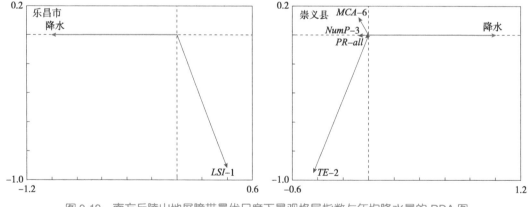

图9-19　南方丘陵山地屏障带最优尺度下景观格局指数与年均降水量的RDA图

(5)生态系统服务效应-极端天气调节总结讨论

①极端温度的调节效应

研究结果表明,南方丘陵山地屏障带的5个县域景观格局指数与年均温度的拟合效果较好,在精度检验中回归系数最高达到0.637,并通过了显著性检验。最优回归模型中涉及的景观类型指数较丰富,主要包括森林、灌丛、草地、旱地、水田和水体的景观格局指数。森林景观的面积越大分布越广对年均温度的降温效果越显著,但破碎化程度越强会减弱降温的效应;灌丛景观的面积和数量指数与年均温度呈负相关,但形状指数与其影响效果相反;草地景观的形状指数对年均温度有负相关关系,其分布和面积指数会对温度的增高起促进作用;旱地和水田的平均斑块面积大小指数越大增温效果越明显,其分布状况越分散可产生一定的降温效应;水体景观的总面积越大且形状越趋于规则越有利于降低温度。研究发现,在相似的气候背景下,最优研究尺度也相同,因此在未来的研究中应考虑不同气候背景下景观格局的空间尺度效应。此外,森林景观的面积指数和草地景观的形状指数有利于年均温度的降低,而森林景观的破碎程度会大大降低减缓温度增高的效果。应对气候变化时,应减少森林的破碎化,增加森林面积以及提高整体景观的多样性,考虑不同景观之间的配置。

针对南方丘陵山地屏障带,将植被蒸腾作用与温度进行相关性分析,研究结果表明,不同植被的蒸腾作用对温度的影响不同,单一植被的蒸腾作用和多种类型组合植被总的蒸腾作用对温度具有不同增温或降温的作用,且具有季节性差异。为了应对气候变化,在南方地区的未来植被规划和种植中应提高植物多样性,在耕种时尽量避免单一种植水稻,将水稻、冬小麦或灌丛进行混合种植,同时提高茅栗林和栓皮栎树种的种植,增强蒸腾作用,减缓温度的升高。

通过景观格局指数与南方丘陵山地地区最高和最低温度的双变量相关性分析,研究发现,同一景观的不同面积、形状、分布及破碎化程度对最高、最低温度的影响不同。在减缓气候变化的进程中,应重视建设用地景观对最低温度的影响以及耕地景观类型对最高温度的影响,充分了解景观变化对低温和高温的影响机制,合理配置景观格局,提高减缓气候变暖的能力。

②极端降水的调节效应

研究结果表明,南方丘陵山地屏障带降水受气候背景、地形地貌等影响强烈,导致降水量时空变化差异较大,景观格局指数对降水的影响强度较小,部分区域未能得出合适的回归模型。同时,即使在相似的气候区下,由于气候波动较大、海陆位置影响较强,最优研究尺度也不同。整体来看,景观格局指数对年均降水量的影响弱于景观格局指数对年均温度的影响。从景观格局指数上来看,南方丘陵山地屏障带回归方程中涉及的景观类型主要是森林、灌丛、草地和水体景观,南方地区森林景观的形状复杂程度、灌丛景观的边缘长度、草地景观的数量、水体景观的平均斑块大小以及景观水平上的斑块丰富度指数均与年均降水量呈负相关关系。在未来应对气候变化中,应重视微气候、区域气候背景下的影响,减少干旱环境带来的影响。

③对年均温度和降水影响的机制

景观格局(包括景观组成和景观配置)对气候变化具有显著的影响。以往研究表明,景观格局的变化对温度和降水的影响具有滞后性,但这种滞后效应以月为时间尺度,约为0~4个月,本研究以年均温度和降水数据进行分析,包含了滞后效应的时间尺度,因此是合理的。本研究发现,不同气候背景下景观格局对温度和降水的影响不同,相似的气候背景下景观格局对年均温度的最适研究尺度是相同的,但由于影响降水的因素较为复杂,尤其在南方地区气候时空分布波动较大，难以确定景观格局对年均降水量的影响以及最优研究尺度，因此本节主要讨论景观格局对温度的影响。

研究表明，影响温度空间分布的主要景观格局特征与研究所选取的景观格局指数密切相关。本研究从景观水平和类型水平2个层次选取近300个指数，结果表明，在对年均温度的影响上，类型水平上的景观格局指数与年均温度之间的相关性强于景观水平上的景观格局指数，与前人研究结论相同。各景观类型的面积指数、形状指数和分布状况指数对年均温度的影响较大，在南方地区森林景观的散布与并列指数(IJI)与斑块面积标准差($PSSD$)与年均温度呈负相关关系，由于南方山区森林生态系统受到严重的垂直地带性的作用，其分布多呈环状，当增加森林面积提高森林斑块之间的邻接度时能够有效降低当地的温度。

从整体来看，有植被覆盖的区域通过吸收大部分的太阳辐射，能够阻止到达地面辐射的54%~65%，极大地减少了进入土层使温度升高，同时植被能够通过植被蒸腾作用带走大量的环境热、降低近地表风速，减少表土层水分蒸发及向大气放热的强度，有研究表明植被面积比例每增加10%，可降温1.0℃。本文研究结果还表明，耕地（旱地、水田）景观的斑块核心面积指数与年均温度呈正相关关系，水体景观面积与温度呈负相关关系，沙地景观的分布面积越广，与其他景观类型邻接度越高，越对温度增高起促进作用。由于水体面积越大越容易形成通风廊道，既能大量接纳和降解空气中的污染物，还有利于污染物和热量的扩散，进而降低表面温度。根据国际灌排委员会2016年统计数据，中国已是世界上灌溉面积最大的国家，与常规种植方式相比，地膜覆盖技术逐渐应用于农田种植中，大量的地膜覆盖减少了植被面积比例，降低农田水分蒸发的同时，减少了植被蒸腾作用与空气交换的水汽含量，导致温度的升高，同时农业和牧业也会释放CH_4、N_2O等，加速土壤中碳的流失，使得空气中CO_2增加，温度变暖。沙地、裸地等景观由于植被覆盖度较低，加上干旱的气候背景下，其面积分布越广越能升高当地温度。

从景观格局功能角度，进一步探讨景观格局对温度的影响机制。气候调节是景观生态功能的一个重要组成部分，不同景观类型的空间分布与其生态功能相互影响。区域尺度下不同景观的比例不同、组成类型不同，都会引起生态系统过程的改变，同时，景观的组成和要素例如基质、廊道等在空间中的不均匀分布引起生态流的改变，影响水分的分布和迁移以及能量交换和转换等过程，因此，在区域尺度上，景观的异质性对温度的改变产生一定的影响。景观的边缘效应包括加成效应、协和效应和集富效应对温度具有显著影响，由于区域分布、物质组成或能量结构的不均匀都会导致区域水分、能量流的变异、扰动、增强和减弱等一系列的变化，不同斑块之间的温度差是影响温度变化的最主要的因素。

因此，在应对气候变化中，加强景观的生态功能和不同景观之间的连接作用。此外，景观空间组成越复杂、破碎化程度越低、异质性越高，对温度的降温效果越好，增加区域内植被覆盖景观的面积，合理选择植物优势物种，形成集中成片的植被覆盖地区，建设较为复杂的植被生态网络系统等方式，达到改善人居环境、缓解温度增高的目的。

④对提升生态系统调节极端天气效应对策建议

本文通过利用3期土地利用数据及年均温度、降水空间插值数据和气象局提供的逐日气象观测数据，应用景观格局指数法、双变量相关性分析方法和逐步回归方法，对南方丘陵山地屏障带景观格局指数与年均温度和降水之间的关系展开研究，同时计算植被蒸腾作用对温度的影响以及景观格局指数与极端温度的关系来探究景观格局影响温度变化的机制，得到的主要结论如下：

在景观格局指数对年均温度的影响上，南方地区景观格局指数与年均温度的回归模型拟合效果较好，最优回归模型中涉及的景观格局指数类型较丰富。总的来说，森林景观的面积指数越高、破碎化程度越低、核心面积指数越高，对年均温度的降温作用越显著；草地景观的形状复杂度在南方地区越高越有利于温度的降低，其面积指数和分布指数与温度呈正相关关系。

在景观格局指数对年均降水量的影响上，整体来看景观格局指数对年均降水量的影响弱于景观格局指数对年均温度的影响，尤其在南方地区影响降水量的因素较多，气候背景和地形地貌等对降水的影响较大，导致部分区域未能得出回归拟合方程。森林景观在南方地区的形状复杂程度与年均降水量呈负相关关系，灌丛景观的斑块边缘长度越小、斑块数量越少越能促进当地的降水，草地景观的斑块数量和形状复杂程度均与年均降水量呈负相关关系，整体景观的斑块丰富度越高越对降水起抑制作用。

在植被蒸腾作用对温度的影响上，不同植被具有不同的蒸腾速率，因此，对温度的影响不同，同一植被在不同季节对温度的影响具有差异，单位区域内多种植被组合整体的蒸腾作用与温度的关系强于单一植被蒸腾作用对温度的影响。草地的蒸腾作用在夏季和秋季与温度相关性较大，而草地+栲树组合的蒸腾作用在 4 个季节均与温度呈较强的相关性；灌丛的蒸腾作用在秋季和冬季与温度相关性较大，而水稻+小麦+灌丛组合的蒸腾作用在 4 个季节均有较强的相关性。在景观格局与极端高温和低温的关系上，不同景观格局指数中面积指数、形状指数、分布指数及破碎化程度对最高、最低温度的影响不同。城市化带来的森林面积减少、农田和建设用地景观增加，使得潜热通量减小，蒸发作用降低，与日最低温度和日最高温度有显著的正相关关系。

研究发现，景观格局与年均温度和降水之间存在显著相关性，且具有空间尺度效应和气候背景影响效应。故在未来应对气候变化时，根据气候背景的不同考虑在不同空间尺度下景观格局对温度和降水的影响，构建合理的景观格局。在景观组成和配置方面上，通过提高森林和水体景观的面积和形状复杂程度来促进降水，通过降低森林景观的破碎程度、提高整体景观的多样性、增加植被覆盖比例、合理选择植物优势物种并优化不同植被之间的配置、增强植被蒸腾作用和水汽传输来抑制温度升高。同时，更应注重景观格局对极端温度的影响，充分了解极端温度事件发生的机制，减少极端天气事件带来的影响，进而促进区域可持续发展。

9.3.2.2　生态系统服务功能对气候变化的响应

（1）南方丘陵山地生态系统服务对气候变化的响应

2005—2015 年，气候变化对南方丘陵山地 5 个县域服务价值的影响显示出较为一致的规律（表 9-13）。

表 9-13　2005—2015 年南方丘陵山地 ESV 最优逐步回归模型

生态系统服务	最优回归模型	R^2	P 值
丹江口市			
食物生产	$Y = 1.61 - 0.13 \times 10^2 T\mathrm{max}10$	0.02	0.04
气体调节	$Y = 1.61 - 0.13 \times 10^2 T\mathrm{max}10$	0.03	0.00
原料生产	$Y = 1.61 - 0.13 \times 10^2 T\mathrm{max}10$	0.03	0.00
水资源供给	$Y = -1.09 + 2.62 T\mathrm{max}11$	0.10	0.02
气候调节	$Y = 1.61 - 0.13 \times 10^2 T\mathrm{max}10$	0.03	0.00
净化环境	$Y = 1.61 - 0.13 \times 10^2 T\mathrm{max}10$	0.03	0.00
水文调节	$Y = 0.52 + 4.5 Tem4 - 0.88 T\mathrm{max}3$	0.17	0.00
土壤保持	$Y = -1.15 + 0.73 Pre4$	0.04	0.00
维持养分循环	$Y = 1.61 - 0.13 \times 10^2 T\mathrm{max}10$	0.03	0.00
生物多样性	$Y = 1.61 - 0.13 \times 10^2 T\mathrm{max}10$	0.03	0.00
美学景观	$Y = 1.61 - 0.13 \times 10^2 T\mathrm{max}10$	0.03	0.00
慈利县			
生态系统服务总价值	$Y = -0.5 \times 10^2 - 0.86 \times 10^2 T\mathrm{min}9 + 1.29 \times 10^2 T\mathrm{max}7 + 0.15 \times 10^2 T\mathrm{max}3$	0.10	0.00
食物生产	$Y = 7.19 + 0.61 \times 10^2 Tem7 - 5.9 Tem2$	0.10	0.00
原料生产	$Y = 3.8 + 0.59 \times 10^2 Tem7$	0.09	0.00
水资源供给	$Y = -1.29 + 6 T\mathrm{max}5 + 0.9 T\mathrm{min}1$	0.06	0.00
净化环境	$Y = 3.8 + 0.59 \times 10^2 Tem7$	0.09	0.00
水文调节	$Y = 0.2 + 0.72 PreY$	0.02	0.00
土壤保持	$Y = 0.17 + 1.85 Pre10$	0.10	0.00
气体调节	$Y = 3.82 + 0.59 \times 10^2 Tem7$	0.09	0.00
气候调节	$Y = 7.19 + 0.61 \times 10^2 Tem7 - 5.9 Tem2$	0.10	0.00
维持养分循环	$Y = 3.8 + 0.59 \times 10^2 Tem7$	0.09	0.04
生物多样性	$Y = 3.8 + 0.59 \times 10^2 Tem7$	0.09	0.00
美学景观	$Y = 7.19 + 0.61 \times 10^2 Tem7 - 5.9 Tem2$	0.10	0.00
华蓥市			
生态系统服务总价值	$Y = 0.4 \times 10^2 + 2.09 \times 10^3 Tem8$	0.12	0.04
食物生产	$Y = 3.62 - 4.92 Pre5$	0.25	0.00
原料生产	$Y = 3.08 - 4.28 Pre5$	0.34	0.00
水资源供给	$Y = 1.78 \times 10^2 + 9.22 \times 10^2 Tem8$	0.12	0.04
净化环境	$Y = 0.77 \times 10^2 + 3.99 \times 10^3 Tem8$	0.12	0.04
水文调节	$Y = 1.62 \times 10^2 + 8.43 \times 10^3 Tem8$	0.12	0.04

（续）

生态系统服务	最优回归模型	R^2	P 值
土壤保持	$Y=-1.55+2.75Pre1$	0.27	0.00
气体调节	$Y=3.95-5.32Pre5$	0.20	0.01
气候调节	$Y=8.28+4.42\times10^2Tem8$	0.11	0.04
维持养分循环	$Y=3.09-4.29Pre5$	0.37	0.00
生物多样性	$Y=0.27\times10^2+1.4\times10^2Tem8$	0.12	0.04
美学景观	$Y=0.43\times10^2+2.26\times10^3Tem8$	0.12	0.04
崇义县			
食物生产	$Y=-1.11+6.4Tmax7$	0.03	0.00
原料生产	$Y=-1.144+6.52Tmax7$	0.03	0.00
水资源供给	$Y=-0.9+0.74Tmax2-1.01PreY$	0.08	0.00
气体调节	$Y=-1.15+6.56Tmax7$	0.03	0.01
气候调节	$Y=-1.16+6.6Tmax7$	0.03	0.02
净化环境	$Y=-1.15+6.51Tmax7$	0.03	0.00
水文调节	$Y=-0.65+0.58\,Tmax2-0.9PreY$	0.05	0.00
土壤保持	$Y=-0.98+4.22Tmax11$	0.12	0.00
维持养分循环	$Y=-1.14+6.52Tmax7$	0.03	0.00
生物多样性	$Y=-1.16+6.58Tmax7$	0.03	0.02
美学景观	$Y=-1.16+6.59Tmax7$	0.03	0.00
乐昌市			
生态系统服务总价值	$Y=6.79-3.8Tmax7$	0.04	0.00
食物生产	$Y=4.06+1.3Pre7-0.61\times10^2\,Tem7$	0.04	0.01
原料生产	$Y=4.14+1.33Pre7-0.63\times10^2\,Tem7$	0.04	0.01
净化环境	$Y=4.13+1.33Pre7-0.63\times10^2\,Tem7$	0.04	0.01
水文调节	$Y=0.14-7.63Tem10+0.15Pre9$	0.30	0.00
气体调节	$Y=4.13+1.32Pre7-0.63\times10^2\,Tem7$	0.04	0.01
气候调节	$Y=4.13+1.33Pre7-0.63\times10^2\,Tem7$	0.04	0.01
水资源供给	$Y=-0.5-8.34Tem10-1.27Pre2$	0.30	0.00
土壤保持	$Y=-0.34-0.41Pre9$	0.03	0.01
维持养分循环	$Y=4.15+1.32Pre7-0.63\times10^2\,Tem7$	0.04	0.01
生物多样性	$Y=4.13+1.32Pre7-0.63\times10^2\,Tem7$	0.04	0.01

　　在丹江口市，气候对 11 项生态系统服务均显示出显著性影响。降水变量仅对土壤保持产生积极影响，其余服务均引入温度相关变量作为气候驱动力。月度高温是影响崇义生态系统服务价值的关键气候驱动力，温度因子 $Tmax7$ 对该地区的服务价值影响最为显著。月度高温因子对崇义 11 项生态系统服务均具有正向影响，气温升高将促进生态系统服务

价值的提升。在慈利县，与降水相关的变量仅对水文调节和土壤保持有显著影响，其余服务价值主要受 $Tem7$ 正向影响。华蓥市的食物生产、原料生产、土壤保持、气体调节以及维持养分循环均受月度降水因子的影响；且只有土壤保持与 $Pre1$ 呈正相关，其余服务价值均与 $Pre5$ 呈负相关。华蓥市的水资源供给、净化环境、水文调节、气候调节、生物多样性和美学景观受月平均温度的影响，均引入单个变量 $Tem8$，且 $Tem8$ 升高会促进服务价值的提升。在乐昌市，水文调节和水资源供给引入单个温度变量 $Tem10$ 作为关键气候驱动力，$Tem10$ 升高会降低服务价值。乐昌市的食物生产、原料生产、净化环境、气体调节、气候调节、土壤保持、维持养分循环和生物多样性均引入单个降水变量作为重要气候驱动力；且这些服务价值中，只有土壤保持受 $Pre9$ 的负面影响，剩余服务均受 $Pre7$ 的正向影响。

相比于 2005—2015 这 10 年间气候因子对南方丘陵山地生态系统服务价值的影响，2015—2018 年短期内温度、降水对服务价值的逐步回归结果规律性不强（表 9-14）。在丹江口市，短期内气体调节、土壤保持和维持养分循环并未受到气候因子的影响。与温度相关变量依旧对水资源供给、气候调节、净化环境、水文调节、生物多样性和美学景观施加影响。慈利县只有气体调节和维持养分循环引入气候参数，且都受到月降水变量的影响。短期内华蓥市引入气候参数的服务类型中，12 月的最高温、平均温度和降水对其施加的影响更大。其中只有原料生产和维持养分循环受月降水变量 $Pre12$ 的影响。在崇义县引入气候参数的服务价值中发现，月度高温因子对该地区服务价值的影响最为显著。这与 2005—2015 年服务价值回归结果相一致。说明与月度高温有关的因子对崇义县生态系统服务价值持续稳定的施加影响。乐昌市只有食物生产、水资源供给和维持养分循环引入气候变量。

此外，相比于其他 4 个地区，华蓥市生态系统服务价值回归方程的 R^2 更高，说明温度、降水对该地区服务价值施加的作用的更大。气候变化是解释华蓥服务价值变化的重要驱动力。短期内的服务价值与气候变化之间的关系并没有像长期那样显示出较为一致的规律性，但在一定程度上为影响服务价值现状的环境因素提供了参考。侧面也反映了气候对生态系统服务的影响是在一个较长时间尺度内进行的。

表 9-14　2015—2018 年南方丘陵山地 ESV 最优逐步回归模型

生态系统服务	最优回归模型	R^2	P 值
	丹江口市		
生态系统服务总价值	$Y = -2.50 \times 10^3 - 2.00 \times 10^3 Tmin6$	0.02	0.04
食物生产	$Y = -4.29 \times 10^2 - 2.23 \times 10^2 Pre8$	0.02	0.04
原料生产	$Y = 1.89 \times 10^3 + 2.29 \times 10^2 Pre - 1.01 \times 10^2 Pre5 - 9.12 \times 10^2 Tmax5$	0.06	0.00
水资源供给	$Y = -3.16 \times 10^3 - 2.26 \times 10^3 Tmin6$	0.02	0.02
气候调节	$Y = -6.29 \times 10^2 + 1.89 \times 10^2 Tem2$	0.02	0.03
净化环境	$Y = -7.15 \times 10^2 + 2.12 \times 10^2 Tem2$	0.02	0.02
水文调节	$Y = 4.76 \times 10^3 + 1.11 \times 10^3 Tmin11$	0.04	0.00
生物多样性	$Y = -6.49 \times 10^2 + 1.95 \times 10^2 Tem2$	0.02	0.03
美学景观	$Y = -6.28 \times 10^2 + 1.89 \times 10^2 Tem2$	0.02	0.03

（续）

生态系统服务	最优回归模型	R^2	P 值
慈利县			
气体调节	$Y=0.77\times10^2-0.11\times10^2 Pre3$	0.01	0.04
维持养分循环	$Y=-0.24\times10^2+0.06\times10^2 Pre4$	0.01	0.04
华蓥市			
食物生产	$Y=2.35\times10^4-7.21\times10^4 Tmax Y-3.62\times.6^3 Tmax5$	0.40	0.00
原料生产	$Y=2.57\times10^2-3.65\times10^2 Pre12$	0.37	0.00
水资源供给	$Y=-1.60\times10^5+7.52\times10^4 Tmax12+6.34\times10^3 Pre9$	0.41	0.00
水文调节	$Y=7.51\times10^3-4.23\times10^3 Tmax12$	0.27	0.01
土壤保持	$Y=-3.15\times10^4-2.99\times10^4 Tem11$	0.42	0.00
维持养分循环	$Y=-0.53\times10^2+0.66\times10^2 Pre12$	0.18	0.04
崇义县			
生态系统服务总价值	$Y=1.03\times10^3-1.57\times10^2 Tmax1$	0.03	0.02
食物生产	$Y=-1.93\times10^3+1.21\times10^3 Tmax11+1.31\times10^3 Tem4-$ $1.38\times10^2 Tmin3+0.08\times10^2 Pre10$	0.16	0.00
气体调节	$Y=3.08\times10^2-0.47\times10^2 Tmax1$	0.03	0.01
气候调节	$Y=1.85\times10^3-2.82\times10^2 Tmax1$	0.03	0.02
净化环境	$Y=1.88\times10^3-2.87\times10^2 Tmax1$	0.03	0.02
水文调节	$Y=-2.19\times10^2+0.28\times10^2 Tem3$	0.05	0.00
土壤保持	$Y=1.09\times10^4-1.24\times10^4 Tmax7$	0.02	0.03
生物多样性	$Y=1.87\times10^3-2.84\times10^2 Tmax1$	0.03	0.02
美学景观	$Y=1.81\times10^3-2.75\times10^2 Tmax1$	0.03	0.02
乐昌市			
食物生产	$Y=2.49\times10^3+4.63\times10^2 Pre2+0.34\times10^2 Pre10+$ $5.55\times10^2 Pre5$	0.08	0.00
水资源供给	$Y=-2.87\times10^3+4.88\times10^2 Tmin3-7.91\times10^2 Pre4$	0.07	0.00
维持养分循环	$Y=0.54\times10^2-0.19\times10^2 Tmin3$	0.03	0.02

（2）南方丘陵山地生态系统服务对气候变化响应的解析

温度、降水模式的变化也影响了生态系统服务价值，生态系统的脆弱性在不同区域间、同一区域内，甚至不同服务之间存在显著差异（Elkin et al.，2013；Zlatanov et al.，2017）。本研究发现气候变化的复杂性以及影响范围的宏观性，都造成服务价值变化的不确定性。其决定系数普遍较低，说明光从气候角度探讨温度、降水对服务价值的影响具有一定的难度。但还是能得出一些有参考意义的结论。在南方丘陵山地，无论短期还是长期时间内，华蓥市地区生态系统服务价值对温度降水因子敏感程度要高于其他地区。尤其是食物生产、原料生产、水资源供给、水文调节、土壤保持和维持养分循环，其决定系数普遍偏高，说明近十几年来，气候的变化对这些服务价值影响更显著。

气候变化对南方丘陵山地生态系统服务价值的影响结果显示，华蓥生态系统服务价值受月度高温因子的影响显著，相比于其他 4 个地区，其 R^2 最高。有趣的是，华蓥市的植物多样性回归方程并没有引入气候因子，但其服务价值回归方程却引入气候变量。说明温度降水的变化对服务价值的影响更深刻。此外，气候因子并不能很好地解释崇义县、慈利县、丹江口市和乐昌市地区服务价值的变化机制。

南方丘陵山地人类活动包括社会经济发展、国家政策实施、人口数量等对生态系统服务功能的潜在影响，区分开气候因子和人类活动对生态系统服务价值变化的影响。在往后的研究中，要细化到各项人类活动因子对服务价值变化的贡献率。研究结果的可靠性仍需进一步验证。这些都是未来有待补充分析的问题。

9.3.3　南方丘陵山地生态系统服务提升优先区识别

9.3.3.1　主要研究内容

（1）研究目标

本文在分析生态系统服务功能的重要性、生态系统服务变化率以及敏感性的基础上，结合遥感数据计算的植物多样性，且消除选择重要生态服务功能的局限性，对地方生态状况进行更全面的分析，促进生态系统服务推广重点区域筛选方法的完善，确定南部丘陵地区生态系统服务的优先区域。选取 5 个南方丘陵山地县域，即丹江口市、慈利县、崇义县、华蓥市和乐昌市，分别计算区域的生态系统服务价值，以及 2015—2018 年生态系统服务价值的变化率、植物多样性、生态敏感性，结合生态系统功能重要性确立区域的生态系统服务提升优先区（图 9-20）。

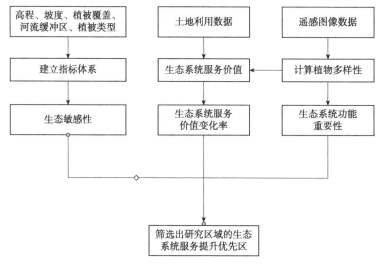

图 9-20　生态系统服务提升优先区识别流程图

（2）研究内容

①基于植物多样性系数的生态服务价值

首先从区域获取 2015 年和 2018 年的土地利用数据，通过谢高地的当量因子法，并用植物多样性系数进行调节后，计算研究丹江口市、慈利县、崇义县、华蓥市和乐昌市的各二级分类的生态系统服务价值，了解其空间分布变化，并通过计算了解其 2015—2018 年的变化率。

②生态系统服务提升优先区识别

定量评估生态系统中的生态重要性、生态敏感性以及区域的生态系统服务价值变化程度，均将其归一化，在 ArcGIS 里叠加分析，得出北方草原和南方丘陵地区的生态系统服务提升优先区。

9.3.3.2　研究方法

（1）生态系统服务重要性评价方法

生态系统服务重要性的评价是确定各种生态系统服务组件中最重要的生态系统服务。生态服务职能包括粮食、水和材料供应，气候和水文调节，环境净化，生物多样性，土壤养护，营养维持和文化支助。在这些生态系统服务功能中，有些更重要，因为空间异质性的存在和当地人类社会的要求是不同的。服务功能的重要性评价主要基于典型生态系统服务功能的容量和价值，其目的是澄清各区域生态系统的生态服务功能及其对区域可持续发展的作用和重要性，并根据其重要性分类澄清其空间分布。重要性评价结果将为生态系统的科学管理、重点生态保护区确定、生态保护和建设政策的制定提供直接依据，成为生态功能区划的重要依据。评价结果可以为确定优先领域提供直接标准。

本研究评价中国南部丘陵地区 5 个县（市）生态系统服务和北方草原的重要性。根据我国生态领域数千名专家研制的《中国重点生态系统服务区划图》确定了生态系统服务在研究领域的重要性。根据地图，中国的 ES 区域分为 3 个层次：第 1 层表明国家在生态系统服务中的重要性，第 2 层表明省在生态系统服务中的重要性，第 3 层表明地方在生态系统服务中重要性。当本地生态系统服务与国家生态系统服务相同时，该区域的生态系统服务重要性为 100 分，如果不包含上一级生态系统服务类型，则等于 0。

（2）生态系统敏感性评价方法

所谓生态敏感性，是指在不损失或不降低环境质量的前提下，生态因子对外界压力或变化的适应能力。丘陵地区自然环境因素的生态敏感性主要通过复杂的地形结构、密集的水网、湖泊和水库而扩大，其中高程影响土地开发结构和土壤结构，结合国内外与本区域接近的生态敏感性研究成果，本研究选用土地利用类型、高程、坡度、NDVI、植被类型；以上数据来自中国科学院资源与环境科学数据。应用 ArcCIS 软件，将土地利用类型、高程、坡度、植被覆盖、河流缓冲区、植被类型等指标分别赋予相应的等级数值，制作单因子生态敏感性分析图。在单因子生态敏感性分析后，对各因子的生态敏感性进行加权叠加，通过 ArcCIS 空间分析中的栅格计算器，计算得到区域范围内的生态敏感性评价初步结果．运用自然分类法（naturalbreaks）将其分为 5 个级别。

(3) 生态系统服务提升优先区识别

优先区域是指在总体布局的基础上，对具有关键生态作用或生态价值的地段给予特别重视，如具有较高物种多样性的生境类型或单元，生态网络中的关键节点和裂点，对人为干扰很敏感而对景观稳定性影响较大的单元，以及对景观健康发展具有战略意义的地段，既包括生态高度敏感区，也包括具有重要生态系统服务功能的地区。通过生态系统服务价值的计算及其变化率的分析、生态敏感性分级，结合重要生态功能区，识别区域的优先提升区域。本研究选择生态系统服务提升优先区的原则为：生态敏感性越高、生态服务价值降低越严重、生态重要性越高的区域越需要优先提升。

9.3.3.3 南方丘陵山地生态系统服务提升优先区识别结果

(1) 系统服务价值变化率分析

在 ArcGIS 中，栅格计算器用于计算 2015—2018 年生态系统服务价值的变化趋势（图 9-21）。本研究认为降低 50%以上需要优先恢复，30%~50%次优先，30%以内不优先。还有一些领域在过去 3 年中提高了生态系统服务的价值，在研究中暂不被视为优先领域。研究发现，大多数地区的变化处于较低水平和低水平。

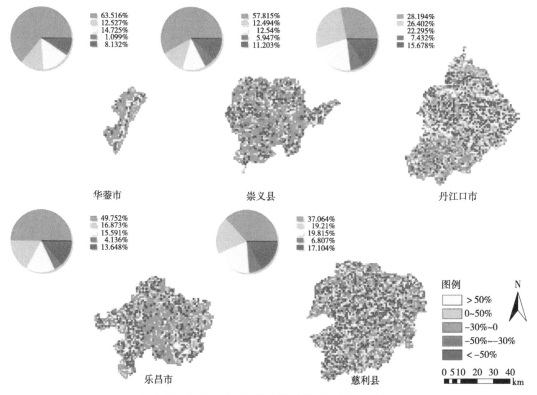

图 9-21　2015—2018 年生态系统服务价值变化率

华蓥市生态系统服务价值需要优先恢复的区域占总面积的 8.132%，集中在县中部地区，次优先的占 1.099%，也集中在县中部区域。崇义县需要优先恢复的占总面积的 11.203%，分布较为分散，次优先的为 5.947%，分布于其东北部。丹江口市优先恢复的区域占总面积的 15.678%，次优先的为 7.432%，都在丹江口市的东北部。乐昌市最需要恢复的为 13.648%，次优先的占总面积的 4.136%，集中在西部和东部，中间不优先。慈利县需要优先恢复的区域占总面积的 17.104%，次优先的占 6.807%，分布在全县。5 个县域占比最大的都是不优秀恢复的区域，慈利县需要优先提升的区域最大，华蓥市最低。

(2) 生态系统服务提升重要性分析

利用自然断点法将得到的生态服务重要性分为 5 类，平均 5 个县的数值后将重要性分为 5 个等级。如图 9-22 所示，丹江口市最重要的区域面积最大，占市土地面积的 70.142%，集中在南部区域。乐昌市最重要的区域最小，仅占市土地面积的 1.002%，位于东南部。生态系统服务最不重要的区域面积最大的是崇义县，占比 78.129%。华蓥市次之，占比 73.874%。

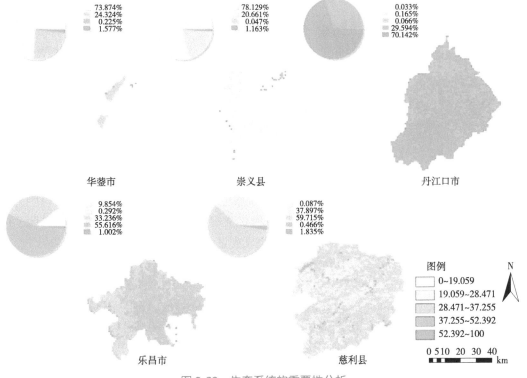

图 9-22　生态系统的重要性分析

(3) 生态敏感性评估

5 个县(市)的生态敏感值通过自然断点方法平均分为 5 个敏感度：敏感、较敏感、一般敏感、不太敏感和不敏感(图 9-23)。华蓥市最敏感的区域位于东部，占比 26.075%，不敏感的区域位于中间区域，占比 24.731%。崇义县最敏感区域占比最多，分布区域广；丹江口市最敏感区域位于南部，占比 33.532%。乐昌市最敏感区域集中在东部，占比50.986%。慈利县最敏感区域位于最北部，零星分布在县中间区域，总占比 24.277%。

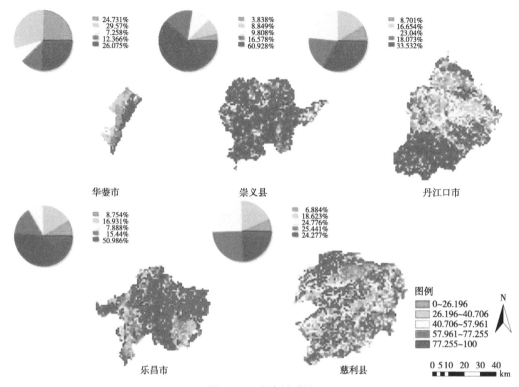

图 9-23　生态敏感值

（4）识别提升生态系统服务功能的优先领域

将生态敏感性分析、重要性分析和生态系统服务价值变化率叠加分析，以获得生态系统服务提升的优先领域。研究将 20%定为一级优先区，前 20%~30%为二级优先区，前30%~40%为三级优先区，前 40%~50%为四级优先区，剩下为不优先区域（图 9-24）。

图 9-25 中发现，慈利县的一级优先区面积最小，位于中部偏北，占 0.134%；二级优先区位置与一级紧邻，占比同样为 0.134%。华蓥市的一级、二级优先区分别占比 0.833%和 1.389%，都位于东北部。崇义县的一级和二级优先区分别占比 1.021%和 0.161%，同样集中位于东北部。丹江口市的一级和二级优先区分别占比 0.492%和 10.22%，主要分布于西南部。乐昌市的二级优先区面积最大，占比 37.20%，主要位于中部和东北部。

乐昌市生态服务功能提升的一级和二级优先区内，都是林地占主体，分别高达 70%和91%；崇义县一级优先区主要为水库，占比 70%，二级优先区内河渠、滩涂、林地和水地各占 25%。慈利县一级优先区内主要为水田、林地和灌木；二级优先区主要为水域，占比75%。丹江口市一级优先区 47%的土地为林地，20%为河渠，二级优先区内林地和灌木分别占 62%和 30%。华蓥市一级优先区主要集中为水域附近的区域，二级优先区则 71%为林地。

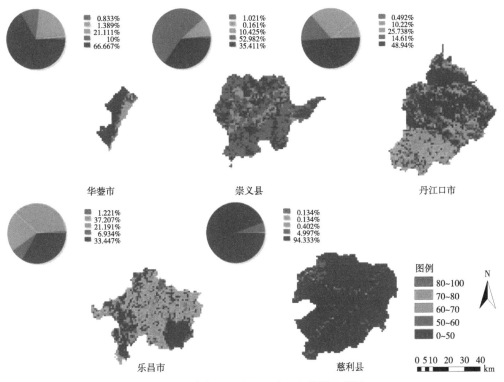

图 9-24 确定提升生态系统服务的优先领域

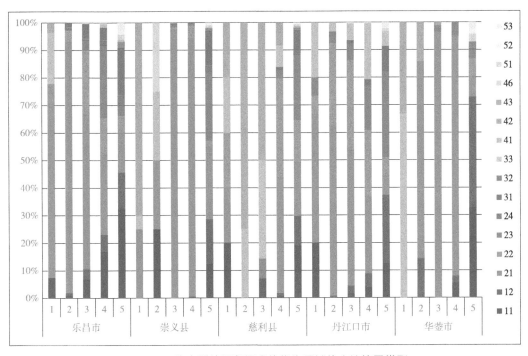

图 9-25 生态系统服务提升的优先区域的土地使用类型

9.3.3.4 生态系统服务优先领域的主要问题和建议

（1）主要问题

由于资源开发不当，丹江口市生态环境遭到破坏，水土流失较为严重，森林功能下降，野生动植物种类严重受损。华蓥市还存在岩石沙漠化、农村非点源污染等问题。崇义县主要问题是森林质量差和容易受到地质灾害的威胁。慈利县和乐昌市的主要环境问题都是由于降水和地形因素造成的水土流失。

华南山区普遍存在降雨不均、水土流失严重、低山丘陵纵横交错、山体崩塌、单层结构侵蚀、森林退化、果林大规模开发等常见问题，造成局部水土流失恶化，生态系统脆弱。

南部丘陵山区是我国"两屏三带"生态安全屏障框架的重要组成部分，覆盖江西、湖南、广东、广西、贵州、云南6个（自治区）。该地区是长江流域和珠江流域之间的分水岭，在两江流域的主要功能中起着至关重要的作用。作为丘陵山区的县级行政区，慈利县的生态系统服务价值对林地等生态土地的变化更为敏感。慈利县作为"撤县设市"的县城，更需要科学合理把控城镇化进度，优化土地利用结构，在发展经济的同时，确保生态安全，促进土地利用与生态系统的健康协调发展，因此迫切需要确定生态服务功能提升的优先区域。崇义县全县划入南岭山地森林生物多样性国家重点功能区，境内保存有大面积亚热带森林带，是构建赣西—赣西北山地森林屏障的主体，也是罗霄山脉水源涵养生态功能区的核心区域。崇义县是我国南方红壤丘陵山地生态脆弱区和南岭山地森林及生物多样性保护优先区，已列入国家生态安全战略格局"两屏三带"中的"南方丘陵山地屏障带"，是构建赣西—赣西北山地森林屏障的主体，也是罗霄山脉水源涵养生态功能区的核心区域。崇义县被誉为"江南绿色宝库"，是我国生物多样性富集区和生物多样性保护的关键地区。实施山水林田湖草生态保护修复工程，对保护区域生物多样性和维护区域生态安全具有重要意义。华蓥市生态保护与恢复工程位于四川东部平行山脊谷的核心，它以中低山和丘陵地貌为主，呈现出"三山两沟一河"的整体格局。乐昌市在生物多样性保护和水资源保护功能方面占有重要地位，它是广东乃至全国重要的生态保护区、水源保护区和生态环境敏感区，也是一个经济欠发达地区和少数民族聚居的地区。这一地区森林资源丰富，森林覆盖率高。良好的生态环境对于维护和保持区域生态服务功能具有重要意义。丹江口市也是典型的丘陵和山区城市，都位于两省交界处。它们正处于经济发展和生态建设的关键时期。确定这5个县的生态系统服务功能，对重点地区具有重要的生态意义。

（2）建议

建议以生态系统服务提升为核心目标，权衡不同服务之间的协同关系，水土保持的空间流动等基础科学问题。以单位面积生态服务功能提升为主线，集成水—土—植被—产业技术体系，形成可持续的生态产业—服务功能提升价值链及管理机制，为区域生态系统服务功能更提升提供解决方法

各地要制定不同的保护法，保障农田和森林的服务功能。同时，要严格限制和监督矿山开采，加强退耕还林还草，实施生态恢复，改善农业生产条件，发展高效农业和生态农业。禁止毁林开荒，遏制天然林面积减少趋势，提高区域水土保持功能，控制水土流失，加强生

物多样性保护。华蓥市要加大力度保护珍稀动植物栖息地，恢复植被，提高森林覆盖率，防止喀斯特地貌区土壤侵蚀和防治石漠化，合理开发矿产资源和自然人文景观资源。崇义县的优先领域应该加强森林植被保护，提高森林质量；大力发展生态农业和生态旅游，全面治理工业污染；加强东北部水土保持生态修复，防止新的水土流失的形成；加强现有自然保护区的建设。应该严格控制耕地非农业占用，加强农田水利建设。慈利县优先发展生态旅游，保护生物多样性，防治水土流失，减少地质灾害。发展有机茶叶和绿色水果生产。乐昌市应减少坡耕地比例，加强建设对地面植被进行治理，控制水土流失，适当建立自然保护区。间作是提高农业系统抗风险能力、提高农业综合效益、优化水土保持和提高土壤肥力的有效途径。

9.3.4　南方丘陵山地生态系统服务提升决策支持系统的开发

9.3.4.1　应用软件工具材料

地理信息系统(GIS)是 3S(遥感 RS、地理信息系统 GIS、全球定位系统 GPS)中间的核心分析功能模块，GIS 已成为绘制和评估景观内生态服务的有力工具，包括生态系统生产功能 InVEST 模型、服务空间流动 ARIES 及 EcoMetrix 模型，及服务优先级 ESValue、EcoAIM 和 SolvES 模型等(李婷，吕一河，2018)。可以帮助土地管理和保护者可视化生态系统服务时空模式和变化，为生态系统服务权衡影响人类福祉提供决策信息(Nemec K T et al.，2013)。

主要基于 ESRI 的 AO 组件嵌入式开发方式的地理信息系统 ArcGIS Engine 作为地图开发平台，将空间位置有关的各县市土地利用、社会经济、气象环境、农田发展潜力等遥感影像图片资料进行地图渲染、空间插值、叠加分析等，在空间显示和处理(图 9-26)。

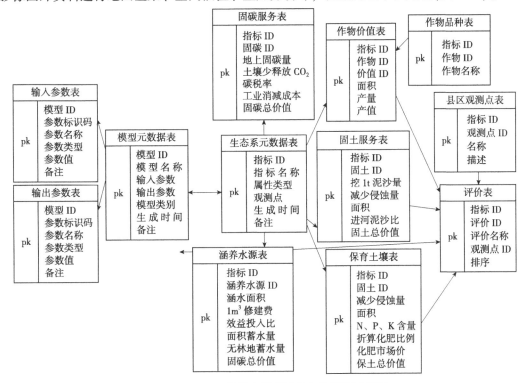

图 9-26　ESVs 数据库逻辑结构与数据表间关系

生态环境与社会经济系统指标数据繁多，这里涉及数据规范管理的问题，每一类型指标都需要有一个数据库表单与之对应，包括农田保育土壤表、草原固土表、森林固碳表和涵养水源表等。各数据表的逻辑结构与数据表间关系如图 9-27 所示，其中 pk（Primary key）代表主关键字段。以研究县域 2017 年各主要粮食作物产量构建数据库表字段，输入数据库，将当地主要粮食的均价代入计算、相加，可以得到粮食主要农产品的总产值 U 为 297 945 元。

指标数据存储的发展趋势是具有真实世界坐标的空间三维表示（Doner F，Biyik C，2011），指标数据的空间建模才是实现生态环境与社会经济可持续性管理与评价的关键技术（Zulian et al.，2018）。空间建模是运用 GIS 空间分析方法建立数学模型的过程，也叫处理模型，是要集成自然灾害、生态环境、社会经济及多源、多尺度、多类型生态系统服务指标数据，进行分图层设计，汇入数据框、地图，形成 SDE 地理数据库，再综合运用地理空间信息系统技术（GIS）、数据库管理系统（RDBMS）和面向对象高级语言工具对区域空间数据进行设计、开发的过程。建模有不同的函数型程序设计方法，如 F#（FP，Functional Programming）语言（以程序核心数据多线程处理的首选）、C#、J# 与 VB 等（是用在用户界面交互设计方面）。这里选择 C#，利用 ArcGIS 技术动态存取 SQL Server 数据并提供给 C# 做二次开发调用。相关技术流程如图 9-27 所示。

图 9-27　ArcSDE 空间数据引擎及关联

结果在关系数据库系统基础上，利用 Visual C#. Net2010 作为开发语言，辅以 R i386 3.5.3 建模语言，在系统中对 ArcGIS 进行二次开发，并选择 Microsoft SQL Server 2008 R2 开发模型字典库和数据库模型，进行空间数据库平台的设计，建成空间数据库平台。

建模 R 语言具有强大的数据处理和可视化的图形绘制能力（Venables W N，Smith D M，2010），比 C 语言更适宜统计及各类复杂公式的算法设计。利用 C# 做应用程序，R 软件做后台的统计分析（当然也可以在客户端用 S 语言编写程序，传送到 R 软件），将 R 软件计算完成后阶段性生成不同的函数形式将结果再传回 C#，供 C# 前台调用。

具体如在安装并加载 plotrix 包，利用 R 语言 twoord. plot（）函数对 1980—2018 年对研究县域生态环境与社会经济各指标因素绘图，进行时间相关分析，并作显著性分析；再如安装并加载 ggplot2 包，利用 R 语言 ggplot（）函数对研究县域生态环境与社会经济各指标因素绘图进行响应分析，作 1980—2018 年各年度各县区相关分析。

本研究相关数据文件存储在单机 win7 SP1 系统 32 位机的 F：\ zsk 文件夹，以及服务器 win10 系统 64 位机的 F：\ kf 夹，以备数据分析管理与使用。服务器使用 Windows10 系统 64 位机架构的 GIS10.2 进行设计，工作站使用 Windows7 专业版 Service pack1 系统 32 位机架构的 GIS10.5 进行设计。数据处理上则利用 Office 系列办公软件以及 SPSS 社会科学统计软件对收集整理的大量数据进行处理、统计和转换。Office2013 应用软件可以保存文档、表格数据、音视频影像；SPSS22 使用的最大优点就是能简化大量数据的操作，能对获取的土地生态面积、气象灾害、社会经济、作物品种产值及调研到的数据进行缺失值处理、变量类型转换、数据检验、可靠性及信效度分析，并辅助时序预测及情景分析等。

9.3.4.2　机器学习技术模型

人工智能发展到大数据，自动化代替了部分手工劳动。机器学习是人工智能的核心，方法有多种，如朴素贝叶斯、支持向量机、随机森林、决策树、Boosting 与 Bagging、关联规则、EM（期望最大化）、人工神经网络算法等。决策树能划开分层的垂直或水平线，有超强的机器学习能力和泛化能力（孙慧然，2014），简便易用，但对数据的结构化要求很高。人工神经网络在数学形式上复刻决策树，要求非结构化数据，速度慢、计算量大，有很强的泛化能力，具有非限制性，非线性，非定性和非凸性等主要特征（Wu Y C et al.，2018），具有很强的机器学习和容错能力，在数据缺失时都具有很好的预测能力和决策效果（刘闯，邱秀伟，2007）。

人工神经网络（artificial neural network，ANN）是人工智能新兴产业中非常重要的一部分。它从信息处理角度对人脑神经元网络进行抽象，建立某种简单模型，如图 9-28 所示，通过树突接收突触输入结点的数据，在中间多层隐结点的细胞核神经元进行加工和反馈，修正权值，再通过轴突将数据传给突触下一结点。

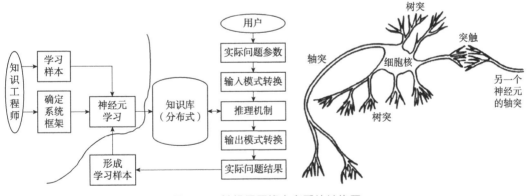

图 9-28　神经元网络专家系统结构图

神经网络是一种运算模型，由大量节点（或称神经元）之间相互连接构成。每个节点代表一种特定的输出函数，称为激励函数（activation function）。神经网络先要以一种学习准则去学习，然后才能进行工作。当网络判断错误时，通过学习使其减少犯同样错误的可能性。

采用反向传播模型（BP 网络）下的神经网络专家系统（M-P）模型对非线性数据分类十分有效，其拓扑结构通常包括输入层、隐含层和输出层，隐含层层数或神经元数目的增加可以提升神经网络的精度，但隐含层层数的增加会消耗大量的时间，同时出现局部最小值，而隐含层神经元数目过多也会弱化 BP 神经网络的泛化能力，降低预测效果。一般采用一个隐含层的 3 层神经网络，隐含层神经元数目为输入层与输出层节点数和的一半(图 9-29)。

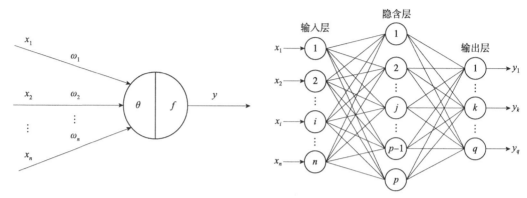

图 9-29　人工神经网络模型结构

　　生态系统服务与社会经济系统服务决策用户通过人机交互系统构建 BP 人工神经网络(马可，2018)，在空间数据库中调取样本数据，根据预测模型和算法，在训练开始时经过神经元节点激励函数运算发生正向传播，判断结果未达到满足条件的误差时，则反馈模型，逐层修改权值，多次重复训练，在隐藏层中不断测试，以改进 BP 神经网络算法规则，如此反复，使误差达到最小的过程，直到达到设定的条件为止。再在数据库调取检验样本数据进行 k 次交叉验证，验证达到满意效果再对未来进行预测，辅助决策支持分析，调节耦合度，用于生态系统服务与社会经济协同发展作用，其结构流程如图 9-30 所示。

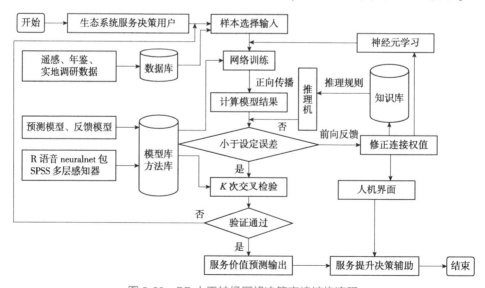

图 9-30　BP 人工神经网络决策支持结构流程

9.3.4.3　界面展示

　　南方丘陵山地生态系统服务功能决策支持系统基于 J2EE 技术架构，采用最新的

Spring+spring Boot+MyBatis 框架进行开发，采用 Java 和 Javascript 进行后台及页面逻辑编写，实现 webGIS 的多方位可视化展示和分析。数据库系统使用新版的 SQLite 文件型数据库，实现海量数据的格式化存储。开发基于 GIS 和数据库的决策支持系统，通过把生态系统服务信息与空间位置相关联，利用 GIS 可视化特性增强生态系统服务价值数据的直观性，同时结合统计图表等形式，从多角度反映生态系统服务状况和空间分布特征，如窗口分割、菜单、工具条、状态栏、对话框等，系统界面菜单框架如图 9-31 所示。

图 9-31　决策支持系统界面

决策支持系统开发之前召开了专家咨询会议（图 9-32），专家一致认为系统架构合理、指标可行，支持系统具有创新性。

图 9-32　决策支持系统专家评审

与课题1~课题5之间的关系如图9-33所示。

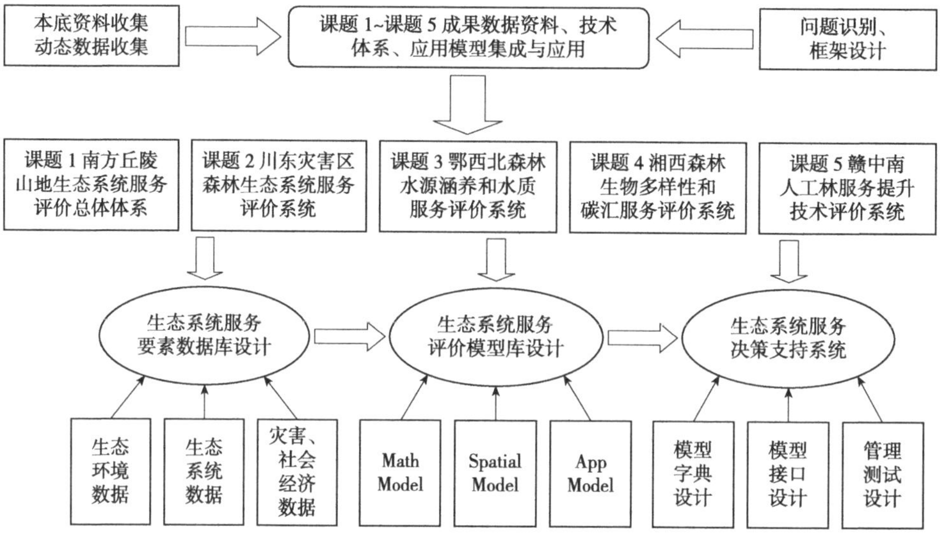

图9-33 决策支持系统项目内部联系

9.4 小结

9.4.1 结论

(1)本项目通过对重点示范区域开展的大量的实地调查与访谈工作发现，经过各课题生态服务提升技术的推广应用，各重点示范区生态环境质量得到了有效提升。其中慈利县、乐昌市等地的村镇近年来通过实施林业重点生态工程建设，规范生态公益林的抚育管理和更新性质采伐，增加森林蓄积量，提高森林覆盖率，生态服务功能不断提升，同时加强现代农业、生态农业、生态旅游的发展，在改善农户生产生活条件、保护高山生态环境方面已成效显著。华蓥市近年来通过对侧柏人工林、马尾松林区域实施土壤特性及水源涵养能力提升技术，明显提升了区域生物多样性、森林蓄积量、提高森林覆盖率。丹江口市近年来通过对滨水植被缓冲带提质建设、小流域森林类型布局优化、库区森林景观调控技术等，流域森林植被有效恢复、流域水质明显提升。

(2)受自然生态环境、发展基础与条件等影响，农户对农田生态系统、园地生态系统、湿地生态系统、林地生态系统等各类生态系统服务的感知也存在一定的差异性，经过政府的积极引导和宣传，乐昌市及慈利县典型农村社区农户对供给服务、调节服务、支持服务、文化服务等生态系统服务功能感知逐渐提升，尤其是文化服务功能与支持服务功能的感知变化明显，主要表现在农户对开展林下经济、开展特色林果种植、发展乡村生态旅游，打造特色农村社区(特色美丽乡村)均有很高认同感。

(3)生态系统的4个服务功能与农户的发展(福祉)都存在一定程度的耦合关系。其中文化服务和供给服务与农户发展(福祉)的关系最为密切,而调节服务则最弱。根据生态系统服务与农户福祉相关要素的耦合关系的路径系数来看,文化服务中的生态旅游作为部分农户的主要经济来源,其与农化福祉变化的关系最为密切。根据 AMOS 软件分析的结果与路径系数来看,与之关系最为紧密的是生态旅游和林下经济发展。区域大多坚持农村社区发展、扶贫开发与生态旅游结合,让农户通过旅游产业实现脱贫致富。

(4)民生感知预测中相比于直接通过算术平均数对数据的计算结果,通过引入发展与民生指数及居民消费价格指数建立的最小二乘法预测模型的预测结果偏大,因为引入的两种指数是市域宏观层面的,表达了在发展与民生指数以及居民消费价格指数层面上慈利县及乐昌市等区域的农村社区区域,民生发展相对于发达地区发展较慢,这是区域发展不均衡的客观表现,同时对比发展与民生指数的增长速率,农村社区居民感知得分的增长速率更快,可以看出随着南方丘陵山地屏障带生态系统服务提升技术研究与示范项目在乐昌市、慈利县等地的实施,区域生态系统服务与农村社区协同发展模式成为新的发展方向,在同时考虑能源、环境对经济增长的约束条件下,一定程度上找到了突破能源、环境约束的可行路径。

(5)以乐昌市和慈利县为研究对象,以本项目研发的生态系统服务提升技术为基础,结合农村社区发展的现状,构建"生态优势助推经济协同发展模式""产业优化促进生态服务提升协同发展模式""生态保育—低影响活动协同发展模式""供给服务发展型模式""调节服务发展型模式""支持与文化服务保护型模式"6 项区域生态系统服务与农村社区协同发展模式,预计到 2030 年,农村社区生态系统服务功能提升 37.3%。

(6)完成不同县(市)域生态系统服务功能重要程度分析。通过对县(市)域的生态系统服务功能适应性分析,发现森林碳汇、生物多样性保育是乐昌市和慈利县的主要生态系统服务功能指标;林下经营和污染物削减技术是崇义县的主要生态系统服务功能;水质净化、水源涵养技术是丹江口市和崇义县的主要生态系统服务功能。但是往往一个县(市)域较为庞大,其地貌特征较为复杂,这在南方丘陵山地屏障带的南岭山区的乐昌市尤为典型,在其市域中,不同区域对生态系统服务技术的需求存在较大差异。因而我们在乐昌市开展技术集成示范后,根据其他县(市)域需求,开展多点示范。

(7)以任务书规定的试验示范县域为初始示范区,对其县域生态系统服务进行区划,精确获取每个生态功能区生态服务提升技术及农村社区发展需求,撰写政策咨询报告。

(8)以本项目研发的生态系统服务提升技术和农村社区协同发展模式为基础,获得"疏林地及撂荒地植被快速恢复技术集成""低效人工林定向恢复与农村社区协同发展技术集成""退化天然林及次生林生态系统服务功能提升技术集成""水源涵养林水源涵养和污染物削减能力提升技术集成"4 项技术集成,并在乐昌市、慈利县、崇义县等试验示范点开展同步试验、多点集成,完成示范面积 899.81hm²。

(9)区域生态系统服务评估数据库已基本构建。区域生态系统服务评估数据库架构已经形成初稿,数据库所需的基础数据的收集工作和前期处理准备工作已基本完成。

(10)开发基于 GIS 和数据库的区域生态系统服务决策支持系统 1 套,决策支持系统完整,具有较强的可操作性和应用价值,运行良好。

9.4.2 建议

(1)健全生态补偿机制

生态补偿机制是实现国家重点生态保护区保护治理与区域发展的重大需求，更是实现南方丘陵山地区域高质量发展与生态安全的重要保障。围绕着南方丘陵山地区资源开发、污染物减排、水资源节约、生态产业发展等，实施生态补偿机制。加快推进粤北地区生态环境权益探索，排污权交易、生态建设配额交易等市场化的生态补偿方式，对粤北地区国家重点生态保护区及广大山地丘陵区保护生态环境所丧失的发展机会成本和环境保护设施、水利设施项目投入等予以补偿。为此，应根据对粤北地区不同类型生态系统服务价值的科学评估，实施多样化、市场化的生态补偿机制。

(2)推动全域协调发展

推动区域高质量发展，需要注重各村产业之间的协调发展、区域之间的协同发展。为此，应采取协同机制，推动产业链上、中、下游地区的资源、资金、技术等发展要素以及产业的横向联合，通过合理调配资源，优化区域产业结构，实现区域之间的优势互补、互惠互利，从而达到区域内经济社会的协调发展。同时由于生态保护及污染防治涉及面广，且必须跨区域实施，协同治理就尤其重要。为此，必须尽快建立粤北南方山地丘陵区域生态保护及污染防治协同工作机制，以便行动一致、措施一致、保障一致，系统性推进区域生态保护及污染防治工作。为将各镇协同治理工作落到实处，必须建立有效的组织机构，如区域协调领导小组，并下设办公室，机构成员来自林业部门、各镇人民政府等部门，具体负责统筹协同推进粤北地区生态保护和高质量发展工作。

参考文献

白永飞，陈世苹，2018. 中国草地生态系统固碳现状、速率和潜力研究[J]. 植物生态学报，42(3)：261-264.

蔡博峰，于嵘，2008. 景观生态学中的尺度分析方法[J]. 生态学报，28(5)：2279-2287.

曹帅，金晓斌，杨绪红，等，2019. 耦合 MOP 与 GeoSOS-FLUS 模型的县级土地利用结构与布局复合优化[J]. 自然资源学报，34(6)：1171-1185.

曹银贵，王静，陶嘉，等，2007. 基于 CA 与 AO 的区域土地利用变化模拟研究：以三峡库区为例[J]. 地理科学进展(3)：88-95，129.

车文斌，彭志萍，2020. 异军突起双城经济圈的华蓥力量[J]. 当代县域经济(7)：40-43.

陈浮，葛小平，陈刚，等，2001. 城市边缘区景观变化与人为影响的空间分异研究[J]. 地理科学，21(3)：210-216.

陈婕，2020. 湘西典型小流域不同林分生态系统服务评估[D]. 博士后出站报告，8.

陈利顶，张淑荣，傅伯杰，等，2003. 流域尺度土地利用与土壤类型空间分布的相关性研究[J]. 生态学报，23(12)：2497-2505.

陈利顶，李秀珍，傅伯杰，等，2014. 中国景观生态学发展历程与未来研究重点[J]. 生态学报，34(12)：3129-3141.

陈利顶，刘洋，吕一河，等，2008. 景观生态学中的格局分析：现状、困境与未来[J]. 生态学报，28(11)：5521-5531.

陈鹏，2006. 厦门湿地生态系统服务功能价值评估[J]. 湿地科学，4(2)：101-107.

程昌锦，丁霞，胡璇，等，2018. 滨水植被缓冲带水质净化研究[J]. 世界林业研究，31(4)：13-17.

程昌锦，丁霞，漆良华，等，2020. 湖北丹江口库区滨水植被缓冲带氮磷截留效应[J]. 林业科学，56(9)：11-22.

程昌锦，2019. 湖北丹江口库区滨水植被缓冲带对径流污染物的截留效应研究[D]. 北京：中国林业科学研究院.

程昌锦，张建，漆良华，等，2021. 丹江口库区马尾松人工林地表径流氮磷截留效应[J]. 生态学杂志，40(6)：1567-1573.

程琨，2015. 土壤生态系统服务功能表征与计量[J]. 中国农业科学，48(23)：4621-4629.

楚芳芳，2014. 基于可持续发展的长株潭城市群生态承载力研究[D]. 长沙：中南大学.

虞依娜，彭少麟，杨柳春，等，2009. 广东小良生态恢复服务价值动态评估[J]. 北京林业大学学报，31(4)：19-25.

崔和瑞，2004. 基于循环经济理论的区域农业可持续发展模式研究[J]. 农业现代化研究，25(2)：94-98.

崔林丽，史军，唐娉，等，2005. 中国陆地净初级生产力的季节变化研究[J]. 地理科学进展，24(3)：8-16.

崔向慧，2009. 陆地生态系统服务功能及其价值评估[D]. 北京：中国林业科学研究院.

代光烁，娜日苏，董孝斌，等，2014. 内蒙古草原人类福祉与生态系统服务及其动态变化：以锡林郭勒草原为例[J]. 生态学报，34(9)：2422-2430.

邓坤枚，石培礼，谢高地，2002. 长江上游森林生态系统水源涵养量与价值的研究[J]. 资源科学，24(6)：68-73.

丁彬，李学明，孙学晖，等，2016. 经济发展模式对乡村生态系统服务价值保育和利用的影响：以鲁中山区三个村庄为例[J]. 生态学报，36(10)：3042-3052.

丁聪，2019. 大通县土地利用/植被覆盖动态变化及生态系统服务价值研究[D]. 北京：北京林业大学.

丁飞霞，2019. 丹江口库区小流域汇水区景观特征对径流水质的影响[D]. 武汉：华中农业大学.

丁霞，2019. 丹江口库区湖北水源区马尾松人工林水源涵养功能研究[D]. 北京：中国林业科学研究院.

丁霞，程昌锦，漆良华，等，2019. 丹江口库区湖北水源区不同密度马尾松人工林水源涵养能力[J]. 生态学杂志，38(8)：2291-2301.

丁阳，2015. 生态—经济—社会协调发展模型研究[D]. 武汉：武汉理工大学.

董丹，倪健，2011. 利用CASA模型模拟西南喀斯特植被净第一性生产力[J]. 生态学报，31(7)：1855-1866.

杜晨亮，2019. 基于Meta分析的京津冀森林水源涵养能力评估及其空间分异特征探究[D]. 石家庄：河北师范大学.

杜国明，陈晓翔，黎夏，2006. 基于微粒群优化算法的空间优化决策[J]. 地理学报，61(12)：1290-1298.

杜鹏，杨蕾，2009. 2001—2006年广东省江门地区森林生态系统服务功能的经济价值评估[J]. 安徽农业科学，37(16)：7756-7758.

范柏乃，单世涛，陆长生，2002. 城市技术创新能力评价指标筛选方法研究[J]. 科学研究(6)：663-668.

方国华，周磊，闻昕，等，2017. 南水北调东线江苏受水区土地利用变化模拟及生态安全评价[J]. 国土资源遥感，29(3)：163-170.

冯磊，王治国，孙保平，等，2012. 黄土高原水土保持功能的重要性评价与分区[J]. 中国水土保持科学(4)：19-24.

付晓，王雪军，孙玉军，等，2008. 我国森林生态系统服务功能质量指标体系与评价研究[J]. 林业资源管理(2)：32-37.

傅伯杰，2001. 景观生态学原理及应用[M]. 北京：科学出版社.

傅伯杰，于丹丹，吕楠，2017. 中国生物多样性与生态系统服务评估指标体系[J]. 生态学报，37(2)：341-348.

傅伯杰，周国逸，白永飞，等，2009. 中国主要陆地生态系统服务功能与生态安全[J]. 地球科学进展，24(6)：571-576.

高虹，欧阳志云，郑华，等，2013. 居民对文化林生态系统服务功能的认知与态度[J]. 生态学报，33(3)：756-763.

龚诗涵，肖洋，郑华，等，2017. 中国生态系统水源涵养空间特征及其影响因素[J]. 生态学报，37(7)：2455-2462.

郭晋平，2001. 森林景观生态研究[M]. 北京：北京大学出版社.

郭然，王效科，逯非，等，2008. 中国草地土壤生态系统固碳现状和潜力[J]. 生态学报，28(2)：862-867.

郭彦丹，2015. 基于景观功能评价的乡村发展模式研究[D]. 北京：北京林业大学.

郭艳红，2010. 北京市土地资源承载力与可持续利用研究[D]. 北京：中国地质大学.

韩会然，杨成凤，宋金平，2015. 北京市土地利用空间格局演化模拟及预测[J]. 地理科学进展，34(8)：976-986.

郝文渊，杨东升，张杰，等，2014. 农牧民可持续生计资本与生计策略关系研究：以西藏林芝地区为例[J]. 干旱区资源与环境，28(10)：37-41.

何绍浪，何小武，李凤英，等，2017. 南方红壤区林下水土流失成因及其治理措施[J]. 中国水土保持(3)：16-19.

侯英雨，柳钦火，延昊，等，2007. 我国陆地植被净初级生产力变化规律及其对气候的响应[J]. 应用生态学报，18(7)：1546-1553.

胡喜生，洪伟，吴承祯，2013. 土地生态系统服务功能价值动态估算模型的改进与应用：以福州市为例[J]. 资源科学，35(1)：30-41.

胡应龙，陈颖彪，郑子豪，等，2018. 广州市生态系统服务价值空间异质性变化[J]. 热带地理，38(4)：475-486.

胡友兵，李致家，冯杰，等，2012. 三峡库区生态屏障范围界定[J]. 水利学报，43(10)：1248-1253.

虎帅，张学儒，官冬杰，2018. 基于InVEST模型重庆市建设用地扩张的碳储量变化分析[J]. 水土保持研究，25(3)：323-331.

黄桂林，2011. 辽河三角洲湿地景观变化及驱动机制研究[D]. 北京：北京林业大学.

黄海，2014. 基于改进粒子群算法的低碳型土地利用结构优化：以重庆市为例[J]. 土壤通报，45(2)：303-306.

黄玲玲 . 2009. 竹林河岸带对氮磷截留转化作用的研究 . 北京：中国林业科学研究院博士学位论文 .

黄晴，2019. 城市代谢视角下的土地利用时空动态优化研究[D]. 北京：中国地质大学 .

惠刚盈，GADOW K V，胡艳波，2004b. 林分空间结构参数角尺度的标准角选择[J]. 林业科学研究，17(6)：687-692.

惠刚盈，GADOW K V，1999. 角尺度：一个描述林木个体分布格局的结构参数[J]. 林业科学，35(1)：37-42.

霍冉，鲁博，徐向阳，等，2019. 基于当地居民感知视角的煤炭资源型城市生态系统 服务福祉效应研究：以新泰市为例[J]. 中国土地科学，33(9)：101-110.

江波，张路，2015. 青海湖湿地生态系统服务价值评估[J]. 应用生态学报，26(10)：3137-3144.

江忠善，王志强，刘志，1996. 黄土丘陵区小流域土壤侵蚀空间变化定量研究[J]. 水土保持学报(1)：1-9.

姜春前，白彦锋，孟京辉，等，2022. 次生林碳汇与生物多样性提升技术[M]. 北京：中国农业出版社 .

姜广辉，张凤荣，陈军伟，等，2007. 基于Logistic回归模型的北京山区农村居民点变化驱动力分析[J]. 农业工程学报，23 (5)：81-87.

姜广辉，张凤荣，颜国强，等，2005. 科学发展观指导下的农村居民点布局调整与整理[J]. 国土资源科技管理，22 (4)：109-116.

焦如珍，杨承栋，孙启武，等，2005. 杉木人工林不同发育阶段土壤微生物数量及其生物量的变化[J]. 林业科学：166-168.

金其铭，1988. 我国农村聚落地理研究历史及近今趋向[J]. 地理学报，43 (4)：311-317.

经阳，2016. 基于CA-Markov模型的佛山市生态用地演变及其模拟[D]. 南昌：东华理工大学 .

孔令桥，张路，郑华，等，2018. 长江流域生态系统格局演变及驱动力[J]. 生态学报，38(3)：741-749.

黎夏，叶嘉安，1999. 基于遥感和GIS的辅助规划模型：以珠江三角洲可持续土地开发为例[J]. 遥感学报(3)：215-218，219-247.

李春锋，王旭红，2012. 基于遥感技术的三峡库区屏障带划分研究：以重庆市万州区为例[J]. 地下水(2)：194-195.

李菲，2021. 径流路径调控对川东黄壤坡面侵蚀过程的影响[D]. 北京：北京林业大学 .

李国珍，2018. 基于FLUS模型的深圳市土地利用变化与模拟研究[D]. 武汉：武汉大学 .

李晗，2019. 基于SPOT-5遥感影像的湘西林分参数及碳储量预估模型研究[D]. 北京：北京林业大学 .

李惠通，张芸，魏志超，等，2017. 不同发育阶段杉木人工林土壤肥力分析[J]. 林业科学研究，30：322-328.

李利锋, 郑度, 2002. 区域可持续发展评价: 进展与展望[J]. 地理科学进展, 21(3): 237-248.

李晓文, 胡远满, 肖笃宁, 1999. 景观生态学与生物多样性保护[J]. 生态学报(3): 3-5.

李鑫, 马晓冬, 肖长江, 等, 2015. 基于CLUE-S模型的区域土地利用布局优化[J]. 经济地理, 35(1): 162-167.

李琰, 李双成, 高阳, 等, 2013. 连接多层次人类福祉的生态系统服务分类框架[J]. 地理学报, 68(8): 1038-1047.

李阳兵, 张阳阳, 2010. 平行岭谷区建设用地格局演变扩展的通道与低山阻隔效应[J]. 地理研究, 29(3): 440-448.

李勇志, 2014. 重庆市森林生态系统服务功能价值评估[J]. 生态学报, 34(1): 216-223.

李月臣, 刘春霞, 闵婕, 等, 2013. 三峡库区生态系统服务功能重要性评价[J]. 生态学报, 33(1): 168-178.

廖文婷, 邓红兵, 李若男, 等, 2018. 长江流域生态系统水文调节服务空间特征及影响因素: 基于子流域尺度分析[J]. 生态学报, 38(2): 412-420.

刘殿锋, 刘耀林, 赵翔, 2013. 多目标微观邻域粒子群算法及其在土壤空间优化抽样中的应用[J]. 测绘学报, 42(5): 722-728, 737.

刘东亚, 2019. 土地利用变化时空动力学方法构建与应用研究[D]. 北京: 中国地质大学.

刘家根, 黄璐, 严力蛟, 2018. 生态系统服务对人类福祉的影响: 以浙江省桐庐县为例[J]. 生态学报, 38(5): 1687-1697.

刘剑平, 2007. 我国资源型城市转型与可持续发展研究[D]. 长沙: 中南大学.

刘康, 李月娥, 吴群, 等, 2015. 基于Probit回归模型的经济发达地区土地利用变化驱动力分析: 以南京市为例[J]. 应用生态学报, 26(7): 2131-2138.

刘丽, 段争虎, 汪思龙, 等, 2009. 不同发育阶段杉木人工林对土壤微生物群落结构的影响[J]. 生态学杂志, 28: 2417-2423.

刘鹏举, 2020. 生态用地目标约束下济南市土地利用格局优化研究[D]. 北京: 中国地质大学.

刘胜涛, 高鹏, 刘潘伟, 等, 2017. 泰山森林生态系统服务功能及其价值评估[J]. 生态学报, 37(10): 3302-3310.

刘世荣, 2015. 面向生态系统服务的森林生态系统经营—现状—挑战与展望[J]. 生态学报, 35(1): 1-9.

刘世荣, 杨予静, 王晖, 2018. 中国人工林经营发展战略与对策: 从追求木材产量的单一目标经营转向提升生态系统服务质量和效益的多目标经营[J]. 生态学报(38): 1-10.

刘小平, 黎夏, 2007. Fisher判别及自动获取元胞自动机的转换规则[J]. 测绘学报, 36(1): 112-118.

刘晓娟, 黎夏, 梁迅, 等, 2019. 基于FLUS-InVEST模型的中国未来土地利用变化及其对碳储量影响的模拟[J]. 热带地理(3): 397-409.

刘延滨, 王庆成, 王承义, 等, 2012. 退化落叶松人工林近自然化改造对土壤微生物及养分的影响[J]. 生态学杂志, 31: 2716-2722.

刘彦随, 陈百明, 2002. 中国可持续发展问题与土地利用/覆被变化研究[J]. 地理研究(3): 324-330.

刘彦随, 2009. 中国农村空心化的地理学研究与整治实践[J]. 地理学报, 64(10): 1193-1202.

刘洋, 张展羽, 张国华, 等, 2007. 天然降雨条件下不同水土保持措施红壤坡地养分流失特征[J]. 中国水土保持(12): 14-16, 68.

刘影, 聂宇一, 胡启林, 等, 2014. 鄱阳湖生态经济区生态屏障建设研究[J]. 江西科学, 32(2): 152-156.

柳冬青, 张金茜, 巩杰, 等, 2019. 陇中黄土丘陵区土地利用强度—生态系统服务—人类福祉时空关系研究: 以安定区为例[J]. 生态学报, 39(2): 637-648.

鲁绍伟，陈波，潘青华，等，2013. 北京山地不同密度侧柏人工林枯落物及土壤水文效应. 水土保持学报，27（1）：224-229.

陆传豪，代富强，刘刚才，2017. 基于 GIS 和 RUSLE 模型的万州区土壤保持服务功能空间分布特征[J]. 长江流域资源与环境（8）：121-129.

陆元昌，张守攻，雷相东，等，2009. 人工林近自然化改造的理论基础和实施技术[J]. 世界林业研究，22：20-27.

骆畅，2018. 山地城市绿地生态系统服务价值评估及规划策略研究[D]. 北京：北京林业大学.

马浩，周志翔，王鹏程，等，2010. 基于多目标灰色局势决策的三峡库区防护林类型空间优化配置[J]. 应用生态学报，21（12）：3083-3090.

马琳，刘浩，彭建，等，2017. 生态系统服务供给和需求研究进展[J]. 地理学报，72（7）：1277-1289.

马淑花，2018. 基于生态系统服务价值评估的土地利用规划研究[D]. 武汉：华中科技大学.

蒙吉军，吴秀芹，李正国，2004. 河西走廊土地利用/覆盖变化的景观生态效应：以肃州绿洲为例[J]. 生态学报，24（11）：2535-2541.

牟雪洁，赵昕奕，饶胜，2016. 青藏高原生态屏障区近10年生态系统结构变化研究[J]. 北京大学学报（自然科学版），52（2）.

欧定华，2016. 城市近郊区景观生态安全格局构建研究：以成都市龙泉驿区为例[D]. 成都：四川农业大学.

欧阳贝思，2013. 南方丘陵山地屏障带十年（2000—2010）土地覆被格局变化及驱动机制研究[D]. 长沙：湖南农业大学.

欧阳志云，王效科，1999，苗鸿中国陆地生态系统服务功能及其生态经济价值的初步研究[J]. 生态学报，19（5）：607-613.

潘开文，吴宁，潘开忠，等，2004. 关于建设长江上游生态屏障的若干问题的讨论[J]. 生态学报（3）：617-629.

潘韬，吴绍洪，戴尔阜，2013. 基于 InVEST 模型的三江源区生态系统水源供给服务时空变化[J]. 应用生态学报，24（1）：183-189.

彭金金，2017. 基于空间化粒子群算法的土地利用优化配置研究[D]. 武汉：武汉大学.

钱婧，张丽萍，王文艳，2018. 红壤坡面土壤团聚体特性与侵蚀泥沙的相关性[J]. 生态学报，38（5）：1590-1599.

乔旭宁，张婷，杨永菊，等，2017. 渭干河流域生态系统服务的空间溢出及对居民福祉的影响[J]. 资源科学，39（3）：533-544.

饶恩明，肖燚，欧阳志云，等，2013. 海南岛生态系统土壤保持功能空间特征及影响因素[J]. 生态学报，33（3）：746-755.

宋强，2019. 基于水质净化功能提升的小流域森林类型布局优化[D]. 武汉：华中农业大学.

宋庆丰，牛香，王兵，2015. 基于大数据的森林生态系统服务功能评估进展[J]. 生态学杂志，34（10）：2914-2921.

苏常红，王亚璐，2018. 汾河上游流域生态系统服务变化及驱动因素[J]. 生态学报，38（22）：7886-7898.

孙鸿烈，郑度，姚檀栋，2012. 青藏高原国家生态安全屏障保护与建设[J]. 地理学报，67（1）：3-12.

孙文义，邵全琴，刘纪远，2014. 黄土高原不同生态系统水土保持服务功能评价[J]. 自然资源学报，29（3）：365-376.

孙永明，叶川，王学雄，等，2014. 赣南脐橙果园水土流失现状调查分析[J]. 水土保持研究，21（2）：67-71.

孙中元，王正茂，曲宏辉，等，2019. 昆嵛山国家级自然保护区森林生态系统服务功能价值评估[J]. 林业资源管理(3)：99-106.

汤峰，张蓬涛，张贵军，等，2018. 基于生态敏感性和生态系统服务价值的昌黎县生态廊道构建[J]. 应用生态学报，29(8)：2675-2684.

唐衡，郑渝，陈阜，等，2008. 北京地区不同农田类型及种植模式的生态系统服务价值评估[J]. 生态经济(7)：56-59，114.

唐俊，2010. PSO算法原理及应用[J]. 计算机技术与发展(2)：213-216.

唐琼，王文瑞，田璐，等，2017. 沙漠—绿洲过渡带农户福祉认知和综合评价：以沙坡头为例[J]. 干旱区资源与环境，31(5)：51-56.

唐玉姝，王磊，席雪飞，2013. 典型气候/环境因子变化对九段沙湿地碳固定潜力的影响[J]. 农业环境科学学报，32(4)：874-880.

田甜，白彦锋，张旭东，等，2019. 杉木人工林地力衰退的原因及对策研究[J]. 林业科技通讯(4)：6-10.

田义超，任志远，2012. 基于CLUE-S模型的黄土台塬区土地利用变化模拟：以陕西省咸阳台塬区为例[J]. 地理科学进展，31(9)：1224-1234.

王大尚，郑华，欧阳志云，2013. 生态系统服务供给、消费与人类福祉的关系[J]. 应用生态学报，24(6)：1747-1753.

王德旺，2013. 天山北坡草地生态系统固碳现状空间分布特征及其影响因素分析[D]. 乌鲁木齐：新疆农业大学.

王国平，2010. 中国农村环境保护社区机制研究[D]. 长沙：湖南农业大学.

王纪伟，刘康，瓮耐义，2014. 基于In-VEST模型的汉江上游森林生态系统水源涵养服务功能研究[J]. 水土保持通报，34(5)：213-217.

王骄洋，王卫军，姜鹏，等，2013. 华北落叶松人工林林分密度对枯落物层持水能力的影响. 水土保持研究，20(6)：66-70.

王婧，2021. 南水北调中线湖北水源区生态清洁小流域生态修复模式与技术研究[D]. 武汉：华中农业大学.

王静，王克林，张明阳，等，2014. 南方丘陵山地屏障带NDVI时空变化及其驱动因子分析[J]. 资源科学，36(8)：1712-1723.

王静，王克林，张明阳，等，2015，南方丘陵山地屏障带植被净第一性生产力时空动态特征[J]. 生态学报，35(11)：3722-3732.

王如松，欧阳志云，2012. 社会—经济—自然复合生态系统与可持续发展[J]. 中国科学院院刊，27(3)：337-345.

王晓峰，勒斯木初，张明明，2019. "两屏三带"生态系统格局变化及其影响因素[J]. 生态学杂志，38(7)：2138-2148.

王晓莉，2016. 赣江流域森林生态系统服务权衡研究[D]. 北京：中国科学院大学.

王晓学，沈会涛，李叙勇，等，2013. 森林水源涵养功能的多尺度内涵、过程及计量方法[J]. 生态学报，33(4)：1019-1030.

王玉宽，邓玉林，彭培好，等，2005. 关于生态屏障功能与特点的探讨[J]. 水土保持通报(4)：103-105.

王震洪，段昌群，侯永平，等，2006. 植物多样性与生态系统土壤保持功能关系及其生态学意义[J]. 植物生态学报(3)：392-403.

魏文俊，王兵，牛香，2017. 北方沙化土地退耕还林工程生态系统服务功能特征及其对农户福祉的影响研究[J]. 内蒙古农业大学学报(自然科学版)，38(2)：20-26.

魏志超，黄娟，刘雨晖，等，2017. 不同发育阶段杉木人工林土壤细菌类群特征[J]. 西南林业大学学报

（自然科学版）（37）：122-129.

邬建国，2000. 景观生态学——概念与理论［J］. 生态学杂志，19（1）：42-52.

吴昌广，周志翔，王鹏程，等，2009. 景观连接度的概念、度量及其应用［J］. 生态学报，30（7）：1903-1910.

吴丹，邹长新，高吉喜，2016. 我国重点生态功能区生态状况变化［J］. 生态与农村环境学报，32（5）：703-707.

吴健生，冯喆，高阳，等，2012. CLUE-S 模型应用进展与改进研究［J］. 地理科学进展，31（1）：3-10.

吴旗韬，2012. 重点生态功能区产业可持续发展模式选择：以广东省南岭生态区为例［C］//中国地理学会2012 年学术年会学术论文集. 北京：中国地理学会：176-177.

吴艳艳，2009. Markov-CA 模型支持下的武汉市土地利用变化模拟与预测［D］. 武汉：武汉理工大学.

伍恒赟，张起明，齐述华，等，2014. 土地利用景观格局对信江水质的影响. 中国环境监测，30（3）：166-172.

席一凡，杨茂盛，尚耀华，2001. 遗传算法在城市土地功能配置规划中的应用［J］. 建筑科学与工程学报，18（4）：190-194.

夏楚瑜，2019. 基于土地利用视角的多尺度城市碳代谢及"减排"情景模拟研究［D］. 杭州：浙江大学.

肖寒，欧阳志云，赵景柱，等，2000. 森林生态系统服务功能及其生态经济价值评估初探：以海南岛尖峰岭热带森林为例［J］. 应用生态学报（4）：2-5.

肖强，肖洋，欧阳志云，等，2014. 重庆市森林生态系统服务功能价值评估［J］. 生态学报，34（1）：216-223.

谢冬明，王科，王绍先，等，2009，我国农村生活垃圾问题探析［J］. 安徽农业科学，37（2）：786-788.

谢高地，鲁春霞，冷允法，等，2003. 青藏高原生态资产的价值评估［J］. 自然资源学报（2）：189-196.

谢高地，甄霖，鲁春霞，等，2008. 一个基于专家知识的生态系统服务价值化方法［J］. 自然资源学报（5）：911-919.

谢高地，肖玉，鲁春霞，2006. 生态系统服务研究：进展、局限和基本范式［J］. 植物生态学报（2）：191-199.

徐建英，刘新新，冯琳等，2015. 生态补偿权衡关系研究进展［J］. 生态学报，35（20）：6901-6907.

徐建英，王清，魏建瑛，2018. 卧龙自然保护区生态系统服务福祉贡献评估：当地居民的视角［J］. 生态学报，38（20）：7348-7358.

徐煖银，郭泺，薛达元，等，2019. 赣南地区土地利用格局及生态系统服务价值的时空演变［J］. 生态学报，39（6）：1969-1978.

徐荣林，吴昱芳，石金莲，2017. 基于旅游感知视角的居民主观福祉影响因素研究：以九寨沟国家级自然保护区为例［J］. 南京工业大学学报（社会科学版），16（4）：104-114.

徐雨晴，周波涛，於琍，等，2018. 气候变化背景下中国未来森林生态系统服务价值的时空特征［J］. 生态学报，38（6）：1952-1963.

严恩萍，林辉，王广兴，等，2014. 1990—2011 年三峡库区生态系统服务价值演变及驱动力［J］. 生态学报，34（20）：5962-5973.

杨莉，甄霖，李芬，等，2010. 黄土高原生态系统服务变化对人类福祉的影响初探［J］. 资源科学，32（5）：849-855.

杨丽，傅春，2018. 赣南生态屏障区林地时空变化分情景模拟［J］. 地理科学，38（3）：457-463.

杨旭，2020. 气候和土地利用变化背景下中国西北干旱区产水和水质净化服务评估［D］. 上海：华东师范大学.

杨智杰，陈光水，谢锦升，等，2010. 杉木、木荷纯林及其混交林凋落物量和碳归还量［J］. 应用生态学报，21：2235-2240.

尹飞，毛任钊，傅伯杰，等，2006. 农田生态系统服务功能及其形成机制[J]. 应用生态学报（5）：
929-934.

尹礼唱，王晓峰，张琨，等，2019. 国家屏障区生态系统服务权衡与协同[J]. 地理研究，38（9）：
2162-2172.

于兴修，杨桂山，2003. 通用水土流失方程因子定量研究进展与展望[J]. 自然灾害学报（3）：16-20.

余新晓，鲁绍伟，靳芳，等，2005. 中国森林生态系统服务功能价值评估[J]. 生态学报，25（8）：
2096-2102.

余新晓，周彬，吕锡芝，等，2012. 基于 InVEST 模型的北京山区森林水源涵养功能评估[J]. 林业科学，
48（10）：1-5.

余新晓，鲁绍伟，断芳，等，2005. 中国森林生态系统服务功能价值评估[J]. 生态学报，25（8）：
2096-2102.

原培胜，2008. 污水处理厂处理成本分析[J]. 环境工程，26(2)：55-57.

张彪，李文华，谢高地，等，2008. 北京市森林生态系统的水源涵养功能[J]. 生态学报（11）：5619
-5624.

张波，2010. LFA 方法与 GIS 辅助下的小流域景观功能分区及水文响应研究[D]. 北京：北京林业大学.

张富刚，刘彦随，2008. 中国区域农村发展动力机制及其发展模式[J]. 地理学报，63(2)：115-122.

张冠华，2009. 模拟降雨条件下柠条群落坡面产流产沙及养分流失特征研究[D]. 杨凌：西北农林科技
大学.

张海波，2014. 南方丘陵山地屏障带水源涵养与土壤保持功能变化及其区域生态环境响应[D]. 长沙：湖
南师范大学.

张海波，张明阳，王克林，2014. 南方丘陵山地屏障带水源涵养功能变化特征[J]. 农业现代化研究（3）：
345-348.

张华，张勃，2005. 国际土地利用/覆盖变化模型研究综述[J]. 自然资源学报（3）：422-431.

张华明，王昭艳，喻荣岗，等，2010. 赣北丘陵区果园不同套种模式对退化红壤理化性质的影响[J]. 水
土保持研究，17(4)：258-261，268.

张慧芳，2012. 基于元胞自动机的上海土地利用/覆盖变化动态模拟与分析[D]. 上海：华东师范大学.

张继飞，邓伟，朱昌丽，等，2017. 岷江上游生态系统服务与居民福祉的空间关联及其动态特征[J]. 山地
学报，35(3)：388-398.

张建，雷刚，漆良华，2021. 南水北调中线水源区丹江口市域景观格局变化及氮磷净化能力研究[J]. 生
态学报，41(6)：7432-7443.

张建，雷刚，漆良华，2021. 丹江口库区产水量时空动态与情景模拟[J]. 林业科学，57(11)：25-36.

张建，雷刚，漆良华，等，2021. 2003—2018 年土地利用变化下丹江口市景观格局与生态服务价值研究
[J]. 生态学报，41(4)：6553-6564.

张明，2000. 榆林地区脆弱生态环境的景观格局与演化研究[J]. 地理研究(1)：30-36.

张桐艳，2012. 基于水源保护目标下的流域景观格局配置模式研究[D]. 杨凌：西北农林科技大学.

张小林，1999. 乡村空间系统及其演变研究：以苏南为例[M]. 南京：南京师范大学出版社.

张修辉，2019. 川东隔挡式褶皱构造特征及成因机制研究[D]. 成都：成都理工大学.

张亚坚，刘宗君，谢勇，2017. 南岭国家级自然保护区森林生态系统服务价值评估[J]. 陕西林业科技
(5)：32-37.

张耀光，2001. 辽河三角洲土地资源利用结构优化与持续利用对策[J]. 自然资源学报，16(2)：115-120.

张翼然，周德民，刘苗，2015. 中国内陆湿地生态系统服务价值评估：以 71 个湿地案例点为数据源[J].

生态学报，35(13)：4279-4286.

张永民，2007. 生态系统与人类福祉：评估框架[M]. 北京：中国环境科学出版社.

张志强，徐中民，程国栋，2001. 生态系统服务与自然资本价值评估[J]. 生态学报(11)：1918-1926.

赵士洞，张永民，2006. 生态系统与人类福祉：千年生态系统评估的成就、贡献和展望[J]. 地球科学进展(9)：895-902.

赵育民，牛树奎，王军邦，等，2007. 植被光能利用率研究进展[J]. 生态学杂志，26(9)：1471-1477.

赵在绪，周铁军，陶陶，等，2014. 城镇生态屏障构建与城乡规划布局：以宝鸡高新区为例[J]. 中国园林，30(6)：112-116.

赵志刚，余德，韩成云，等，2017. 鄱阳湖生态经济区生态系统服务价值预测与驱动力[J]. 生态学报，37(24)：8411-8421.

郑华，欧阳志云，赵同谦，等，2003. 人类活动对生态系统服务功能的影响[J]. 自然资源学报，18(1)：118-126.

中华人民共和国国务院. 关于印发全国主体功能区规划的通知[EB/OL]. (2010-12-21)[2018-10-03]，http：//www. gov. cn/zwgk/2011-06/08/content_1879180. htm.

钟世坚，2013. 区域资源环境与经济协调发展研究[D]. 长春：吉林大学.

钟祥浩，2008. 中国山地生态安全屏障保护与建设[J]. 山地学报(1)：2-11.

周涛，史培军，孙睿，等，2004. 气候变化对净生态系统生产力的影响[J]. 地理学报，59(3)：357-365.

朱兰保，盛蒂，戚晓明，等，2014. 基于 RS 和 GIS 的景观格局变化对城市湖泊水质影响的研究. 重庆科技学院学报：自然科学版，16(1)：102-105.

朱丽琴，黄荣珍，李凤，等，2019. 南方红壤丘陵区经果林开发对水土流失的影响：以江西省为例[J]. 中国水土保持(5)：38-41，69.

朱文泉，陈云浩，徐丹，等，2005. 陆地植被净初级生产力计算模型研究进展[J]. 生态学杂志，24(3)：296-300.

宗玮，2012. 上海海岸带土地利用/覆盖格局变化及驱动机制研究[D]. 上海：华东师范大学.

AILLERY M, SHOEMAKER R, CASWELL M, 2001. Agriculture and ecosystem restoration in South Florida：Assessing trade-offs from water-retention development in the Everglades agricultural area[J]. American Journal of Agricultural Economics(83)：183-195.

ALICE H , HERBERT R H , ROBERT B J , et al, 2018. Ecological enhancement techniques to improve habitat heterogeneity on coastal defence structures[J]. Estuarine, Coastal and Shelf Science, (210)：68-78.

ANAND S, SEN A, 2017. Human development and economic sustainability[J]. Sustainability(28)：421-441.

BAGSTAD K J, VILLA F, JOHNSON G, et al, 2011. ARIES-Artificial Intelligence for Ecosystem Services：A guide to models and data, version 1. 0. USA：The ARIES Consortium. Bolte JP, Hulsc DW, Gregory SV. 2006. Modeling biocomplexity：Aactors, landscapes and alternative futures[J]. Environmental Modelling & Software, 22：570-579.

BAGSTAD, K. J., F. VILLA, et al, 2014. From theoretical to actual ecosystem services：Mapping beneficiaries and spatial flows in ecosystem service assessments[J]. Ecology and Society, 19(2)：64-71.

BAI Y, ZHUANG C, OUYANG Z, et al, 2011. Spatial characteristics between biodiversity and ecosystem services in a human-dominated watershed[J]. Ecological Complexity(8)：177-183.

BARAN J, PIELECH R, BODZIARCZYK J, 2018. No difference in plant species diversity between protected and managed ravine forests[J]. Forest Ecology and Management(430)：587-593.

BARBER G M, 1976. Land-use planning via interactive multi-objective programming[J]. Environment and Planning(8)：625-636.

BENNETT E M, PETERSON G D, GORDEN L J, 2009. Understanding relationships among multiple ecosystem services[J]. Ecology Letters, 12: 1394-1404.

BERG B, 2014. Decomposition patterns for foliar litter e A theory for influencing factors[J]. Soil Biology and Biochemistry(78): 222-232.

BRAUMAN K A, DAILY G C, DUARTE T K E, et al, 2007. The nature and value of ecosystem services: An oerview highlighting hydrologic services[J]. Social Science Electronic Publishing, 32: 67-98.

BULER J J, MOORE F R, 2011. Migrant-habitat relationships during stopover along an ecological barrier: extrinsic constraints and conservation implications[J]. Journal of Ornithology, 152(1): 101-112.

BUTLER J R A, T. SKEWES, D. MITCHELL, et al, 2014. Stakeholder perceptions of ecosystem service declines in Milne Bay, Papua New Guinea: Is human population a more critical driver than climate change? [J]. Marine Policy(46): 1-13.

CAMACHO-VALDEZ V, RUIZ-LUNA A, GHERMANDI A, et al, 2014. Effects of land use changes on the ecosystem service values of coastal wetlands[J]. Environmental management, 54(4): 852-864.

CAO SX, 2011. Impact of China's Large-Scale Ecological Restoration Program on the Environment and Society in Arid and Semiarid Areas of China: Achievements, Problems, Synthesis, and Applications[J]. Critical Reviews in Environmental Science and Technology, 41(4): 317-335.

CARPENTER S R, MOONEY H A, AGARD J, et al, 2009. Science for managing ecosystem services: Beyond the Millennium Ecosystem Assessment[J]. Proc Natl Acad Sci U S A, 106(5): 1305-1312.

CHAKIR R, LE GALLO J, 2013. Predicting land use allocation in France: A spatial panel data analysis[J]. Ecological Economics, 92: 114-125.

CHARNES A, HAYNES K E, HAZLETON J E, et al, 2010. An Hierarchical Goal Programming Approach to Environmental-Land Use Management[J]. Geographical Analysis, 7(2): 121-130.

CHEN J, YU L, YAN F, et al, 2020. Ecosystem Service Loss in Response to Agricultural Expansion in the Small Sanjiang Plain, Northeast China: Process, Driver and Management[J]. Sustainability, 12(6).

CHEN L, FU B, 1996. The Ecological Significance and Application of Landscape Connectivity[J]. Chinese Journal of Ecology, 15(4): 37-42.

CHISHOLM R A, 2010. Trade-offs between ecosystem services: water and carbon in a biodiversity hotspot[J]. Ecological Economics, 69: 1973-1987.

CHUVIECO E, 1993. Integration of linear programming and GIS for land-use modeling[J]. International Journal on Geographical Information System, 7: 71-83.

COSTANZA R, D'ARGE R, DE GROOT R, et al, 1998. The value of ecosystem services: putting the issues in perspective[J]. Ecological Economics, 25(1): 67-72.

COSTANZA R, D'ARGE R, DE GROOT R, et al, 1997. The value of the world's ecosystem services and natural capital[J]. Nature, 387(6630): 253-260.

COSTANZA R, D'ARGE R, DE GROOT R, et al, 1997. The value of the world's ecosystem services and natural capital[J]. Ecological Economics, 25(1): 3-15.

DA Z, QINGXU H, CHUNYANG H, et al. Impacts of urban expansion on ecosystem services in the Beijing-Tianjin-Hebei urban agglomeration, China: A scenario analysis based on the Shared Socioeconomic Pathways[J]. Resources Conservation & Recycling, 125: 115-130.

DAILY G C (ed.), 1997. Nature's Services: Societal Dependence on Natural Ecosystems[M]. Washington D. C. Island Press.

DAILY G, 1997. Nature's Services: Societal Dependence On Natural Ecosystems[J]. Pacific Conservation Biology, 6(2): 220-221.

DIAMOND J T, WRIGHT J R, 1989. Efficient land allocation[J]. Journal of Urban Planning and Development, 151 (2): 81-96.

DICK J, MAES J, SMITH R I, et al, 2014. Cross-scale analysis of ecosystem services identified and assessed at local and European level[J]. Ecological Indicators, 38: 20-30.

DOKMECI V F, CAGDAS G, TOKCAN S, 1993. Multi objective Land-Use Planning Model[J]. Journal of Urban Planning and Development, 119(1): 15-22.

DOKMECI V, 1974. Multi objective model for regional planning of health facilities[J]. Environment and Planning. A, 11 (5): 517-525.

EASTMAN J R, JIN W, KYEM PAK et al, 1995. Raster Procedures for Multi-Criteria/Multi-Objective Decisions [J]. Photogram metric Engineering & Remote Sensing, 61(5): 539-547.

EHRLICH, P. R, 1991. Population Diversity and the Future of Ecosystems[J]. Science, 254(5029): 175.

EIGENBROD F, ARMSWORTH PR, ANDERSON BJ, et al, 2010. The impact of proxy-based methods on mapping the distribution of ecosystem services[J]. Journal of Applied Ecology(47): 377-385.

EN L, CHUNQIAN J, XUDONG Z, et al, 2019. Structural characteristics of mixed plantation of pinus massoniana and oak in danjiangkou reservoir area[J]. IOP Conference Series: Earth and Environmental Science, 371(2): 022041.

FISHER J A, PATENAUDE G, GIRI K, et al, 2014. Understanding the relationships between ecosystem services and poverty alleviation: A conceptual framework[J]. Ecosystem Services(7): 34-45.

FORMAN R T T, 1995. Some general principles of landscape and regional ecology[J]. Landscape Ecology, 10 (3): 133-142.

FU B J, WANG S, SU C H, et al, 2013. Linking ecosystem processes and ecosystem services[J]. Current Opinion in Environmental Sustainability(5): 4-10.

GILBERT K C, HOLMES D D, ROSENTHAL R E, 1985. A multi-objective discrete optimization model for land allocation[J]. MgmtSci., 31(12): 1509-1522.

GUTMAN P, 2007. Ecosystem services: Foundations for a new rural-urban compact[J]. Ecological Economics, 62(3/4): 383-387.

GáMEZ-VIRUéS S, GURR G M, RAMAN A, et al, 2010. Plant diversity and habitat structure affect tree growth, herbivory and natural enemies in shelter belts[J]. Basic and Applied Ecology, 11(6): 542-549.

HAYCOCK N E, PINAY G. 1993. Groundwater nitrate dynamics in grass and poplar vegetated riparian buffer strips during the winter. Journal of Environ Qual, 22(2): 273-278.

HE C, OKADA N, ZHANG Q, et al, 2008. Modelling dynamic urban expansion processes incorporating a potential model with cellular automata[J]. Landscape & Urban Planning, 86(1): 79-91.

HOWARTH, RICHARD B, FARBER, et al, 2002. Accounting for the value of ecosystem services[J]. Ecological Economics, 41(3): 421-429.

HUIZING , BRONSVELD K, 1994. Interactive Multiple-goal Analysis for Land Use Planning[J]. ITC Jounral (4): 366-373.

HULSHOFF R M, 1995. Landscape indices describing a Dutch landscape[J]. Landscape Ecology, 10 (2): 101-111.

JENSEN E L, DILL L M, CAHILL J F, 2011. Applying Behavioral-Ecological Theory to Plant Defense: Light-Dependent Movement in Mimosa pedicab Suggests a Trade-Off between Predation Risk and Energetic Reward [J]. American Naturalist, 177(3): 377-381.

KIM D S, CHUNG H W, 2005. Spatial diffusion modeling of new residential area for land-use planning of rural villages[J]. Journal of Urban planning and Development, 131 (3): 181-194.

LELE, SHARACHCHANDRA M, 1991. Sustainable development: A critical review[J]. World Development, 19 (6): 607-621.

LENZ R, STARY J M, 1995. Landscape diversity and land use planning: a case study in Bavaria[J]. Landscape & Urban Planning, 31(1): 387-398.

LI X K, LI Y, ZHANG J, et al, 2020. The effects of forest thinning on understory diversity in China: A meta-analysis[M]. Land Degradation & Development: 1-16.

LI X, GAR-ONYEH A, 2000. Modelling sustainable urban development by the integration of constrained cellular automata and GIS[J]. International Journal of Geographical Information Systems, 14(2): 131-152.

LI X, NIU J, ZHANG L, et al, 2015. A study on crown interception with four dominant tree species: a direct measurement[J]. Hydrology Research, 47(4): 857-868.

LI Y, WANG Y, MA C, et al, 2016. Influence of the spatial layout of plant roots on slope stability[J]. Ecological Engineering(91): 477.

LIGMANN-ZIELINSKA A, CHURCH R L, JANKOWSKI P, 2008. Spatial optimization as a generative technique for sustainable multi objective land-use allocation[J]. International Journal of Geographical Information Science, 22(6): 601-622.

LIU X, LIANG X, LI X, et al, 2017. A future land use simulation model (FLUS) for simulating multiple land use scenarios by coupling human and natural effects[J]. Landscape & Urban Planning, 168: 94-116.

LOCATELLI B, IMBACH P, WUNDER S, 2014. Synergies and trade-offs between ecosystem services in Costa Rica[J]. Environmental Conservation, 41 (1): 27-36.

LU N, FU B J, JIN T T, 2014. Trade-off analyses of multiple ecosystem services by plantations along a precipitation gradient across Loess Plateau landscapes[J]. Landscape Ecology, 29 (10): 1697-1708.

LU N, KAYA M, COLLINS B D, et al, 2013. Hysteresis of unsaturated hydromechanical properties of a silty soil [J]. Journal of Geotechnical and Geoenvironmental Engineering, 139(3): 507-510.

MA B, WU C, DING F, et al, 2021. Predicting basin water quality using source-sink landscape distribution metrics in the Danjiang kou Reservoir of China[J]. Ecological Indicators, 127(1): 107697.

MAASS J M, BALVANERA P, CASTILLO A, et al, 2005. Ecosystem services of tropical dry forests: Insights from long-term ecological and social research on the Pacific Coast of Mexico[J]. Ecology and Society, 10 (1): 1-24.

MARTíNEZ-HARMS M J, BALVANERA P, 2012. Methods for mapping ecosystem service supply: A review. International Journal of Biodiversity Science[J]. Ecosystem Services & Management(8): 17-25.

MARíA R F, SANTIAGO S, 2018. Multiple forest attributes underpin the supply of multiple ecosystem services [J]. Nature Communications, 9: 4839.

MCGUIRE L A, RENGERS F K, KEAN J W, et al, 2016. Elucidating the role of vegetation in the initiation of rainfall-induced shallow landslides: Insights from an extreme rainfall event in the Colorado Front Range[J]. Geophysical Research Letters, 43(17): 9084-9092.

MCNALLY C G, UCHIDA E, GOLD A J, 2011. The effect of a protected area on the tradeoffs between short-run and long-run benefits from mangrove ecosystems[J]. Proceedings of the National Academy of Sciences of the United States of America, 108 (34): 13945-13950.

MEACHAM M, QUEIROZ C, V. NORSTRÖM A, et al, 2016. Social-ecological drivers of multiple ecosystem services: what variables explain patterns of ecosystem services across the Norrström drainage basin? [J]. Ecology and Society, 21(1).

MILLENNIUM ECOSYSTEM ASSESSMENT, 2003. Ecosystems and Human Well – being: A Framework for Assessment [M]. Washing DC: Island Press.

MILLENNIUM ECOSYSTEM ASSESSMENT, 2005. Ecosystems and Human Well–being[M]. Washington DC: Island Press.

MINOR E S, URBAN D L, 2008. A graph–theory framework for evaluating landscape connectivity and conservation planning[J]. Conservation Biology(22): 297–307.

ONAINDIA M, MANUEL B F D, MADARIAGA I, et al, 2013. Co–benefits and trade–offs between biodiversity, carbon storage and water flow regulation[J]. Forest Ecology and Management, 289: 1–9.

O'BRIEN S T, 1997. Nature's Services: Societal Dependence On Natural Ecosystems[J]. Pacific Conservation Biology, 6(2): 220–221.

PAN Y, XU Z, WU J, 2013. Spatial differences of the supply of multiple ecosystem services and the environmental and land use factors affecting them[J]. Ecosystem Service (5): 4–10.

PENG J, TIAN L, LIU Y, et al, 2017. Ecosystem services response to urbanization in metropolitan areas: Thresholds identification[J]. Science of the Total Environment(607–608): 706–714.

PETERJOHN W T, CORRELL D L. 1984. Nutrient dynamics in an agricultural watershed: observations on the role of a riparian forest. Ecology, 65(5): 1466–1475.

POTTER, CHRISTOPHER S, 1997. An ecosystem simulation model for methane production and emission from wetlands[J]. Global Biogeochemical Cycles, 11(4): 495–506.

RENGERS F K, MCGUIRE L A, COE J A, et al, 2016. The influence of vegetation on debris–flow initiation during extreme rainfall in the northern Colorado Front Range[J]. Geology, 44(10): 823–826.

RUIJS A, KORTELAINEN M, WOSSINK A, et al, 2017. Opportunity cost estimation of ecosystem services[J]. Environmental and Resource Economics, 66(4): 717–747.

SALVATI L, CARLUCCI M, 2011. The economic and environmental performances of rural districts in Italy: Are competitiveness and sustainability compatible targets[J]. Ecological Economics, 70(12): 2446–2453.

SANTE R I, CRECENTE M R, MIRANDA B D, 2008. GIS-based planning support system for rural land-use allocation[J]. Computers and Electronics in agriculture(63): 257–273.

SHACKLETON R T, BIGGS R, RICHARDSON D M, et al, 2018. Social – ecological drivers and impacts of invasion-related regime shifts: consequences for ecosystem services and human wellbeing[J]. Environmental Science and Policy, 89.

SMITH H E, RYAN C M, VOLLMER F, et al, 2019. Impacts of land use intensification on human wellbeing: evidence from rural Mozambique[J]. Global Environmental Change(59): 101976.

SORK V L, SMOUSE P E, 2006. Genetic analysis of landscape connectivity in tree populations[J]. Landscape Eology(21): 821–836.

SUMMERS J K, SMITH L M, CASE J L, et al, 2012. A review of the elements of human well–being with an emphasis on the contribution of ecosystem services[J]. Ambio, 41(4): 327–340.

TAYLOR P D, FAHRIG L, Henein K, et al, 1993. Connectivity is a vital element of landscape structure[J]. Oikos(68): 571–573.

TISCHENDORF L, FAHRIG L, 2000. On the usage and measurement of landscape Connectivity[J]. Oikos(90): 7–19.

TURNER M G, 2005. Landscape ecology in North America: past, present, and future [J]. Ecology, 86(8).

WANG J, PENG J, ZHAO M, et al, 2017. Significant trade–off for the impact of Grain–for–Green Programme on ecosystem services in North-western Yunnan, China[J]. Science of the Total Environment(574): 57-64.

WENHUI K, 2011, Simulating dynamic urban expansion at regional scale in Beijing-Tianjin-Tangshan Metropolitan Area[J]. Journal of Geographical Sciences, 21(2): 317-330.

WITH K A, 1997. The application of neutral landscape models in conservation biology[J]. Conservation Biology (11): 1069-1080.

WOODWORTH B K, MITCHELL G W, NORRIS D R, et al, 2015. Patterns and correlates of songbird movements at an ecological barrier during autumn migration assessed using landscape and regional-scale automated radio telemetry[J]. Ibis, 157(2): 326-339.

WU J, ZHAO Y, YU C, et al, 2017. Land management influences trade-offs and the total supply of ecosystem services in alpine grassland in Tibet[J]. Journal of Environmental Management(193): 70-78.

YANG L Y, ZHANG L B, LI Y, et al, 2015. Water-related ecosystem services provided by urban green space: a case study in Yixing city (China) [J]. Landscape and Urban Planning(136): 40-51.

ZHANG XQ, KIRSCHBAUM MUF, HOU ZH, et al, 2004. Carbon stock changes in successive rotations of Chinese fir (Cunninghamia lanceolata (lamb) hook) plantations[J]. Forest Ecology and Management, 202: 131-147.

ZHENG H, LI Y F, ROBINSON B E, et al, 2016. Using ecosystem service trade-offs to inform water conservation policies and management practices[J]. Frontiers in Ecology and the Environment (14): 527-532.

ZHOU Z, ZHANG Z, ZHA T, et al, 2013. Predicting soil respiration using carbon stock in roots, litter and soil organic matter in forests of Loess Plateau in China[J]. Soil Biology & Biochemistry(57): 135-143.

ZHU X, 1997b. An integrated environment for developing knowledge-based spatial decision systems[J]. Transacting in GIS, 1(4): 285-299.